Ferdinand Rosenberger

Die Geschichte der Physik in Grundzügen

Verlag
der
Wissenschaften

Ferdinand Rosenberger

Die Geschichte der Physik in Grundzügen

ISBN/EAN: 9783957004246

Auflage: 1

Erscheinungsjahr: 2015

Erscheinungsort: Norderstedt, Deutschland

Hergestellt in Europa, USA, Kanada, Australien, Japan
Verlag der Wissenschaften in Hansebooks GmbH, Norderstedt

DIE

GESCHICHTE DER PHYSIK.

DIE

GESCHICHTE DER PHYSIK

IN

GRUNDZÜGEN

MIT

SYNCHRONISTISCHEN TABELLEN

DER

MATHEMATIK, DER CHEMIE UND BESCHREIBENDEN
NATURWISSENSCHAFTEN

SOWIE

DER ALLGEMEINEN GESCHICHTE.

VON

Dr. FERD. ROSENBERGER.

ERSTER THEIL.

**GESCHICHTE DER PHYSIK IM ALTERTHUM
UND IM MITTELALTER.**

BRAUNSCHWEIG,

DRUCK UND VERLAG VON FRIEDRICH VIEWEG UND SOHN.

1882.

VORWORT.

Der Verfasser des vorliegenden Werkes ist vor Allem bestrebt gewesen, die geschichtliche Entwickelung der Physik so darzustellen, dass man sowohl den augenblicklichen Stand der Wissenschaft für jeden Zeitpunkt leicht übersehen, als auch die Tendenz des Entwickelungsganges leicht erkennen kann. Er hat dies durch drei Dinge zu erreichen gesucht, in denen er von den früheren Darstellungen der Geschichte der Physik abweicht, durch welche er aber gerade die Existenzberechtigung seines Werkes begründen möchte. Soweit sie dem Verfasser bekannt, geben die früheren Darstellungen nicht eigentlich die Geschichte der Physik als einer Wissenschaft, sondern vielmehr die Geschichten der einzelnen physikalischen Disciplinen, die sie, in grössere oder kleinere Perioden zerlegt, mehr oder weniger unvermittelt nebeneinander stellen. Dadurch wird der Ueberblick über den Stand der gesammten Wissenschaft so erschwert, dass diejenigen Leser, welche die Geschichte der Physik nicht speciell zu ihrem Studium machen, vielleicht für keinen Zeitpunkt ein Bewusstsein von dem Charakter der ganzen Wissenschaft erlangen. Dazu kommt noch, dass gerade solche Schriftsteller, welche besonders beflissen sind, die Entwickelung der Wissenschaft zu schildern, die chronologische Ordnung oft mit grosser Leichtigkeit behandeln und Sprünge vor- und rückwärts machen, die sich über Jahrhunderte erstrecken. Mag dies nun auch, so lange man nur eine Entwickelungsreihe im Auge hat, ganz gerechtfertigt erscheinen, so wird doch dadurch die Vergleichung der verschie-

denen Reihen und damit das Erkennen ihrer Parallelität und ihrer
Wechselwirkung fast unmöglich gemacht; abgesehen davon, dass
für die Geschichte auch die Lücken und die Stillstandsperioden des
wissenschaftlichen Lebens wichtig sind.

Der Verfasser hat diese Uebelstände zu vermeiden gesucht, indem er sich streng an die chronologische Reihenfolge
gehalten und alle physikalischen Erscheinungen nach der Zeit
ihres Auftretens abgehandelt hat. Dies bringt freilich auf der
anderen Seite den Nachtheil, dass oft die äussere zeitliche Folge den
inneren ursächlichen Zusammenhalt verdeckt und dass an vielen
Stellen die Linien der Entwickelung durchbrochen erscheinen, wo
dies in Wirklichkeit nicht der Fall ist. Diesen Mangel hat der Verfasser dadurch auszugleichen versucht, dass er den einzelnen
Abschnitten Einleitungen vorausschickte, welche im Voraus
auf die neben- und durcheinander laufenden Fäden aufmerksam
machen und so den Verfolg derselben erleichtern sollen.

Zu dem vollen Verständniss der Entwickelung der Physik ist
aber noch etwas mehr nöthig als eine rein physikalische Geschichte.
Vielleicht keine andere Wissenschaft ist in allen ihren Stadien so
stark von den anderen Wissenschaften beeinflusst worden, als gerade
die Physik. An erster Stelle steht unleugbar die Philosophie, die
immer einen gewissen Einfluss auf die Physik nicht nur beansprucht,
sondern auch ausgeübt hat. Seit der Herrschaft der experimentellen
Methode hat zwar die Physik die Berechtigung eines solchen Ein-
flusses meist bestritten und die Geschichtsschreiber haben auch
denselben mehr oder weniger unbeachtet gelassen; der Verfasser
hält jedoch beides nicht für gerechtfertigt und ist darum immer
bemüht gewesen, auf die Entwickelung der Philosophie,
soweit als sie mit der Physik in Berührung trat, wenigstens aufmerksam zu machen.

Dem Einfluss der anderen Wissenschaften endlich suchte er
durch die synchronistischen Tabellen gerecht zu werden, die mit dem Inhaltsverzeichniss der Geschichte der Physik
verbunden sind und die mathematische, chemische, natur-

wissenschaftliche und allgemein geschichtliche Thatsachen soweit andeuten sollen, als ihre Kenntniss für das Verständniss der geschichtlichen Entwickelung nützlich erscheint.

Der gründliche Kenner der Geschichte der Physik wird
nach dem Gesagten nicht erwarten, dass das vorliegende Werk ihm
materiell viel Neues bringe; wenn derselbe bei Durchsicht desselben nur findet, dass die neue Beleuchtung ihm bekannter Gegenden eine richtige und angemessene ist, wird der Verfasser sich
glücklich schätzen. Dem Physiker, welcher mit dem Studium der
Geschichte noch in den Anfängen ist, möchte der Verfasser seine
Schrift als eine Anregung, als eine Grundlage für weitere Arbeiten
empfehlen und würde in dieser Absicht dieselbe gern als eine
„Einführung in die Geschichte der Physik" betitelt haben,
wenn er nicht bei Abfassung derselben noch einen anderen Zweck
im Auge gehabt hätte. Das Erscheinen mancher kulturgeschicht-
lichen Werke, welche auf einen grösseren Leserkreis berechnet sind
und denselben auch finden, zeugt von dem Anwachsen des kultur-
geschichtlichen Interesses in den Kreisen der Gebildeten; auch in
populär geschriebenen physikalischen Werken findet man
schon häufig dem historischen Element einen grösseren Raum ge-
gönnt. Eine umfassende Darstellung aber der Geschichte der
Physik, die dem allgemeinen Verständniss nicht zu grosse Schwierigkeiten bereitet, fehlt noch; der Verfasser würde sich freuen, wenn
sein Werk in dieser Beziehung eine Lücke ausfüllen und etwas
dazu beitragen könnte, dass das Verständniss der geschichtlichen
Entwickelung unserer Wissenschaft in weitere Kreise dringt. Er
hat gerade darum den oben erwähnten Titel, der auf ein weiteres
Studium hindeutet, mit dem jetzigen, der nichts Derartiges enthält,
vertauscht.

Was er wollte, hat der Verfasser hiermit auseinander gesetzt,
was er erreicht, darüber wird der Leser zu Gericht sitzen. Der
Schwere der gestellten Aufgabe war der erstere sich wohl bewusst
und dass seine Kräfte nicht immer zur Bewältigung derselben aus-
gereicht haben, ist ihm nicht unklar geblieben. Er bittet deswegen alle seine Leser um gütige Nachsicht für sein Werk wie für

sich selbst und empfiehlt seine Arbeit einer wohlwollenden Beurtheilung.

Falls dieselbe nicht zu ungünstig ausfällt, werden diesem ersten Bande in möglichst kurzen Zwischenräumen zwei andere folgen, von denen der eine die Geschichte der Physik bis circa 1750 und der andere bis zur neuesten Zeit fortführen soll.

Frankfurt, im März 1882.

Dr. Ferd. Rosenberger.

Der Verfasser hat im Text aus mehrfachen Gründen sparsam citirt; zur Ergänzung giebt er hier das Verzeichniss derjenigen Werke, die er häufiger benutzt hat.

Montucla, Histoire des mathématiques, 1758 und 1802.
Kästner, Geschichte der Mathematik, 1800.
Fischer, Geschichte der Physik, 1805 bis 1808.
Poggendorff, Geschichte der Physik, 1879.
Whewell, Geschichte der inductiven Wissenschaften, übers. v. Littrow, 1840.
Wilde, Geschichte der Optik, 1838.
Dühring, Geschichte der Principien der Mechanik, 1877.
Libri, Histoire des sciences math. en Italie, 1835 bis 1841.
Suter, Geschichte der mathematischen Wissenschaften, 1873 bis 1875.
Cantor, Vorlesungen zur Geschichte der Mathematik, 1880.
R. Wolf, Handbuch der Mathematik und Physik, 1869 bis 1872.
Lange, Geschichte des Materialismus, 1876 bis 1877.
Lewes, Geschichte der Philosophie, 1871 und 1876.
Ueberweg, Grundriss der Geschichte der Philosophie, 1880 bis 1881.
Draper, Geschichte der geistigen Entwickelung Europas, 1865.
Kopp, Geschichte der Chemie, 1843.
Kopp, Beiträge zur Geschichte der Chemie, 1869 und 1875.

Eintheilung der Geschichte der Physik.

--

I. **Geschichte der Physik im Alterthum** von circa 600 vor
Christus bis circa 700 nach Christus.
  1. Erster Abschnitt von circa 600 bis circa 300 vor
  Christus.
  Physik als reine Naturphilosophie.
  2. Zweiter Abschnitt von circa 300 vor Christus bis
  circa 150 nach Christus.
  Periode der mathematischen Physik.
  3. Dritter Abschnitt von circa 150 nach Christus bis
  circa 700 nach Christus.
  Periode des Untergangs der alten Physik.
II. **Geschichte der Physik im Mittelalter** von circa 700 bis
circa 1600 nach Christus.
  1. Erster Abschnitt von circa 700 bis circa 1150 nach
  Christus.
  Periode der arabischen Physik.
  2. Zweiter Abschnitt von circa 1150 bis circa 1500
  nach Christus.
  Christliche Periode der mittelalterlichen Physik.
  3. Dritter Abschnitt von circa 1500 bis circa 1600
  nach Christus.
  Uebergangsperiode der mittelalterlichen Physik.

I.

Geschichte der Physik im Alterthum.

Von circa 600 v. Chr. bis circa 700 n. Chr.

Die Physik des Alterthums ist fast ausschliesslich Physik der Griechen. Die Inder, die Chaldäer, die Aegypter haben wohl früher als diese die Natur denkend beobachtet, aber zu einer $\vartheta\varepsilon\omega\varrho\iota\alpha$ $\varphi\upsilon\sigma\iota\kappa\eta$, zu einer Wissenschaft von der Natur, haben sie es nie gebracht, weil ihre theologisch-mystischen Speculationen nicht zur Idee einer reinen Naturgesetzmässigkeit führen konnten. Aegypter und Chaldäer überlieferten den Griechen werthvolle astronomische Beobachtungen und einzelne wichtige mathematische Sätze, doch nur die Letzteren wurden dadurch zur Ausbildung realer Wissenschaften angeregt. Ihre ersten Lehrmeister haben nicht einmal Nutzen davon zu ziehen gewusst und niemals trotz der Griechen den Zusammenhang der Erscheinungen rein ursächlich zu erklären versucht. Im Gegentheil, wo die Orientalen mit der griechischen Wissenschaft in Verbindung traten, da mischten sie in dieselbe ihre mystischen Elemente, ihre geheimnissvoll, übernatürlich wirkenden Kräfte ein. Die Zahlenmystik der Pythagoreer wird auf chaldäische Anfänge zurückgeführt, die neuplatonische Philosophie, die von dem Alexandrinischen Juden Philo begründet wurde, bezeichnet man als eine Mischung von Platonismus mit orientalischem Mysticismus, und die erste Cultur der Astrologie und Alchemie macht Niemand den Chaldäern und Aegyptern streitig. Nur dem freien griechischen Geiste, der überall nach einem erkennbaren Zusammenhange der Erscheinungen suchte, war die Begründung einer Wissenschaft von der Natur möglich und ihm ganz allein gehört die Physik des Alterthums; denn auch die Römer, das zweite Culturvolk des Alterthums, haben nur sehr wenig in der Naturwissenschaft geleistet. Ihr Geist wäre wohl an sich nüchtern genug gewesen, die einmal ergriffene Wissenschaft frei zu halten von den dunklen, übersinnlichen Elementen, dafür aber fehlte ihnen das theoretische Interesse, welches die Wahrheit nur der Wahrheit wegen sucht. Die Beschäftigung mit Wissenschaften, die nicht direct nützten, erschien den echten Römern verächtliche Zeitvergeudung, darum überliessen sie die Naturwissenschaften ihren Lehrern, den Griechen, und suchten nur aus den von diesen erlangten Resultaten den bestmöglichsten Nutzen zu ziehen. Was Cicero in seinen Tusculanischen Unterredungen über die römische Auffassung der Mathematik sagt, ist bezeichnend auch für die Stellung der Römer zu den anderen Wissenschaften: „In höchstem Ansehen stand bei den Griechen die Geometrie und Niemand war geehrter als die Mathematiker; wir aber schätzen von dieser Wissenschaft nur die Rechen- und Messkunst."

Wir dürfen bei der Beurtheilung der griechischen Leistungen in der Physik nie vergessen, dass wir es mit den Anfängen der Wissenschaft zu thun haben, wir würden dieselben sonst, wie es auch oft geschehen, recht ungerecht beurtheilen. Die Physik der Griechen ist himmelweit von der unseren verschieden, nicht so sehr dem Stoffe nach, der behandelt wird, als der Art nach, wie die Behandlung erfolgt. Alle unsere einzelnen physikalischen Disciplinen finden wir merkwürdigerweise im Alterthum bereits bis zu einer gewissen Stufe entwickelt, oder doch wenigstens dem Keime nach vorhanden. In erster Linie stehen Speculationen über die allgemeinen Eigenschaften der Materie, Mechanik und Optik, in zweiter dann Akustik und Wärmelehre, und von Magnetismus und Elektricität ist den Alten wenigstens die Thatsache der Anziehungskraft des Magnetsteins und des geriebenen Bernsteins bekannt. Die Methode der Untersuchungen aber ist nicht diejenige, welche wir heutzutage als die eigentlich physikalische bezeichnen.

Die Griechen werden zu physikalischen Betrachtungen angeregt durch die Allen interessanten Vorgänge am Sternenhimmel, durch den Wechsel der Jahreszeiten, durch atmosphärische Erscheinungen, durch eine ziemlich entwickelte und bei allen nationalen Festen hervorragend thätige Musik, durch eine hochentwickelte Malerkunst, durch die Maschinen, die sie bei ihren Kunstbauten gebrauchten und endlich nicht zum mindesten durch das ganze geheimnissvolle Leben und Weben in der organischen Natur. Ihr bewunderungs- würdig kräftig angelegter Geist zwingt und befähigt sie zu gleicher Zeit eine Erklärung aller Naturerscheinungen zu versuchen und einen gesetzmässigen Zusammenhang zwischen denselben herzu- stellen.

Zwei Wege schlagen sie ein, um diesen Zweck zu erreichen. Entweder sie bemühen sich allgemeine Sätze aufzustellen, aus denen durch logische Ableitung alle natürliche Gesetzmässigkeit zu er- weisen ist, das ist die Methode der Naturphilosophie, welche bis auf Aristoteles die herrschende ist. Oder sie versuchen mit Hülfe der mathematischen Deduction, aus einfachen, an sich klaren Sätzen, die Eigenschaften der complicirteren Erscheinungen zu erkennen, das ist die Methode der mathematischen Physik, welche in Archimedes ihren Hauptvertreter findet. Eines aber haben die Alten nie erreicht, die Methode einer physikalischen Beobachtung selbst. Sie nahmen die physikalischen Thatsachen auf, wo und wie sie dieselben fanden, sie haben nicht daran gedacht eine Methode anzugeben, wie man zu solchen Thatsachen sicher gelangt, sich nicht bemüht diese Thatsachen und das aus ihnen Abgeleitete durch neue Beobachtungen zu verificiren, und nicht versucht durch planvoll unter gewissen Bedingungen angestellte Beobachtungen die Complication der Erscheinungen aufzulösen und so ihren Erklärungen den rechten Grund zu geben. Wir können in kurzer Formel sagen: Das Experiment ist's, was die neue Physik von der alten trennt; die Erläuterungen zu diesem Satze werden die folgenden Abschnitte geben.

1.

Erster Abschnitt der Physik des Alterthums.

Von 600 bis 300 v. Chr.

———

Physik als reine Naturphilosophie.

Die ersten Physiker sind griechische Naturphilosophen, welche das alte Problem von der Entstehung der Welt und von den Veränderungen in derselben nicht mehr in übersinnlich mythologischer Weise, sondern auf natürlichem Wege lösen wollen. Sie suchen nach den Principien aller Dinge, d. h. nach der Materie, aus der Alles entstanden, und nach dem Agens, das alle Veränderungen bewirkt, und hoffen so in kindlichem Vertrauen das Räthsel mit einem Male aus der Welt zu schaffen. Das Unternehmen ist hoffnungslos, aber verlockend. Trotz der vielen Fehlschläge kommen auch heutzutage noch kühne Philosophen auf den Gedanken den Knoten mit einem Schlage zu durchhauen, und noch immer trägt ihnen die Menge hoffnungsvoll ihre Sympathien entgegen. Für die Wissenschaft der Alten hatte das hohe Ziel den directen Nutzen, dass es das Interesse für die Natur mächtig belebte, aber auch den directen Schaden, dass es von dem richtigen Wege ablenkte, welcher von der Betrachtung des Einzelnen zur Erklärung des Ganzen führt.

Der griechische Geist war mächtig in seiner Kraft Hypothesen zu bilden, so mächtig, dass es fast scheint, als habe er alle möglichen Voraussetzungen zur Erklärung der Welt erschöpft, und dass es möglich gewesen ist alle unsere neueren Hypothesen an jene verfehlten Versuche der Alten anzuknüpfen. Ich denke hier nicht an Ideler, der bei Aristoteles die Undulationstheorie des Lichtes findet, nicht an Schweigger, der aus der Mythe von den Dioskuren die vollständige Kenntniss der Alten von den beiden Arten der Elektricität constatirt u. a.; ich erinnere nur an die Lehre der Pythagoreer von der Bewegung der Erde und an die Atomistik des Demokrit. Trotz alle dem sah man auch im Alterthum ein, dass die Naturphilosophie das nicht zu leisten vermochte, was sie versprochen, und es erfolgte eine zweifache Reaction. Die Philosophie wandte sich von der Natur ab, und wurde auf der einen Seite zum Skepticismus, der in den Sophisten alle Erkenntniss für unmöglich erklärte, auf der anderen Seite zur Idealphilosophie, welche die Beobachtung der Natur verachtete. Plato, ein begeisterter Freund der reinen Mathematik, will nicht einmal von der praktischen Astronomie etwas wissen, denn er sagt: „Die wahren Astronomen rechne ich allerdings zu den weisen Männern, aber nicht die, welche wie Hesiod und alle anderen ihm gleichen Astronomikaster diese Wissenschaft dadurch betreiben wollen, dass sie den Auf- und Untergang der Gestirne und dergleichen mehr beobachten, sondern vielmehr diejenigen, welche die acht Sphären des Himmels und die grosse Harmonie des Weltalls erforschen, was allein dem Geiste des von den Göttern erleuchteten Menschen würdig und angemessen ist."

Doch konnte der griechische Geist, der für alles Natürliche so reges Interesse hatte, nicht lange der Natur fern bleiben. Schon in dem grössten Schüler des Plato, in Aristoteles, kehrte er mit erneuter Kraft zu ihr zurück; zwar noch immer mit der alten Prätension das Weltganze aus den Principien zu erklären, aber doch schon in viel stärkerer Weise als früher auf die Benutzung der Erfahrung bedacht. In Aristoteles feiert die griechische Naturphilosophie ihren grössten Triumph, mit ihm endet aber auch die Alleinherrschaft der Philosophie in der Naturwissenschaft. Seine Nachfolger sind wenig schöpferisch thätig, sie begnügen sich damit die vorhandenen Theorien weiter auszubilden und zu erklären, die ganze Naturphilosophie wird nach und nach stagnirend und endet in einer reinen Commentatorik der alten Schriftsteller. Dafür greift nun eine neue Wissenschaft, die Mathematik, in die Entwickelung der Physik ein. Die Schulen der Pythagoreer und Platoniker vorzüglich hatten die Mathematik so kräftig ausgebildet, dass die Mathematiker sich von den Philosophen emancipiren und sogar zur Anwendung der Mathematik andere wissenschaftliche Gebiete erobern konnten. Trotz des Protestes von Plato, der die angewandte Mathematik als eine Verfälschung der reinen Wissenschaft ansieht, wird dieselbe schon für die Astronomie benutzt, und bald nach Aristoteles beginnt auch ihre Anwendung auf physikalische Probleme, und damit die zweite Periode der griechischen Physik.

640 bis 550 v. Chr. Thales. Thales von Milet, der erste Physiker der Griechen, einer der sieben Weisen Griechenlands und Gründer der ionischen Philosophenschule, soll noch in höherem Alter, des Studiums ägyptischer Weisheit wegen, nach Aegypten gegangen und um 550 als Zuschauer bei den olympischen Spielen aus Altersschwäche gestorben sein. Seinem berühmten Ausspruch „Das Princip aller Dinge ist das Wasser, aus Wasser ist Alles und in Wasser kehrt Alles zurück", wird von Aristoteles zugefügt, dass er wahrscheinlich darauf gekommen sei durch die Beobachtung, dass die Nahrung vor Allem und der Same seiner Natur nach feucht sei. Lewes weist in seiner Geschichte der Philosophie darauf hin, dass dieser Ausspruch mit der Theogonie des Hesiod stimmt, wo Okeanos und Thetis als Eltern aller Götter betrachtet werden, die ein Verhältniss zur Natur haben. Draper macht in seiner Geschichte der geistigen Entwickelung Europas darauf aufmerksam, dass eine solche Lehre am ersten in Aegypten entstehen konnte, einem Lande, dessen Fruchtbarkeit nur von den Gewässern des Nils abhängt.

Aristoteles schreibt noch dem Thales die Kenntniss von der Anziehungskraft des Magneten zu, und Andere behaupten sogar, dass er auch die Anziehungskraft des geriebenen Bernsteins gekannt habe. Damit sind wir mit den physikalischen Kenntnissen des Thales, so weit wir sie kennen, zu Ende.

Was seine astronomischen Entdeckungen anbetrifft, so wird wohl nie entschieden werden, wieviel davon seinen Lehrern, den Aegyptern, wieviel ihm selbst, und wie viel seinen Nachfolgern angehört, denn weder von ihm noch von seinen directen Nachfolgern ist uns ein Werk überliefert, und was wir von ihm hören, rührt Alles aus späterer Zeit her. Zugeschrieben werden ihm: Die Eintheilung des Himmelsgewölbes in fünf Zonen, die Entdeckung der Schiefe der Ekliptik, die Messung der scheinbaren Grösse des Mondes auf den 720. Theil des ganzen Kreises, die Lehre von der Kugelgestalt der Erde und ihrer Ruhelage im Mittelpunkt der Welt. Sicher ist, dass er die Sonnenfinsterniss des Jahres 585 v. Chr.[1]) vorhersagte, wozu er wahrscheinlich die von den Babyloniern,

---

[1]) Die Astronomen Airy und Hind haben berechnet, dass dieselbe am 28. Mai stattfand.

aus langjährigen Beobachtungen abgeleitete Periode der Finsternisse von 6585½ Tagen (Saros genannt) benutzte.

Lewes bestreitet eine Anwesenheit des Thales in Aegypten und bezweifelt überhaupt, dass er Kenntnisse von dorther erhalten. Die Philosophie könnte wohl in Thales ihren alleinigen Ursprung haben, dagegen ist nicht recht glaublich, dass er ohne alle Vorarbeiter in Mathematik und Astronomie so viel Kenntnisse erlangt, als das Alterthum ihm zuschreibt. Jedenfalls spricht gegen Lewes, dass ungefähr um 670 durch Psammetich Aegypten den Fremden geöffnet wird und noch am Ende desselben Jahrhunderts in Griechenland drei neue Wissenschaften, die Philosophie, die Astronomie und die Mathematik auf ein Mal durch einen Mann ihre Geburt feiern [1]).

Der Nachfolger des Thales, als Vorsteher der ionischen Schule, soll **Anaximander**, ebenfalls aus **Milet**, gewesen sein. Anaximander setzt als das Princip aller Dinge einen **qualitativ unbestimmten**, unendlichen Urstoff, aus dem sich zuerst die elementaren Gegensätze warm und kalt, trocken und feucht abscheiden. Aus dem Feuchten hat sich die Erde gebildet, und aus dem Feuchten entwickeln sich stufenweis, unter Einfluss der Wärme, Pflanzen und Thiere, so dass alle Thiere zuerst fischartig sind und erst mit dem Trockenwerden des Landes andere Gestalt annehmen.

Der zweite Nachfolger des Thales, **Anaximenes aus Milet**, kehrt wieder zu einem qualitativ bestimmten, dafür aber nach seiner Meinung quantitativ unendlichen Urstoff zurück, das ist die Luft. Aus der Luft entstehen alle Körper; denn durch Verdichtung wird die Luft zu Wasser und dieses zu Erde, und durch Verdünnung entsteht aus der Luft auch das Feuer. Luft athmen alle Geschöpfe ein, von ihr leben sie und in dieselbe kehren sie zuletzt zurück. Bei aller Verschiedenheit haben die älteren Naturphilosophen der ionischen Schule doch das Gemeinsame, dass sie **einen Urstoff annehmen, der sich in alle anderen Stoffe verwandelt und aus dem sich Alles entwickelt**. Dieser **Entwickelungsgedanke** ist hier um so mehr charakteristisch, als er bald in einer anderen, der Eleatischen Schule, seinen Gegensatz findet.

Ueber die astronomischen Verdienste der beiden letzten Philosophen herrscht dieselbe Unklarheit wie bei Thales. Einige schreiben ihnen eine Menge astronomischer Entdeckungen zu, die wahrscheinlich nur durch sie von den Aegyptern oder Chaldäern übernommen sind; dahin gehören: Die **Erfindung der Gnomen** (feststehender senkrechter Säulen auf horizontaler Ebene, durch deren Schatten man den Mittag bestimmte), die damit zusammenhängende Erfindung der **Sonnenuhren**, die **Construction von Sphären** (Kugeln, auf denen

---

[1]) Auch Cantor nimmt in seinen „Vorlesungen über Geschichte der Mathematik" einen Aufenthalt des Thales in Aegypten als wahrscheinlich an.

Circa 550
v. Chr.
Anaximenes. die astronomischen Kreise verzeichnet sind) und die Verfertigung von
geographischen Karten. Andere sprechen den älteren Ioniern
überhaupt jede gesunde Kenntniss der physischen Astronomie ab, und
finden bei ihnen noch die scheibenförmige oder cylindrische
Erde, die Thales auf Wasser, Anaximenes auf Luft schwimmen lässt,
und das krystallene Himmelsgewölbe, an welchem die Sterne wie goldene
Nägel befestigt sind.

Ca. 582 bis
500 v. Chr.
Pythagoras. **Pythagoras aus Samos** soll Schüler von Thales oder Anaximander, oder wenigstens mit beiden bekannt gewesen sein. Nach
grossen Reisen, vorzüglich in Aegypten [1]), gründete er zu Kroton am
Busen von Tarent eine Schule, und stiftete dort einen philosophisch
politischen Geheimbund. In diese Gesellschaft der Pythagoreer wurde
Niemand ohne lange und strenge Prüfungen aufgenommen. Fünf Jahre
war der Neuling zum Schweigen verdammt, und erst wenn seine Kraft
der Selbstverläugnung genügend erprobt war, wurde er in das Heiligthum
der Wissenschaft und damit in den Bund eingeführt. Trotzdem verbreitete sich dieser mit grosser Schnelligkeit, er erlangte die politische
Herrschaft zu Kroton und vielen Städten Grossgriechenlands, aber erregte
auch dadurch den Argwohn und Neid der Gegenparteien so sehr, dass
in heftigen Aufständen die Pythagoreer bekämpft und ihre Macht gebrochen wurde. Pythagoras selbst ist nach Einigen bei diesen Un-
ruhen umgekommen, nach Anderen aber als Flüchtling zu Metapontum
den freiwilligen Hungertod im Tempel der Musen gestorben.

Die Natur des Geheimbundes bringt es mit sich, dass nur wenig
Zuverlässiges über die Lehren des Pythagoras und seiner Schule
bekannt geworden ist; unsere Nachrichten über die Pythagoreer stammen
alle aus späteren Zeiten und sind unsicher, dunkel und stark mit Fabeln
gemischt. Nach Allem, was wir hören, gehen ihre Speculationen weniger auf den Urstoff als auf die Ordnung aller Dinge, ihre Zahl
und ihr Maass. Aristoteles, der immer beflissen ist die Meinungen
seiner Vorgänger zu wiederholen, erzählt, dass sie in den Zahlen mehr
als in Feuer, Erde und Wasser die Analogien mit Allem, was existirt
und entsteht, zu entdecken geglaubt und geschlossen hätten, die Elemente der Zahlen wären die Elemente der Dinge. Diese Meinung
trieb sie natürlich an, überall in der Natur nach Zahlengesetzen zu
suchen und Alles nach solchen Gesetzen zu ordnen, veranlasste sie aber
auch den einzelnen Zahlen selbst Eigenschaften, wie Vollkommenheit,
Unvollkommenheit, Endlichkeit und Unendlichkeit etc. beizulegen. Dadurch kamen sie schliesslich zu jener mystischen Zahlenlehre, die später
mit Astrologie verbunden, bis ins Mittelalter herein nachgewirkt hat.
Die Pythagoreer haben für die Physik weniger Verdienst als man
ihrer mathematischen Richtung nach erwarten sollte, ihre Philosophie

---

[1]) Cantor, Geschichte der Mathematik, hält einen Aufenthalt des Pythagoras in Aegypten für sicher, in Babylonien für wahrscheinlich.

war mathematisch, aber auf ihre Mathematik wirkten mystische Elemente zu stark ein.

Nur ein physikalisches Gesetz ist sicher auf sie zurückzuführen, doch wird auch hier die Art der Entdeckung fabelhaft falsch angegeben. Pythagoras hörte in einer Schmiede mehrere Gesellen ein Stück glühendes Eisen schmieden, und bemerkte, dass alle Hämmer harmonische Töne, nämlich die Octave, die Quinte und die Quarte anschlugen. Er trat in die Schmiede und fand, dass die Verschiedenheit der Töne von dem verschiedenen Gewichte der Hämmer herrührte, dass nämlich der leichteste Hammer $1/2$, der nächste $2/3$ und wieder der nächste $3/4$ von dem Gewichte des schwersten wog. Zu Hause angekommen, hing er vier Schnüre von gleicher Stärke auf, und an dieselben Gewichte im Verhältniss jener Hämmer, diese Schnüre gaben beim Anschlagen dieselben Intervalle, wie die Hämmer in der Schmiede, und Pythagoras hatte so die harmonischen Intervalle auf Zahlenverhältnisse zurückgeführt. Dies letztere ist nach dem Zeugniss der Alten wohl richtig, denn es spielen die harmonischen Verhältnisse bei den Pythagoreern eine grosse Rolle, aber die Erzählung selbst ist jedenfalls unwahr. Erstens giebt der Ambos bei verschiedenen Hämmern, wie die Glocke bei verschiedenen Klöpfeln, immer denselben Ton, und zweitens bringen die Saiten jene Intervalle nur hervor, wenn ihre Längen, nicht wenn die spannenden Gewichte in jenem Verhältniss stehen [1]). Die Sache scheint in Bezug auf die Saiten nur entstellt zu sein, denn Andere gaben in der That an, dass die Pythagoreer den Zusammenhang zwischen den harmonischen Intervallen und den Saitenlängen richtig erkannt und dadurch für einen Theil der Akustik, die Harmonik, die wissenschaftliche Grundlage gelegt hätten; ja es wird an Pythagoras getadelt, er habe nur Octave, Quinte und Quarte als Consonanzen anerkannt, die so wohlklingende Terz aber verworfen, weil das ihr correspondirende Zahlenverhältniss zu complicirt sei.

Die erste Schrift aus den Kreisen der Pythagoreer selbst stammt von Philolaus, einem Zeitgenossen des Sokrates (470 bis 399). Von seinem Werke sind leider nur noch Fragmente vorhanden, deren Echtheit nicht einmal zweifellos ist. Durch diese Fragmente erhalten wir ziemlich klare Nachrichten über das Weltsystem der Pythagoreer. Sie lehrten (wenn wir die Ansprüche der Ionier nicht gelten lassen) zuerst die Kugelgestalt der Erde, „aber nicht aus mathematischer Ueberzeugung, sondern aus geometrischen Schicklichkeitsgründen, weil sie, in der Schöpfung immer nach dem Vollendeten suchend, der Erde die vollkommenste Körperform zutrauten". In die Mitte des Weltalls setzten sie den reinsten aller Stoffe, das Feuer, um dieses Centralfeuer bewegten sich in harmonischen Abständen die Gegenerde, die Erde, der Mond, die Sonne, Merkur, Venus, Mars, Jupiter, Saturn

---

[1]) Lewes, Geschichte der Philosophie. Poggendorff, Geschichte der Physik.

und die Sphäre der Fixsterne. Da die bewohnte Erdhälfte immer
vom Centralfeuer und der Gegenerde abgewandt blieb, so waren
beide für den Menschen nicht sichtbar, die Sonne indessen und der
Mond strahlten ihnen das Abbild des Centralfeuers zu. Mit Aristoteles
hat man den Pythagoreern bis jetzt vorgeworfen, dass sie die Gegenerde
nur construirt, um die mystische Zehnzahl an Weltsphären zu erhalten.
Peschel (Geschichte der Geographie) macht darauf aufmerksam,
dass in Folge der Strahlenbrechung die leuchtende Sonne und der ver-
finsterte Mond einander sichtbar gegenüber stehen können (bei sogenannten horizontalen Finsternissen), in welchem Falle, ohne Kenntniss der
Refraction, die Verfinsterung des Mondes nicht erklärt werden kann,
und er meint die Pythagoreer hätten für die Erklärung der Finsternisse
Centralfeuer und Gegenerde angenommen. Gleichzeitig mit Philolaus lehrte
der Pythagoreer Hiketas aus Syrakus dasselbe Weltsystem. Ueber
Plato's Ansicht ist viel und ohne sicheres Endergebniss gestritten worden,
ein Schüler des Plato, Heraklides von Pontus und Ekphantus, ein
Pythagoreer, rückten die Erde wieder in den Mittelpunkt der Welt und
erklärten die Umdrehung der Fixsternsphäre durch eine Achsendrehung
der Erde. Ein eigentlich heliocentrisches System ist erst durch Aristarch
aufgestellt worden.

Die dritte der altgriechischen Philosophenschulen, die eleatische,
die mit Xenophanes (569 bis 477) beginnt und in Parmenides ihren
Höhepunkt erreicht, wendet sich direct gegen die Entwickelungs-
lehre der Ionier, indem sie ein einziges, unwandelbar Seiendes
annimmt, und alles Werden und alle Vielheit für blossen Schein erklärt. Die Eleaten haben für uns nur insofern ein Interesse, als sie die
nachfolgenden, sogenannten jüngeren Naturphilosophen beeinflussen,
welche entgegen den Ioniern eine Unwandelbarkeit der Urstoffe,
aber auch den Eleaten gegenüber, eine Vielheit der Elemente annahmen.

Der erste dieser jüngeren Naturphilosophen ist Anaxagoras aus
Klazomenä in Lydien. Der Ehrgeiz trieb ihn früh von seiner Geburtsstadt nach Athen, wo er sich ganz dem Studium der Philosophie widmete,
aber dabei die Verwaltung seines Vermögens so vernachlässigte, dass er
von sich sagen durfte: „Der Philosophie verdanke ich meinen weltlichen
Ruin, aber das Glück meiner Seele." Später zählte er die berühmtesten
Männer Athens, wie Perikles, Euripides, Sokrates zu seinen Schülern, zog
sich aber vielleicht gerade dadurch soviel Neider zu, dass er wegen Gott-
losigkeit zu Tode verurtheilt und nur durch die Bemühungen des
Perikles mit Verbannung begnadigt wurde. Er lebte bis zu seinem
Tode in Lampsakus, getröstet in dem Gedanken: „Nicht ich habe die
Athener, die Athener haben mich verloren." Die Lampsakener errichteten
ihm ein Denkmal mit der stolzen Inschrift: „Anaxagoras ruht allhier; er ist
zu der Wahrheit äusserstem Ziele gelangt, findend die Ordnung der Welt."

Die Hauptschrift des Anaxagoras führte den Titel „Von der Natur" [1]), 500 bis 428 v. Chr. doch sind nur einige Bruchstücke auf uns gekommen. In ihr wendet er Anaxagoras. sich gegen die Umwandlung des Stoffes bei den Veränderungen der Dinge, und erklärt diese Veränderungen nur als ein Verbinden und Trennen unsichtbar kleiner Theile der Materie. „Mit Unrecht nehmen die Griechen an, dass irgend etwas beginnt oder aufhört, denn Nichts tritt ins Sein oder wird zerstört, sondern Alles ist eine Zusammenstellung oder Aussonderung von Dingen, die schon vorher existirten; das Richtige wäre vielmehr das Entstehen als Zusammensetzung und das Vergehen als Trennung zu bezeichnen." Der unsichtbar kleinen Theilchen (σπέρματα, Samen, nannte sie Anaxagoras, ὁμοιομέρειαι nennt sie später Aristoteles) giebt es unendlich viele, sie sind alle unvergängliche und unveränderliche Urstoffe, an Gestalt, Farbe und Geschmack von einander verschieden; denn jeder Stoff hat seine besonderen, unter sich gleichartigen Elemente, das Feuer, das Gold, das Blut, die Knochen u. a. m. Ursprünglich waren diese Elemente ungeordnet untereinander gemischt, die Welt entstand erst dadurch, dass der Νοῦς, d. i. der Geist, die Vernunft, die unsichtbar kleinen Theilchen ordnete und verband. Die Stellung des Νοῦς ist dunkel, er ist das bewegende Princip, die Kraft im Gegensatz zur Materie, doch denkt sich wohl Anaxagoras einfachere Bewegungen auch durch die Materie allein ausgeführt, wenigstens werfen Plato und Aristoteles dem Anaxagoras vor, er gebrauche den Νοῦς nur als Aushülfsmaschine, wenn keine andere Erklärung mehr gelingen wolle.

Eine Stelle aus dem Phaedo des Plato, die dieser dem Sokrates in den Mund legt, ist so charakteristisch, dass wir sie hier wiedergeben: „Ich hörte einmal Jemand aus einem Buche vorlesen, das, wie er sagte, von Anaxagoras war. Als er nun vortrug, die Vernunft ordne und bewirke Alles, war ich über diese Ursache höchlich erfreut, und dachte, es wäre etwas Vortreffliches, wenn die Vernunft die Ursache von Allem wäre. — So dachte ich bei mir und freute mich schon, in Anaxagoras einen Lehrer gefunden zu haben, der mich über die Ursachen der Dinge, wie ich mir's vorstellte, unterrichten würde, und dass er mich zuerst lehren würde, ob die Erde flach oder rund sei, und dann die Ursache warum es so sei, indem er zu dem Zwecke zeigte, welches das Beste sei, und dass es besser für die Erde sei so zu existiren. Und wenn er sagte sie läge in der Mitte, so würde er auch noch zeigen, dass diese Lage für sie die beste sei, und wenn er mir dies klar machte, so war ich geneigt nach keiner anderen Ursache zu fragen. — Aber diese herrliche Hoffnung, mein Freund, musste ich aufgeben, als ich beim Lesen fand, dass er gar keinen Gebrauch von der Vernunft machte, noch richtige Ursachen angab, um das Einzelne ordentlich einzurichten, sondern vielmehr die Luft, den Aether, das Wasser und viele andere unpassende Dinge als die Ursachen der Dinge aufstellte."

---

[1]) περὶ φύσεως.

Merkwürdig und in ihrem Ursprunge noch nicht aufgeklärt sind die Meinungen des Anaxagoras vom Weltgebäude. In der Mitte des Weltalls ruht die Erde, Sonne und Sterne sind glühende Steinmassen, die nur durch den Umschwung des Himmelsgewölbes an dem Herabfallen gehindert werden, die Sonne ist weit grösser als der ganze Peloponnes, auch der Mond ist so gross, dass Berge und Thäler auf ihm existiren, sein Licht erhält er von der Sonne.

Die Trüglichkeit der Sinnesempfindung hatten schon die Eleaten behauptet, Anaxagoras schreibt die Farben der Körper nur unserer Empfindung zu, und um das recht derb zu zeigen, stellt er das Paradoxon auf, der Schnee sei schwarz.

Empedokles aus Agrigent, ein jüngerer Zeitgenosse des Anaxagoras, schliesst sich theilweise an diesen an. Er sagt in seinem Lehrgedicht „Die Natur": „Thoren denken, es könne zu sein beginnen, was nie war; oder es könne was ist, vergehen und gänzlich verschwinden. Jetzt will ich Euch noch weiter die Wahrheit enthüllen, von Natur giebt's keine Geburt des Sterblichen, keine vollkommene Vernichtung, Nichts als lauter Gemisch und wieder Trennen der Mischung. Und dies nennen dann Tod und Geburt unwissende Menschen." Die Grundlage dieser Veränderungen aber bilden nicht wie bei Anaxagoras unendlich viele Urstoffe, sondern nur die vier Elemente oder „Wurzeln", Erde, Wasser, Luft und Feuer, die unwandelbar sind, und weder aus einander entstehen noch in einander übergehen können, und durch deren Mischen und Trennen alle Dinge entstehen. Die Bewegung der Elemente geschieht durch zwei entgegengesetzte Kräfte, die Liebe und den Hass. „Bald stürzt Alles in Liebe als Eins sich zusammen und bald auch trennt von einander das Einzelne sich in feindlichem Hasse." In den verbindenden und trennenden Kräften des Empedokles, der Liebe und dem Hass, hat man schon die Centrifugal- und Centripetalkraft sehen, oder dieselben doch mit der Schwere und Leichtigkeit der Körper bei Aristoteles verbinden wollen. Beides mit Unrecht, denn Empedokles hat wohl die eine, Alles bewegende Kraft, wie sie bei Anaxagoras auftritt, nur darum in zwei Kräfte zerlegt, weil er nicht annehmen mochte, dass eine Kraft zwei ganz entgegengesetzte Bewegungen hervorbringen könne.

Die Sinneswahrnehmung erklärt Empedokles durch äusserst feine Ausströmungen aus den Körpern und durch Poren in den Sinnesorganen, die von den Ausströmungen, je nach ihrer Gestalt, Verschiedenes aufnehmen. Von den leuchtenden Körpern gehen Ströme zum Auge und von diesen auch Ströme zu den Körpern, durch das Zusammentreffen beider Ströme entsteht das Bild. Die Töne entstehen durch das Einströmen in den trompetenartigen Gehörgang, auch Geruch und Geschmack entstehen durch Eindringen feiner Theilchen in die betreffenden Organe.

Von dem Leben des Empedokles wissen wir nur wenig Bestimmtes. 492 bis 432 v. Chr. Empedokles. Er soll späteren Nachrichten zu Folge sich in der Rolle eines Wunderthäters und Propheten gefallen haben und gern in priesterlichen Gewändern, einem goldenen Gürtel und der delphischen Krone und mit einem zahlreichen Gefolge von Zuhörern erschienen sein. Horaz sagt: „Empedokles sprang kaltblütig hinab in des Aetnas glühenden Schlund, um ein Gott, ein unsterbliches Wesen zu heissen", — aber die Sage erzählt weiter, der Berg habe die eisernen Sandalen wieder ausgespieen, und so das Verschwinden des angeblichen Gottes erklärt.

Demokrit von Abdera wird meist mit seinem älteren Freunde und 400 bis 370 oder 360 v. Chr. Demokrit. Lehrer Leukipp zusammen genannt. Leukipp soll das System der Atomistik, das Demokrit entwickelte und begründete, schon um 500 aufgestellt haben. Nach diesem System besteht die Welt nur aus dem leeren Raum und unendlich vielen, untheilbaren, unsichtbar kleinen Körperchen, den Atomen, die nicht qualitativ wie bei Anaxagoras, sondern nur durch Gestalt, Lage und Ordnung unter sich verschieden sind. Nur durch Verbinden und Trennen der Atome entstehen und vergehen die Körper, denn aus Nichts wird Nichts und Nichts, was ist, kann vergehen. Die Bewegung der Atome geschieht nicht durch eine äussere, von ihnen unabhängige, sondern durch eine, ihnen von Anfang inne wohnende Kraft. Es sind an sich nämlich die Atome in ewiger Fallbewegung durch den unendlichen Raum, bei dieser Bewegung fallen die grösseren Atome schneller als die kleinen, prallen dadurch auf diese und erzeugen Seitenbewegungen und Wirbel, durch welche sich die Atome zu Körpern zusammenballen, diese Wirbel werden die Anfänge der Weltbildung. Für den vielbestrittenen leeren Raum führt Demokrit (dem Aristoteles zu Folge) an: Die Möglichkeit der Bewegung im Raume, die Möglichkeit der Verdünnung und Verdichtung von Körpern, das Wachsthum der Körper, das auf dem Eindringen der Nahrung in die leeren Stellen der Körper beruht, und zuletzt merkwürdigerweise die falsche Beobachtung, dass ein mit Asche gefülltes Glas nicht so viel Wasser weniger fasse, als das Volumen der Asche beträgt.

In Betreff der Sinnesempfindungen huldigt Demokrit derselben Ansicht wie Empedokles, nur setzt er sich in Bezug auf das Sehen noch schärfer der herrschenden Meinung entgegen, nach der dasselbe von Strahlen bewirkt wurde, die von dem Auge nach dem Körper gingen und denselben gleichsam betasteten. Er sagt vielmehr bestimmt, dass das Sehen durch das Auftreffen kleiner Atome auf das Auge bewirkt werde, die von dem leuchtenden Gegenstande ausgingen; er denkt sich recht anschaulich, dass die Gegenstände fortwährend Abbilder ($\varepsilon\check{\iota}\delta\omega\lambda\alpha$) von sich abwürfen, die sich der umgebenden Luft beimischten, und so in die Seele, durch die Poren der Sinnesorgane, eindrängen. Die Emissionstheorie des Lichtes hat diese Idee bis in die Neuzeit herauf dazu benutzt, die Umkehrung der Bilder bei der Spiegelung zu erklären.

Demokrit verwandte sein bedeutendes Vermögen zu grossen Reisen in Aegypten und Asien, so dass er von sich rühmen konnte: „Ich habe unter meinen Zeitgenossen den grössten Theil der Erde bereist, habe nach dem Entlegensten geforscht, die meisten Himmelsstriche und Länder gesehen, die meisten gelehrten Leute gehört, und in der Zusammenstellung von Linien mit den dazu gehörigen Beweisen hat mich keiner übertroffen, auch nicht die Feldmesser bei den Aegyptern, mit denen ich im Ganzen fünf Jahre lang in der Fremde verkehrt habe." Nach diesen Reisen verlebte er seine Zeit, von allen Geschäften zurückgezogen, in seiner Vaterstadt. Von seinen sehr zahlreichen Schriften sind uns nur unbedeutende Bruchstücke erhalten.

Von Anaxagoras durch Empedokles bis Demokrit zeigt sich ein stetiger Fortschritt der mechanischen Welterklärung. Nimmt Anaxagoras noch Qualitätsunterschiede der Elemente an und lässt noch einen göttlichen Geist, wenn auch ziemlich mechanisch die Bewegung bewirken, so sind die Qualitäten bei Empedokles schon auf vier reducirt, und die eine göttliche Kraft schon in zwei ganz mechanisch wirkende zerspalten, bis dann bei Demokrit aller Qualitätsunterschied der Atome, und auch jede Kraft ausserhalb der Atome aufgehört hat. Damit ist in Demokrit ein Höhepunkt der mechanischen Welterklärung erreicht, dem sich aber bald in Aristoteles die teleologische Welterklärung wieder mit grosser Autorität entgegensetzt. Aristoteles wendet sich direct gegen die Atome und den leeren Raum, trotzdem aber führen die Epikureer und etwas abgeschwächt auch die Stoiker die atomistische Welterklärung weiter, bis dann in der Physik der Neuzeit die Atomistik die fast unbestrittene Alleinherrschaft erlangt, allerdings nicht mehr ganz in der alten Form, aber doch noch deutlich die alten Demokritischen Züge tragend.

Meton und Euktemon verbessern den griechischen Kalender. Sie finden nämlich, dass 19 Jahre der Zeit nach gleich 235 Mondumläufen (synodischen Monaten) sind, und vertheilen darum, nach einem ziemlich complicirten System 6940 ($365\frac{1}{4}.19$) ganze Tage auf 19 Jahre. Hierdurch bewirkten sie, dass mit jedem neuen Jahre auch der Mond nahezu wieder dieselbe Lichtphase zeigte, und dass also die Zeiteintheilung mit Sonnen- und Mondlauf in Uebereinstimmung blieb; eine Forderung, welche die Griechen bis dahin vergeblich an ihren Kalender gestellt hatten. Die so erlangte Periode von 19 Jahren wird die Meton'sche genannt und die Ordnungszahl eines Jahres in dieser Periode führen wir heute noch in unseren Kalendern als goldene Zahl an. Doch war der Meton'sche Kalender mit einer starken Unrichtigkeit behaftet; selbst wenn wir das Jahr rund zu $365\frac{1}{4}$ Tag rechnen, ist die Periode von 3940 Tagen gegen den Sonnenlauf um 6 Stunden zu lang, und für den Mondlauf beträgt der Fehler sogar $7\frac{2}{3}$ Stunden.

Hundert Jahre später verbesserte darum Kalippos noch einmal den griechichen Kalender, indem er empfahl in der vierten Periode einen Tag auszuschalten. Die auf diese Weise hergestellte Periode von 4.19 = 76 Jahren wird die Kalippische Periode genannt. 433 v. Chr.
Meton und
Euktemon.

Plato's Physik (in dem Dialog Timäus enthalten) ist w e n i g b e - d e u t e n d. Die E r d e r u h t i m Mittelpunkt der Welt, die Planeten folgen in Abständen, die den harmonischen Verhältnissen der Töne entsprechen. Die Elemente des Feuers sind tetraedrisch, die der Luft octaedrisch, die des Wassers ikosaedrisch und die der Erde cubisch geformt. Diesen Elementen entsprechen vier Regionen, zu unterst ruht als das schwerste Element die Erde, dann kommen Wasser, Luft und Feuer. Jedes Element strebt seiner Region zu und die Körper folgen dem Antriebe des Elements, das in ihnen vorwiegt; wie der Stein zur Erde fällt, so steigen die feurigen Dünste empor. 429 bis 347
v. Chr.
Plato.

Zu gleicher Zeit mit Plato lebte der Pythagoreer **Archytas von Tarent**, der zuerst die Mechanik methodisch behandelt haben soll. Plato wirft ihm vor, dass er die M a t h e m a t i k z u r L ö s u n g m e c h a - n i s c h e r P r o b l e m e, und ebenso auch die M e c h a n i k z u r L ö s u n g g e o m e t r i s c h e r C o n s t r u c t i o n e n angewandt habe. Von anderer Seite wird ihm d i e E r f i n d u n g d e r R o l l e und d e r S c h r a u b e, wie auch die eines A u t o m a t e n, einer f l i e g e n d e n T a u b e, zugeschrieben. Genaueres erfahren wir leider über seine mechanischen Leistungen nicht. 430 bis 365
v. Chr.
Archytas.

Eudox von Knidos, ein Schüler des Plato, war der erste Astronom im Alterthum, der für d i e v e r w i c k e l t e n B a h n e n d e r P l a n e t e n eine w i s s e n s c h a f t l i c h e E r k l ä r u n g versuchte. Die Ionier und Pythagoreer nahmen für jeden Planeten eine Hohlkugel an, mit welcher derselbe sich um die Erde bewegte. Dabei konnten ihnen die Unregelmässigkeiten in dem Laufe der Planeten, das Fortrücken derselben auf der Sphäre, die einmal schnellere, das andere Mal langsamere Art dieses Fortrückens, endlich auch bei den oberen Planeten das gänzliche Rückläufigwerden, nicht entgehen. Trotzdem aber hielten sie an d e r F o r d e r u n g e i n e r g l e i c h f ö r m i g e n K r e i s b e w e g u n g aller Himmelskörper fest, weil nur eine solche des Himmels würdig erschien. Plato hatte seine Schüler zur Untersuchung des Problems aufgefordert, Eudox löste dasselbe mit ausserordentlichem Scharfsinn. Er nahm an, dass jeder Planet auf einer durchsichtigen Kugelschale befestigt sei, die mit ihren Polen drehbar in eine zweite concentrische Schale eingelassen, welche letztere auf ganz gleiche Weise wieder mit einer dritten verbunden u. s. w. Jede dieser Kugelschalen drehte sich gleichförmig in besonderer Richtung um ihre Achse und aus der Drehung aller zu einem Planeten gehörigen Schalen resultirte dann die eigentliche ungleichförmige Bewegung des auf solche Art mehrfach aufgehängten Planeten. Für jeden Planeten waren im Allgemeinen vier Kugelschalen nöthig, eine erste Schale für die tägliche Bewegung mit den Fixsternen, 408 bis 355
v. Chr.
Eudox.

eine zweite für die Veränderung der Länge, eine dritte für die Veränderung der Breite, und eine vierte, welche den Planeten rückwärts
führte. Für Sonne und Mond reducirte sich die Zahl der Kugelschalen
auf je drei, weil die letzte bei ihnen nicht gebraucht wurde, immerhin
blieb aber die stattliche Schaar von 26 Kugelschalen für die Bewegung
der Planeten, abgesehen von der Sphäre des Fixsternhimmels. Trotz der
Complicität der Hypothese fand dieselbe doch starken Anklang, selbst
Aristoteles und der schon erwähnte Kalippos zählten nicht blos zu ihren
Anhängern, sondern sogar zu ihren Verbesserern; Kalippos vermehrte
die Zahl der Kugelschalen auf drei und dreissig, und Aristoteles brachte
dieselbe bis auf fünf und fünfzig[1]).

   Eudox muss ein guter Beobachter gewesen sein, man erzählt
von ihm, dass er längere Zeit in Aegypten gelebt, und dort in Heliopolis
beobachtet habe; auf Knidos zeigte man noch lange nach seinem Tode
den Thurm, welcher ihm als Sternwarte gedient.

Aristoteles wurde zu **Stagira**, einer Stadt im nördlichen
Griechenland am **strymonischen Meerbusen**, geboren. Sein Vater
war der Arzt Nikomachus, der bald mit dem jungen Aristoteles nach
Pella an den Hof des makedonischen Königs Amyntas übersiedelte.
Dort lernte Aristoteles den nachmaligen König **Philipp** kennen und
gewann dessen Gunst, was später für ihn von so grosser Bedeutung
wurde. Doch kann er auch hier nicht lange geblieben sein, denn als
sein Vater starb, und ihm ein bedeutendes Vermögen hinterliess, zog
besonders der Ruf des Philosophen Plato den eben erst 17jährigen
Jüngling nach Athen. Dort blieb er bis zu Plato's Tode, fast 20 Jahre
lang, in dessen Umgebung, hielt sich danach einige Jahre bei dem
Herrscher von Atarneus, Hermeias, auf, der schon in Athen sein Zuhörer
gewesen, und heirathete dessen Adoptivtochter Pythias, als Atarneus in
die Hände der Perser gefallen und Hermeias ermordet worden war.
Von Mytilene, wohin er sich geflüchtet, folgte er dem Ruf des Königs
Philipp zur Erziehung seines damals 14jährigen Sohnes Alexander.
Nach der Aussage des Alexander „er ehre Aristoteles ebenso sehr wie
seinen Vater; denn wenn er dem Einen sein Leben verdanke, so verdanke er dem Anderen, dass er es werthvoll gemacht", muss das Verhältniss zwischen dem berühmten Lehrer und seinem grossen Schüler
ein sehr gutes gewesen sein. Doch dauerte dasselbe in dieser Weise
nur vier Jahre, bis Alexander den Thron bestieg. Drei Jahre blieb
Aristoteles danach noch in Makedonien, dann kehrte er, als Alexander
nach Persien gezogen war, wahrscheinlich 335, nach Athen zurück, und
gründete dort im Lykeion (einem Gymnasium) seine berühmte Philo-
sophenschule, die nach den schattigen Spaziergängen ($\pi\varepsilon\varrho\iota\pi\alpha\tau\iota$), in
denen Aristoteles gern seine Lehren vortrug, den Namen der peripate-

---

[1]) Zeitschrift f. Math. u. Phys. XXII. Jahrgang. Schiaparelli: Ueber die
homocentrischen Sphären des Eudoxus, Kalippus und Aristoteles.

tischen erhielt. 13 Jahre las er dort vor einer grossen Menge eifriger Zuhörer, dann erhob die antimakedonische Partei in Athen gegen ihn die Anklage wegen Frevels gegen die Götter, und Aristoteles verliess die Stadt, „weil er nicht wollte, dass seine Mitbürger sich zum zweiten Male[1]) an der Philosophie versündigten". Er wandte sich nach Chalkis in Euböa, wo er, kurze Zeit nach seiner Verbannung, im Jahre 322 starb.

Aristoteles war klein und schlank von Gestalt und soll in seinem Benehmen öfters geziert gewesen sein. In der Unterhaltung neigte er zum Sarkasmus, ob er aber die Aeusserung des Bacon von Verulam, „dass er wie ein orientalischer Despot alle seine Nebenbuhler strangulirte", wirklich verdient hat, ist mehr als zweifelhaft. Sein eigenes bedeutendes Vermögen, sowie die Unterstützung seines mächtigen Schülers, erlaubten ihm, eine bedeutende Bibliothek zu sammeln; diese Bibliothek kaufte Ptolemäus Philadelphus später für das Alexandrinische Museum an. Der eigene handschriftliche Nachlass des Aristoteles soll jedoch nicht mit abgegeben worden, sondern durch Sulla später nach Rom gekommen sein, wo Andronikus v. Rhodus um 70 v. Chr. wenigstens die rein wissenschaftlichen Schriften in der jetzt vorhandenen Form veröffentlichte. Die bedeutendste Ausgabe derselben wurde in den 30er Jahren dieses Jahrhunderts von der Akademie der Wissenschaften in Berlin veranstaltet und von Imm. Bekker besorgt. Wir geben zuerst eine Uebersicht über die physikalischen Ansichten des Aristoteles, um dann eine kurze Inhaltsangabe[2]) seiner hierher gehörigen Schriften folgen zu lassen.

Die Natur ist die Gesammtheit der mit Materie behafteten, in stetiger Bewegung oder Veränderung begriffenen Naturkörper. Jede Bewegung setzt Raum und Zeit voraus. Der Raum ist stetig mit Materie erfüllt, es giebt also weder einen leeren Raum, noch in demselben untheilbar kleinste Theilchen der Materie oder Atome. Im leeren Raum, als einer blossen Negation der Materie, ist keinerlei Ortsbestimmung, also auch keine Ortsverschiedenheit möglich, die Bewegung schliesst aber die Ortsverschiedenheit ein, mithin ist im leeren Raum auch eine Bewegung undenkbar.

Suchen wir die Principien der sinnlichen, d. h. tastbaren Dinge, so treffen wir nur auf vier Antithesen, die dem Gefühl wahrnehmbar sind und sich nicht aus andern ableiten lassen, nämlich nur auf heiss und kalt, trocken und feucht. Dies sind die Elementarqualitäten der Materie. Da die Gegensätze nicht vereinigt werden können, entstehen aus ihnen durch Combinationen zu zwei nur vier Elementarstoffe, nämlich das heisse und trockene Feuer, die heisse und feuchte Luft[3]), das kalte und feuchte Wasser und die

---

1) Sokrates. — 2) Grösstentheils nach Lewes: Aristoteles. Leipzig 1865. — 3) Die alten Physiker wissen weder die Luftarten unter sich, noch die Dämpfe von der Luft zu unterscheiden.

kalte und trockene Erde. Diese vier Stoffe sind potentiell oder actuell in allen Körpern enthalten, und können aus allen ausgeschieden werden. Umgekehrt aber sind sie nicht selbst wieder in andere Stoffe auflösbar, deshalb nennen wir sie Elemente. Die Elemente sind ihrer Natur nach schwer oder leicht. Erde ist das absolut schwere, Feuer das absolut leichte Element, Wasser und Luft sind nur relativ schwer oder leicht, je nach dem sie mit den andern Elementen in Wechselwirkung treten. Allen irdischen Körpern ist mit den Elementen, die sie enthalten, auch Schwere oder Leichtigkeit eigenthümlich. Alle Körper streben abwärts der Erde oder aufwärts dem Himmel zu, und bewegen sich so lange in diesen Richtungen, bis der Widerstand eines andern Körpers ihre Bewegung hindert. Die Bewegungen von oben nach unten, und von unten nach oben, sind also den irdischen Körpern natürlich, und dauern so lange fort, bis sie gewaltsam gehindert werden. Alle andern Bewegungen sind gezwungene oder gewaltsame, die nur durch einen Stoss oder Druck erzeugt werden können, und wie die Wärme von selbst erlöschen, wenn jener Druck aufhört. Die natürlichen gradlinigen Bewegungen der schweren und leichten Körper sind nicht gleichmässig und nicht unendlich und darum nicht vollkommen. Vollkommenheit ist nur der Kreisbewegung, die gleichförmig in derselben Weise bis in alle Ewigkeit fortgeht, zuzuschreiben. Diese vollkommenste Bewegung zu verwirklichen giebt es noch ein fünftes Element; dem, wie den irdischen Körpern die gradlinige, die Kreisbewegung natürlich ist; das ist der Aether, aus dem der Himmel besteht, die *quinta essentia*. Die Sphäre der Fixsterne, die sich ihrer Natur nach gleichmässig bis in alle Ewigkeit fortbewegt, besteht rein aus Aether; die Planeten sind schon mit irdischen Bestandtheilen vermengt, denn ihre Bewegungen entbehren der strengen Gleichförmigkeit.

Die Erde, aus dem schwersten Element bestehend, kann sich nicht bewegen, sondern ruht in der Mitte des Weltalls. Sie ist kugelförmig; die Wölbung der Erdoberfläche zeigt sich schon darin, dass bei Reisen nach Norden oder Süden die Sterne sich über den Horizont heben oder senken; und die Kugelgestalt ist dadurch vollkommen bewiesen, dass der Erdschatten bei Mondfinsternissen immer kreisförmig ist. Die Gestalt der Erde muss aus natürlichen Gründen sogar die einer Kugel sein, denn alle Körper streben gleichmässig nach ihrem Mittelpunkte als dem Centrum der Welt hin. Den Umfang der Erde giebt Aristoteles auf 400000 Stadien = circa 9970 geogr. Meilen an, also fast noch einmal so gross, als er in Wirklichkeit ist; wie er zu diesem Resultat kommt, ist unbekannt.

Von den frei fallenden Körpern weiss er, dass sie mit beschleunigter Geschwindigkeit fallen, aber das Gesetz der Beschleunigung kennt er natürlich nicht, auch weiss er Nichts davon, dass alle Körper im 384 bis 322 v. Chr. Aristoteles. luftleeren Raume gleich schnell fallen, sondern meint, die Geschwindigkeiten verschiedener Körper verhielten sich beim Fallen wie die Gewichte derselben; ein doppelt so schwerer Körper fiele also doppelt so schnell als ein einfacher. Das scheint immerhin merkwürdig, da Aristoteles den Widerstand der Luft kannte und die Verzögerung in dem Fallen einzelner Körper leicht von diesem Widerstand hätte ableiten können. Doch kennt Aristoteles bei den natürlichen Bewegungen keinen Trägheitswiderstand des Stoffes, und kann darum gar nicht auf den Gedanken kommen, dass ein solcher Widerstand die stärkere Schwere einer grösseren Menge compensiren und die Geschwindigkeit des freien Falls immer gleich erhalten muss. Mehr Schwierigkeiten als hier findet Aristoteles selbst bei den gewaltsamen Bewegungen der Körper, er wundert sich, wie es möglich ist, dass die Bewegung eines geworfenen Körpers noch fortdauert, nachdem derselbe die Hand verlassen. Schliesslich kommt er zu der Einsicht, dass, nachdem der geworfene Körper hinter sich einen leeren Raum gelassen, die Luft in diesen eindringt und dem Körper einen neuen Stoss ertheilt. Eine Erklärung, die, abgesehen von ihren sonstigen schlechten Eigenschaften, zu viel erklärt, und dann wieder in den mechanischen Problemen die Frage veranlasst: Wodurch kommt ein Wurfkörper schliesslich zur Ruhe?

Von mechanischen Maschinen wird die Wirkung des Hebels in richtiger Weise erklärt: „Mit einem grösseren Hebelarm kann man ein grösseres Gewicht heben, weil der grössere Hebelarm sich stärker bewegt", oder „eine in grösserer Entfernung vom Unterstützungspunkt angreifende Kraft bewegt ein Gewicht leichter, weil sie einen grösseren Kreis beschreibt". In diesen Worten ist nicht nur ein Beweis des Hebelgesetzes gegeben, sondern auch das Gesetz von der Erhaltung der Kraft angedeutet. Dass Aristoteles wenigstens eine Ahnung von diesem Gesetz hatte, folgt noch aus einer andern Stelle, wo er behauptet, dass Körper, bei denen die Producte aus Gewicht und Geschwindigkeit gleich sind, gleich viel wirken. Leider wird der gute Eindruck, den der richtige Satz von der Wirkung des Hebels hervorbringen müsste, verdorben durch eine weitläufige Untersuchung, in welcher der Philosoph sich nicht damit begnügt, beweisen zu können, dass der Hebel so wirken muss, wie' er behauptet, sondern noch weiter das ihm Wunderbare der Wirkung durch die ebenso wunderbaren Eigenschaften des Kreises zu erklären sucht.

Das Hebelgesetz ist der Glanzpunkt der aristotelischen Mechanik, fast alles Andere wird durch die unglückselige Annahme von absolut schweren und absolut leichten Elementen verdorben, die Mechanik der flüssigen Körper fast noch mehr, als die der festen. Aus dieser Annahme folgt, dass Wasser nicht gegen die Erde und Luft nicht gegen das Wasser schwer

sein, und dass also Wasser nicht auf Erde, und Luft nicht auf Wasser
einen Druck ausüben kann. Dadurch kommt es, dass Aristoteles, um
das Saugen zu erklären, den Abscheu der Natur vor dem leeren
Raume, den *horror vacui*, einführen muss, trotzdem er die Schwere
der Luft kennt, und dieselbe sogar zu wiegen versucht.

Akustische und optische Erscheinungen behandelt Aristoteles vorzüglich bei der Betrachtung der Sinne. Neben vielem Unver-
ständlichen und offenbar Unrichtigen, neben vielem rein dialektischen
Wortkram findet sich hier doch auch manches gut Beobachtete und
geistreich Scharfsinnige, so dass man diese Leistungen des Aristoteles für ungleich besser als seine mechanischen erklären
muss. Ein Ton entsteht nicht dadurch, dass der tönende Körper der
Luft, wie Einige glauben, eine gewisse Form eindrückt, sondern dass
er die Luft auf angemessene Weise in Bewegung setzt. Die
Luft wird dabei zusammengedrückt und auseinandergezogen, und durch
die Stösse des tönenden Körpers immer weiter fortgestossen, so dass sich
der Schall nach allen Richtungen ausbreitet. „Nicht der Stoss beliebiger
Körper ist Schall, aber die hohlen Körper erzeugen durch ihren Rück-
prall viele Stösse nach dem ersten, da es unmöglich ist, dass das in
Bewegung Gesetzte herausgehe. — Weder die Luft noch das Wasser
(wenn sich der Schall im Wasser fortpflanzt) sind des Schalles Ursache,
sondern es muss ein Stoss fester Körper gegen einander und gegen die
Luft erzeugt werden. — Die Luft selbst ist schalllos wegen der Verschieb-
barkeit ihrer Theile; wird dies Verschieben aber gehindert, so ist ihre
Bewegung Schall. Die Luft ist in den Ohren bis zum Unbeweglich-
werden eingeschlossen, damit man alle Verschiedenheiten der Bewegung
scharf fühle." „Das Echo entsteht, wenn die Luft von einer
Wand am Vordringen gehindert und gleich einem Ball zurückgeworfen wird."

Bei der Untersuchung des Sehens wendet sich Aristoteles wie
Demokrit gegen die Lehre von den Gesichtsstrahlen, die von
dem Auge ausgehen. „Wenn Sehen dadurch erzeugt wird, dass
das Licht vom Auge ausgeht, wie von einer Laterne, warum
können wir in der Dunkelheit nicht sehen? Zu behaupten, dass
das Licht verlösche, wenn es in die Dunkelheit käme beim Verlassen des
Auges, ist ungereimt." Die früheren Philosophen eigneten jedem Sinne
ein Element zu, dem Auge das Feuer; Aristoteles hält an der ersten Ansicht fest, glaubt aber, dass das Wasser an die Stelle des Feuers gesetzt
werden müsse. „Der sehende Theil ist als aus Wasser bestehend anzunehmen, der für Schalleindrücke empfängliche aus Luft, der Geruch aber
aus Feuer, der dem Gefühl dienende aus Erde; der Geschmack ist eine
Art von Gefühl. — Dass nun das Sehen aus Wasser sei, ist wahr; das
Sehen tritt aber nicht ein sofern es Wasser ist, sondern sofern es
durchsichtig ist; dies hat es mit der Luft gemein. Das Wasser erhält
und empfängt es aber besser als Luft; deshalb besteht die Pupille und

das Auge aus Wasser. — Die Psyche ist nicht auf der Oberfläche 384 bis 322 v. Chr. Aristoteles. des Auges sondern innerhalb; deswegen ist es nothwendig, dass das Innere des Auges durchsichtig sei und zum Aufnehmen des Lichtes geschickt." — Das Durchsichtige (wohl das Medium zwischen leuchtendem Körper und Auge) spielt eine grosse Rolle. Aristoteles macht ausdrücklich darauf aufmerksam, dass wir einen Gegenstand nicht sehen, wenn wir ihn direct auf das Auge legen. „Wenn etwas Feuriges im Durchsichtigen ist, so ist es Licht; ist es nicht vorhanden, so ist es Dunkelheit. Wie nun da bald Licht, bald Finsterniss ist, so entsteht in den Körpern das Weiss und Schwarz, diese können so nebeneinander stehen, dass sie wegen ihrer Unbedeutendheit unsichtbar sind, dann kann der Körper weder weiss noch schwarz erscheinen, und da er doch eine Farbe haben muss, so erscheint eine andere Farbe als weiss und schwarz, eine gemischte Farbe." Die Farben sind also nichts absolut Sehbares, sondern haften nur an dem Sehbaren und entstehen dadurch, dass das Licht durch Dunkeles gesehen und Licht und Dunkelheit gemischt werden. So erscheint das Licht der Sonne durch den Nebel roth, und der Regenbogen, welcher dadurch entsteht, dass die Sonne sich in dunkleren Wolken abbildet, zeigt alle Farben.

Die Wärme ist bei Aristoteles eine Elementarqualität, die vor allem dem Feuer als Element, aber mit diesem auch allen Körpern eigen ist. Da das Feuer seiner Natur nach immer aufzusteigen strebt, so erklärt sich dadurch die Verdampfung des Wassers, das Flüssigwerden der Körper u. ä. m. Wie nachtheilig aber das Fehlen genauer Messungen in der Physik ist, wie wenig Vernünftiges über Naturerscheinungen gesagt werden kann, wenn die verschiedenen Ursachen in ihren Wirkungen durch Beobachtungen nicht gesondert werden, zeigt gerade die folgende Stelle, welche sich auf die Wirkungen der Wärme bezieht. „Das siedende Wasser erwärmt mehr als eine Flamme, die Flamme aber verbrennt das Brennbare und schmilzt das Schmelzbare, das Wasser aber nichts. Es ist ferner das siedende Wasser wärmer als ein kleines Feuer, aber das warme Wasser kühlt schnell und mehr ab, als ein kleines Feuer. Denn Feuer wird nicht kalt, alles Wasser aber wird es immer. Ferner ist siedendes Wasser zwar in Bezug auf das Gefühl wärmer, es wird aber schneller kalt und fest als Oel. Ferner ist das Blut in Bezug auf das Gefühl wärmer als Wasser und Oel, es wird aber schneller fest. Ferner werden Steine, Eisen und dergleichen langsamer warm als Wasser; wenn sie aber erwärmt sind, so brennen sie mehr. Ausser diesem haben einige von den sogenannten warmen Dingen fremde Wärme, andere aber ihre eigene; es ist aber ein grosser Unterschied, ob etwas auf diese oder jene Weise warm ist; denn das Eine von ihnen beiden ist nahe daran, nur durch Zufall und nicht durch sich selbst Wärme zu haben, wie wenn man sagen wollte, wenn ein Fieberkranker zufällig ein Tonkünstler wäre, der Tonkünstler sei wärmer als derjenige, welcher seine gesunde Wärme besitzt. Wenn aber eins von sich selbst warm ist, ein anderes zufällig, so wird das an sich selbst Warme langsamer erkalten, dasjenige aber, welches zufällig warm ist, wird sich oft für die Empfindung wärmer zeigen, und andererseits brennt das an sich selbst Warme mehr, z. B. eine Flamme mehr als siedendes Wasser, das siedende Wasser ist aber für das Gefühl wärmer, obgleich es doch zufällig warm ist. So ist es klar, dass es nicht einfach ist zu entscheiden, welches von zwei Dingen wärmer ist; denn auf diese Weise ist dies wärmer, auf jene ein anderes."

Die physikalischen Schriften[1]) des Aristoteles sind: 1) Die Physik, 2) die Schrift über das Himmelsgebäude, 3) die Schrift über Meteorologie, 4) die Schrift über das Entstehen und Vergehen und 5) die mechanischen Probleme. Von den kleinen naturwissenschaftlichen Abhandlungen, den sogenannten *Parva naturalia*, ist für die Physik die Abhandlung über die Sinne wichtig; aus dieser vorzüglich stammt das, was oben über das Sehen und Hören gesagt ist, doch enthält auch die Abhandlung „über die Seele" einige hierauf bezügliche Kapitel.

Die Physik ist in acht Bücher getheilt. Das erste giebt historische Notizen über die Lehre von den Principien der Dinge vor Aristoteles und giebt die Principien des Aristoteles selbst; das zweite bringt die Definition der Natur, sowie die Lehre von den vier Ursachen der Dinge, der *causa formalis* (Wesen), *causa materialis* (Stoff), *causa efficiens* (Bewegung) und *causa finalis* (Zweck). In dem dritten Buch findet sich die Definition der Bewegung („Bewegung ist die Verwirklichung des, der Potenz nach, Seienden, insofern es ein solches ist. Sie ist der Actus eines Bewegbaren, der zu dessen Bewegbarkeit gehört"), sowie die Untersuchung von Raum und Zeit. Das vierte Buch enthält die Theorie der Wurfkörper; die folgenden Bücher sind hauptsächlich den verschiedenen Arten der Bewegung gewidmet. Die Bewegung enthält fünf Elemente, das Bewegende, das Bewegte, die Richtung der Bewegung, den Ausgangspunkt und das Ziel. Nach dem Letzteren erhält die Bewegung ihre specielle Bezeichnung, das Vergehen eines Körpers ist z. B. seine Bewegung nach der Nichtexistenz. Alle Bewegungen sind Veränderungen der Quantität, oder der Qualität, oder des Ortes. Die Veränderung des Ortes im Raume ist Ziehen, Stossen, Wirbeln oder Fahren. Hiernach folgt die Lehre von natürlichen und gewaltsamen Bewegungen, den gradlinigen Bewegungen und der Kreisbewegung.

Die Abhandlung über das Himmelsgebäude enthält im ersten Buche die Erklärung der Materie und die Betrachtungen über Schwere und Leichtigkeit. Das zweite Buch giebt die

---

[1]) 1) φυσικὴ ἀκρόασις, auscultationes physicae, 2) περὶ οὐρανοῦ, de caelo, 3) μέτεωρολογικά, 4) περὶ γενέσεως καὶ φθορᾶς, de generatione et corruptione, 5) μηχανικὰ προβλήματα, quaestiones mechanicae.

Ansichten des Aristoteles über den Himmel und die Sterne. Das 384 bis 322 v. Chr. Aristoteles. Himmelsgewölbe hat die Form einer Kugel, ebenso die Sterne; denn ein Jedes besteht aus Demjenigen, in welchem es sich befindet; da nun die Sterne sich in Kreisen bewegen, so müssen sie aus Kreisen gebildet sein. Die von den Gestirnen ausgehende Wärme und das Licht entstehen, indem die Luft durch die Raumbewegung derselben an ihnen in Reibung kommt; denn von Natur aus versetzt die Bewegung sowohl Hölzer wie auch Steine und Eisen in Feuerhitze. Von den Himmelskörpern aber wird ein jeder in seiner Sphäre bewegt, so dass zwar nicht sie selbst in Feuerhitze versetzt werden, wohl hingegen die Luft, und zwar dort am meisten, woselbst eben die Sonne eingefügt ist. Im dritten Buch giebt Aristoteles seine Lehre von den Elementen der Körper; und im vierten kommt er wieder auf Schwere und Leichtigkeit zurück.

Die zwei Bücher über Entstehen und Vergehen geben im ersten Buch eine Theorie der drei Arten des Werdens, im zweiten wieder eine Theorie der vier Elemente und Grundqualitäten.

Während diese beiden Bücher fast nur dialektische Untersuchungen, die auf Wortdefinitionen gegründet sind, enthalten, steht die Meteorologie auf festerem Boden. Die drei ersten Bücher bringen meteorologische Thatsachen, und erklären dieselben mehr oder weniger gut. Das vierte Buch enthält eine mehr chemische Abhandlung über die Elemente und die Elementarqualitäten. Als atmosphärische Erscheinungen behandelt Aristoteles die Sternschnuppen, die Kometen und die Milchstrasse, welche er für eine in der Luft suspendirte Aushauchung der Erde hält; ferner die Wolken, den Nebel, Regen und Schnee. Er weiss, dass der Thau nur in heiteren und stillen Nächten fällt; dass der Wind sich meist mit der Sonne dreht und dass die Dämpfe des Meerwassers süss sind, trotzdem er das Meerwasser nur an der Oberfläche für salzig hält. Die Erdbeben versucht er durch die Spannkraft von eingeschlossener Luft zu erklären.

Die mechanischen Probleme bilden eine Sammlung von Fragen mit Versuchen zur Lösung derselben, die Aristoteles wohl nur für seine Studien zusammengestellt hat, ohne die Absicht sie zu veröffentlichen, und die vielleicht nur zum Theil von ihm und zum Theil von seinen Nachfolgern herrührt.

Aristoteles hat in seinen naturwissenschaftlichen Schriften das Problem der alten Naturphilosophie von der Welterklärung in einer Weise gelöst, welche die höchste Bewunderung verdient, er hat alle seine Vorgänger in fester consequenter Anwendung seiner Erklärungsprincipien, im logisch gegliederten Aufbau seines Systems und vor Allem in der Menge seiner Kenntnisse von der Natur übertroffen. Wie war es möglich, dass trotzdem das ganze Unternehmen zu so vollkommen falschen Resultaten führen konnte? Die bedeutendsten Männer haben sich mit dieser Frage beschäftigt, und sind zu recht verschiedenen Antworten gekommen.

384 bis 322
v. Chr.
Aristoteles.
Whewell wendet sich in seiner Geschichte der inductiven Wissenschaften gegen die allgemeinste Annahme, dass der Mangel
an thatsächlichen Kenntnissen die Ursache gewesen, warum
das Unternehmen des Aristoteles und überhaupt der griechischen Naturwissenschaft fehlgeschlagen sei. Er sagt: zur Entwickelung einer Naturwissenschaft gehören Thatsachen und Ideen; der Fehler der griechischen
Naturphilosophen bestand darin, dass „obschon sie Beides, Thatsachen
und Ideen im Ueberflusse besassen, doch diese Ideen weder deutlich,
noch den Thatsachen angemessen waren. — So ist die Ursache, weshalb
Aristoteles in seinen Versuchen in den mechanischen Wissenschaften irrte,
die, dass er die Thatsachen nicht auf die angemessenen Ideen bezog,
nämlich auf Kraft oder Bewegungsursache, sondern auf Beziehungen des
Raumes und dergleichen". Lewes [1]) betont ganz richtig, dass Whewell
durch diese Sätze nicht den Grund des Fehlschlagens angegeben,
sondern nur die Thatsache des Fehlschlagens mit andern Worten
ausgesprochen habe; wendet sich dann aber auch gegen die Behauptung, dass die Griechen genügend beobachtet hätten. „Es
ist wahr, sie beobachteten, es ist aber nicht wahr, dass sie angemessen
beobachteten. Es ist wahr, sie experimentirten, es ist nicht wahr, dass
sie hinreichend zum Experiment griffen." Lewes vermisst vor Allem
bei Aristoteles die Anwendung des Experiments zur Verification
sowohl der aufgenommenen Thatsachen, als auch der gefassten Ideen,
und findet darin den Urgrund für das Fehlschlagen seiner Bemühungen
um die Physik.

Es ist wahr, Aristoteles würde vor colossalen Fehlgriffen
bewahrt worden sein, wenn er immer darauf bedacht gewesen wäre,
seine Resultate durch Experimente gehörig zu bewahrheiten, es ist
aber sehr fraglich, ob es Aristoteles in der Physik zu Etwas gebracht
hätte, wenn er das Experiment nur auf diese Weise verwandt. Die
heutige Physik gebraucht das Experiment durchaus nicht
allein zur Verification schon gefasster Ideen. Sie gebraucht dasselbe auch, um Antworten von der Natur zu erzwingen, über
deren Ausfall von vornherein keine feste Idee vorhanden ist, gebraucht
dasselbe, um Beobachtungen zu sammeln, die erst die Grundlage zur Construction neuer Ideen geben sollen, und gebraucht
dasselbe, um sichere Messungen unter günstigen Bedingungen
anstellen zu können. In solchem umfassenden Gebrauche des Experiments besteht die Methode der neueren Physik, und diese experimentelle Methode ist es, deren Fehlen die Physik des Aristoteles zum
Fall brachte. Will man auch diese Auskunft nicht als genügend gelten
lassen und noch weiter fragen, warum der geniale Geist des Aristoteles nicht die richtige Methode fand, so bleibt nur die
Antwort: Aristoteles war kein Physiker im eigentlichen Sinne

---

[1]) Aristoteles. Leipzig 1865.

des Worts, er war vor allem Philosoph. Als Philosoph hat er seine 384 bis 322 v. Chr. Aristoteles. grössten Leistungen vollbracht, und als solcher versucht er die Natur als Ganzes von allgemeinen Gesichtspunkten aus zu erklären. Aristoteles stellt sich im Gegensatz zu seinen Vorgängern ganz auf realen Boden, er wendet sich von den Thatsachen nicht ab, ja er sammelt Beobachtungen, um allem Thatsächlichen Rechnung zu tragen, trotzdem bleibt er doch der Philosoph, der sich nicht damit begnügen darf, beobachtend und probirend in einzelnen lückenlosen Schritten vorwärts zu gehen, der vielmehr seiner Aufgabe gemäss die allgemeinen Sätze suchen muss, aus denen die Erklärung des Ganzen folgt. Der innerste Grund für das Fehlschlagen der ganzen antiken Physik liegt hier offen, sie war Naturphilosophie, die in einer grossartigen Leistung das Weltganze erklären wollte, statt dass sie vor der Hand Experimentalphysik hätte sein sollen, die sich mit der Erklärung der einfachsten Naturerscheinungen begnügte.

Dürfen wir aber dem Aristoteles einen Vorwurf daraus machen, dass er war was er sein wollte und sein konnte, ein Philosoph? Die Unmöglichkeit, auf philosophischem Wege das Ziel zu erreichen, war damals noch nicht constatirt, denn noch waren die Versuche nicht zahlreich genug gewesen, um eine Skepsis in dieser Beziehung zu rechtfertigen; später aber hat das Unglück, welches der grösste Philosoph und seine Methode in der Physik hatten, am meisten dazu beigetragen, dass der Weg der reinen Speculation ganz verlassen und der mühsame aber sichere Weg des Experiments eingeschlagen wurde. Unter der Autorität des Aristoteles lebte im Mittelalter die Physik als blosse Naturphilosophie wieder auf, aber die augenscheinliche Unrichtigkeit und Unfruchtbarkeit dieses Aristotelismus waren es auch, welche die erleuchtetsten Geister auf den Weg der Erfahrung und des Experiments führten.

2.
Zweiter Abschnitt der Physik des Alterthums.
Von 300 v. Chr. bis 150 n. Chr.

Periode der mathematischen Physik.

Mit Aristoteles schliesst die schöpferische Periode der griechischen Naturphilosophie. Sein in sich geschlossenes System bot schon an sich den Schülern wenig Angriffspunkte für eine Weiterentwickelung, ausserdem überragte der Lehrer die Schüler geistig so gewaltig, dass diese alle Mühe hatten ihn zu verstehen und so gut wie möglich zu erklären, deshalb aber keine Zeit und noch weniger den Muth fanden, den Meister zu verbessern. Die directen Schüler des Aristoteles, wie Eudemos und Theophrast [1]), machen zwar noch einige unbedeutende Versuche in dieser Richtung, aber sehr früh hörten solche Versuche ganz auf, und die Schule der Peripatetiker erzeugte nur noch sclavische Commentatoren ihres Gründers. Eine Alleinherrschaft wie im Mittelalter hat trotzdem der Aristotelismus im Alterthum nicht erlangt; neben der Naturphilosophie, die alles nach Endzwecken und dem Zielpunkt der Vollkommenheit teleologisch erklärte, behauptete sich lange Zeit sogar mit Vortheil die mehr materialistische Physik der Atomisten. Originelles ist jedoch auch auf dieser Seite wenig mehr zu finden, denn selbst Epikur (341 bis 270 v. Chr.), der bedeutendste Atomistiker dieses Zeitraumes, schliesst sich so eng an Demokrit

---

[1]) Theophrast schrieb auch eine Geschichte der philosophischen Physik von Thales bis Aristoteles in 18 Büchern, leider ist dieselbe nicht erhalten.

an, dass wir seine Physik einfach als die des Demokrit bezeichnen können.

Die älteren Philosophen vereinigten in sich die ganze jeweilige Wissenschaft. Mit dem Anwachsen des Materials trat eine nothwendige Trennung ein, zuerst in der Art, dass einzelne Philosophen ihrer Neigung nach sich vorzugsweise mit Mathematik und Astronomie beschäftigten, bald aber auch so, dass diese Wissenschaften die ausschliessliche Beschäftigung einzelner Gelehrten bildeten. Die reine Mathematik bildete noch einen Haupttheil der philosophischen Studien, über dem Thor der Akademie des Plato standen die Worte: „Kein der Mathematik Unkundiger trete in dies Haus"; sobald aber diese Wissenschaft praktisch zu werden strebte und in der Astronomie und Physik willkommene Gebiete für die Anwendung ihrer Sätze fand, entschlüpfte sie der Philosophie und erreichte die Selbstständigkeit. Damit trennte sich nicht allein die Mathematik von der Philosophie, die erstere entzog auch die Physik der Alleinherrschaft der letzteren, und von nun an laufen eine philosophische und eine mathematische Physik neben einander her, die sich nicht einmal mehr in den Personen ihrer Bearbeiter berühren. Eudox führte die Mathematik in die Astronomie ein, Archytas soll sie zuerst auf die Mechanik angewandt haben, Euklid, der Alexandriner, aber ist der erste Mathematiker, der wenigstens einen Theil der Physik ganz unabhängig von der Philosophie bearbeitete. Die Philosophie unseres Zeitraumes ist in absteigender, die Mathematik in aufsteigender Entwickelung begriffen, es ist schon darum nicht zu verwundern, dass die mathematische Physik dieses Zeitraumes fast alle berühmten Physiker zu den ihrigen zählt, während die Naturphilosophie fast ganz übergangen werden darf. Ausserdem aber muss man beachten, dass die mathematische Physik vor der Naturphilosophie zu aller Zeit einen unschätzbaren Vortheil voraus hat.

Die Naturphilosophie wie die Mathematik können rein aus sich allein keine Physik als Wissenschaft erzeugen, denn beide müssen das Material für ihre Deductionen passiv aufnehmen. Sie müssen von überlieferten Beobachtungen oder in sich selbst klaren Sätzen ausgehen, denn die experimentelle Methode, welche das Material ansammelt, ist weder philosophisch, noch mathematisch, sondern rein physikalisch. Beide können darum für sich allein die Wissenschaft der Physik nicht vollenden, sie können ohne jede experimentelle Wissenschaft nur so weit kommen, als ihnen das gewöhnliche Erfahrungsmaterial dies gestattet. Beide werden mit ihren verschiedenen Methoden aus demselben Material Verschiedenes erhalten, aber die Mathematik wird hierbei vermöge ihrer Methode unfehlbar sein, während die Philosophie bei jedem Schritte den stärksten Irrthümern ausgesetzt bleibt. Daher die denkwürdige Erscheinung, dass der grösste Naturphilosoph, Aristoteles, der Nachwelt fast nur physikalische Irrthümer überlieferte, während dem grössten Mathematiker, Archimedes, nicht ein Irrthum nachzuweisen ist.

Man bezeichnet aus diesem Grunde Archimedes gern als den ersten Physiker. Wenn man dabei nur auf das Ergebniss sehen will, kann man das zugeben, fordert man aber von dem Physiker auch eine physikalische Methode, so ist das unrecht. Archimedes war so ausschliesslich Mathematiker, wie Aristoteles Philosoph war. Archimedes hat einzelne physikalische Experimente gemacht und auch einzelne physikalische Beobachtungen überliefert, die vor ihm noch nicht bekannt waren; als physikalische Methode hat er die Beobachtung bewusst nie angewandt, und das Spätere wird zeigen, dass alle seine Untersuchungen von mathematischem Interesse beherrscht und als Anwendungen der Mathematik von ihm betrachtet wurden.

Der Charakter der zweiten Periode der alten Physik ist mathematisch und diese erhält dadurch eine festere Gestalt. Nicht nur hat Archimedes die ersten Grundlagen der Mechanik gegeben, auch die Optik bekommt durch Euklid und Ptolemäus, so weit sie rein mathematisch die Wege der Lichtstrahlen behandelt, eine gesicherte Basis. Ja sogar die Praxis greift fördernd in die Wissenschaft ein. Mechaniker wie Hero construiren mechanische Maschinen und beschreiben dieselben in wissenschaftlich gehaltenen Werken; Vitruv schreibt als Baumeister ein weitläufiges Werk, das auch theoretisch von Bedeutung ist u. s. w. Wüssten wir nicht im Voraus von dem frühzeitigen Niedergang der antiken Kultur, so könnte man jetzt mit Recht hoffen, dass in nicht allzulanger Zeit die Physik so weit erstarken würde, um sich als selbstständige Wissenschaft constituiren zu

können. In der ersten Hälfte unseres Zeitraumes ist sie im ent-
schiedenen Fortschreiten begriffen, leider zeigt sich schon in
der zweiten Hälfte der Verfall der antiken Wissenschaft
auch in der Physik; der Fortschritt wird bald gehemmt, und fast
ohne Stillstand geht unsere Wissenschaft mit reissender Geschwindigkeit dem Untergang entgegen.

Der zweite Zeitraum unserer Wissenschaft zeigt nicht allein
eine ganz veränderte Methode, er führt uns auch auf einen ganz
anderen Schauplatz der wissenschaftlichen Thätigkeit.
Mit dem Ende der vorigen Periode hatte sich fast die ganze wissenschaftliche Thätigkeit der Griechen nach Athen concentrirt; dort
blühten die grössten Philosophenschulen, und dorthin zog sich Alles,
was auf geistige Bedeutung Anspruch machte. Diese Philosophenschulen leben auch in unserer Periode noch weiter und vegetiren
bis zum Untergang der alten Wissenschaft, aber ihre Grösse ist
geschwunden. Athen selbst hat aufgehört der Mittelpunkt der
Kultur zu sein, denn die Ptolemäer haben es verstanden ihre
Hauptstadt Alexandrien zum Centralsitz der griechischen
Gelehrsamkeit zu machen.

Schon Ptolemäus Soter (321 bis 283) rief berühmte griechische
Gelehrte an seinen Hof; sein Nachfolger Ptolemäus Philadelphus
gründete das berühmte Museum um 250 v. Chr. zu Alexandrien, eine Gelehrtenakademie, die zuerst nur dem Fortschritt der
Wissenschaften geweiht war, mit der aber später wohl eine Schule
zur Heranbildung der Gelehrten verbunden worden ist. Philadelphus, wie seine Nachfolger, bewiesen fortdauernd dem Museum ihre
Gunst durch persönliches Interesse für die Gelehrten und die Wissenschaft, wie auch durch eine wahrhaft königliche Freigebigkeit. Ja
selbst die Römer bezeugten noch in späteren Zeiten ihr Interesse
dadurch, dass die Kaiser das Patronat der Schulen übernahmen.
Die Mitglieder des Museums erhielten Jahresgehalte, um ganz ohne
abziehende Beschäftigung ihren Studien leben zu können. Ein
botanischer und ein zoologischer Garten, eine Anatomieschule wurden errichtet, astronomische Instrumente von sonst nie gekannter
Genauigkeit construirt, und vor Allem den Gelehrten eine Bibliothek zur Verfügung gestellt, die in ihrer Blüthezeit 700 000 Bände
zählte. Philadelphus und sein Nachfolger Euergetes (247 bis 221)
liessen systematisch Handschriften in ganz Griechenland sammeln,

und wo sie ein Manuscript erlangen konnten, da blieb es in ihren
Händen, während der Eigenthümer sich mit einer Abschrift begnügen musste. Die grössere Hälfte (400 000 Bände) der gesammelten Bücher wurde im akademischen Gebäude, dem Museum selbst,
die kleinere Hälfte (300 000 Bände) im Tempel des Jupiter Serapis
aufbewahrt. Bei der Belàgerung Alexandriens durch Cäsar (47 v. Chr.)
verbrannte das Museum und die darin aufbewahrte Bibliothek,
dafür machte Antonius der Kleopatra die Pergamische Bücher-
sammlung (200 000 Bände) zum Geschenk. Im Jahre 390 nach
Chr. aber wurde der Tempel des Serapis von fanatischen Christen
unter dem Erzbischof Theophil zerstört, und die Reste der Bibliotheken sollen 640 bei der Einnahme der Stadt durch die Araber verbrannt worden sein.

Die Alexandrinischen Gelehrten haben für Mathematik und
Astronomie, dann auch für Geographie, Geschichte und Philologie
sehr Bedeutendes geleistet, für die Physik dagegen haben sie weni-
ger gethan, als man erwarten sollte, wenn man an ihre Neigung für
Messen und Beobachten in der Astronomie und Geographie, an die
Grösse der Mittel, welche ihnen zur Verfügung standen, und die
Zahl der Arbeiter, welche Jahrhunderte lang thätig waren, denkt.

Circa 300
v. Chr.
Euklid.
Euklid, der um 300 v. Chr. in Alexandrien eine mathematische
Schule leitete, hat ausser seinen berühmten geometrischen Büchern auch
einige physikalische Werke hinterlassen, bei denen aber zweifelhaft
bleibt, ob sie ganz unecht oder doch stark mit unechten Zusätzen versehen sind. Von diesen Werken hat die „Harmonik" nur geringes
physikalisches Interesse, die „Optik" aber und noch mehr die „Katoptrik" sind für die betreffenden Theile der Physik grundlegend geworden, trotzdem sie von Irrthümern durchaus nicht frei sind.

Euklid geht, wie später Archimedes in seinen mechanischen Werken,
von Erfahrungssätzen aus, die er ohne Begründung voranstellt
und aus denen er dann rein mathematisch andere Lehrsätze ableitet. In der „Optik" nimmt er den alten Platonschen Irrthum
von den Gesichtsstrahlen, die von dem Auge ausgehen, wieder auf,
obgleich derselbe von Aristoteles schon unzweifelhaft widerlegt war;
dafür aber betont er richtig die Abhängigkeit der scheinbaren
Grösse vom Gesichtswinkel; wenn er auch wieder darin irrt, dass
er diese Grösse allein durch den Gesichtswinkel bestimmt glaubt. Die
hierher gehörigen Erfahrungssätze der „Optik" heissen: Die aus dem
Auge kommenden Strahlen gehen in geraden Linien fort und haben
eine gewisse Entfernung von einander; die von den Gesichtsstrahlen eingeschlossene Figur ist ein Kegel, der seinen Scheitel im Auge und seine

Grundfläche auf der Grenze der sichtbaren Gegenstände hat; Gegenstände, Circa 300 v. Chr. Euklid. die unter gleichen Winkeln gesehen werden, erscheinen gleich gross. Die aus diesen Erfahrungssätzen abgeleiteten Theoreme beziehen sich meist auf die scheinbare Grösse und Gestalt von Gegenständen, die in verschiedener Lage und Entfernung gesehen werden. Die „Katoptrik" enthält als hauptsächlichsten Erfahrungssatz den folgenden: Wird ein Spiegel auf eine Horizontalebene gelegt, auf welcher ein Gegenstand vertical steht, so findet dasselbe Verhältniss, welches die Höhen des Gegenstandes und des Auges gegen einander haben, auch zwischen den Linien statt, die zwischen dem Auge und dem Spiegel und zwischen dem Gegenstande und dem Spiegel gezogen werden. Aus diesem Satze folgt das Reflexionsgesetz: Von ebenen, erhabenen und hohlen Spiegeln werden die Strahlen unter gleichen Winkeln zurückgeworfen, und das Bild liegt mit dem Gegenstande in einer zur Spiegelfläche senkrechten Ebene. Von sphärischen Spiegeln wird noch weiter richtig bewiesen, dass bei den hohlen die reflectirten Strahlen entweder convergiren oder divergiren, bei den erhabenen nur divergiren; zuletzt aber kommt das merkwürdig falsche Theorem: Der Brennpunkt eines Hohlspiegels liegt entweder in dem Mittelpunkt seiner Kugel oder zwischen diesem Mittelpunkt und dem Spiegel.

Wie schon bemerkt, wissen wir nicht, wie viel von den erwähnten Werken dem Euklid gehört und wie viel davon späterer Zusatz ist; doch sind jedenfalls mit ihm die Lehre von der gradlinigen Fortpflanzung des Lichts und das Reflexionsgesetz und damit ein grosser Theil der Optik fest begründet. Die Optik bildet von nun an einen der am sichersten behandelten Theile der Physik, der selbst in den dunkelsten Zeiten des Mittelalters nicht so weit abirrt, wie andere Zweige dieser Wissenschaft, und der seine Bearbeiter findet in Zeiten, wo alle Naturwissenschaften darnieder liegen. Sie verdankt dies indessen nicht ihrer Eigenschaft als einer physikalischen Disciplin, sondern nur der Thatsache, dass durch das Euklidische Reflexionsgesetz alle Reflexionsprobleme zu rein mathematischen Aufgaben geworden sind. Denn wenn die spiegelnde Fläche ihrer Gestalt nach bestimmt ist, entscheidet die Mathematik nach jenem Satze selbstständig über den Weg des Lichtstrahls. Auch Euklid hat an der Optik nur ein mathematisches Interesse, darum ist's ihm wohl gleichgültig, ob der Lichtstrahl vom Auge nach dem Körper oder umgekehrt geht.

Die physikalische Seite der Optik wird überhaupt in der Folgezeit wenig gefördert, die Naturphilosophie, welche sich für die Natur des Lichts stark interessirt, hat in Aristoteles ihr Höchstes geleistet. Die mathematische Physik geht den Wegen der Lichtstrahlen nach, vermag aber die Beschaffenheit dieser Strahlen nicht zu erforschen, dadurch ist es erklärlich, dass die physikalische Optik mit zu den Disciplinen gehört, welche am spätesten zur Ausbildung gelangten.

Circa 280
v. Chr.
Aristarch. **Aristarch von Samos**, der um 280 v. Chr. in Alexandrien lehrte, war ein **Anhänger der pythagoreischen Hypothese von der Bewegung der Erde.** Er behauptet, dass die Sonne und die Fixsterne still stehen, und die Erde sich um die Sonne bewegt. **Dem Einwand, dass durch die Bewegung der Erde die Fixsterne sich scheinbar verschieben müssten, begegnet er durch die Annahme, dass die Entfernung der Fixsternsphäre von der Sonne gegen die Entfernung der Erde von derselben unverhältnissmässig gross sei.** Hierdurch war der Einwand beseitigt; denn bei so colossalen Dimensionen der Fixsternsphäre kann durch die verhältnissmässig geringe Ortsveränderung der Erde keine scheinbare Veränderung der Fixsternsphäre erzeugt werden. Doch hatte das **heliocentrische System** noch so wenig positive Gründe für sich und das **geocentrische** befriedigte noch so vollkommen, **dass die bedeutendsten Astronomen** der damaligen Zeit **sich jener Ansicht nicht anschlossen.** Es hat darum Aristarch mit seinem System wenig Einfluss geübt und selbst Copernikus scheint dasselbe nicht gekannt zu haben.

Wichtiger ist deshalb die **Messung des Verhältnisses der Entfernungen der Sonne von Erde und Mond,** zumal durch Aristarch eine solche astronomische **Messung zum ersten Male** berichtet wird. Wenn der Mond von der Erde aus halb erleuchtet gesehen wird, dann bilden Sonne, Erde und Mond ein am Mond rechtwinkliges Dreieck. Aristarch maass den Winkel, welchen die Gesichtsstrahlen nach Sonne und Mond bildeten, zu 87°, und bestimmte danach das Verhältniss der einen Kathete jenes Dreiecks zu der Hypotenuse, d. h. **das Verhältniss der Mondentfernung zur Sonnenentfernung auf 1 : 18 bis 1 : 20. Der Fehler ist** allerdings **sehr gross,** denn das richtige Verhältniss ist ungefähr 1 : 400; aber er liegt nicht in der Theorie der Messung, sondern in der Praxis, welche eine hinreichend genaue Grössenbestimmung des betreffenden Winkels nicht ermöglichte.

287 bis 212
v. Chr.
Archimedes. Der berühmteste Physiker der Alten, **Archimedes**, merkwürdigerweise kein Alexandriner, wurde in **Syrakus** geboren, und hat jedenfalls den grössten Theil seines Lebens in seiner Vaterstadt zugebracht. Von einer Reise nach Aegypten wird allerdings berichtet, aber wir wissen nichts Genaueres darüber. Was er Grosses vollbracht, hat er in Syrakus gethan, nur die berühmte Wasserschnecke soll er in Aegypten erfunden haben. Archimedes war ein Freund und Verwandter des Königs Hieron, der von 269 bis 215 v. Chr. in Syrakus mit Weisheit und Milde regierte. Trotzdem scheint Archimedes an dem öffentlichen Leben nur so weit Antheil genommen zu haben, als er durch Anwendungen seiner physikalischen Kenntnisse und Fertigkeiten seinen Mitbürgern nützen konnte. Er soll von seinen wissenschaftlichen Untersuchungen so in Anspruch genommen worden sein, dass er an Essen und Trinken erinnert, und von seinen Freunden ins Bad gezwungen werden musste, wo er noch

während des Salbens geometrische Figuren in den Sand zu zeichnen 287 bis 212 v. Chr. Archimedes. pflegte. Hiermit stimmt die folgende, bekannte Erzählung des Vitruv. König Hieron beabsichtigte eine goldene Krone als Weihgeschenk in einem Tempel niederzulegen und liess das dazu nöthige Gold dem Goldschmied zuwiegen. Dieser lieferte die Krone mit dem richtigen Gewichte ab, doch ging das Gerücht, der Goldschmied habe einen Theil des Goldes durch Silber ersetzt. Archimedes vom Könige mit der Untersuchung beauftragt, wusste lange keinen Rath, bis eines Tages beim Baden der Weg zur Lösung des Problems sich plötzlich seinem Geiste zeigte. Ueberwältigt von der Freude, vergass er seinen Zustand und lief nackend durch die Strassen von Syrakus, indem er sein berühmtes „εὔρηκα, ich habe es gefunden", den wohl mit Recht erstaunten Mitbürgern zurief. Der im Bade gefassten Idee nach tauchte er einen Goldklumpen, genau von dem Gewichte der Krone, in ein ganz mit Wasser gefülltes Gefäss, und fand, dass dieser weniger Wasser verdrängte als die Krone selbst; als er den Versuch mit einem entsprechenden Silberklumpen wiederholte, fand er das Gegentheil. Dadurch hatte er dem König nicht nur die stattgehabte Fälschung überhaupt nachgewiesen, sondern es war ihm auch möglich zu berechnen, wie viel Gold durch Silber ersetzt worden war. Nach dem in seiner Hydromechanik aufgestellten Grundgesetz sollte man übrigens vermuthen, dass er die Fälschung eher durch den Gewichtsverlust, welchen die Krone im Wasser erlitt, gefunden, als durch die oben angegebene Methode, die nur einer geringeren Genauigkeit fähig ist.

Noch andere Wunderthaten werden von Archimedes berichtet. Ein grosses Linienschiff, an dem 300 Zimmerleute sechs Monate gearbeitet hatten, und das zum Schutz gegen Bohrwürmer mit Bleiplatten belegt war, konnte nicht vom Stapelplatz ins Meer gebracht werden; Archimedes aber zog es mit leichter Mühe durch seine Maschinen allein ins Meer. Umgekehrt liess Archimedes ein colossales Linienschiff bemannen und bewaffnen, das er dann, am Ufer sitzend, durch seine Hebel, Seile und Rollen ans Land zog. Danach ist's nicht zu verwundern, wenn Archimedes selbst begeistert war von der Wirkung seiner Hebel und dem Könige Hieron enthusiastisch zurief: Gieb mir einen Standpunkt, und ich hebe die Welt aus ihren Angeln. Das Grösste aber leistete Archimedes erst nach dem Tode des Königs Hieron, als die Syrakusaner den Enkel des Letzteren nach einer sehr kurzen Regierung stürzten, sich den Karthagern anschlossen und deswegen von den Römern belagert wurden. Durch die Vertheidigungsmaschinen des Archimedes, die unsichtbar hinter den Mauern standen, wurden die Römer mit solchen Mengen von Pfeilen und Steinen überschüttet, dass bald auf der Landseite Alles die Flucht ergriff, wenn sich nur ein Seil oder Balken auf der Mauer blicken liess. Die Römer auf den Schiffen kamen freilich noch schlechter weg, denn als sie sich ganz nahe an die Mauer zogen, um sich durch diese selbst zu decken, griff eine eiserne Hand (ein Haken

an einer Kette und einem Balken) herunter, nahm die Schiffe am Vorder-
theil, richtete sie auf, dass die Besatzung ins Meer stürzte, und liess sie
dann wieder fallen, so dass sie sich füllten und untergingen. So erzählt
Plutarch und ähnlich berichten Livius und Polybius, gewiss ein Zeichen,
wie unwissenschaftlich und kritiklos schon um den Beginn unserer Zeitrechnung sonst tüchtige Männer schreiben konnten; ein Beispiel, wozu
übrigens Plinius ungefähr um dieselbe Zeit noch viele Seitenstücke lieferte.
    Eine andere bekannte Fabel scheint erst im 12. Jahrhundert ent-
standen zu sein. Nach ihr hat Archimedes von den Mauern aus durch
Hohlspiegel die Sonnenstrahlen auf die römische Flotte concentrirt, und
diese so zu Asche verbrannt. Viele Physiker haben sich Mühe gegeben,
die Erzählung auf irgend welche Weise plausibel zu machen, es hat aber
nicht recht glücken wollen. Noch im 17. Jahrhundert hielt Pater
Kircher die Sache für möglich, weil er durch eine Combination von fünf
Planspiegeln in einer Entfernung von 100 Fuss eine starke Hitze erzeugen konnte. Später hat Buffon durch Combination von 168 Spiegeln
sogar in einer Entfernung von 300 Fuss noch ein getheertes Brett
entzündet; mit einer Flotte würde aber wohl das Experiment nicht gelingen, schon darum nicht, weil diese sich dabei nicht angemessen passiv
verhalten würde. Dem Genie des Archimedes ist trotz alledem zuzutrauen,
dass er den Römern erheblich durch Vertheidigungsmaschinen schadete.
Den Fall seiner Vaterstadt vermochte er aber nicht zu verhindern, er
wurde vielmehr bei der Einnahme derselben von einem römischen
Soldaten, wie man annehmen muss, unbekannterweise erschlagen. Seine
Mitbürger vergassen seiner bald, denn 137 Jahre nach seinem Tode
musste der römische Quaestor Cicero sein Grabmal den undankbaren
Nachkommen neu entdecken.

    Die Werke des Archimedes, welche wir noch besitzen, und das
ist die Mehrzahl derer, die er geschrieben, sind in ziemlich unveränderter
Gestalt auf uns gekommen. Ihre Titel lauten[1]): 1) Von der Kugel und
dem Cylinder, 2) von der Ausmessung des Kreises, 3) von den Konoiden
und Sphäroiden, 4) von den Spirallinien, 5) von dem Gleichgewicht der
Ebenen, 6) von der Quadratur der Parabel, 7) von der Sandeszahl,
8) von den schwimmenden Körpern und 9) ein Buch von den Hülfs-
sätzen. Nur die beiden letzten Schriften sind nicht mehr im Original
vorhanden, das Buch von den schwimmenden Körpern haben wir nur
noch in einer lateinischen, und das Buch der Hülfssätze nur in einer
arabischen Uebersetzung. Die grosse Mehrzahl der Schriften gehören der reinen Mathematik an, für die Physik sind nur
Nr. 5, 7 und 8 von Wichtigkeit.

---

1) 1) περὶ σφαίρας καὶ κυλίνδρου, de sphaera et cylindro. 2) κύκλου
μέτρησις, dimensio circuli. 3) περὶ κωνοειδέων καὶ σφαιροειδέων, de conoidibus
et sphaeroidibus. 4) περὶ ἑλίκων, de lineis spiralis. 5) ἐπιπέδων ἰσορροπίαι,
de aequiponderantibus. 6) τετραγωνισμὸς παραβολῆς, quadratura paraboles.
7) ψαμμίτης, de arenae numero. 8) de iis, quae vehuntur in aqua. 9) Lemmata.

Die Schrift „**Ueber das Gleichgewicht der Ebenen**" geht 287 bis 212 v. Chr. Archimedes.
**von dem angenommenen Satze aus, dass gleich schwere
Grössen, die in gleichen Entfernungen wirken, im Gleichgewicht sind,** daraus folgt der andere, **wenn zwei gleich schwere
Grössen nicht einerlei Schwerpunkt haben, so liegt der
Schwerpunkt der aus beiden zusammengesetzten Grösse
in der Mitte der Graden, welche die Schwerpunkte der
einzelnen Grössen verbindet. Mit Hülfe dieser Sätze
zeigt Archimedes die Richtigkeit des Hebelgesetzes.** Wenn
nämlich zwei Gewichte am Hebel aufgehängt sind, so kann man nach
dem zweiten Satze jedes Gewicht in 2, 4 oder 8 gleiche Theile theilen,
und diese einzelnen Theile zu je 2 in entgegengesetzt gleichen Entfernungen von ihren ursprünglichen Aufhängepunkten neu aufhängen,
ohne dass die Wirkung geändert wird. Sind nun die ursprünglichen
zwei Gewichte umgekehrt proportional ihren Entfernungen vom Unterstützungspunkt des Hebels, so lassen sich die einzelnen gleichen Theile
der Gewichte so auf die beiden Arme vertheilen, dass auf beiden gleich
viele in entgegengesetzt gleichen Entfernungen sich befinden, woraus
erhellt, dass das System im Gleichgewicht sein und auch gewesen sein
muss. Dieser Beweis, der so anschaulich nur für commensurable Verhältnisse der Hebelarme ausgeführt werden kann, aber von Archimedes
ganz mathematisch auch auf incommensurable Verhältnisse ausgedehnt
wird, hat bis heute **viele Einwände hervorgerufen.** Dieselben
bezogen sich einestheils auf die **Begründung der ersten funda-
mentalen Sätze,** anderentheils auf die **Vertheilung der einzelnen Gewichtstheile um ihren Schwerpunkt** herum, von der
im Beweis angenommen ist, dass sie das Gleichgewicht nicht verändert.
Trotzdem ist bis heute der archimedische Beweis weder durch andere
ganz unanfechtbare Beweise ersetzt noch selbst erheblich verbessert
worden. Im weiteren Verlauf des obigen Werkes untersucht Archimedes
auf Grund des zweiten der oben angegebenen Sätze mathematisch die
**Lage der Schwerpunkte in den Parallelogrammen, Drei-
ecken, Paralleltrapezen und endlich in parabolischen Seg-
menten.**

Die **zweite** für die Mechanik grundlegende Schrift „**Von den
schwimmenden Körpern**" ruht auf den Annahmen, dass **eine
Flüssigkeit in allen Theilen gleichmässig und continuirlich ist, und dass in jeder Flüssigkeit der weniger ge-
drückte Theil von dem mehr gedrückten vertrieben, und
dass jeder Theil von der senkrecht über ihm befindlichen
Flüssigkeit gedrückt wird. Daraus wird bewiesen, dass die
Oberfläche einer ruhenden Flüssigkeit sphärisch und
mit der Erde concentrisch sein müsse; dass ein Körper, der
leichter ist als eine Flüssigkeit, in dieser soweit einsinken wird, bis sein ganzes Gewicht dem Gewicht der**

3*

verdrängten Flüssigkeit gleich ist; dass der Körper,
wenn er ganz in die Flüssigkeit eingedrückt wird, mit
einer Kraft aufsteigt, welche dem Ueberschuss des Gewichts der Flüssigkeit über dasjenige des Körpers gleich
kommt, und dass endlich ein Körper, der schwerer ist als eine
Flüssigkeit, in dieser bis auf den Grund einsinken und so
viel an Gewicht verlieren wird, als ein gleiches Volumen
Flüssigkeit wiegt. Nach diesem berühmtesten seiner Sätze giebt
Archimedes die neue Hypothese: „Alle Körper, welche von einer
Flüssigkeit in die Höhe getrieben werden, folgen der Ver-
ticallinie, welche durch ihren Schwerpunkt geht", und
wendet sich dann zu Untersuchungen über das Gleichgewicht von
Kugelabschnitten und Konoiden, welche auf einer Flüssigkeit
schwimmen; Untersuchungen, von denen Lagrange sagt, dass die
Neueren ihnen nur wenig hinzugefügt haben.

Der merkwürdige Zweck der Schrift „Von der Sandeszahl"
wird am besten aus der Einleitung derselben klar, die wir mit einigen
Auslassungen wieder geben, weil sie in vielfacher Beziehung interessant
ist. „Es giebt Personen, o König Gelon[1]), welche meinen, die Zahl der
Sandkörner sei unendlich. — Einige glauben, dass die Anzahl der Sandkörner nicht unendlich ist, aber dass es unmöglich ist eine Zahl anzugeben, welche grösser ist als jene Anzahl. — Was mich betrifft, so
werde ich durch geometrische Demonstrationen, welchen du deine Zustimmung nicht wirst verweigern können, dir zeigen, dass unter den
Zahlen, welche wir in den Büchern an Zeuxipp namhaft gemacht haben,
es solche giebt, die grösser sind als die Zahl aller Sandkörner, welche
ein Körper, nicht allein von der Grösse der Erde, sondern sogar von der
Grösse des ganzen Universums fassen kann. Du weisst, dass die Welt
von den Astronomen als eine Hohlkugel beschrieben wird, deren Centrum
dasjenige der Erde und deren Radius gleich der Verbindungslinie der
Centren von Sonne und Erde ist. Nachdem was Aristarch sagt, würde
die Welt viel grösser sein; denn er nimmt an, dass die Sterne und die
Sonne unbeweglich sind, dass die Erde sich um die Sonne als Centrum
dreht, und dass die Sphäre der Fixsterne, deren Centrum die Sonne ist,
so gross ist, dass der Kreis, in welchem sich die Erde bewegt, in demselben Verhältniss zur Fixsternsphäre steht, wie das Centrum jenes
Kreises zu seiner Peripherie." — Trotzdem es nicht zweifelhaft erscheint,
dass Aristarch sich das Centrum des Kreises selbst als unendlich kleinen
Kreis gedacht, und dass er damit der Fixsternsphäre einen Durchmesser
beilegen wollte, der unendlich vielmal grösser sei als der Durchmesser
der Erdbahn, meint Archimedes doch, dass ein Punkt kein Verhältniss
zu einem Kreise haben könne. Er nimmt, um den Durchmesser der
Fixsternsphäre zu berechnen, an, dass Aristarch mit dem Centrum der

---

[1]) Sohn des Hieron, der einige Monate vor dem Tode seines Vaters starb.

287 bis 212
v. Chr.
Archimedes.

Erdbahn die Erde selbst gemeint habe, und setzt den Umfang der Erde dann auf 300 000 Stadien.

„Du weisst, dass Andere haben beweisen wollen, dass der Umfang ungefähr 300 000 Stadien sei. Ich gehe viel weiter, indem ich annehme, dass der Umfang zehnmal so gross ist. Wie die meisten Astronomen setze ich weiter voraus, dass der Durchmesser der Erde grösser ist, als der des Mondes, und der der Sonne grösser als der der Erde. Endlich setze ich den Durchmesser der Sonne dreissigmal so gross als den des Mondes, aber nicht grösser. Denn Eudox hat behauptet, der Durchmesser der Sonne sei ungefähr neunmal grösser als der des Mondes, Phidias, er sei zwölfmal grösser, und Aristarch hat versucht zu zeigen, dass er mehr als achtzehn- und weniger als zwanzigmal grösser sei. — Ich habe mich bemüht mit Instrumenten den Winkel zu messen, welcher die Sonne fasst und seinen Scheitel im Auge des Beobachters hat. Diese Messung ist nicht leicht, weil man den Winkel mit den Augen, den Händen und Instrumenten, deren man sich bedient, nicht sehr genau bestimmen kann.“

Archimedes findet durch seine Methode, die er sehr genau beschreibt, dass die scheinbare Grösse der Sonne mehr beträgt als der 656 ste Theil, und weniger als der 800 ste Theil des Thierkreises. Aus diesen Messungen und den vorhergehenden Annahmen demonstrirt dann Archimedes, dass die Entfernung der Sonne von der Erde nicht grösser sein kann, als 10 000 Erdhalbmesser (8 600 000 Meilen) und der Durchmesser der Fixsternsphäre nicht grösser als 10 000 000 000 Stadien. Die Anzahl der Sandkörner, welche diese Welt ausfüllen würden, wird durch eine Zahl angegeben, die mit unseren Ziffern geschrieben aus einer 1 und 63 Nullen besteht. Trotzdem Archimedes glaubte alle Dimensionen übertrieben gross angenommen zu haben, giebt doch seine Schätzung der Sonnenentfernung nur $2/_5$ des wahren Werthes, weil das Verhältniss des Sonnen- und Monddurchmessers nicht 30 : 1, sondern ungefähr 400 : 1 ist. Ein Vorwurf lässt sich ihm daraus nicht machen, denn die Dimensionen des Weltgebäudes sind erst in neuerer Zeit etwas genauer bestimmt worden. Selbst Kepler schätzt noch die Entfernung der Sonne von der Erde geringer als Archimedes, nämlich auf 3 000 000 Meilen.

Archimedes war der Gegenstand grosser Begeisterung im ganzen Alterthum. Man schrieb ihm 40 mechanische Erfindungen zu, aber die meisten dieser Erfindungen sind uns unbekannt, weil Archimedes selbst nichts Schriftliches darüber hinterlassen hat[1]). Heutzutage weiss man nur den Brennspiegel[2]), die Wasserschraube, die

---

[1]) Archimède, Oeuvres, trad. avec un commentaire par F. Peyrard. Paris 1807.
[2]) Dass Hohlspiegel als Brennspiegel gebraucht werden können, erwähnt schon die Katoptrik des Euklid. Doch ist nach dem dort Gesagten deswegen noch nicht sicher, dass Euklid selbst die Brennspiegel gekannt; andererseits ist es aber auch möglich, dass Archimedes die Brennspiegel nicht erfunden, sondern nur ihre Verfertigung oder Anwendung vervollkommnet hat.

Schraube ohne Ende, den Flaschenzug und eine höchst complicirte Sphäre als Erfindungen unseres grossen Mechanikers zu
nennen. Diese Sphäre gab eine Darstellung des Umlaufs der Planeten
um die Erde, bei der durch Umdrehung einer einzigen Kurbel die Sonne,
der Mond und die Planeten in verhältnissmässig richtigen Zeiten um die
Erde herumgingen, und die Sonne sogar durch den Mond verfinstert
wurde. Cicero hat dieselbe noch gesehen und kommt bei Betrachtung
dieser Sphäre zu der Ueberzeugung, dass Archimedes grösseres Genie
besessen, als mit der menschlichen Natur verträglich erscheint. Leider
kennen wir die Maschinerie nicht mehr, durch welche jene einzige
Kurbeldrehung in die Bewegung der Planeten umgewandelt wurde.

Nach einer Aeusserung Plutarch's hat Archimedes selbst seine
praktisch mechanischen Leistungen seinen theoretischen gegenüber gering geschätzt. Das lässt sich vielleicht dadurch erklären,
dass Archimedes eine ihm genügende Theorie aller seiner mechanischen
Maschinen (wie z. B. der Schraube) nicht zu geben vermochte, und zu
sehr Mathematiker war, um bloss praktische Beschreibung seiner Erfindungen zu geben. In den Werken, welche uns erhalten sind, verfolgt
er eine rein mathematische Methode, alle physikalischen Grundlagen
giebt er als pure Hypothesen, ohne dass er jemals sagt, wie er zu
denselben gekommen. Die Bestimmung der scheinbaren Grösse der
Sonne ist die einzige Beobachtung, die er uns beschreibt, und selbst
hier kommt es ihm weniger auf diese Grösse selbst, als auf die Grenzen
derselben an, die seiner mathematischen Entwickelung zu weiterer
Grundlage dienen sollen. Archimedes ist darum der Begründer
der Physik so weit sie eine Anwendung der Mathematik ist,
aber nicht der Begründer der Physik als einer selbstständigen Wissenschaft. Für die Statik der festen und flüssigen Körper hat er
in höchst genialer Weise die mathematischen Grundlagen gegeben,
den dynamischen Zweig der Mechanik hat er nicht einmal berührt, für diesen ist Aristoteles bis auf Galilei die einzige Autorität
geblieben.

Die Methode des Archimedes von angenommenen Grundsätzen
durch Lehrsätze deductiv fortzuschreiten liefert sichere Resultate,
aber sie hat ganz abgesehen von der empirischen Methode der eigentlichen Physik den Nachtheil, dass sie den Weg verdeckt, auf welchem
der Erfinder selbst zu seinen Sätzen gelangt ist. Das giebt einen Er-
klärungsgrund dafür, warum Archimedes keine Schule begründet
und im Alterthum selbst nur wenig Nachfolger gefunden hat.
Den Alten ist Archimedes wie ein Gott erschienen, den man anbetet,
dem nachzuahmen aber Niemand auch nur sich vornimmt. Das klingt
aus den Worten des Plutarch wieder: „Man wird in der ganzen Geometrie keine schwereren und tieferen Theoreme finden, als die, welche
Archimedes auf die einfachste und klarste Art beweist. Die Einen
schreiben diese Klarheit seinem erleuchteten Geiste, die Andern der

hartnäckigen Arbeit zu, welche auch die schwersten Sachen leicht er- 287 bis 212 v. Chr. Archimedes.
scheinen lässt. Es wird meiner Meinung nach unmöglich sein den
Beweis von einem Theorem des Archimedes zu finden, aber wenn man
ihn gelesen hat, glaubt man, dass man ihn ohne Mühe gefunden haben
würde, so leicht und so kurz erscheint derselbe."

Ein Zeitgenosse des Archimedes, und wie man sagt auch mit ihm 276 bis 195 v. Chr. Eratosthe- nes.
bekannt war Eratosthenes, der erste wissenschaftlich bedeutende
Geograph des Alterthums aber auch zugleich Astronom und Philolog.
Er wurde 247 von Euergetes nach Alexandrien berufen und daselbst
zum Vorsteher der Bibliothek ernannt, und soll im Alter von 80 Jahren
freiwillig den Hungertod gestorben sein. Unter seinen zahlreichen
Schriften ist für uns seine Geographie in drei Büchern am wichtigsten. Das erste Buch enthält eine kritische Uebersicht der Geschichte
der Geographie von Homer bis auf die Alexandriner, das dritte die
politische Geographie mit Zugrundelegung einer Karte, das zweite
aber die Lehre von den Zonen, der Umschiffbarkeit der Erde und die
Nachricht von der berühmten Messung des Erdumfanges, der
ersten, von der uns die Art der Ausführung bekannt ist.

Nach einer Beobachtung war zu Sommersanfang die Bodenfläche eines
tiefen Brunnens in Syene in Oberägypten gerade ganz erleuchtet. Die Sonne
stand also um diese Zeit im Zenith von Syene, während sie in Alexandrien
zu derselben Zeit um $1/50$ der Kreisperipherie davon abwich. Eratosthenes
glaubte Alexandrien liege rein nördlich von Syene, und schloss, dass
beide Städte um $1/50$ des Erdmeridians von einander entfernt wären.
Da nun von Reisenden diese Entfernung auf 5000 Stadien geschätzt
wurde, so bestimmte Eratosthenes danach den Erdumfang auf
250000 Stadien. Leider ist die Länge eines Stadiums uns nicht
genau bekannt, als wahrscheinlich wird angenommen 1 Stadium $=$ 600
attische Fuss $=$ 569,4 Par. Fuss, und danach hätte Eratosthenes den
Umfang der Erde etwa auf 6200 geographische Meilen à 22843 Par.
Fuss bestimmt. Diese Bestimmung ergiebt einen Fehler von circa
800 Meilen, der für den damaligen Stand der Wissenschaft keineswegs zu gross erscheint [1]).

Ktesibios und noch mehr sein Schüler Heron sind berühmte Circa 150 v. Chr. Heron.
Mechaniker, die zu Alexandrien circa 150 v. Chr. lebten. Bei beiden
finden wir erfolgreiche Beschäftigungen mit physikalischen Dingen, und beide scheinen für die Physik neben dem theoretischen
auch ein starkes praktisches Interesse gehabt zu haben. Dem Ktesibios wird die Erfindung der Windbüchsen und der Druckpum-

---

[1]) Nach Peschel, Geschichte der Erdkunde. Nach Lepsius hat Eratosthenes
den Grad zu 126000 m gemessen, während er in Wirklichkeit 110802,6 m beträgt; dies giebt einen Fehler von circa 14 Proc., während er nach der ersten
Annahme circa 15 Proc. beträgt.

pen zugeschrieben; kleine Saugpumpen sind wohl schon zu Aristoteles' Zeit bekannt gewesen. Eine Wasseruhr von Ktesibios ist
merkwürdig, weil bei ihr zuerst die Anwendung von Zahnrädern bestimmt erwähnt wird. Ein Räderwerk wurde nämlich durch ein Schiff-
chen angetrieben, das auf dem steigenden Wasser schwamm, und dieses
Räderwerk warf Steinchen in ein metallenes Becken, um durch den
Klang die Zahl der verflossenen Stunden anzuzeigen. Die Wasseruhren selbst sind nicht von Ktesibios erfunden, denn Wasseruhren
und auch Sanduhren, welch' letztere übrigens weniger gebräuchlich
waren als die ersteren, finden sich schon bei Babyloniern und Aegyptern
seit den ältesten Zeiten in Gebrauch. Vitruv beschreibt nach dem
Bericht des Heron auch eine Wasserorgel des Ktesibios, die Beschreibung ist aber so undeutlich, dass man nicht daraus klug werden
kann, wahrscheinlich hat Ktesibios eine schon vorhandene Windorgel
nur dadurch verbessert, dass er zur Erzeugung der Windströme Wasser-
ströme benutzte.

Heron beschäftigte sich wie sein Lehrer mit der Verfertigung von Wasseruhren, machte sich aber vorzüglich bekannt durch
die Construction von pneumatischen Maschinen, die er in
seinem Werke Spiritualia seu Pneumatica beschreibt. Solche
Maschinen sind vor allem der Heronsbrunnen, der Heronsball
und der Dampfkreisel, die Aeolipile, die er sowohl durch Dampf
wie auch durch erhitzte Luft in Bewegung setzte. Obgleich daraus
hervorgeht, dass er das Ausdehnungsvermögen der Luft kannte,
obgleich er zeigte, dass er die Elasticität der Luft wohl zu benutzen verstand, finden wir doch nicht, dass er die theoretische
Mechanik der Luftarten wesentlich gefördert. Wichtiger ist in
theoretischer Beziehung eine Schrift über die Hebewinde, deren
Wirkung er mathematisch richtig aus dem Hebelgesetz ableitet. Leider
sind solche Fälle, in denen die Entwickelungen des Archimedes weiter
benutzt worden sind, aus dem Alterthum nur sehr wenige zu berichten.
Vielleicht würden wir gerade bei Heron noch mehr solcher Be-
nutzungen constatiren können, wenn nicht seine mathematischen Schriften, darunter auch „Elemente der Mechanik",
verloren gegangen wären. Darauf lässt wenigstens die interessante
Heron'sche Fassung des Reflexionsgesetzes schliessen: Die
Linien, welche unter gleichen Winkeln von einer Fläche reflectirt werden,
sind kleiner als alle anderen, die unter ungleichen Winkeln zwischen
denselben Punkten gezogen werden können, so dass die Lichtstrahlen,
wenn sie die Natur nicht einen vergeblichen Umweg machen lassen will,
unter gleichen Winkeln reflectirt werden müssen [1]).

---

[1]) Dieser Satz ist der einzige, der uns von einer Katoptrik des Heron
übrig geblieben ist.

Ein noch erhaltenes Werk des Heron, über den Bau der damals Circa 150 v. Chr. üblichen Geschütze, ist nicht wissenschaftlich gehalten, sondern Heron. für das Verständniss der Laien berechnet.

Hipparch aus Nicaea, der von 160 bis 125 in Alexandrien 160 bis 125 v. Chr. lehrte, bildet mit Aristarch und Ptolemäus das leuchtende Drei- Hipparch. gestirn der alten Astronomie, ja viele halten ihn für grösser als den berühmten Ptolemäus und erklären das System des Letzteren nur für eine geschickte Ausführung der Arbeiten des Ersteren. Hipparch erklärte die ungleichförmige Bewegung der Planeten dadurch, dass er die Erde um ein gewisses Stück aus dem Mittelpunkt der Planetenbahnen herausrückte, und also diese Bahnen als excentrische Kreise annahm. Er bestimmte dann die Entfernung der Erde vom Centrum der Sonnenbahn (die Excentricität) auf $1/_{24}$ des Radius, und bestimmte auch die Lage der Erdnähe und Erdferne, so dass es ihm möglich wurde Sonnentafeln zu berechnen. Durch Vergleichung seiner Beobachtungen des Sommersolstitiums mit denen von Aristarch fand er die Länge des Jahres $365^d\,5^h\,55^m$ statt $365^1/_2$ Tag. Auch die bedeutendste Ungleichung im Mondlaufe vermochte er durch eine excentrische Bahn dieses Planeten zu erklären und nach Berechnung der Elemente dieser Bahn Mondtafeln anzulegen. Die Parallaxen von Sonne und Mond (das sind die Winkel, unter welchen der Erdradius von diesen Sternen aus gesehen wird) bestimmte er zu $3'$ und $57'$ und berechnete danach die resp. Entfernungen von der Erde zu 59 und 1200 Erdradien, die erstere ziemlich richtig, die letztere freilich 20 mal zu klein. Durch Vergleichung mit älteren Beobachtungen fand Hipparch, dass ein Stern in der Jungfrau seinen Ort in 150 Jahren um 2 Grad in der Länge geändert habe, er fand dann weiter, dass diese Bewegung allen Fixsternen in gleicher Weise zukomme, und dass sie durch eine Bewegung des Aequatorpols um den Pol der Ekliptik zu erklären sei. Zu dieser Entdeckung der sogenannten Präcision der Tag- und Nachtgleichen gehörten natürlich sehr zahlreiche Ortsbestimmungen der Fixsterne; der Sternkatalog des Hipparch, den Ptolemäus später benutzte, enthält in der That die Orte von 1080 Fixsternen.

Um eine solche Fülle guter und sicherer Beobachtungen, wie um die sorgsame ruhige Methode der Erklärung des Gefundenen darf die Physik die Astronomie beneiden. Zwar hat man dem Hipparch zum Vorwurf gemacht, dass er, zur augenscheinlichen Bewegung der Sonne zurückkehrend, die Erde wieder unbeweglich annahm; dem ist aber entgegen zu halten, dass bei dem damaligen Stand der Kenntnisse dies die einzig sichere und auch zugleich vollständig genügende Annahme war. Gerade diese weise Selbstbeschränkung, dieses Festhalten an dem Anschaulichen hat die Astronomie vor den wilden Speculationen,

160 bis 125
v. Chr.
Hipparch.
vor dem gänzlichen Umschlagen der übrigen Naturwissenschaften bewahrt und dieselbe in einem stetigen Fortschritt erhalten.

Circa 100
v. Chr.
Philo.
Philo von Byzanz hat eine Schrift über die Construction von
Ballisten und Katapulten hinterlassen, die von einer sorgfältigen
Anwendung der damals bekannten mechanischen Gesetze zeugt. Von
seiner Abhandlung über Mechanik, die ähnliche Gegenstände wie
die Schrift des Heron behandelte, wissen wir nur durch einige Citate
des Pappus.

103 bis 19
v. Chr.
Posidonius.
•
Posidonius aus Apamea in Syrien, der zu Rhodos stoische Philosophie lehrte, unternahm ganz nach den Principien des Eratosthenes
eine zweite Gradmessung. Er bemerkte, dass der Stern Kanopus
im Schiff Argo gerade zu der Zeit, wo er in Rhodos den Horizont berührte, in Alexandrien $1/48$ der Kreisperipherie über dem Horizonte
stehe, und da er die Entfernung der beiden Städte auf 5000 Stadien
setzte, kam er auf 240000 Stadien für den Umfang der Erde. Später
soll er für die Entfernung der Städte 3750 Stadien angenommen und
dadurch für den Erdumfang 180000 Stadien gefunden haben, ein
Resultat das auch Ptolemäus allerdings ohne Quellenangabe in
seiner Geographie giebt. Das zweite Resultat ist nicht genauer als
das erste, nämlich um eben so viel zu klein als das erste zu gross
ist, wenn nicht Posidonius wie Ptolemäus einen grösseren Fuss als den
attischen zu Grunde gelegt haben.

Ca. 96 bis 55
v. Chr.
Lucrez.
Lucrez trägt in seinem Lehrgedicht „De rerum natura" die
Weltansicht der epikureischen Philosophen vor. Der teleolo-
gischen Physik des Aristoteles, die alles aus dem Endzweck erklären
will, setzen sich die Philosophenschulen der Stoiker und Epikureer
entgegen, die beide in ihrer Physik wieder auf Demokrit zurückgehen
und unter Zugrundelegung der Atomtheorie die Welt mechanisch
zu erklären versuchen. Im Alterthum und vorzüglich bei den
Römern behalten letztere die Oberhand, erst im Mittelalter
gelangt Aristoteles zur Alleinherrschaft, bis die neuere
Physik nach dem Sturze der Aristotelischen Autorität
vielfach an die Atomistiker und vorzüglich an Lucrez,
dessen Darstellung am vollständigsten erhalten ist, wieder
anknüpft. Da wir die Grundzüge der atomistischen Theorie schon bei
Demokrit klar gelegt, wollen wir hier nicht wieder näher darauf eingehen.
Nur eine sehr interessante Erklärung der Wirkung des Magneten
durch Ausströmungen aus dem Magnetstein mag hier als ein Beispiel
folgen. Von allen Körpern gehen unaufhörlich Ströme von Atomen aus,
durch welche die Körper in Wechselwirkung treten. Die vom Magnet
ausgehenden Ströme sind so stark, dass ein luftleerer Raum um den
Magnet entsteht, in welchen das Eisen hineinstürzt. Nur das Eisen wird

auf diese Weise an den Magneten gedrängt, von den anderen Körpern Ca. 96 bis 5
sind die einen zu schwer, um durch die Ströme bewegt zu werden, und v. Chr. Lucrez.
die leichteren Körper haben so grosse Zwischenräume, dass die Ströme
ungehindert durch sie hindurch gehen. Das Beispiel zeigt wie auch
die mechanischen Naturphilosophen stark an dem Hang leiden
zur Stütze von Hypothesen immer neue Hypothesen zu bilden,
ohne dass sie auch den Trieb fühlen, die Hypothesen durch Beobachtung
näher zu prüfen. Bei Descartes werden wir, nach $1\frac{1}{2}$ Jahrtausenden
noch, nicht blos denselben Fehler, sondern sogar dieselbe Hypothese der
Bewegung der Materie finden. Descartes erklärt die magnetische, wie
überhaupt alle Anziehung durch Strömungen von materiellen Theilchen,
und kehrt auch in seiner Theorie der Weltenwirbel einerseits zu der
Lehre der Epikureer, nach der eine unendliche Anzahl von Welten, in
ungeheuren Entfernungen und ungeheuren Zeiten neben einander sich
bewegen, entstehen und vergehen, andererseits zu der Lehre des
Stoikers Kleanthes (um 250 v. Chr.) zurück, der Wirbelströme
benutzt, um die Sonne und die Planeten um die Erde zu
führen.

Der Aegypter **Sosigenes** revidirt auf Befehl Julius Cäsar's den 46 v. Chr.
römischen Kalender. Die neue (nach Julius Cäsar) Julianische Zeit- Sosigenes.
rechnung theilt das Jahr in 11 Monate von abwechselnd 30 und 31 Tagen und einen Monat zu 28 Tagen, dem alle vier Jahre ein Schalttag
zugelegt wird. Das Jahr erhält dadurch durchschnittlich $365\frac{1}{4}$ Tag,
obgleich Hipparch dasselbe schon genauer bestimmt hatte.

Der römische Kriegsingenieur unter Cäsar und Augustus Vitruvius
Pollio giebt in seinem Werke: De Architectura libri X eine Ueber- Chr. Geb. Vitruv.
sicht über die Kenntnisse seiner Zeit in der Baukunst, Mechanik,
Physik und physikalischen Geographie. Wie schon der Titel
anzeigt, hat das Werk mehr eine praktische Tendenz und bietet
ausser werthvollen Nachrichten über die älteren Physiker, z. B. Archimedes, weniger theoretisch Bemerkenswerthes. Die Römer beginnen um diese Zeit durch grosse Sammelwerke die griechische
Wissenschaft zugänglich zu machen, auch die Schrift des Vitruvius
ist ein solches Werk, das vorzüglich aus griechischen Quellen schöpft.
Die ersten sieben Bücher haben das eigentliche Bauwesen
zum Gegenstande, das achte handelt vom Wasser und den Wasserleitungen, das neunte von der Zeitmessung, das zehnte von der Ma-
schinenbaukunst. Am originellsten ist das achte Buch. Die grossartigen Wasserbauten der Römer scheinen einigermassen die Ansichten
über die Bewegung der Flüssigkeiten geklärt zu haben. Vitruv sagt
sehr verständig: „Ganz wie die Wellen des Wassers schreitet
auch der Schall in Kreisen durch die Luft fort. Allein im
Wasser gehen diese Kreise nur in der Breite und in horizontaler Richtung

fort, während der Schall in der Luft nicht nur in der Breite, sondern auch in der Tiefe allmälig immer weiter schreitet." Entgegen der Ansicht, dass Wasser in den Höhlen der Erde aus Luft gebildet würde, vertheidigt Vitruv die Ansicht, dass alles Wasser der Quellen aus dem Regenwasser stamme; freilich nicht mit durchschlagendem Erfolg, denn der Streit über die Herkunft des Fluss- und Quellwassers ist bis in die neueste Zeit fortgeführt worden. Die Entstehung der Winde versucht Vitruv ganz glücklich durch die Spannkraft der Wasserdämpfe zu erklären und behandelt deswegen ausführlich die Dampfkugel des Heron, aber auch hier sind seine Meinungen nicht zu allgemeiner Anerkennung gelangt. Vielleicht haben die Untersuchungen wenigstens das Gute gehabt den Gedanken an die Spannkraft der Wasserdämpfe lebendig zu erhalten, bis man endlich verstand diese gewaltige Kraft dienstbar zu machen.

Von mechanischen Maschinen treffen wir bei Vitruv auf die Kenntniss des Flaschenzugs, der aber schon als etwas Bekanntes erwähnt wird. Auch Wassermühlen, die Vitruv beschreibt, sind schon eine ältere Erfindung, die aber doch erst im 4. Jahrhundert nach Christus zu allgemeiner Anwendung gelangt.

Ein uns sonst unbekannter Autor **Kleomedes** schliesst sich in seinem Buch „Cyklische Theorie der Meteore" (d. i. der Himmelskörper) an die Stoiker, hauptsächlich Posidonius, an, dessen Messungen er berichtet. In seiner Schrift finden sich merkwürdige optische Untersuchungen, wahrscheinlich hervorgerufen durch astronomische Beobachtungen. Kleomedes berichtet nicht nur, dass der Lichtstrahl beim Uebergang aus einem dichteren Stoff in einen dünneren gebrochen, er weiss auch, dass dabei derselbe nach dem Loth hin und im umgekehrten Falle vom Loth weg gebrochen wird. Kleomedes beschreibt folgenden bekannten Versuch: Man stelle sich so, dass dem Auge ein am Boden eines Gefässes liegender Ring durch den Rand des Gefässes gerade verdeckt wird. Dann wird, ohne dass man das Auge zu verrücken braucht, durch Eingiessen von Wasser in das Gefäss der Ring sichtbar werden. Aus diesem Versuche leitet er anschaulich ab, dass man die Sonne durch Strahlenbrechung noch sehen kann, auch wenn sie schon unter den Horizont geschwunden ist.

Der Versuch mit dem Ring wird schon in der Katoptrik des Euklid im letzten Erfahrungssatz beschrieben. Da aber der Satz nicht dorthin gehört und da derselbe auch in dem Werke nicht weiter gebraucht, ja nicht einmal erwähnt wird, so darf man denselben jedenfalls als eine spätere Einschiebung ansehen. Danach muss man Kleomedes als den Ersten nennen, der Brechungserscheinungen wissenschaftlich behandelt hat. Bekannt freilich waren solche Erscheinungen schon länger, denn Aristophanes (452 bis 388) erwähnt in seinen „Wolken" der Brenngläser, und Aristoteles wirft die Frage auf, warum

ein ins Wasser getauchter Stab gebrochen erscheine. Die Physik des 50 n. Chr.
Kleomedes.
Alterthums kam meist der Praxis nach und fand ihre Aufgabe in der
Erläuterung und Begründung der letzteren; während die neuere Wissen-
schaft oft der Praxis voraneilt und derselben neue Wege zeigt. Dieser
Unterschied kennzeichnet recht gut die verschiedenen Methoden der
alten und der neuen Naturwissenschaft.

Der Redner, Staatsmann und stoischer Philosoph **Seneca** (der 2 bis 66
n. Chr.
Seneca.
jüngere) hat uns in seinen Naturalium quaestionum libri VII ein Denk-
mal römischer Physik hinterlassen, das neben dem Lehrgedicht des
Lucrez das bedeutendste ist. Die sieben Bücher behandeln vom a t o -
m i s t i s c h e n S t a n d p u n k t e a u s e l e k t r i s c h e E r s c h e i n u n g e n,
die H i m m e l s e r s c h e i n u n g e n, die K o m e t e n, W a s s e r, L u f t
und L i c h t, ohne systematische Gliederung und natürlich ohne eine
Verificirung des gesammelten Materials durch eigene Beobachtung.
Doch geht im Allgemeinen ein e r n s t h a f t e r T o n durch das Werk,
wie er z. B. von den Gesetzen der Bewegungen der Planeten und sogar
der Kometen bescheiden sagt, dass dieselben so dunkel und verworren
jetzt, in späteren Zeiten klar und deutlich erkannt werden möchten.
Daneben finden wir freilich auch ein l e i c h t e s H i n w e g g e h e n ü b e r
T h a t s a c h e n, deren genaue Erforschung durch Experimente weiter
geführt haben würde.

Seneca erklärt wie Aristoteles den R e g e n b o g e n für e i n v e r -
z o g e n e s S o n n e n b i l d und meint die Farben entstünden durch Mischung des Sonnenlichts mit dem Dunklen der Wolke. Er bemerkt
auch die I d e n t i t ä t d e r R e g e n b o g e n f a r b e n m i t d e n F a r b e n,
die man an den Körpern durch eckige Glasstückchen sieht,
erklärt aber diese letzteren Farben für unecht. Die Beobachtung, dass
man durch Glasflaschen, die mit Wasser gefüllt sind, Gegenstände wie z. B. Aepfel vergrössert sieht, veranlasst ihn nur zu
der Bemerkung, dass Nichts so trügerisch sei als unser Gesicht. Man
darf sich wundern, dass Seneca mit diesen letzten Beobachtungen nicht
mehr anzufangen weiss, muss aber bedenken, dass es eine g e n i a l e
Aufgabe ist, eine neue Thatsache in ihre Consequenzen zu verfolgen,
und dass die römischen Philosophen weniger geneigt waren, eine neue
Thatsache physikalisch weiter zu verarbeiten, als vielmehr moralisch
praktische Folgerungen daran zu knüpfen. Mit moralischen Consequenzen ist auch Seneca freigebig, vielleicht ist dies vorzüglich der
Grund gewesen, w a r u m s e i n e S c h r i f t d e m M i t t e l a l t e r s o l a n g e
als Lehrbuch der Physik gedient hat.

Das g r ö s s t e n a t u r w i s s e n s c h a f t l i c h e S a m m e l w e r k der 23 bis 79
n. Chr.
Plinius.
Römer lieferte **Plinius der Aeltere** in seiner H i s t o r i a n a t u r a l i s,
die nicht weniger als 37 Bücher enthält. Plinius war von Haus aus
weder Philosoph noch Mathematiker, sondern Militair. Er betheiligte
sich an den Feldzügen in Germanien, bekleidete unter Claudius und

Vespasian hohe öffentliche Aemter und war Befehlshaber der Flotte bei Misenum, als er beim Ausbruch des Vesuvs 79 umkam. Das Inhaltsverzeichniss der 37 Bücher ist: I Inhalts- und Quellenverzeichniss, II Mathematisch-physikalische Beschreibung des Weltgebäudes, III bis VI Geographie, VII Anthropologie, VIII bis XI Zoologie, XII bis XXVII Botanik, XXVIII bis XXXII medicinische Zoologie, XXXIII bis XXXVII Mineralogie und Verwendung der Mineralien in der Kunst. Leider ist das Ganze wirklich nur eine Sammlung, in die Plinius Alles aufgenommen was irgend ihm gefiel, und leider scheint es, als sei das am meisten bei dem Fabelhaften der Fall gewesen; von einer Kritik des Uebernommenen ist fast nicht und von Verarbeitung desselben erst recht nicht die Rede. Noch am ersten ist zu erwähnen, dass Plinius, wie schon vorher Lucrez, sich viel mit der Wirkung des Magnetsteins beschäftigt, und dass von ihm die bekannte Fabel von dem Schäfer Magnus herrührt, der den Magnetstein an der Anziehung erkannt haben soll, welche derselbe auf seine Schuhnägel ausübte. Die Nachricht aber, dass der Magnetstein durch den Diamanten ganz unwirksam gemacht werde, lässt erkennen, wie weit Plinius geneigt war, die von ihm berichteten Thatsachen selbst zu prüfen. Wir dürfen aus Berichten des Plinius schliessen, dass man auf die magnetischen und vielleicht auch die elektrischen Kräfte aufmerksamer geworden war. Leider hatten diese Anregungen keine weitere Folgen, weil die Kraft des Alterthums, zu grossen wissenschaftlichen Fortschritten schon erloschen, kaum noch den Stand der Kenntnisse zu halten vermochte. Wie weit der Forschungstrieb geschwächt, und wie sehr schon an seine Stelle eine bequeme, wundersüchtige Gläubigkeit, die sich gern in Erstaunen setzen liess, getreten war, wie wenig gesunde mechanische und physikalische Vorstellungen gemein geworden waren, dafür liefert Plinius recht kräftige Beispiele.

Er erzählt, dass ein kleiner, kaum einen Fuss langer Fisch, durch blosses Anhängen an ein Schiff, dasselbe allen mechanischen Gewalten entgegen festzuhalten vermöge und z. B. auch in der Schlacht von Actium das Hauptschiff des Antonius festgehalten habe. „Mögen die Winde blasen und die Wogen rasen, dieses kleine Geschöpf meistert ihre Wuth und fesselt ein Schiff, das kein Anker, keine Ketten mehr festhalten können, und dies vermag das Thier nicht etwa durch grosse Anstrengung, sondern nur indem es sich an das Schiff hängt. Bejammernswerthe Eitelkeit der Menschen etc." Von den Elmusfeuern spricht er wie von Sternen, die sich auf die Lanzen der Soldaten und die Segelstangen der Schiffe setzen. „Wenn sie einzeln kommen, sind sie verderblich, die Schiffe in den Grund bohrend, und wenn sie auf den Boden gesunken sind, die Kiele entzündend. Als Doppelsterne sind sie heilsam, Vorboten einer glücklichen Fahrt, und durch ihre Ankunft wird jene schreckliche Helena verscheucht. Deshalb schreibt man Kastor und Pollux diese Erscheinung zu und ruft sie als Götter auf dem Meere an. Auch die Häupter der Menschen umleuchten sie zu den Abendstunden zu grosser Vorbedeutung." Endlich das 23 bis 79 n. Chr. Plinius. Lächerlichste. Von Olisippo (Lissabon) kommt eine Gesandtschaft an Tiberius mit der Meldung, dass ein Triton, in bekannter Gestalt, in einer Höhle auf einer Muschel blasend, gesehen und gehört worden sei; auch habe man eine Nereide, gleichfalls in bekannter Gestalt an demselben Ufer gesehen und die Bewohner hätten weithin das klägliche Gewinsel der sterbenden Nixe gehört.

Plinius der Jüngere rühmt von seinem Onkel, dass er nie ein Buch gelesen, ohne zu excerpiren, dass er kein Buch so schlecht gefunden, dass es nicht etwas Gutes enthalte; dass er bei den Mahlzeiten, während des Badens sich habe vorlesen lassen; ja dass er aus Sparsamkeit der Zeit sehr ungern gesehen habe, wenn ein Anwesender sich ein Stück des Gelesenen wiederholen liess. Danach kann er allerdings nicht viel Zeit zur Verarbeitung des Aufgenommenen übrig behalten haben. Es scheint allgemein im römischen Charakter zu liegen, weniger selbst wissenschaftlich thätig zu sein, als vielmehr das von den Griechen vorzüglich Geleistete sich nur einfach anzueignen. Wo die Griechen ihre Geistesheroen wenigstens noch commentiren, da fasst der Römer kritiklos ein Sammelwerk zusammen.

Sextus Julius Frontinus war, wie Vitruv und Plinius ein namhafter Militair. Unter Nerva mit der Oberanfsicht über die Wasserleitungen Roms beauftragt, sammelte er technisches und antiquarisches Material zu seinem Werke D e a q u a e d u c t i b u s U r b i s R o m a e. 40 bis 103 n. Chr. Frontinus. D i e s e s W e r k enthält die beachtenswerthe Bemerkung, d a s s d i e M e n g e d e s, a u s e i n e m G e f ä s s e, a u s f l i e s s e n d e n W a s s e r s n i c h t b l o s s v o n d e r G r ö s s e d e r O e f f n u n g, s o n d e r n a u c h v o n d e r H ö h e d e s W a s s e r s p i e g e l s i m G e f ä s s a b h ä n g t. Um aber zu erfahren, wie diese Abhängigkeit beschaffen ist, müssen wir bis auf Torricelli (1608 bis 1647) warten.

Klaudius Ptolemäus, der aus Ptolemais Hermeia in der Thebais gebürtig, ungefähr von 120 an in Alexandrien lehrte, ist wohl unter allen 70 bis 147 n. Chr. Ptolemäus. Gelehrten derjenige, d e s s e n A u t o r i t ä t a m l ä n g s t e n, a m u n b e s t r i t t e n s t e n u n d a m a l l g e m e i n s t e n g e g o l t e n h a t. Griechen, Römer, Araber und Christen haben ihn gleichmässig verehrt, und zuletzt als schon seine Autorität zu wanken begann, ist noch die römisch katholische Kirche mit ihrer ganzen Macht für ihn eingetreten. Diese Autorität wurde gegründet durch sein astronomisches Werk[1] „D i e g r o s s e Z u s a m m e n s t e l l u n g", das in dreizehn Büchern den Inbegriff der g a n z e n a l t e n A s t r o n o m i e e n t h ä l t. Kaiser Friedrich II., der Freund arabischer Gelehrsamkeit, liess es aus dem Arabischen ins Lateinische übersetzen, und obgleich es später auch direct aus dem Griechischen ins Lateinische übertragen worden ist, hat es doch bei uns das Zeichen

---

[1] Μεγάλη σύνταξις.

seines arabischen Ursprungs, seinen arabischen Namen Almagest, beibehalten. Ptolemäus erklärt sich im Almagest für die Ruhe der Erde. Ruhte die Erde nicht im Centrum der Welt, so würden wir zwei einander diametral gegenüberstehende Sterne, manchmal beide über dem Horizont, manchmal zusammen unter dem Horizont sehen. Die Pole des Himmels würden dann nicht unbeweglich erscheinen; die Sterne, nach denen sich die Erde hin bewegte, müssten uns grösser, die entgegengesetzten kleiner erscheinen; die Wolken dürfte man nur gegen Westen hin erblicken; senkrecht in die Höhe geworfene Körper dürften nicht wieder an demselben Orte niederfallen; und endlich müsste die schnelle Bewegung der Erde längst ihre Masse zerstreut haben. Nach der Meinung des Aristoteles sei ja auch natürlich, dass sich alle irdischen Elemente in geraden Linien und die Himmelskörper in Kreisen um sie herum bewegten. Die Menge dieser Gründe lässt erkennen, dass Ptolemäus wohl gegen die Ansicht von der Bewegung der Erde zu kämpfen hatte, wir sehen aber auch, dass Ptolemäus sich, abgesehen von der Augenscheinlichkeit der Himmelsbewegung, schon aus jenen Gründen für die Ruhe der Erde entscheiden musste. Es ist wenigstens schwer zu begreifen, wie man damals, wo man noch nichts anderes als die Aristotelische Bewegungslehre, kein Gesetz der Beharrung, keine Anziehungskräfte kannte, wo man noch nichts von der ungeheuren Entfernung der Fixsterne wusste, im Verhältniss zu welcher die Erdbewegung verschwindet, gegen jene Gründe hätte ankommen wollen. Diese Gründe aber ganz unberücksichtigt lassen, das konnten Philosophen eher als mathematisch gebildete Astronomen, speculirende Pythagoreer eher als der nüchtern beobachtende Alexandriner.

Um die ruhende Erde bewegte sich, wie schon Hipparch festgesetzt hatte, in einem excentrischen Kreise der Mond, Ptolemäus bemerkte aber, dass sich damit nicht alle Ungleichheiten im Laufe des Mondes erklären liessen, er nahm darum an, dass sich der Mond nicht auf dem excentrischen Kreise selbst, sondern auf einem kleineren Kreise bewege, der erst mit seinem Mittelpunkte auf jenem excentrischen Kreise um die Erde fortrücke. Die krumme Linie, die der Mond hiernach beschreibt, heisst ein Epicykel. Solche Epicyklen gebrauchte Ptolemäus dann auch um den Lauf der übrigen Planeten Merkur, Venus, Sonne, Mars, Jupiter und Saturn zu erklären, und danach erhielt die ganze Planetentheorie den Namen der epicyklischen. Freilich genügten auch die einfachen Epicyklen noch nicht, um alle Ungleichheiten des Planetenlaufs zu erklären, und Ptolemäus war gezwungen solche Complicationen anzubringen, dass er selbst entschuldigend sagt: es sei leichter die Planeten selbst zu bewegen, als ihre complicirten Bewegungen zu verstehen. Diese Complicirtheit des Ptolemäischen Weltsystems ist's denn auch trotz dieses Ausspruchs

gewesen, die schliesslich das System zu Fall gebracht. In neuerer Zeit _{70 bis 147}
aber hat man Ptolemäus nicht einmal den Ruhm als Begründer dieses _{u. Chr.
Ptolemäus.}
Systems lassen wollen und behauptet, dasselbe sei ganz auf Hipparch
zurückzuführen. Da sicher die Grundzüge der epicyklischen Theorie
schon von Hipparch gefunden sind, und da die Werke Hipparch's leider
verloren gegangen, steht der Process für Ptolemäus nicht ganz günstig.
Trotzdem darf man doch dem Ptolemäus den Ruhm eines guten Beobachters, eines umfassenden, sorgsam ordnenden Geistes um so weniger
vorenthalten, als auch seine physikalischen und geographischen
Schriften für seine geistige Grösse Zeugniss ablegen.

Wie in dem Almagest die astronomischen, so fasst Ptolemäus in
seinen Opticorum sermones quinque die optischen Kenntnisse seiner Zeit zusammen, nicht ohne sie selbstständig weiter
fortzubilden. Das Buch galt lange Zeit für verloren, ist aber in neuerer
Zeit wenigstens als eine lateinische Uebersetzung aus dem Arabischen
wieder aufgefunden worden [1]). Es behandelt die Theorie des
Sehens, die Reflexion, die Theorie der ebenen und sphärischen Spiegel und endlich die Refraction. Der interessanteste
und wichtigste Theil ist der letztere. Ptolemäus kennt zwar das
Brechungsgesetz nicht, er hält vielmehr Einfalls- und
Brechungswinkel bei denselben Medien für proportional;
aber er misst doch die Winkel, welche der einfallende
und der gebrochene Strahl mit dem Einfallsloth bilden,
für Luft und Wasser, Luft und Glas und Glas und Wasser
leidlich genau.

Diese Messungen sind berühmt geworden, weil man sie für die
ersten Experimente, für die einzigen des Alterthums
erklärte. Wir möchten dem nicht beistimmen. Unser Experiment
ist eine Naturbeobachtung, mit Bewusstsein zu dem Zwecke angestellt,
neue Eigenschaften der Dinge zu entdecken, oder aufgestellte Hypothesen,
Ahnungen neuer Gesetzmässigkeit auf ihre Wahrheit zu prüfen. Ptolemäus hat aber bei seinen Messungen solche Absichten nicht, das zeigt
sich am deutlichsten darin, dass er aus seinen Messungen keinerlei
Schlüsse zieht, nicht einmal den, dass jene Brechungswinkel nicht proportional sind. Mit demselben Recht wie Ptolemäus könnte
man Archimedes die ersten Experimente zuschreiben,
wenn er das specifische Gewicht von Silber und Gold bestimmt. Hier
wie dort fehlt das Bewusstsein der Methode, hier wie dort ist
neben dem praktischen das wissenschaftliche Interesse, ein mehr
mathematisches als physikalisches, ein mehr quantitatives
als qualitatives. Das zeigt sich bei Ptolemäus so recht in seiner

---

[1]) Noch zu Anfang des 17. Jahrhunderts wird die Schrift als bekannt erwähnt; dann verschwindet sie, bis Laplace um 1800 dieselbe wieder in einem
lateinischen Manuscripte der Pariser Bibliothek entdeckt.

70 bis 147
u. Chr.
Ptolemäus. Theorie der Augenstrahlen; trotz Aristoteles lässt Ptolemäus die
Lichtstrahlen wieder wie Euklid vom Auge ausgehen, wahrscheinlich
auch nur, weil ihm ein Streit darüber um so unnützer erscheint, als die
mathematische Form der optischen Gesetze ganz dieselbe bleibt, mögen
nun die geradlinigen Lichtstrahlen vom Auge oder vom Gegenstand
kommen [1]).

Die Gesetze der Refraction hatten für Ptolemäus als Astronom ein besonderes Interesse, weil er bemerkte, dass der Ort der
Gestirne durch die Brechung des Lichts in der Luft verändert werde.
Er maass zwar die astronomische Refraction nicht, aber er bemerkte
doch, dass die astronomische Refraction im Zenith gleich Null ist und
nach dem Horizont zu immer grösser wird, und er erklärte durch diese
Refraction, warum die Circumpolarsterne nicht wirkliche, sondern ab-
geplattete Kreise um den Pol zu beschreiben scheinen.

Die Harmonicorum libri III des Ptolemäus geben physikalisch
wenig Neues und wenig Bedeutendes, wenn sie auch für das Verständniss der griechischen Musik von Werth sind. Wichtiger ist wegen
der streng mathematischen Behandlungsweise die Geographie
in acht Büchern, welche die Lagenbestimmungen einer grossen Anzahl
von Orten zwischen 67° nördlicher und 16° südlicher Breite, so wie
die Grundzüge der Kartenconstructionslehre mit einer Darstellung des
betreffenden Theils der Erdoberfläche in 27 Karten enthält.

Wir haben die hier abschliessende Periode unserer Geschichte als
die Periode der mathematischen Physik bezeichnet und haben die

---

[1]) Ein Zeitgenosse (?) des Ptolemäus hat jedoch versucht die Irrthümer
desselben theoretisch zu begründen. Damianus, der Sohn des Heliodor von
Larissa, sagt in seiner Optik: „Die Gestalt unserer Augen, welche nicht hohl,
noch so, wie die anderen Sinne eingerichtet sind, dass sie etwas in sich aufnehmen können, sondern vielmehr eine runde Oberfläche haben, beweiset, dass
das Licht aus ihnen ausströme. Andere Gründe sind der Glanz der Augen,
ferner der Umstand, dass Einige bei Nacht, ohne eines fremden Lichtes zu be-
dürfen, sehen können." — „Damit das Licht so schnell als möglich zu den
Gegenständen gelange, muss es sich in gerader Linie fortpflanzen. Es muss
ferner in einem Kreise auf die Gegenstände fallen, damit wir so viel als
möglich von denselben sehen können. Das aus den Augen kommende Licht
muss also entweder die Gestalt eines Cylinders oder Kegels haben. Die Gestalt
eines Cylinders aber kann es nicht haben, weil alsdann das, was wir jedesmal
sehen, nur von gleicher Grösse mit der Pupille sein würde." — „Die Fortpflanzung des Augen- und Sonnenlichtes bis in die äussersten Räume des
Himmelsgewölbes geschieht augenblicklich. Denn so wie wir, nachdem
die Sonne durch eine Wolke verdeckt war, in demselben Augenblicke, wenn
die Wolke vorüber gegangen ist, durch das Licht der Sonne erreicht werden,
so erblicken auch wir, sobald wir nur den Blick nach oben werfen, sogleich
den Himmel." — Merkwürdig erscheint hier, dass unserem philosophisch gebildeten Damianus der Widerspruch zwischen einer momentanen und einer
so schnell als möglichen Fortpflanzung des Lichts nicht auffällt.

grossen Mathematiker dieses Zeitraums nicht als wirkliche Physiker
gelten lassen, weil ihr Interesse nicht auf das Fortschreiten der
Physik als einer selbstständigen Wissenschaft gerichtet war
und weil ihnen die vollkommene Ausbildung des Experiments
als der physikalischen Methode fehlte, die allein eine vollständige
Entwickelung der Wissenschaft ermöglicht. Trotzdem ist nicht zu
leugnen, dass die experimentelle Methode mit den Mathematikern einen Fortschritt gemacht hat. Die Naturphilosophen
haben an wissenschaftlichem Material aufgenommen, was sie vorfanden,
sie waren bemüht das Bekannte zu erklären, aber sie konnten es nicht
als ihre Aufgabe ansehen selbst der Physik neuen Stoff zuzuführen.
Sogar Aristoteles macht hier keine Ausnahme; er sammelte eifrig
Beobachtungen, aber wir können auf rein physikalischem Gebiete gewiss
nicht von ihm sagen, dass er beobachtet mit dem bewussten Zweck
Neues zu entdecken. Auch den Mathematikern lag solche Absicht noch
fern, auch diese dachten nicht daran das Experiment als physikalische
Methode zu gebrauchen, aber der Mathematiker steht an sich
der Sache anders gegenüber als der Philosoph. Er hat zwar
nicht die Pflicht Alles zu erklären, aber das Interesse seiner Wissenschaft treibt ihn nach Anwendungen derselben auf die Natur
zu streben. Er darf darum einerseits bescheidener sein als der Philosoph
und sich mit der Erklärung des Einzelnen zuerst begnügen
und andererseits kann er doch das Beobachtungsmaterial nicht so einfach
aufnehmen, wie es ihm von der allgemeinen Erfahrung geboten wird.
Der Mathematiker ist gezwungen das dargebotene Erfahrungsmaterial erst quantitativ zu bestimmen, ehe er dasselbe zur Grundlage mathematischer Entwickelungen machen kann, d. h. er muss die
Grössenverhältnisse der Erscheinungen messend bestimmen,
ehe er dieselben mathematisch fassen kann. Die Astronomie wurde
zuerst zur messenden Wissenschaft, weil die Regelmässigkeit ihrer
Erscheinungen die Beobachtung derselben erleichtert. Die Physik gelangte etwas später zu dieser Stufe, weil die physikalische
Erscheinung erst zu dem Zwecke der Messung hervorgerufen
werden muss. Es ist wahrscheinlich, dass Euklid nicht die Gleichheit
der Reflexionswinkel gemessen, sondern nur aus der Grössengleichheit
des Bildes und des Gegenstandes erschlossen hat. Archimedes aber,
der den Gewichtsverlust von Körpern bestimmte, Ptolemäus, der die
Refractionswinkel maass, haben Beide zum Zweck der Messung Versuche
angestellt. Dies ist der erste Schritt zur experimentellen Methode, nicht die experimentelle Methode selbst, wie wir schon
auseinandergesetzt haben, aber wir dürfen annehmen, dass bei ununter-
brochener ruhiger Entwickelung dieser Schritt die übrigen nach sich gezogen, und dass aus der mathematischen Physik, in nicht zu ferner Zeit, die
Physik als eine eigene selbstständige Wissenschaft hervorgegangen wäre.
Die mathematische Physik hat nach dem „Wie gross", die Natur-

70 bis 147 n. Chr. Ptolemäus.

79 bis 147
n. Chr.
Ptolemäus.
philosophie nach dem „Warum" der Erscheinung gefragt, wenn
Beide sich zur Beantwortung ihrer Fragen in der experimentellen Methode vereinigen, werden sie zusammen die eigentliche
Physik erzeugen.   Die Philosophie hat im Alterthum nie das
Verlangen dazu gehabt, sie hat ihre Kraft stets überschätzt;
die Mathematik hat wenigstens den ersten Schritt dazu
gethan.

3.

Dritter Abschnitt der Physik des Alterthums.

Von 150 n. Chr. bis 700 n. Chr.

Periode des Untergangs der alten Physik.

Mit Ptolemäus kann man die Geschichte der antiken Naturwissenschaft schliessen, zwar bleiben aus der späteren Zeit noch
einige achtungswerthe Leistungen zu erwähnen, aber das sind nur
Nachklänge einer besseren Zeit, die die immer mehr eintretende
Grabesstille noch fühlbarer machen. Bis auf Ptolemäus ist die
Physik in einem Zustande geblieben, der, wenn man nicht die entgegenstehenden äusseren Verhältnisse beachtete, immer noch hoffen
liess, sie werde sich zu einer selbstständigen Wissenschaft empor-
ringen und so feste Wurzel fassen, dass sie eine folgende
sterile Zeit zu überdauern vermöchte. Die Physik hat
sich der Alleinherrschaft der Philosophie entrissen; die Mathematiker haben schon mit physikalischen Messungen begonnen; die
atmosphärischen Erscheinungen, die geheimnissvolle Wunderkraft
des Magneten reizten direct zu Beobachtungen und Erklärungen;
praktische Mechaniker, Ingenieure und Wasserbaumeister begannen
ihre Beobachtungen auch theoretisch wissenschaftlich zu verwerthen.
In der ersten Hälfte der vorigen Periode mehrt sich überall
die Zahl der physikalischen Arbeiter, aber schon in der zweiten Hälfte beginnt der Verfall, sowohl quantitativ wie qualitativ,
und mit unserem Zeitraum werden die politischen und religiösen
Einflüsse, welche dem Aufblühen der Wissenschaft entgegen

wirken, übermächtig. Die Geister werden herausgezogen aus der
Ruhe wissenschaftlichen Strebens, hineingezogen in die politischen
Wirbel des Lebens oder ganz absorbirt von einer vollständigen
Neuordnung des religiösen Lebens. Der junge Bau verödet, das
Angefangene zerfällt, verschwindet von dem Erdboden, bis man nicht
einmal mehr die Spuren von ihm erkennt. Das weltbeherr-
schende Rom zieht immer mehr alle hervorragenden Geister
an sich, die Schulen von Athen, die Akademie von Alexandrien bestehen noch, aber der Geist ist aus ihnen geschwunden,
sie vegetiren ohne schaffende Kraft. Was Thatkraft in sich fühlt, das
zieht nach Rom, um von der Allgewalt der Cäsaren Ruhm und Lohn
zu erhalten. Rom aber ist keine Stadt für stille Gelehrte und der
Römer hat nicht den Sinn dafür das bescheidene Pfläuzchen der
Naturwissenschaft gross zu ziehen. Im Kampfe um die Weltherr-
schaft, im steten Ringen der Menschen gegen einander, beim Wett-
laufen um die Gunst der Grossen und des Grössten auf der Erde,
muss das Interesse für die sogenannte todte Natur nach und nach
erlöschen. Zwar fühlen bedeutende Geister zeitweise das Bedürfniss sich zurückzuziehen aus dem Getümmel menschlicher Leiden-
schaften und im Schooss der Wissenschaft auszuruhen, aber diese
suchen dann Tröstung in der alten Philosophie, nicht in einer
jungen Wissenschaft, die immerwährende mühsame Arbeit erfordert.

Die grosse Menge und die Wissenschaft haben an einander nicht viel zu verlieren. Die antike Wissenschaft ist
aristokratisch vom Anfang bis zu Ende, populäre Physiker
hat das Alterthum nie gekannt. Der Masse des Volkes ist die
Erde, trotz der Pythagoreer, immer die ebene Scheibe geblieben, für
sie hat Aristarch das krystallene Himmelsgewölbe nicht gesprengt
und die alten Naturgötter sind bei ihr nicht durch die physikalischen
Kräfte enttront worden. Sobald die wenigen geistigen Ari-
stokraten die Wissenschaft aufgeben, so verschwindet sie
spurlos aus dem Reiche der Lebendigen und ruht vergessen
in den Bibliotheken, soweit nicht die Zeit ihre Urkunden vertilgt.
Wo das Volk doch einmal mit einer wissenschaftlichen Grösse in
Berührung kommt, da erscheint ihm Alles wunderbar und zuletzt
wird, in den Erzählungen der Nachwelt, aus jedem Physiker und
Philosophen ein Magier und Prophet.

Die Menge des Volks sucht in der Wissenschaft nach Wundern, nach Wundern als Hülfe in der Noth, oder auch nur zur Unterhaltung und nach beiden Seiten hin braucht sie starke Mittel. Schlaue und gewissenlose Köpfe wissen solche Strömungen zu benutzen und durch Afterwissenschaften zu imponiren, an die man um so leichter glaubt, je weniger man von den realen Wissenschaften weiss. So wachsen nach und nach aus kleinen Anfängen die Astrologie, die Alchemie und die Magie zu systematischen Wissenschaften heran, und das Unkraut erstickt alles wirkliche Leben. Zwar gelangen diese Afterwissenschaften erst im Mittelalter zu voller Entwickelung, aber die Astrologen haben schon unter den Römern den Höchsten wie den Niedrigsten ihre Zukunft, die oft so unsicher war, voraus verkündet. Cicero und Plinius erklären sich Beide gegen die Astrologie, Tacitus zweifelt noch, aber Proklus schreibt schon über Astrologie. Trotzdem wäre vielleicht die Wissenschaft noch eher wieder erwacht und hätte sich befreit von den Schlacken, wenn nicht noch andere mächtige Kräfte eingegriffen und die Geister ausschliesslich in Anspruch genommen hätten.

Mit dem absterbenden Heidenthum beginnt das Christenthum den Kampf, einen Kampf, der so ausschliesslich den ganzen Menschen einnimmt, dass für Anderes nicht mehr Raum bleibt. Wo es sich um die höchsten Güter der Menschheit handelt, da ist es Sünde an materielle Dinge, an die mechanische Natur auch nur zu denken. Wie die Natur gering zu schätzen ist dem Geist gegenüber, so ist die Naturwissenschaft verächtlich religiösen Dingen gegenüber; soll der Geist sich ganz in Gott versenken, so muss jeder Gedanke an die Natur, jede Naturwissenschaft vergessen werden. Darum stellen sich die Anhänger des Christenthums der alten heidnischen Naturwissenschaft direct feindlich entgegen, und erst als das Christenthum in seinem Kampfe vollständig siegreich, als die religiösen Güter ganz gesichert erscheinen, mildert sich der Gegensatz und die Beschäftigung mit den Naturwissenschaften wird wenigstens geduldet.

Darnach ist es erklärlich, wenn mit dem Untergange der specifisch griechischen Wissenschaft und dem Auftreten des Christenthums die jungen Keime der physikalischen Wissenschaften ganz

erstickt und diese selbst vergessen werden. **Den hereinbrechen-
den Stürmen der Völkerwanderung und dem siegreichen
Vordringen der Araber bleibt dann nur wenig zu thun
übrig, sie haben die Wissenschaft nicht getödtet, die** war schon
vor ihnen abgestorben, **nur das Wiederaufleben derselben
wurde durch sie verzögert.** Auch das hat der Wissenschaft
allerdings viel geschadet, denn es hat **den Schleier, der über
den Wissenschaften sich gelagert, dichter gewebt.**
Werthvolle Schätze der alten Wissenschaft sind in den kriegerischen
Stürmen jener Zeit verloren gegangen; in der langen thatenlosen
Zeit der Wissenschaft ist die Verbindung ganz zerrissen, die Tradition erstorben, und als die Welt sich wieder den alten Wissenschaften zuzuwenden anfing, **mussten die Verbindungsfäden im
wahren Sinne des Wortes wieder neu entdeckt werden,
denn von der alten Naturwissenschaft war keine Spur der
Erinnerung mehr in den Geistern der neuen Geschlechter.**

205 bis 270
n. Chr.
Plotinus.   Der Neuplatoniker **Plotinus**, ein Aegypter, gründet in Rom eine
Philosophenschule. Mit ihm beginnt die letzte der griechischen
Philosophenschulen, **der Neuplatonismus**, ihren Kampf gegen
die wachsende Kraft des Christenthums. **Sein System ist darum mehr
theologisch als philosophisch, ganz von orientalischer Mystik
durchdrungen, ohne eine Spur von wirklicher Naturphilosophie.**
Die Welt ist eine unmittelbare Emanation Gottes; die Seele dreht sich
kreisförmig, wie der Himmel um die Erde, um Gott als ihren Mittelpunkt; die ganze Welt ist von Dämonen erfüllt, davon jeder eine Seele
begleitet. Die Seele des Menschen stammt nicht aus der Natur, sondern
aus dem Geiste. Aus einer höheren Region, da wo die reinen Formen,
Ideen, wohnen, ist sie herabgestiegen in den Körper, wie in einen Kerker.
Plotinus verachtet darum nicht bloss die Natur, er verachtet sogar seinen
eignen Körper, so dass er über sein Vaterland und seine Eltern gar
nicht reden mag. Dafür vergöttern die Schüler ihren Meister, und diese
Vergötterei scheint in der neuplatonischen Schule Sitte geblieben zu
sein, denn von **Jamblichus**, einem Nachfolger Plotinus', erzählen seine
Schüler, dass man ihn beim Gebet oft bis zehn Ellen über der Erde
schwebend gesehen habe [1]).

---

[1]) Auch die alte Wissenschaft versuchen die Neuplatoniker mit mystischen
Elementen zu erfüllen, sehr viele der von Pythagoras, Archimedes u. A. erzählten Wunderdinge sind auf neuplatonische Geschichtsschreiber zurückzuführen.

Firmianus Lactantius, ein zum Christenthum bekehrter Rhetor, † 340 Lactantius. der christliche Cicero genannt, widmet das dritte Buch „de falsa sapientia" seiner „Institutiones divinae" der Aufgabe, die Nichtigkeit aller Philosophie, vorzüglich aller Naturphilosophie nachzuweisen. Mortalis natura non capit scientiam nisi quae veniat extrinsecus. Alles menschliche Wissen ist fraglich und widerspruchsvoll, das wahre Wissen erlangen wir nur durch die Offenbarung. Wie das naturwissenschaftliche Wissen des Lactantius beschaffen ist, sieht man aus den folgenden Beispielen, die aus dem erwähnten III. Buch stammen. „Ob die Fixsterne fest am Himmel stehen, oder frei in der Luft schwimmen; von welcher Form und Masse der Himmel gemacht wurde; ob er in Bewegung oder Ruhe ist; wie gross die Erde sein mag, und auf welche Art sie aufgehängt, oder im Gleichgewicht erhalten wird — über solche Dinge zu forschen und zu disputiren, ist dasselbe, als wenn wir über unsere Meinungen von einer Stadt in einem entfernten Lande streiten wollten, von der Keiner mehr als den Namen gehört hat." — „Ist es möglich, dass Menschen so albern sein können zu glauben, dass auf der anderen Seite der Erde das Getreide und die Bäume mit den Spitzen abwärts hängen und dass dort die Menschen ihre Füsse höher als den Kopf haben sollen?" Dazu stimmt es, wenn der heilige **Augustinus** (354 bis 430), der zwar die Kugelgestalt der Erde nicht leugnen will, doch wenigstens behauptet, die entgegengesetzte Seite der Erde könne nicht von Menschen bewohnt sein, weil die heilige Schrift keine solche Menschenrace unter den Nachkommen Adams erwähne, und wenn **Eusebius** (270 bis 340), der Vater der Kirchengeschichte, sagt: „Nicht aus Unkenntniss der Dinge, die jene bewundern, sondern aus Verachtung ihrer unnützen Arbeiten ist es, dass wir so klein von diesen Sachen denken und unseren Geist zu besseren Gegenständen wenden."

Firmicus Maternus schreibt auf Veranlassung des Proconsuls Um 354 Firmicus Maternus. Mavortius Lullianus ein Lehrbuch der Astrologie unter dem Titel Matheseos libri (die Römer nannten charakteristisch genug die Astrologen mathematici), in welchem er die ernsthaftesten Vorschriften für das ehrbare Verhalten der Astrologen giebt, die als Priester der Sonne und des Mondes sich höchst würdig betragen müssen.

Pappus, einer der letzten der Alexandrinischen Mathematiker, Um 390 Pappus. hinterliess in seinen acht Büchern mathematischer Sammlungen[1] nennenswerthe Arbeiten über Mechanik, vorzüglich im

---

[1] μαϑηματικαί συναγωγαί, collectiones mathematicae.

achten Buch. Dass die mathematischen Untersuchungen über die Schwerpunkte nach Archimedes nicht ganz abgebrochen worden sind, davon zeugt die später von Guldin neu aufgefundene und nach ihm benannte Regel, die schon Pappus im siebenten jener Bücher veröffentlicht und ausdrücklich sich selbst zuschreibt. Die Figuren, die durch Rotation einer Linie oder einer Fläche um eine Axe erzeugt werden, stehen im zusammengesetzten Verhältniss mit den rotirenden Figuren und den durch die Schwerpunkte dieser letzteren beschriebenen Wege. Im achten Buch unterscheidet Pappus auch zuerst die fünf sogenannten mechanischen Potenzen, Hebel, Keil, Schraube, Rolle und Rad an der Welle und bildet den Flaschenzug ab. Die Wirkung einer schiefen Ebene durch das Hebelgesetz zu erklären will ihm nicht gelingen, vorzüglich darum nicht, weil er Wirkung der Reibung und Wirkung der Schwerkraft nicht zu trennen vermag, was ja bei dem damaligen Zustand der Bewegungslehre auch nicht gut möglich war. Er geht nämlich davon aus, dass schon eine gewisse Kraft dazu gehört einen Körper auf der horizontalen Ebene fortzubewegen, und dass diese Kraft um so mehr gesteigert werden muss, je steiler die Ebene wird. Hiernach versucht er zu berechnen, um wie viel die Kraft, die den Körper auf der schiefen Ebene bewegt, grösser sein muss, als die Kraft, die ihn auf der horizontalen bewegt. Pappus würde die Schwierigkeit, die ihn an der Beantwortung seiner Frage hindert, umgangen haben, wenn er gefragt hätte, welcher Theil vom Gewicht des Körpers dazu gehört, um denselben auf der schiefen Ebene zu halten. In dieser Form tritt aber die Frage erst mehr als 1000 Jahre später bei Cardanus auf, ohne auch da eine genaue Lösung zu finden.

Wir haben Pappus, der bis jetzt allgemeinen Annahme nach, um das Jahr 390 nach Chr. gesetzt. Diese Annahme stützt sich auf Angaben des Byzantinischen Lexikographen Suidas (10. Jahrhundert), der bei den Artikeln Pappus und Theon bemerkt, dass diese beiden Mathematiker gleichzeitig unter der Regierung des Kaisers Theodosius I. (379 bis 395) in Alexandrien gelebt. In einer Handschrift der Theonischen Handtafeln aus den Jahren 913 bis 920, die auf der Leidener Bibliothek aufbewahrt wird, ist aber bei dem Kaiser Diocletian (284 bis 305) angeführt, dass Pappus unter ihm geschrieben habe. Hultsch, der Herausgeber der Werke des Pappus, hält an der letzteren Angabe fest; auch Cantor[1] nimmt bei Suidas einen Irrthum an, weil er nicht glauben mag, dass zwei Mathematiker, wie Pappus und Theon, in derselben Stadt zu derselben Zeit einen Commentar zu dem Almagest des

---

[1] Vorlesungen zur Geschichte der Mathematik.

Ptolemäus verfasst. Pappus würde darnach um ein Jahrhundert
früher, also um 290, zu setzen sein.

Hypatia, die berühmte Tochter des Theon, hat lange Zeit für die
Erfinderin des Aräometers mit constantem Gewicht und
willkürlicher Scala gegolten, weil Musschenbroek in seiner introductio ad philosophiam naturalem behauptete, ein Brief des Ptolemäer
Bischofs Synesias an die Hypatia zeuge für diese Erfindung. E. Gerland
theilt aber in den Annalen für Physik und Chemie (Neue Folge Bd. I)
diesen Brief mit und daraus geht im Gegentheil klar hervor, dass
Hypatia nicht die Erfinderin sein kann. Denn Synesios beschreibt das Instrument so genau, dass man annehmen muss, der
Hypatia sei dasselbe damals noch gänzlich unbekannt gewesen.
Von anderer Seite hat man schon lange die Priorität der Erfindung
wenigstens der Hypatia streitig gemacht, ist aber dabei ebenfalls
auf falschem Wege gewesen. Ein Gedicht „De ponderibus et mensuris",
das man dem Rhemnius Fannius Palaemon (um 30 nach Chr.) zuschrieb,
beschreibt nämlich das Aräometer ebenfalls genau und erwähnt
noch dabei, dass schon Archimed die Menge des Goldes in der
Krone des Hieron durch eine hydrostatische Probe fand. Darnach haben Einige, wie Poggendorff in seiner Geschichte der Physik,
geschlossen, dass Archimedes schon das Aräometer erfunden;
andere haben die Erfindung wenigstens in das 1. Jahrhundert nach
Christus gesetzt. Neuere Philologen bestreiten jedoch die Urheber-
schaft des Rhemnius und schreiben jenes Gedicht dem Gramma-
tiker Priscianus (468 bis 562 oder 575) zu. Nimmt man noch hierzu,
dass weder Seneca, noch Plinius, noch Galen das Aräometer
auch nur erwähnen, und dass Synesios der gelehrten Hypatia das
Instrument als etwas Neues beschreibt, so darf man Gerland zustimmen, wenn er an der oben erwähnten Stelle sagt: „Die verbreitete
Ansicht, dass Archimedes das Aräometer erfunden, ist durch
nichts beglaubigt; wahrscheinlich ist es im 4. Jahrhundert
nach Christus und zwar zunächst zu medicinischen Zwecken
zuerst construirt."
Hypatia wurde 415 bei einem Aufstande des christlichen Pöbels in
Alexandrien aufs Grausamste ermordet.

Proklus, ein Führer der neuplatonischen Schule, von dem, ähnlich
wie von Archimedes, erzählt wird, dass er die Schiffe der Römer bei
einer Belagerung Constantinopels durch Hohlspiegel verbrannt habe,
giebt scheinbar wissenschaftliche Gründe für den Zusammenhang der Gestirne mit den Schicksalen der lebenden Wesen.
Die Sonne ordnet alle irdischen Dinge, das Wachsen der Früchte, das
Fliessen des Wassers, den Wechsel der gesunden und kranken Zustände
nach den Jahreszeiten, sie erzeugt Wärme, Kälte und Trockenheit nach

412 bis 485
Proklus.

ihren Abständen vom Zenith. Der Mond hat, weil er der Erde am nächsten steht, den grössten Einfluss auf dieselbe, die Gewässer fallen und steigen nach seinem Lichtwechsel, die Ebbe und Fluth des Meeres wird von seinem Auf- und Untergange bedingt und nach ihm richtet sich auch das Zu- und Abnehmen der Pflanzen und Thiere. Die Natur des Mondes ist feucht, er zieht die Dünste an, daher werden die Körper durch ihn weich und zur Fäulniss geneigt. Saturn ist kalt und trocken, weil er am weitesten von der wärmenden Kraft der Sonne und von den feuchten Dünsten der Erde entfernt ist. Mars ist trocken und scharf, wegen seiner feurigen Natur, die schon durch seine rothe Farbe angezeigt wird etc.

470 bis 524
Boëtius.

Boëtius, ein vornehmer Römer, der bei dem Ostgothenkönig Theoderich in hoher Gunst stand, den dieser aber doch zuletzt aus Argwohn hinrichten liess, hat sich durch Uebersetzen vieler griechischer Schriften philosophischen, mathematischen und theilweis auch physikalischen Inhalts bekannt gemacht. Das Mittelalter ist durch ihn zuerst mit Aristoteles bekannt geworden.

Circa 530
Anthemius.

Anthemius, der Erbauer der berühmten Sophienkirche in Constantinopel, lehrt, dass Brennspiegel nur durch die Vereinigung vieler Sonnenstrahlen in einem Punkte zünden und zeigt, dass Lichtstrahlen, die von einem Punkte ausgehen, nur dann wieder in einen Punkt vereinigt werden, wenn die spiegelnde Fläche elliptisch ist. Er glaubt nicht, dass Archimedes durch einen sphärischen Spiegel die römische Flotte entzündet, versucht aber mit einem Complex von ebenen Spiegeln entfernte Gegenstände zu verbrennen. Des Proklus, dessen Zeitgenosse er ungefähr gewesen sein muss, erwähnt er bei diesen Versuchen nicht. Von Anthemius erzählt man auch, er habe Dampfkessel im Keller seines Hauses aufgestellt, den Dampf durch Röhren in das Haus seines Nachbars, des ihm feindlichen Römers Zeno, geleitet und das Haus dadurch so erschüttert, dass Zeno geglaubt, ein Erdbeben stürze das Haus.

529
Ende der
Philosophie
in Athen.

Der oströmische Kaiser Justinian I. legt den Philosophenschulen zu Athen ewiges Stillschweigen auf. Die letzten sieben Weisen Griechenlands, sieben Neuplatoniker, wandern bald darauf nach Persien aus, wo sie vom König Khosrau I. Förderung ihrer Wissenschaft hoffen. Doch scheint es ihnen nicht ganz nach Wunsch gegangen zu sein, denn im Friedensschluss 533 zwischen Persien und dem oströmischen Reich bedingt ihnen Khosrau I. von Justinian freie Religionsübung, wenn auch nicht Lehrfreiheit, aus und sie kehren zurück, um im Vaterlande vergessen, aber ruhig zu sterben. Unter den sieben Philosophen ist Simplicius der bedeutendste, er hat die Schriften des Aristoteles, auch seine Physik, fleissig

commentirt, freilich nur durch Hinzufügung der Meinungen
Anderer, er selbst macht keinen Versuch zu bestätigen oder
zu widerlegen. Das Ansehen des Aristoteles beginnt von
jetzt an stetig zu steigen. Die barbarischen Völker haben vor
dem griechischen Geist so grosse Scheu, dass sie nur zu verehren, aber
nicht zu ändern wagen. Wie sich die ganze Wissenschaft mit
dem Absterben der Naturwissenschaft wieder mehr und
mehr auf die Philosophie reducirt hat, so reducirt sich
nun die Philosophie fast auf eine blosse Reproduction und
Erklärung des Aristoteles.

König Khosrau, der, trotzdem es den griechischen Philosophen nicht
bei ihm gefiel, doch ein Freund der Philosophie war, sorgte schon für
Uebersetzungen des Aristoteles, durch ihn aufgemuntert übersetzte der
Syrier Uranus die Schriften des Stagiriten und Sergius gab noch
Uebersetzungen einiger anderer griechischer Philosophen. Aus diesen
Uebersetzungen haben dann die Araber zuerst ihre An-
regungen erhalten, bis sie lernten an die Quelle selbst zu
gehen.

Amru, der Feldherr des Khalifen Omar, erobert Alexandrien.
Ob dabei die Reste der Bibliothek noch zerstört worden sind, ist nicht
sicher, jedenfalls aber hörte mit der Eroberung Alexandriens durch die Araber die Existenz der Akademie auf,
und Alexandrien wurde wissenschaftlich für immer vernichtet. Als
die Wissenschaft neue Sprossen zu treiben anfing, geschah
es nicht auf dem alten historischen Boden Alexandriens,
aber auch nicht in der alten Philosophenstadt Athen und
noch weniger an dem Hauptsitz der kirchlichen Macht in
Rom. Die alten Stätten zeigten sich ausgesogen und unfruchtbar, dafür
waren einzelne fruchtbare Körner nach Osten geweht, und
dort in jungfräulichem Boden schlug die alte Wissenschaft
neue Wurzel.

Marginalien:

529 Ende der Philosophie in Athen.

640 Eroberung Alexandriens durch die Araber.

II.

Geschichte der Physik im Mittelalter

von 700 n. Chr. bis 1600 n. Chr.

1.

Erster Abschnitt der Physik des Mittelalters

von 700 n. Chr. bis 1150 n. Chr.

———

Periode der arabischen Physik.

Im Jahre 632 starb Mohammed, sein Leben war der Verbreitung der von ihm gestifteten Religion geweiht, andere Ziele
fanden neben diesem keinen Raum in seiner Seele. Von einem
wissenschaftlichen Streben, ja nur von einem Dulden der
Wissenschaft kann darum bei ihm, wie bei seinen nächsten
Nachfolgern, keine Rede sein. „Geben die Wissenschaften, was
im Koran steht, dann sind sie überflüssig, geben sie Anderes, dann
sind sie gottlos und schädlich;" das ist die Ansicht der glaubens-
eifrigen Araber der ersten Zeit, und sie haben ihr unbarmherzig mit
Feuer und Schwert gedient, wenn es auch wohl nicht wahr ist, dass
der Khalife Omar seinem Feldherrn Amru mit jenen Worten befahl,
die Bibliothek in Alexandrien zu verbrennen.

Je heftiger aber der neue Geist gebraust und gegohren, desto
schneller kam er zur Reife; je mächtiger sich der neue Glaube allen
direct widerstehenden Einflüssen gegenüber erwiesen hatte, desto
geneigter zeigten sich die Gläubigen, wenigstens den Wissenschaften

und Künsten gegenüber Toleranz zu üben. Nur wenig mehr als hundert Jahre nach Mohammed's Tode, als die Araber ihre Herrschaft ausgebreitet, ihre Religion gesichert hatten, als von allen Seiten Reichthümer und darnach auch Gelehrte und Künstler dem glänzenden Hofe der prachtliebenden Chalifen zuströmten, da wurden die wüthigen Glaubenshelden zu Verehrern der Wissenschaft und zeigten in dieser Verehrung fast ebenso grossen Eifer als vorher im Dienste der Religion. Die fanatischen Araber, welche eben noch geholfen hatten das Ende der alten Wissenschaft herbeizuführen, enthüllten sich nun als ihre fast einzigen Bewunderer und Pfleger.

Im V. Jahrhundert besassen die nestorianischen Christen in Emesa (Cölesyrien) und Edessa (Mesopotamien) berühmte Schulen, die griechische Wissenschaften pflegten. Als 431 auf der Kirchenversammlung zu Ephesos der Bischof Nestorius abgesetzt wurde und flüchten musste, kamen zwar diese Schulen in Verruf und gingen nach und nach ein, aber die Nestorianer selbst zogen sich nur weiter zurück und setzten ihre Schule in Dschudaisâbûr (persische Provinz Chusistân) fort, wo sie von den Königen der Sassanidendynastie geschützt wurden. Diese Nestorianer übersetzten zahlreiche griechische Schriftsteller in das Syrische, und aus dem Syrischen wurden zuerst, nachdem das Sassanidenreich durch die Araber erobert worden war, griechische Schriften ins Arabische übertragen. Doch blieb dieser Umweg nicht lange üblich, bald wandten sich die arabisch schreibenden Gelehrten an die Quelle selbst. Einzelne Chalifen richteten förmliche Uebersetzungsanstalten ein, und in ihnen wurde das Geschäft mit solchem Eifer und Erfolg betrieben, dass man z. B. nicht bloss die sämmtlichen Schriften des Aristoteles, sondern auch die vorhandenen Commentare dazu aus dem Griechischen ins Arabische übersetzte.

Dieses plötzliche Eintreten der Araber in eine schon weit ausgebildete Wissenschaft, das Fehlen einer langen Vorbereitungszeit, der Mangel eines stetigen Heranwachsens der Gestaltungskraft mit der Ausbildung der Wissenschaften selbst, erklärt manche Eigenthümlichkeiten der arabischen Gelehrten. Sie treten ein in ein Gebäude, dessen Entstehung sie nicht kennen, dessen Grösse und Kühnheit ihnen

aber imponiren muss. Die ganze Methode der griechischen Wissenschaft ist nicht darauf angelegt zu zeigen, wie sie entstanden; ihre
logisch mathematische Form der Beweise will nur Anerkennung erzwingen, nicht den Gang der Entwicklung
zeigen. Die Araber, gedrängt durch die Masse der neuen Er-
kenntnisse, können zuerst gar nicht daran denken, dieselben zu
kritisiren; für sie handelt es sich zuerst darum, das ganze Gebäude kennen zu lernen und im Einzelnen zu begreifen.
Wer da weiss, was die Griechen gewusst, der ist jetzt schon ein
bedeutender Gelehrter und hat vor der Hand vollauf zu thun, diese
Kenntniss zu verbreiten; an das Weiterentwickeln, an das Vermehren derselben kann er fürs erste noch nicht denken. Dadurch
aber bekommt die arabische Wissenschaft selbst einen commen-
tatorischen Charakter, sie zeigt eine gewisse Unselbststän-
digkeit, eine Furchtsamkeit, die nicht weiter gehen kann, als der
Lehrmeister gegangen, und es entwickelt sich eine abgöttische
Verehrung der Meister, ein Autoritätsglauben, der in
seinen weiteren Ausläufern zuletzt die Weiterentwicklung hemmt.
Der philologisch erklärende Charakter, das Ueberwie-
gen der Autorität selbst gegenüber leicht anzustellenden
Beobachtungen, die schülerhaft bequeme Genügsamkeit mit
dem einmal Festgestellten, welche der ganzen mittelalterlichen Wissenschaft anhaftet, haben zum grossen Theil
hier ihre Quelle.

Die Araber nahmen die Wissenschaft, wie sie ihnen geboten
wurde, mit ihren Vorzügen, aber auch mit ihren Mängeln. Sie
erwarben nicht bloss wirkliche Wissenschaften, sie nahmen
mit diesen auch die Afterwissenschaften auf. Magie,
Astrologie blühten bei ihnen wie bei den Römern, und die
Alchemie scheint den Arabern sogar ihre besondere Ausbildung
zu verdanken.

Mit ihrer passiven Aufnahme der Wissenschaften hängt auch
der Grad des Interesses, das die Araber den einzelnen Wissenschaften widmen, und die zeitliche Reihenfolge zusammen, in
der die einzelnen Disciplinen zur Bearbeitung gelangen. Sie ergriffen
zuerst mit grossem Eifer die Philosophie und verehrten abgöt-
tisch den Meister der Philosophen, Aristoteles; sie wurden gute
Mathematiker, welche die geometrischen Methoden der

Alten, durch Einführung der Algebra, die sie zum Theil von den
Indern entlehnt, sehr glücklich ergänzten; sie machten in der
Astronomie, wenigstens durch die Genauigkeit ihrer Beobachtungen, Fortschritte über die Alten hinaus, und sie übertrafen in
der Medicin und in der Grammatik theilweise ihre Lehrmeister.
Der Physik aber bemächtigten sie sich erst spät und
blieben darin, der Methode wie dem Stoffe nach, stärker
als sonst abhängig von ihren Vorbildern. Die Optik,
welche schon die Griechen neben der Statik am sichersten ausgebildet hatten, wurde unter allen physikalischen Disciplinen von den
Arabern zuerst bearbeitet. In ihr haben sie die meisten Fortschritte
aufzuweisen. Die Mechanik nahmen sie erst nach der Optik in
Angriff, und hier sind auch noch weniger als in der Optik die Griechen
als die Lehrmeister zu verkennen. In den anderen Zweigen der
Physik, wie Wärmelehre, Akustik[1]), Magnetismus und
Elektricität, sind die Leistungen der Araber, so weit wir sie
kennen, fast gleich Null.

Nach Humboldt's Vorgange hat man öfters die Araber „als
die eigentlichen Gründer der physischen Wissenschaften, in der Bedeutung des Worts, welche wir ihm jetzt zu geben
gewohnt sind"[2]), als die Erfinder des Experimentirens[3])
bezeichnet. Ohne die Verdienste der Araber um die Beobachtungskunst in der Astronomie, in der Medicin, in der Chemie zu verkennen, können wir uns doch für die Physik einer solchen
Behauptung nicht anschliessen. Wie schon erwähnt, haben
die Araber in beachtenswerther Weise nur die zwei physikalischen Disciplinen bearbeitet, die schon die Griechen am meisten
gefördert. In diesen Disciplinen finden wir bei den Arabern, ausser
vereinzelten Beobachtungen, nur zweierlei planvoll angestellte Experimente, die Messungen von Brechungswinkeln und das
Bestimmen von specifischen Gewichten. Beide Messungen
aber kommen auch schon in der griechischen Physik vor. Bei Ptolemäus haben wir ausführlicher von ihnen gehandelt und so

---

[1]) Einige Werke über Theorie der Musik sind physikalisch von keiner
Bedeutung.
[2]) Kosmos II, S. 248.
[3]) Kosmos II, S. 249: „auf diese letzte, im Alterthume fast ganz unbetretene Stufe haben sich vorzugsweise im Grossen die Araber erhoben."

wenig wir dort zugeben konnten, dass mit diesen Experimenten schon unsere heutige Experimentalmethode
der Physik begonnen habe, ebenso wenig können wir es
jetzt, wo dieselben nur mit grösserer Genauigkeit wiederholt
werden.

N. Khanikoff, der Uebersetzer des für die Mechanik wichtigsten arabischen Werkes „The balance of wisdom", gebraucht die
vorerwähnten Aeusserungen Humboldt's im Kosmos, um aus ihnen
zu schliessen [1]), dass unsere Kenntniss der arabischen Physik, die
nur wenig Belege für den Gebrauch des Experiments bei den Arabern hat, noch eine sehr mangelhafte sei und glaubt von weiteren
Arbeiten über die physikalische Literatur der Araber, dass sie jene
Behauptung Humboldt's bestätigen würden. Auch wir hoffen, dass
neuere Arbeiten uns die Physik der Araber immer vollständiger
zeigen werden, halten aber gerade die Worte Khanikoff's für eine
Bestätigung unserer Ansicht, dass man in der uns jetzt vorliegenden
arabischen Literatur eine Experimentalphysik in unserem
Sinne nicht finden kann. Weiter können wir uns auch der
Hoffnung nicht hingeben, dass man bei den Arabern später
noch die Experimentalmethode auffinden wird; denn
wären die Araber wirklich im Besitz dieser Methode gewesen, so
wäre es ja doch wunderbar, wie die christlichen Physiker des Mittelalters, die durch die Araber zuerst zur Wissenschaft der Alten
gelangten, diese Methode so ganz hätten vernachlässigen können,
dass man bis zum Morgenroth der neueren Physik keine Spur mehr
von ihr merkt.

Directen Nutzen durch eigene originelle Arbeiten
haben die Araber der späteren mittelalterlichen Physik
fast gar nicht gebracht. Sie stellten genauere Messungen
an und führten einige betretene Wege weiter fort als die
Griechen; aber principiell hinterliessen sie weder der Methode noch der Materie nach ihren Nachfolgern mehr, als sie
von den Alten übernommen hatten. Desto mehr aber nützten sie
indirect, wie den Wissenschaften im Allgemeinen, so auch der
Physik im Speciellen. Sie haben uns die Schriften der Alten,
die ohne sie vielleicht in den politischen Stürmen der Völkerwan-

---

[1]) Journal of the American Oriental Society VI, p. 2.

derung verloren gegangen wären, aufbewahrt und, was wir noch
höher anschlagen, sie waren es, die in den trübsten Zeiten der
Völkerstürme wissenschaftliche Arbeit und wissenschaftliches Leben so lange unterhielten, bis die christliche Welt so
weit war die Pflege der Wissenschaft wieder von ihnen zu über-
nehmen.

Aus Europa war mit den heidnischen Gelehrten
auch ihre Wissenschaft geschwunden, mit dem Ausbreiten
und der Dogmatisirung ihrer Religion beschäftigt, fanden die christlichen Gelehrten unter den Stürmen der Völkerwanderung keine
Zeit der heidnischen Wissenschaften sich auch nur zu erinnern, und
je länger die Vergessenheit dauerte, desto mehr wurde das Erinnern eine Unmöglichkeit. Was die Alten in Naturwissenschaft
geleistet, das war für das Abendland in diesem Zeitraum nicht mehr
vorhanden, und als man auch hier nach der Besänftigung
und dem Genügen der geistlichen Interessen wieder
Bedürfniss nach den Naturwissenschaften fühlte, da
musste man und konnte es zum Glück, bei den Arabern Spa-
niens, im eigentlichsten Sinne des Worts, in die Schule
gehen, um bei ihnen die alten Wissenschaften auszulösen. Bewahrer der Wissenschaft sind die Araber gewesen
und konnten sie nicht allezeit Mehrer sein, so waren sie doch
immer getreue Hüter. Getreue Hüter, die ihr Licht erlöschen
liessen, so wie die christlichen Gelehrten ihre Leuchte anzündeten,
um eine neue Revision und Bereicherung des Erworbenen zu versuchen. Als in Spanien und in Vorderasien die politische
Herrschaft der Araber gebrochen wurde, als ihre Chalifen, die strengen Beschützer der Wissenschaft, ihre
Macht verloren, da erlahmte auch die Kraft zu wissenschaftlicher Thätigkeit und bald verschwanden die Araber
spurlos aus den Annalen der Wissenschaft, ohne jemals wieder darin aufzutauchen.

Man hat wie ihr schnelles Wachsthum ihr plötzliches Verschwinden angestaunt und dasselbe dadurch zu erklären versucht,
dass man dem Volke der Araber selbst jeden wissenschaftlichen Sinn abgesprochen und die Blüthe der Wissenschaften nur der Ruhmsucht ihrer Fürsten zugeschrieben hat.
Richtig ist es, dass zuerst die Chalifen Bagdads die Wissen-

schaft cultivirten und dass die arabische Wissenschaft sich vorzugsweise an die Höfe der Fürsten geknüpft hat. Wären aber d i e s e
a l l e i n die Träger der arabischen Cultur gewesen, so würde wohl
nicht zu erklären sein, wie allerwärts, wo doch Fürsten v e r s c h i e -
d e n e n Stammes regierten, die Araber aus der Barbarei so schnell
sich empor arbeiteten. Warum dem V e r l u s t d e r p o l i t i s c h e n
H e r r s c h a f t so plötzlich auch der U n t e r g a n g i h r e r W i s s e n -
s c h a f t folgte, erklärt sich allerdings theilweise daraus, dass diese
Wissenschaft i n d e r S o n n e d e r F ü r s t e n g u n s t emporgeschossen,
aber andererseits auch daraus, d a s s d i e W i s s e n s c h a f t e n n o c h
g a r n i c h t Z e i t g e h a b t, z u w i r k l i c h e m E i g e n t h u m, z u
s e l b s t E r w o r b e n e m d e s V o l k s, z u s e l b s t g e s c h a f f e n e m
G u t d e r A r a b e r zu werden. Wie es aber gekommen wäre, wenn
die Blüthe der Araber nicht gewaltsam geknickt, wenn sie Zeit
gehabt, Samen tief zum Keimen zu legen; darüber sind Conjecturen
wohl nicht nur unmöglich, sondern auch werthlos.

N i c h t a l l e a r a b i s c h s c h r e i b e n d e n G e l e h r t e n g e h ö r -
t e n a u c h d e r N a t i o n n a c h d e n A r a b e r n a n; vielmehr wird
gerade in der neuesten Zeit nach eingehenderer Bekanntschaft mit
der wissenschaftlichen Literatur der Araber darauf aufmerksam
gemacht, dass Syrer, Juden und Perser vielleicht die Mehrzahl unter
diesen Gelehrten bildeten. K h a n i k o f f[1]) hält es darum für ange-
messener statt des Ausdrucks A r a b i s c h e C i v i l i s a t i o n besser den
allgemeineren Ausdruck B e i t r a g d e s O r i e n t s zur Civilisation zu
setzen. Wir wollen nicht abwägen, welche Nation hier in der Ma-
jorität sein mag, meinen aber, dass schon die eben betonte a b s o -
l u t e A b h ä n g i g k e i t d e r W i s s e n s c h a f t in dieser Periode v o n
d e n p o l i t i s c h e n S c h i c k s a l e n d e r A r a b e r die Bezeichnung
derselben als einer a r a b i s c h e n Wissenschaft gerechtfertigt erscheinen lässt.

---

[1]) Journal of the American Oriental Society VI, p. 107. Schroffer noch als
Khanikoff drückt sich Lewes aus, der in seiner Geschichte der Philosophie, Bd. II,
S. 34, sagt: „Eine arabische Wissenschaft hat es genau genommen nie gegeben.
Zunächst war alle Philosophie und Wissenschaft der Mohammedaner: Griechisch,
Jüdisch oder Persisch. Sodann waren es nur selten die Araber, die sich solchen
Studien widmeten."

Der Abbasside **Abu Dschafar**, genannt Almansûr (der Siegreiche), 754 bis 775 regiert Almansûr. gründete 762 Bagdad und zog viele Gelehrte dorthin, die aus dem Syrischen, Griechischen, Persischen und Indischen wissenschaftliche Werke ins Arabische übersetzten. Er selbst war ein kenntnissreicher Liebhaber der Philosophie und Astronomie, der auch seine Söhne durch griechische Gelehrte unterrichten liess.

Schon unter den Omaijadischen Chalifen, die in Damaskus residirten, hatten die Araber griechische Gelehrte aufgenommen oder wenigstens geduldet, und unter Abd Almelik (684 bis 705) waren sogar der griechische Christ Sergius und sein Sohn Johann von Damaskus, dem nicht unbedeutende Kenntnisse in der Geometrie nachgerühmt werden, Schatzmeister des Chalifen gewesen. In eigentlichen Fluss kam aber das Uebersetzungsgeschäft wissenschaftlicher Werke erst unter den **Abbassidischen Chalifen**, die trotz immerwährender Kämpfe gegen innere und äussere Feinde sich doch als eifrige Förderer und Freunde der Wissenschaft zeigten. Almansûr folgte als der Zweite der Abbassiden seinem Bruder, dem falschen, rachsüchtigen Abú'l Abbas auf dem Throne und ist selbst von Grausamkeiten durchaus nicht freizusprechen. Man darf eben nicht vergessen, dass alle arabischen Herrscher, trotz ihrer Begünstigung der Wissenschaft, zu aller Zeit echt orientalisch regieren und wohl auch nicht anders regieren können.

Der dritte Nachfolger und Enkel Almansûr's, **Hârûn Arraschid** 786 bis 809 regiert Arraschid. (Aron der Gerechte), fuhr in den Bestrebungen seines Vorgängers fort und liess nicht nur ebenso eifrig wie jener übersetzen, sondern sorgte auch für die Verbreitung der Uebersetzungen durch zahlreiche Abschriften.

Dreihundert Gelehrte bereisten, wie erzählt wird, auf seine Kosten die ihm unterworfenen Länder zu wissenschaftlichen Zwecken, und an keinem Hofe gab es so viel Rechtsgelehrte, Philologen und Dichter als an dem seinigen. Trotz allen Glanzes aber, den eine sagenhafte Geschichte um das Haupt Arraschîd's gewoben, dürfen wir doch nicht verkennen, dass unter ihm schon die Alleinherrschaft eines Chalifen in der arabischen Welt zu wanken begann, obgleich auch Arraschîd nicht wählerisch in seinen Mitteln war, wenn es galt beargwohnte Gegner zu beseitigen. Spanien hatte sich nie den Abbassiden unterworfen, und noch unter Arraschîd legten in Fez und Marokko die Edrisiden, in Tunis und Kairawan die Aghlabiten den Grund zu ihrer Selbstständigkeit.

Dem Abendlande ist Arraschîd am bekanntesten geworden durch die Gesandtschaft, die er zur Kaiserkrönung Karl's des Grossen an diesen schickte und welche jene berühmte Wasseruhr überbrachte, die von den Abendländern so viel bewundert worden ist.

Auch **Karl der Grosse** war, wie sein arabischer Freund, ein 747 bis 814 Karl d. Gr. Gönner und Förderer der Wissenschaften. Er gründete durch den

englischen Mönch Alkuin (736 bis 804) eine gelehrte Gesellschaft, die sich mit Mathematik, Astronomie, Verbesserung der
Sprache etc. beschäftigte. Er errichtete höhere und niedere
Schulen im ganzen Frankenreiche, aber alles ging nach ihm
in der allgemeinen Finsterniss wieder unter.

Der erste bedeutende Chemiker der Araber, Abû Mûsâ Dschâbir,
gewöhnlich Geber genannt, lebte um das Jahr 800 nach Christus. Ueber
seine Lebensumstände ist uns sehr wenig Sicheres bekannt[1]). Er ist
nicht bloss unter den Arabern, sondern überhaupt, trotz vieler
Nachfolger, bis zum 15. Jahrhundert der kenntnissreichste
Chemiker geblieben, den noch Roger Bacon im dreizehnten Jahrhundert den magister magistrorum nennt. Er zeichnet sich vor den
Griechen durch eine grössere chemische Detailkenntniss,
sowie auch durch den Versuch aus eine Theorie der Chemie zu
geben. Nach ihm bestehen alle Metalle aus mehr oder weniger Quecksilber
und Schwefel, wobei unter Quecksilber und Schwefel nicht die gewöhnlichen Stoffe, sondern reinere Elemente zu verstehen sind. Wenn ein
Metall verbrennt, so verliert es dadurch den Schwefel, der Schwefel ist
also das Brennbare in dem Metall, das Princip der Verbrennung. Die
späteren Chemiker des Mittelalters haben sich, als sie diese Lehre von
der Zusammensetzung der Metalle annahmen, weniger für diese Theorie
der Verbrennung, als für die Theorie der Metallverwandlung interessirt,
welche man aus jener Theorie der Metallzusammensetzung folgern kann.
Geber ist dadurch nicht nur der Vater der Chemie, sondern auch
der Alchemie geworden. Dass aber Geber selbst an dem Wachsen der
letzteren nicht unschuldig ist, lässt sich nicht schwer erkennen. In der
That, wenn alle Metalle aus denselben Elementen bestehen, so ist nicht
einzusehen, warum man nicht versuchen soll, die Metalle in einander über-
zuführen, und Geber hat auch in seinen Schriften schon selbst den Versuch gemacht.

Die Lehre von der Metallverwandlung konnte bei den Arabern um
so leichter aufkommen, als die Philosophie ihres verehrten Aristoteles im Gegensatz zu der atomistischen Philosophie einer
stofflichen Verwandlung nicht feindlich, vielmehr in ihrer
Unklarheit über die elementare Beschaffenheit der Materie
eher freundlich ist[2]). Die atomistische Theorie steht der

---

[1]) Cantor giebt (Vorlesungen zur Geschichte der Mathematik) an, dass
dieser Geber, der nicht mit dem späteren Mathematiker Abû Muhammed
Dschâbir zu verwechseln ist, der Schüler des Dscha'for as Sâdik gewesen sei, der
von 699 bis 765 lebte. Eine ausführliche Zusammenstellung und Beurtheilung
der verschiedenen Nachrichten über Geber hat man bei Kopp, Beiträge zur
Geschichte der Chemie, 3. Stück, Seite 13 u. f.

[2]) Geber behielt trotz seiner Elemente auch die des Aristoteles als Haupt-
träger der Elementarqualitäten bei; das Wasser als Princip der Flüssigkeit

Alchemie direct entgegen, mit der allgemeinen Annahme
dieser Theorie in der Chemie ist erst die Alchemie unmöglich
geworden. So lange die Möglichkeit einer qualitativen Umwandlung
des Stoffes noch festgehalten wird, kann man auch noch auf eine Verwandlung der Metalle in einander hoffen, sowie aber auch alle qualitative
Veränderung der Stoffe nur durch ein Trennen oder Verbinden geschieht
und sowie constatirt ist, dass die Metalle nicht zerlegt werden können,
so ist die Metallverwandlung ausgeschlossen. Da Beides in jenem Zeitalter nicht stattfand, dürfte man die Alchemie nicht direct mit anderen
Afterwissenschaften wie Magie und Astrologie in eine Classe werfen,
wenn sie nicht von dem Wege des praktischen Versuchs immer in mystische, magische Speculationen abgewichen wäre. So lange die Araber
Stoffe mischten und trennten und Blei durch chemische Processe in Gold
zu verwandeln versuchten, so lange blieben sie Chemiker, wenn sie aber
mit dem magisterium, das diese Verwandlung vollziehen sollte, auch den
Stein der Weisen, den Inbegriff aller Vollkommenheit zu erhalten glaubten, so waren sie aus der Wissenschaft heraus und in der Afterwissen-
schaft angekommen. Darum fällt die Alchemie nicht, wie man
wohl behauptet hat, mit der Chemie zusammen, so wenig wie
die Astrologie mit der Astronomie zusammenfällt.

Beide Verirrungen des menschlichen Geistes mögen der Wissenschaft
zuerst durch den Antrieb zur Arbeit genützt haben, im Mittelalter haben sie aller Naturwissenschaft, auch der Physik, mehr als es
scheint geschadet; dadurch, dass sie auf Kosten der Phantasie die
Denkkraft schwächten, das Gemüth durch mystische Speculation erregten und den nüchternen Sinn, der immer sich selbst
kritisirend mit langsamen Fortschritten sich begnügt, gänzlich
umnebelten. Es ist noch nicht das stärkste Zeichen für die Kritiklosig-
keit des Mittelalters, wenn arabische Gelehrte behaupten dürfen, Adam
schon habe eine Abhandlung über Arithmetik geschrieben und dieses
Werk sei noch in ihrem Besitz, dass aber eine solche Kritik-
losigkeit überhaupt möglich wurde, dazu haben die mystischen Wissenschaften ihr gut Theil mit beigetragen.

Man könnte versucht sein, der Alchemie wenigstens ein Verdienst
und zwar ein Verdienst um die Physik zu retten. Die Alchemie hat
von Anfang an experimentirt und der späteren Chemie eine
Menge werthvolles, thatsächliches Material zugeführt. Sollte sich nicht
nachweisen lassen, dass die Experimentalphysik Anregungen
für ihre neue Methode von der Alchemie empfangen? Wir
müssen darauf antworten, dass weder bei den Arabern noch bei den
christlichen Physikern des Mittelalters eine Spur von einer solchen

---

spielt in seinen Schriften bei der Schmelzung, der Calcinirung u. s. w. eine
grosse Rolle.

Anregung zu finden ist und vermögen dies nur dadurch zu erklären, dass die Alchemie keine Wissenschaft und ihr wildes, planloses Durchprobiren aller möglichen chemischen Combinationen keine experimentelle, keine wissenschaftliche Methode war. Mechanische und physikalische Kunststücke zu erfinden hat man im Mittelalter, wie das Geldmachen, mit Eifer versucht, aber die wissenschaftliche Physik dachte nicht daran bei der Alchemie eine wissenschaftliche Methode zu suchen, die diese auch in der That nicht besass.

Noch bleibt uns bei Geber einer merkwürdigen Stelle zu erwähnen, die E. Wiedemann[1]) aus dem „Buch der Barmherzigkeit" entnimmt, das Geber zugeschrieben wird, ohne dass es sicher auch von ihm stammt. Die Stelle heisst: „Ich hatte einen Magnetstein, der 100 Dirhem Eisen aufhob. Ich liess ihn einige Zeit liegen und näherte ihn einem anderen Eisenstück und er trug dies nicht. Ich glaubte, das zweite Eisenstück sei schwerer als 100 Dirhem, die er doch zuerst trug, und wog es und siehe da, es wog nur 80 Dirhem. Es hatte also die Kraft des Magneten abgenommen, seine Grösse war unverändert geblieben." Es ist interessant und zeugt für den Geist des Beobachters, dass er so genau die Masse von der Kraft des Magneten zu trennen vermag. Aber kein gutes Zeichen für die behauptete experimentelle Methode der Araber ist es, dass diese Beobachtung über den Magneten nicht weitere Folgen hat und dass die Araber trotz ihrer Beschäftigung mit dem Magneten nicht weiter in der Kenntniss desselben gelangen.

Während der Regierung von Abdallah Almamûn, des zweiten Sohnes von Harûn Arraschîd, erreichten die Wissenschaften im Chalifate Bagdad ihre Blüthe. Almamûn war durch einen christlichen Arzt Mesua unterrichtet worden und ist nicht nur ein Liebhaber der Wissenschaft, sondern auch, wenigstens in der Astronomie, ein thätiger Gelehrter gewesen. Er gründete Schulen und Bibliotheken fast in allen bedeutenden Städten seines Reiches, und um diesen die griechische Wissenschaft ganz zugänglich zu machen, stellte er z. B. dem besiegten oströmischen Kaiser Michael III. im Frieden als Hauptbedingung die Auslieferung einer grossen Anzahl griechischer Werke.

Auf seine Veranlassung unternahmen die Araber auch eine neue Gradmessung. Zwei Parteien maassen in der Ebene von Tadmor, die einen nach Süden, die anderen nach Norden, einen Meridiangrad, wahrscheinlich durch Schrittzählung. Beide Parteien gaben den zurückgelegten Weg auf 57 arabische Meilen an. Der Chalif liess dann durch andere Astronomen noch einen Meridiangrad in der Wüste Sindjar bestimmen, diese fanden nur $56^1/_4$ Meilen, schliesslich wurden $56^2/_3$ arabische Meilen als wahrscheinlich richtiger Werth angenommen. Die arabische

---

[1]) Annal. d. Phys. u. Chemie, Neue Folge IV, 320.

Meile wurde dabei zu 4000 Ellen gerechnet und eine schwarze Elle, ^{813 bis 833} wie sie Almamûn neu eingeführt hatte, betrug 239,69 Pariser Linien. In unserem Maass ausgedrückt fanden danach die arabischen Astronomen den Erdumfang gleich 5948 Meilen. Der Fehler war also gegen die erste Gradmessung des Eratosthenes von 1/7 bis auf 1/10 gesunken.

Der grösste Astronom der Araber ist Albattânî, von den lateinischen Uebersetzern Albategnius genannt[1]). Er war zu Battân in Mesopotamien geboren und lebte als Statthalter des Chalifen in Antiochia. Als ausgezeichneter Beobachter verbesserte er den Ptolemäus in manchen Punkten. Er bemerkte, dass die Aequinoctien in 66 Jahren (72 richtig) statt in 100 Jahren, wie Ptolemäus behauptet hatte, um 1 Grad vorrücken, bestimmte die Excentricität der Sonnenbahn genauer, entdeckte auch, dass der Ort der Erdnähe der Sonne vorrücke, ja er soll eingesehen haben, dass die Theorie des Ptolemäus zur Erklärung der verwickelten Mondbewegung noch ungenügend sei; doch hat ihn das jedenfalls nicht bewogen, das System des Ptolemäus ganz aufzugeben. Ob er in übergrosser Verehrung des Ptolemäus nicht wagte, dessen Lehren ganz zu verlassen, oder ob bei aller Fähigkeit zur Beobachtung sein Geist nicht ausreichte unabhängig von einer leitenden Autorität neue Wege zu gehen, das wird sich nicht mehr entscheiden lassen. Je nachdem man die Fähigkeiten der Araber überhaupt geringer oder höher schätzt, wird man sich mehr zu der einen oder der anderen Seite neigen. Die Länge des Jahres bestimmte Albattânî auf 365 Tage 5 Stunden 46 Minuten 24 Secunden; allerdings 2 Minuten und 22 Secunden zu gering, aber für diesen Fehler entschuldigt ihn der englische Astronom Halley, der behauptet, Albattânî hätte besser gethan, wenn er auch hier den Beobachtungen des Ptolemäus nicht zu viel vertraut hätte. Die Werke des Albattânî erschienen noch 1537 im Druck unter dem Titel „De scientia stellarum"; der berühmte Regiomontan versah die Ausgabe mit Noten.

Nach Albategnius beginnt gleich die frühe Blüthe der Wissenschaften in Bagdad zu welken. Die Chalifen werden nach und nach auf die geistliche Gewalt beschränkt, die weltliche reissen die Anführer ihrer türkischen Leibwache unter dem Titel Emir al Omra an sich. Aber auch die letzteren vermögen nicht das Reich zusammenzuhalten und den Verfall desselben in lauter kleine Staaten nicht zu hindern. 945 wird Bagdad von dem persischen Fürstengeschlecht der Bujiden erobert, diese werden 1058 von den Seldschukken gestürzt, und 1258 kommt die Stadt unter die Herrschaft der Mongolen, die endlich die ohnmächtige Chalifenwürde ganz abschafften. Für die geistige Kraft

^{850 bis 929}
^{Albattânî.}

---

[1]) Muhammed ibn Dschâbir ibn Sinân Abû Abdallah al Battânî.

850 bis 929
Albattânî. der Araber ist es ein gutes Zeichen, dass, trotzdem den Wissen-
schaften nun die Allmacht und der Reichthum des Chalifen
als Unterstützung fehlten, dieselben in Bagdad nicht ganz
erlöschen, dass sogar die Herrscher der Seldschukkischen
Türken, wie die Herrscher der Mongolen in Bagdad zu
Pflegern der Wissenschaften, vorzüglich der Astronomie, werden.
Gleich der Erste der mongolischen Herrscher, der Enkel des wilden
Dschengis Chan, Ileku Chan, zog mohammedanische Gelehrte an seinen
Hof und gründete bei Tauris eine Sternwarte, an welcher der berühmte
Astronom Nassir Eddin beobachtete. Dafür dass die Wissenschaft der
Araber nicht ein reines Kunstgewächs in den Gärten der Fürsten
war, sondern auf Naturanlage der Araber beruhte, spricht
ausserdem auch die Verbreitung und Ausbildung, welche die Wissenschaften, von Bagdad aus, unter allen Arabern in ganz Vorderasien,
in Aegypten und schliesslich nicht zum mindesten in Spanien erlangten.

961 bis 976
regierte
Hakam II.   In Spanien, wo 756 Cordova von einem aus Asien geflüchteten
Omaijaden Abd Arrahmân I. zur Hauptstadt eines unabhängigen Cha-
lifats erhoben worden war, blühten die Wissenschaften vorzüglich unter
Abd Arrahmân III. (912 bis 961) und noch mehr unter seinem Sohne
Hakam II. Unter Hakam II. erlangte die Akademie von Cordova
einen solchen Ruf, dass sie den der vorderasiatischen Schulen überstrahlte.
Hakam liess durch eigene Gesandte in Arabien, Syrien, Persien und
Aegypten mit grossen Kosten Manuscripte aufkaufen, oder wenn das
nicht anging, wenigstens abschreiben, so dass die Bibliothek in Cordova
an 300 000 Bände zählte. Gelehrte besoldete er nicht bloss als Lehrer,
sondern unterstützte sie auch, um ihnen Musse zur Vollendung ihrer
Arbeiten zu geben. Ausser in Cordova gab es auch in Granada, Toledo,
Sevilla, Valencia und anderen Orten hohe Schulen, Bibliotheken und
Gelehrtenakademien. Spanien wurde der Mittelpunkt der wissenschaftlichen Bestrebungen und wie vorher von Bagdad in Vorderasien, ging
von Cordova in Europa die Anregung zu neuer Thätigkeit aus.
        Trotz des unversöhnlichen Gegensatzes zwischen Mohammedanern und
Christen fühlten doch auch die letzteren schon die treibende
Kraft, die in den Arbeiten der ersteren lag, und von nun an
gingen erst einzeln, dann in immer wachsender Anzahl die Christen zu
den Ungläubigen in Spanien, um durch diese an die Quelle der alten
Gelehrsamkeit zu gelangen und bei ihnen vorzüglich Philosophie, Mathematik und Medicin zu studiren. Im Verhältniss zur Masse des Volkes
in Italien, Frankreich, Deutschland und England waren das freilich erst
nur wenig und das Volk hatte noch für ihre importirten Kenntnisse und
ihre Bestrebungen ein so mangelhaftes Verständniss, dass es diese Gelehrten meist für Zauberer hielt; aber doch bemerkt man von nun an,
wie sich auch das Interesse des christlichen Europas durch die

Araber und ihre Kenntniss der Alten allmälig wieder für die 961 bis 976 Hakam II.
Wissenschaften erwärmt.

Cantor erklärt es in seiner Geschichte der Mathematik für eine
Fabel, dass christliche Schüler mohammedanische Schulen, wie
Cordova, besuchten oder auch nur besuchen durften, da der
Chalif von Cordova ebenso intolerant gewesen sei wie die christlichen
Herrscher. In die angrenzenden westgothischen Landestheile sei nach
und nach Vieles von der arabischen Wissenschaft durchgedrungen und
erst von dort, aus der spanischen Mark jenseits des Ebro, hätten die
französischen und deutschen Gelehrten ihre Kenntnisse geholt. Wir
sind nicht in der Lage, zwischen den beiden entgegenstehenden Ansichten
zu entscheiden; jedenfalls bleibt sicher, dass die Araber den christlichen
Gelehrten als Lehrmeister mehr oder weniger direct gedient haben.

Gerbert, der als nachmaliger Papst den Namen Sylvester II. 999 bis 1003 regiert
führte, ist der bekannteste unter den Importeuren arabischer Papst Sylvester II.
Wissenschaft. Derselbe soll nachdem er im Kloster zu Aurillac und
anderen Schulen Frankreichs ausgebildet war, nach Cordova und Sevilla
gegangen sein, um dort die Wissenschaft der Araber an der Quelle zu
studiren. Seinen Zeitgenossen nach hat er seine Lehrmeister in Physik
und Chemie übertroffen, man schreibt ihm die Erfindung einer
Dampforgel, der Räderuhren u. s. w. zu, doch ist uns nichts Genaueres
bekannt. Sicherer ist, dass er die Kenntniss des arabischen
Ziffernsystems aus Spanien mitgebracht. Vorerst mag freilich
dasselbe nur von den gelehrten Mathematikern gebraucht worden
sein, denn in Urkunden treten die arabischen Ziffern frühestens mit dem
14. Jahrhundert auf und ganz allgemein sind sie in dem volksthümlichen
Rechnen wahrscheinlich erst durch den berühmten Rechenmeister
Adam Riese (1492 bis 1559) geworden.

Der junge Kaiser Otto III. hatte den gelehrten Priester zum Papst
gemacht und durch seine Gewalt gehalten, beide starben kurz nach einander.
Die abergläubischen Mönche erzählten nach dem Tode ihres
Papstes, derselbe habe bei den Saracenen seine Seele dem Teufel verschrieben,
habe einen Teufelszwerg mit einem Turban verborgen gehalten,
habe in zwei verschiedenen Gestalten existiren können u. s. w.

Der berühmteste Arzt der Araber, die die Medicin mit Vor- 980 bis 1037 Avicenna.
liebe cultivirten, war **Ibn Sinâ**[1]), genannt Avicenna. Er war zu
Charmatin in Bokhara geboren, aber von persischer Abstammung. In
seinem 17. Jahre schon war er Leibarzt des Emirs von Bokhara. Nach
dem Tode dieses Emirs ging er auf Reisen, wurde dann Vezier und Arzt
des Emirs zu Hamadan, musste aber entfliehen, weil man ihm Antheil

---

[1]) Abû ʿAli Husain ibn ʿAbdallâh ibn Husain ibn ʿAli as-Schaich ar-Râis
Ibn Sinâ.

960 bis 1037 Avicenna. an einer Verschwörung schuld gab, und starb zu Ispahan. Zu grosse Vorliebe für den Wein soll seinen Tod beschleunigt haben. Avicenna's Kanon der Medicin hat Jahrhunderte lang auch den europäischen Schulen als Handbuch gedient, noch im 16. Jahrhundert that Scaliger den Ausspruch, Niemand könne ein rechter Arzt sein, der den Avicenna nicht inne hätte, erst die Begründung der empirischen Wissenschaften vernichtete seine Autorität. Doch hat sich Avicenna nicht auf die Medicin allein beschränkt, er war auch als Philosoph für die Araber von bahnbrechender Bedeutung, dadurch, dass er aus der Philosophie des Alfarabi († 950) die neuplatonischen Elemente eliminirte und sich stärker an Aristoteles anschloss. Viele seiner Schriften sind nur Bearbeitungen entsprechender aristotelischer Abhandlungen, wie schon die Titel Logica, Physica, De Caelo et Mundo, De Anima, De Animalibus etc. zeigen. Trotz seines unsteten Lebens soll Avicenna über hundert Werke verfasst haben[1]), die allerdings nur zum kleinsten Theile noch übrig sind, von denen aber der berühmte scholastische Naturphilosoph Albertus Magnus viel profitirt haben soll.

† 1038 Alhazen. Ueber das Leben des bedeutendsten Optikers der Araber Alhazen, sind erst in neuerer Zeit genauere Daten bekannt geworden, auf die wir am Schlusse dieses Artikels wieder zurückkommen werden. Sein Hauptwerk, von dem 1572 eine lateinische Uebersetzung durch Risner[2]) besorgt wurde, ist die vollständigste Darstellung der Optik zwischen Ptolemäus und Roger Bacon. So lange man das Werk des Ptolemäus selbst noch nicht kannte, meinte man Alhazen habe nicht viel mehr gethan, als die Optik des Ptolemäus abzuschreiben. Seit aber dieses Werk, wenigstens in einer Uebersetzung aus dem Arabischen, wieder aufgefunden worden ist, hat man gesehen, dass Alhazen doch in vielen Dingen über Ptolemäus hinausgeht. Auch hat E. Wiedemann[3]) in einer anderen Abhandlung Alhazen's über das Licht gefunden, dass Alhazen seinen Vorgänger namentlich citirt, was doch ebenfalls gegen eine unehrliche Benutzung der früheren Optiker seitens unseres Autors zeugt.

Alhazen unterscheidet am Auge vier Häute und drei Flüssigkeiten, die vornehmste unter diesen ist die Krystalllinse. Von einem Bild auf der Netzhaut weiss er noch nichts, er meint vielmehr dasselbe entstände auf der Linse. Das Einfachsehen aber mit zwei Augen erklärt er, wie es noch heute geschieht, dadurch, dass Empfindungen, welche auf correspondirende Stellen der beiden Augen fallen, in dem ge-

---

[1]) Die Zahl ist natürlich übertrieben, das Mittelalter knüpfte gern die Werke unbekannter Autoren an bekannte Namen an.

[2]) Opticae Thesaurus Alhazeni Arabis, libri VII, nunc prim. editi. Ejusdem liber de crepusculis etc. Item Vitellonis libri X, ed. a F. Risnero. Basil. 1572.

[3]) Annal. d. Phys. u. Chemie. Neue Folge I, 480.

meinsamen Sehnerven zu einer vereinigt werden. Mit der alten † 1038 Alhazen. Theorie der Gesichtsstrahlen bricht er gründlich. Hatte man früher angenommen, dass ein Strahl vom Auge nach jedem Punkte des angeschauten Gegenstandes gehe, so zeigt Alhazen, dass viele Lichtstrahlen umgekehrt von jedem Punkte des leuchtenden Gegenstandes ins Auge kommen müssen. Er meint auch das Licht könne sich nicht momentan fortpflanzen. Denn wenn man in einem Fensterladen ein Loch öffne und Licht in ein dunkles Zimmer lasse, so geschehe das doch in der Zeit und währe also auch eine, wenn auch sehr kurze Zeit. Bei den Späteren hat diese Ansicht jedoch lange keinen Anklang gefunden.

Von Spiegeln behandelt Alhazen den ebenen, zwei sphärische, zwei cylindrische und zwei conische, wo bei den drei letzten Paaren entweder die innere oder die äussere Oberfläche spiegelt. Er stellt sich für jeden Spiegel die Aufgabe, den Punkt zu finden, wo das Licht reflectirt werden muss, um von einem gegebenen Punkte in ein gegebenes Auge zu kommen. Diese Stellung der Aufgabe ist unpraktisch und hat wenig physikalisches Interesse. Denn wir suchen bei dem Spiegel nicht die Reflexionspunkte auf dem Spiegel bei gegebenem Bildpunkte; sondern wir suchen umgekehrt den Ort des Bildes, d. h. den Punkt, in welchem die Lichtstrahlen, die von einem leuchtenden Punkte ausgehen, sich wieder vereinigen. Trotzdem hat das Mittelalter die Aufgabe in jener Form beibehalten und nach Alhazen benannt. Dies erstere geschah wohl nur deshalb, weil die Aufgabe mathematisch interessant ist. Auch Alhazen hatte bei Behandlung derselben nur ein mathematisches Interesse, wie überhaupt seine Optik, gleich der Optik der Alten, immer der Methode und oft auch dem Interesse nach ganz mathematisch ist.

Die Auffindung des Brechungsgesetzes gelingt Alhazen ebensowenig wie Ptolemäus, aber seine Untersuchungen sind insofern von Wichtigkeit, als er dem Ptolemäus entgegen zeigt, dass die Einfalls- und Brechungswinkel nicht proportional sind. Damit war immerhin der Anstoss gegeben, das Gesetz, nach welchem der Brechungswinkel vom Einfallswinkel abhängt, wieder aufzusuchen. Alhazen beschreibt die Methode, nach welcher die Brechungswinkel zu messen sind, und erinnert daran, dass die Brechung um so stärker, je mehr die Dichte der brechenden Mittel verschieden ist; seine Messungen selbst theilt er aber nicht mit. Dafür entwickelt er in einer Abhandlung „über die Brennkugel", zu der E. Wiedemann[1]) in Leyden einen Commentar aufgefunden, die aber sonst im Mittelalter nicht weiter bekannt geworden ist, auf Grund der Ptolemäischen Messungen mit Hilfe höchst exacter Figuren den Satz: Bei jeder glatten und durchsichtigen Kugel von Glas oder einer ähnlichen Substanz wird die Wärme der

---

[1]) Annal. d. Phys. u. Chemie. Neue Folge, VII, 680.

† 1038
Alhazen.

Sonnenstrahlen in einer Entfernung von der Kugel vereint,
die kleiner als ein Viertel des Durchmessers ist.
Die Vergrösserungskraft einer Glaslinse von der Gestalt einer Halbkugel war Alhazen bekannt, aber er meint
merkwürdigerweise, man müsse die Linse mit der ebenen Fläche direct
auf das zu betrachtende Object und das Auge der gewölbten Seite
gegenüber bringen. Entweder hat Alhazen diese Thatsache nur von
Vorgängern ganz mechanisch übernommen, was nicht unmöglich ist,
oder sein Beobachtungstalent ist kein sehr grosses gewesen, was man
nach seinen Beobachtungen der Brechungswinkel für unwahrscheinlicher halten möchte.

Neu und sehr ingeniös ist seine Bestimmung der Höhe
der Atmosphäre. Bis dahin hatte man geglaubt, dass die Atmosphäre
sich weit, vielleicht bis über den Mond hinaus erstrecke; Alhazen
schliesst aus der Dämmerungsgrenze, die er nach den Alten zu 18⁰ annimmt, auf eine Höhe der Atmosphäre von 52000 Schritt. Spätere
Optiker wie Kepler haben gezeigt, dass dieses Resultat ungenau sein
muss, weil Alhazen den Lichtstrahl nur an einem Punkt durch die
Atmosphäre reflectiren lässt, während er doch bei seinem Gange durch
dieselbe ganz allmälig abgelenkt wird. Jedenfalls lässt sich aber auch
bei aller Genauigkeit durch diese Methode nicht die Höhe der Atmosphäre
selbst, sondern nur die Höhe finden, bis zu welcher die Luftschichten
noch das Licht bemerkbar zu reflectiren vermögen.

Die Erscheinung, dass wir Sonne und Mond am Horizont
viel grösser sehen als im Zenith, giebt unserem Optiker Gelegenheit
zu zeigen, dass er eine klare Einsicht in den Zusammenhang von
scheinbarer Grösse und Entfernung des Gegenstandes besitzt.
Er erklärt, wie wir es heute noch thun, jene Erscheinung für eine Sinnes-
täuschung, hervorgerufen dadurch, dass uns die im Horizont zwischen der
Sonne und uns befindlichen Gegenstände die Entfernung der Sonne am
Horizont grösser schätzen lassen als im Zenith, die vermeintlich grössere
Entfernung erzeuge dann den Eindruck eines grösseren Gegenstandes.

Da die Optik des Alhazen immer noch vorzugsweise mathematisch
war und oft nur vom mathematischen Interesse beherrscht wurde, ist es
nicht zu verwundern, wenn wir auch bei ihm nicht viel Bemerkenswerthes über die Farben finden. Doch hat er wenigstens ein paar
sichere physikalische Sätze, wie die folgenden: Auf das Auge wirken
Licht und erleuchtete Farben, die Farben der Körper erscheinen verschieden nach dem auffallenden Licht; Körper, die im Dunkeln fast schwarz erscheinen, zeigen
Farben bei stärkerer Beleuchtung.

Cantor hält in seiner Geschichte der Mathematik (S. 677) für höchst
wahrscheinlich, dass Alhazen identisch ist mit Abû' Ali al
Hasan ibn al Hasan ibn Alhaitham. Von diesem giebt er an,
dass er in Al-Basra geboren und im Mannesalter in Aegypten ein-

gewandert sei. Alhaitham hatte nämlich geäussert, dass er es für leicht † 1038
halte, solche Einrichtungen zu treffen, dass der Nil jedes Jahr gleich- Alhazen.
mässig austrete, worauf ihn der ägyptische Chalif Al Hâkim (996 bis
1020) nach Kairo rief. Ibn Alhaitham zog dann auch mit zahlreichen
Gefährten den Nil aufwärts, musste aber schon an den ersten Nilfällen
bemerken, dass die Verwirklichung seines Planes unmöglich war. Er
entschuldigte sich bei dem Chalifen, so gut es ging; als er aber auch
bei anderen Staatsgeschäften, die ihm darnach übertragen wurden,
sich Fehler zu Schulden kommen liess, verbarg er sich vor dem Zorne
des Chalifen bis zu dessen Tode. Erst darnach kam er wieder zum
Vorschein und führte ein wesentlich schriftstellerisches Leben. Er starb
1038 in Kairo.

E. Wiedemann[1]) hat in Leyden das Original eines Commentars von
Kamal ed-din Abul Hasan al Farisi zu einem grossen optischen Werke
von Abu Alî al Hasan ibn al Haitham al Basi entdeckt. Aus der Vergleichung der in diesem Commentar enthaltenen Stelle des Original-
werkes mit der Risner'schen Uebersetzung des Alhazen geht mit Evidenz
hervor, dass jener **Abû Alî al Hasan ibn al Haitham al Basi**
mit unserem Alhazen wirklich ein und dieselbe Person ist.

Das einzige mechanische Werk der Araber, das wir kennen, ist das 1121 od. 1122
„**Buch von der Wage der Weisheit**", welches Alkhazini im Jahr 515 Alkhazini.
der Hedschra schrieb und der russische Generalconsul N. Khanikoff im „Wage der
Jahr 1857 unserer Zeitrechnung auszugsweise mit einer französischen Weisheit."
Uebersetzung der American Oriental Society mittheilte, die den Auszug,
mit einer englischen Uebersetzung versehen, veröffentlichte[2]). Das Buch
handelt wirklich, was man nach dem Titel vielleicht nicht vermuthen
sollte, von einer Wage, die nur ihrer ausgezeichneten Eigenschaften
wegen den merkwürdigen Namen einer Wage der Weisheit erhalten hat.
Die Wage dient vor allem zum Bestimmen von specifischen
Gewichten und besteht, wie unsere Wagen, aus einem gleicharmigen
Hebel, hat aber statt der zwei Wagschalen ihrer nicht weniger als fünf,
und die Hebelarme sind gradnirt, damit man die Wage auch wie unsere
Schnellwagen gebrauchen kann. Zu diesem Zwecke ist mindestens eine
der Schalen verschiebbar, mit ihrer Hülfe kann man direct ohne Gewichte
das Gewichtsverhältniss zweier Körper bestimmen. Eine der Wagschalen
kann unter einer der anderen befestigt werden um Körper unter Wasser
zu wiegen und eine andere bewegliche Wagschale dient dann zum Equi-
libriren dieser Wasserschale. Diese Wage hat nach Alkhazini folgende
Vortheile: 1) sie ist so genau, dass sie bei 1000 Mithkal Belastung
noch 1 Mithkal als Uebergewicht anzeigt, vorausgesetzt, dass der Verfertiger eine geschickte Hand hat; 2) sie unterscheidet reine Metalle

---

[1]) Annal. für Phys. u. Chemie. Bd. 159, S. 656.
[2]) N. Khanikoff: Analysis and Extracts of „Book of the balance of wisdom" etc.
Journal of the Am. Or. Soc. VI, p. 1—128.

von ihren Nachahmungen, und sie lehrt 3) die Constitution von Metall-
mischungen kennen, in der kürzesten Zeit und mit der geringsten Mühe,
ohne dass besondere Veränderungen der Metalle nöthig sind; 4) sie bestimmt das grössere Gewicht bei zwei Metallen in Wasser, die in der
Luft dasselbe Gewicht haben und umgekehrt 5) sie kennzeichnet durch
das Gewicht die Substanz des gewogenen Körpers; 6) sie lehrt die
Richtigkeit verschiedener Münzen kennen, wenn man einmal für dieselben
das entsprechende Verhältniss der Hebelarme bestimmt hat, und endlich
7) das Beste von allen, wie Alkhazîni sagt, sie ermöglicht uns echte
Edelsteine von ihren Imitationen zu unterscheiden.

Die Aufzählung dieser Vortheile erscheint uns unnöthig weitläufig
und etwas eitel, eine Tabelle der specifischen Gewichte von
50 Substanzen aber, die unser Autor giebt, zeigt, dass er
mit seiner Wage wirklich Erstaunliches zu leisten vermochte. Einige Beispiele, zu denen wir die neueren Resultate in
Klammern setzen, mögen dafür zeugen. Gold, gegossen 19,05 (19,26 bis
19,3); Quecksilber 13,56 (13,557); Blei 11,32 (11,389 bis 11,445);
Silber 10,30 (10,428 bis 10,445); Kupfer, gegossen 8,66 (8,667 bis 8,726);
Eisen, geschmiedet 7,74 (7,6 bis 7,79); Perlen 2,60 (2,684); Elfenbein
1,64 (1,825 bis 1,917); kochendes Wasser 0,958 (0,9597); Wein 1,022
(0,992 bis 1,038); Kuhmilch 1,110 (1,42 bis 1,04)[1].

Alkhazîni ertheilt die genauesten Anweisungen für die Construction
wie für den Gebrauch seiner Wage. Die haupstächlichsten davon gründen
sich auf die Archimedischen Sätze vom Gleichgewicht des
Hebels und vom Gewichtsverlust der Körper in Wasser und
haben darum hier für uns weniger Interesse. Unser Autor holt aber,
wie die meisten der arabischen Gelehrten, gern etwas weit aus und holt
auch gern viel herbei; dadurch wird gerade sein Buch für uns interessant und zeigt ein deutlicheres Bild der arabischen
Mechanik, als dies sonst der Fall sein würde.

Nachdem Alkhazîni weitläufig mit Zuhülfenahme von Koranstellen
den Namen seiner Wage gerechtfertigt, nachdem er die Fundamental-
principien der Künste im Allgemeinen, sowie die Principien, auf welchen
die Construction der Wage beruht, im Speciellen bezeichnet hat; zählt
er die Namen derjenigen Gelehrten auf, die schon vor ihm Wasserwagen
construirt und erörtert haben, nämlich: Archimedes (vor der Zeit Alexander's!!!), Menelaus (400 Jahre nach Alexander), Sand Bin Alî, Yûhannâ
Bin Yûsif und Ahmad Bin al Fadhl (zur Zeit Almamûn's), Muhammed Bin
Zakarîya of Bai, Ibn al Amîd, Ibn Sîna, Abu-r-Raihân, Umar al Khaiyâmi
und Abû Hatim al Muzaffer Bin Ismael (die beiden Letzten Zeitgenossen
Alkhazîni's).

---

[1] Der erste arabische Gelehrte, welcher uns eine Tabelle specifischer Gewichte hinterlassen hat, ist Abu-r-Baihân Albirâni, der im Jahre 1038 oder
1039 starb.

Hierauf folgt die Beschreibung jener Wasserwagen selbst und dann 1121 od. 1122 Alkhazîni. erst beginnt mit einem Eintheilungsplan und einer Inhaltsübersicht das „Wage der Weisheit." eigentliche Werk über die Wage der Weisheit. Die Haupttheoreme über die Schwerpunkte sollen nach Abû Sahl of Kûhistân und Ibn al Haitham[1]) gegeben werden. Es sind Sätze, die ohne weitere Beweise neben einander gestellt werden und die auf keine Weise über die Sätze des griechischen Mechanikers hinausgehen: Ein schwerer Körper ist ein solcher, der durch eine eigene Kraft gegen das Centrum der Welt bewegt wird. Diese Kraft kann nicht von ihm genommen werden, und der Körper ruht an keinem Punkte ausserhalb des Centrums, wenn er nicht aufgehalten wird, sondern bewegt sich, bis er das Centrum erreicht, dort hört seine Bewegung auf; wenn ein schwerer Körper sich in Flüssigkeiten bewegt, so ist seine Bewegung dem Flüssigkeitsgrade proportional, so dass seine Bewegung am schnellsten ist in dem flüssigsten Mittel etc. Die Sätze über den Gewichtsverlust der Körper in Wasser, über das Gleichgewicht der schwimmenden Körper, über die sphärische Form einer im Gleichgewicht befindlichen Flüssigkeit u. s. w. führen auch bei Alkhazîni den Namen des Archimedes und geben ebenfalls nichts Neues. Dagegen bringt ein folgendes Capitel, welches Sätze über Schwere und Leichtigkeit der Körper nach Euklid enthalten soll, die beiden klar ausgesprochenen Wahrheiten, dass die Geschwindigkeit eines Körpers gemessen wird durch das Verhältniss von Raum und Zeit und dass die Schwere im directen Verhältniss der Másse auf einen Körper wirkt. Interessanter noch sind aber die nächstfolgenden Capitel.

Alkhazîni kennt den Gewichtsverlust der Körper in Flüssigkeiten und weiss, dass der Verlust um so grösser, je dichter oder je schwerer die Flüssigkeit ist. Vom Wasser macht er einen Schluss auf die Luft. Auch in der Luft muss jeder Körper an Gewicht verlieren und zwar in einer dichteren Luft mehr als in einer dünneren, daraus folgt „wenn ein schwerer Körper von irgend welcher Substanz aus dünnerer Luft in dichtere gebracht wird, so wird er leichter an Gewicht, und wenn er von einer dichteren in eine dünnere gebracht wird, vergrössert sich umgekehrt sein Gewicht." Schreiben wir nun aber wie dem Wasser so auch der Luft ein Gewicht zu, was ja schon die Alten gethan hatten, die nur das Feuer als absolut leicht annahmen, so ist klar, dass die Luft je näher dem Centrum der Welt um so dichter sein muss. Daraus folgt dann ganz von selbst: „Das Gewicht irgend eines schweren Körpers, der in einer bestimmten Entfernung vom Centrum der Welt ein bekanntes Gewicht hat, verändert sich gemäss der Veränderung seiner Entfernung von diesem Centrum; so dass,

---

[1]) Unser berühmter Optiker.

1121 od. 1122
Alkhazini,
„Wage der
Weisheit."

so oft er von diesem bewegt wird, seine Schwere sich vergrössert, im umgekehrten Falle aber verkleinert. Desswegen
ändert sich die Schwere eines Körpers im directen Verhältniss seiner Entfernung vom Centrum der Welt." Khanikoff ist nach diesem geneigt den Arabern eine Ahnung von der Gravi-
tationsidee, wie wir sie heutzutage besitzen, zuzuschreiben; nur findet
er dieselbe, weil Alkhazîni ausdrücklich die himmlischen Körper bei
seiner Betrachtung ausschliesst, auf die irdischen Körper begrenzt. Er
constatirt den Irrthum, den unser Araber begeht, wenn er die Schwere
als direct proportional der Entfernung und nicht indirect dem Quadrat
derselben proportional annimmt, aber er will doch demselben die Entdeckung von der Veränderlichkeit der Schwere in unserem Sinne zuweisen. Wir können dem allen nicht beistimmen. Die Vorstellung von der Schwere ist bei Alkhazîni dieselbe wie bei
den Griechen. Er fasst dieselbe immer als einen überall gleichen
statischen Druck auf, der die Körper nach dem Centrum bewegt und
dort gleich Null ist. Er hat keine Idee von der Wirkung einer gleichförmigen, noch weniger von der Wirkung einer sich verändernden Kraft.
Dies sieht man daraus, dass er die fallenden Körper plötzlich im Centrum
zur Ruhe kommen lässt und dass er immer nur von der Schwere, nie
vom Fall der Körper spricht. Das einzige Neue, was Alkhazîni giebt,
ist, dass er auf den verschiedenen Gewichtsverlust der Körper in den
verschiedenen Schichten der Atmosphäre aufmerksam macht, und der
Schein einer Veränderung der Schwere entsteht nur dadurch, dass er die
Begriffe absolutes Gewicht und Gewicht in der Luft nicht trennt. Das
absolute Gewicht bleibt auch bei Alkhazîni in allen Entfernungen vom Centrum dasselbe, nur das relative Gewicht in
der Luft verändert sich.

Die Abschnitte des Alkhazînischen Werkes, welche auf die ersten
mehr principiellen Untersuchungen folgen, sind für uns weniger wichtig;
wir heben nur noch wenig Einzelheiten heraus.

In dem dritten Hauptabschnitt beschreibt Alkhazîni ein Gefäss,
welches Albirûni zur Volumenbestimmung von Körpern benutzte. Dasselbe
war ein Hohlgefäss, oben offen und an der Seite noch mit einer kreisförmig gebogenen Ausflussröhre versehen. Wurde in dieses mit Wasser
gefüllte Gefäss der Körper geworfen, dessen Volumen bestimmt werden
sollte, so floss aus der seitlichen Röhre so viel Wasser aus, als der Körper verdrängte. Aus dem Gewicht des ausgeflossenen Wassers wurde
dessen und damit auch des betreffenden Körpers Volumen berechnet.
Alkhazîni macht dazu die Bemerkung, das Instrument sei
schwer zu handhaben, weil das Wasser sehr oft in der
engen Röhre hängen bliebe und nur nach und nach aus
der Röhre in die Wagschale träufele. Khanikoff schliesst
hieraus, dass den Arabern die Haarröhrchenanziehung
bekannt gewesen sei. Uns scheint der Schluss etwas sehr gewagt,

jedenfalls ist aus jener Stelle nichts ,Weiteres darüber zu erkennen, wie 1121 od. 1122 weit die behauptete Kenntniss von der Capillarität geht und ob sie über- Alkhazini. haupt irgend eine nennenswerthe Ausbildung erlangt hat. „Wage der Weisheit."

Im 5. Hauptabschnitt spricht Alkhazini von dem Wasser, das man bei der Bestimmung der specifischen Gewichte gebraucht. Er kennt genau die Verschiedenheit der specifischen Schwere bei verschiedenen Wässern und, was für die bewundernswerthe Genauigkeit seiner Beobachtungen zeugt, er kennt auch die Veränderungen, welche das specifische Gewicht des Wassers mit Aenderungen der Temperatur erleidet. Er giebt an, wie seine Wage das geringere Gewicht des Wassers im Sommer und das grössere im Winter andeutet und sagt dabei: „Die Temperatur des Wassers ist vollkommen angezeigt, beides im Winter und im Sommer." Khanikoff hält darnach für wahrscheinlich, dass die Araber die Wasserwage als Thermometer gebraucht haben; wir können dazu nur, ähnlich wie vorhin, bemerken, dass dafür die positiven Angaben fehlen.

Der Schluss des Werkes von Alkhazini beschreibt die Benutzung der Wage zur Bestimmung der Horizontallinie und zur Bestimmung der Zeit. Die erste Art der Benutzung ist leicht zu errathen; für die zweite macht unser Autor folgende Angaben: Man bringe an dem Arm eines langen Hebels ein Wasserreservoir an, das sich durch eine Oeffnung in 24 Stunden leert. Hat man das gefüllte Reservoir durch Gegengewichte ins Gleichgewicht gebracht, so wird im Verlauf der Zeit dasselbe sich heben und dadurch die verflossene Zeit genau messen lassen.

Das Buch Alkhazini's lässt in der prägnantesten Weise alle Vorzüge, aber ebenso auch die schwachen Seiten der arabischen Gelehrten erkennen. Es zeigt die erstaunliche Geschicklichkeit seines Autors in der Verfertigung und der Anwendung der messenden Apparate, zeigt aber auch die strenge Abhängigkeit desselben von den Leistungen der griechischen Mechaniker. Wie der grösste arabische Astronom Albategnius an Schärfe der Beobachtungen die Griechen weit übertraf und doch principiell nie über seinen Lehrmeister Ptolemäus hinauszugehen wagte, so bleibt der grösste Mechaniker der Araber in der Methode und den Zielen seiner Wissenschaft von Archimedes abhängig. Das Buch des Alkhazini ist ein neuer Beweis dafür, dass die Araber der Hauptsache nach auf dem Standpunkt der mathematischen Physik stehen geblieben sind; dass sie das Experiment vorzüglich da, wo ihnen die Griechen die Aufgaben gestellt, mit vollendeter Kunst gebrauchten, dass sie dasselbe aber nie zur Verification erklärender Hypothesen, zum Auflösen complicirterer Erscheinungen, zur allseitigen Beobachtung neuer Thatsachen bewusst und planvoll verwendet haben. Was die Griechen an Kraft und Lust zur Hypothesenbildung zu viel hatten, das hatten die Araber zu wenig; schon das hinderte bei ihnen eine allseitige Entwicklung der experimentellen Methode. Allerdings haben wir schon früher zugegeben, dass das messende Experiment der erste Schritt zur experimentellen Methode ist; wir dürfen jetzt gestehen, dass die Araber diesen ersten Schritt besser als die Griechen vollendet haben; das Ziel aber erreichten sie niemals und erst zu Ende des Mittelalters erstand aus der messenden die experimentelle Physik.

Alkhazîni's Werk scheint keinen weiteren Einfluss auf die Gestaltung der Mechanik geübt zu haben, die arabische Wissenschaft war zur Zeit seiner Abfassung schon stark im Niedergehen und den späteren Physikern ist es bis auf die neueste Zeit nicht bekannt geworden. Das letztere ist wohl auch der Grund, dass wir nicht mehr von Alkhazîni wissen, als was er uns selbst in seinem Buche sagt. Selbst der Name ist uns nur darum sicher, weil unser Autor einige Capitel mit den Worten beginnt: So sagt Alkhazîni... Das Comité, welches mit der Veröffentlichung der Schriften der American Oriental Society betraut ist, vermuthete, dass Alhazen wohl mit Alkhazîni identisch sein möchte. Seit aber E. Wiedemann[1]) gezeigt hat, dass Alhazen und Ibn Alhaitham ein und dieselbe Person bedeuten, ist diese Vermuthung dadurch ganz ausgeschlossen, dass Alkhazîni in seinem Werk Ibn Alhaitham citirt. Nach seinen eigenen Angaben also schrieb Alkhazîni sein Buch im Jahre 1121 oder 1122 (515 der Hedschra) unter dem (Seldschukkischen) Chalifen Abû-l-Harith Sanjar Bin Mâlikshâh Bin Alpârslan und lebte in der Stadt Jurjâniyah in der Provinz Khuwârazm, die nicht weit vom Ausflusse des Oxus in den Aralsee gelegen ist.

Khanikoff vermuthet in dieser Stadt das heutige Kuna-Úrghenj, welches 4 geogr. Meilen von der Mündung des Oxus entfernt ist.

Der letzte namhafte arabische Gelehrte der Westaraber ist Ibn Roschd[2]), genannt Averroes; bald nach ihm erlag die Herrschaft der Mauren den Anstürmen der Christen und die arabische Wissenschaft erlosch, um nie wieder zu erstehen. Averroes ist vorzüglich als Verehrer und Commentator des Aristoteles bekannt. „Aristoteles begann und vollendete alle Wissenschaften, kein Schriftsteller vor ihm verdient erwähnt zu werden, keiner nach ihm hat im Laufe von 15 Jahrhunderten irgend etwas Bedeutendes hinzugefügt oder irgend einen wesentlichen Irrthum entdeckt. Aristoteles ist der grösste aller Menschen, ihn hat Gott den Gipfel aller Vollkommenheit erreichen lassen." In solchem Sinne hat Averroes die Schriften des Aristoteles in dreifacher Weise, in kürzeren, mittleren und grössten Commentaren erklärt. Ausser diesen hat er noch

---

[1]) Siehe Alhazen, Seite 79.
[2]) Abul Walid Mohammed Ibn Achmed Ibn Roschd.

besondere Abhandlungen über einzelne Probleme (auch 1126 bis 1198
Averroes. solche aus der Physik) des Aristoteles verfasst, natürlich ohne dass er über seinen Lehrmeister hinaus gegangen wäre. Desto merkwürdiger ist es, dass er in einem Abriss des Almagest, in dem er sich sonst ganz dem Ptolemäus anschliesst, doch sagt, die Rechnungen'seien zwar richtig, der wirkliche Sachverhalt aber werde durch dieses System nicht dargestellt, die Annahme der Epicyklen und Excentricitäten sei ohne Wahrscheinlichkeit, er wünsche, dass seine Worte Andere zur Forschung anregen möchten, da er selbst schon zu alt sei.

Averroes war zu Cordova geboren, wo seine Familie in hohen Aemtern und hohem Ansehen stand. Er selbst wurde ein Günstling des Chalifen Yussuf und stieg anfänglich noch in der Gunst von dessen Nachfolger Yacub Almansûr. Doch war um diese Zeit die orthodoxe mohammedanische Geistlichkeit so mächtig geworden, dass sie Averroes Verbannung wegen Heterodoxie durchsetzte und der Fürst ein Edict erlassen musste, worin er erklärte, Gott habe das höllische Feuer für diejenigen bestimmt, die gottloser Weise versicherten, die Wahrheit würde allein durch die Vernunft gelehrt. Zwar wurde das Edict bald wieder aufgehoben und Averroes zurückgerufen, aber bereits war sein Ende nahe. Er starb in Marokko.

Ueberhaupt änderte sich in dieser Zeit der Islam, unter dem Druck der äusseren Verhältnisse[1]) wurde die starre Orthodoxie und der Fanatismus mächtig. Die arabische Philosophie musste um ihre Existenz kämpfen und der Kampf fiel gegen sie aus. Aristoteles wurde ein verrufener Name, die Philosophen wurden geächtet und ihre Werke vernichtet; der intoleranteste Mohammedanismus triumphirte auf den Trümmern der Wissenschaft. Averroes hat darum nur noch wenig Einfluss auf seine Glaubensgenossen gehabt und seine Schriften sind im Original äusserst selten. Dafür haben Juden und Christen ihn fast vier Jahrhunderte lang verehrt und seine Werke zahlreichen hebräischen und lateinischen Uebersetzungen verbreitet.

---

[1]) Seit dem Tode Hischâms (1036), des letzten omaijadischen Chalifen, existirte kein einheitlich spanisch-arabisches Reich mehr; die einzelnen Staaten erwehrten sich nur mit Mühe der christlichen Feinde. Die aus Mauretanien herbeigerufenen Morabethen oder Amoraviden brachten zwar noch einmal (1086) das Vordringen der Christen zum Stehen, aber von 1236 an waren die Araber ganz auf Granada beschränkt.

2.

Zweiter Abschnitt der Physik des Mittelalters

von 1150 bis 1500 n. Chr.

Christliche Periode der mittelalterlichen Physik.

Als mit dem Ende der Völkerwanderung im Abendlande eine verhältnissmässige Ruhe eingetreten, hatte auch das Christenthum nach innen und aussen sich gefestigt. Die Culturvölker waren längst von dem Heidenthume zurückgetreten und die Dogmen der christlichen Kirche hatten durch die Kirchenväter und die Concilien eine feste Gestalt erhalten. Jetzt nachdem dem Glauben Genüge geleistet, begann der Wissensdrang wieder zu erwachen, der Verstand beanspruchte wieder sein Recht zu erkennen und zu begreifen. Er fing bei dem an, was am nächsten lag, was noch immer die Gemüther am meisten beschäftigte, bei den religiösen Fragen. In der Ruhe hinter den Klostermauern begann es sich stärker und stärker zu regen und immer mehr drängte der Verstand zum Begreifen der Glaubenssätze, bis endlich der berühmte Bischof Anselm von Canterbury (1033 bis 1109) dem allgemeinen Streben in seinem Motto: Credo, ut intelligam Ausdruck gab.

Die Dogmen sollten aber nicht nur dem Inhalt nach begriffen, es sollte auch ihre Wahrheit eingesehen, d. h. sie sollten bewiesen werden. Anselm giebt schon den berühmten ontologischen Beweis für das Dasein Gottes, wonach Gott, der dem Begriff nach das vollkommenste Wesen ist, nothwendig existiren muss, weil er sonst eben nicht vollkommen wäre. Zum Beweisen gehört aber weiter eine feste Logik und zum Vertheidigen der oft angefochtenen Beweise eine gewandte

Dialektik. Beide waren nur bei den alten Philosophen zu finden, darum wandte sich jetzt die christliche Religionswissenschaft eifrig der alten Philosophie zu und die christlichen Religionslehrer wurden darum selbst Philosophen. Freilich nicht Philosophen nach freier griechischer Form, die absolut unabhängig, genialisch frei die Welt zu erklären versuchten, sondern Philosophen ad hoc, die nur den Zweck hatten, die christlichen Dogmen zu rationalisiren und die immer den Glauben als Norm des Wissens, die Kirchenlehre als Correctiv ihrer Untersuchungen anerkannt haben. „Ob das wahr sei, was die allgemeine Kirche mit dem Herzen glaubt und mit dem Munde bekennt, darf kein Christ in Frage stellen, sondern zweifellos daran festhaltend, diesen Glauben liebend und nach demselben lebend, forsche er in Demuth nach den Gründen seiner Wahrheit. Kann er es zur Einsicht in dieselben bringen, so danke er Gott; kann er es nicht, so renne er nicht dagegen an, sondern beuge sein Haupt und bete an," sagt Anselm. Die Philosophie soll nichts lehren, was nicht auch die Kirche lehrt, aber sie soll doch auch die Kirchenlehre nach ihrer Art, d. h. unabhängig von aller Erfahrung, beweisen. Anselm berichtet, die Brüder hätten ihn gebeten, seine Gedanken, die er nur mündlich mitgetheilt, doch auch niederzuschreiben. „Sie baten mich, ich möchte keinen bedeutenden Beweis der Schrift entlehnen, sondern mich der gewöhnlichen Beweisführung bedienen, die Allen verständlich sei und den Regeln der einfachen Debatte treu bleiben."

Die so beschränkte Philosophie, bekannt unter dem Namen der Scholastik, beherrschte nun in mannigfachen Wandlungen das ganze Mittelalter. Aeusserlich hielt sie immer das obige Ziel fest, aber thatsächlich trug doch auch sie dazu bei, das Wissen vom Glauben zu emancipiren und dem Wissen wieder ein eigenes, den Glauben ausschliessendes Gebiet zu erobern. Den älteren Scholastikern waren nur wenige Schriften der alten Philosophen bekannt; erst im 13. Jahrhundert gelangte man durch Vermittlung der Araber zur Kenntniss aller Aristotelischen Schriften. Damit begann, zwar nicht ausgesprochen plötzlich, aber doch allmälig, eine Umwandlung und Erweiterung der Philosophie. Durch die naturwissenschaftlichen Schriften des Aristoteles wurde der Scholastik

wieder die Natur zum Studium unterbreitet und damit dem religiösen Element die Alleinherrschaft in der Philosophie wenigstens
streitig gemacht. Die Scholastiker mussten in ihrem verehrten
Aristoteles auch die Naturphilosophie kennen lernen,
und mit Aristoteles trat nun auch die Naturwissenschaft in den
geistigen Gesichtskreis der Gelehrten des Abendlandes. Dazu kam,
dass die christlichen Gelehrten, welche die Aristotelische
Philosophie bei den Arabern persönlich aufsuchten und
bei dieser Gelegenheit auch die exacten Wissenschaften
kennen lernten, ihre Kenntnisse nicht nur in die Heimath mit-
brachten, sondern auch den ganz natürlichen Drang fühlten, diese
Kenntnisse bei den Ihrigen zu verwerthen. Das 13. Jahrhundert zeichnet sich in dieser Hinsicht ganz besonders
aus, wir verdanken ihm das Bekanntwerden mehrerer
bedeutender naturwissenschaftlicher Entdeckungen,
die Gründung der ersten Universitäten des christlichen Europas, wie Bologna, Salerno, Padua, Paris, Oxford,
Cambridge etc. und bedeutende Arbeiten auf naturwissen-
schaftlichem Gebiete. Dies Alles, wie überhaupt die Anzeichen
eines gesteigerten naturwissenschaftlichen Interesses, lassen das
Erwachen der Wissenschaften schon für diese Zeiten
erwarten.

Leider rechtfertigten die folgenden Jahrhunderte die
Erwartungen nicht, die das 13. erregt. Bedeutende Kirchen-
lehrer empfinden die beginnende Theilung der geistigen Interessen
zwischen kirchlichen und naturwissenschaftlichen Fragen als eine
schwere Schädigung der Kirche. Schon Bernhard von Clairvaux
(1091 bis 1153) hält alles Streben nach Wissen nur um des Wissens
willen für heidnisch und schätzt alles Wissen nur in so weit als es
zur Erbauung dient. Auf der Synode zu Paris im Jahre 1209, wie
auch auf dem Lateranconcil unter Innocenz III. im Jahre 1215
wurden die Physik und die Metaphysik des Aristoteles
förmlich verboten, weil sie zu Ketzereien Anlass gegeben hätten
und zu bisher unbekannten Ketzereien noch Anlass geben könnten.
Gregor IX. verordnet dazu im Jahr 1231, jene von der Synode zu
Paris verbotenen libri naturales sollten so lange nicht gebraucht
werden, bis sie geprüft und von jedem Verdachte des Irrthums
gereinigt seien. Die beabsichtigte Begrenzung des Stu-

diums auf die vorzugsweise dialectischen Schriften des
Aristoteles gelang trotzdem nicht, vielmehr wurde schon im
Jahre 1254 von Seiten der Pariser Universität ausdrücklich
die Erklärung sämmtlicher Schriften des Aristoteles
gebilligt und ein paar Jahrhunderte von hier ab konnte Niemand eine akademische Würde erlangen, der nicht vorher eine genügende Kenntniss der Aristotelischen
Schriften nachgewiesen hatte. Die Kirche hatte sich mit
Aristoteles ausgesöhnt, weil sie eingesehen, dass nicht die Buch-
weisheit der scholastischen Aristoteliker, die man immer zu
halten und zu controliren vermochte, ihr gefährlich werden
konnte, wohl aber eine unabhängige Naturwissenschaft, die
auf ihrem eigenen Wege, ohne Rücksicht auf eine Autorität und der
Kirche uncontrolirbar, vorwärts schritt.

Solches unabhängige Vorgehen war von der Scholastik
nicht zu fürchten, denn diese Philosophie war ganz darnach
geartet, mit der vollständigen Kenntniss des Aristoteles in allen
realen Wissenschaften stagnirend zu werden. Den Scholastikern erging es mit den alten Wissenschaften gerade
wie den Arabern, sie kamen ihnen so unvorbereitet, so überwäl-
tigend, dass sie nichts Besseres zu thun wussten und auch nichts
Besseres zu thun hatten, als sich vorerst ganz in dieselben einzu-
leben. Aber als dies so ziemlich geschehen, waren leider die
scholastischen Philosophen so sehr an die studirte Buchweis-
heit gewöhnt, dass sie den Weg vom Buch zur Natur
selbst nimmermehr finden konnten. So studirten sie denn
in den Naturwissenschaften des Aristoteles nicht die Natur, sondern den Aristoteles, und da sie von Anfang an ihre Absicht
nur auf ihn gerichtet, so stand ihnen zuletzt Alles, was Aristoteles
gesagt, so fest wie ein Dogma der christlichen Kirche. Von der
Erklärung des Aristoteles bis zur Erklärung der Natur
selbst sind sie nie vorgedrungen und wer gegen Aristoteles
lehrte, war ein Ketzer, so sündhaft wie Einer, der die kirchlichen Dogmen leugnete. Die Scholastik betrieb die Physik als ein
Nebengeschäft, auch darum schon war ein Fortschritt von ihr nicht
zu erwarten.

Wenn eine sichere physikalische Beobachtungs-
methode genügendes Material angesammelt hat, dann kann die

Philosophie bei der Verarbeitung dieses Materials, bei
dem Aufsuchen der allgemeinen Gesetze, die den Erscheinungen
zu Grunde liegen, unersetzbare Dienste leisten, ja sie kann
auf Grund vorliegender Data der Beobachtung selbst neue Wege
zeigen; ohne Data der Anschauung aber schwebt die Philosophie als reine Geisteswissenschaft in der Luft. Philosophie wie Mathematik sind nur auf die Naturwissenschaften anwendbar, wenn das Material zur formalen Bearbeitung vorliegt.
Darum ist es nicht zu verwundern, wenn die mittelalterliche Naturphilosophie, der keine Experimentalwissenschaft die Grundlage legte,
immer wieder den von Aristoteles überkommenen Stoff durchkaute
und wenn sie zuletzt, als keine Beobachtung ihr neue reelle
Probleme stellte, sich selbst jene Quodlibetfragen vorlegte, die
uns, wegen der Unmöglichkeit, sie auf die eine oder die andere
Weise zu beantworten, so lächerlich erscheinen. Die Scholastiker
wollten disputiren, aber sie wollten nicht beobachten, darum
mussten sie sich Aufgaben wählen, zu deren Lösung die Beobachtung absolut nichts beitragen konnte. Von diesem Standpunkt aus kann man Untersuchungen über die Natur der Engel,
ihre Kleidung, Sprache, Alter, Rangordnung und sogar
ihre Verdauung etc. recht angemessen finden. Leider hatten
diese Uebungen über Phantasieaufgaben den Nachtheil,
dass die Scholastik nicht nur den Mangel einer reellen Grundlage
gar nicht empfand, sondern auch in kolossaler Ueberhebung die
Erfahrung negirte und sich selbst als Correctiv der Erfahrung
hinstellte. Noch im Anfange des 17. Jahrhunderts sagte der
Jesuitenprovincial dem Pater Scheiner, der ihm die neu entdeckten Sonnenflecken im Fernrohr zeigen wollte: „Wozu, mein Sohn,
ich habe den Aristoteles zweimal durchgelesen und nichts Derartiges
gefunden. Die Flecke existiren nicht, sondern sind nur Fehler
deiner Gläser oder deiner Augen."

Trotzdem muss man zugeben, dass auch die Scholastik, obgleich
die grosse Masse unbeirrt über nichts weiter disputirte, im Laufe
der Zeit sich mehr und mehr dem Realen nähert. Freilich
zeigt sich dabei erst recht deutlich, wie entgegengesetzt das
Reale der Scholastik ist, denn jene Annäherung erweist
sich weniger als eine Ausbildung, sondern vielmehr als eine
Selbstzersetzung dieser Philosophie. Der grösste Schola-

· stiker, Thomas von Aquino (1226 bis 1274), der doctor angelicus,
welcher im Jahre 1323 canonisirt wurde, giebt nicht mehr zu,
dass alle religiösen Dogmen beweisbar sind; er trennt
die natürliche Theologie scharf von der Offenbarungs-
theologie und macht dadurch schon das Wissen freier vom
Glauben. Der ebenso berühmte Albertus Magnus, der doctor uni-
versalis, weist beim Besprechen der Schöpfung für die Theologie
den Grundsatz: „Aus Nichts wird nichts" ganz bestimmt zurück,
erkennt ihn aber doch für die Physik als maassgebend an.
Dies Auskunftsmittel zeigt schon von einem grösseren Selbst-
bewusstsein der Philosophie gegenüber der Theologie,
denn es beweist, dass die Philosophen sich schon wieder anmaassten,
auch Dinge zu lehren, welche die Theologie nicht billigte. Johann
de Brescain entschuldigte sich im Jahr 1247 wegen seiner „Irrthümer"
mit der Bemerkung, er habe die vom Bischof ketzerisch befundenen
Sätze nur philosophisch, nicht theologisch gelehrt. Der
Bischof liess zwar diese Ausflucht nicht gelten und viele Gelehrte
sind in der Folge wegen philosophischer Lehren theologisch
verdammt worden, trotzdem aber versuchte man doch immer wieder
durch solche Hinterhalte der Philosophie die Möglichkeit einer freie-
ren Bewegung zu verschaffen. Dass selbst der heilige Thomas von
Aquino der Erfahrung wieder grössere Bedeutung beilegt,
ersieht man daraus, dass er den ontologischen Beweis des
Anselm nicht mehr für ganz sicher hält und an seine Stelle den
kosmologischen stellt, nach welchem Gott mehr erfahrungsmässig als Schöpfer aus dem Dasein der Welt erschlossen wird.
Doch darf man darnach nicht glauben, dass Thomas nun wirklich überall erfahrungsmässig vorgegangen wäre. Sein Hauptwerk,
die Summa Theologiae, enthält ein einziges physikalisches
Capitel, das noch dazu ganz mit der Aristotelischen Physik übereinstimmt. Dagegen zeigt sich Thomas ganz vorzüglich bekannt
mit der Welt der Engel und er erklärt z. B. für sicher, dass
die Sterne nicht durch physische, sondern durch geistige Kräfte,
höchst wahrscheinlich durch Engel bewegt werden.

Der letzte der grossen Scholastiker, Wilhelm von Occam
(1270 bis 1347), der doctor invincibilis, spricht allen Allgemein-
begriffen die reale Existenz ab und erkennt eine solche
nur den Einzeldingen zu. Da nun diese Einzeldinge nur an-

schaulich zu erkennen sind, da nur die Anschauung entscheiden
kann, ob ein Einzelwesen wirklich existirt oder nicht, so ist schön
mit dem ersten Satz die Erfahrung als die einzige Grundlage unserer Erkenntniss gegeben und die Scholastik, die
ihre Begriffe immer ohne Weiteres als existent angenommen, unmöglich gemacht. Doch hat Wilhelm von Occam nicht selbst die letzten
Consequenzen seiner Lehre gezogen. Wenn wir auch zugeben müssen,
dass seine Philosophie auf die Erfahrung hingewiesen, so ist doch
ebenso zu erwähnen, dass er selbst nichts weniger als ein Erfah-
rungsphilosoph, sondern vielmehr ein so arger geistiger
Klopffechter war, als irgend einer der älteren Scholastiker
gewesen sein konnte. Von ihm vorzüglich stammt die Lehre von
der zweifachen Wahrheit, der theologischen und der
philosophischen, her; er versuchte scholastisch spitzfindig seiner
Philosophie durch diese Ausflucht den Schein der Unterwerfung
unter die Kirchenlehre zu erhalten. Wenn er auf der einen Seite
alle Glaubenslehren für unbeweisbar erklärte, so erklärte er es auf der anderen Seite für verdienstlich, auch das
Unbeweisbare zu glauben. Trotz alledem erkannte die Kirche
das Gefährliche des Empirismus, der in der Philosophie des
Occam verborgen lag; sie belegte den kühnen Neuerer mit dem
Bann und unterdrückte seine Lehre. So geschützt und gehalten
von der Kirche hat dann die alte scholastische Wissenschaft weiter
vegetirt und tyrannisirt, bis endlich die grossartigen Erfolge der
erstarkten Erfahrungswissenschaften in den nächsten Epochen die
Autorität des Aristoteles und damit auch die Herrschaft der Scholastik wenigstens in ihren Gebieten auf immer beseitigten.

1198 bis 1280
Albertus
Magnus.   Der schon erwähnte **Albertus Magnus**, eigentlich Graf Albrecht
von Bollstädt, war nicht bloss ein gelehrter Theologe, sondern auch und
zwar mit besserem Recht als viele seiner scholastischen Collegen, ein
berühmter Chemiker, Physiker und Mathematiker. Er studirte
Dialektik in Paris, Mathematik und Medicin in Padua, Metaphysik an
vielen Orten und hörte, nachdem er 1223 unter die Dominicaner gegangen, auch noch theologische Vorlesungen in Bologna. Von 1229 an
lehrte er selbst in Köln und Paris, bekleidete dann hohe kirchliche
Würden, kehrte aber im Alter, nachdem er sein Amt als Bischof von
Regensburg niedergelegt, wieder auf seinen Lehrstuhl in Köln zurück
und starb hier in hohem Alter. Albertus Magnus kannte den Aristoteles
in Uebersetzungen vollständig und auch mit den arabischen Commen-

tatoren desselben war er vertraut; seine chemischen und mechani- 1193 bis 1280
schen Fertigkeiten aber waren so gross, dass er bei seinen Zeit- Albertus Magnus.
genossen in den Ruf eines Zauberers und Magiers kam, was übrigens
damals nicht viel sagen wollte, wenn es auch nach und nach ziemlich gefährlich wurde. Es wird gefabelt, dass er einen Automaten
construirt, der auf Anklopfen seine Thür geöffnet und sogar eine Unterhaltung mit den Eintretenden versucht habe, der aber von einem Collegen im Zorn über das Trugbild der menschlichen Gestalt zerschlagen
worden sei; und weiter, dass er mitten im Winter bei einem grossen
Festmahle Bäume in vollem Blätterschmuck, duftende Blumen, mit Gras
bedeckte Fluren, kurz die ganze Frühlingspracht herbei gezaubert habe.
Das Letztere ist wohl die Uebertreibung eines Festes, welches Albertus
im Treibhause des Klostergartens gab, welche Beschaffenheit aber der
Automat gehabt haben soll, ist uns nicht bekannt.

Die Opera omnia des Albertus, die 1651 zu Lyon in nicht weniger
als 21 Foliobänden erschienen und die für die Geschichte der Chemie
und der beschreibenden Naturwissenschaften werthvoll sind, enthalten
keine mechanische und keine physikalische Entdeckung, die
uns jetzt den grossen Ruf des Albertus gerechtfertigt erscheinen lassen.
Ein selbstständiger Forscher war er jedenfalls nicht, denn er rühmt sich
sogar, die Wissenschaft der Alten so darzustellen, dass man seine eigene
Ansicht nicht erkennen könne. Das Verdienst unseres Albertus liegt
darin, dass er durch seine Arbeiten und vor Allem auch durch seine
Thätigkeit als Lehrer die Naturwissenschaften im christlichen Abendlande eingeführt und das Interesse für dieselben angeregt hat.

Albertus spricht in seinen Werken von zwei Erfindungen,
deren Geschichte wir hier kurz mittheilen, obgleich er dieselben nicht
für seine eigenen ausgiebt. Beide Erfindungen, der Compass und
das Schiesspulver, sind älteren Datums, aber beide werden dem
Abendlande erst im 13. Jahrhundert bekannt und gelangen erst in
diesem oder auch in dem folgenden Jahrhundert zu allgemeiner
Anwendung.

Der **Compass** ist neueren Untersuchungen zufolge zuerst den Erfindung d. Compass.
Chinesen bekannt gewesen, eine Nachricht aus dem Jahre 121
nach Christi Geburt sagt, dass man mit dem Magnetstein der Nadel ihre
bestimmte Richtung geben könne und in einer zwischen 1111 bis 1117
geschriebenen chinesischen Naturgeschichte wird sogar beschrieben, wie die mit dem Magnetstein bestrichene Nadel nicht genau nach
Süden zeige, sondern ungefähr um 15^0 nach Osten von der Südrichtung
abweiche. Dass die Chinesen die Magnetnadel auch als Richtungs-
zeiger auf der See benutzten, wird in einer Schrift aus dem
11. Jahrhundert schon als lang hergebracht gemeldet, und für Reisen
auf dem Lande, auf den weiten leeren Steppen Hochasiens sollen die
chinesischen Kaiser in noch früheren Zeiten magnetische Wagen, d. h.

die mit Magnetnadeln versehen waren, gebraucht haben. Die erste
Nachricht über die Kenntniss der Magnetnadel bei den Arabern
stammt aus dem Jahre 1242, wo der Araber Bailak berichtet, dass
syrische Seefahrer in dunklen Nächten ein Kreuz von Holzstäbchen auf
Wasser und darauf einen Magnetstein legen, der ihnen mit seinen Spitzen
die Richtung zeigt. Wahrscheinlich kennen aber die Araber den Compass
schon länger, denn Albertus Magnus citirt schon aus einem arabischen
Werke eine Stelle[1]), die deutlich von der Kenntniss der Magnetnadel
zeugt. Eine ähnliche Stelle, in welcher die Magnetnadel mit deutlicher
Anspielung auf den Gebrauch durch die Seeleute (marins) Marinette
genannt wird, kommt noch früher in einem französischen Gedicht
des Guyot de Provins aus dem Jahre 1181 vor. Darnach sind
entschieden die Ansprüche des Italieners Flavio Gioja oder
Giri aus Amalfi abzuweisen[2]), der nach der früher allgemeinen
Annahme den Compass im Jahre 1302 erfunden haben sollte und dem
man deswegen sogar auf der Börse in Neapel eine eherne Bildsäule
gesetzt hat. Vielleicht hat Gioja bei der Verbreitung der Magnetnadel bedeutend mitgewirkt, vielleicht hat er die Nadel von dem
Holzkreuz auf die Stahlspitze gesetzt und mit einem Gehäuse
umgeben; Gewisses ist darüber nicht bekannt. Ausdrücklich müssen
wir aber erwähnen, dass mit der Kenntniss des Compasses die
Kenntniss der Abweichung der Nadel von der Nordrichtung
nicht mit überbracht wurde, diese ist erst viel später in Europa
unabhängig von den Chinesen noch einmal entdeckt worden. Ueberhaupt
hat die neue Beobachtung des Magneten nicht direct auf
die Wissenschaft eingewirkt, es hat noch Jahrhunderte
gedauert bis die Entdeckung der Praxis von der theoretischen
Physik aufgenommen wurde, gewiss ein trauriges Zeichen für den Zustand
derselben während der damaligen Zeiten.

Noch dunkler als die Einführung des Compasses ist die Geschichte
des Schiesspulvers. Wenn man unter Schiesspulver nichts Anderes
versteht als die Mischung von Kohle, Schwefel und Salpeter, dann ist
dasselbe dem Albertus Magnus um 1250 und lange vor diesem
dem Marcus Graecus im 8. Jahrhundert schon bekannt gewesen.
Beide geben die Vorschrift, man solle 1 Pfund Schwefel, 2 Pfund Kohle
und 6 Pfund Salpeter im Mörser zerreiben und mischen, doch ist dabei
jedenfalls nicht an unser Schiesspulver im engeren Sinne gedacht, denn
Marcus fügt hinzu, man solle etwas von diesem Pulver in eine lange,
enge Röhre stampfen und diese in das Feuer setzen, dann werde die

---

[1]) Angulus quidam magnetis est, cujus virtus convertendi ferrum est ad
zorrum, id est, ad Septentrionem, et hoc utuntur nautae.
[2]) Schon Cardanus (1501 bis 1576) erkennt den Gioja nicht als Erfinder
des Compasses an, weil er weiss, dass Albertus denselben früher gekannt hat.

Röhre durch die Luft fliegen; auch könne man den Donner nachahmen, wenn man etwas von dem Pulver in Papier einwickele und dann dieses fest zuschnüre [1]). Als Sprengpulver ist vielleicht die Mischung schon im 12. Jahrhundert in Bergwerken, wie am Rammelsberge im Harz, gebraucht worden; aber auch das wird bestritten und behauptet, das Feuersetzen, durch welches die Gesteine mürbe gemacht werden, sei hier mit Sprengen verwechselt worden. Ueber die Anwendung des Pulvers als wirkliches Geschützpulver fehlen für die erste Zeit alle genauen Nachrichten, ziemlich sicher ist diese Anwendung erst für die zweite Hälfte des 14. Jahrhunderts. 1338 soll der Kriegszahlmeister von Frankreich schon Pulver in Rechnung gestellt haben, 1360 brannte in Lübeck das Rathhaus durch Verwahrlosung der Pulvermacher ab, beide Male könnte noch von Sprengpulver die Rede sein; aber im Jahre 1365 gebrauchte die Festung Einbeck eine Donnerbüchse und 1378 gab es in Augsburg einen Geschützgiesser, der allerdings die Kunst noch als ein grosses Geheimniss betrieb. Sind wir nicht sicher, wann das Pulver zuerst als Geschützpulver angewandt worden ist, so wissen wir noch viel weniger, wer diese Anwendung gemacht hat; denn Barthold Schwarz ist ein blosser Name, von dessen Träger wir eben nichts weiter als sein verunglücktes Experiment zu erzählen wissen. Wahrscheinlich ist, wie der Compass, auch das Pulver den Chinesen und Indern schon lange vor dem 13. Jahrhundert bekannt gewesen und von ihnen zu Lustfeuerwerken oder auch zum Treiben raketenähnlicher Wurfgeschosse benutzt worden. Von ihnen haben zu unbestimmter Zeit die Araber die Erfindung aufgenommen und nach den Zeiten der Kreuzzüge ist sie durch die Berührung mit den Arabern auch dem christlichen Abendlande bekannt geworden. Ob aber die Araber schon die Metallgeschütze gekannt oder ob diese erst von den Abendländern erfunden worden sind, das bleibt ungewiss.

---

[1]) Man setzt den Marcus Graecus in das 8. Jahrhundert, weil der Arzt Mesua, der zur Zeit Harûn Arraschîd's lebte, ihn in seinen Schriften citirt. Da aber doch nicht ganz sicher, dass der Citirte auch unser Marcus gewesen und da ein arabisches Manuscript aus dem Jahre 1225, welches von der Hervorbringung von Feuern für den Kriegsgebrauch handelt, den Salpeter nicht erwähnt, so schliessen Andere, dass der Salpeter den Arabern vor 1225 nicht bekannt gewesen sei und dass somit die Schrift des Marcus, die aus arabischen Quellen schöpft, erst nach 1225 geschrieben sein könne. Nun ist zwar auch die Schrift des Albertus „de mirabilibus mundi", welche das Recept des Marcus erwähnt, nicht von unzweifelhafter Aechtheit, dafür aber bezeichnet Roger Bacon in seinem Opus majus um das Jahr 1267 das Präparat des Marcus schon als ein vielbekanntes und sehr verbreitetes und darnach ist das Buch des Marcus doch wohl bedeutend früher als 1225 geschrieben. Der Schluss, dass die Araber überhaupt den Salpeter vor 1225 nicht gekannt, weil ein Manuscript aus diesem Jahre ihn nicht erwähnt, ist jedenfalls kein sehr sicherer Kopp, Beiträge zur Geschichte der Chemie, III. Stück, Anmerkung 148.

Wie die beiden eben besprochenen Erfindungen ist auch die des Papiers nicht auf ihren Urheber zurückzuführen. Das Baumwollenpapier stammt ebenfalls von den Chinesen, ist um das 11. Jahrhundert durch die Araber in Spanien eingeführt und von da aus weiter verbreitet worden. Das Leinenpapier aber ist eine europäische Erfindung und kommt sicher im Anfange des 14. Jahrhunderts, wahrscheinlich aber auch schon im 13. Jahrhundert vor. In der k. k. Bibliothek zu Wien soll eine Urkunde von Kaiser Friedrich II. aus dem Jahre 1243 und im Tower zu London sollen Briefe von Alphons X. aus den Jahren 1272 und 1278 liegen, die auf Leinenpapier geschrieben sind.

Einer der genialsten, aber auch unglücklichsten Naturforscher, **Roger Bacon**, ist zu Ilchester in der Grafschaft Somerset geboren. Nachdem er seine Universitätsstudien in Oxford und Paris vollendet, trat er um 1250 in den Franziskanerorden, indem er hoffte auf diese Weise am ungestörtesten seinen ausgedehnten gelehrten Arbeiten in Mathematik, Mechanik, Astronomie, Optik und Chemie leben zu können. Leider sollte er auf das Grausamste enttäuscht werden. Von seinem naturwissenschaftlichen Studium und von dem Ruhme, den er durch seine Kenntnisse erworben, unangenehm berührt, durch freimüthige Aeusserungen über Unwissenheit und Sittenverderbniss der Geistlichkeit verbittert, wurden gerade seine Ordensbrüder seine grössten Feinde, die ihm nie vergessen konnten, dass er keinen Geschmack an ihren scholastischen Zänkereien fand. Durch sie wurde er der Ketzerei und der Zauberei angeklagt und auf ihre Veranlassung seiner Lehrerstelle in Oxford entsetzt und ins Gefängniss geworfen. Hieraus befreite ihn zwar sein Gönner der Papst Clemens II., aber nachdem Clemens gestorben, bewirkte der Ordensgeneral der Franziskaner, dass Bacon in Frankreich, wohin er sich gewendet, aufs Neue eingekerkert und dass seine Schriften ganz verboten wurden. Zehn Jahre lang dauerte diese zweite Gefangenschaft, erst 1288 erlangte Bacon die Freiheit wieder, die er nun, nachdem er 74 Jahre alt geworden, nicht viel mehr zu gefährlichen Arbeiten gebraucht haben mag. Seine naturwissenschaftlichen Schriften sind alle vor seiner zweiten Gefangenschaft geschrieben.

Bacon ist die glänzendste Gestalt des 13. Jahrhunderts, nicht so sehr durch seine Leistungen, als durch die Methode seiner Studien. Er war kein scholastischer Philosoph, der nebenbei Aristotelische Physik erklärte, er war ein guter Mathematiker, der in der Vernachlässigung dieser exactesten aller Wissenschaften auch das Hauptübel der scholastischen Wissenschaften fand. „Die Mathematik ist die Thür und der Schlüssel zu diesen Wissenschaften," sagt er in seiner mathematischen Warte. Er beschäftigte sich mit astronomischen Beobachtungen, chemischen Versuchen und mechanischen Constructionen mehr als mit geistlichen Disputationen, das hebt ihn heraus aus der Reihe der scholastischen

Naturphilosophen und hat bewirkt, dass man ihn als den ersten wirk- 1214 bis 1294
lichen **Naturforscher des Mittelalters, als den Vorläufer** Roger Bacon.
der experimentirenden Physiker betrachtet hat. Bacon ist
häufig in Parallele gestellt worden mit seinem noch berühmteren Landsmann, dem Lordkanzler Bacon von Verulam, ja man hat sogar
behauptet, dass der Letztere die Werke des Ersteren sehr stark benutzt
und in manchen Stellen nur umschrieben habe. Obgleich nicht zu
leugnen ist, dass Beide in der Empfehlung der Erfahrungsmethode, wie in der Aufzählung derjenigen Schwierigkeiten, welche einer echt wissenschaftlichen Methode
gegenüber stehen u. a. m., recht viel Aehnlichkeit haben, so darf man
doch der letzteren Behauptung sich nicht anschliessen, weil
nicht bewiesen werden kann, dass Bacon von Verulam auch nur eine
Schrift seines Vorgängers direct oder indirect gekannt hat.

Roger Bacon fordert allerdings die Experimentalmethode
mit einer Entschiedenheit, die uns im Angesicht des 13. Jahrhunderts in Erstaunen setzt. „In jeder Wissenschaft müssen wir der besten
Methode folgen, d. h. jedes in seiner richtigen Ordnung studiren, das
Erste richtig an den Anfang, das Leichte vor das Schwere, das Allgemeine
vor das Besondere und das Einfache vor das Verwickelte setzen.
Und die Darlegung muss Demonstration sein. Dies ist ohne Experiment
unmöglich. Wir haben drei Mittel der Erkenntniss: Autorität, Denken
und Experiment. Die Autorität hat keinen Werth, wenn ihre Be-
gründung nicht nachgewiesen wird; sie lehrt nicht, sie fordert nur zur
Beistimmung auf. Beim Denken unterscheiden wir gewöhnlich ein
Sophisma von einer Demonstration, indem wir den Schluss durch ein
Experiment verificiren.“ „Die experimentale Wissenschaft ist die
Herrin der speculativen Wissenschaften und hat drei grosse Vorrechte.
Zuerst prüft und verificirt sie die Folgerungen anderer Wissenschaften.
Zweitens, sie entdeckt in den Begriffen, womit andere Wissenschaften
sich befassen, herrliche Resultate, zu denen diese Wissenschaften unfähig
sind. Drittens, sie erforscht die Geheimnisse der Natur durch ihre
eigenen Kräfte.“ Trotz diesem scheint Bacon selbst oft phanta-
sirend über die Erfahrung hinausgegangen zu sein. Aus seinen
Sätzen wird oft nicht klar, ob er das, was er angiebt, von Anderen
erfahren, ob er es selbst beobachtet, oder ob er es nur als
möglich geträumt hat. Seine Beschreibungen sind oft dunkel und
unbestimmt, und trotzdem er sich in seiner epistola de secretis artis et
naturae operibus atque nullitate magiae gegen die Magie erklärt, so war
er doch als echtes Kind seiner Zeit neben einem gemässigten
Astrologen ein eifriger Alchemiker, wie schon die Titel seiner
Schriften De lapide philosophorum, Verbum abbreviatum de leone viridi,
Secretum secretorum etc. beweisen. Selbst in der starken Anpreisung
seiner Leistungen gleicht Bacon den Gelehrten seiner Zeit; nicht nur
behauptet er, in drei bis sechs Monaten einem lernbegierigen Schüler Alles

lehren zu können, was er selbst in 40 Jahren gelernt habe, er giebt auch besonders an, dass drei Tage für das Hebräische oder Griechische ausreichen würden.

Bacon's Schriften sind spät erst herausgegeben worden; von denen, die uns hier interessiren, das Opus majus 1733 durch Jebb, das Opus minus und Opus tertium 1559 durch Bremer, die Perspectiva und Specula mathematica 1614 durch den Marburger Professor Combach. Das Opus majus ist das Hauptbuch; Bacon richtete es im Jahre 1267 an den Papst Clemens II., um sich gegen die erfahrenen Angriffe zu vertheidigen. Es enthält, neben den Ansichten über die richtige wissenschaftliche Methode, in seinem fünften Theile die für die Physik wichtigsten Arbeiten des Bacon, die optischen; doch ist das Hauptsächlichste hiervon auch schon in der Perspectiva und der Specula zu finden. Bacon stützt sich in seiner Optik auf Ptolemäus und Alhazen, deren Werke ihm vielleicht im Original zugänglich waren, da er Griechisch und Arabisch verstanden haben soll.

Er bemerkt bei der Lehre von den Spiegeln, dass die Glasspiegel mit Blei belegt werden; diese Belegung des Glases muss um diese Zeit aufgekommen sein, denn auch Vincenz von Beauvais giebt 1250 davon Nachricht, und bis dahin hatte man nur massive Metallspiegel oder unbelegte Glasspiegel gekannt. Die Wirkung der Brennspiegel wird erklärt dadurch, dass Bacon einen Kreisbogen und einen Sonnenstrahl zeichnet, welcher, indem er von dem Bogen gespiegelt wird, durch einen Punkt in der Achse des Bogens geht. Wird dann die ganze Figur um diese Achse gedreht, so ist klar, dass alle Sonnenstrahlen, welche mit dem in der Ebene gezeichneten Strahl gleiche Entfernung von der Achse haben, auch in demselben Punkte der Achse reflectirt werden und in diesem Punkte durch ihr Zusammentreffen eine starke Hitze erzeugen müssen. Dieser Brennpunkt liegt nach Bacon von dem Spiegel weniger weit entfernt als der halbe Radius des letzteren beträgt, ist aber natürlich für die Strahlen, die verschiedene Entfernungen von der Achse haben, auch verschieden[1]). Bacon geht nicht näher darauf ein, dass doch auch bei dem sphärischen Brennspiegel alle die Brennpunkte nahe bei einander und nahezu in der Mitte zwischen Spiegel und Centrum liegen müssen, er schliesst vielmehr weiter, dass der Brennspiegel am gewaltigsten wirken würde, bei dem alle Brennpunkte genau in einen zusammen fielen. Für die Anfertigung eines solchen parabolischen Brennspiegels giebt er dann Vorschriften, doch bleibt dabei ungewiss, ob er selbst solche Spiegel herzustellen gesucht, oder solche hat anfertigen lassen, oder auch sich nicht weiter um die Ausführung seines Vorschlags gekümmert hat. Für den parabo-

---

[1]) Hier ist Bacon ganz unabhängig von Früheren, er ist jedenfalls der Erste, der diese sogenannte Längenabweichung der sphärischen Spiegel constatirt hat.

ischen Brennspiegel bestimmte er die Brennweite auf $1/4$ 1214 bis 1290 des Parameters, dies Resultat geben auch die nachfolgenden Optiker, dafür Roger Bacon. aber ignorirten sie die Grenze, welche Bacon für die Brennpunkte eines sphärischen Brennspiegels gesetzt hatte, und meinten noch lange Zeit, der Brennpunkt eines solchen Spiegels falle mit seinem Mittelpunkt zusammen. Die Sonnenstrahlen, welche auf einen Spiegel fallen, nimmt Bacon als parallel an, wegen der grossen Entfernung der Sonne, und er weiss, dass ihre Wirkung um so grösser, je senkrechter sie auf eine Fläche fallen.

Bei der Refraction behandelt er die Brechung durch sphärische Flächen und bemerkt, dass beim Hindurchsehen durch solche Flächen die Sehwinkel der Gegenstände und somit die scheinbaren Dimensionen der Gegenstände selbst vergrössert werden können. Seine Abbildungen zeigen dabei immer nur einfache Kreisbogen, die ihre convexe oder concave Seite dem Auge zuwenden, niemals Linsen, die von zwei sphärischen Flächen begrenzt werden. Bacon spricht demgemäss auch immer nur von einer Brechung, nie von einer doppelten Brechung an zwei sphärischen Flächen. Er kommt darum nicht weiter als Alhazen, der ja auch schon von der Vergrösserung der scheinbaren Grösse der Gegenstände durch planconvexe Linsen gehandelt hat. Bacon empfiehlt schwachsichtigen Personen ein Kugelsegment von Glas, das kleiner als die Halbkugel ist, auf das Object zu legen, welches sie genau sehen wollen. Er scheint darnach nicht zu wissen, dass man die Linsen viel bequemer direct vor das Auge halten kann. Trotzdem aber spricht er mit ungeheurem Enthusiasmus auch von der Vergrösserung ferner Gegenstände und vielfach hat man ihm darnach die Erfindung des Fernrohres zuschreiben wollen. Eine Ahnung von der Möglichkeit eines solchen Instruments darf man ihm wohl nicht absprechen, aber gerade jene Sätze, auf die man den Anspruch Bacon's stützen will, lassen sicher schliessen, dass er ein Fernrohr nie construirt oder zu construiren versucht hat. Bacon sagt, als er die Möglichkeit von der Vergrösserung der Sehwinkel constatirt hat: „So werden wir aus unglaublicher Entfernung die kleinsten Buchstaben lesen und die Sandkörner auf dem Boden zählen können, wegen der Grösse des Sehwinkels; denn die Entfernung macht nicht die scheinbare Grösse, wohl aber der Sehwinkel. Und so kann ein Knabe als ein Riese erscheinen und ein Mann wie ein Berg gesehen werden — et sic etiam faceremus solem et lunam et stellas descendere secundum apparentiam hic inferius, et similiter super capita inimicorum apparere."

Dass Bacon sich gern in kühnen Plänen ergeht, ohne an den Versuch einer thatsächlichen Ausführung seinerseits auch nur zu denken, dafür zeugt auch die folgende Stelle: „Durch die Reflexion kann ein Gegenstand unzählige Male gesehen werden, sowie man nach den Nachrichten des Plinius zugleich mehrere Sonnen und Monde gesehen hat. Dies erfolgt aber, wenn die Dünste sich wie ein Spiegel aufthürmen und

1214 bis 1290
Roger
Bacon. in verschiedenen solchen Stellungen vorhanden sind. Was aber die
Natur schon bewirken kann, das kann die Kunst, die Vollenderin der
Natur weit eher zu Stande bringen, weshalb denn auch Spiegel so eingerichtet und gestellt werden können, dass ein Gegenstand so oft gesehen
wird als wir wollen; dass wir also statt eines Menschen mehrere, statt
eines Heeres mehrere erblicken werden. So könnte man zum Vortheil des Vaterlandes oder zum Schrecken der Ketzer dergleichen Vorrichtungen treffen; und sollte Jemand gar die
Luft zu verdichten wissen, so dass sie die Lichtstrahlen
zurückwerfen kann, so würde man viele dergleichen ungewöhnliche Erscheinungen hervorbringen können. So
glaubt man, dass die Dämonen den Menschen Lager und
Heere und vieles Wunderbare zeigen, ja man könnte mit
Hilfe der Spiegel das Verborgenste aus entlegenen Oertern
in Städten und Heeren ans Licht bringen."

Bacon hat keinen weitergehenden Einfluss weder auf
seine Zeitgenossen noch auf die Wissenschaft der nächstfolgenden Jahrhunderte geübt; nicht einer der gelehrten Doctoren
aus dem 13. oder 14. Jahrhundert erwähnt ihn auch nur. Die Theologen
waren ihm feindselig, weil er ihre Autorität angegriffen, die Philosophen,
weil er ihre Disputirkunst verachtet, und seine eigenen Schicksale waren
nicht dazu angethan ihm Nachfolger auf dem Pfade zu erwecken, den
er selber eingeschlagen. Darnach darf man sich auch nicht zu arg
darüber wundern, dass selbst sein Vorschlag zu einer Verbesserung
des Julianischen Kalenders, dessen Mangelhaftigkeit man schon
längst eingesehen hatte, wenig Gehör und noch weniger Zustimmung fand.

1234 bis 1315
Raimundus
Lullus. Der grösste der Alchemiker, Raimundus Lullus, von dem seine
Zeitgenossen sicher wissen, dass er den Stein der Weisen gefunden,
machte den Versuch die Wissenschaften von Grund aus zu reformiren
und die Scholastik zu stürzen. Er verwarf Aristoteles sogar
als Logiker und Dialektiker und stellte selbst ein Schema von Begriffen so zusammen, dass man darnach leicht alle möglichen Combinationen bilden und so zu aller Erkenntniss gelangen konnte. (Ars magna
Lulli.) Die grosse Anzahl seiner Anhänger (Lullisten) zeigt wenigstens,
dass man sich auch schon im 13. Jahrhundert von der Scholastik unbefriedigt fühlte.

Circa 1209
Vitello. Zur selben Zeit mit Bacon sammelte Vitello, ein sonst unbekannter
Mönch, der durch die Betrachtung der Regenbogenfarben in einem
Wasserfall zu optischen Studien angeregt wurde, die Ansichten der
älteren Optiker. Beim Nachmessen der Brechungswinkel fand er,
dass die Winkel bei denselben Medien dieselben bleiben,
gleichgültig ob das Licht aus dem dünneren Mittel in das dichtere oder

umgekehrt übergeht. In der Theorie des Regenbogens machte Vitello über Aristoteles hinaus den Fortschritt, dass er bemerkte, der Regenbogen könne nicht durch alleinige Reflexion des Sonnenlichts entstehen, es müsse vielmehr der Lichtstrahl, weil der Regentropfen durchsichtig sei, bei seinem Durchgang durch den Tropfen auch gebrochen werden. Das Werk des Vitello wurde im Jahre 1572 von Risner, mit der Optik des Alhazen zusammen, herausgegeben.

Das 13. Jahrhundert gehört der Optik; trotzdem das Mittelalter sich viel von den mechanischen Künsten eines Albertus Magnus oder Roger Bacon zu erzählen weiss, kann doch die Mechanik keinen Schritt über Aristoteles hinaus fertig bringen, während die Optik noch am Ende des Jahrhunderts zu einer bedeutenden Erfindung, zur Erfindung der Brillen führt. Die mathematisch behandelte Optik hat unter der Ungunst der Zeiten nie so stark gelitten, als andere Zweige der Physik, wie ja auch die Mathematik selbst in den Rückgang nie so vollständig hineingezogen worden ist, als andere Wissenschaften. Die Alexandrinischen Mathematiker hatten die Optik nach der mathematischen Seite hin so fest begründet, dass ein Weiterschreiten nicht allzu schwer war. Die Araber und nach ihnen die christlichen Gelehrten haben sich darum der Optik mit Eifer und wie wir gesehen auch mit Erfolg zugewandt. Darnach muss man es nur natürlich finden, dass die erste selbstständige Erfindung der christlichen Gelehrten eine optische ist. Die Bemerkungen des Alhazen über die Vergrösserung durch Linsen, die Experimente des Bacon über die Veränderungen der Gesichtswinkel, welche durch convex oder concav gekrümmte sphärische Gläser bewirkt werden, mussten bald den Gedanken nahe legen, durch solche Gläser mangelhafte Constructionen der Krystalllinse des Auges zu compensiren. Bacon selbst hatte, wie wir gesehen, schon schwachsichtigen Personen gerathen, convexe Gläser auf die Objecte zu legen, die sie genau betrachten wollten; wer aber darnach die Gläser vor den Augen und zwar zwei Gläser vor beiden Augen befestigte, wer zuerst nicht nur Brillen mit convexen Gläsern für Fernsichtige, sondern auch Brillen mit concaven Gläsern für Kurzsichtige construirt hat, das wissen wir wieder nicht genau anzugeben. Eine Chronik in der Bibliothek der Predigermönche zu Pisa erzählt, dass ein irgend Jemand zuerst Brillen verfertigte, der das Geheimniss Niemandem mittheilen mochte; dass aber dann der Frater Alexander de Spina, der von dieser Erfindung gehört hatte, selbstständig die Brillen verfertigen lernte und die Verfertigung gern und willig lehrte. Vielleicht ist dieser Jemand jener Salvino degli Armati, dem man gewöhnlich die Erfindung der Brillen zuschreibt, weil er auf seinem Grabsteine in Florenz als inventore degli occhiali bezeichnet war. Der Grabstein giebt als Todesjahr 1317, die Erfin-

1285
Erfindung
der Brillen.
dung selbst fällt nach dem Wörterbuch der Academia della
Crusca in das Jahr 1285.

14. Jahrh.   Kein Jahrhundert macht in wissenschaftlicher Beziehung einen so ärmlichen und jämmerlichen Eindruck als
das 14. Jahrhundert. Mit dem 13. schien endlich eine Zeit des Auf-
schwungs gekommen, die Wissenschaften der Alten sind ins Abendland
eingeführt, Universitäten zahlreich gegründet, grosse Entdeckungen
bekannt und die Methode der Beobachtung ist schon gegenüber der
commentirenden Methode der Scholastiker empfohlen worden; trotz alledem tritt kein Fortschritt, sondern vielmehr eine vollständige Lähmung
ein. Keine naturwissenschaftliche Entdeckung, keine bedeutende Persönlichkeit, die sich durch Gelehrsamkeit auszeichnet, unterbricht die
geistige Oede des 14. Jahrhunderts. Physik, Astronomie, Mathematik,
Chemie, ja selbst die Alchemie, liegen in todtenähnlichem Schlafe, nur
die Scholastiker feiern in ihren Disputationen über mögliche und unmögliche
Dinge Triumphe, und Scholastiker erklären unter dem Schutze und der
Autorität der Kirche die Welt. Kirche und Scholastik haben ein
gleiches Interesse daran, den Naturwissenschaften eine feste Norm aufzustellen, denn in einer unabhängigen Naturwissenschaft, deren Fortschritte beide nicht zu übersehen vermochten, lagen allerdings für beide
grosse Gefahren. Darum sehen wir auch die Scholastiker stetig beflissen
dem mächtigeren Verbündeten, der Kirche, diejenigen zu denunciren, die
gegen ihre scholastischen Normen lehrten und die Kirche war nur zu
bereit jede Spur einer Neuerung in den Naturwissenschaften auszurotten.
Im Jahre 1232 wurde die Inquisition, welche bis dahin mit dem bischöf-
lichen Amte verbunden gewesen war, durch Papst Gregor IX. den Dominikanern übertragen und seit 1252 durften Geständnisse durch die Folter
erzwungen werden. Diese peinliche Seelsorge der Dominikaner hat dann
kräftig genug gewirkt, sie hat mächtig an der Ausrottung irriger naturphilosophischer Meinungen gearbeitet und viel dafür gethan, nicht bloss
das Neue, was der Kirche schädlich war, sondern überhaupt jeden Fortschritt zu unterdrücken. Doch ist es auch im 14. Jahrhundert nicht
ohne Kampf und ohne Widerstand von Seiten der geknechteten Wissenschaft abgegangen. Davon zeugt vor Allem das Beispiel des Nicolaus
de Autricuria, der 1348 zum Widerruf genöthigt wurde, weil er, zur alten
Atomistik zurückkehrend, unter anderem auch behauptet hatte, dass es
in den Naturvorgängen Nichts gebe, als die Verbindung und
Trennung der Atome und dass man den Aristoteles sammt
dem Averroes bei Seite lassen und sich direct an die Dinge
selbst wenden müsse, wenn man wahre Naturwissenschaft treiben
wolle.

Circa 1311
Theodorich.   Ein Nachklang aus dem besseren 13. Jahrhundert scheint das
optische Werk des Predigermönchs Theodorich. Dieser beschreibt genau und richtig den Gang des Lichtstrahls durch

den Wassertropfen für den Haupt- und Nebenregenbogen, Circa 1311
er giebt an, dass jeder Sonnenstrahl des Hauptbogens oben im Tropfen Theodorich.
gebrochen, an der Hinterwand reflectirt und dann noch einmal unten im
Tropfen gebrochen wird, und dass der Nebenbogen entsprechend durch
zweimalige Brechung und zweimalige Reflexion entsteht. Dagegen kann
er bei seiner Unkenntniss des Brechungsgesetzes nicht erklären, warum nur die Strahlen, welche auf die in seiner Zeichnung
richtig angegebenen Stellen fallen, in unserem Auge das Bild des
Bogens hervorrufen. Er hilft sich gut scholastisch mit der Behauptung, diese Stellen seien von der Natur besonders dazu
bestimmt, die Sonnenstrahlen zu brechen und zu reflectiren. Die
Schrift des Theodorich[1]) blieb lange Zeit im Kloster der Predigermönche
zu Basel verborgen und darum ganz ohne Einfluss auf die Wissenschaft,
erst 1814 kam sie durch die Bemühungen des Italieners Venturi
ans Licht.

Der berühmte deutsche Uhrmacher Heinrich von Wyk 1364
stellte 1364 auf dem Parlamentshause in Paris eine Räderuhr mit Schlag- Einführung
werk auf, und von da an wurden die meisten Städte auch in Deutschland uhren.
mit Thurmuhren versehen. Doch scheinen die Gewichts- oder
Räderuhren eine italienische Erfindung schon des 13. Jahrhunderts zu sein, ja es wird sogar behauptet, dass auch diese Erfindung von den Arabern zu uns gekommen wäre, dass schon
Gerbert Räderuhren verfertigt und dass im Jahr 1232 Saladin
an Kaiser Friedrich II. eine Räderuhr geschenkt habe, die
5000 Dukaten werth gewesen sei. Für die Einführung der Räderuhren
von Italien aus spricht der Umstand, dass die Uhren noch lange Zeit
auch in Deutschland nach italienischer Einrichtung die Stunden von 1
bis 24 zeigten; in Breslau wurde erst 1580 durch ein Rathsdecret die
Abschaffung einer solchen italienischen Uhr und die Einführung einer
sogenannten halben Uhr angeordnet, welche die Stunden von 1 bis 12
und wieder von 1 bis 12 schlug. Ein Pendel fehlte noch allen diesen
Uhren, eine gewisse Regulirung erhielten sie durch das Echappement,
d. i. ein um eine verticale Achse drehbares Kreuz, welches durch das
Uhrwerk vor- und rückwärts geschleudert wurde. Sehr genau kann
aber diese Regulirung schon darum nicht gewesen sein, weil die Gelehrten
bis zur Erfindung der Penduluhren bei ihren Zeitmessungen Wasser-
oder Sanduhren gebraucht und oft über den Mangel an genaueren Zeitmessern geklagt haben.

Die erste Hälfte des 15. Jahrhunderts gleicht noch ganz dem 15. Jahrh.
14. Jahrhundert, erst in der zweiten Hälfte beginnt wieder das

---

1) Sie führt den Titel: de radialibus impressionibus; der Verfasser bezeichnet
sich darin als frater Theodoricus, ordinis fratrum praedicatorum provinciae
Teutonicae, theologiae facultatis qualitercunque professor.

Leben in denjenigen Wissenschaften, die nicht Scholastik oder Theologie sind. Die Scholastik war bei weitem nicht mit der ganzen griechischen Wissenschaft bekannt geworden, ihre Kenntniss erstreckte sich nicht viel weiter als auf Aristoteles und auch dieser war wenig oder gar nicht in seiner ursprünglichen Gestalt bekannt. Den Scholastikern fehlte die Kenntniss des Griechischen; was sie von griechischer Wissenschaft wussten, hatten sie aus lateinischen Uebersetzungen, die meist nicht einmal direct von dem griechischen Original genommen waren. Die Werke des Averroes, wie sie den Scholastikern als Grundlage für das Studium des Aristoteles dienten, bezeichnet Lewes als lateinische Uebersetzungen einer hebräischen Uebersetzung eines arabischen Commentars über eine arabische Uebersetzung einer syrischen Uebersetzung aus dem griechischen Urtext. Petrarka (1304 bis 1374) klagt, dass es in Italien nicht mehr als zehn Personen gäbe, die den Homer zu würdigen wüssten und Boccacio (1313 bis 1375) verschafft mit grosser Mühe dem Leontius Pilatus einen Lehrstuhl der griechischen Sprache in Florenz; freilich nicht für lange Zeit, denn der griechische Weise „im struppigen Barte, mit dem Philosophenmantel bekleidet" verlässt Italien bald voll Widerwillen. Seit der Eroberung von Constantinopel aber breitete sich durch die Gelehrten, die von dort flüchteten, die Kenntniss der griechischen Sprache mächtig aus, und der aufblühende Humanismus arbeitete nicht bloss an dem Sturze der Scholastik, auf die er mit Verachtung herabsah, sondern förderte indirect auch die Naturwissenschaften, indem er freiere Anschauungen überhaupt und speciell auch die Kenntniss der griechischen Naturwissenschaft allgemeiner verbreitete.

Auf der Seite der Realwissenschaften begann in der zweiten Hälfte des 15. Jahrhunderts die Astronomie sich wieder selbstständig zu entwickeln. Wie im Alterthum erzwang sich zuerst der Sternenhimmel die directe Beobachtung, und während noch lange der Gelehrte zum Buche griff, wenn er die Erde erklären wollte, baute schon der Astronom Sternwarten, die nur der Beobachtung gewidmet waren. Das 15. Jahrhundert scheint diesen Widerspruch noch nicht zu empfinden, das 16. mit seinen grossen Astronomen zeigt aber klar, dass dieser Widerspruch für die Scholastik tödlich werden muss. Uns Deutschen bietet die letzte Hälfte des 15. Jahrhunderts das ganz besonders Erfreuliche, dass jetzt nicht nur zum erstenmale deutsche Gelehrte in der Astronomie auftreten, sondern dass auch dieses Auftreten mit einer Geschicklichkeit, einem Fleiss und einem Erfolg geschieht, die höchste Achtung abzwingen. Deutschland beherrscht von da an bis zum Anfange des 17. Jahrhunderts die Astronomie.

Nicolaus Krebs, genannt De Cusa oder Cusanus, der Sohn eines Fischers aus Kues an der Mosel, der als Archidiakonus von Lüttich

auf dem Baseler Concil ein heftiger Gegner des Papstes war, später aber
Cardinal und Bischof von Brixen wurde, erneuerte die Pythagorei-sche Lehre von der Bewegung der Erde. In seinem Werke „De docta ignorantia" lehrt er, dass alles Sein aus Bewegung bestehe und dass die Erde schon darum nicht im Mittelpunkt stehe, weil die unendliche Welt keinen Mittelpunkt haben könne. Seine Auslassungen über die Bewegung der Erde selbst sind recht dunkel, so viel wird aber klar, dass er an eine Bewegung der Erde um ihre Achse, wie um eine Be-wegung der Erde mit dem ganzen Sonnensystem „um die ewig kreisenden Pole des Universums" denkt.

Aus einem zweiten Werke des Cusaners „Gespräche über sta-tische Experimente" wollen wir Einiges [1]) anführen, um die damalige Mechanik zu charakterisiren. Ein Mechaniker unterhält sich mit einem Philosophen, der Mechaniker trägt vor und der Philosoph macht dazu meist unpassende Bemerkungen. Die Wage dient dazu die Natur der Körper zu erkennen. Die Flüssigkeiten haben nicht gleiches Ge-wicht, bei Gesunden, bei Kranken, bei Jungen, bei Alten ist das Blut verschieden schwer, das ist wichtig für den Arzt. Um die Pulsschläge bei verschiedenen Personen und in verschiedenen Zuständen zu ver-gleichen, lasse man Wasser aus der engen Oeffnung einer Wasseruhr fliessen, so lange als hundert Pulsschläge dauern und wiege dann jedes-mal die ausgeflossenen Mengen. Wenn man zwei Stücke Holz, von denen das eine doppelt so schwer ist als das andere, unter Wasser drückt, so steigt das grössere schneller empor als das kleinere, das kommt daher, dass in dem ersteren mehr Leichtigkeit ist, als in dem letzteren. Die Stärke der Anziehung eines Magneten kann man durch Gewichte erforschen, ebenso auch die Stärke eines Diamanten, der, wie gesagt wird, die Anziehung hindert. Wenn man 100 Pfund Erde und Pflanzensamen in einen Topf brächte, würde man finden, dass beim Wachsen der Pflan-zen die Erde wenig an Gewicht verliert, die Pflanzen bekommen ihr Gewicht meist aus dem Wasser. Wenn man von einem hohen Thurme Steine und Holz fallen und während der Zeit Wasser aus einem Gefässe fliessen liesse, könnte man dadurch das Gewicht der Luft kennen lernen, welche jene Körper am Fallen hindert. Füllt man Blasebälge erst mit Luft, dann mit Rauch, so wird man leicht bemerken, ob der Rauch oder die Luft schwerer ist. Man kann auch auf die eine Schale einer Wage viel trockene und zusammengedrückte Wolle legen und die andere Schale durch Gewichte ins Gleichgewicht bringen, dann wird die erste Schale sinken oder steigen, je nachdem die Luft feuchter oder trockener wird und man wird darnach auf die kommende Witterung schliessen können. Die Elemente lassen sich zum Theil in einander verwandeln, das Wasser kann zu Luft oder zu Stein u. s. w. werden.

---

[1]) Nach Kästner, Geschichte der Mathematik.

1401 bis 1464
De Cusa.   Mit dem Erwachen der Wissenschaften beginnen die
beiden Zweige der alten Physik wieder ihre Thätigkeit,
der philosophische und der mathematische. Die philosophische
Mechanik bleibt ganz Aristotelisch, die mathematische zeigt bald die
Absicht fortzuschreiten, aber behält doch auch die Methode und selbst
die Ziele des Archimedes fast unverändert bei. Die Mechanik des
Cusaners ist eigentlich weder philosophisch noch mathematisch, sie ist etwas von beiden; am meisten aber ist sie
Projectenmacherei, wie sie in jenen Zeiten bis zur Begründung
der Experimentalphysik häufig vorkommt. Der Mechaniker wirft
Gedanken in die Welt, ohne dass er die Absicht hat dieselben auszuführen, ja ohne dass er nur nachsieht, ob
dieselben überhaupt ausführbar sind oder nicht. Immerhin
sind diese Aufforderungen zur Ausführung von Experimenten von Nutzen,
wenn sie auch oft recht phantastisch und manchmal unsinnig sind; sie
führen nach und nach dazu, dass der Gelehrte seine Vorschläge
selbst auszuführen versucht, statt diese Ausführung
Praktikern zu überlassen und dass zuletzt die experimen-
tirende Methode, neben der philosophischen und mathematischen, als wissenschaftlich ebenbürtig anerkannt
wird. Diese projectirende Physik ist der erste Anfang der
experimentirenden Physik.

1440
Erfindung
der Buch-
drucker-
kunst.   Die für die Wissenschaft erfolgreichste That des
15. Jahrhunderts ist die **Erfindung der Buchdruckerkunst.**
Durch diese wurde erst die allgemeine Verbreitung ermöglicht,
welche die Wissenschaften in unseren Zeiten erfahren und durch diese
allein sind wir stärker gesichert gegen solche Rückschläge, wie
sie die Wissenschaft des Alterthums erfahren hat. Die Streitigkeiten über
den Erfinder der Buchdruckerkunst, sowie über die Zeit der Erfindung
werden durch den Umstand begünstigt, dass man in der Erfindung selbst
drei Stadien unterscheiden kann, nämlich erstens das Drucken mit
ganzen Holztafeln, in welche die Buchstaben eingeschnitten wurden,
zweitens das Drucken mit einzelnen, aus Holz, Blei oder Zinn geschnitte-
nen Buchstaben und drittens das Drucken mit gegossenen Lettern. Mit
Holzplatten wurde schon vor 2000 Jahren in China gedruckt, im
Jahre 1440 stellte der Harlemer Coster ein Speculum humanae salva-
tionis auf diese Weise her. Die ersten Drucke Guttenberg's
(1401 bis 1468) sollen ebenfalls aus dieser Zeit stammen, sein
erstes grosses Druckwerk, mit einzelnen, geschnitzten
Lettern gedruckt, ist die Mainzer Bibel ohne Jahreszahl (1455 bis
1456). Mit gegossenen Buchstaben druckte zuerst Fust's
Schwiegersohn, Peter Schöffer, den Psalter im Jahr 1459. Es
liegt in der Natur der Sache, dass die bedeutenden Wirkungen der Buchdruckerkunst sich nur langsam nach und

nach fühlbar machten. Doch sollen einer Schätzung nach, welche Draper [1]) giebt, schon in den Jahren 1470 bis 1500 mehr als zehntausend Ausgaben von Büchern und Pamphleten gedruckt worden sein, nämlich in Venedig 2885, in Mailand 625, in Bologna 298, in Rom 925, in Paris 751, in Cöln 530, in Nürnberg 382, in Leipzig 351, in Strassburg 526, in Augsburg 256, in Mainz 134, in London 130 u. s. w.

*1440
Erfindung
der Buch-
drucker-
kunst.*

Der Gründer der deutschen Linie berühmter Astronomen, **Georg Peurbach**, aus einem kleinen Städtchen Oberösterreichs gebürtig, studirte an der 1365 gegründeten Universität Wien bei dem tüchtigen Astronomen Johann von Gmunden Astronomie und Mathematik und wurde, nachdem er grosse Reisen zu seiner Ausbildung unternommen, der Nachfolger seines Lehrers in der Professur. Peurbach war ein ausgezeichneter Beobachter, der vorzüglich bestrebt war die Angaben der Alten zu prüfen und der auch die vorhandenen Uebersetzungen des Almagest, die von Nichtastronomen herrührten, vielfach verbesserte. Leider konnte dies nicht so gründlich geschehen, als er wollte, weil er weder Griechisch noch Arabisch verstand. Der Cardinal Bessarion hatte den Almagest schon durch Georg v. Trapezunt ins Lateinische übertragen lassen, doch war diese Uebertragung nicht nach Wunsch gelungen. Er ermunterte darum Peurbach selbst nach Italien zu gehen, um das Griechische dort zu erlernen, dieser war auch dazu willig und bereitete sich eifrig zur Reise vor, aber mitten in den Vorbereitungen ereilte ihn der Tod.

*1423 bis 1461
Peurbach.*

Der bedeutendste Schüler des so jung verstorbenen Peurbach war **Johann Müller**, nach seinem Geburtsorte Königsberg in Franken gewöhnlich **Regiomontanus** genannt. Dieser ging schon in seinem fünfzehnten Lebensjahre zu Peurbach, um sich ganz der Astronomie zu widmen und führte nach dem Tode seines Lehrers dessen Vorhaben aus. Er ging mit dem Cardinal Bessarion nach Italien, lernte Griechisch und übersetzte darnach nicht nur den Almagest, sondern auch eine Menge physikalischer Werke ins Lateinische. Davon sind vor anderen zu nennen die Pneumatica des Heron, die Musik und die Optik des Ptolemäus und die mechanischen Probleme des Aristoteles; die Uebersetzung der Werke des Archimedes, die schon Gerhard von Cremona besorgt hatte, wurde durch Regiomontan verbessert. 1471 liess sich Regiomontan in Nürnberg nieder, dort fand er an dem reichen Patricier Walther nicht nur einen freigebigen Förderer der Wissenschaft, sondern auch einen gelehrigen und eifrigen Schüler. Die von den beiden Männern gegründete Sternwarte war die erste im christlichen Europa. Durch die Arbeiten auf derselben breitete sich der Ruf Regiomontan's so aus, dass er von Papst Sixtus II. wegen der beabsichtigten Kalenderverbesserung

*1436 bis 1476
Regiomon-
tanus.*

---

[1]) Geschichte der geistigen Entwickelung Europas.

nach Rom berufen und sogar zum Bischof von Regensburg befördert
wurde. In Rom aber starb er schon 1476, wie Einige sagen an der
Pest, oder wie Andere sagen, vergiftet durch die Söhne jenes schon
erwähnten Georgs von Trapezunt, dessen Uebersetzungen er getadelt
hatte. Das Werk der Kalenderverbesserung blieb nach ihm noch über
hundert Jahre unvollendet.

Regiomontan's fähiger Schüler, B e r n h a r d W a l t h e r (1430 bis 1504),
setzte die Beobachtungen auf der Sternwarte in Nürnberg noch bis zu
seinem Tode im Jahre 1504 fort. Seine Schriften, wie auch diejenigen
des Regiomontan, wurden von dem unwissenden Testamentsvollstrecker
arg verwahrlost und die kostbaren Instrumente der Sternwarte, die zum
Theil neu erfunden oder doch gegen die früheren stark verbessert waren,
wurden grösstentheils als altes Messing verkauft.

Peurbach, Regiomontan und Walther sind die letzten bedeutenden
Astronomen, die in dem unerschütterten Glauben an Ptolemäus gestorben
sind, sie stellen d i e l e t z t e B l ü t h e d e r P t o l e m ä i s c h e n W e l t -
a n s c h a u u n g d a r. Durch sie wurde Ptolemäus dem Abendlande erst
rein und unvermittelt bekannt, aber sie legten auch durch ihre genauen
und zahlreichen Beobachtungen den Grund zu seinem Sturze. Man kann
sich denken, dass sie, die sich so viele Mühe gegeben hatten, um an die
reine Quelle zu kommen, nicht daran dachten, diese Quelle selbst zu
trüben, dass sie mehr bemüht waren ihren Meister zu verbessern, als
denselben ganz zu verwerfen. Dafür aber zogen aus ihren Arbeiten ihre
Nachfolger die Schlüsse, die sie selbst nicht zu ziehen gewagt. K o p e r -
n i k u s w a r n o c h e i n Z e i t g e n o s s e u n d s o g a r n o c h e i n d i r e c -
t e r S c h ü l e r d e s P e u r b a c h; er hatte vor seinem Lehrer wie vor
Regiomontan den Vortheil eines langen Lebens voraus, während dessen
seine kühnen Ideen Zeit hatten, sich vollständig auszureifen.

B e v o r a b e r n o c h d i e g r o s s e a s t r o n o m i s c h e R e v o l u t i o n
d i e E r d e a u s i h r e n A n g e l n r ü c k t e, r ü t t e l t e e i n e n i c h t m i n -
d e r g r o s s e U m w ä l z u n g a u f d e r E r d e s e l b s t a n d e n a l t e n
A n s c h a u u n g e n. Noch immer stellte sich die grosse Mehrzahl der
Menschen die Erde als flache Scheibe vor, an deren Rändern sich Wasser,
Luft und Wolken zu einem undurchdringlichen Brei mischten. Von den
fünf Zonen der Erde dachte man nur die gemässigten bewohnt, in der
heissen Zone versengte die Hitze, in den Polarzonen erstarrte durch die
Kälte alles Leben. Die Lehre von den Antipoden war durch die Kirchenväter genugsam widerlegt und wer noch mit Aristoteles von der Rundung
der Erde überzeugt war, der hütete sich, allzulaut damit zu werden [1]).

---

[1])·Vergilius, Bischof von Salzburg, kam zweimal mit Bonifacius in Differenzen. Das erste Mal handelte es sich um theologische Streitigkeiten und der
Papst entschied gegen Bonifacius. Als aber dann Bonifacius behauptete, Vergilius glaube an die Existenz der Antipoden, wurde dieser zur Vertheidigung
nach Rom vorgefordert.

Als Columbus nach fast 18jährigem vergeblichen Flehen und Betteln um 1492
Entdeckung
Amerikas. Unterstützung für sein grosses Unternehmen an den spanischen Hof kam, wurde er mit seinem Gesuch an das Concil zu Salamanca gewiesen, und dieses säumte nicht, ihn aus der Bibel und den heiligen Kirchenvätern gründlich zu widerlegen. Ja man sagt, das Concil habe ihn sogar gewarnt, allzuweit westwärts zu segeln, da ja, wenn seine Ansicht richtig, die Rundung der Erde einen Berg abgeben würde, den er schwerlich hinaufzusegeln vermöchte, wenn er wieder zurückkehren wolle. Dass Columbus trotzdem bei Isabella von Spanien Gehör fand, dass ihm die Entdeckung einer neuen Welt gelang, zerbrach an einer Stelle den Ring, welchen Kirche und Scholastik um die Wissenschaft gelegt hatten, und mit dieser einen schadhaften Stelle war bald der ganze Ring nicht mehr zu halten. Durfte der kühne Seemann auf unbekannten Meeren glorreiche, nie geahnte Erfolge ernten, warum sollte der Naturwissenschaftler ewig auf dem engbegrenzten Binnensee der scholastischen Aristotelik rudern. War es auch Vielen noch wohl im Ententeich und discutirten diese auch noch das ganze 16. Jahrhundert und einen Theil des 17. hindurch weiter über die Quaestiones mechanicae, so empfanden doch auch viele Andere, die mit stärkeren Schwingen begabt waren, die Schranken immer mehr als eine Schmach für die Wissenschaft und eröffneten, durch den Druck erbittert, den Kampf.

Die Entdeckungsreise des Columbus wurde in magnetischer 1492
Entdeckung
der magne-
tischen Ab-
weichung. Beziehung direct für die Physik wichtig. Die Seefahrer hatten den Compass angenommen, aber in der, alles wissenschaftlichen Interesses baaren Zeit hatte man sich weder um die geheimnissvolle Kraft, die den Magneten richtete, noch um eine genauere Beobachtung dieser Richtung selbst gekümmert. Entweder hatte man bei dem Mangel einer Kreistheilung unter der Nadel die Abweichung der Magnetnadel von der Nordrichtung gar nicht bemerkt, oder man schob sie, wie man das später auch noch versuchte, auf eine fehlerhafte Construction der Magnetnadel. Jedenfalls war bis dahin immer nur eine östliche Abweichung, wie sie damals in den Mittelmeerländern herrschte, bemerkt worden. Columbus aber fand zu seinem grossen Erstaunen am Abend des 13. September, als er 200 Seemeilen westlich von Ferro eine astronomische Aufnahme machte, dass die Nadel eine westliche Abweichung und zwar von ungefähr 5^0 zeigte und dass diese Abweichung mit dem Vorrücken nach Westen nicht kleiner, sondern grösser wurde. Damit war nicht nur die Abweichung der Magnetnadel überhaupt, sondern auch die Verschiedenheit dieser Abweichung für verschiedene Orte auf der Erde constatirt. Von nun an mehren sich die Beobachtungen über die Richtung der Nadel, und mit ihnen beginnen auch die Erklärungsversuche für die Ursachen der so auffallenden Erscheinungen.

3.

Dritter Abschnitt der Physik des Mittelalters

von 1500 bis 1600 n. Chr.

_____

Uebergangsperiode der mittelalterlichen Physik.

Das 16. Jahrhundert zeigt seinen Uebergangscharakter in dem Auftreten so zahlreicher Gegensätze, dass eine allgemeine Charakteristik schwer fällt. Ueberall brechen neue Theorien hervor, überall werden neue Ziele gesteckt, überall setzt sich das Alte dem Neuen, das seine Existenz angreift, mit Hartnäckigkeit entgegen, und weil Altes und Neues noch unfähig sind einander ganz zu vernichten, so bleiben beide überall unvermittelt neben einander bestehen. Das 16. Jahrhundert zeigt an allen Orten Anfänge und den Kampf widerstreitender Meinungen, und fast niemals tritt noch in diesem Jahrhundert die Ruhe ein; erst das 17. bringt in den meisten Fällen den Entscheid und die Vollendung.

Der Humanismus, welcher von dem scholastisch bearbeiteten Aristoteles einem unvermittelten Quellenstudium der Alten zustrebt, hat sich von Italien aus auch in die nördlichen Länder verbreitet und bekämpft in seinen Führern, wie in Erasmus (1466 bis 1536), die Scholastik in Ernst und Spott. Ja Ludwig Vives († 1537) setzt der Scholastik direct die Erfahrungswissenschaft entgegen, indem er behauptet, man würde vielmehr in dem Geiste des Aristoteles handeln, wenn man über ihn hinausginge und die Natur selbst befragte, wie die Alten es auch gethan; nicht aus der blinden Tradition oder aus spitzfindigen Hypothesen sei die

Natur zu erkennen, sondern allein durch directe Untersuchung auf dem Wege des Experiments. Trotzdem hält die Scholastik Stand und einzelne Universitäten vorzüglich zeigen sich als feste Burgen des Scholasticismus. Noch in den letzten Jahren des 16. Jahrhunderts bezieht Cremonini von der Universität Padua für seine Vorlesungen über die naturwissenschaftlichen Schriften des Aristoteles 2000 Gulden Gehalt, während Galilei, der schon von den Aristotelikern aus Pisa vertrieben worden war, an derselben Universität für ein sehr geringes Honorar mathematische Vorlesungen hielt.

Kopernikus wendet die Arbeit seines ganzen Lebens daran, die Erde aus ihren Angeln zu heben, aber sie sitzt fest, wenigstens in den Geistern seiner Zeitgenossen. Erst im nächsten Jahrhundert, als Tycho durch sein eigenes System die Geltung des Ptolemäischen erschüttert hat, als Galilei durch das Fernrohr die Tiefen des Himmels erschlossen, als Kepler den Planeten die Gesetze ihrer Bewegungen mit Erfahrungssicherheit vorgeschrieben, als auch der gefeierte Philosoph Descartes in mächtigen Wirbeln alle Gestirne fortgerissen, da erst lässt nach einer letzten gewaltigen Anstrengung der conservativste Beschützer der alten Weltanschauung, die katholische Kirche, den Kampf gegen das neue Weltsystem nach und nach erlöschen, wie es ihre Gewohnheit ist, stillschweigend und ohne ausdrücklichen Friedensschluss. — Der umfassende Geist eines Leonardo da Vinci erweckt auch die so lange vernachlässigte Mechanik aus ihrem todtenähnlichen Schlafe, aber seine Arbeiten werden nicht bekannt und bleiben ohne Einfluss. Bedeutende Mathematiker, wie Cardano, Ubaldi, Benedetti, bemühen sich um die Mechanik, doch ohne Kenntniss des physikalischen Experiments vermögen sie keine rechte Grundlage zu gewinnen, die Lehre vom freien Fall und damit die Lehre von der Bewegung und deren Ursache, der Kraft überhaupt bleibt völlig unklar. Die Statik wird auf den Grundlagen des Archimedes etwas gefördert, die Dynamik bleibt ganz in der Hand der Aristoteliker. Der Gebrauch des Compasses führt zu weiteren Beobachtungen über die magnetische Kraft; die Theorie des Erdmagnetismus und damit das Fundament für die weitere Entwickelung giebt erst Gilbert am Anfange des nächsten

Jahrhunderts. Bei dieser Gelegenheit wird dann auch die Elektricitätslehre wieder aufgenommen.

Die Optik findet wie immer eifrige Förderer und fleissige Arbeiter, aber die Untersuchungen bleiben nach wie vor rein mathematisch. Der Gang der gradlinigen Lichtstrahlen wird bei Spiegelungen und Brechungen weiter verfolgt, von eigentlich physikalischen Untersuchungen über die Natur des Lichts ist noch immer nicht die Rede; die Lehre von der Empfindung der Farben bleibt auf dem alten Standpunkt. Nur auf dem praktischen Gebiete herrscht grössere Unruhe; optische Instrumente, die auf der Wirkung von Linsen beruhen, wie die camera obscura, werden erfunden und die Erfindung anderer, wie die des Fernrohres, liegt in der Luft. Immer mehr spricht man von den durch Linsen bewirkten Vergrösserungen, kühne Optiker haben schon Ideen von Linsencompositionen, die die entferntesten Gegenstände dem Auge nahe bringen, oder die nahen stark vergrössern sollen; die Frucht erntet auch hier erst das folgende Jahrhundert, wenn man auch die Erfindung des Mikroskops noch in das Ende des 16. Jahrhunderts setzt.

Akustik und Wärmelehre werden fast gar nicht von dem neuen Geiste berührt. Von letzterer ist das nicht sehr wunderbar, da auch die Alten die Wärme recht stiefmütterlich behandelt und Anknüpfungspunkte nicht vorhanden waren. Die Wärme galt als ein Element, damit war wenig anzufangen, um so weniger, als nicht einmal ein Wärmemesser vorhanden war; zur Construction eines solchen gelangte selbst die Experimentirkunst des 17. Jahrhunderts erst nach vielen vergeblichen Versuchen. Bei der Akustik ist der Stillstand wunderbarer, hier gab das Alterthum reichliche Anknüpfungspunkte und in der Praxis hatte sich die Musik reich entwickelt. Guido v. Arezzo († 1050) hatte das Liniensystem zur Bezeichnung der Tonhöhe erfunden und den Tönen die Namen ut, re, mi, fa, sol, la gegeben, zu denen etwas später noch si gesetzt wurde; Jean de Meurs (1310 bis 1360) hatte die Noten mit Köpfen versehen, durch welche ihre Dauer bezeichnet wurde Franco v. Cöln (13. Jahrhundert) hatte schon den Kontrapunkt ausgebildet und die Niederländer den strengen mehrstimmigen Satz zu hoher Vollkommenheit gebracht. Im 16. Jahrhundert sind die Niederländer bereits von den Italienern übertroffen, durch welche

die italienische Kirchenmusik in Palestrina († 1594) ihre höchste
Blüthe erreicht. Doch ist's hier wohl gerade die Fülle und die
Complicirtheit der Erscheinungen, welche die physikalische Bearbeitung verhindert. Ohne das analysirende Experiment, ohne die
Kunst, durch planmässige Versuche die Verworrenheit der Erscheinungen aufzulösen, vermochte man weder inductiv die Gesetze abzuleiten, noch eine klare Grundlage für eine mathematische Deduction
zu erhalten. Erst der Gründer der neueren Physik, Galilei,
nimmt im 17. Jahrhundert auch die akustischen Untersuchungen wieder auf.

Das 16. Jahrhundert zeigt recht deutlich die Abhängigkeit der neueren Physik von der alten, so lange
man nur den Aristoteles kennt, so lange ist auch die neuere Physik
ganz philosophisch, sowie aber die Bekanntschaft mit der griechischen Sprache und damit die Kenntniss des Ganzen der griechischen Wissenschaft fortschreitet, beginnt auch die Kenntniss und
die Bearbeitung der mathematischen Physik. Ja die Physik
des christlichen Mittelalters knüpft directer an das Alte an, als
alle anderen Wissenschaften. Philosophie, Mathematik, Medicin etc.
werden zuerst durch die Araber angeregt, die Physik erlangt erst
eigentliches Leben, als die griechischen Originalwerke selbst bekannt
werden, und sie bleibt sogar lange Zeit da localisirt, wo diese
Bekanntschaft am directesten vermittelt wird, in Italien. Im Norden der Alpen erkämpft sich die freie Meinungsäusserung wenigstens auf religiösem Gebiete durch die Reformation eben jetzt das
Recht des Daseins, in Italien behauptet gerade darum desto schärfer
die katholische Kirche ihr Aufsichtsrecht über die Wissenschaft.
Für die Physik hat das nicht den Erfolg, den man erwarten könnte,
im Norden absorbirt der religiöse Kampf die Kräfte, die sich vielleicht der Physik zugewendet hätten, in Italien erhebt sich,
trotz des Gegendrucks, die Physik siegreich zu nie geahnter Höhe. Das 16. Jahrhundert ist nur eine Vorbereitungszeit für die volle Entwickelung der Physik im
17. Jahrhundert, aber die Vorbereitungszeit, wie die erste glänzendste Entwickelungsperiode unserer Wissenschaft sind die vollständige, unbestrittene Domäne der Italiener.

1452 bis 1519
Leonardo
da Vinci. Wie Roger Bacon im 13. Jahrhundert, ist **Leonardo da Vinci,**
der berühmte Maler, am Ende des 15. und Anfang des 16. Jahrhunderts
eine Gestalt, die ihren Zeitgenossen weit voraus sich zeigt, so weit, dass
dieselben nicht einmal verstanden ihre Arbeiten zu benutzen. Leonardo
ist 1452 in Vinci bei Florenz geboren und malte schon 1480 in Mailand
für die Dominikaner in S. Maria della Grazie sein berühmtes Abendmahl;
1502 machte er eine Reise durch Italien, um für Valentino Borgia die
Festungen zu untersuchen; 1507 ist er bei Mailand besonders mit dem
Kanal der Martesana beschäftigt, und 1509 baut er den Kanal von
S. Christoforo. 1511 finden wir ihn bei dem Einzug des Königs Louis XII.
und 1515 bei dem des Königs Franz I. in Mailand thätig. Im folgenden
Jahre folgt Leonardo dem König als Hofmaler nach Frankreich, wo er
1519 stirbt. Wie seine **praktischen Beschäftigungen,** sind auch
seine **wissenschaftlichen Studien äusserst mannigfaltig,**
sie erstrecken sich nicht nur über die **Theorie der Künste,** sondern
auch über **Mathematik, Physik, Astronomie und beschrei-**
bende Naturwissenschaften. Und doch war Leonardó kein
gewöhnlicher Polyhistor, der sich rein receptiv verhält, er zeigte
vielmehr gerade in der Physik einen **so gewaltigen, herrschenden**
Geist, dass er seiner Zeit um mehr als ein Jahrhundert voraus war.

Leonardo hatte die Wissenschaft der Alten wohl studirt, er sah ein,
dass eine **bloss philosophische Behandlungsweise die Physik**
nicht fördern könne, dass aber die **Anwendung der Mathe-**
matik zu den eigentlich fruchtbaren Resultaten führe, und sagt in
diesem Sinne: Die Mechanik ist das eigentliche Paradies der mathematischen Wissenschaften, weil man mit ihr zur Frucht des mathematischen
Wissens gelangt. Dabei übersieht sein klarer Geist nicht, dass, bevor
eine Anwendung der Mathematik möglich ist, **die Beobachtung die**
nöthigen Daten gegeben haben muss, und er empfiehlt
Beobachtung und Experiment, durch welche man die besonderen
Thatsachen erkennt, von denen aus man stufenweis aufsteigend zu allgemeinen Gesetzen gelangen kann.

So entdeckt Leonardo, **dass ein Körper auf der schiefen**
Ebene in dem Verhältniss langsamer fällt, als die Länge
der schiefen Ebene grösser ist als ihre Höhe, und darnach
giebt er, freilich ohne Beweis, den merkwürdigen Satz, dass ein Körper
durch einen Bogen schneller fällt als auf der zugehörigen Sehne. Auch
in Bezug auf den freien Fall der Körper hatte er schon richtigere Vorstellungen als seine Zeit, denn er äussert wenigstens von dem Wachsen
der Fallgeschwindigkeiten, **dass dies Wachsen in arithmetischer**
Progression geschehe. Das **Problem vom schiefen Hebel**
löst er, indem er demselben einen theoretischen Hebel substituirt, dessen
Arme auf den Kraftrichtungen senkrecht stehen. Weiter findet man in
seinen Werken die **Kenntniss der Capillarerscheinungen, der**
camera obscura in ihrer einfachsten Gestalt, der Thatsache, dass

das Auge eine solche camera, die Kenntniss von dem Ge- 1452 bis 1519
Leonardo.
wichte der Luft, von den stehenden Wasserwellen, von der
Reibung u. s. w. Wenn wir trotzdem Leonardo nicht als den Begründer der neueren Physik oder doch wenigstens der neueren Mechanik
anzusehen haben, so liegt das wohl einestheils an der Zersplitterung
seiner Thätigkeit, die ihn zu einer vollständigen systematischen Entwickelung nicht kommen liess, andererseits aber auch an der Unfähigkeit seiner Zeitgenossen, diese neuen Ideen in sich aufzunehmen und
mithelfend weiter zu verarbeiten. Leonardo's physikalische Arbeiten
finden sich nur in Form von losen Blättern, vorzüglich in der Bibliothek
zu Paris; Venturi, der die Optik des Theoderich ans Licht gezogen,
hat auch zuerst Nachricht [1]) von diesen Schriften gegeben.

Durch Uebersetzungen aus dem Griechischen zeichnet sich 1509 bis 1575
Comman-
dino.
Commandino, Arzt und Mathematiker des Herzogs von Urbino, aus.
Er überträgt die Schriften des Archimedes, Ptolemäus, Apollonius,
Pappus, Heron, Euklid und Aristarch; auch hat er, durch Archimedes
angeregt, selbst eine Schrift über die Schwerpunkte der Körper
geschrieben. Das 16. Jahrhundert ist das Jahrhundert der Uebersetzungen. Als Uebersetzer wären noch zu nennen: Maurolycus, Tartaglia, Duhamel, Xylander, Venatorius u. a. m.

Der französische Arzt Jean Fernel beschreibt in seinem Werke Cosmo- 1528
Fernel.
theoria eine im Jahr 1525 von ihm angestellte Gradmessung.
Er bestimmte die Polhöhe von Paris, reiste dann so weit nach Norden,
bis die Polhöhe um einen Grad abgenommen, und fuhr von da aus, möglichst geraden Weges, mit einem Wagen, dessen Räder mit einem Zählwerk
versehen waren, nach Paris zurück. Obgleich er die Krümmung des
Weges willkürlich compensirte, fand er doch durch Zufall einen ziemlich
genauen Werth, nämlich $1^0 =$ 57070 Toisen, oder für den Umfang der
Erde 5396 Meilen. Die Messung hat nur dadurch Werth, dass bei ihr
zum ersten Mal ein uns genau bekanntes Mass angewandt wurde.

Hieronymus Fracastorius, der als Arzt, Philosoph und Poet in 1538
Fracasto-
rius.
Verona lebte, erklärte sich in seinem Werke Homocentricorum seu de
stellis liber unus gegen die epicyklische Theorie der Planetenbewegung. Seine Darstellung war dunkel und überzeugte Niemand,
doch lässt uns sein Werk erkennen, dass nach und nach die Unzufrie-
denheit mit dem Ptolemäischen System allgemeiner wurde.

Wenige Jahre später nur folgen Nicolai Copernici de revolutionibus 1513
Kopernikus,
von den Um-
wälzungen
d. Himmels-
körper.
orbium coelestium libri sex. Nicolaus Kopernikus (eigentlich Kopper-
nigk) ist am 19. Februar (alten Styls) 1473 in Thorn geboren. Sein
Vater starb früh und sein Oheim mütterlicherseits Lukas von Watzel-
rode, Bischof von Ermeland, übernahm die Sorge für seine Erziehung.

---

[1]) Venturi, Essai sur les ouvrages physico-mathématiques de Leonard de
Vinci. Paris 1797.

Der junge Kopernikus studirte von 1490 an vier Jahre lang in Krakau
Medicin und Mathematik und ging, nach kurzem Aufenthalt in der
Heimath, über Wien, wo er Peurbach und Regiomontan hörte, im Jahre
1496 nach Bologna. Hier trieb er Astronomie bei dem berühmten
Astronomen Dominie Maria Novarra, der ihn in seinem Studium der
Astronomie ermunterte. Um 1500 aber hielt er schon selbst mathematische Vorlesungen in Rom. Während dieser Zeit, im Jahr 1497,
hatte Kopernikus durch seinen Oheim eine Stelle im Domcapitel zu
Frauenburg erhalten, die ihm glücklicherweise erlaubte ganz ungehindert
seinen Studien zu leben. 1501 finden wir ihn dann auch in Frauenburg,
aber nur um längeren Urlaub zu erbitten, der vielleicht bis 1505 ausgedehnt worden ist; von dieser Zeit hat Kopernikus seinen ständigen
Aufenthalt in der Heimath genommen. Er muss bei seinem Domcapitel
in hohem Ansehen gestanden haben, denn er hat dasselbe mehrere Male
auf den Landtagen in Preussen vertreten und sich da vorzüglich des
arg vernachlässigten Münzwesens angenommen. Die Erzählung von dem
Bau der Wasserleitung in Frauenburg scheint dagegen Fabel zu sein.

Kopernikus lebte, abgesehen von den Unterbrechungen während
seiner Studienjahre, in seiner Heimath zurückgezogen das stille Leben
eines Gelehrten. Er lebte zu still und unbeachtet für uns,
die wir gern den Entwickelungsgang seiner Entdeckung verfolgen möchten. Schon 36 Jahre vor der Veröffentlichung, also um das Jahr 1507,
begann er sein Werk über die Umwälzung der Himmelskörper, hielt
dasselbe aber bis zur Vollendung um 1530 ganz geheim und machte
erst von dieser Zeit an seinen Freunden Mittheilungen über seine Arbeit.
Er hatte wohl eine Ahnung davon, welchen Sturm sein Angriff auf das Alte
erregen würde, denn er sagt: „Obschon ich weiss, dass die Ideen des
Philosophen nicht von der Meinung der Menge abhängen, dass sein
Zweck ist, in allen Dingen der Wahrheit nachzustreben, so weit dies von
Gott dem menschlichen Verstande erlaubt ist, so musste ich doch bei
der Betrachtung, dass meine Theorie Vielen absurd erscheinen wird,
lange anstehen, ob ich mein Werk bekannt machen, oder ob ich den
Inhalt desselben nach den Beispielen der Pythagoreer nur durch münd-
liche Tradition meinen Freunden mittheilen sollte."

Seinen Freunden gelang es glücklicherweise ihn zur Veröffentlichung seines Werkes zu bestimmen. Der Wittenberger Professor
Rhaeticus vorzüglich war dabei thätig und durch seine Vermittlung
erschien dasselbe 1543 in Nürnberg, nachdem Rhaeticus schon 1540 de libris
revolutionum Copernici narratio prima veröffentlicht hatte. Johannes
Schoner, Professor der Mathematik in Nürnberg, hatte die Revision des
Druckes besorgt, und Osiander, der bekannte lutherische Theologe, hatte
anonym eine Vorrede dazu geschrieben, die, ihrem Titel „Von den Hypothesen dieses Werkes" gemäss, das neue System als blosse Hypothese,
die weder wahr noch auch nur wahrscheinlich zu sein brauche, hinstellte.
In der eigenen Vorrede des Kopernikus, die erst der Ausgabe von 1854

beigedruckt ist, findet sich nichts von einer solchen Darstellung, und es will eine solche auch nicht zu den **Worten** des Kopernikus passen: Wenn es vielleicht einige eitle Schwätzer giebt, die nichts von Mathematik verstehen, die aber nach einigen zu ihrer Absicht listig verzerrten Stellen der Schrift ihr Urtheil fällen und mein Unternehmen tadeln und angreifen wollen, so beachte ich sie nicht weiter und sehe auf ihre Aussprüche als auf unüberlegte verächtlich herab.　Kopernikus starb am 24. Mai (alten Styls) 1543; während er schon auf dem Krankenbette lag, wurden ihm noch die ersten Exemplare seines Werkes überreicht. Er hat **weder die Gleichgültigkeit** bemerkt, mit der die Mitwelt sein Werk zuerst aufnahm, **noch die Verfolgung** erlebt, die später demselben von der Kirche zu Theil wurde.

Kopernikus scheint zu seiner Umwälzung des Weltsystems **durch astronomische** und **physikalische Gründe** gedrängt worden zu sein.　Die ersteren lagen in der entsetzlichen **Complication des geocentrischen Systems** und in der **Einfachheit**, mit der sich die Planetenbewegung nach dem **heliocentrischen System** darstellte; wie denn um nur ein Beispiel anzuführen für den Mond, der sich mit der Erde um die Sonne bewegt, die epicyklische Bahn ganz natürlich folgt, während kein Grund dafür anzuführen ist, wenn der Mond, wie jeder andere Planet, sich nur um die Erde bewegt.　Die **physikalischen Gegengründe** lagen für Kopernikus vorzüglich in den **ungeheuren Geschwindigkeiten**, mit denen die so unermesslich weit von der Erde entfernten Planeten ihre Kreise um die Erde in 24 Stunden durchlaufen mussten.　Er ersetzte darum die tägliche **Drehung des Himmelsgewölbes durch die Achsendrehung der Erde, den Lauf der Sonne in der Ekliptik durch die Bewegung der Erde um die Sonne und führte mit der Erde zugleich alle Planeten um die Sonne als das Centralgestirn.** Die beiden ersten Bewegungen hatten schon die Pythagoreer und Aristarch behauptet und Kopernikus erzählt auch, dass er die Behauptungen der ersteren gekannt; die **dritte** dagegen ist dem Kopernikanischen System **ganz eigenthümlich** und sie ist's gerade, die die verwickelte Bewegung des Mondes, wie die wunderbaren Schleifen der oberen Planeten so viel einfacher erklären lässt.

Kopernikus sah mit klarem und kühnem Geiste die innere Wahrheit seines Systems, wie es aus seinen Worten leuchtet: „Alles dies, so schwer und beinahe unbegreiflich es auch Manchem erscheinen und so sehr es auch gegen die Ansicht des grossen Haufens sein mag, Alles dies wollen wir in der Folge unseres Werkes mit Gottes Hülfe klarer noch als die Sonne machen, wenigstens für diejenigen, die nicht aller mathematischen Kenntniss baar und ledig sind." Trotzdem hafteten dem System noch **bedeutende astronomische Unrichtigkeiten** an, und vom Standpunkte der damaligen Physik liessen sich **schwer zu widerlegende Einwürfe gegen dasselbe** machen.　Die **astronomischen Mängel** wurden

1543
Kopernikus.

am ersten beseitigt. Kopernikus sah, dass die Erdachse bei der Bewegung um die Sonne sich immer parallel bleiben musste, wenn der Wechsel der Jahreszeiten erklärlich sein sollte. Unbekannt aber mit dem mechanischen Gesetz der Beharrung und noch ganz befangen in der Aristotelischen Lehre von den natürlichen und gewaltsamen Bewegungen, hielt er für natürlich, dass die Erdachse, wenn sie bei der Bewegung der Erde sich selbst überlassen bleibe, immer dieselbe Neigung gegen die Achse der Ekliptik behalte und also einen Kegelmantel um diese beschreibe, und legte darum der Erde ausser der Drehung um ihre Achse und der Bewegung um die Sonne noch eine dritte Bewegung bei, welche die Achse in allen Lagen parallel erhielt. Seine Nachfolger sahen den Irrthum bald ein und gaben diese dritte Bewegung der Erde auf. Schwerer war die Verbesserung eines anderen astronomischen Fehlers. Kopernikus hatte die excentrischen Kreise des Ptolemäischen Systems einfach übernommen und lehrte danach, dass die Planeten sich in kreisförmigen Bahnen um die Sonne bewegten. Tycho de Brahe's Beobachtungen der Planetenbahnen werden bald so genau, dass die Beobachtungen mit den Kreisen nicht mehr recht stimmen wollen, doch kann auch dieser noch nicht aus den Kreisen herauskommen, erst Kepler fand nach langen mühsamen Versuchen, dass die Planetenbahnen Ellipsen sind, die sich allerdings stark der Kreisgestalt nähern.

Bei alle dem waren es weniger die astronomischen Mängel, welche die Annahme des Kopernikanischen Systems hinderten; schwerer als diese fielen die physikalischen Einwürfe ins Gewicht, die, in der Aristotelischen Bewegungslehre begründet, schon von Ptolemäus gegen die Pythagoreische Lehre von der Bewegung der Erde vorgebracht waren. Es ist interessant zu sehen, wie sich Kopernikus, der doch mit seinem Zeitalter noch ganz in der Aristotelischen Physik befangen, gegen diese Gründe vertheidigt. Aristoteles, hatte gelehrt, dass alle Bewegungen mit Ausnahme der gleichmässig kreisförmigen Bewegung der Himmelskörper und der senkrecht auf- und abwärts gerichteten Bewegungen der schweren und leichten Körper gewaltsame wären, die von selbst verlöschen müssten; dass aber jene Kreisbewegung eine vollkommene und nur den Himmelskörpern natürlich sei. Kopernikus behält dies Alles bei, nur hebt er den Unterschied zwischen den himmlischen Körpern und der Erde auf. Die Kreisbewegung ist allen Weltkörpern, auch der Erde natürlich, die geradlinigen Bewegungen treten nur auf, wo die Körper gewaltsam aus ihrer Lage gebracht werden, und dann streben sie immer mit dem Gleichartigen sich zu vereinigen, die erdigen schweren Körper mit der Erde, die leichten Dämpfe mit der Luft. Wir finden hier eine dunkle Ahnung von der Schwerkraft, allerdings nur als ein Vereinigungsbestreben des Gleichartigen, wenn es heisst: „Ich glaube, dass die Schwere nichts anderes ist als das natürliche Streben, welches die gött-

liche Vorsehung allen Körpern des Universums eingepflanzt hat, sich zu
einer Einheit und einem Ganzen zusammenzufinden und sich zu einer
Kugel zu ordnen. Dieses Vereinigungsbestreben findet sich vielleicht
auch auf der Sonne, dem Mond und den anderen Wandelsternen und
ist wohl die Ursache, dass diese immer die Kugelgestalt behalten."
Kopernikus gebraucht danach dieses Vereinigungsbestreben nur, um den
Zusammenhalt der Erde und allerdings auch der Himmelskörper zu erklären, zwischen den verschiedenen Himmelskörpern nimmt er kein solches
Streben an. Er nimmt also keine Kraft zu Hülfe, um die Bewegung der
Planeten um die Sonne zu erklären, sondern nennt diese Bewegungen, echt
Aristotelisch, natürliche Bewegungen. Trotzdem aber damit die
Bewegung nur beschrieben, nicht erklärt ist, hält er dadurch
doch den Ptolemäischen Gründen die Wage. Es streben danach
ganz folgerichtig nur die irdischen gleichartigen Theile nach dem Mittelpunkt der Erde und dieser braucht also nicht in dem Mittelpunkt der
Welt zu ruhen, wohin, wie man früher annahm, alle Theile streben;
vielmehr folgen alle irdischen Körper von selbst der Erde in der auch
ihnen natürlichen Kreisbewegung. Es bleiben auch danach weder
die frei fallenden Körper, noch die Wolken, wie Ptolemäus behauptet
hatte, hinter der sich drehenden Erde zurück. Wie es aber möglich ist,
dass die Erdachse trotz der Bewegung um die Sonne doch immer nach
demselben Punkte des Himmels zeigt, diesen bedeutendsten Einwand,
der auch in der Folgezeit immer wieder erhoben wird, erledigt Kopernikus ganz richtig dadurch, dass er auf die, gegen die Entfernungen der
Fixsterne, verschwindenden Dimensionen der Erdbahn aufmerksam macht,
wonach allerdings die Stellungsveränderungen der Erdachse
gegen den Sternenhimmel unmerklich sein müssen. Gegen den
Augenschein endlich, dass das Himmelsgewölbe sich um die Erde dreht,
führt er aus, wie man auf dem Schiffe beim Auslaufen aus dem Hafen auch
die eigene Bewegung nicht merke und statt dessen glaube, das feste Land
und die Städte entfernten sich von dem unbeweglichen Schiff.

Die Mängel, welche theils dem Kopernikanischen System selbst,
theils seiner Begründung noch anhafteten, haben Gelegenheit gegeben
zu dem Versuch, die Geistesgrösse des Kopernikus anzuzweifeln,
wohl sehr mit Unrecht. Gerade darin, dass Kopernikus trotz jener
Mängel, die nicht in ihm, sondern in seiner Zeit ihre Ursache haben, die
innere Wahrheit seines Systems, dass er trotzdem so sicher die Bewegung
der Erde erkannte, darin liegt ein starker Beweis für die geistige Grösse,
ein sicheres Anzeichen für das Genie des Kopernikus. Nicht ganze Geschlechter haben vor ihm den Gedanken ausgereift, so dass er nur auszusprechen brauchte, was man schon allgemein geahnt hatte. Die Lehren, die vor ihm von der Bewegung der Erde bekannt waren, waren
unverständliche, nicht begründete und nicht beachtete Hypothesen;
Kopernikus allein sah genial durch alles Entgegenstehende
hindurch die neue Wahrheit. Freilich ist es danach nicht zu ver-

wundern, wenn das neue System anfangs nur wenig Beachtung
fand, wenn die Menschheit fast hundert Jahre brauchte, bis sie sich an
den Gedanken einer Bewegung der Erde gewöhnte. Bis zu Tycho de
Brahe fand Kopernikus nur in Deutschland und auch da´nur
wenig Anhänger. Neben dem schon erwähnten Rhaeticus ist vorzüglich Erasmus Reinhold (1511 bis 1553) zu nennen, der schon im
Jahr 1551 seine Sterntafeln (Tabulae prutenicae) zweifach berechnet,
nach dem Ptolemäischen und nach dem Kopernikanischen System, herausgab und in der Vorrede ausdrücklich erklärte: Wir sind dem Kopernikus grossen Dank schuldig, für seine mühsamen Beobachtungen sowohl,
als vorzüglich für seine Wiederherstellung der wahren Lehre von der
Bewegung der Himmelskörper. Auch Christoph Rothmann, der auf
der 1561 gegründeten Sternwarte des Landgrafen Wilhelm IV. von Hessen
von 1577 an beobachtete, war ein entschiedener Kopernikaner.

Der berühmte italienische Mathematiker **Niccola Tartaglia** macht
mit seiner Nuova scienza von 1537 den Anfang in der Behandlung
dynamischer Aufgaben. Er untersucht in dieser Schrift die Bahn
eines geworfenen Körpers und findet dieselbe überall gekrümmt,
während bis dahin die Aristoteliker angenommen hatten, die geworfene
Kugel fliege zuerst wagerecht, vermöge der ihr ertheilten gewaltsamen
Bewegung, gehe dann in eine kreisförmige gemischte Bewegung über
und verfolge zuletzt, wenn die gewaltsame Bewegung ganz erloschen
sci, ihre natürliche senkrechte Bewegung nach unten. Tartaglia sieht
ein, dass die sogenannte natürliche Bewegung sich von Anfang an mit
der gewaltsamen mischen muss, setzt sich aber doch der alten Meinung
nicht direct entgegen, denn er giebt zu, dass die Bahn im Anfang und
am Ende sehr wenig von der geraden Linie abweichen wird. Trotzdem hat
seine Lehre von der directen Mischung der Bewegungen einen augenscheinlich bedeutenden Nutzen. Er bemerkt nämlich, dass eine horizontal abgeschossene Kugel sogleich unter die Horizontale sinkt und mithin eine Wurfweite gleich Null hat, dass aber auch eine senkrecht emporgeworfene Kugel
ebenso eine horizontale Wurfweite gleich Null hat. Daraus schliesst er
dann, die horizontale Wurfweite sei am grössten, wenn ein
Geschoss unter einem Winkel von 45⁰ geworfen werde; ein
allerdings nur durch Zufall vollständig richtiges Resultat. Die Untersuchung
zeigt, wie unklar man zu dieser Zeit über die Zusammensetzung von Bewegungen, sowie über die Gestalt der Wurflinie war. Doch liegt hier
noch eine gesunde Idee zu Grunde, deren Verdienst man erst recht erkennt,
wenn man bedenkt, dass noch 1561 ein gewisser Santbeck behauptet, eine
abgeschossene Kugel fliege so lange in gerader Linie fort, bis die ihr
mitgetheilte gewaltsame Bewegung gänzlich erloschen sei, dann ändere
sie plötzlich ihre Bewegung in die senkrecht nach unten gerichtete um.

        Tartaglia stammt aus armer Familie und ist Zeit seines Lebens
trotz seiner Bekanntschaft mit bedeutenden Personen nicht in glänzende

Verhältnisse gekommen. Er wuchs ohne Jugendunterricht auf und lernte erst im 14. Jahre lesen, sein grosses Talent aber entwickelte sich so schnell, dass er im 30. Jahre die Auflösung der Gleichungen dritten Grades, wovon Ferreo Andeutungen hinterlassen hatte, selbständig fand. Unvorsichtiger Weise theilte er seine Entdeckung, wenn auch nur andeutungsweise, dem ebenfalls bedeutenden Mathematiker Cardanus mit, der dieselbe vervollständigte und unter seinem Namen veröffentlichte. Tartaglia versuchte sein Eigenthum zu reclamiren, er entrirte mit Cardanus einen Wettstreit in der Lösung mathematischer Aufgaben, in dem er obsiegte, und er versuchte seinen Gegner in einer Disputation zu Mailand zu bekriegen; dort wurde aber durch die Menge der Schüler Cardans, die übrigens ohne ihren Meister erschienen, Tartaglia zum Rückzuge aus Mailand bewogen, und schliesslich behielt die Entdeckung des Tartaglia doch den Namen des Cardanus.

Hieronymus Cardanus selbst war ein äusserst vielseitiger Gelehrter, der über Mathematik, Physik, Naturgeschichte, Philosophie, und Medicin geschrieben und auch in Allem mehr oder weniger Bedeutendes geleistet hat; der aber dabei der Wunderlichkeiten so voll war, dass seine Freunde ihm sogar zur Entschuldigung zeitweilige Verrücktheit nachsagten. Libri, in seiner Geschichte der Wissenschaften, sagt von ihm: Wenn er nicht selbst sein Leben geschildert hätte, würde man nicht an so viel Schwachheiten, so viel Widersprüche glauben. Bei einer unbegreiflichen Kühnheit in der Philosophie, zitterte er vor jedem bösen Vorzeichen und meinte (wie sein Vater) einen spiritus familiaris zu haben. Ein berühmter Mediciner, ein feiner und erfindungsreicher Mathematiker, glaubte er an Träume und widmete sich der Magie und der Zauberei. Bald streng in seiner Lebensweise, bald ausschweifend, lebte er in Luxus oder bedeckte sich mit Lumpen. Er wollte Alles wissen und Alles geniessen. Unempfindlich gegen die fürchterlichsten Unglücksfälle, sah er ohne Bewegung einen seiner Söhne enthaupten.

Er hat alle Wissenschaften cultivirt und hat alle vervollkommnet. Er wagte allein das Joch ganz abzuschütteln und erklärte dem ganzen Alterthum den Krieg. Er misstraute aller Autorität und wollte nur seinen eigenen Geist zum Führer. Aber der kühne Reformator, den keine Barriere anhielt, glaubte, dass er am 1. April jeden Jahres, um 8 Uhr früh, Alles vom Himmel erhalten könne, was er nur wollte. De Thou erzählt von ihm, dass er im 75. Jahre seines Alters den freiwilligen Hungertod gestorben sei, weil er eine seiner Prophezeiungen nicht Lügen strafen wollte.

Am bekanntesten ist Cardanus durch sein mathematisches Werk Artis magnae sive de regulis Algebrae liber unus, in dem er zuerst jene Auflösung der Gleichungen dritten Grades gab. Seine vorzüglichsten physikalischen Schriften sind De subtilitate von 1552 und sein Opus

1501 bis 1576
Cardanus. novum von 1570; seine besten physikalischen Leistungen
betreffen die Mechanik. Er stellt für die schiefe Ebene die Frage
richtig: Wie viel Kraft gehört dazu, um einen Körper auf der schiefen
Ebene zu halten? Dadurch umgeht er die Gefahr, für die horizontale
Ebene schon eine bestimmte Kraft zur Bewegung als nöthig anzunehmen,
wie das Pappus gethan, und findet richtig, dass auf der wagerech-
ten Ebene keine Kraft und auf der senkrechten Ebene eine
Kraft gleich der Schwere erfordert wird, um den Körper
zu halten. Damit ist es aber auch bei Cardanus zu Ende und er
schliesst so unrichtig wie möglich weiter, die Kraft müsse der Neigung der schiefen Ebene proportional und also beispielsweise
für eine Neigung von 30⁰ doppelt so gross sein, als für eine von 15⁰.

Trotz ihrer Gegnerschaft zeigen Cardanus und Tartaglia in ihren
physikalischen Untersuchungen ähnliche Eigenschaften. Beide finden
zwei Grenzwerthe zweier veränderlicher Grössen richtig, beide schliessen
ohne Weiteres, dass die veränderlichen Grössen zwischen diesen Grenz-
werthen mit den zu Grunde liegenden Veränderlichkeiten proportional
wachsen oder abnehmen und beide Mal ist dies letztere nicht der Fall.
Es ist kein gutes Zeichen für die Mechanik des 16. Jahrhunderts,
dass zwei so bedeutende Mathematiker wie Tartaglia und Cardanus
nicht durch Experimente zu untersuchen vermögen, ob das
proportionale Wachsthum zweier Grössen, das sie behauptet, auch wirklich stattfindet.

Cardanus ist ein Gegner der Scholastiker und bekämpft die
Naturphilosophie des Aristoteles, freilich in einer Art, die uns auch nicht
behagt. Er setzt statt der vier Elemente drei, Erde, Luft und Wasser;
die Erde ist trocken, das Wasser flüssig und die Luft das flüssigste
Element. Um die Erde bewegen sich die anderen Elemente ohne Aufhören, die Luft hat die schnellste Bewegung. Sie erhält dieselbe von
den Sternen. Das Wasser kann sich nicht von selbst bewegen, es würde
in Fäulniss übergehen, wenn es nicht von der Ebbe und der Fluth
bewegt würde, welche beide durch die Bewegungen des Himmels veranlasst werden. Die Wärme ist kein Element, sondern nur eine
besondere Eigenschaft der Körper, die Kälte ist Abwesenheit von
Wärme. Neben diesen Phantasien finden sich dann bei Cardanus auch
Beobachtungen; er misst die Geschwindigkeit des Windes, in Ermangelung eines genaueren Zeitmessers, nach seinen Pulsschlägen und findet,
dass der stärkste Sturm während eines Pulsschlags 50 Schritt zurücklegte; er bestimmt das Gewicht des Wassers auf 50 Mal grösser als das
der Luft, weiss aber auch, dass diese Zahl ungenau ist etc.

Einen grossen Theil der mechanischen Schriften füllen die Nachrichten von mechanischen Kunststücken, die manchmal recht
gauklerhaft sind; in Ermangelung wissenschaftlicher Leistungen setzte
man damals das unwissende Publicum gern durch solche Sachen in
Erstaunen. Ein Sitz für den Kaiser auf seinem Wagen hat eine doppelte

Aufhängung, wie man sie nach Cardanus für die Schiffscompasse benutzt, damit Seine Majestät bei den Stössen des Wagens unbeweglich sitzen bleibt. Ein Schornstein hat nach den Weltgegenden vier Abzugsröhren, damit bei entgegenstehendem Winde der Rauch doch zu einer Oeffnung hinaus kann; ja Cardan erwähnt sogar, pulex egregius sei von Deutschland nach Mailand gebracht worden, mit einem Haar an eine Kette gebunden [1]).

In dieser Zeit mehren sich immer mehr die Gegner der Aristotelischen Physik. Wie im Alterthum auf die Naturphilosophie die mathematische Physik folgt, so geschieht dies auch im Mittelalter. Aber während im Alterthum die beiden unabhängig und fast unberührt neben einander hergehen, erzeugt die Tyrannei der scholastischen Naturphilosophie auf der anderen Seite einen Hass, der mehrfach über sein Ziel hinausschiesst.

Peter Ramus, ein verdienstvoller französischer Mathematiker, *will von Aristoteles nicht einmal die Logik gelten lassen* und schreibt selbst eine verbesserte Logik. Auf die Schrift seines scholastischen Gegners Carpentarius „descriptio universae naturae ex Aristotele" antwortet er mit Scholarum phys. libri octo 1565 und Scholarum metaph. libr. quatuordecim 1566. Für uns haben die Schriften des Ramus nur dadurch Interesse, dass er kühn die Herrschaft des Aristoteles zu brechen versuchte; für Ramus aber hatte sein Angriff *die schlimme Folge,* dass er seiner Lehrerstelle in Paris entsetzt wurde und selbst aus Paris fliehen musste. Eigens für den Fall eingesetzte Richter erklärten Ramus für einen kühnen, eingebildeten und unklugen Menschen und ein Edict des Königs besagte, dass Ramus, indem er den Aristoteles zu tadeln gewagt, nur seine eigene Ignoranz dargelegt habe. Als er später zurückzukehren und wieder als Lehrer aufzutreten wagte, wurde er in der Bartholomäusnacht, wie man sagt auf Anstiften jenes Carpentarius, seines feindlichen Collegen, ermordet.

Charakteristisch für die Stellung der neuen Kirche zu Aristoteles ist die Antwort, welche Ramus von Beza (1519 bis 1605), dem Nachfolger Calvin's, erhielt, als er um Erlaubniss bat, in Genf lehren zu dürfen: „Die Genfer haben ein- für allemal beschlossen, weder in der Logik, noch in irgend einem anderen Wissenszweige von den Ansichten des Aristoteles abzuweichen." Luther und Melanchthon empfehlen auch die logischen Schriften des Aristoteles, aber bedeutend kühler als Beza. Der Physik stehen wie natürlich beide Reformatoren fern, doch sagt Melanchthon nicht ungünstig: Die Naturursachen wirken mit Naturnothwendigkeit, sofern nicht Gott den motus agendi ordinatus unterbricht.

Bernhardinus Telesius aus Consenza gründete eine naturforschende Gesellschaft, die Academie Telesiana oder Consentina,

1501 bis 1576
Cardanus.

1502 bis 1572
Peter
Ramus.

1509 bis 1588
Telesius.

---

[1]) Kästner, Geschichte der Mathematik.

1508 bis 1588
Telesius. zur Bekämpfung der Naturphilosophie des Aristoteles. In
seiner Hauptschrift: de rerum natura juxta principia propria
libri IX, von der die beiden ersten Bände 1565 erschienen, nimmt er eine
primitive Materie und zwei erste Formen oder unkörperliche Wesen, Wärme und Kälte, an, so dass durch die Einwirkung
der letzteren auf die primitive Materie alle Körper entstehen. Da der
Himmel vorzüglich der Sitz der Wärme, der Erdkern der Sitz der
Kälte, so entstehen in der Erdrinde die meisten Wesen. Der Himmel
ist nicht gleichmässig warm, die besternten Theile haben eine grössere
Wärme als die unbesternten, durch diese ungleichmässige Wärme wird
die ursprünglich gleichförmige Planetenbewegung in eine ungleichmässige verwandelt. In der kleinen Schrift „de colorum generatione" erklärt
Telesius auch die Farben durch seine beiden Elemente. Wärme ist die
Ursache der weissen, Kälte die Ursache der schwarzen Farbe. Die
übrigen Farben entstehen aber dann ganz wie bei dem verachteten
Aristoteles durch Mischungen dieser beiden Grundfarben.

1571
Fleischer.   Der Doctor der Theologie und Prediger in Breslau **Joh. Fleischer**
giebt in seinem Werk De iridibus doctrina Aristotelis et Vitellio-
nis richtig an, dass die Strahlen des Regenbogens zweimal
gebrochen und einmal reflectirt werden, setzt aber die
Reflexion nicht in denselben Tropfen, wo die Brechung erfolgt,
sondern in einen dahinter liegenden. Den Radius des Bogens
misst er auf 42⁰, den Nebenregenbogen erklärt er nicht.
Josse Clichthove (1543) hatte den letzteren für ein Bild des Hauptregenbogens angesehen, weil sich die Farben an ihm in umgekehrter Ordnung zeigen, so wie im Wasser die Bilder der Gegenstände
am Ufer sich umgekehrt darstellen.

1494 bis 1575
Maurolycus.   Weniger glücklich als Fleischer in der Erklärung des Regenbogens
ist der sonst so tüchtige Optiker **Franciscus Maurolycus** in seinem
Werk Theoremata de lumine et umbra etc. 1575. Maurolycus war
der Sohn eines Griechen, der aus Furcht vor den Türken Constantinopel
verlassen hatte und nach Messina übergesiedelt war. Er trat früh in
den geistlichen Stand, lehrte aber meist Mathematik in seiner Vaterstadt.
Seine mathematischen Schriften bilden den grössten Theil seiner Werke
und seine Untersuchungen über Kegelschnitte haben ihm den Ruhm des
grössten Geometers im 16. Jahrhundert eingetragen; am bekanntesten
aber ist er durch sein optisches Werk. Bei der Erklärung des
Regenbogens zwar lässt er den Lichtstrahl siebenmal in
dem Regentropfen unter einem Winkel von 45⁰ reflectirt und kein-
mal gebrochen werden, was dann freilich zu keinem Ergebnisse
führen will, das mit der Erfahrung stimmt. Dafür weist er aber auch
den Irrthum, dass der Nebenregenbogen nur der Reflex
des Hauptregenbogens sei, als unwahrscheinlich zurück. Seine

1494 bis 1575 Maurolycus.

Gründe sind recht vernünftig, die Farben des Hauptbogens sind nicht lebhaft genug, um sich zu reflectiren, es ist keine spiegelnde Fläche vorhanden, die Reflexion würde nicht nur die Farben, sondern müsste auch den Bogen umkehren.

Eine bedeutende That ist seine **leidlich richtige Erklärung von der Wirkung der Brillen.** Indem sich Maurolycus mit der Brechung des Lichtstrahls durch Linsen beschäftigt, findet er, dass die **von einem leuchtenden Punkte ausgehenden Strahlen sich ziemlich in einem Punkte des ungebrochen hindurchgehenden Strahles hinter der Linse wieder vereinigen.** Er giebt an, dies sei deutlich zu sehen, wenn man die Sonnenstrahlen durch eine convexe Linse in ein dunkles Zimmer lasse. Die wirkliche Vereinigungsweite, **die Brennweite der Linse, kann er nicht bestimmen**[1]), weil er die Einfalls- und Brechungswinkel noch proportional annimmt, aber er sieht doch, dass bei Convexgläsern ein Bild des leuchtenden Gegenstandes hinter der Linse entsteht, während Concavgläser die Lichtstrahlen nicht vereinigen, sondern mehr zerstreuen; und sieht weiter, dass beide Arten von Linsen desto stärker wirken, je mehr sie gekrümmt sind. Danach erklärt sich leicht **die Krystalllinse als der wichtigste Theil des Auges,** der die von dem Gegenstande ausgehenden divergirenden Lichtstrahlen wieder zu einem Bilde zusammenbricht. Dies kann bei **falscher Wölbung** der Krystalllinse **leicht zu früh,** bei Kurzsichtigkeit, oder **zu spät,** bei Weitsichtigkeit, geschehen, und dieser Fehler der Krystalllinse ist es, der dann durch concave oder convexe Brillengläser ausgeglichen werden muss. Von der **Function der Netzhaut** und den Bildern auf derselben hat trotzdem Maurolycus noch keine klare Idee, denn er meint, die Strahlen müssten vor ihrer Vereinigung auf den Sehnerven fallen.

Vollständig gelingt dem Maurolycus **die Erklärung der runden Sonnenbildchen,** die man im Schatten eines Baumes unter günstigen Umständen sieht. Er giebt an, dass jeder Punkt in dem Zwischenraum zwischen den Blättern, durch welchen das Licht hindurchgeht, die Spitze eines aus Lichtstrahlen gebildeten Doppelkegels ist, dessen eine Grundfläche die Sonnenscheibe, dessen andere die Fläche ist, welche das Licht auffängt. Dann entsteht das Bildchen auf dieser Fläche durch eine unendliche Menge runder Bilder, deren Gesammtheit um so mehr einen Kreis bildet, je kleiner die Oeffnung im Verhältniss zu ihrer Entfernung von der Schattenfläche ist. Die Alten, welche schon seit **Aristoteles** diese runden Sonnenbildchen sowohl, wie auch ihre sichel-

[1]) Maurolycus weiss aber, dass nicht alle der Achse parallelen Lichtstrahlen in einem Punkt hinter der Linse vereinigt werden, er entdeckt also die sphärischen Abweichungen bei Linsen, wie sie Bacon bei Spiegeln entdeckt hat; die Brennlinien erwähnt er der Sache, wenn auch nicht dem Namen nach, ihre Gestalt bleibt natürlich unbestimmt.

förmige Gestalt bei Sonnenfinsternissen kannten, hatten acht philosophisch erklärt, dass das Licht, nachdem es durch eine
Oeffnung hindurchgegangen, um so mehr die Gestalt des
leuchtenden Körpers wieder anzunehmen bestrebt sei, je
weiter es sich von dem Hinderniss entferne.

Die Reihe der eigentlichen Mechaniker der Neuzeit beginnt mit
Guido Ubaldi Marchese del Monte und seinen Mechanicorum
libri VI. In ihm zeigt sich deutlich die Abhängigkeit der neueren Mechanik von Archimedes, denn Ubaldi (1545 bis 1607) war
ein Schüler des Commandino, den wir als Uebersetzer der Schrift des
Archimedes über die schwimmenden Körper genannt haben. Ubaldi
selbst übertrug die Schrift de aequi ponderantibus und schrieb auch eine
Abhandlung über die Archimedische Wasserschraube. Die Uebersetzung
des Archimedes erschien zehn Jahre nach der eignen Mechanik des
Ubaldi. „Er habe in seinem Buch die Lehrsätze der griechischen
Mechaniker als vernünftig angenommen und aus ihnen manches bewiesen,
das doch, wie er vernehme, nicht Allen genug gethan. Seinem Werke
mehr Beifall zu erlangen, wolle er nun die alten Schriftsteller selbst
vorlegen, weil doch so viel auf Autorität ankomme." In der Vorrede
rechtfertigt er den Archimedes, „dass er von dem Schwerpunkt der
Ebenen geschrieben, da doch die Ebenen nicht schwer sind. Man könne
eine solche Ebene als Grundfläche eines Prisma ansehen, das Prisma
aber bleibe im Gleichgewicht, wenn der Schwerpunkt der Grundfläche
unterstützt werde." In seiner eignen mechanischen Schrift erklärt
Ubaldi die Wirkung der fünf mechanischen Potenzen des
Pappus, des Hebels, der Rolle, des Wellrades, des Keils und der
Schraube, indem er auch die vier letzten auf den Hebel zurückführt und
dessen Wirkung nach dem Verhältnisse der virtuellen Geschwindigkeiten
erklärt. Galilei bezeugt ausdrücklich, dass er durch Ubaldi zu tieferen
Untersuchungen über die Schwerpunkte angeregt worden sei; trotzdem
darf man ihn nicht als einen eigentlichen Vorläufer Galilei's ansehen,
denn seine Untersuchungen sind noch ausschliesslich statischer Natur,
und wenn er auch beim Hebel die Wege, die zu durchlaufen sind, in
Betracht zieht (was auch schon Aristoteles gethan), so ist das ein Ausnahmefall für seine Mechanik; nicht einmal für die schiefe Ebene weiss
er dasselbe Princip nutzbar zu machen. Libri [1] rühmt sogar von ihm,
dass er nur darauf bedacht gewesen sei, die Geometrie auf die Mechanik
anzuwenden, und dass bei ihm nichts von Hypothesen oder Principien
a priori zu finden sei.

Ubaldi, der aus einer der berühmtesten Familien Italiens stammt,
widmete sich frühzeitig der Mathematik und studirte in Urbino und
Padua. Später verliess er sein Vaterland, um gegen die Türken zu

---

[1] Histoire des sciences IV, 84.

kämpfen; nach seiner Rückkehr wurde er im Jahr 1588 Generalinspector der Festungen in Toscana. In dieser Stellung wahrscheinlich kam er mit Galilei zusammen. Später zog er sich, um ganz allein den Wissenschaften leben zu können, auf seine Güter zurück und starb da Jahre 1607.

1577
Ubaldi.

Der englische Seemann und Compassmacher **Robert Norman** zeigt in seinem Werkchen The new attractive zuerst eine richtigere und umfassendere Kenntniss von· den Eigenschaften der Magnetnadel. Er entdeckt die Neigung der Magnetnadel gegen den Horizont und construirt ein Inclinatorium, d. i. eine um eine horizontale Achse im magnetischen Meridian drehbare Magnetnadel, mit der er die Inclination für London auf $71^{o}50'$ bestimmt. Der Nürnberger Georg Hartmann, der sich viel mit der Verfertigung von Sonnenuhren beschäftigte, hatte schon 1544 eine Neigung der Magnetnadel gegen den Horizont bemerkt, hatte aber dieselbe nicht zu messen vermocht. Bis auf Norman und seine Entdeckung verlegte man den Anziehungspunkt für die Magnetnadel an den Himmel, oder man fabelte auch von grossen Eisenbergen im Norden der Erde, welche die Schiffe, sobald sie sich ihnen zu weit näherten, festhielten oder denselben die Eisennägel auszögen, so dass sie auseinander fielen. Norman verlegt wenigstens wegen der Neigung der Nadel den anziehenden Punkt in die Erde, wenn er auch diese selbst noch nicht für einen Magneten erklärt. Er bemerkte auch, dass das Magnetisiren einer Stahlnadel ihr Gewicht nicht vermehrt, dass also die Neigung der Nadel nicht von einer durch das Magnetisiren bewirkten Gewichtsveränderung herrühren kann, was vielleicht Mancher, der schon früher die Neigung bemerkt, geglaubt hatte.

1580
Norman.
The new
attractive.

Der Papst **Gregor XIII.** setzte endlich 1582, allerdings nur bei den römisch-katholischen Staaten, die viel verlangte und erörterte **Kalenderreform** durch. Die Kirche hatte wegen der Festrechnung ein besonderes Interesse an der Richtigstellung der Chronologie. Roger Bacon hatte schon die Verbesserung des Kalenders verlangt, Cusanus schrieb de reformatione Calendarii, Sixtus IV. verhandelte deswegen mit Regiomontan, dem Tridentinischen Concil lagen Verbesserungsvorschläge vor, aber erst Gregor XIII. konnte, nachdem er schon 1577 die Verhandlung mit den katholischen Mächten eröffnet, durch ein Breve den alten Kalender für abgeschafft erklären. Der nach dem Julianischen Kalender alle vier Jahre eintretende Schalttag sollte nun in jedem Jahre, dessen Jahreszahl durch 100, aber nicht durch 400 theilbar ist, ausfallen. Das Jahr wird dadurch auf 365^{d} 5^{h} 49^{m} 12^{s} festgesetzt, nach Lalande beträgt es aber 365^{d} 5^{h} 48^{m} 48^{s}, in 3600 Jahren wird man also wiederum einen Tag zu viel haben. Wann dieser Tag auszulassen, ist noch eine offene Frage; ein besonders eifriger Chronologe, der Predi-

1582
Gregor XIII
Kalender-
verbesse-
rung.

1582
Gregor XIII.
Kalender-
verbesse-
rung. ger Lehmann, hat schon im Jahre 1842 das Jahr 2000 dazu bestimmt. Der bekannte Chronologe Ideler findet aber keine Nöthigung den Tag schon jetzt auszuschalten und fürchtet nur Verwirrung von einer zu frühen Aenderung.

Der kirchlichen Festrechnung wegen beschloss man im Jahr 1582 auf den Stand des Jahres zur Zeit des Concils von Nicäa, also auf 325 n. Chr., zurückzugehen, in welchem Jahre die Frühlingsnachtgleiche auf den 21. März gefallen war, dazu waren 10 Tage auszuschalten. Die nöthigen Verabredungen verzögerten dies bis in den October des Jahres 1583, wo man nach Donnerstag den 4. October direct Freitag den 15. October schrieb. Die protestantischen Reichsstände, die sich lange Zeit weigerten, einen Vorschlag des Papstes gut zu heissen, mit ihnen Dänemark, Holland und die Schweiz, beschlossen im Jahr 1699 die Kalenderverbesserung anzunehmen und sprangen im Jahre 1700 vom 18. Februar auf den 1. März. England führte den neuen Kalender 1752 ein, Schottland und Schweden 1753. Die Anhänger der griechischen Kirche haben bis heute den alten Styl beibehalten, sie sind in diesem Jahrhundert um 12 Tage gegen uns zurück.

1583
Galilei.
Pendel-
bewegung. Galileo Galilei beobachtet im Dom zu Pisa die Schwingungen der Kronleuchter.

1584
Varro.
Tractatus
de motu. Michael Varro versuchte in seinem Tractatus de motu die Wirkung des Keils durch Zusammensetzung zweier hypothetischen Bewegungen zu erklären; er hat überhaupt eine Vorstellung von der Kräftezusammensetzung und weiss, dass drei Kräfte, die in ihren Wirkungen sich wie drei Seiten eines rechtwinkligen Dreiecks verhalten, im Gleichgewicht sein können.

1587
Stevin.
Beghinselen
der Weeg-
konst. Die Kräftezusammensetzung behandelt auch Stevin in seinem Beghinselen der Weegkonst (d. h. Principien des Gleichgewichts). Simon Stevin wurde 1548 in Brügge geboren; er war zuerst Steueraufseher in seiner Vaterstadt, dann aber Oberaufseher der Land- und Wasserbauwerke in Holland und starb 1620 zu Leyden. Seine Werke erschienen 1634 gesammelt unter dem Titel: Les oeuvres mathématiques de Simon Stevin. Stevin nimmt eine eigenthümliche Stellung in der Mechanik ein, seine Sprache ist klar, nüchtern und bestimmt, seine Beweise sind fest und sicher geführt; er zeigt nichts von der seinem Jahrhundert noch so eigenthümlichen Verworrenheit in den mechanischen Begriffen, ja er belegt fast immer seine Sätze durch gut erdachte und gut ausgeführte Experimente, so dass man ihn gern in das folgende Jahrhundert neben Galilei stellt. Andererseits aber ist er, abgesehen von dem Experiment, das doch bei ihm noch nicht die spätere Wichtigkeit erlangt hat, methodisch noch ganz den Alten zuzurechnen, ein Statiker aus der Archimedischen Schule,

dessen Beweisen noch das dynamische Element fehlt, welches für die Galilei'sche Mechanik so charakteristisch ist, und dessen Beweisart, wie die statische Methode überhaupt, nicht nur den Entwicklungsgang verdeckt, sondern auch einer allgemeineren Anwendung nicht günstig ist. **In Stevin feiert die Archimedische, rein statische Methode ihren letzten Triumph und die alte Statik erhält durch seine Entdeckung des Gesetzes der schiefen Ebene, wie durch seine Untersuchungen über den Druck der Flüssigkeiten einen gewissen Abschluss.**

1537
Stevin.

Denken wir uns mit Stevin um ein Dreieck, von dem die Grundlinie wagerecht ist, eine geschlossene Kette geschlungen, die überall gleichförmig aus gleich schweren Gliedern besteht, und die ohne Reibung und Hinderniss um das Dreieck bewegbar ist, so kann doch keine Bewegung eintreten, denn würde eine solche nach einer Seite beginnen, so müsste sie, weil trotz der Verschiebung der Kette bei ihrer Gleichmässigkeit nichts in den Verhältnissen geändert wird, ohne Ende fortdauern; das ist unmöglich, darum muss die Kette überhaupt im Gleichgewicht sein. Hiernach folgert Stevin, dass Gleichgewicht auch stattfinden müsse, wenn keine Seite des Dreiecks horizontal liegt, und endlich, dass drei Kräfte an einem Punkt im Gleichgewicht sind, wenn sie sich nur wie die Seiten irgend eines geradlinigen Dreiecks zu einander verhalten und diesen Seiten parallel sind. Dieser letzte Satz ist **der Satz vom Parallelogramm der Kräfte**, nur in anderer Form; doch muss man sich hüten, von hier aus die Entdeckung dieses Satzes zu datiren, denn erstens hat Stevin den Beweis des Satzes nicht allgemein vollendet, und zweitens bezieht er sich nur auf den Fall des Gleichgewichts und nicht auf die Gleichheit der durch die Kräfte hervorgebrachten Bewegungen. Dagegen genügt schon das Gleichgewicht der Kette am Dreieck, um das **Gesetz der schiefen Ebene zu entdecken.** Der untere wagerecht liegende Theil der Kette ist für sich allein im Gleichgewicht, die Schwerkraft zieht seine einzelnen Glieder senkrecht nach unten und verursacht also weder einen nach rechts noch nach links gehenden Zug; es müssen sich also die beiden seitlichen Theile der Kette auch allein das Gleichgewicht halten, und daraus folgt vollkommen sicher der Satz, **zwei Lasten sind auf den beiden geneigten Seiten des Dreiecks im Gleichgewicht, wenn sie sich direct wie die Seiten selbst verhalten.** Nehmen wir nun die eine der Seiten senkrecht an, so wirkt die Last auf dieser mit dem vollen Gewicht und es folgt direct, **um eine Last auf der schiefen Ebene zu halten, ist ein Gewicht nöthig, das sich zur Last verhält wie die Höhe der schiefen Ebene zu ihrer Länge.**

Seine **Untersuchungen über den Bodendruck der Flüssigkeiten** beginnt Stevin mit dem Satze, dass in einem parallelepipedischen Gefäss jedes Bodenstück nur von der über ihm vorhandenen Flüssigkeitssäule gedrückt werde. Denn

erleide das Bodenstück einen grösseren Druck, so könne dieser nur von
daneben befindlichen Flüssigkeitssäulen herrühren; für diese dürfe man
aber dann ebenso annehmen, dass sie selbst auf ihr Bodenstück auch
einen grösseren Druck als ihr eignes Gewicht ausübten u. s. w., was zu
Absurdem führen würde. Aus diesem Satze wird dann abgeleitet, dass
auch in einem beliebig gestalteten Gefäss der Bodendruck
gleich dem Druck einer Flüssigkeitssäule ist, die den Boden zur Grundfläche, die Höhe des Wassers im Gefäss zur
Höhe hat. Stevin constatirt nämlich, dass die Ersetzung einer Flüs-
sigkeitsmasse durch einen gleichschweren festen Körper den Bodendruck
nicht ändern wird, dann denkt er sich in einem parallelepipedischen, mit
Flüssigkeit gefüllten Gefässe alle Flüssigkeit bis auf einen von dem Niveau
zum Boden führenden Flüssigkeitscanal durch einen gleichschweren
festen Körper ersetzt; da diese Veränderung den Bodendruck nicht
ändert, muss auch in diesem beliebig gewundenen und erweiterten oder
verengten Canal, für den der feste Körper nur die Wandung bildet, der
Bodendruck noch immer dem Druck einer Wassersäule über seiner
Bodenfläche gleich sein. Um dieses hydrostatische Paradoxon
auch anschaulich zu beweisen, nimmt Stevin Gefässe von verschiedener Form mit gleichen Flüssigkeitshöhen, durchbricht überall den
Boden mit einer Oeffnung von gleicher Grösse und zeigt direct mit Hülfe
der Wage, dass überall das gleiche Gewicht zum Heben einer Verschluss-
platte der Oeffnung nöthig ist.

Den Druck auf eine Seitenwand des Gefässes findet er
dadurch, dass er die Flüssigkeit in horizontale Schichten theilt und den
Druck auf die den Schichten entsprechenden Streifen der Seitenwand
mit einer Art infinitesimaler Grenzmethode bestimmt, wie sie schon
Archimedes angewandt hatte. Da der Druck in einer Flüssigkeit sich
gleichmässig nach jeder Richtung hin ausbreitet, so ist an jedem Punkte
der Seitenwand der horizontale gleich dem verticalen Druck. Für einen
Streifen der Seitenwand ist also der Druck grösser, als der einer Wassersäule, die den Streifen als Grundfläche und die Tiefe der oberen Grenz-
linie unter dem Niveau zur Höhe, und kleiner als der Druck einer
Wassersäule, die bei derselben Grundfläche die Tiefe der unteren Grenz-
linie zur Höhe hat. Durch Summirung findet dann Stevin zwei Werthe,
die beim Uebergang zu unendlich dünnen Wasserschichten in einen
Grenzwerth, den wahren Werth des Druckes übergehen; dieser ist für
eine rechteckige Seitenfläche gleich dem Gewicht einer
Wassersäule über der Seitenfläche mit der halben Höhe
der Fläche als Niveauhöhe.

Den Satz von dem Gleichgewicht des Wassers in communicirenden Röhren leitet Stevin direct aus der alleinigen Abhängigkeit des Bodendrucks von der Druckfläche und Niveauhöhe her und
benutzt auch umgekehrt die Beobachtung der gleichen Niveauhöhe in
ungleich weiten communicirenden Röhren als experimentellen Beweis für

sein Gesetz. Des Archimedes Lehre von den schwimmenden Kör- 1587
pern erweitert er durch die allgemeinen Sätze, dass beim Gleichgewicht Stevin.
der Schwerpunkt des schwimmenden Körpers vertical
unter dem imaginären Schwerpunkt der verdrängten
Wassermasse liegen müsse und dass das Gleichgewicht um so
sicherer sei, je tiefer der erste Punkt unter dem zweiten liege.

Mehr Dynamiker als Stevin ist **J. Baptista Benedetti** (1530 bis 1587
1590). In seinem Diversarum speculationum math. et physicarum liber Benedetti. Divers.
widmet er der Mechanik ein eignes Capitel und hier tritt uns speculatio- num liber.
schon eine gewisse Kenntniss der Beharrung eines Körpers, nicht
bloss in der Ruhe, sondern auch in der Bewegung, sowie auch eine
Ahnung von der Wirkung einer gleichförmigen Kraft entgegen, obschon die Kraft selbst noch immer in echt Aristotelischer
Weise als ein gewollter Zweck vorgestellt wird. Benedetti
sagt gegen Aristoteles, dass ein geworfener Stein durch die Luft mehr
gehindert als angetrieben werde und dass die Bewegung des Steines,
nachdem er die werfende Hand verlassen, von einer gewissen
Impetuosität komme, die der Stein von der ersten werfenden Kraft
erhalten habe. Bei der natürlichen Bewegung (der frei fallenden
Körper) wachse die Impetuosität immer fort, weil die Ursache
derselben ebenfalls immer fort wachse, nämlich die Neigung der Körper,
den ihnen von der Natur angewiesenen Platz zu suchen. Die Geschwindigkeit dieser Körper werde darum immer grösser, je näher sie
diesem Platze kämen. Er behauptet dann weiter, dass alle Körper,
gleichviel welches Gewicht sie haben, von gleichen Höhen in gleicher
Zeit zur Erde fallen und dass Körper, die im Kreise geschwungen
werden, in der Tangente des Kreises fortgehen von dem
Augenblicke an, wo sie sich selbst überlassen werden. Endlich löst er
die im 16. Jahrhundert viel bestrittene Aufgabe vom schiefen
Hebel, indem er den Satz aufstellt, dass die bewegende Kraft (virtus
movens) eines beliebigen Gewichtes durch die Länge der Senkrechten
erkannt wird, die man vom Mittelpunkte des Hebels auf die Neigungs-
linie der Kraft fällt. Dieser Satz ist interessant, weil er die deutliche
Definition von dem enthält, was wir heutzutage Moment einer Kraft
nennen.

Benedetti, ein Venetianer von Geburt, war ein frühreifes Genie,
das sich noch dazu fast ganz autodidaktisch bildete. Er erzählt selbst
von sich, dass er nie eine Schule besucht und nur unter Tartaglia die
vier ersten Bücher des Euklid gelesen, wonach er sich dann allein weiter
gebildet habe. Trotzdem erschien schon 1553, als Benedetti erst 23 Jahre
alt war, von ihm das wissenschaftlich bedeutende Werk resolutio
omnium Euclidis problematum aliorumque una tantummodo circuli data
apertura, in welchem er alle Probleme des Euklid mit einer Zirkel-
öffnung lösen lehrte. Das Hauptwerk, in dem er seine physikalischen

Ansichten veröffentlichte, erschien erst am Abend seines Lebens und fand in diesem physikalischen Theile durchaus nicht die verdiente Beachtung. Physik musste noch in dieser Zeit nach Aristoteles oder zur Noth auch, wenn es sich um statische Verhältnisse handelte, nach Archimedes gelehrt werden, sonst konnte ein Werk nicht den Beifall der zünftigen Gelehrten finden und wurde, so weit es nur möglich war, todtgeschwiegen. Unser Gelehrter aber war, neben einem ausgesprochenen Feind des Aristoteles und der peripatetischen Physiker, auch ein ausgezeichneter Polemiker, um so mehr hatte man Ursache seine physikalischen Arbeiten zu übersehen. Benedetti starb im Jahr 1590 als Mathematiker des Herzogs von Savoyen.

Fünfundvierzig Jahre waren seit der ersten Ausgabe des Buches von Kopernikus verflossen und noch hatte dasselbe ausser in Deutschland wenig Beachtung gefunden; die deutschen Astronomen hatten meist zugestimmt, aber das hatte wenig zur Verbreitung beigetragen, besser sollte nun in dieser Beziehung der Widerspruch eines bedeutenden Astronomen wirken.

Im Jahre 1588 wendete sich **Tycho de Brahe** durch Briefe an Peucer in Wittenberg und an Rothmann in Cassel gegen das Kopernikanische System und in demselben Jahre begann auf seiner Sternwarte in Uranienburg der Druck des erst 1602 in Prag vollendeten Werks De mundi aetherei recentioribus phaenomenis liber secundus, in welchem er sein eignes System dem Kopernikanischen gegenüberstellte.

Tycho ist 1546 als Sohn eines schwedischen Edelmannes, der im Jahre 1571 als Commandant von Helsingborg starb, geboren. Im Jahre 1560 bezog er die Universität Kopenhagen, um da nach der Bestimmung seiner Familie Jura zu studiren. Doch scheint ihn dieses Studium nicht sehr angezogen zu haben, denn in Leipzig, wohin er 1562 gegangen war, beschäftigte er sich schon mit Astronomie und beobachtete im August 1563 die grosse Conjunction des Jupiter mit Saturn. Seine Verwandtschaft war von solchem unadeligen Streben nicht sehr erbaut und hätte ihm gern dasselbe ganz untersagt, wenn sich nicht Sten Bille, ein Onkel mütterlicherseits, seiner angenommen hätte. Dieser richtete ihm auch, nachdem er im Jahre 1571 von mehrjährigen Reisen in die Heimath zurückgekehrt war, auf seinem Gute eine kleine Sternwarte und ein chemisches Laboratorium ein. Die Beobachtung eines neuen Sterns, der im Jahre 1572 heller als die Venus erschien, aber schon 1574 wieder verschwand, verbreitete Tycho's Ruhm, und nachdem er 1574 astronomische Vorträge gehalten und in Kopenhagen dem Könige Friedrich II. vorgestellt war, schenkte ihm dieser die Insel Hwen im Kattegat und erbaute ihm während der Jahre 1576 bis 1580 die berühmte Sternwarte Uranienburg. Tycho hatte auf seinen Reisen Verbindungen mit den besten mechanischen Künstlern angeknüpft; er selbst untersuchte alle

Instrumente und besonders die Kreistheilungen genau; er entwarf, was damals neu war, Tabellen über die ermittelten Theilungsfehler und brachte sie als Correction bei seinen Beobachtungen an. So konnte es nicht fehlen, dass die Tychonischen Beobachtungen sich durch eine Genauigkeit auszeichneten, die bis dahin nicht erreicht war.

21 Jahre lang, von 1576 bis 1597, beobachtete Tycho, von einer bedeutenden Anzahl von Schülern umgeben, in Uranienburg, dann aber wurde seine Stellung unhaltbar. Friedrich II. war gestorben, vier Räthe führten während der Minderjährigkeit seines Nachfolgers Christian IV. die Regierung; mit einem derselben, Christoph Walkendorp, hatte sich Tycho wegen einer englischen Dogge veruneinigt, dadurch wurde es seinen vielen Feinden leicht, ihn zu verdrängen. Er ging 1597 zuerst nach Kopenhagen und als ihm Walkendorp dort sogar den Gebrauch seiner Instrumente verbieten liess, nach Rostock. Im Jahre 1599 gediehen seine Unterhandlungen mit dem Kaiser Rudolph zum Abschluss. Er begab sich nach Prag als kaiserlicher Astronom, Astrolog und Alchemiker, bekam 2000 Ducaten zur ersten Einrichtung, 3000 Gulden Jahresgehalt, ein Haus in Prag und ein Schloss Benach bei Prag zum Aufenthalt und, was das Wichtigste ist, den Astronomen Kepler zum Assistenten. Doch sollte seine Wirksamkeit hier nicht währen, nach einem Gastmahl, bei dem stark getrunken wurde, erkrankte er und starb am 24. October 1601.

Tycho's grosser und wohlverdienter Ruhm gründet sich auf die Menge und die Sorgfalt seiner Beobachtungen, die theoretischen Früchte derselben hat er selbst wenig eingeerntet, wir werden später sehen, wie der vielgeplagte und schlecht bezahlte Assistent Kepler aus diesen Beobachtungen die wahren Bahnen der Planeten findet und damit das Kopernikanische System an einem der empfindlichsten Punkte berichtigt. Tycho hatte allerdings aus seinen Beobachtungen die Unhaltbarkeit des Ptolemäischen Systems erkannt; er hatte gerade darum sein Augenmerk besonders auf den Planeten Mars gerichtet, dessen Bahn am wenigsten mit dem excentrischen Kreise stimmte. Er sah auch die Einfachheit, die Leichtigkeit, mit der das System des Kopernikus die verwickelten Erscheinungen der Planetenbewegung erklärte; er gab gern zu, es sei die bequemste Hypothese für die Berechnung und war nicht karg im Lobe dieses Astronomen. Trotzdem konnte er sich nicht entschliessen, das System als den thatsächlichen Verhältnissen entsprechend anzunehmen, weil er sich unter keinen Umständen eine Bewegung der Erde zu denken vermochte.

Tycho's Einwürfe sind: 1) Es ist unbegreiflich, wie auf der rotirenden Erde ein Stein, von der Spitze des Thurmes fallend, am Fusse desselben niederfallen kann. Ein sehr schwer wiegender Grund, wenn das Beharrungsgesetz nicht bekannt ist. Kopernikus hatte dergleichen Einwände durch die Annahme zu beseitigen versucht, dass allen irdischen Körpern mit der Erde die Kreisbewegung natürlich sei. 2) Die Erde sei ein grober, schwerer, zur Bewegung ungeschickter Körper, den man unmöglich wie einen Stern in den Lüften herumführen könne. Der schon erwähnte Rothmann hielt dem entgegen, dass ja nach Tycho's eigenen Beobachtungen die Sonne 140 mal, Jupiter 14 und Saturn 22 mal grösser und also zur Bewegung noch ungeschickter wären als die Erde. Tycho denkt aber wohl trotz der Grösse nicht an eine Schwere der Gestirne. 3) Wenn die Erde eine so grosse Strecke durchlaufe, müssten die Fixsterne dabei eine merkliche Veränderung der scheinbaren Lage zu einander zeigen. Kopernikus hatte den Einwand schon im Voraus mit der unverhältnissmässig grossen Entfernung der Fixsterne widerlegt. 4) Es sei keine Kraft aufzufinden, welche die Erdaxe immer parallel erhalten sollte. Wie schon früher bemerkt, ein richtiger Einwurf. 5) Die Bibel widerspreche in der Stelle Josua 10, 12 (Sonne stehe still zu Gideon) direct der Lehre von der Bewegung der Erde.

Dieser letztere Grund scheint Tycho endgültig von der Annahme des Kopernikanischen Systems abgehalten zu haben. Er construirte ein Vermittlungssystem, nach welchem die Erde wie bei Ptolemäus ruht und von Sonne und Mond umkreist wird, die übrigen Planeten aber wie bei Kopernikus sich um die Sonne bewegen. Mädler nennt dies System des grossen Tycho unwürdig und möchte gern glauben, dass jenes Werk De mundi aetherei recentioribus phaenomenis, welches das Tychonische System enthält, durch fremde Zusätze verfälscht sei. Andere Astronomen geben zu, dass es gegen das Ptolemäische System einen Fortschritt bedeutet, wenn es auch gegen das Kopernikanische ein bedeutender Rückschritt ist.

Jedenfalls hat Tycho das Ptolemäische System gestürzt und dadurch den endlichen allgemeinen Sieg des Kopernikus mit vorbereitet. Durch den Ruhm und das Ansehen des Tycho wurde sein System schnell bekannt. Nachdem ein so bedeutender Astronom den Ptolemäus aufgegeben, wagte Niemand mehr ihn zu halten, jetzt blieb nur die Wahl zwischen dem halben und ganzen heliocentrischen System und Jeder, der sich in seinem Gewissen durch die Ruhe der Sonne beschwert fühlte, Jeder, der aus Furcht vor der Kirche dem radicalen Revolutionär Kopernikus abhold war, Jeder dessen Vertrauen auf den Augenschein grösser war als sein astronomisches Verständniss, wandte sich beruhigt dem geo-heliocentrischen System des Tycho zu. Nur der eigene Assistent des Tycho, Kepler, konnte sich nicht zur Annahme entschliessen; trotzdem jener bis zu seinem Tode ihn drängte, es doch mit seinem System, das dem Kopernikanischen so ähnlich sei, zu versuchen. Auch der Lehrer Kepler's, der Professor Michael Mästlin (1550 bis 1631) in Tübingen, welcher noch 1582 in seinem Epitome astronomiae das Ptolemäische

System vorgetragen hatte, wandte sich nicht Tycho, sondern Kopernikus zu, ja Mästlin soll es gewesen sein, der durch eine in Italien gehaltene Rede den berühmtesten Vorkämpfer des Kopernikanischen Systems, Galilei, zuerst zu dessen Ansicht bekehrte.

*1588
Tycho de Brahe.*

Tycho war ausschliesslich Astronom; uns bleibt nur Zweierlei zu berichten, was die Physik näher berührt, seine Ansicht über die Kometen und seine Beobachtungen der astronomischen Refraction. Bis dahin hatte man die Kometen für Erscheinungen in unserer Atmosphäre gehalten und sie damit der Physik zugewiesen. Tycho konnte an dem Kometen von 1577 trotz sorgfältigster Beobachtung keine Parallaxe finden, und da er mit seinen Instrumenten eine Parallaxe von zwei Bogenminuten noch entdeckt haben würde, so schätzte er die Entfernung dieses Kometen auf wenigstens 28 mal grösser als die des Mondes und strich damit denselben sicher aus der Reihe der atmosphärischen Erscheinungen. Auf die astronomische Refraction, die ja lange vor Tycho bekannt, aber nie recht berücksichtigt worden war, nahm er zum erstenmale bei seinen Beobachtungen Rücksicht und tadelte hart, dass dies auf anderen Sternwarten wie in Cassel nicht geschah. Aber trotzdem er auch nach Beobachtungen eine Refractionstafel gab, können doch seine optischen Ansichten nicht die richtigsten gewesen sein, denn er meint, die Refraction ende mit der Höhe von 45⁰ über dem Horizont und sie sei für verschiedene Sterne, wie Sonne, Mond etc., auch verschieden.

Eine der wunderlichsten Gestalten des 16. Jahrhunderts, halb Dilettant, halb Gelehrter und dabei ein gutes Theil Marktschreier, ist Giambattista della Porta, dessen Hauptwerk, die Magia naturalis sive de miraculis rerum naturalium libri XX, 1589 in zweiter, wirklich verbesserter Auflage erschien. Porta (1538 bis 1615) war ein reicher neapolitanischer Edelmann, der bei seinen mannigfachen Beschäftigungen allerdings manchmal mehr den Eindruck eines Liebhabers der Physik, als den eines wirklichen Physikers macht. Er ähnelt in etwas dem alten Plinius, ist so fleissig, so sammeleifrig, aber auch so leichtgläubig und wundersüchtig. Er bringt einen grossen Theil seines Lebens auf Reisen zu, sucht überall Neues zu erfahren, knüpft überall mit berühmten Männern an, studirt die alten Naturwissenschaftler und giebt endlich in seinem grossen Sammelwerk wieder, was er so zusammengebracht. In einem aber erhebt er sich über die gewöhnlichen Sammler, er ist ein guter Experimentator, der dadurch die verschiedensten Zweige der Physik mit neuen Entdeckungen bereichert hat [1]. Dafür fehlt ihm

*1589
Porta.
Magia
naturalis
II. Aufl.*

---

[1] Auch hier ist noch Manches zweifelhaft; Porta gesteht selbst, dass er alle Welt, Gelehrte wie Arbeiter, nach Geheimnissen unaufhörlich befragt hat. Dabei giebt er nie seine Quellen an, ausgenommen, wenn es sich um die Kenntnisse der Alten handelt.

wieder der strenge philosophische Sinn, der auf den Zusammenhang der Erscheinungen geht, und fehlt ihm eine gründliche Kenntniss der Mathematik; entgegen dem Geiste seiner Zeit hat er in
Mechanik, wie überhaupt in der mathematischen Physik nichts·
geleistet. Selbst bei der Beschreibung seiner Experimente muss man
sich vor allzugrossem Vertrauen in Acht nehmen, weil Porta öfters Dinge
beschreibt, die er nicht wirklich ausgeführt, und allerdings nach der
Gewohnheit vieler damaliger Gelehrten, kühne Projecte macht, deren
Ausführbarkeit er nicht einmal untersucht.

So machte er in seinen pneumaticorum libri III (einer späteren
weiteren Ausführung von einem Theile seiner Magia) den Vorschlag,
Wasser durch einen Heber über Berge zu heben. Man braucht nur eine
Röhre über den Berg weg zu leiten und diese zum Füllen an den beiden
Enden wie auch an der höchsten Stelle mit Hähnen zu versehen. Die
Absicht ist nicht schwer zu verstehen; hätte aber Porta seine Idee an
einem Berge, der höher als 32 Fuss war, nur einmal auszuführen versucht, so würde er schon vor Galilei gefunden haben, dass der horror vacui
eine Grenze hat. Nach seiner eigenen Aussage hat Porta die magia
naturalis schon im Alter von 15 Jahren, das wäre 1553, vollendet; die
älteste Ausgabe datirt jedoch von 1558. Der Mathematiker Brandes
nennt sie „eines der unsinnigsten Bücher, welches man sehen kann",
und man darf ihm ·beistimmen, wenn man hört, dass Porta darin eine
Lampe beschreibt, die alle Anwesenden mit einem Pferdekopf zeigt, und
dass er darin eine Methode angiebt, nach welcher man die Keuschheit
einer Frau mit einem Magneten erkennen kann. Trotzdem oder vielleicht gerade deswegen fand die Schrift nach Porta's eigenem Bericht
ungemeinen Beifall und wurde ins Italienische, Französische, Spanische
und Arabische übersetzt. Die zweite Ausgabe ist gegen die erste stark
vermehrt und· zeigt weniger von jenen phantastischen Versuchen, dafür
erregte sie auch lange nicht so viel Interesse wie die erste [1]).

---

[1]) Libri (histoire des sciences IV, 16) sagt: Von allen Werken Porta's hatte
dieses den meisten Erfolg; es wurde mit soviel Eifer gelesen und ging durch
soviel Hände, dass der unaufhörliche Gebrauch die ersten Ausgaben ganz zerstört hat und dass man nur Nachdrücke davon noch kennt. Man hat heutzutage Mühe, diese Art der Zerstörung eines Buches, und noch dazu eines Buches
über natürliche Magie, auch nur zu verstehen; aber Alle, die sich mit Biblio-
graphie beschäftigen, wissen, dass fast alle Werke über die „geheimen Wissenschaften" dasselbe Loos erlitten haben und dass nicht immer die Inquisitatoren
allein an der Seltenheit dieser Bücher schuld sind. Dies beweist vor Allem
der schlechte Zustand, in welchem Werke dieser Art auf uns gekommen sind.
Die Moderomane von heute werden nicht mit mehr Eifer gelesen, als es damals
mit den Büchern über die Magie und die Alchemie geschah, und kein Werk
der Phantasie hat jemals so viel Wiederabdrücke erlebt, als dieses erste Werk
von Porta. Solche Erzählungen von Wundern und ausserordentlichen Erscheinungen ersetzten den Roman in jener Epoche; als der Autor nach langem Arbeiten das Buch von Neuem mit beträchtlichen Vermehrungen drucken liess

Der bedeutendste Theil der magia naturalis ist der ¹⁵⁸⁹
optische; dieser enthält die Beschreibung der camera obscura in ^{Porta.}
ihrer einfachsten Gestalt. Porta sagt, man solle in dem Fensterladen
eines dunklen Zimmers eine kleine Oeffnung anbringen, dann würden
auf der gegenüberliegenden Wand die von der Sonne beleuchteten Gegenstände sich in ihren natürlichen Farben, aber verkehrt, abbilden.
Er giebt dies nicht für seine Entdeckung aus und hat dabei wohl Recht,
denn abgesehen davon, dass Leonardo da Vinci diese Einrichtung schon
beschrieben, scheint dieselbe auch sonst bekannt gewesen zu sein. Die
zweite Ausgabe des Werks aber bringt dann eine Verbesserung, nach
der wir doch Porta als Erfinder unserer camera obscura (wenn
auch noch nicht in der tragbaren Form) ansehen müssen. Er fährt da,
nachdem er die obige Einrichtung beschrieben, weiter fort: „Ich will
ein Geheimniss enthüllen, das ich bis jetzt aus gutem Grunde immer
verschwiegen habe. Wenn Sie eine convexe Linse in der Oeffnung anbringen, werden Sie die Gegenstände viel deutlicher sehen, so deutlich,
dass Sie die Züge derjenigen erkennen können, die draussen promeniren,
als wenn sie bei Ihnen wären." Seine Entdeckung der camera obscura
wendet Porta auch auf das Auge und das Sehen an, er erklärt das
Auge für eine solche dunkle Kammer, die Pupille für die enge Oeffnung,
die das Licht einlässt, und die Krystalllinse — ein ganz merkwürdiger Fehler bei Porta, der doch die Linse selbst in die Oeffnung des
Ladens gesetzt hat — für den Schirm, welcher die Bilder auffängt.
Porta scheint nichts von Maurolycus zu wissen, der schon vor ihm bessere
Erklärungen gegeben hatte, er würde sonst auch nicht die Weitsichtigkeit von einer zu trockenen und harten und die Kurzsichtigkeit von einer zu weichen, feuchten Krystalllinse bei entsprechend zu
weiter oder zu enger Pupille hergeleitet haben. Am schönsten löst Porta
die schwierige Frage vom Einfachsehen mit zwei Augen, denn
nachdem er alle darüber aufgestellten Hypothesen weitläufig aufgeführt,
erklärt er kurzweg, dass man immer nur mit einem Auge auf einmal sehe
und zwar mit dem rechten, wenn man etwas zur rechten, mit dem linken,
wenn man etwas zur linken Hand Gelegenes erblicken wolle.

Die camera obscura wird von Porta vorzüglich zum Vergnügen
seiner Besucher verwandt, aber gerade hier zeigt er sich merkwürdig
erfinderisch. Er befestigt nämlich vor der Linse im Fensterladen eine
leere Papierröhre, deren vordere Seite durch besonders dünnes Papier
verschlossen war. Auf dieses Papier malt er beliebige Figuren und ver-
schiebt dann die Röhre so lange, bis das Sonnenlicht die Figuren scharf
auf der Zimmerwand abbildet; ja er weiss sogar durch das Bewegen der

und es auch von einer grossen Anzahl eingebildeter Wunder reinigte, gewann
es zwar viel an wissenschaftlichem Werth, verlor aber ebenso viel an seinem
Ruf und wurde bald zurückgelegt unter andere Werke von ähnlicher Art, wie
de subtilitate von Cardanus, die auch Niemand las.

1589
Porta.

Papierröhre so viel Leben in die Bilder zu bringen, dass er in den nicht ungefährlichen Ruf eines Zauberers kommt. Die camera obscura ist dadurch zu einer laterna magica geworden und könnte leicht als Sonnenmikroskop gebraucht werden; aber Porta, der doch sonst nicht blöde ist, macht kein Aufhebens von diesen Entdeckungen, er erkennt ihre Wichtigkeit nicht und so wäre es auch wohl nicht richtig, wenn man ihn als wirklichen Erfinder der laterna magica bezeichnen wollte.

Noch weniger freilich scheint es mit der Erfindung des Fernrohrs auf sich zu haben, die man von gewisser Seite ebenfalls dem Porta hat zusprechen wollen. Es gründet sich dies auf die Stelle, wo Porta sagt, durch eine concave Linse sehe man entfernte Gegenstände deutlich, durch eine erhabene naheliegende, und wo er dann fortfährt: Wenn du verstehen wirst beide richtig zusammenzusetzen, wirst du sowohl das Entfernte wie auch das Nächste deutlich sehen. Ich habe vielen Freunden, welche das Entfernte wie das Nächste undeutlich erblickten, so geholfen, dass sie Alles auf das Vollkommenste sahen. Die Stelle ist dunkel, der letzte Satz zeigt jedoch, dass Porta an Hülfe für schwachsichtige Personen, nicht an ein Fernrohr, das auch dem gesunden Auge neue Welten erschliesst, gedacht hat, wobei nicht ausgeschlossen ist, dass die Stelle, wie auch schon ähnliche früher, z. B. bei Roger Bacon erwähnte, den wirklichen Erfindern Veranlassung zu ihren Arbeiten gegeben haben.

Für den Hohlspiegel sagt Porta zum erstenmal richtig, dass man die Brennpunkte aller Strahlen, die in der Nähe der Achse einfallen, ohne merklichen Fehler in den Mittelpunkt des Halbmessers setzen könne; für Linsen weiss er aber nicht mehr, als dass der Brennpunkt hinter der Linse liegt. Porta nennt den Brennpunkt punctum inversionis imaginum, Umkehrungspunkt der Bilder, weil er bemerkt hat, dass ein Brennspiegel von einem Gegenstand, der zwischen Brennpunkt und Spiegel steht, vergrösserte aufrechte Bilder, von einem Gegenstand aber, der ausserhalb der Brennweite steht, umgekehrte verkleinerte Bilder zeigt.

Ausser seinen optischen Untersuchungen sind nur noch die magnetischen bei Porta von Interesse. Er weiss, dass ungleichnamige Pole, die er freundschaftliche nennt, sich anziehen, gleichnamige (feindliche) aber sich abstossen; doch glaubt er, dass der Magnet auch Eisen sowohl anziehe als abstosse, wahrscheinlich weil sein Draht, nachdem er einmal angezogen, dann selbst magnetisch geworden war. Durch das Streichen mit einem Magnetstein macht er auch Eisen selbst zum Magnet, und findet richtig, indem er den erzeugten Magnet in einem Schälchen auf Wasser legt oder ihn an einem Faden aufhängt, dass jeder Magnetpol in dem bestrichenen Eisen einen entgegengesetzten Pol erzeugt, auch bemerkt er, dass sich mit dem bestrichenen Eisen wieder anderes Eisen u. s. w. ohne Aufhören magnetisch machen lässt.

Bei diesen verständigen Experimenten findet sich eine **g u t s c h o l a s t i -** 1589
s c h e E r k l ä r u n g d e r A n z i e h u n g: der Magnetstein ist eisenhaltig, Porta.
dies Eisen ist aber in ihm in einem sehr unvollkommenen Zustande, es
zieht also anderes Eisen an, um sich durch solche Verbindung selbst
vollkommen zu machen [1]).

Porta ist ein etwas dunkler Charakter, prahlerisch, leichtsinnig im
Umgang mit der Wahrheit, wundergläubig unkritisch, ohne tieferen
wissenschaftlichen Ernst und doch durchaus nicht ohne Verdienst; wir
haben schon in Cardanus ebenfalls in diesem Jahrhundert eine ähnliche
zweifelhafte Gestalt kennen gelernt und hätten noch in dem berühmten
und berüchtigten **P h i l i p p u s A u r e o l u s T h e o p h r a s t u s B o m b a s t u s
P a r a c e l s u s** ab Hohenheim (1493 bis 1541) einen **M e i s t e r d e r
M a r k t s c h r e i e r** anführen können, der doch **a u s s e r s e i n e m b e d e u -
t e n d e n W e r t h f ü r d i e M e d i c i n auch für die g e s a m m t e N a t u r -
w i s s e n s c h a f t als G e g n e r d e s s c h o l a s t i s c h e n A r i s t o t e l i s -
m u s s e i n e V e r d i e n s t e h a t.** Etwas starkes Hervordrängen, einiges
interessant Wunderbare scheint in dieser Uebergangsepoche dem Naturwissenschaftler nöthig zu sein, wenn er Geltung finden will.

Noch bleibt **d e r g e l e h r t e n G e s e l l s c h a f t** zu gedenken, die
Porta im Jahre 1560 in Neapel in seinem eigenen Hause gründete, nicht
weil sie irgend Bemerkenswerthes geleistet, sondern weil sie der **e r s t e
G e l e h r t e n v e r e i n e i n z i g u n d a l l e i n z u m Z w e c k e d e r N a t u r -
f o r s c h u n g i s t.** Sie nannte sich **A c a d e m i a s e c r e t o r u m n a t u r a e,** hat
aber nicht viel Geheimnisse ergründen können, denn als Porta vor der
Inquisition der Zauberei und übernatürlicher Künste angeklagt wurde,
löste die Akademie sich auf, und sie ist nach Porta's glücklicher Frei-
sprechung nicht wieder eröffnet worden.

G a l i l e i z e i g t d u r c h F a l l v e r s u c h e v o m s c h i e f e n T h u r m 1590
z u P i s a, d a s s d i e K ö r p e r n i c h t u m s o s c h n e l l e r f a l l e n, j e Galilei's
s c h w e r e r s i e s i n d. Fallver-
suche.

Wir haben gesehen, dass schon **S e n e c a** die Vergrösserungskraft der 1590
mit Wasser gefüllten Glasflaschen kennt, **A l h a z e n** die durch sphärische Erfindung
Flächen bewirkten Vergrösserungen behandelt und dass **R o g e r B a c o n** Mikroskops.
und **P o r t a** mit Enthusiasmus von solchen Wirkungen der Linsen sprechen;
doch finden wir bei allen diesen **n i e d i e A b s i c h t, d i e L i n s e n z u r
E r k e n n u n g d e s f ü r d a s A u g e unsichtbar Kleinen besonders
z u b e n u t z e n.** Der Name **Mikroskop**, der entschieden auf eine
solche Absicht deutet, stammt von **D e s m i c i a n u s,** einem Mitglied der im
Jahre 1603 gestifteten Academie dei Lyncei (der Luchse); die wissen-

---

[1]) Auch Cardanus (Seite 123) wusste, dass der Magnetstein eisenähnlich.
Weil das Eisen vom Magnetstein angezogen wird, nannte er den letzteren
w e i b l i c h e s und das erstere m ä n n l i c h e s E i s e n.

schaftlichen mikroskopischen Beobachtungen datiren eigentlich erst von Hooke, Leuwenhoek und Hartsoeker (c. 1670), wenn
auch schon Stelluti 1625 einen Theil der Biene mit dem Mikroskop betrachtet hat. Alle diese Männer beobachten noch mit einfachen Mikro-
skopen, Leuwenhoek mit kleinen Glaslinsen, die bis 160 mal vergrösserten, Hooke mit kleinen Glaskügelchen und Hartsoeker schmolz sich
diese Glaskügelchen selbst vor der Lampe zusammen. (Noch einfacher
war das Wassermikroskop des Stephan Gray von 1696, der mit der
Spitze einer Nadel einen Wassertropfen in die kleine Oeffnung einer
metallenen Platte bringt, wo derselbe sich von selbst zu einem Vergrösserungsglas formt.) Wie mühsam die Beobachtungen mit diesen
Kügelchen und wie bedeutend die Beobachtungskunst eines
Leuwenhoek sein musste, der mit solchen Instrumenten die Infusorien,
die Spermatozoen etc. entdeckte, kann man daraus sehen, dass nach
Huyghen's Berechnung ein Kügelchen von einer Linie im Durchmesser
doch nur 128 mal vergrössert. Der fortdauernde Gebrauch der einfachen Mikroskope zeigt, dass ein Bedürfniss für zusammengesetzte, wenigstens am Ende des 16. Jahrhunderts, noch nicht vorhanden war, und der späte Anfang der wissenschaftlichen
Untersuchung lehrt, dass auch das Mikroskop überhaupt in dieser
Zeit noch nicht vermisst wurde.

Der Mensch besitzt einen natürlichen, reizvollen Drang, seinen Gesichtskreis zu vergrössern; die Optik hatte schon lange in ihren Versuchen mit Linsencombinationen dieses Verlangen mächtig gesteigert
und viele Köpfe und Hände in Bewegung gesetzt; es war natürlich, dass
man im Anfange des 17. Jahrhunderts zur Construction des Fernrohrs
gelangte, und der schnell allgemein werdende erfolgreiche Gebrauch
zeigt, dass die Erfindung zu rechter Zeit kam. Mit der Welt des unsichtbar Kleinen aber hatte man sich bis jetzt noch wenig beschäftigt, das zusammengesetzte Mikroskop zeigt sich als eine
Frühgeburt, welche durch die Arbeit um das Fernrohr mit gezei-
tigt worden ist, mit der aber die Wissenschaft zuerst noch wenig
anzufangen wusste. Dieser Ansicht ist nicht entgegen, dass man die
Erfindung des Fernrohrs in das Jahr 1608 und die des Mikroskops
in das Jahr 1590, also achtzehn Jahre früher, setzt, denn 1608 ist das
Jahr, in welchem die Fernröhre der Oeffentlichkeit übergeben wurden, 1590 aber soll das Jahr der ersten Erfindung
des Mikroskops sein, und überdies ist das letztere Datum unsicher.
Es wird gestützt auf eine Aussage des holländischen Gesandten Wilhelm
von Boreel (1655), nach welcher er oft gehört, dass sein früherer Spiel-
kamerad in Middelburg, der Brillenmacher Zacharias Jansen, in Ge-
meinschaft mit seinem Vater Hans das erste Mikroskop verfertigt, dieses
Mikroskop hätten die Verfertiger an den Erzherzog Albrecht von
Oesterreich und dieser habe es an Cornelius Drebbel geschenkt, bei
welchem er es dann selbst im Jahre 1619 gesehen. Auch der Sohn des

Zacharias Jansen schreibt seinem Vater die Erfindung des Mikroskops um diese Zeit zu und da diesen Zeugnissen keine anderen gegenüber stehen, so muss man für das Mikroskop 1590 als Jahr der Erfindung festhalten, obgleich die Zeugnisse des Boreel und des Jansen, wie wir später beim Fernrohr sehen werden, sich nicht überall als entscheidend sicher erweisen. 1590
Erfindung
des
Mikroskops.

Jedenfalls kann die Schenkung des Mikroskops an den Erzherzog erst nach 1596 geschehen sein, weil erst in diesem Jahr Albrecht als Generalgouverneur in Brüssel eintraf und dem allgemeinen Bekanntwerden nach ist das Mikroskop zweifellos jünger als das Fernrohr. Der berühmte Huyghens, obgleich selbst Holländer, meint, dass das Mikroskop nicht vor dem Jahre 1618 erfunden und zuerst 1621 bei Drebbel in England gesehen worden sei. Doch hat Galilei ein Mikroskop schon 1612 gefertigt und an den König Sigismund von Polen geschickt, aber auch dieses scheint wenig bekannt geworden zu sein; denn Huyghens führt als Beweis für seine Ansicht an, dass der Italiener Sirturus, der 1618 über Fernrohre schrieb, die Mikroskope noch nicht erwähnt habe.

Der kühne Dominikanermönch **Giordano Bruno** hat für eine specielle Geschichte der Physik kein Interesse, für die Charakteristik des stürmenden und drängenden 16. Jahrhunderts, für die wachsende Reaction der Kirche gegen das Fortschreiten der Wissenschaften ist die Betrachtung seines Lebens lehrreich. Bruno, um 1548 in Nola bei Neapel geboren, trat, unbekannt wann, in den Dominikanerorden; aber Zweifel an der Transsubstantiation und an der Autorität des Aristoteles machten ihn im Orden unmöglich; er entfloh. In Genf konnte seines Bleibens nicht sein, da er nicht Calvinist werden wollte, in Paris lehrte er mit ungeheurem Beifall. Vor dem Zwang in die Messe zu gehen, schützte ihn die Gunst Heinrich's III., aber die Missgunst seiner Collegen, der erzürnten Aristoteliker, trieb ihn fort, nach England. In Oxford, wo jeder Magister und Baccalaureus fünf Schillinge Strafe für jeden Fehler gegen Aristoteles zu zahlen hatte, kämpfte er, während eines Festes des Kanzlers von Oxford, Leicester, in einem glänzenden Redeturnier gegen die Anhänger des Aristoteles und Ptolemäus und stopfte fünfzehnmal, nach seinem eigenen Zeugniss, seinen Gegnern so den Mund, dass sie nur mit Schimpfen antworten konnten. Trotzdem erhielt er, wohl durch die Gunst der Elisabeth, die Erlaubniss, Vorlesungen zu halten, aber nur für kurze Zeit; dann bekämpfte er in einer grossen dreitägigen Disputation wieder in Paris die Physik des Aristoteles und lehrte die Achsendrehung der Erde. Dies trieb ihn auch hier wieder fort, er wendete sich über Marburg, Wittenberg nach Helmstedt, wo ihn der Herzog von Braunschweig mit Gunst aufnahm und ihn sogar gegen die Excommunication des Pastor primarius an der Marktkirche in Helmstedt, Dr. Boethe, schützte. Doch wie überall war auch hier seines Bleibens 1550 bis 1600
Giordano
Bruno.

nicht, er eilte bald nach Frankfurt und von da auf die Einladung eines Venetianers nach Venedig. Hier ergriff ihn die Inquisition und nach Jahre langer Haft wurde der erst fünfzigjährige Mann quam clementissime et citra sanguinis effusionem bestraft, d. h. lebendig verbrannt — ohne widerrufen zu haben, was man wohl von ihm erwartet hatte.

Bruno ist kein Mitbegründer der neueren Physik, wie man wohl behauptet hat; er ist, trotzdem er gegen die Physik des Aristoteles kämpft, überhaupt kein Physiker, sondern von Grund aus Philosoph. Als Naturphilosoph kann er für die späteren Naturphilosophen als Vorläufer gelten; die Weltentheorie des Descartes, die Monadenlehre des Leibnitz klingen in einzelnen Saiten an Bruno an und Schelling selbst bezeugt, dass er ihm Vieles schulde. Das Hauptverdienst Bruno's liegt für uns in seiner frühen Anerkennung des Kopernikanischen Weltsystems und seiner mannhaften Vertheidigung desselben. Schon in den Schriften vom Jahre 1584 bekennt er sich ganz zur Lehre des Kopernikus und erweitert dieselbe auf seine Weise. Alle Sterne sind entweder Sonnen oder Erden, die Sonnen haben ihr eigenes Licht und werden von den Erden umkreist, die ihr Licht erst von den Sonnen empfangen. Jede Sonne ist mit einem sehr grossen äthererfüllten Raume umgeben, in welchem die Erden sich bewegen. Solcher Sonnensysteme giebt es in dem unendlichen Weltall unendlich viele und es ist nicht zu bezweifeln, dass noch auf vielen Erden wie auf unserer die Bedingungen für die Existenz bewusster Wesen gegeben sind; der Mensch ist nur ein geringes, unbedeutendes Wesen in der Reihe der Geschöpfe, wie sein endlicher, kleiner Weltkörper ein Stäubchen ist im unendlichen Universum.

Johannes Kepler: Prodromus dissertationum cosmographicarum, continens mysterium cosmographicum de admirabili proportione coelestium orbium, deque causis coelorum numeri, magnitudinis, motuumque periodicorum genuinis et propriis, demonstratum per quinque regularia corpora geometrica. Tübingen 1596.

Kepler's Wirken (1571 bis 1630) gehört der Zeit und dem Geiste nach dem 17. Jahrhundert an. Nur seine erste Schrift, der Prodromus, zeigt uns in Kepler ausschliesslich den phantastischen, pythagorisirenden Zahlenmystiker; alle seine späteren Schriften stehen auf dem Boden reeller sicherer Beobachtung, wenn sie auch manchmal noch, die eine mehr, die andere weniger, Excursionen ins Reich der Träume machen. Als die Schrift erscheint, ist Kepler 25 Jahre alt, sein Lehrer Maestlin hat ihn, der für den geistlichen Stand bestimmt war, zum Studium der Mathematik und Astronomie bewogen und ihm nach kaum vollendetem Studium 1593 eine Stelle als Professor der Mathematik und Moral in Graz verschafft. Von hier sendet der junge Astronom 1594 einen Kalender und zwei Jahre nachher sein mysterium cosmographicum in die Welt. Die Schrift

enthält hauptsächlich, wie der Titel anzeigt, ein **Gesetz der Entfer-** 1596
Kepler.
nungen der fünf damals bekannten Planeten von der Sonne,
wie sie Kopernikus angegeben hatte.

Man denke sich um die Sonne eine Kugel construirt, welche durch
den Merkur hindurchgeht; um diese Kugel schreibe man ein reguläres
Octaëder und um dieses wieder eine Kugel, so wird der Planet Venus
auf dieser Kugeloberfläche stehen. Fährt man in ähnlicher Weise fort
und schreibt um die letzte Kugel ein Ikosaëder, so steht auf der Oberfläche der wieder um dieses beschriebenen Kugel die Erde, und wenn
man weiter nach der Reihe auf dieselbe Weise folgen lässt Kugel,
Dodekaëder, Kugel, Tetraëder, Kugel, Hexaëder, Kugel, so gehen die
drei letzten Kugeloberflächen resp. durch die drei letzten Planeten,
Mars, Jupiter und Saturn. Die Construction stimmt nur annähernd für
die beiden letzten Planeten und hat natürlich für die Wissenschaft jetzt,
wo sie **nicht nur nach Regelmässigkeiten,** sondern auch **nach
den Ursachen** derselben sucht, **keinen Werth.** Doch zeigt die
Construction von der **ungemeinen Combinationsgabe des Kepler,** die das Weitentlegene zu verbinden und Ungeahntes aufzufinden
wusste, eine Gabe, ohne welche er wohl niemals zu seinen berühmten
Gesetzen der Planetenbewegungen gekommen wäre. Die Schrift ist
ausserdem wichtig und verdienstlich durch ihre **unbedingte Anerkennung und strenge Festhaltung des Kopernikanischen
Systems**, dessen Verbreitung ausser in Deutschland durchaus noch
keine Fortschritte gemacht hatte. **Für Kepler hatte sie gute und
schlechte Folgen; der Geistlichkeit wurde er durch die Schrift
verhasst, den Astronomen aber rühmlich bekannt.** Tycho
de Brahe trat daraufhin mit ihm in Verbindung und rief ihn, als die
Verfolgung der Protestanten in Steiermark schärfer wurde, zu rechter
Zeit zu sich nach Prag.

Wir schliessen die Reihe der Physiker dieses Zeitraums mit **Picco-** 1597
Piccolomini.
Liber
Scientiae
de natura.
**lomini, der wieder das Problem der freifallenden Körper
aufgreift und die alte Ansicht verwirft, ohne freilich die
Lösung dem neuen Zeitraum vorweg zu nehmen.** Piccolomini
sagt in seinem Liber Scientiae de natura, dass Aristoteles in Betreff der
leichten und schweren Körper mehrere Sätze aufgestellt, die gegen die
Erfahrung wären, und seine Regeln über das Verhältniss der Geschwindigkeiten fallender Körper seien sogar offenbar falsch, denn ein
doppelt so grosser Stein falle durchaus nicht doppelt so schnell als ein
einfacher. Gegen denselben Satz hat übrigens auch der Statiker Stevin
recht überzeugend vorgestellt, dass zehn gleiche Ziegelsteine, die einzeln
gleich schnell fallen, nicht zehnmal schneller fallen werden, wenn man
sie verbunden fallen lässt.

Das 16. Jahrhundert hat sich der Wissenschaft der Alten wieder ganz bemächtigt, was nicht verloren gegangen, das hat man hervorgezogen, durch Uebersetzungen und erklärende Umschreibungen zugänglich gemacht und hierin liegt das Hauptcharakteristikum dieses Jahrhunderts. Ein eigentlicher Fortschritt ist in der Physik noch nicht erfolgt, Naturphilosophie und mathematische Physik stehen einander streng gesondert gegenüber, die Naturphilosophie negirt in ihrer Beschränkung auf Aristoteles jeden Fortschritt und die mathematische Physik arbeitet sich noch an den alten Aufgaben ab, ohne neue Gebiete für ihre Untersuchungen erobern zu können.

Erst das 17. Jahrhundert schreitet sicher über die Wissenschaft der Alten hinaus dadurch, dass es als eigentliche Methode der Physik die Experimentalmethode erkennt. Diese neue Entdeckung erzwingt sich durch ihre ungeheuren Erfolge bald allgemeine Anerkennung; Philosophen wie Mathematiker sind bestrebt ihre Früchte nutzbar zu machen, und in der neuen Methode suchen sich die vorher getrennten Zweige der Physik zu einer eigentlichen, selbstständigen, physikalischen Wissenschaft zu vereinigen. Das ist wenigstens das Ideal, dem in den einzelnen Zeiträumen mehr oder weniger bewusst und mehr oder weniger eifrig zugestrebt wird, das aber doch, wie alles Ideale, mehr oder weniger verborgen liegt und das in seiner Vollkommenheit nie ganz und selbst annähernd nur einzelnen genialen Persönlichkeiten erreichbar sein wird.

Wir haben uns früher gewundert, dass die griechische Physik mit einer von ungenügend gesicherten, allgemeinen Sätzen aus deducirenden Naturphilosophie beginnt und nicht bis zu einer sicheren Beobachtungskunst gelangen kann, dass sie vielmehr von zufällig gemachten Beobachtungen sogleich philosophisch zu allgemeinen Wahrheiten zu kommen, oder mathematisch das Erlangte zu verwerthen suchte. Wir haben aber gesehen, dass das Mittelalter ganz denselben Weg fast noch hartnäckiger ging und dass die alte Naturphilosophie sich erst vollständig wieder ausleben und ihre Unfähigkeit documentiren musste, ehe der Mensch sich herabliess von vorn anzufangen und den Versuch machte von den Einzelerscheinungen, die sicher beobachtet waren, zu dem Allgemeinen aufzusteigen. Darnach ist es wohl nicht in der Natur des Griechen allein, sondern in der Natur des Menschen überhaupt begründet, sich nicht mit den langsam vorschreitenden, erfahrungsmässig sicheren Methoden zu begnügen, sondern immer wieder den Versuch zu machen, alles noch Dunkle, Gott und die ganze Natur auf einmal zu erklären. Ja wir können es sogar natürlich finden, dass man um so eher den Erfahrungsweg als hoffnungslos aufgiebt und in der Speculation allein das Heil sucht, je weiter man noch vom Ziele selbst entfernt ist.

Auch darf man in der Physik weder die Philosophie noch die Mathematik unterschätzen, oder die experimentelle Methode, wie es leider noch heute manchmal geschieht, zu stark überschätzen. Auch die reine Experimentirkunst ist für sich allein eines wirklich wissenschaftlichen Fortschritts nicht fähig. Die Speculation über den augenblicklichen Stand der Erfahrung hinaus wird immer der Beobachtung die Wege zeigen und den Plan machen müssen, und eine Wissenschaft von den Naturerscheinungen wird immer in den Bestimmungen der Grössenverhältnisse derselben von der Mathematik abhängig bleiben.

Wie schon bemerkt, **das Ideal der Physik liegt in der Vereinigung von Beobachtungskunst, Mathematik und Philosophie;** von der Wechselwirkung dieser drei Factoren hängt auch der Fortschritt unserer Wissenschaft in den folgenden Jahrhunderten ab. Wo der eine zu sehr die Ueberhand bekommt, da wird immer nach längerer oder kürzerer Zeit die Entwickelung zum Stillstand gebracht; wo aber einmal in einer Person die drei Factoren im richtigen Verhältniss sich mischen, da haben wir es mit einem Genie zu thun, das einen Markstein in der Geschichte bildet. **Ein solch genialer Geist steht an dem Anfange der neueren Physik, es ist ihr Begründer Galilei.**

Inhaltsverzeichniss

Geschichte der Physik

und

synchronistische Tabellen

der

Mathematik, der Chemie und beschreibenden Naturwissenschaften

sowie

der allgemeinen Geschichte.

Physik.	Mathematik.

Chemie und beschreibende Natur-wissenschaften.	Allgemeine Geschichte.
	?
	c. 3000 v. Chr. Die ägyptischen Könige *Chufu*, *Chafra* und *Menkera* erbauen die grössten der Pyramiden.
Die Aegypter kennen die Gewinnung und Bearbeitung mehrerer Metalle, mehrerer Farben, die Darstellung des Glases, verwenden chemische Präparate als Medicamente, wie z. B. Bleiweiss zu Salben.	
	1100 Der chinesische Kaiser Tschu-kong soll mit einem Gnomon während der Solstitien die Höhe der Sonne beobachtet und daraus die Schiefe der Ekliptik berechnet haben.
	9. Jahrhundert: *Homer*, *Lykurg*.
	8. Jahrhundert: *Hesiod* zeigt in seinem kosmologischen Lehrgedicht „Werke und Tage" einige Kenntniss der Vorgänge am Sternenhimmel.
	655—610 *Psammetich I.* öffnet Aegypten den Fremden. Naukratis, griechische Handelscolonie in Aegypten.
	650 *Terpander*, Begründer der griechischen Musik.
	639—559 *Solon*.
	610—595 *Necho*, König von Aegypten, beginnt den Bau des Suezcanals, lässt Afrika durch phönicische Seeleute umschiffen.

Chemie und beschreibende Natur-wissenschaften.	Allgemeine Geschichte.
	525—456 *Aeschylos*, 495—406 *Sophokles*, 480—406 *Euripides*.
	500—430 *Phidias*: Athene Parthenos, Zeus.
	490 Schlacht bei Marathon, *Miltiades*.
	480 Schlacht bei Salamis, *Themistokles*.
	475 Uebertrag der Hegemonie von Sparta auf Athen.
	468 *Perikles* betritt die politische Laufbahn.
Empedokles: Die Pflanzen sind in dem Kreislauf der Sonne kurz vor den Thieren entstanden, sie sind durch Wärme aus Erde entwickelt. Die Früchte sind Auswürfe des Feuers und des Wassers, die in den Pflanzen enthalten. Die Pflanzen unterscheiden sich von den Thieren durch die Festwurzelung und durch die Vereinigung beider Geschlechter in einem Individuum.	c. 450 *Herodot*, Vater der Geschichte.
	449 Ende der Perserkriege.
	469—399 *Sokrates*.
	c. 432 *Thukydides*, der Geschichtsschreiber.
460—377 *Hippokrates der Arzt* zählt ungefähr 230 Pflanzenarten auf, die er als Heilmittel gebraucht. Die Krankheiten entstehen nicht durch den Zorn der Götter, sondern durch unrichtige Mischung der 4 Hauptsäfte im menschlichen Körper.	452—388 *Aristophanes*.
	431—404 Peloponnesischer Krieg.
	429 Pest in Athen, Perikles stirbt.
	420 Beginn des Einflusses von Alkibiades.
Plato kennt Gehirn, Herz, Magen, Leber, Milz, Zwerchfell.	404 Einnahme Athens durch die Spartaner.
	403—379 Hegemonie Spartas.
	c. 400 *Zeuxis*, der Maler.
	387—362 Krieg zwischen Theben und Sparta.
	371 Schlacht bei Leuktra, *Epaminondas*.
	362 Schlacht bei Mantinea, Epaminondas fällt.

Chemie und beschreibende Natur- wissenschaften.	Allgemeine Geschichte.

¹Chemie und beschreibende Natur-wissenschaften.	Allgemeine Geschichte.
	622 *Mohammed's* Flucht von Mekka nach Medina.
	635—641 Euphratländer, Syrien, Aegypten durch die Araber erobert.
	661—750 Ommaijadische Chalifen in Damaskus.
	711 Schlacht bei Xeres de la Frontera, Araber in Spanien.
	717—741 *Leo III.*, oströmischer Kaiser. Bilderstreit.
	732 Schlacht zwischen Tour und Poitiers. *Karl Martell.*
	750 Abbassidische Chalifen, seit 766 in Bagdad.
	756 *Abd Arrahmân*, ommaijadischer Chalif in Cordova.
Geber kennt die Oxydation der Metalle, gelbes und rothes Bleioxyd, rothes Quecksilberoxyd. Schwefelmilch. Pottasche, Soda. Schwefelsäure, Salpetersäure, Königswasser. Destillation, Sublimation, Filtriren. Wasserbad, Sandbad, Schmelztiegel. Die Goldlösung erweckt grosse Erwartung in der Medicin. Schriften: Summa perfectionis magisterii; de investigatione perfectionis metallorum; de inventione veritatis etc.	800—877 *Joh. Scotus Erigena*, der erste Scholastiker.
	867 Trennung der Kirchen.
	945 Bagdad durch die Bujiden erobert, den Abbassiden verbleibt nur der Titel des Chalifen. Das Reich zerfällt in einzelne selbständige Theile: Aghlabiden in Kairawan, Edrisiden in Fez, Tahiriten in Chorasan, Saffariden in Persien, Fatimiden in Aegypten u. s. w.
Avicenna theilt die Mineralien in Steine, Metalle, schweflige Substanzen und Salze. Die Gebirge können durch gewaltige Erdbeben oder durch Auswaschungen des Wassers gebildet werden, das letztere das Häufigere, davon zeugen die übrig gebliebenen Versteinerungen. Beschreibung vieler neuer Pflanzen aus dem Oriente.	970 Kairo, Hauptstadt Aegyptens unter den Fatimiden.
	1000 Die Christenheit erwartet das Ende der Welt.
	1036 Das Chalifat Cordova zerfällt in mehrere selbständige Fürstenthümer.
1087 *Constantin der Afrikaner* übersetzt medicinische Schriften der Araber.	1058 Bujiden in Bagdad durch die seldschukkischen Türken gestürzt.
† 1122 *Abulchassem* wendet die Destillation zur Arzneibereitung an, lehrt mehrere wohlriechende Wässer bereiten. Durch ihn wird die Destillation des Weins bekannter.	1073—1085 *Gregor VII.*, 1077 Canossa.
	1092 *Roscellinus*, der erste Nominalist, muss widerrufen.
	1096—1270 Kreuzzüge.
	1171 Der Kurde *Saladin* begründet in Aegypten die Dynastie der Ejubiden.

Chemie und beschreibende Natur- wissenschaften.	Allgemeine Geschichte.

† 1248 *Al Beithar* macht bedeutende Reisen, um Pflanzen zu sammeln, ordnet aber dieselben in seiner Schrift nach dem Alphabet.

Die Mönche von Salerno halten eine berühmte Schule der Medicin. Regimen sanitatis Salerni handelt auch von verschiedenen in Italien wachsenden Pflanzen.

Albertus Magnus: De virtutibus herbarum, de vegetabilibus, de agricultura, de rebus metallicis et mineralibus etc. Hält die Metallverwandlung für möglich, wenn er vielleicht auch nicht selbst praktischer Alchimist ist.

Roger Bacon bemerkt, dass Licht im geschlossenen Raume verlöscht, kennt eine Luftart, die Flammen auslöscht, räth zur Vorsicht bei dem Glauben an die Metallverwandlungen.

Lullus soll den Stein der Weisen gekannt haben. 5000 Abhandlungen soll er geschrieben haben und noch 100 Jahre nach seinem Tode gesehen worden sein. Kennt die Darstellung des kohlensauren Kalis aus Weinstein.

c. 1349 *Jacob de Dondi:* Ortus sanitatis, Abbildungen von Pflanzen in Holzschnitt. Vorbild für eine Menge später erscheinender Kräuterbücher.

c. 1450? *Basilius Valentinus*, viel neue speciell chemische Kenntnisse: Wismuth, Zink, Knallgold, Bleizucker, Salzsäure etc. Fällt mit Säuren und Alkalien. Anfänge der qualitativen Analyse. Val. hält es für besser, Medicamente zu be-

1198—1216 *Innocenz III.*, Ohrenbeichte, Kreuzzug gegen Waldenser und Albigenser, Bestätigung der Dominikaner und Franziskaner.

1204 Eroberung Konstantinopels, Lateinisches Kaiserthum 1204—1261.

1206 *Dschengis-Chan*, Oberhaupt der Mongolen.

1236 Cordova von den Spaniern erobert, die Mauren auf Granada beschränkt.

1215—1250 *Friedrich II.*, deutscher Kaiser. Freund arabischer Gelehrsamkeit.

1226—1274 *Thomas von Aquino.*

1232 Inquisition den Dominikanern übertragen.

1244 Jerusalem geht den Kreuzfahrern für immer verloren.

1255—1262 Gründung der Hansa.

1258 Bagdad von *Ilekn-Chan*, dem Enkel des Dschengis-Chan, erobert.

1256—1323 *Marco Polo*, Reisen nach Ostasien.

1252—1284 *Alfons X.*, König von Kastilien und Leon. Sterntafeln.

1256—1273 Interregnum in Deutschland.

1265—1321 *Dante Alighieri.*

1277—1318 *Erwin v. Steinbach*, Baumeister am Strassburger Münster.

Pest in Europa.

1309—1376 Päpste in Avignon.

1324—1387 *Wicliffe*, der Reformator.

† 1347 *Wilhelm von Occam*, der Nominalist.

1314—1375 *Petrarka*, 1313—1375 *Boccaccio*, Beginn des Humanismus.

1414—1418 Concil zu Constanz, *Huss*.

1419—1436 Hussitenkriege.

1440 oder 1460 Erfindung der Kupferstecherkunst.

1453 Eroberung Konstantinopels durch die Türken unter *Mohammed II.*

1449—1492 *Lorenzo I. de Medici, il Magnifico*. Blüthe von Florenz.

11*

Chemie und beschreibende Natur-wissenschaften.	Allgemeine Geschichte.

reiten, als nach der Metallyer-wandlung zu streben. Führt die Antimonpräparate in die Medicin ein. Schriften: currus triumphalis antimonii; de magno lapide antiquorum Sapientum; Apocalypsis chemica; Testamentum ultimum etc.

1455—1522 *Johann Reuchlin*, 1467—1536 *Desiderius Erasmus*, 1492—1540 *Joh. Ludw. Vives*; Häupter der Humanisten.
1483—1485 *Richard III.*, König von England.
1492 Eroberung von Granada, Vertreibung der Mauren aus Spanien.
1498 *Vasco de Gama* in Ostindien.
1474—1533 *Ariosto*.

Leonardo wendet sich gegen die Ansicht, dass die Versteinerungen nur Naturspiele seien.

1490—1555 *Georg Agricola*, Bürgermeister und Stadtphysikus in Chemnitz, Begründer der wissenschaftlichen Mineralogie und Metallurgie. Er betrachtet die äusseren Merkmale genauer und theilt darnach: Erden, concrete Säfte (Salze, Schwefel etc.), Steine, Metalle. De re metallica libri XII, de natura fossilium libri X etc.
† 1534 *Otto Brunfels* (Mainz, Strassburg) liefert in seinem Kräuterbuch gute Abbildnugen, die Pflanzen zählt er ganz ungeordnet auf.
1493—1541 *Paracelsus*, berühmter Arzt. Dringt auf Sectionen, empfiehlt dem Arzt Chemie und Astrologie, braucht Antimon- und Quecksilberpräparate, Opiumpillen. Drei Elemente gibt es, Schwefel im Uebermaass im Körper verursacht Fieber, Salz Durchfall und Wassersucht, Quecksilber, wenn es gerinnt, Gicht, wenn es destillirt, Wahnsinn.
1539 *Hyronimus Bock* (1494—1554), „Neues Kräuterbuch." B. unterscheidet bereits die Familien der Lippen-, Kreuz- und Korbblumen.
1509—1553 *Servet*, der von Calvin als Ketzer verbrannt wird, macht auf den sogenannten kleinen Kreislauf des Blutes vom Herzen zur Lunge und zurück aufmerksam.
Fabricius entdeckt, dass alle Klappen in den Venen nach dem Herzen hin sich öffnen.

1475—1564 *Michelangelo*.
1477—1576 *Titian*, 1483—1520 *Raphael*, 1494—1534 *Correggio*, 1497—1543 *Holbein d. Jüngere*.
1495 Reichstag zu Worms. *Maximilian I.* Ewiger Landfriede. Reichskammergericht.
1484—1531 *Ulrich Zwingli*.
1500 *Peter Hele* erfindet die Taschenuhren?

1503—1566 *Nostradamus* (Michel de Notre-Dame), Leibarzt Karl's IX. von Frankreich und Astrolog.

1517 *Luther* schlägt seine 95 Streitsätze an die Schlosskirche in Wittenberg.
1519—1522 Erste Erdumsegelung unter *Ferdinand Magelhaens*.

1509—1564 *Calvin*.
1519—1556 *Carl V.*
1540 *Ign. Loyola* stiftet den Jesuitenorden.
1519—1574 *Cosimo I.*, 1569 Grossherzog von Toscana. Akademie von Florenz.
1545—1575 Tridentiner Concil.
1555 Augsburger Religionsfriede.

1566 *Soliman II.* stirbt bei der Belagerung von Szigeth in Ungarn.

1574 Die nach dem Plane des Mathematikers *Dasypodius* construirte Uhr des Strassburger Münsters wird vollendet.

Chemie und beschreibende Naturwissenschaften.	Allgemeine Geschichte.

Physik.	Mathematik.

NAMEN- UND SACHREGISTER.

(Die angegebenen Zahlen bedeuten die Seiten des Buches.)

DIE

GESCHICHTE DER PHYSIK.

DIE

GESCHICHTE DER PHYSIK

IN

GRUNDZÜGEN

MIT

SYNCHRONISTISCHEN TABELLEN

DER

MATHEMATIK, DER CHEMIE UND BESCHREIBENDEN
NATURWISSENSCHAFTEN

SOWIE

DER ALLGEMEINEN GESCHICHTE.

VON

Dr. FERD. ROSENBERGER.

ZWEITER THEIL.

GESCHICHTE DER PHYSIK IN DER NEUEREN ZEIT.

BRAUNSCHWEIG,

DRUCK UND VERLAG VON FRIEDRICH VIEWEG UND SOHN.

1884.

VORWORT.

Die Grundsätze, nach welchen ich die Geschichte der Physik zu bearbeiten gedachte, habe ich in der Vorrede zu dem ersten Theile dieses Werkes aus einander gesetzt; sie sind auch für den jetzt vorliegenden zweiten Theil unverändert befolgt worden, und ich darf also in Betreff derselben auf jenes Vorwort verweisen.

Dass ich in diesem Theile die Werke derjenigen Physiker, auf denen mit breiter Basis unsere ganze neuere Wissenschaft ruht, in eingehenderer Weise als früher behandelt habe, wird man wohl der Sache angemessen finden. Ebenso aber wird man kaum missbilligen können, wenn ich auch einzelne physikalische Theorien, deren Wirkungen nicht bis an unsere Zeit heranzureichen scheinen, die aber zu ihrer Zeit gewaltigen Einfluss geübt, diesem letzteren entsprechend ausführlich dargestellt habe. Abgesehen davon, dass ohne die Kenntniss solcher Systeme das Verständniss der Arbeiten mancher Jahrhunderte fast unmöglich erscheint, ist auch ihre Betrachtung gerade geeignet, den grossen Nutzen zu gewähren, den ich nicht besser als mit den Worten Albert Lange's auszudrücken weiss: „Wer — in der Geschichte die unauflösliche Verschmelzung von Irrthum und Wahrheit sieht, wer bemerkt, wie die beständige Annäherung an ein unendlich fernes Ziel vollkommener Erkenntniss durch zahllose Zwischenstufen geht; wer da sieht, wie der Irrthum selbst ein Träger mannigfaltigen und bleibenden Fortschritts wird, der wird auch nicht so leicht aus dem thatsächlichen Fortschritt der Gegenwart auf Unumstösslichkeit unserer Hypothesen schliessen. —

Das wichtigste Resultat der geschichtlichen Betrachtung ist die
akademische Ruhe, mit welcher unsere Hypothesen und Theorien
ohne Feindschaft und ohne Glauben als das betrachtet werden,
was sie sind: als Stufen in jener unendlichen Annäherung an die
Wahrheit, welche die Bestimmung unserer intellectuellen Entwickelung zu sein scheint [1])."

Frankfurt a. M., im Februar 1884.

Dr. Ferd. Rosenberger,

Lehrer an der Musterschule (Realgymnasium).

[1]) Geschichte des Materialismus. 4. Ausgabe, S. 502 und 503.

Verzeichniss der Werke, welche bei Ausarbeitung dieses Theiles der
Geschichte der Physik häufiger benutzt worden sind:

Montucla, Histoire des mathématiques, 2. édit., 1799 bis 1802.
Kästner, Geschichte der Mathematik, 1800.
Bossut, Histoire générale des mathématiques, 1810.
Suter, Geschichte der mathematischen Wissenschaften, 1873 bis 1875.
Fischer, Geschichte der Physik, 1805 bis 1808.
Poggendorff, Biographisch-literarisches Handwörterbuch zur Geschichte
    der exacten Wissenschaften, 1863.
Poggendorff, Geschichte der Physik, 1879.
Whewell, History of the inductive sciences, 3. edit., 1857.
Whewell, Geschichte der ind. Wissenschaften, übersetzt und mit Zusätzen
    versehen von J. J. Littrow, 1840.
Wilde, Geschichte der Optik, 1838 und 1843.
Dühring, Geschichte der Principien der Mechanik, 2. Aufl., 1877.
Karsten, Allgemeine Encyklopädie der Physik: I. Band, Einleitung in
    die Physik von Karsten, Harms und Weyer, 1869.
Gehler, Physikalisches Handwörterbuch, neue Ausgabe, 1825 bis 1843.
R. Wolf, Handbuch der Mathematik und Physik, 1869 bis 1872.
R. Wolf, Geschichte der Astronomie, 1877.
Libri, Histoire des sciences mathématiques en Italie, 1835 bis 1841.
Lange, Geschichte des Materialismus, 4. Ausg., 1876 bis 1877.
Lewes, Geschichte der Philosophie, 1871 und 1876.
Ueberweg, Grundriss der Geschichte der Philosophie, 5. Aufl., 1880 bis 1881.
Kopp, Geschichte der Chemie, 1843.
Kopp, Beiträge zur Geschichte der Chemie, 1869 und 1875.

Eintheilung der Geschichte der Physik.

III. **Geschichte der Physik in der neueren Zeit** von circa
1600 bis circa 1780.

1. Erster Abschnitt von circa 1600 bis circa 1650.
   Entstehungsperiode der neueren Physik.

2. Zweiter Abschnitt von circa 1650 bis circa 1690.
   Physik vorwiegend Experimentalphysik.

3. Dritter Abschnitt von circa 1690 bis circa 1750.
   Physik vorwiegend mathematische Physik.

4. Vierter Abschnitt von circa 1750 bis circa 1780.
   Periode der Reibungselektricität.

III.

Geschichte der Physik in der neueren Zeit.

Von circa 1600 bis circa 1780.

***

Je genauer man eine natürliche Entwickelungsreihe kennen
lernt, desto schwerer erscheint es streng begrenzte Abschnitte in
derselben aufzufinden. An keiner Stelle lässt sich das Natürliche
ganz ohne Zwang in den Schematismus bannen, der dem menschlichen Geiste zum Auffassen nun einmal nöthig erscheint. Mag
man eine Reihe von Naturkörpern in ein System zu bringen, oder
mag man die Entwickelungsgeschichte irgend eines Culturelements
in Perioden zu zerschneiden versuchen, überall widerstrebt das
fliessende Material dem sondernden Verstande. Auch der Geschichtsschreiber der Physik empfindet die Schwierigkeit einer Eintheilung und zwar um so stärker, je mehr mit der Annäherung
an die Neuzeit alle Mittelglieder des Fortschrittes sich deutlicher
seinem Blicke zeigen. So lange nur die Spitzen der Wissenschaft
aus dem Meer der Vergessenheit auftauchen, so lange ist es leicht,
dieselben als feste Säulen im Fluss der Entwickelung zu erkennen;
so wie aber die Lücken sich zu füllen beginnen, so wie der fortschreitende Wellenzug immer weniger unterbrochen sich dem Auge
darstellt, so zeigt sich, dass alle Eintheilung mehr oder weniger
willkürlich und im besten Falle nur eine annähernd richtige sein
kann. Doch steht immerhin der Systematiker einer geistigen Entwickelungsreihe noch günstiger gegenüber als einer körperlichen;
während hier im langsamen Fluss der Dinge epochemachende
Sprünge fast unmöglich erscheinen, ersetzt dort das Werden einer

Geistesgrösse oft die Entwickelung langer Perioden, und mit einem
Male tritt durch eine geniale Kraft ans Licht, was sonst im gewöhnlichen Lauf der Dinge nur langsam geworden wäre.

Ein solcher Fall liegt vor im Anfange der neueren Physik.
Zwar hatte ein Jahrhundert mindestens schon gerungen den sicheren Grund und Boden für diese Wissenschaft zu finden, aber doch
war bis zum Ende des 16. nur wenig Land zu sehen. Erst mit
dem Anfange des 17. Jahrhunderts kam unserer Wissenschaft der
Columbus, der den Weg zu dem geahnten Festland zeigte, und·
nach ihm war es so leicht und so sicher denselben zu gehen, dass
nun auch anderen geringeren Geistern die Nachfolge möglich wurde.
Darum hat es über den Anfangspunkt der neueren Physik kaum
Zweifel gegeben, und wenn man noch einzeln darüber streitet, ob
Galilei oder Bacon für jenen Columbus anzusehen sei, so macht das
erstens für die Datirung jenes Zeitpunktes wenig aus, und zweitens
wird sich zeigen, dass dieser Streit sicher dahin zu entscheiden
ist, dass nur Galilei auf diesem Ocean des Wissens der kundige
Seefahrer war, und dass Bacon höchstens die Segelvorschriften für
denselben in ein System zu bringen vermochte.

Sehen wir so den Anfang der neueren Physik ohne
grosse Schwierigkeiten fest gelegt, so mehren sich
doch dieselben unverhältnissmässig mit dem weiteren
Fortschreiten der Eintheilung. Zwar sind auch fernerhin
Perioden gewiss nicht verkennbar, sowohl die Untersuchungsgebiete,
wie auch die Methoden der Untersuchung selbst ändern sich zu
verschiedenen Zeiten in ganz prägnanter Weise; aber weder lassen
sich diese Aenderungen immer an ganz bestimmte Personen, noch
an ganz bestimmte Zeiten anknüpfen. An einigen Stellen, weil
überhaupt der Gang des Fortschritts ein stetiger ist,
ohne dass er durch besonders hervorragende Geister plötzlich
geändert würde; an anderen Stellen aber, weil solche hervorragende Geister nicht mehr das ganze Gebiet der Physik
und alle Methoden beherrschen und darum die Veränderungen in den verschiedenen Disciplinen nicht gleichzeitig, sondern
nur nach und nach auftreten. Und doch macht sich mit dem
Anwachsen des Materials eine bestimmte Eintheilung als Bedürfniss
immer stärker geltend. Man könnte versucht werden an ganz
bestimmte äusserliche Erscheinungen anzuknüpfen, also ein künst-

liches System entsprechend dem künstlichen System der Naturgeschichte zu schaffen; doch würde eine solche Eintheilung mehr der
Bequemlichkeit des Geschichtsschreibers als dem Verständniss des
Lesers dienen. Wir haben uns darum bemüht die Eintheilung trotz der Schwierigkeiten natürlich zu gestalten und allezeit den Charakter der Gesammt-
wissenschaft zu berücksichtigen. Ob wir dabei immer das
Richtige getroffen haben, können wir nicht selbst entscheiden, und
von speciellen Standpunkten, etwa eines Mathematikers, Philosophen
oder Experimentalphysikers aus, dürfte man vielleicht zu anderen
Resultaten gelangen.

Wie der I. Band dieses Werkes gezeigt hat, kannte die Physik
vor dem 17. Jahrhundert nur zwei physikalische Methoden,
die naturphilosophische und die mathematische. Naturphilosophie wie Mathematik zogen die Grundlagen ihrer Wissenschaft aus den Erfahrungen des täglichen Lebens, aus dem durch
die gewöhnliche Erfahrung gegebenen Beobachtungsmaterial, eine
Experimentalmethode, welche diese Grundlagen selbstthätig schuf,
gab es noch nicht. Das Experiment wurde zwar einzeln zum
Messen der Grössenverhältnisse von Erscheinungen gebraucht, auch
versuchten einzelne Erfinder der Natur durch Probiren Geheimnisse abzulauschen, aber ein planvolles Befragen der Natur,
ein Beobachten derselben als physikalische Methode
war nicht bekannt. Der Physiker bemühte sich die bekannten
Erscheinungen zu erklären, eine Verpflichtung zur besseren Beobachtung derselben, ja nur zur Verificirung seiner erklärenden Hypothesen gab es für ihn nicht. Das Experiment gehörte nicht
in die Wissenschaft, es lag höchstens vor derselben
und hatte in derselben keine Bedeutung. Darum brauchten alle die falschen Sätze von der Beobachtung wenig zu fürchten;
die Welt der Gedanken war unendlich feiner als die
gewöhnliche materielle Welt, es wäre gar kein gutes
Zeichen gewesen, wenn der philosophische Satz sich
vollkommen mit der Erfahrung gedeckt hätte, und jedenfalls war es kein Nachtheil für ihn, wenn die Beobachtung ihm
widersprach. Noch immer steckte in der Philosophie etwas von
der platonischen Schwärmerei für die Idee und von der Verachtung der Materie; der Naturphilosoph hielt es unter seiner

Würde, wie ein Handwerker sich ausserhalb der Studirstube zu beschäftigen und rühmte sich nur im Reiche der Geister zu wohnen. Der Mathematiker aber, der selbst die bekannten physikalischen Naturerscheinungen nur der geringen Minderzahl nach in seine mathematischen Formeln zu bannen wusste, fühlte ebenso wenig den Beruf wissenschaftliche Beobachtungen anzustellen, und davon, dass ihm das Experiment auch bei Anwendung der Mathematik recht förderlich werden könnte, war er eben noch nicht genug überzeugt. So war, trotzdem man vielfach experimentirte und auch geschickt zu experimentiren verstand, doch die Wissenschaft selbst noch wenig davon berührt. Das Experiment in die Wissenschaft selbst einzuführen, die experimentale Methode zu einer anerkannt wissenschaftlichen zu machen, das leistete erst das 17. Jahrhundert.

In der neuen wissenschaftlichen Methode vereinigten sich dann die früher getrennten Zweige der Physik. Die Philosophie entwarf den Plan zur Erklärung und bildete die Hypothese über das Wesen der Erscheinung; die Mathematik leitete aus den Principien die Maassverhältnisse derselben ab und die Beobachtungskunst gab nicht blos für den philosophischen Plan das erste sichere Material, sondern bewahrheitete auch, durch die Verificirung der mathematisch abgeleiteten Maassverhältnisse, die philosophische Hypothese aufs Beste. So zeigt sich der Plan wenigstens in der Physik Galilei's, leider wurde derselbe nicht immer richtig gewürdigt und bald versuchten sich feindlich die eben vereinigten Zweige wieder zu trennen. Schon in der ersten Periode der neueren Physik strebte in Descartes die Naturphilosophie auf neuer Grundlage wieder selbständig zu werden, aber noch wirkte Galilei's Einfluss in seinen Schülern zu mächtig. Erst als etwa vom Jahre 1650 an, auf der anderen Seite auch die Experimentalphysik sich eine einseitige Stellung verschaffte, wurde das Gleichgewicht gestört. Eine Menge neuer, früher nie beobachteter Erscheinungen, wie die des Luftdrucks vor allen, forderte einseitig zur Beobachtung heraus. Die Physiker begnügten sich nun mit der blossen Beobachtung der Thatsachen, nahmen höchstens die Hypothesen des Descartes als bequemes Hülfsmittel auf, wenn nach einer Erklärung gefragt wurde, und bekümmerten sich sonst wenig um eine solche. Die Mathematiker aber wussten einerseits das sich mächtig ansammelnde Neue noch nicht zu bewältigen und waren auf der anderen Seite mit der Entwickelung ihres wichtigsten Hülfsmittels, der höheren Analysis, so beschäftigt, dass sie nur wenig in der Physik thätig blieben. Diese Periode eines ersten Ueberwiegens der Experimentalphysik können wir von 1650 bis 1690 datiren. Nach dieser Zeit erfolgte ein Rückschlag. In den Jahren 1680 bis 1690 war die höhere Analysis durch Newton und Leibniz bekannt gegeben worden; Newton's Attractionstheorie fasste mathematisch die Bewegungen der Himmelskörper, die Bernoulli's, Huyghens u. a. erzielten auf mathematisch-physikalischem Gebiete solche Erfolge, dass nun wieder die Experimentalphysik zurücktrat und die bedeutendsten Geister dieses Zeitraumes sich wieder der mathematischen Physik zuwandten. Doch verschwand natürlich die Experimentalphysik nicht ganz vom Schauplatz, vielmehr verblieben einzelne Zweige derselben in verhältnissmässig starker Thätigkeit; dafür aber wurde die Naturphilosophie bis zur Vernichtung geschlagen. Die an keiner Seite mathematisch fassbaren Hypothesen des Descartes riefen in jenen mathematischen Physikern eine völlige Verachtung der Naturphilosophie, ja einen Hass gegen dieselbe hervor, die den Physikern mehr oder weniger ausgeprägt bis auf den heutigen Tag geblieben sind. Nicht ganz zum Vortheil der Wissenschaft, denn die Vernachlässigung der Naturphilosophie ist mit eine Ursache geworden, dass an einzelnen Stellen das empirische Material sich unverhältnissmässig gehäuft hat, ohne dass eine Erklärung gelungen, ja vielleicht nur kräftig versucht worden wäre. Das Uebergewicht der Mathematik in der Physik dauerte ungefähr bis zum Jahre 1747, dann erlangte die Experimentalphysik neue Kraft durch die gewaltige Vervollkommnung der Kenntniss von der Reibungselektricität, und das Interesse wandte sich in solchem Maasse diesem Gebiete zu, dass wir mit Recht diese vierte Periode von 1747 bis 1780 nach dem Anwachsen und Erlöschen dieses Interesses bemessen können.

So sind diese Perioden in ziemlich bestimmter Weise abgegrenzt und charakterisirt, nur der Abschluss der letzten ist unsicherer, weil keine epochemachende Gestalt und keine epoche-

machende That ihn in der Geschichte markirt. Wenn wir trotzdem die Physik der neueren Zeit mit dem Jahre 1780 abschliessen
und von hier aus im dritten Bande dieses Werkes die Physik
der neuesten Zeit zu beginnen gedenken, so geschieht das, weil
mancherlei weniger hervorstechende Factoren uns doch in ihrer
Gesammtheit für diesen Zeitpunkt entscheidend erscheinen. Wir
werden am Schlusse dieser Abtheilung unseres Werkes unsere
Ansicht ausführlicher vertheidigen.

1.

Erster Abschnitt der Physik in der neueren Zeit.
Von circa 1600 bis circa 1650.

Entstehungsperiode der neueren Physik.

Das 17. Jahrhundert vollendete auf allen Gebieten
der Wissenschaft den Sturz der Scholastik. Nicht dass
dabei die alten peripatetischen Naturphilosophen mit Feuer und
Schwert vertilgt worden wären; sie lebten in einzelnen abgeschlos-
senen Kreisen, unter dem mächtigen Schutze der katholischen
Kirche, auf sicheren Lehrstühlen der Universitäten noch lange
fort; aber sie waren auf den Aussterbeetat gesetzt, eigene Leistungen in der Wissenschaft hatten sie nicht aufzuweisen; wo sie
einmal noch auftauchten, versuchten sie sich in der Opposition
gegen das Neue, aber wagten kaum das Alte zu halten. Und
muss man auch zugeben, dass sie in dieser Opposition das Mög-
lichste gethan haben, so waren ihre Angriffe doch mehr nützlich
als schädlich, denn die Angriffe selbst gaben Zeugniss
von dem neuen Geiste in der Wissenschaft. Wenn man
Fallversuche machte in der Hoffnung die Galilei'schen Gesetze als
unrichtig nachzuweisen, wenn man versuchte die Erscheinungen
am Barometer überhaupt, wenn auch auf andere Art als durch
den Luftdruck zu erklären, so lag darin die Anerkennung der
Beobachtung als wissenschaftlicher Methode. Sowie man selbst
zu experimentiren anfing, nahm man auch die Natur
als die Quelle der physikalischen Wahrheit an; damit
aber war die eigene Naturphilosophie dem Untergange geweiht

und die Grundlage angenommen, die von selbst zur neuen Wissenschaft führen musste. Trotzdem wäre wohl durch die Physik allein
der Sieg der Erfahrungsmethode nicht so schnell und so offenbar
erreicht worden, wenn nicht noch andere Factoren fördernd eingegriffen hätten. Mächtig halfen in dieser Beziehung vor
allem die Entdeckungen am Himmel durch das Fernrohr, die jeden Widerspruch ausschlossen. Mochten sich auch im
Anfange die peripatetischen Professoren hüten vor dem neuen
Instrument, dass dem Alten sich so feindlich zeigte, die jüngere
Generation und die nicht einseitig interessirte Menschheit ergriff
mit Enthusiasmus die Erweiterung ihres Gesichtskreises, und damit
wurde es auch zuletzt den Gegnern unmöglich, die Erfahrung wie
früher ganz zu negiren. Zwar machten einerseits der Zusammenhang der physikalischen und astronomischen Entdeckungen und
der Widerstand der Kirche gegen die neue astronomische Theorie
auch für den Physiker den Kampf gefährlicher, und andererseits
erhielten die Gegner der neuen Wissenschaft die mächtige Inquisition und oft auch aus protestantischen Kreisen die besorgten
Theologen zu Bundesgenossen; doch blieb immerhin der Vortheil
auf Seite der Physik. Obgleich die katholische Kirche aus dem
Kampfe gegen den bedeutendsten Führer der verbundenen Wissenschaften, Galilei, als Siegerin hervorging, so musste sie doch bald
auf wissenschaftlichem Gebiete die Beobachtung als eine von ihr
unabhängige Autorität anerkennen und nach kurzer Zeit gehörten
katholische Priester selbst zu den eifrigsten Experimentatoren.
Zwar hat die Kirche auch späterhin noch ein Aufsichtsrecht über
alle Wissenschaft für sich in Anspruch genommen und hat unlieb-
same Theorien vorzüglich noch in der ersten Periode mit Eifer verfolgt, auch merkt man wohl den geistlichen Arbeitern im Gebiete
der Physik mehr oder weniger ihre stete Gebundenheit in Beziehung auf die Verwerthung der wissenschaftlich erlangten Resultate
an; immerhin aber war der wissenschaftliche Boden für die Forschung gereinigt, und wenn nur die Beobachtung nicht gehindert
wird, so können auch die sich aus ihr ergebenden Theorien so
lange nicht unterdrückt werden, so lange man nicht das Denken
überhaupt gänzlich zu beherrschen vermag.

    Dazu kam, dass der neue Geist des Fortschreitens
sich nicht einmal auf Physik und Astronomie allein

beschränkte. Als hätte der Geist der Menschen in der langen wissenschaftlichen Nacht Kräfte aufgesammelt für spätere passende Verwendung, so drängte in allen Wissenschaften derselbe vorwärts und reinigte durch sichere Fortschritte die ganze wissenschaftliche Atmosphäre von den abergläubischen Nebeln. Die Chemie emancipirte sich von der Alchemie, bedeutende Chemiker, wie Helmont und Boë Sylvius kämpften gegen die Lehre von der Wandelbarkeit der Elemente und fassten alle chemische Veränderung als ein Mischen und Trennen von Stoffen auf. Doch vermochte sich gerade die Chemie noch nicht ganz rein zu gestalten, sie lehnte sich an die Medicin an und versuchte in ihrem Satz von der Identität aller Vorgänge im Körper mit chemischen Processen sich wenigstens einen Theil von dem Stein der Weisen zu erretten. Für die Zoologie löste Harvey durch seine Entdeckung des Blutumlaufs ein lange aufgestelltes und schon mannigfach bearbeitetes Problem; in der Botanik begann man eine eingehendere Beschäftigung mit den Befruchtungsorganen, und das Suchen nach einem rationellen Eintheilungsprincip zeugt dafür, dass man den alten Nützlichkeitsstandpunkt aufzugeben begann, und rein wissenschaftliche Interessen auch hier immer mehr erwachten.

Die Mathematik hat als wichtigste Entdeckung die der Logarithmen und der analytischen Geometrie zu verzeichnen, doch findet man hier in diesem und auch in dem nächsten Zeitraume noch einen verhältnissmässig langsamen Fortschritt. Die Beobachtungswissenschaften scheinen in der Entwickelung einen Gegensatz zur Mathematik zu bilden, der leicht begreiflich ist. Eine mächtige Entwickelungsperiode der einen Wissenschaft entzieht der anderen eine Menge fähiger Arbeiter, und umgekehrt rüsten auch die Erwerbungen der einen Wissenschaft in einer Periode die anderen zu grösseren Fortschritten in der nächsten aus.

Am merkwürdigsten ergeht es der Philosophie in diesem Zeitraum. Sie hat mit der Niederlage der Scholastik einen Schlag erlitten, der absolut tödtlich erschien, und hat überdies noch die Verachtung ihrer Besieger zu tragen. Es zeugt für die Lebenskraft dieser Wissenschaft, dass sie trotzdem sogleich wieder zu neuem Streben und sogar zu neuem Glanze sich aufraffte. Zu danken hat sie das zweien ihrer genialsten Arbeiter, Bacon und Descartes. Bacon hielt der Scholastik die Grabrede, aber nur um den Boden zu reinigen für neue Saat. Nachdem die alte Philosophie ihre Unfähigkeit bewiesen, war er bemüht die neue Methode zu finden, welche diese Wissenschaft ergreifen muss, wenn sie ein vollkommen sicheres Gebäude errichten will. Als diese neue Methode erschien ihm die der Induction; er entwarf danach den ganzen Plan für die neue Wissenschaft, vermochte aber bei dem langsamen Fortschreiten jener Methode nicht das Gebäude selbst aufzurichten. Aehnlich und doch ganz anders Descartes. Auch er vernichtete zuerst die ganze vorhergehende Philosophie, aber nachdem er den sicheren Grund alles Wissens gefunden zu haben glaubte, begann er schnell eine neue Naturphilosophie wieder vollständig auszuführen. Nachdem er erkannt hatte, dass das Wesen der Materie nur in der Ausdehnung besteht, stellte er von diesem Gedanken aus (allerdings mit Zuhülfenahme ungezählter anderer Hypothesen) das ganze System der Natur in einem einzigen kühnen Werke wieder her. Die Idee, aus einer klaren und leicht begreiflichen Eigenschaft der Materie die ganze Naturerklärung zu versuchen, war zu verlockend, als dass sie nicht hätte Aufnahme finden sollen; so werden wir denn in den nächsten Perioden, trotz mannigfachen Widerstandes, die Cartesianische Naturphilosophie in voller Geltung finden auch auf allen Gebieten der Physik. Nur ein Theil der Physiker, der mehr nach der chemischen Seite hin neigte, wandte sich einem wiedererstandenen Zweige der alten Naturphilosophie zu. Nachdem Aristoteles gestürzt, bemühte Gassendi sich die alte Atomistik zu beleben, indem er Epikur und seine Philosophie dem Descartes und seiner Theorie gegenüberstellte. Ihm folgten in dem nächsten Zeitraume bedeutende Chemiker und Physiker, wie Boyle etc., und von da aus begann die Ausbildung der sogenannten neueren Atomistik.

Was nun die Physik im engeren Sinne betrifft, so war darin von den allgemeinen Eigenschaften der Materie (abgesehen von den Naturphilosophen Bacon, Descartes und Gassendi) vor der Hand wenig die Rede. Die alte Philosophie hatte so viel über das Wesen der Materie gestritten, dass man nur darauf zurückkam, wenn man gezwungen war. Das Wesen der Kraft als Wirkung hatte Galilei zum ersten Male und vollendet behandelt, über die Kraft als Ursache sprach er nicht. Im Allgemeinen nahm man Schwere, wie Kepler, als ein Vereinigungsbestreben des Gleichartigen an, oder man versuchte dieselbe durch den Magnetismus zu erklären. Doch hörten mit Descartes nach und nach diese Speculationen auf, und nach ihm gab es in der materiellen Welt keine Kraft im alten Sinne mehr. Kein Körper wirkte auf andere Körper anders als durch unmittelbaren Stoss, und kein Körper änderte seinen Bewegungszustand, wenn er nicht durch andere direct gestossen wurde. In der Statik fester Körper wurden der alten Statik nur das Gesetz der Kräftezusammensetzung in klarer bewusster Form zugefügt und durch Galilei's Princip der virtuellen Geschwindigkeiten die Zurückführung statischer Verhältnisse auf dynamische angebahnt. Dieses Princip der virtuellen Geschwindigkeit wurde dann auch benutzt, um die Gleichgewichtsbedingungen für Flüssigkeiten, wie sie schon früher gefunden, neu zu begründen, sonst wurde hier nichts Neues geleistet. Die Statik luftförmiger Körper erhielt am Ende des Zeitraumes ihre eigentliche Basis durch die Torricelli'sche Lehre vom Luftdruck; doch war das immerhin noch ein schwacher Anfang, der erst im nächsten Zeitraum schnell weiter geführt wurde. Die Dynamik dagegen feierte jetzt ihre Grundlegung als ein Zweig der eigentlichen Physik. Galilei behandelte die Bewegung eines freien Punktes, der sich nur unter dem Einfluss einer constanten Kraft bewegt, in erschöpfender Weise; die Behandlung von Bewegungen, welche auf fester Bahn stattfinden, gelang ihm wenigstens mit Hülfe einiger unbewiesener aber richtiger Annahmen. An die Untersuchungen der Bewegungen von festen Punktsystemen, oder von festen Körpern, dachte man noch nicht; die Dynamik abstrahirte zuerst ganz von der Ausdehnung und der Masse der bewegten Körper. Nur die Cartesianische Lehre vom Stoss bildet hier eine Ausnahme, jedoch keine rühmliche, wie wir sehen werden. In der Dynamik der tropfbarflüssigen Körper haben wir als einen ersten Schritt das Torricelli'sche Ausflussgesetz zu verzeichnen. Der Dynamik elastisch flüssiger Materien könnte man vielleicht die Bestimmung der Schallgeschwindigkeit in der Luft zutheilen; doch ist diese hier noch keine mechanische Ableitung, sondern eine rein experimentale Unternehmung und muss also der

Akustik zugerechnet werden. Dann haben wir für diese nur
noch die ersten Gesetze schwingender Saiten und einige
anschliessende Untersuchungen zu erwähnen. Die Optik fuhr
zuerst ganz in der alten Weise ihrer mathematischen Behandlung
fort, gelangte aber doch auch hier zu grundsätzlich wichtigen
Resultaten. Die Entdeckung der neuen optischen Instrumente,
des Fernrohrs und des Mikroskops, trieb zu immerwährenden
Untersuchungen der Brechung des Lichts, und das Brechungsgesetz wurde nach mancherlei Bemühungen auch in dieser Periode noch gefunden. In der Untersuchung des Auges und
seiner Wirksamkeit war Kepler eifrig und mit bedeutendem Erfolg
gleich im Anfang des Zeitraumes thätig. Später trat auch die
physikalische Optik mehr in den Vordergrund. Bacon zwar
beklagt sich noch darüber, dass man physikalische Untersuchungen
über die Natur des Lichtes vernachlässige, und dasselbe nur mathematisch betrachte, aber bald erfuhr die Farbenlehre eine
eifrige Bearbeitung, und wenn auch die Qualität der Arbeiten der
Quantität derselben nicht entsprach, so näherte man sich doch
nach und nach der Ansicht, dass mit der Brechung des Lichtes
immer eine Farbenzerstreuung verbunden sei. Das
Ende des Zeitraumes brachte endlich noch eine der wichtigsten
optischen Entdeckungen, die aber erst im Anfange des nächsten
veröffentlicht wurde, nämlich die Entdeckung der Beugung
oder Diffraction des Lichtes durch Grimaldi. In der
Wärmelehre schwankten immerwährend die Ansichten über das
Wesen der Wärme und vermochten zu wenig Festem zu gelangen;
doch brachte man es wenigstens zu der Construction von Ther-
moskopen, aus denen sich allerdings erst nach vielen vergeblichen Versuchen in den nächsten Perioden die Thermometer entwickelten. Die Lehre vom Magnetismus und von der Elektricität machte gleich im Anfang einen kräftigen Fortschritt, leider
folgten demselben wenig weitere. Nur ist zu bemerken, dass die
Cartesianische Theorie des Magnetismus angewandt auf die Elektricität sich am längsten von allen Cartesianischen Hypothesen gehalten, und dass sie erst in der letzten Hälfte des 18. Jahrhunderts den
Einwirkungen der Newton'schen Principien zum Opfer gefallen ist.

Der kurze Zeitraum der funfzig Jahre hat in der
Geschichte der Physik Leistungen aufzuweisen, wie

sie kein Zeitraum vor und nachher gebracht hat. Man rühmt die Leistungen der Gegenwart und nennt die Fortschritte in den Naturwissenschaften erstaunliche; wollen wir aber überhaupt vergleichen, so stehen wir nicht an zu behaupten, dass unsere Zeit sich mit der Periode, mit der wir uns jetzt beschäftigen, kaum messen kann. Die Gegenwart ist in der Technik unterstützt durch die Theorie allerdings auf eine Weise fortgeschritten, die unser ganzes sociales Leben umgestaltet und auf diesem Gebiete nie geahnte Veränderungen hervorruft; eine ganze wissenschaftliche Weltanschauung hat sie aber weder gestürzt noch neu aufgebaut. Unser Jahrhundert ist ohne Bruch den Entwickelungen des vorigen Jahrhunderts gefolgt, ist allerdings in einigen Zweigen der Physik reissend schnell vorwärts gegangen, ist doch aber auch in manchen Zweigen nicht über das vorige Jahrhundert hinausgekommen, und hat vor allem in der physikalischen Theorie an manchen Stellen, wie im Begriff der Materie und der Theorie der Elektricität, noch bedenklich schwache Seiten. Die erste Hälfte des 17. Jahrhunderts aber hat die schwierigsten Theile der Physik neu aufgebaut, und hat den Menschen geistig ganz aus seiner Sphäre gerückt, indem der Blick desselben über die Erde in die Tiefen des Himmels hinausgeführt und der Glaube an die centrale Stellung des Menschen, in Bezug auf das ganze Weltall, mit dem Herausrücken der Erde aus dem Centrum der Welt unmöglich gemacht wurde.

Verfolgen wir die Entwickelung unserer Wissenschaft unter den verschiedenen Nationen, so lässt sich nicht verkennen, dass wir für diese Periode das Meiste den Italienern zu danken haben. Galilei gab in seiner Mechanik zuerst ein classisches Beispiel für eine richtige methodische Behandlung der Physik, so vollkommen, so ausgeglichen in den methodischen Factoren, und dabei ohne Vorgänger so abschliessend, wie es nicht leicht wieder zu finden ist; auch sind es seine Schüler und Freunde vor allem, die in diesem Zeitraum wirksam sind. Mit Galilei erreicht Italien seine Blüthe in unserer Wissenschaft, aber mit ihm welkt sie auch. Seine Verurtheilung durch die Inquisition schreckte die Forscher, und in der Nähe der feindseligen kirchlichen Gewalt verstummte nach und nach die Wissenschaft. Zum Ersatze hob sich dann dieselbe in Frankreich. Französische Gelehrte hatten Galilei's Entdeckungen mit Enthusiasmus aufgenommen, sie waren

es, die seine Verurtheilung am lautesten tadelten, seine Arbeiten
trotz des gewaltigen Widerstandes im eigenen Lande vertheidigten
und auch nach seiner Verurtheilung die Herausgabe seiner Schriften besorgten. England begann erst allgemeiner mit wissenschaftlichen Beschäftigungen während der glorreichen Regierung
der Königin Elisabeth, und bald wurden die politisch-religiösen
Stürme der grossen Revolution denselben wieder hinderlich; doch
fallen immerhin Namen wie Gilbert und Bacon zu Gunsten Englands stark ins Gewicht. Unser armes Deutschland litt durch
seine religiösen Kämpfe mehr als jedes andere Land. Es bedurfte
schon eines heroischen Genies wie Kepler, um unter Noth und
Drangsalen, in den Stürmen eines dreissigjährigen Krieges sein
Vaterland in der Wissenschaft so glänzend vertreten zu können.
Ausser Kepler haben wir von Deutschen fast nur noch katholische
Priester, Jesuiten, wie Scheiner und Schott, zu nennen, die sich
vor den Stürmen des Krieges in ruhige Häfen flüchten konnten.
Sie waren fleissige Arbeiter, welche ihrer Kirche zum Ruhme auch
die Wissenschaft pflegen wollten, denen man aber nicht selten die
Gebundenheit und das Fehlen eines freien wissenschaftlichen
Geistes anmerkt. Die nordischen Reiche blieben in der geschicht-
lichen Entwickelung der Wissenschaften noch etwas zurück; sie
hatten die Astronomie ergriffen, und rühmlich genug hier einen
Tycho hervorgebracht, die übrigen Zweige der Naturwissenschaft
bearbeiten sie erst in den folgenden Perioden.

Galileo Ga-   **Galileo Galilei wurde am 15. Febr.**[1]) **1564 in Pisa geboren.**
lilei, Periode   Sein Vater Vincenzo war ein hochgebildeter Musiker, dessen noch vor-
seiner me-
chanisch-   handene Dialoghi della musica antica e nuova auch von einer genauen
physikali-   Bekanntschaft mit der griechischen und römischen Literatur zeugen.
schen Ent-
deckungen.   Aber obwohl er wie auch seine Frau Giulia aus angesehenen Familien
1589—1609.   stammten, waren sie doch mit Glücksgütern nicht gesegnet, und als dem
erstgeborenen Galileo noch mehrere Geschwister nachfolgten, vermochten
sie nur schwer die Kosten für deren Erziehung aufzubringen. Der junge
Galilei wurde darum für den Tuchhandel bestimmt, der am ersten Früchte
zu bringen versprach; doch besuchte er in Florenz, wohin seine Eltern
nicht lange nach seiner Geburt übergesiedelt waren, die lateinische
Schule. Hier zeichnete er sich in den gelehrten Sprachen, in Logik und
Dialectik so aus, dass sein Vater, trotz der ungünstigen Verhältnisse,

---

[1]) Für dieses Datum: Cantor, Zeitschrift für Math. u. Phys., XXVIII. Jahrg.,
1. Heft., Hist.-lit. Abth., S. 29.

den Gedanken an den Tuchhandel aufgab und Galilei für die Medicin bestimmte, die ja auch pecuniäre Erfolge nicht ausschloss. Im Jahre 1581 bezog Galilei die Universität Pisa und hörte zunächst philosophische Vorlesungen. Mit Ausnahme eines einzigen, waren alle seine Professoren Aristoteliker, nur J a c o b M a z z o n i trug pythagoreische Lehren vor, ihm schloss sich Galilei vorzugsweise an. Mit Riesenschnelle entwickelten sich die ausserordentlichen Talente des Jünglings, seine Beobachtungskunst, sein philosophischer Scharfsinn und seine mathematische Erfindungsgabe. Im J a h r e 1 5 8 3 beobachtete der 19jährige Student der Medicin im D o m z u P i s a die Schwingungen der lang aufgehängten Kronleuchter und schloss, indem er die Schwingungsdauer derselben an seinen Pulsschlägen abzählte, dass g l e i c h l a n g e P e n d e l i h r e S c h w i n - g u n g e n in g l e i c h e n Z e i t e n v o l l e n d e n. Bald darauf führten ihn auch seine mathematischen Studien zu selbständigen mathematisch-mechanischen Arbeiten. Es wird erzählt, dass der junge Galilei, welcher auf seiner Lateinschule die Bekanntschaft der Mathematik noch nicht gemacht, ganz zufällig einer mathematischen Vorlesung des Abtes Ostilio Ricci beigewohnt habe, und durch diese so angeregt worden sei, dass er für sich allein das Studium der Mathematik begonnen. Jedenfalls war er in dieser Wissenschaft bald so weit fortgeschritten, dass er die T h e o r i e v o n d e n S c h w e r p u n k t e n d e r f e s t e n K ö r p e r selbständig ver-vollkommnen konnte und gerade diese ersten Leistungen in der Mathematik öffneten ihm weitere Wege. Sein Vater, der von seiner Vernach-lässigung der medicinischen Studien gehört und voll Sorge nach Pisa gekommen war, erlaubte ihm sich ganz der Mathematik zu widmen und jene mathematischen Arbeiten verschafften ihm die Bekanntschaft der ausgezeichnetsten damaligen Gelehrten, vor allem die Gunst des berühmten Kenners der Archimedischen Mechanik, des M a r q u i s G u i d o b a l d o d e l M o n t e[1]).

Mit dieser ersten Beschäftigung war als der eine Ausgangspunkt der Galilei'schen Mechanik Archimedes gegeben; an Archimedes knüpfte er direct die Grundlage seiner Statik, den Beweis des Hebelgesetzes an. Bald danach und schon während seiner Studienzeit entwickelten sich auch die Grundlagen seiner D y n a m i k, aber diesmal nicht in Ueberein-stimmung, sondern i m G e g e n s a t z z u d e n L e i s t u n g e n d e r G r i e - c h e n. Die mathematischen Physiker des Alterthums hatten überhaupt keinen Versuch zur Lösung dynamischer Probleme gemacht, i n d e r D y - n a m i k h e r r s c h t e A r i s t o t e l e s u n b e s c h r ä n k t; seine Theorie der Bewegung war bis dahin die einzige, welche eine Erklärung der himm-lischen wie der irdischen Bewegungen erlaubte. Erst im letzten Jahr-hundert gingen auch von der Seite der Mathematiker immer mehr dyna-mische Versuche aus, die allerdings schon den Kampf gegen die peri-patetische Bewegungslehre eröffneten. Wir haben im ersten Bande

---

[1]) I. Theil d. Werkes, S. 128 u. 129.

dieser Geschichte der Physik auf die Ansichten des Tartaglia[1]), in Bezug auf die Wurflinie, und die Leistungen des Benedetti[2]) u. a. in Bezug auf die Geschwindigkeit frei fallender Körper aufmerksam gemacht. In wie weit Galilei diese Arbeiten kannte, wissen wir nicht, dass er aber gleich, vom Anfang seiner wissenschaftlichen Entwickelung an, die Widersprüche der Aristotelischen Dynamik erkannte, ersieht man aus der schon erwähnten Nichtbeachtung der peripatetischen Vorlesungen, und ist auch aus den immerwährenden Disputationen mit seinen Studienfreunden zu erschliessen, die ihm, bei seinem ewigen Widerspruch gegen die noch vollständig herrschende Bewegungslehre, den Namen eines Zänkers eingetragen haben sollen.

Es ist uns leider nicht möglich den Entwickelungsgang Galilei's, vorzüglich in seinen Anfängen, genau zu verfolgen. Druckwerke von ihm liegen aus der ersten Periode nicht vor, weil er zu arm war um die Kosten der Veröffentlichung tragen zu können; seine ersten Biographen, wie Viviani und Gherardini waren selbst nicht vor 1630 mit ihm bekannt geworden und ausserdem wird ja wohl überhaupt das Leben eines Fürsten der Wissenschaft kaum einmal in seinem Werden beachtet werden. Doch ist man in neuerer Zeit, wo das Anwachsen der Galileiliteratur von neuem mächtigem Interesse für die Gestalt des unglücklichen Forschers zeugt, bestrebt gewesen, die erste Periode seines Lebens so viel als möglich aufzuhellen, und italienische Gelehrte vor allem haben erfolgreich in dieser Beziehung gearbeitet.

Der Marquis del Monte interessirte sich fortdauernd für den jungen vielversprechenden Mathematiker, dessen Glücksgüter so wenig seinem Talent entsprachen. Ein Versuch, durch seinen Bruder, den Cardinal del Monte, den jungen Galilei zum Professor in Bologna ernennen zu lassen, gelang nicht, dafür aber erlangte er im Jahre 1589 für ihn einen Lehrstuhl der Mathematik an der Universität Pisa mit jährlich 60 Scudi[3]) Gehalt. Hier trat Galilei nun öffentlich in seinen Vorträgen gegen Aristoteles auf, indem er, wie früher Benedetti, zuerst durch Vernunftschlüsse bewies, dass alle Körper gleich schnell fallen müssten, aber dann auch direct durch angestellte Versuche diesen Satz zu bestätigen versuchte. Er liess zu dem Zwecke Steine von dem schiefen Thurm zu Pisa fallen und zeigte, dass diese ungefähr gleich schnell zur Erde gelangten, mochte man sie nun einzeln oder zusammengebunden fallen lassen. Auch an anderen Körpern wies er nach, dass die Geschwindigkeit des Falles keineswegs dem Gewicht proportional sein könne, und eine hundertpfündige Bombe wich von einer halbpfündigen Kanonenkugel, bei der ungefähren Fallhöhe

---

[1]) S. 122 u. 123.
[2]) S. 133 u. 134.
[3]) 1 Scudi ungefähr 4 Mk.

von zweihundert Fuss kaum eine Hand breit ab. Trotzdem aber (Galilei, 1589—1609. hatten die Versuche nicht den gewünschten Erfolg. Die peripatetischen Collegen vertrauten ihrem Aristoteles mehr als der directen Naturbeobachtung, sie ignorirten entweder die Bemühungen des neuerungssüchtigen Anfängers, oder sie hielten sich an die kleinen Unterschiede in den beobachteten Fallzeiten, um ihre peripatetische Dynamik zu conserviren. Schliesslich empfingen die Anhänger des alten Schlendrians ihren Gegner mit Pfeifen, und als Galilei noch, mehr aufrichtig als klug, eine Baggermaschine des Johann v. Medicis, eines natürlichen Sohnes von Cosmus I. (Grossherzogs von Toscana), ungünstig beurtheilt hatte, war es für den glücklichen Experimentator Zeit sich zu entfernen, wenn er nicht entfernt werden wollte.

Glücklicherweise konnte wieder der Marquis del Monte helfen; Galilei erhielt eine Professur der Mathematik an der venetianischen Universität Padua, noch bevor man ihm in Pisa seinen fast abgelaufenen dreijährigen Contract mit der Universität gekündigt hatte. Der Abschied von Pisa mag ihm leicht geworden sein und nicht bloss darum, weil seine ganze Habe ein Gewicht von 100 Pfund noch nicht erreichte. Den 26. September 1592 zog er in Padua ein; seine erste Vorlesung aber hielt er, durch Familiengeschäfte abgehalten, erst am 7. December dieses Jahres.

Padua zeigte sich als ein fruchtbarer Boden für die Thätigkeit Galilei's, seine Vorlesungen erhielten an der berühmten und sehr besuchten Universität nach und nach ungeheuren Zulauf, zuletzt war kein Saal gross genug für die Zahl der Zuhörer, und dieselbe soll oft die colossale Höhe von 2000 erreicht haben. Er las über die Elemente des Euklid, den Almagest des Ptolemäus, die mechanischen Schriften des Aristoteles, die Planetentheorie Peuerbach's etc. Die Vortragssprache war in den öffentlichen Vorlesungen lateinisch, in den privaten aber schon toscanisch. Zu seinen Zuhörern gehörten die höchsten Standespersonen, die auf der berühmten Universität sich aufhielten; sowie auch seine späteren Freunde, der Venetianer Sagredo und der Florentiner Salviati, deren Namen er in seinen Hauptwerken verewigte.

Neben diesen Vorlesungen beschäftigte sich Galilei unausgesetzt weiter mit seiner neuen Wissenschaft, der Dynamik; er bemühte sich jetzt nicht bloss zu zeigen, dass alle Körper gleich schnell fallen, sondern suchte auch die Eigenschaften dieser Fallbewegung näher zu ergründen. Er fand, dass diese Fallbewegung eine gleichförmig beschleunigte sei, und maass im Jahre 1602 den Fallraum in der ersten Secunde. Doch fanden auch andere Zweige der Physik grössere oder geringere Beachtung und Förderung. Schon in Pisa, während Galilei mit Archimedischen Studien beschäftigt war, hatte er eine Schnellwage, die Bilanzetta, zur Bestimmung von Metalllegirungen construirt, die im Princip der Wage des Alkha-

zîni[1]) mit der beweglichen Schale ähnlich ist. Bei seinen Vorlesungen gebrauchte er um 1597 jene Art von Thermo-
meter, als deren Erfinder man später Drebbel[2]) u. a. angegeben hat.
Für die Erfindung dieses Instruments durch Galilei und für den angegebenen Zeitpunkt, tritt aber nicht nur Viviani (der Schüler Galilei's)
ein, sondern es ist auch gewiss, dass Galilei das Instrument im Jahre
1603 dem Pater Castelli gezeigt hat, und endlich geht, aus einem Briefe
von Sagredo an Galilei hervor, dass der erstere das Thermometer in
Venedig bei Beobachtungen um 1613 gebrauchte. Auch spricht für die
frühe Construction solcher Thermometer durch Galilei, dass nicht nur
in Florenz, sondern auch in Padua noch Thermometer von ihm aufbewahrt werden. Das Thermometer bestand zuerst aus einer offenen
Röhre, an welche unten eine Kugel angeblasen war. Diese erwärmte
man schwach, stürzte dann die Röhre um und brachte ihre Oeffnung
unter die Wasseroberfläche in einem Glase. Dann stieg das Wasser
beim Abkühlen der Kugel etwas in der Röhre empor und zeigte fernerhin durch sein Fallen oder Steigen bei Temperaturveränderungen das
Eintreten solcher Veränderungen und auch in etwas die Grösse derselben
an. Später liess man das mit Wasser gefüllte Glas weg und brachte
nur einen Tropfen Wasser in die mit der Kugel nach unten senkrecht
stehende Röhre, dessen Steigen oder Fallen eine Vermehrung oder Verminderung der Wärme anzeigte. Galilei soll durch Heron'sche Studien
zu diesem Instrument gekommen sein. Sicheres wissen wir nicht, da er
in seinen Schriften die Sache nicht einmal erwähnt. Das Instrument
wird nicht bloss durch die Temperatur, sondern auch durch den Luftdruck beeinflusst, es ist also kein wahres Thermometer, sondern höchstens ein Thermoskop; doch dürfen wir es immerhin
als die nächste Anregung zur Anfertigung eines Thermometers betrachten,
wenn auch die wirkliche Construction eines solchen noch eine mehr als
hundertjährige Arbeit gekostet hat. Eine andere Erfindung Galilei's,
der Proportionalzirkel, der ebenfalls aus der Zeit des Aufenthalts
in Padua, ungefähr aus dem Jahre 1597 stammt, hat für uns wenig
Wichtigkeit. Doch trug sie bedeutend zur Verbreitung von Galilei's
Ruhme bei durch den Streit, der sich an sie knüpfte. Der Gegner Galilei's, Balthasar Capra, welcher sich die Erfindung aneignen wollte,
wurde seiner gänzlichen Unwissenheit überführt und dem Gelächter
preisgegeben; seine Schrift aber öffentlich verurtheilt und unterdrückt.

Galilei's Contract, als Lehrer an der Universität Padua, war mit dem
Jahre 1599 abgelaufen, die Republik Venedig verlängerte denselben auf
wiederum sechs Jahre und erkannte die Verdienste ihres Professors noch

---

[1]) Theil I, S. 81.
[2]) Drebbel hat sein Instrument erst 1604 beschrieben (Burckhardt, Poggend.
Ann. CXXXIII, S. 681). Die Entstehungsgeschichte des Drebbelmythus giebt
Wohlwill, Poggend. Ann. CXXIV, S. 163.

besonders durch eine Gehaltszulage an. Galilei war nun in geordneten Galilei,
1589—1609.
Verhältnissen, sein Leben verfloss in verhältnissmässiger Ruhe bis zur
Epoche seiner grossen astronomischen Entdeckungen und dem Verlassen
der ihm so günstigen Universität. Von da ab werden wir später seine
Lebensbahn verfolgen und wenden uns jetzt zur Darstellung seiner
Verdienste um die Physik im Spezielleren.

Den Hauptrang nehmen dabei quantitativ wie qualitativ die mechanischen Arbeiten ein. Die Mechanik blieb eine
der Hauptbeschäftigungen Galilei's während seines ganzen Lebens, ihr ist
sein erstes und sein letztes Werk gewidmet. Zwar haben die mechanischen
Leistungen ihm seiner Zeit nicht so viel augenblicklichen Ruhm eingetragen
wie die astronomischen, die mit Riesenschnelligkeit der ganzen damaligen
civilisirten Welt den genialen Entdecker bekannt machten, dafür aber
haben sie ihm auch nicht so viele Verfolgungen zugezogen. Sie zeigen dem
Kundigen am deutlichsten die Genialität ihres Urhebers, und auf sie vor
Allem gründet sich der Anspruch Galilei's auf den Titel eines Begründers unserer neueren Physik. Viele Gründe bewegen, ja zwingen uns seine mechanischen Arbeiten schon hier vollständig im Zusammenhang abzuhandeln, obgleich das Werk,
welches die Mechanik am reifsten und vollkommensten darstellt, erst im
Jahre 1638 erschien. Galilei hat bis 1610, wo er die Thätigkeit als
öffentlicher Lehrer aufgab, seine Ansichten als Universitätslehrer vorgetragen, sie wirkten vorzüglich in ihrem Gegensatze gegen Aristoteles
schon von dieser Zeit an, ehe sie noch im Druck erschienen, und wir
würden die Entwickelungsgeschichte der Physik entschieden falsch auffassen, wollten wir Galilei's Einfluss erst vom Jahre 1638 an datiren.
Zwar wissen wir nicht, wie weit schon in der ersten Periode die Gestaltung seiner ganzen Mechanik systematisch vollendet war, aber alle
Anzeichen sprechen dafür, dass Galilei die Hauptsätze seiner Mechanik
um diese Zeit gefunden und bei seinen Vorlesungen in Padua vorgetragen
hat. Favaro[1]) behauptet in seinem Werk über Galilei in Padua, dass
zwischen 1602 und 1609 Galilei die parabolische Gestalt der Wurflinie
erkannte; danach müsste um diese Zeit die neue Wissenschaft in den
Grundzügen vollendet gewesen sein, und eine sogleich zu erwähnende
Schrift Galilei's datirt gewisse Grundvorstellungen, wie wir sehen werden,
noch weiter zurück. Während der ersten Periode concen-
trirte sich die Thätigkeit Galilei's am meisten auf die
Mechanik, ihr ist die schöpferische Arbeit in dieser Hinsicht zuzuschreiben, später absorbirten astronomische Arbeiten
den grössten Theil seiner Zeit und seines Interesses, erst nachdem die
Inquisition diese Thätigkeit lahm gelegt, benutzte er seine Musse zur
vollendeteren systematischen Darstellung schon früher erlangter Resultate.

---

[1]) Galileo Galilei e lo studio di Padova. Firenze 1883.

Galilei,
1589—1609.

Das mechanische Hauptwerk Galilei's führt den Titel Discorsi
e demostrazioni matematiche intorno a due nuove
scienze, attenenti alla meccanica ed'ai movimenti locali,
di Galileo Galilei Linceo, Filosofo, e Matematico primario del Serenissimo Gran Duca di Toscana und wurde
1638 zuerst von den Elzevirs in Leyden gedruckt. Eine etwas frühere
Schrift, die 1634 in französischer Uebersetzung von Mersenne[1]) und
erst 1649 nach Galilei's Tode in italienischer Sprache unter dem Titel
Della scienza meccanica erschien, hat weniger allgemeine Wichtigkeit. Sie ist in ihrem Thema statisch und behandelt hauptsächlich
das Gleichgewicht der sogenannten mechanischen Potenzen, des Hebels,
der schiefen Ebene, des Keils, der Rolle und der Schraube. Charakteristisch ist nur die Verbindung der Statik mit der Dynamik, die Gleich-
gewichtssätze werden aus einem Satze abgeleitet, welcher in der einfachsten Form das Princip der virtuellen Geschwindigkeiten
darstellt. Doch hat Galilei dieses Princip bereits viel früher gebraucht.
In der Schrift Discorso intorno alle cose che stanno in su
l'acqua o che in quella si muovono vom Jahre 1612 bemüht er
sich die hydrostatischen Sätze des Archimedes gegen Angriffe
zu vertheidigen und mit Hülfe der virtuellen Geschwindigkeiten zu
beweisen. Auch giebt er hier schon die Definition von dem Moment
einer Kraft, einem Begriffe, den er in seiner Hauptschrift zur Bestimmung der Kraftwirkung in vielen Fällen verwerthet.

Können wir schon hieraus erkennen, wie früh Galilei seine eigenen
Wege in der Mechanik eingeschlagen, so zeugt dafür noch directer die
letzte Schrift, die wir als rein mechanisch hier zu erwähnen haben,
nämlich die Sermones de motu gravium. Diese Sermones erschienen
zum ersten Male in der grossen Florentiner Ausgabe der Werke Galilei's
im Jahre 1854, nachdem schon von Libri u. a.[2]) auf die Bedeutung
dieser frühen Arbeit für die Geschichte der Galilei'schen Entwickelung
aufmerksam gemacht worden war. Obgleich die Sermones noch aus der
Pisaner Zeit, vielleicht schon aus dem Jahre 1588 stammen, enthalten sie doch die einfachsten Grundgesetze der Bewegung, die Lehren
von der gleichen Dauer der Pendelschwingungen, vom freien Fall der
Körper in senkrechter und schiefer Linie etc. Galilei hat 50 Jahre
später in den italienisch geschriebenen Discorsi die Hauptsätze seiner
Dynamik lateinisch formulirt[3]), auch diese Sätze stammen fast wörtlich
aus jener Zeit, in welcher die Sermones abgefasst wurden, und geben so
gültiges Zeugniss für die frühe Entwickelung der Galilei'schen Mechanik[4]).

---

[1]) Les mécaniques de Galilée. Paris 1634.

[2]) Histoire des sciences en Italie IV, 179.

[3]) In den Discorsi unterhalten sich drei Personen: Salviati, Sagredo und
Simplicio italienisch; nur in dem zweiten Theile des Werkes, welcher die
Dynamik enthält, liegen den Unterredungen jene lateinischen Sätze zu Grunde.

[4]) Favaro (Galileo Galilei e lo studio di Padova, Firenze 1883) erklärt sich

Die erwähnten vier Werke Galilei's sind rein mechanisch; ausser ihnen Galilei,
1589—1609. sind für die Beurtheilung seiner Mechanik noch wichtig sein astronomisches Hauptwerk Dialogo intorno ai due massimi sistemi del mondo und seine zahlreichen Briefe, die sich in grosser Vollständigkeit erst in der letzten Ausgabe seiner Werke von 1854 vorfinden.

Die Mechanik der Alten zerfällt in zwei gänzlich getrennte Zweige, die rein mathematisch behandelte Statik und die rein philosophisch behandelte Dynamik. In der ersten hat Archimedes den Höhepunkt erreicht, und sein Hebelgesetz, die Schwerpunktsbestimmungen und das Theorem vom Gewichtsverlust der Körper in Flüssigkeiten bilden noch in der Periode, die wir eben behandeln, den Hauptinhalt der mathematischen Mechanik. Die Araber und die christlichen Mechaniker des Mittelalters haben kaum mehr als genauere und vollständigere Angaben von specifischen Gewichten und einige Schwerpunktsbestimmungen, jedenfalls aber nichts Grundlegendes hinzugefügt; sie haben im Rahmen der Archimedischen Mechanik einige weitere Arbeiten vorgenommen, sind aber, einzelne wenig beachtete Versuche abgerechnet, an keiner Stelle über diesen Rahmen hinausgetreten. Die Dynamik ist noch gänzlich an den Namen Aristoteles gebunden. Nicht nur tragen auf allen Schulen die Peripatetiker die Lehre von der Schwere und der Leichtigkeit der Körper, von den vollkommenen und unvollkommenen, den natürlichen und gewaltsamen Bewegungen ganz nach Aristoteles vor; diese Lehren sind sogar zu Grundsteinen einer ganzen Weltanschauung geworden, an denen Niemand rütteln darf, der nicht alle Folgen einer revolutionären Schandthat zu tragen bereit ist.

Mit seinen mathematischen Studien kommt Galilei zu Archimedes, und wir haben gesehen, dass er durch Schwerpunktsuntersuchungen zuerst mit dem bedeutendsten Mechaniker der damaligen Zeit, dem Marquis del Monte, bekannt wird. Doch Galilei war nicht nur Mathematiker; er hatte die Philosophen, besonders Aristoteles, in der Ursprache gelesen und sagt von sich, dass er mehr Tage seines Lebens auf das Studium der Philosophie, als Stunden auf das der Mathematik verwandt habe. Die Naturphilosophie des Aristoteles führt Galilei zur Dynamik, aber er tritt auch gleich in den Gegensatz zu dieser. Die Geschwindigkeiten frei fallender Körper verhalten sich wie die Gewichte derselben, dieser Satz war schon vor Galilei durch Benedetti u. a. angegriffen worden; Galilei bringt neue Gründe, um die inneren Widersprüche in der Aristotelischen Bewegungslehre nachzuweisen. Wenn ein schwerer Körper schneller fällt, als ein weniger schwerer, so muss bei der Verbindung zweier Körper der schwerere den leichteren beschleunigen und umgekehrt der leichtere

gegen so frühe Datirungen und hält auch die Erzählung Viviani's von den Fallversuchen in Pisa für unsicher. Er verlegt die Entwickelung der Galilei'schen Mechanik in die Zeit seines Aufenthalts in Padua, in die Jahre 1602 bis 1609, also doch auch in die erste Entwickelungsperiode unseres Gelehrten.

den schwereren verzögern. Die Geschwindigkeit der verbundenen Körper muss also eine mittlere sein. Andererseits aber müsste nach dem Aristotelischen Fallgesetze die ganze verbundene Masse eine noch grössere Geschwindigkeit als selbst der grössere Körper haben, was dem ersteren widerspricht. Ferner hat Aristoteles behauptet, dass die Geschwindigkeiten eines Körpers in verschiedenen Medien der Dichtigkeit dieser Medien umgekehrt proportional seien. Wäre dies richtig, so müsste die Geschwindigkeit eines Körpers bei unendlicher Verdünnung des Mediums oder im leeren Raum unendlich gross sein, was ebenso undenkbar ist.

Indessen war auf diesem Wege Aristoteles nicht endgültig zu besiegen, das hatte der Erfolg schon vor Galilei gelehrt; und gegen jene Einwände liess sich vom peripatetischen Standpunkt aus geltend machen, dass ein leerer Raum überhaupt nicht existirt und von einer Bewegung in demselben nicht die Rede sein kann, dass aber im erfüllten Raume die Theile eines Körpers offenbar einzeln langsamer fallen als der ganze Körper, wie man am deutlichsten sieht, wenn man einen Körper zu Pulver zerreibt. Galilei blieb darum bei diesen Einwänden nicht stehen und griff zu dem natürlichsten und trotzdem so schwierig anzuwendenden Mittel, zur exacten, planmässigen Beobachtung der Erscheinung. Doch halfen, wie wir schon angedeutet, auch die Fallversuche am schiefen Thurm zu Pisa nichts gegen Vorurtheile, die durch Jahrhunderte befestigt waren. Die Peripatetiker machten auf die kleinen Differenzen, die sich in der Geschwindigkeit der fallenden Körper zeigten, sowie auf die Kürze der durchlaufenen Wege aufmerksam und behaupteten, die Ungleichheit der Fallgeschwindigkeiten würde erst recht sichtbar werden, wenn man die Körper tausende von Fuss durchlaufen lasse. Solche Fallräume standen aber nicht zu Gebote; Galilei musste auf andere Weise Rath schaffen. Er nahm seine Entdeckung vom Isochronismus der Pendelschwingungen zu Hülfe. Gleich lange Pendel haben gleiche Schwingungsdauer, mögen die Pendelkörper aus Holz, Stein oder Metall, von grösserem oder geringerem Gewichte, bestehen. Da aber die Pendelbewegung nichts weiter ist als ein Fallen schwerer Körper auf kreisförmiger Bahn, so geht daraus hervor, dass die Schwerkraft diese fallenden Körper gleich beschleunigt, und es lässt sich der Rückschluss machen, dass, abgesehen vom Luftwiderstand, alle Körper auch beim freien Fall gleiche Geschwindigkeit erhalten müssen. Auch auf schiefen Ebenen liess Galilei verschiedene Körper abwärts rollen und fand hierdurch seine Behauptung von der gleichen Beschleunigung aller Körper durch die Schwere bestätigt.

Die Pendelversuche und die Versuche an schiefen Ebenen waren in mancher Hinsicht geeigneter zur Entscheidung der Frage als der directe Fall der Körper und hatten ausserdem den Vortheil, dass sie Jedermann leicht anstellen konnte. Leider erleidet ihre Beweiskraft dadurch eine starke Schwächung, dass bei ihnen die Wirkung der Schwerkraft durch Galilei, äussere Hemmnisse modificirt wird. Sollte diese Schwächung beseitigt 1589—1609. werden, so musste die Art der Modification genau bestimmt werden, dazu gehört aber eine vollständige Theorie der Bewegung, eine neue mechanische Wissenschaft, die Dynamik. Der Aufbau dieser Wissenschaft war ein höchst schwieriger. Er konnte kein rein naturphilosophischer sein, denn es handelte sich um Erfahrungsthatsachen, die vor allem einer mathematischen Bestimmung bedurften. Er konnte aber auch nicht rein mathematisch sein, denn ohne eine zu Grunde liegende hypothetische Annahme fand die Mathematik keinen Anhaltspunkt in den immer fliessenden Grössen der Bewegung. Es blieb nur übrig die drei methodischen Factoren der Physik zu verbinden, und aus einer von logischen Widersprüchen freien Annahme über die Natur der Bewegung die Gesetze derselben mathematisch zu deduciren und dann experimentell nachzusehen, ob die Natur diese Gesetze befolge und so die erste Hypothese bestätige. Die Lösung dieser Aufgabe brachte der Physik nicht nur durch Hinzufügung eines neuen Theiles quantitative Bereicherung, sondern zeigte auch zum ersten Male den Physikern an einem Beispiele die eigentliche Methode ihrer Wissenschaft. Schon diese eine That giebt Galilei vollgültigen Anspruch auf den Titel eines Begründers der neueren Physik.

Es handelt sich also darum, die wahrscheinlichste, widerspruchsfreie Hypothese zu finden, aus der sich die Gesetze der Fallbewegung ableiten lassen. Die gewöhnlichste Erfahrung zeigt, dass alle Körper mit immer zunehmender Geschwindigkeit fallen, auch die Peripatetiker bestreiten das nicht; aber welches ist das Gesetz dieser zunehmenden Geschwindigkeit, in welcher Weise wachsen die Geschwindigkeiten mit zunehmender Fallzeit? Galilei verwirft die Hypothese, nach welcher die Geschwindigkeiten den durchfallenen Räumen proportional sein sollten, indem er zeigt, dass unter dieser Annahme gar keine Bewegung zu Stande kommen könne. Er meint, dass alle Körper auf die einfachste Weise fallen müssen, weil alle natürlichen Bewegungen auch zugleich in ihrer Art die einfachsten sind. Wenn ein Stein zur Erde fällt, so wird die einfachste Art seine Geschwindigkeit zu vermehren, diejenige sein, die ihm in jedem Augenblick auf dieselbe Weise ertheilt wird, d. h. diejenige, bei welcher die Zunahmen der Geschwindigkeit in gleichen Zeiten auch gleich gross sind. Galilei schreibt diese constante Zunahme der Geschwindigkeit einem immer gleichen Antrieb zur Bewegung, einer constanten Kraft zu, lässt sich aber nicht weiter auf die Ursache dieser Kraftwirkung selbst ein, über welche die Meinungen der Menschen sehr verschieden seien. Wie man sich die Neigung der Körper nach dem Mittelpunkte der Erde zu fallen erkläre, diese Untersuchung sei hier nicht nöthig. Es genüge anzunehmen, dass eine immerwährend gleiche Kraft die fallenden Körper immer gleich viel beschleunige, die Eigenschaften einer solchen Bewegung zu untersuchen und dann durch Experimente festzustellen, ob die Bewegung fallender Körper solche Eigenschaften habe.

Aber um diese Eigenschaften der Bewegung zu finden, musste Galilei von unten auf die Bewegungslehre aufbauen. Die früheren Naturphilosophen hatten das metaphysische Gesetz „Keine Wirkung ohne Ursache" mechanisch nur zur Hälfte interpretirt: Kein ruhender Körper geht aus der Ruhe in Bewegung über ohne eine Kraft, die auf ihn wirkt, und hatten gemeint, jede Bewegung erlösche auch ohne äusseres Hinderniss von selbst, wie ein Licht, dem die Nahrung fehlt, wenn nicht eine Kraft die Bewegung unterhalte. Galilei sah die Einseitigkeit, die in dieser Interpretation des Gesetzes lag; er bemerkte, dass das Erlöschen aller irdischen Bewegungen ohne unterhaltende Kraft nur an den Widerständen liegen könne, die alle irdischen Bewegungen durch die Luft etc. erfahren, und ergänzte die mechanische Interpretation jenes metaphysischen Satzes durch die zweite Hälfte: Kein Körper verändert seine Geschwindigkeit weder der Grösse noch der Richtung nach, ohne Einwirkung einer Kraft. Nach dieser Ergänzung des Trägheitsgesetzes erst liess sich die Bewegungslehre behandeln. Wenn ein Körper nur kurze Zeit unter Einwirkung einer Kraft gestanden, so wird er nach dem Aufhören der Einwirkung, sich mit immer gleichbleibender Geschwindigkeit weiter bewegen. Diese Bewegung heisst gleichförmig und ist dadurch charakterisirt, dass bei ihr in gleichen Zeiten gleiche Räume durchlaufen werden. Steht aber der Körper unter der fortdauernden Einwirkung einer Kraft, erhält er in jedem Augenblicke neuen Antrieb zur Bewegung, so muss seine Geschwindigkeit sich immer vergrössern, so muss die Bewegung eine beschleunigte sein. Um zu bestimmen, in welcher Weise durch eine constante Kraft die Beschleunigung erfolgt, dazu bedarf es eines Gesetzes über die Summation der Geschwindigkeiten, welche in jedem Augenblicke dem Körper durch die Kraft ertheilt werden. Die Auffindung dieses neuen Gesetzes war eine sehr schwierige. Galilei entschied in Hinblick auf die Wahrscheinlichkeit, dass aus der constanten Kraft auch eine gleiche Wirkung, also eine immer gleiche Zunahme der Geschwindigkeit folgen müsse, dafür, dass die Hinzufügung einer neuen Geschwindigkeit zu einer schon vorhandenen eine reine Addition sei, und dass also eine constante Kraft einem Körper in gleichen Zeiten gleiche Geschwindigkeiten zufüge, gleichgültig ob derselbe in Ruhe oder in Bewegung sei.

Hat nun der fallende Körper im ersten Zeitmoment seines Falles einen Anstoss und dadurch eine gewisse Geschwindigkeit erhalten, so

Galilei,
1589—1609.

bleibt ihm dieselbe für alle Zeit, vorausgesetzt, dass keine fremde Einwirkung die Bewegung stört. Im zweiten Zeitmoment erhält der Körper einen zweiten, dem ersten gleichen Anstoss, der nach dem Summationsgesetz seine Geschwindigkeit um ebensoviel vergrössert, als er die Geschwindigkeit des ruhenden vergrössert haben würde, d. h. die im ersten Zeitmoment erhaltene Geschwindigkeit muss im zweiten verdoppelt werden. Schliessen wir so weiter, so folgt, dass überhaupt eine gleichbleibende Kraft in gleichen Zeiten die Geschwindigkeit um gleich viel vergrössert, dass also eine constante Kraft eine gleichförmig beschleunigte Bewegung erzeugt. Da umgekehrt auch aus der Annahme einer gleichförmigen Beschleunigung einer Bewegung die Constanz der bewegenden Kraft folgt, so deckt sich die Hypothese einer gleichförmig beschleunigten Fallbewegung vollständig mit der einer constanten Schwerkraft und kann aus der letzteren gefolgert werden. Gehen wir also von einer der beiden Hypothesen aus, so folgt für die Fallbewegung das erste Fallgesetz: die Geschwindigkeitsgrade in jedem Zeitmoment verhalten sich wie die Zeiten, welche seit dem Anfang der Bewegung verflossen sind. Die experimentelle Prüfung dieses Gesetzes ist direct unmöglich, weil die Geschwindigkeiten in jedem Augenblicke sich verändern und so der Messung nicht Stand halten. Es sind also weitere Gesetze für die gleichförmig beschleunigte Bewegung abzuleiten.

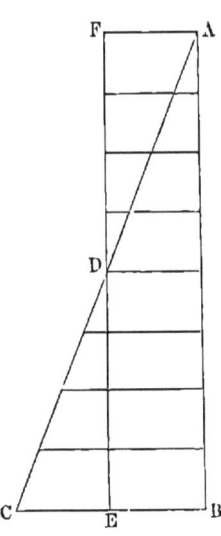

Denken wir uns zu dem Zwecke mit Galilei die Grösse einer bestimmten Zeit durch die Strecke AB repräsentirt, und errichten wir im Endpunkt der Strecke eine Senkrechte, deren Länge BC die am Ende der Zeit erlangte Geschwindigkeit darstellt, so stellt jedes Perpendikel, das man in einem Punkte auf AB bis AC errichtet, nach dem ersten Fallgesetze die in diesem Punkte erlangte Geschwindigkeit dar. Ziehen wir nun durch den Halbirungspunkt D von AC eine Parallele zu AB und vollenden das Rechteck $ABEF$, dann ist klar, dass die Summe aller möglichen Perpendikel im Dreieck ABC gleich der Summe aller möglichen Perpendikel im Parallelogramm $ABEF$ ist. Da diese Perpendikel aber Geschwindigkeiten repräsentiren, so kann man den letzten Satz auch so aussprechen: die Summe aller Geschwindigkeiten, welche der frei fallende Körper in der Zeit AB gehabt hat, ist gleich der Summe aller Geschwindigkeiten, eines sich während dieser Zeit gleichförmig bewegenden Körpers, dessen Geschwindigkeit gleich der halben Endgeschwindigkeit des fallenden Körpers ist. Daraus schliesst Galilei, dass die beiden Körper gleiche Räume durchlaufen haben, und daraus folgt als zweites Gesetz der gleichförmig beschleunigten Fallbewegung: die Zeit, in welcher ein fallender Körper vom Anfang der Bewegung an einen bestimmten Weg zurücklegt, ist gleich der Zeit, in welcher er, mit halber Endgeschwindigkeit gleichförmig bewegt, denselben Weg zurücklegen würde. Bei gleichförmiger Bewegung verhalten sich aber die durchlaufenen Räume wie die Producte aus den Zeiten und Geschwindigkeiten; die bis zu irgend zwei angenommenen Zeitmomenten frei durchfallenen Räume werden sich danach verhalten wie die Producte aus den verflossenen Zeiten und den halben Endgeschwindigkeiten, oder was dasselbe ist, wie die Producte aus den verflossenen Zeiten und den Endgeschwindigkeiten selbst. Da aber nach dem ersten Gesetz die erlangten Geschwindigkeiten den verflossenen Zeiten selbst proportional sind, so folgt direct nun das wichtigste der Fallgesetze: die Fallräume verhalten sich wie die Quadrate der Fallzeiten.

Nehmen wir vom Anfang der Bewegung gleiche Zeitabschnitte an, so verhalten sich die bis zu den Endpunkten dieser Zeitabschnitte durchlaufenen Räume wie die Quadrate der natürlichen Zahlenreihe, und durch Subtraction ergiebt sich dann noch: die in gleichen Zeitabschnitten durchlaufenen Räume verhalten sich wie die Reihe der ungeraden Zahlen.

Dies ist die Theorie des freien Falls unter Voraussetzung einer gleichförmig beschleunigten Bewegung oder einer constanten Kraft; jetzt bleibt noch nachzusehen, ob nun wirklich der freie Fall dieser Theorie genügt. Dazu erscheint vorzüglich das dritte Gesetz geeignet: die Fallräume verhalten sich wie die Quadrate der Fallzeiten. Doch zeigte sich immer das schnelle Wachsthum der Fallgeschwindigkeit sowohl einer Bestimmung der Verhältnisse, wie vor allem der absoluten Grössen der Bewegung hinderlich, nur die nach bekannten Gesetzen verlangsamte Fallbewegung versprach günstigere Resultate. Galilei wendet sich darum zur Theorie der schiefen Ebene. Die Schwere ist ein Streben der Körper nach dem Centrum der Erde; danach wird bei verschiedenen Bewegungen die Wirkung der Schwere dieselbe gewesen sein, wenn sie einen Körper um gleichviel dem Centrum der Erde genähert hat, mag nun diese Annäherung auf noch so verschiedenen Wegen erfolgt sein. Die Wirkung einer Kraft aber wird durch die Geschwindigkeit gemessen, welche sie einem Körper ertheilt hat; danach lässt sich der Satz aussprechen: Zwei Körper, welche von gleichen Höhen, gleichgültig auf welchen Wegen, gefallen sind, haben hierdurch auch gleiche Geschwindigkeiten erlangt; oder speciell auf die schiefe Ebene angewandt, ein Körper erlangt beim Fall auf der schiefen Ebene dieselbe Geschwindigkeit, als wenn er die Höhe der schiefen Ebene senkrecht durchfällt. Doch hat dieser

Satz, der keineswegs einfache Verhältnisse betrifft, ohne weitere Begrün- Galilei,
dung in sich zu geringe Sicherheit. Galilei kommt auf den 1589—1609.
höchst geistreichen, aber entfernt liegenden Gedanken, das
Pendel zu Hülfe zu nehmen. Geben wir dem in A aufgehängten
Pendel AB einen Ausschlag bis zu einer Höhe CD über der Horizontalen, so steigt das Pendel nach dem Loslassen auf der anderen Seite
bis zu einer Höhe JE, die der ersten Höhe CD gleich ist. Schlagen
wir dann an einem beliebigen Punkte K der Verticalen AB einen Nagel
ein und heben die Kugel des Pendels nun, indem der Faden sich um
den Nagel in K biegt, bis zu einer Höhe GH, die der Höhe CD gleich,
so zeigt sich, dass das Pendel nach dem Loslassen auf der anderen
Seite, wo es durch den Nagel nicht gehindert ist, genau denselben Weg
BJ wie vorher zurücklegt. Die erlangte Geschwindigkeit muss also
im Punkte B dieselbe gewesen sein, ob die Kugel den Weg CB oder GB
durchlaufen, und wird allgemein immer dieselbe sein, wenn nur der Körper
durch einen Bogen von der Höhe CD gefallen ist. Da nun der Kreisbogen
aus geraden Linien zusammengesetzt gedacht werden kann, so muss dasselbe Gesetz für die schiefe Ebene und dann
auch für jede krumme Linie richtig sein.

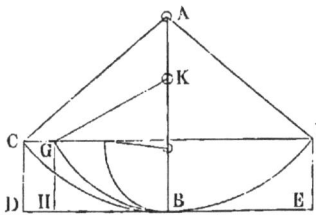

Es gilt also für die schiefe Ebene
der Satz: die Geschwindigkeitsgrade eines Bewegten, welches
mit natürlicher Bewegung auf
beliebig geneigten Ebenen herabsteigt, sind beim Anlangen
auf der Horizontalen immer
gleich, wenn die Hindernisse entfernt werden. Denken wir
uns nun zwei Körper, den einen auf der schiefen Ebene abwärtsgehend, den
anderen die Höhe derselben bis zur Horizontalen direct durchfallend und
coordiniren denselben zwei andere Körper, die gleichförmig mit der halben
Endgeschwindigkeit der ersten, sich bewegen, so werden die letzteren
dieselben Wege, wie die ersten in denselben Zeiten zurücklegen. Bei
der gleichförmigen Bewegung aber verhalten sich die durchlaufenen
Räume, wie die verflossenen Zeiten und umgekehrt; es werden also die
letzteren und damit auch die ersteren Körper ihre Bewegungen in Zeiten
vollenden, die sich verhalten wie die Länge der schiefen Ebene zu
ihrer Höhe. Da ferner, gleiche Zeiten vorausgesetzt, die Grösse der
wirkenden Kräfte durch die mitgetheilten Geschwindigkeiten gemessen
werden kann und umgekehrt auch bei gleichen Geschwindigkeiten die
Kräfte sich umgekehrt wie die Zeiten verhalten, während denen jene
Geschwindigkeiten mitgetheilt sind, so folgt jetzt direct, dass das
Moment der Schwere[1] auf der schiefen Ebene sich zum

---

[1] Moment nennt Galilei ganz allgemein die Grösse der unter gegebenen
Umständen zur Wirkung kommenden Kraft. In della scienza meccanica sagt er:

Moment der freien Schwere verhält, wie die Höhe der
schiefen Ebene zu ihrer Länge.

Hiermit hatte Galilei die Mittel die Fallbewegung vollständig zu
beschreiben. Er nahm ein Brett von 12 Ellen Länge und $1/2$ Elle
Breite, liess in dasselbe eine fingerbreite Rinne graben und dieselbe der
geringeren Reibung wegen mit Pergament ausfüttern. Die Ebene wurde
an dem einen Ende nur um eine oder auch zwei Ellen höher gehoben, so
dass die Bewegung langsam und der Luftwiderstand gering war. Die
Zeit wurde durch Wasser, das in einem sehr feinen Strahle aus einem
grösseren Gefässe in ein kleineres floss, gemessen, die Fallkörper bestanden aus Kugeln von Bronze. Durch diese Versuche auf der schiefen
Ebene konnte nun Galilei alle vorher entwickelten Gesetze der Fallbewegung als richtig nachweisen und konnte auch die von freifallenden
Körpern durchlaufenen Räume aus den auf der schiefen Ebene gemessenen Räumen berechnen, da ja seine letzte Untersuchung das Verhältniss
bestimmt hatte, in welchem die Fallbewegung auf der schiefen Ebene
verlangsamt wird.

Galilei hat bei seiner Theorie des freien Falls, das alte lange behandelte Problem der schiefen Ebene richtig gelöst, aber die Art der Lösung
scheint ihn selbst nicht ganz befriedigt zu haben. In der That ist
die Annahme gleicher Geschwindigkeiten bei gleichen
Fallhöhen nicht sehr zwingend und die Zuhülfenahme der complicirteren Pendelbewegung wenig beweiskräftig. Galilei versucht sein
Gesetz für die Reduction der Kraftwirkung auf der schiefen Ebene noch
auf andere Weise zu erhalten.

Benedetti [1]) hatte in seinem Werke von 1587 angegeben, dass beim
schiefen Hebel die Momente der Schwere durch die Senkrechte erkannt
würden, die man vom Drehpunkt auf die Kraftrichtung fälle. Diese
Regel scheint von da an zur Construction von Kräftecomponenten üblich
geworden zu sein, und Galilei überträgt diese Art der Kräftereduction einfach auf die schiefe Ebene. Er zeigt, dass jene
Kräftereduction übereinstimmt mit einem Projiciren der Kraft auf die
Richtung der möglichen Bewegung. Das Verhältniss aber, in welchem
eine senkrechte Strecke bei ihrer Projection auf die Richtung einer
schiefen Ebene verkleinert wird, ist gleich dem Verhältniss der Länge der
schiefen Ebene zu ihrer Höhe und daraus folgt wieder der frühere Satz
von dem Verhältnisse der Momente der freien Schwere und der Schwere
auf der schiefen Ebene. Doch ist dieser Beweis fast noch weniger sicher
als der erstere. Er ruht mit seiner Reduction der Kraftwirkung auf
dem Satz vom Parallelogramm der Kräfte. Dieser Satz war

Es ist aber das Moment jener Andrang hinunter zu gehen, der sich aus der
Schwere, der Lage und Anderem zusammensetzt, wovon eine solche Neigung
verursacht werden kann.
[1]) Theil I, S. 133 u. 134.

schon bei Stevin angedeutet und auch Galilei gebraucht denselben mit Galilei,
1589—1609.
bewusster Kenntniss. Aber ein exacter Beweis für diese Sätze findet
sich bei Galilei nicht, sie spielen die Rolle axiomatischer Annahmen
oder allgemein bekannter Beobachtungsthatsachen und bleiben so ein un-
sicheres Element der Galilei'schen Mechanik, das einer späteren besseren
Fundamentirung bedürftig ist.

Wir werden bei Betrachtung der Wurfbewegung hierauf zurückkommen, wollen aber hier erst die wenigen Sätze über die Pendelbewegung einschieben, die Galilei angiebt. Dass gleich lange Pendel
in gleichen Zeiten ihre Schwingungen vollenden, hatte er aus der Beobachtung entnommen und seiner Bewegungslehre als beweiskräftiges
Material zu Grunde gelegt. Weitere Versuche zeigten Galilei, dass die
Schwingungsdauer der Pendel von ungleicher Länge sich mit der Pendellänge selbst verändert, und seine Theorie des freien Falls führte ihn
leicht auf das Gesetz dieser Veränderung. Nach dem Fallgesetz verhalten sich die durchlaufenen Wege wie die Quadrate der Fallzeiten,
mithin umgekehrt die Zeiten wie die Quadratwurzeln aus den
durchlaufenen Wegen. Dieser Satz gilt für alle Bewegungen,
welche durch dieselbe constante Kraft geschehen, also für den senkrechten Fall, wie für das Fallen auf gleichgeneigten Ebenen, wie für
den Fall auf parallelen und ähnlichen Curvenbögen. Der Satz gilt
also auch für ungleich lange Pendel, die gleiche Ausschlagswinkel haben, bei ihnen ist die Schwingungsdauer
der Quadratwurzel aus den Schwingungsbögen proportional. Aehnliche Kreisbögen aber sind ihren Radien direct proportional und danach folgt (zunächst nur für gleiche Ausschlagswinkel, aber
weil die Schwingungsdauer vom Ausschlagswinkel unabhängig ist, auch
allgemein), dass die Schwingungszeiten ungleich langer
Pendel sich wie die Quadratwurzeln aus ihren Längen
verhalten. Hiermit ist Galilei an einer Grenze seiner Mechanik ange-
langt; die Formel für die Berechnung der Schwingungszeit direct aus
der Pendellänge kann er nicht geben, und der Uebergang vom einfachen
(mathematischen) zum zusammengesetzten (physikalischen) Pendel miss-
lingt gänzlich. Er meint sogar, physikalische Pendel würden nicht
isochron sein, weil sie die Höhe ihres ersten Ausschlags nie wieder
erreichen würden. Denn befestige man an einer Schnur nur zwei Kugeln in verschiedener Höhe, so würde, wenn die unterste Kugel ihre
Schwingung noch nicht vollendet hätte, die oberste schon auf dem Rück-
wege begriffen sein und mithin die unterste an der Erreichung ihrer
früheren Höhe verhindern.

Galilei's Sohn Vincenzo versichert [1]), dass sein Vater das Pendelgesetz schon 1583 durch Beobachtung in Pisa gefunden und mit Hülfe
desselben die Höhe des Domes berechnet habe. Dieser Vincenzo war

---

[1]) Poggendorff, Geschichte d. Physik, S. 239.

Galilei,
1589—1609·

es auch, der nach der Idee und Angabe seines Vaters zuerst eine Pendel-uhr construirte; wir werden bei Huyghens genauer hierauf zurück-kommen.

Die **Zusammensetzung der Bewegungen** hat Galilei am klarsten und sichersten bei der Untersuchung der **Wurflinie** ange-wandt. Denken wir uns einen Körper in horizontaler Richtung durch einen Stoss fortgetrieben, so würde derselbe, wenn die Schwerkraft nicht auf ihn wirkte, mit gleichförmiger Geschwindigkeit horizontal sich be-wegen. Nehmen wir dann an, er durchlaufe während einer bestimmten Zeit vermöge dieser gleichförmigen Geschwindigkeit die Horizontale AB, und denken wir uns, die Schwerkraft führe den Körper in derselben Zeit, wenn er keine andere Bewegung hätte, um die Strecke AC senk-recht nach unten; dann wird der Körper unter dem Einfluss beider Agentien die Diagonale des Rechtecks, welches von AB und AC be-stimmt ist, durchlaufen, wenn wir den Zeittheil so klein annehmen, dass auch die Geschwindigkeit des Falles während dieser

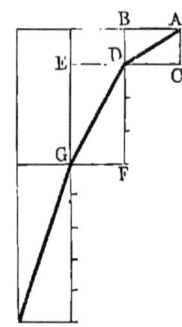

Zeit nur unendlich wenig sich verändert. In dem nächsten Zeittheil würde dann der Körper von dem Endpunkt der Diagonale D aus, vermöge der hori-zontalen Geschwindigkeit allein wieder um ein Stück $DE = AB$ fortschreiten, während er durch die Schwerkraft allein eine senkrechte Strecke DF durchlaufen würde, die dreimal so gross als die erste Strecke AC wäre; er wird also unter Einfluss beider Bewegungen sich längs der Diagonale des Parallelo-gramms $DGEF$ bewegen. Setzen wir diese Ueber-legung weiter fort, so erhalten wir als Wurflinie eine Curve, deren Abscissen wie die Quadrate der Ordinaten sich verhalten. **Die Wurflinie ist mithin bei hori-zontalem Wurf eine Halbparabel, deren Achse nach dem Mittelpunkt der Erde gerichtet ist.** Für einen schief gerich-teten Wurf findet Galilei als Bahn des geworfenen Körpers ebenfalls eine Parabel und stellt auch für verschiedene Elevationswinkel der Wurf-richtung eine Tafel der Wurfweiten auf. Galilei vernachlässigt dabei den Luftwiderstand, doch sieht er ein, dass derselbe die Wurflinie bedeu-tend modificiren kann. In einem Briefe an einen Unbekannten vom 12. Nov. 1609 giebt er sogar die Wurflinien bei verschiedener Nei-gung als Curven, die alle gleiche Höhen erreichen, die aber unsymme-trisch gekrümmt in ihrem absteigenden Zweige viel steiler sind als in ihrem aufsteigenden, wie dies auch in der That der Fall ist [1].

---

[1] Für das Zeichnen einer Parabel macht Galilei zwei Vorschläge. Ent-weder lasse man über eine glatte geneigte Ebene eine Kugel rollen, diese wird darauf eine Parabel verzeichnen. Oder man hänge eine feine Kette an zwei Enden auf, dieselbe wird die Form einer Parabel annehmen. Galilei verwech-selt im letzteren Falle die Parabel mit der Kettenlinie.

Nach der Wurfbewegung kommt Galilei in einem posthumen Anhang Galilei, zu den Discorsi auch auf die Lehre vom Stoss der Körper. Er 1589—1609. findet, dass die Kraft des Stosses abhängt von dem Gewicht und der Geschwindigkeit des bewegten Körpers; wie aber diese Abhängigkeit beschaffen, vermag er nicht anzugeben. Dann versucht er Druck und Stosskräfte in verschiedenen Fällen zu vergleichen, kann aber durchaus keine Vergleichspunkte entdecken; vielmehr muss der Stosskraft gegenüber, den Druck als unendlich klein ansehen; weil sich die Wirkung eines Körpers aus seinem Gewicht und der Geschwindigkeit zusammensetzt, und die Geschwindigkeit beim Druck gleich Null zu setzen ist. Es ist durchaus nicht zu verwundern, wenn die Behandlung des Stosses nicht gelingen will. Galilei ist hier längst über die Grenzen seiner Dynamik hinaus. Er hat ohne Vor- und Mitarbeiter zuerst die Bewegung in feste Gesetze zu fassen vermocht, seine Ergänzung des Trägheitsgesetzes ermöglichte ihm die richtige Definition einer gleichförmigen Bewegung, seine Erklärung über die Summation der Geschwindigkeiten führte zur richtigen Beschreibung einer Bewegung, die durch eine constante Kraft erzeugt wird, sie befähigte ihn die Theorie einer gleichförmig beschleunigten Bewegung vollkommen auszubilden und zu vollenden. Darüber hinaus aber konnte selbst ein Galilei noch nicht, ohne Lücken in der Entwickelung zu lassen. Wo es sich um die Zusammensetzung mehrerer Bewegungen oder um Bewegungen unter gewissen statischen Bedingungen, um Bewegungen auf vorgeschriebener Bahn handelt, da hinterlässt er seinen Nachfolgern mindestens die fundamentelle Sicherung seiner Ableitungen; wie hätte er zu den Stossgesetzen gelangen sollen, bei denen es sich um höchst verwickelte Compensationen mehrerer Bewegungen und um Bewegungen in den einzelnen sehr verschieden zusammenhängenden Theilen der Körper handelte?

Und doch hat Galilei noch einen anderen Schritt in die Molecularmechanik gewagt, und das Genie dieses Mannes hat es auch hier zu einigen Erfolgen gebracht.

Die Discorsi sind in Tage eingetheilt, die Fallgesetze werden im dritten und vierten Tage festgestellt, dann folgen als Appendix Theoreme über Schwerpunkte, die der Autor früher gefunden. Ein fünfter und sechster Tag sind erst nach Galilei's Tode angefügt, von diesen behandelt der fünfte die Lehre von den Proportionen, der sechste die Lehre vom Stosse. Die Dynamik ist die zweite der neuen Wissenschaften, welche der Titel verspricht, die erste derselben wird im ersten und zweiten Tag des Werkes gegeben, es ist die Lehre von der Festigkeit der Körper. Galilei beginnt mit dem Hervorheben der Thatsache, dass mechanische Maschinen, die nach denselben Verhältnissen in verschiedenen Grössen ausgeführt sind, doch in ihrer Festigkeit diesen verschiedenen Grössen nicht entsprechen. Dies bringt ihn darauf die Abhängigkeit der Festigkeit von

den Dimensionen der Körper und die Ursache derselben
überhaupt zu untersuchen. Bei faserigen Stoffen findet er den Grund
des Zusammenhaltens darin, dass die einzelnen Fasern sich, wie in den
Seilen, in einander verflechten und so gleichsam eine untheilbare Masse
bilden; bei Stoffen aber, die wie Metalle und Steine nicht aus Fasern
bestehen, will dieser Grund nicht genügen. Irgend ein Leim kann es
nicht sein, der diese Körper zusammenhält, der könnte unmöglich hohen
Hitzgraden widerstehen; so weiss Galilei nichts Besseres als hier im
Ausnahmefall mit seinem ältesten Gegner, dem Aristoteles, übereinzu-
stimmen. Aristoteles hat gesagt, wenn Körper zerreissen sollen, so muss
während eines Zeitmoments wenigstens zwischen den Theilen ein leerer
Raum entstehen, die Natur aber hat einen horror vacui, darum wirkt
sie dem Zertrennen der Körper entgegen. Galilei adoptirt diese Ansicht
und bildet sie weiter aus. Die Festigkeit der Körper ist verschieden,
dies rührt nicht von einer Verschiedenheit des horror vacui her, sondern
hat seine Ursache in der Verschiedenheit der Poren im Innern des Körpers. Je mehr leere Räume im Innern des Körpers sich
finden, desto stärker ist die Natur bestrebt die Materie
in diese hinein zu pressen, desto fester ist der Körper.
Diese Poren dürfen nicht zu gross sein, sonst dringt Luft hinein; es handelt sich hier also um unendlich viele, unendlich kleine Räume, deren
Grösse und Menge von uns nicht gemessen werden kann.

Mit dieser Theorie ist nun vieles zu erklären. Nach ihr sind Flüssigkeiten solche Körper, bei denen die Poren ausgefüllt sind, und darum
die Theilchen nicht durch den horror vacui aneinander gepresst werden.
Wenn ein Körper erwärmt wird, so dringt der Wärmestoff in seine
Poren ein, und wenn diese nach und nach ganz ausgefüllt werden, dann
wird der Körper flüssig, er schmilzt. Kühlt sich dann der Körper wieder
ab, so entweicht der Wärmestoff aus seinen Poren, und der horror vacui
sucht aufs Neue Materie in diese Poren einzupressen, der Körper
wird wieder fest. Dieser horror vacui ist aber doch bei Galilei nicht
der alte Aristotelische geblieben; er ist nicht mehr ein unbegrenz-
tes Widerstreben der Natur, sondern eine ganz bestimmte
Kraft, deren Grösse von dem Mathematiker Galilei natürlich gemessen
werden muss. Er benutzt dazu eine an einem Ende geschlossene Glasröhre, die am anderen Ende durch einen beweglichen Kolben geschlossen ist. Durch eine Oeffnung im Kolben füllt man die Röhre
ganz mit Wasser; wenn man dann diese Oeffnung schliesst und die
Röhre umkehrt, so wird das Gewicht, welches den Kolben aus der Röhre
zieht und also in derselben einen luftleeren Raum herstellt, die Grösse
des horror vacui für die Grösse der Kolbenfläche angeben. Auch durch
Wasserpumpen lässt sich die Grösse des horror vacui bestimmen. Galilei
bemerkt, dass Wasser in einer Saugpumpe nicht höher als 18 Braccia
(Ellen) steige, sei die Pumpenröhre höher, so reisse die Wassersäule
durch ihr eigenes Gewicht, der horror vacui sei also so gross,

dass er einer Wassersäule von 18 Braccia das Gleich- Galilei, 1589—1609.
gewicht zu halten vermöge.

Man könnte vom heutigen Standpunkt der Wissenschaft aus versucht sein, diese Untersuchungen Galilei's für unerklärliche Irrungen zu halten und zu belächeln, doch mit Unrecht. Unsere Erklärung der Festigkeit stützt sich auf Molecularkräfte der Materie, an welche damals kaum Jemand dachte, und die auch für uns nicht ohne alle Schwierigkeiten sind. Die Annahme einer Verflechtung von Fasern oder eines zusammenklebenden Leims erklärt allerdings das Problem nicht, das sie erklären soll, aber sie schiebt dasselbe etwas weiter zurück und ist noch lange nach Galilei gebraucht worden. Der horror vacui ist für den Mechaniker eine unmögliche Vorstellung; aber die Grenze, welche Galilei ihm setzt, lässt vermuthen, dass dieser das alte Wort nur gebraucht hat, um eine bestimmte Kraftwirkung zu bezeichnen, für die er entweder noch gar keine oder (was wahrscheinlicher) noch keine vollständige Erklärung hatte. Ersetzen wir aber den horror vacui durch den Luftdruck, so ist die Versuchung, ihn zur Erklärung der Festigkeit zu gebrauchen, eine sehr verführerische; gerade diese Erklärung hat auch nach Galilei's Zeiten grossen Beifall gefunden und konnte selbst mit Hilfe der Luftpumpe nur langsam beseitigt werden.

Nach diesen allgemeinen Betrachtungen geht Galilei über zur Bestimmung der Festigkeit von Balken. Er untersucht vor allem die Festigkeit gegen das Zerbrechen. Wird ein Balken mit einem Ende in einer Wand befestigt, so können wir seine Festigkeit nach dem Hebelgesetz beurtheilen. An seiner Länge wirkt als Hebelarm das Gewicht des Balkens wie ein etwa angehängtes Gewicht. Dieses ist bestrebt den Balken zu zerbrechen, d. h. einen Querschnitt von einem benachbarten zu trennen, dem widersteht die Festigkeit des Balkens, und diese wirkt an einem Hebelarm, welcher der Höhe des Balkens gleich ist. Trotzdem diese Voraussetzungen nicht ganz zutreffen, weil dabei die Ausdehnung oder Compression einzelner Längsfasern vor dem Brechen nicht berücksichtigt ist, so findet doch Galilei auf diese Weise einige richtige Sätze. Er zeigt, dass in der That die Festigkeit in geringerem Verhältniss als die Grösse eines Körpers wächst, und dass es für alle Körper eine Grenze der möglichen Grösse giebt, bei welcher das eigene Gewicht derselben ihre Festigkeit überschreiten würde, dass hohle Röhren bei gleichem Gewicht eine grössere Festigkeit haben als massive Cylinder u. s. w.

Wir haben am Schluss des ersten Bandes dieses Werkes von Galilei behauptet, dass sich in ihm Philosophie, Mathematik und Experimentirkunst in bester Weise vereinigt hätten. Nach dem bis jetzt Gesagten könnte es doch scheinen, als ob das Gleichgewicht nicht stattgefunden habe, als ob die Experimentirkunst Galilei's nicht so hervorragend gewesen sei, dass sie zu unserer Bewunderung seiner anderen Talente ein Gegengewicht zu bilden vermöchte. Ueberall bemüht sich Galilei seine Sätze philosophisch zu begründen und mathematisch sicher abzuleiten; in der Lehre vom freien Fall der Körper, in der Lehre von der Festigkeit tritt überall dieses Bestreben hervor. Dagegen erscheint das Experiment nur als ein Mittel zur Verification schon gefundener Sätze ohne Nutzen für ein eigentliches Fortschreiten der Wissenschaft. Doch ist dem nicht so, Galilei war allerdings nicht rein Experimentator, dem es schon genug war, wenn er neues schätzbares Material sammeln durfte, er hielt wohl die Verarbeitung der Beobachtungen für das Verdienstvollste des ganzen Unternehmens; dass aber seine Beobachtungskunst ebenso genial war als sein philosophisch-mathematisches Erfindungstalent, ersieht man schon aus seinen Pendelbeobachtungen und an vielen Bemerkungen über die Festigkeit der Körper und wird aus dem folgenden noch deutlicher werden. Wie schon erwähnt, versucht Galilei in der Schrift Discorso intorno alle cose, che stanno in su l'acqua, die von Archimedes gegebenen Sätze über das Schwimmen der Körper etc. neu zu beweisen. Zu dem Zwecke denkt er sich die Flüssigkeit, in welche der Körper eingetaucht wird, in ein Gefäss eingeschlossen und vergleicht dann den Druck des eingetauchten Körpers mit dem des Wassers, welches von dem Körper gehoben wird. Dieses Einschliessen der Flüssigkeitsmenge in ein Gefäss macht die Ableitung nicht einfacher und ist für den Beweis der Sätze selbst kein Fortschritt, für die spätere Entwickelung der Wissenschaft aber bleibt die Sache wichtig. Galilei setzt nämlich zum Zwecke jener Vergleichung die Producte aus den Massen und den Geschwindigkeiten des eingetauchten Körpers und der Flüssigkeit einander gleich und bringt so das Princip der virtuellen Geschwindigkeiten, wenn auch in seiner einfachsten Gestalt, zum ersten Mal zu allgemeiner Anwendung. Neben dieser Vertheidigung des Archimedes beschäftigt sich dann Galilei besonders mit der Bekämpfung des Aristoteles auch in diesem Gebiete. Die Aristoteliker behaupteten, dass das Schwimmen eines Körpers vor allem von der Form desselben abhänge, und zwar sollte jeder Körper schwimmen können, wenn er nur in die Form von dünnen Platten gebracht werde. Dadurch erklärten sie z. B. das Schwimmen des Eises, das sie als verdichtetes Wasser für schwerer als Wasser hielten. Galilei widerspricht dieser Behauptung direct-und zeigt, dass das Schwimmen eines Körpers nur von seinem specifischen Gewicht abhängt. Ein Körper, der auf einer Flüssigkeit in irgend einer Form schwimmt, thut dies auch in jeder anderen, seine Gestalt beeinflusst nur die Geschwindigkeit, mit der er in der betreffenden Flüssigkeit untersinkt oder aufsteigt. Eis, das immer auf Wasser schwimmt, muss also leichter sein als Wasser. Platten aus einem Stoffe, der specifisch schwerer ist als Wasser, können wohl auf demselben liegen bleiben, aber dann sind sie nicht völlig eingetaucht und liegen in einer Vertiefung auf der Oberfläche des Wassers, die um so tiefer, je schwerer der Körper. Wenn aber solche Platten ganz unter Wasser getaucht werden, so sinken sie unter und steigen nicht wieder in die Höhe, wäh-

rend dünne Holzplatten unter allen Umständen wieder die Höhe
kommen.

Man kann Wasser durch Auflösen von Salz in demselben specifisch so schwer machen, dass eine vorher am Boden liegende Wachskugel an die Oberfläche steigt. Durch Hinzugiessen von heissem Wasser lässt sich dann das specifische Gewicht des Wassers wieder so weit verringern, dass die Wachskugel wieder sinkt. Diese Experimente sind äusserst geeignet, die Abhängigkeit des Schwimmens vom specifischen Gewicht nachzuweisen; ausserdem lässt sich aber aus ihnen schliessen, was Galilei bei der Festigkeit der Körper behauptet, dass die Wassertheilchen in keinem Zusammenhange stehen. Zwar wirft er selbst ein, dass doch Wassertropfen auf Flächen, wie z. B. Kohlblättern, sich längere Zeit im Zusammenhang erhalten ohne zu zerfliessen. Aber er bemerkt weiter, dass diese Tropfen sich sogleich lösen, wenn man sie mit einer anderen Flüssigkeit, z. B. rothem Wein, umgiebt, und folgert daraus, dass kein innerer Zusammenhang, sondern nur der Widerstand der umgebenden Luft die Theilchen des Tropfens zusammenhält. Zwischen Luft und Wasser besteht überhaupt ein gewisser Widerstreit; wenn man eine Glaskugel mit engem, feinem Halse mit Wasser füllt und umkehrt, so fliesst kein Tropfen Wasser heraus, und keine Luftblase dringt ein. Taucht man aber den Hals der Kugel in rothen Wein, der bedeutend schwerer ist als Luft und nur wenig leichter als Wasser, so fliesst alsbald das Wasser aus, während der Wein in röthlichen Linien in der Kugel in die Höhe steigt.

Galilei's physikalische Leistungen, soweit sie nicht dem Gebiet der Mechanik angehören, finden sich zerstreut in seinen Schriften, hauptsächlich in den Discorsi und den Dialogen über die beiden Weltsysteme. Trotz ihrer mehr aphoristischen Form sind sie doch von bedeutendem Einfluss auf die Physiker der nachfolgenden Zeit gewesen. Noch längere Zeit nach Galilei finden wir die folgende Generation fast nur mit Problemen beschäftigt, die schon in Galilei's Werken anklingen, sei es nun, dass er selbst sie zuerst aufgestellt, oder dass er, der alle Zweige der Wissenschaft übersah, sie nur von Anderen aufgenommen.

Galilei griff die alten Untersuchungen von dem Zusammenhang der Tonhöhe mit der Länge schwingender Saiten wieder auf, behauptete aber dann ganz allgemein, dass die Tonhöhe abhänge von der Anzahl der Schwingungen, welche der tönende Körper in einer gewissen Zeit macht und zwar so, dass die Anzahl der Schwingungen bei der Octave doppelt, bei der Quinte $3/2$ und bei der Quarte $4/3$ mal so gross sei als bei dem Grundton. Durch dieses Gesetz wird dem unfassbaren physiologischen Moment der Tonhöhe die mathematisch bestimmte Schwingungszahl substituirt und dadurch erst die Akustik einer physikalischen Behandlung fähig. Wir müssen allerdings dazu bemerken, dass Mersenne's Harmonie universelle, die man als das erste wissenschaftliche Werk auf diesem Gebiete ansehen darf, schon 1636, also zwei Jahre vor Galilei's Discorsi, in welchen dieser seine akustischen Untersuchungen mit veröffentlichte, erschien. Doch ist nicht anzunehmen, dass der Meister hier dem Schüler gefolgt sei. Mersenne stand in regem Verkehr mit Galilei, dessen Mechanik er ja lange vor deren eigentlichen Herausgabe in einer französischen Uebersetzung erscheinen liess. So dürfen wir auch diese Reihenfolge der Veröffentlichungen hier als ein Zeugniss dafür annehmen, dass Galilei's Arbeiten lange Zeit vor ihrem Druck schon bekannt waren; um so mehr als Mersenne's Untersuchungen über Saitenschwingungen viel vollständiger sind als die Galilei's und sich wie eine weitere Ausführung des Galilei'schen Satzes ausnehmen. Für jenes Gesetz der Schwingungszahlen hatte Galilei durch Zufall einen merkwürdigen Beweis gefunden. Als er eine Messingplatte mit scharfem Schabeisen reinigte, hörte er mehrmals starke Töne und fand dann jedes Mal auf der Platte viele parallele Einschnitte. Genaue Messungen zeigten, dass die Entfernungen jener Striche für verschiedene Tonintervalle die bekannten harmonischen Verhältnisse hatten. An tönenden Gläsern machte er entsprechende interessante Beobachtungen. Er bemerkte, dass in einem zum Theil mit Wasser gefüllten Glase, das er durch Anstreichen mit dem Finger zum Tönen gebracht hatte, sich ringförmige concentrische Erhöhungen und Vertiefungen bildeten, die stehen blieben, so lange er denselben Ton hervorbrachte, die sich aber verdoppelten, wenn zufällig der Ton in die Octave überschlug. Galilei hatte damit zum ersten Male stehende Wellen beobachtet, freilich ohne diesen Ausdruck zu gebrauchen und ohne näher darauf einzugehen. Auch das physiologische Moment der Akustik berührte Galilei; er meint, dass das Ohr leicht Töne zusammen aufnehmen könne, deren Schwingungszahlen ein einfaches Verhältniss haben, dass aber zusammengesetztere Verhältnisse dabei dem Ohre unbequem würden und sucht hierin den Grund für Consonanz oder Dissonanz der Intervalle.

Optische Untersuchungen finden sich bei Galilei trotz seiner genialen Benutzung des Fernrohrs fast gar nicht, zerstreute Bemerkungen über gewölbte Spiegel sind von keiner grossen Wichtigkeit. Bemerkenswerth ist nur, dass Galilei eine endliche Geschwindigkeit des Lichts annimmt, aber sein Vorschlag, durch Lichtsignale, die von zwei, ungefähr drei italienische Meilen entfernten Beobachtungsorten gegeben werden, diese Geschwindigkeit zu messen, zeigt, dass er keine sehr richtigen Vorstellungen besass.

Bedeutender sind seine Arbeiten über Magnetismus, bei denen er Gilbert's sogleich zu erwähnendes Werk benutzte. Er erklärt die Verstärkung der Wirkungen eines natürlichen Magneten durch die Armatur, indem er darauf aufmerksam macht, dass der Anker die Armatur in viel mehr Punkten und viel genauer berühren könne als den Magneten selbst. Er stellt auch den Magneten (in den Dialogen über die Weltsysteme) als ein Beispiel für Körper hin, die zu-

gleich mehrerlei Bewegungen haben, und führt für den Magneten an, Galilei,
1589—1609.
dass er sich nach der Erde hin bewege, nach der Richtung der magnetischen Declination, auch nach der Richtung der magnetischen Inclination
einstelle, und dass vielleicht auch ein freier Magnet um eine Achse rotiren
würde.   Diese letztere merkwürdige Meinung ist um jene Zeit mehrfach
aufgestellt worden, um die Rotation der Planeten zu erklären.   Nach
dem Zeugniss seines Schülers Castelli betrieb er auch die Verfertigung
künstlicher Magnete mit Erfolg, und es gelang ihm einen solchen herzustellen, der bei einem Gewicht von nur 6 Unzen doch 15 Pfund trug.

Galilei's erste Periode war, wie wir schon bemerkt, fast rein physikalisch, und vom physikalischen Standpunkt aus hatte er die alte Naturphilosophie und vor allem Aristoteles bekämpft; d o c h   h a t t e   e r   a u c h
s c h o n   i n   d e r   A s t r o n o m i e um diese Zeit d e n   a l t e n   S t a n d p u n k t
v e r l a s s e n.   Im Jahre 1597 schrieb er an Kepler, der ihm seinen Prodromus übersandt hatte, dass er viele Gründe für das Kopernikanische
System und Widerlegungen der Gegengründe aufgeschrieben habe, dass
er aber noch nicht gewagt dieselben ans Licht zu bringen, weil ihr
Meister Kopernikus mit so viel Spott und Hohn überhäuft worden sei.
Als aber im Jahre 1604 ein neuer Stern im Schlangentreter erschien,
benutzte er die Gelegenheit, um eine der Hauptstützen des Ptolemäischen
Weltsystems zu untergraben, nämlich die Aristotelische Lehre von der
Unvergänglichkeit und ewig vollkommenen Unveränderlichkeit des Himmels.   Jener Stern war nur 18 Monate lang sichtbar; er wurde von
Einigen für eine Lichterscheinung in den niederen Regionen des Himmels, von Anderen für einen alten nur übersehenen Stern ausgegeben.
Galilei bewies, dass es ein wirklicher Stern sei, den man niemals zuvor
gesehen habe, und dass er weit hinaus über die Sphäre der Planeten
stehe, für welche selbst die Peripatetiker noch einige Unvollkommenheiten
zugaben.   Die Peripatetiker empfanden denn auch diesen Angriff fast
noch heftiger als den auf das Aristotelische Fallgesetz.   Von den Vorträgen Galilei's über diesen Stern her datiren die ersten Streitigkeiten
mit C a p r a, und zwei peripatetische Collegen C r e m o n i n o und D e l l e
C o l o m b o schrieben mit vieler Heftigkeit gegen ihn.

Der gefeierte Leibarzt der Königin Elisabeth von England, **William** Gilbert, De
magnete,
1600.
Gilbert (1540—1603), war der erste Gelehrte, welcher ein eigentlich
wissenschaftliches Werk über den Magneten schrieb.   Er gab zuerst
eine vollständige Theorie der magnetischen Erscheinungen und reihte
dadurch den Magnetismus unter die physikalischen Disciplinen ein.   Bis
dahin hatte man, wie Gilbert selbst sagt, die Anziehung des Magneten
und des Bernsteins nur zu Hilfe gerufen, „so oft unsere Sinne in der
Dunkelheit abstruser Untersuchungen herumirrten und unser Verstand
nicht weiter konnte." Gilbert's Werk, das erst am Abend seines Lebens
unter dem Titel D e   m a g n e t e,   m a g n e t i c i s q u e   c o r p o r i b u s   e t   d e
m a g n o   m a g n e t e   t e l l u r e,   p h y s i o l o g i a   n o v a (London, 1600)

Gilbert, De
magnete,
1600.

erschien, zeigt schon ein ganz anderes Aussehen als die übrigen physikalischen Werke des 16. Jahrhunderts. Es enthält Nichts von der
gewöhnlichen peripatetischen Naturphilosophie, verachtet nicht die Naturbeobachtung bei Ueberschätzung der Autorität, sondern gründet sich im
Gegentheil ganz auf das Experiment und zeugt von ausserordentlicher
Geschicklichkeit in der Anwendung der experimentellen Methode zur
Erforschung ungeahnter Naturerscheinungen. Gilbert ist ein Physiker neuen Stils, der in seinem engeren Gebiete mit Galilei wett-
eifert und an Geschicklichkeit im Experimentiren ihm nicht nachsteht,
wenn auch seine Kraft zur Erklärung des Beobachteten nicht an die des
Galilei heranreicht.

Wir haben früher gesehen, dass der Engländer Norman [1]) den Anziehungspunkt für den Magneten, den man zuerst in den Himmel gesetzt,
in die Erde verlegt hat. Gilbert geht weiter, er erklärt die ganze
Erde für einen Magneten und zeigt, um das zu beweisen, dass eine
magnetisirte Eisenkugel auf eine Magnetnadel ganz so wie die Erde
wirkt. Er denkt sich dabei die astronomischen Pole mit den
magnetischen zusammenfallend, weiss aber trotzdem die Abweichung der Magnetnadel zu erklären, indem er behauptet, dass das
Wasser unmagnetisch sei, und dass die Abweichung der Nadel durch
die ungleiche Vertheilung des Landes hervorgerufen werde. Nach dieser
Theorie müsste die Declination auf dem freien Ocean, gleich weit entfernt
von den Küsten, gleich Null sein, und Gilbert hing natürlich dieser Annahme an. Als man aber nachher an der brasilianischen Küste fand,
dass die Nadel sich ganz vom Lande abwende, und noch mehr, als die
Veränderlichkeit der Declination auch an ein und demselben Orte bekannt wurde, musste diese Theorie von dem Zusammenfallen der astronomischen und magnetischen Pole aufgegeben werden.
Damit fiel dann auch ein Project, das Gilbert auf jene Theorie basirte.
Seit man den freien Ocean befuhr, wurde mehr und mehr das Bedürfniss
fühlbar, eine sichere und leichte Methode zur Bestimmung der geographischen Breiten zu erhalten. Auf dem Festland hatte man dazu die
grösste und kleinste Sonnenhöhe an einem Orte benutzt, Tycho gebrauchte zuerst die zwei Höhen des Polarsternes im Meridian. Damit
war aber zur Bestimmung der geographischen Breite auf der See noch
wenig anzufangen, und Gilbert schlug darum vor, die geographische
Breite nach der Inclination der Magnetnadel zu bestimmen.

Dass man Stahl durch Streichen mit einem Magneten selbst magnetisch machen könne, hatte schon Porta [2]) angegeben; Gilbert aber
zeigte nun seiner Theorie entsprechend, dass man auch durch den
Einfluss der Erde Magnetismus in Stahl hervorrufen
könne. Er hatte wahrgenommen, dass Eisendrähte Magnetismus an-

---

[1]) Theil I, S. 129.
[2]) Theil I, S. 140—141.

nehmen, wenn man sie während des Streckens in der Richtung von Norden nach Süden hält, ja, dass sie oft dieselbe Eigenschaft nur dadurch erhalten, dass man sie längere Zeit in der Richtung des magnetischen Meridians liegen lässt; und er hat noch genauer beobachtet, dass der Magnetismus stärker wird, wenn der Eisenstab in der Richtung der Inclinationsnadel, als wenn er senkrecht oder wagerecht gehalten wird.

Gilbert, De magnete, 1600.

Ausser der Theorie des Erdmagnetismus finden wir noch bei Gilbert eine Menge neuer Specialkenntnisse über natürliche wie über künstliche Magnete. Er führte zuerst bei Gelegenheit seiner Untersuchungen die Fädenaufhängung der Magnetnadel ein. Er fand, dass der Magnet reines Eisen stärker anzieht als Eisenerze, und verhinderte die Schwächung des Magneten, stärkte sogar denselben dadurch, dass er ihn in Eisenfeilspäne, oder dass er ein Eisenstäbchen oder einen zweiten Magneten an denselben legte (erste Spuren des Ankers). Die Wirkung der natürlichen Magnete vermehrte er zuerst durch eine Armatur, die aus einem breiten Stahlband bestand, welches um den Magneten durch beide Pole gelegt wurde. Porta, welcher geglaubt hatte, ein Magnet ziehe nur an seinen Polen an, wurde berichtigt, indem Gilbert zeigte, dass der Magnet in allen Punkten seiner Oberfläche und an den Polen nur am stärksten anziehe. Die Pole des Magneten aber bestimmte er durch eine kleine stählerne Nadel, die über den Magneten hinweggeführt wurde und über den Polen sich senkrecht stellte. Weiter lehrte Gilbert, dass ein Magnet, den man zerschlägt, wieder in kleine Magnete zerfällt, dass zwei Magnete oder auch ein Magnet und ein Stück Eisen, die in kleinen Kähnen auf Wasser schwimmen, sich mit gleichen Geschwindigkeiten einander nähern, dass ein starker Magnet die Pole eines schwächeren umzukehren vermag, dass ein Magnet durch Eisen und andere Körper hindurch wirkt, und auch dass ein Magnet durch einen Eisendraht weiter als durch die Luft wirkt. Trotzdem aber findet man bei ihm noch keinen klaren Begriff der magnetischen Induction, und von dem Unterschied des weichen und harten Eisens in seinem Verhalten zum Magneten scheint er noch nicht genaue Kenntniss zu haben, obgleich er vorschreibt, dass man zum Magnetisiren nur Nadeln vom besten Stahl nehmen soll. Dieses Erzeugen künstlicher Magnetnadeln durch Streichen von Stahlstücken mit Magneten, beschreibt er wie Porta, nur will er dabei die Nadel nach Norden gerichtet haben und warnt merkwürdigerweise vor Wiederholen des Streichens, weil dieses die Pole umkehre. Wahrscheinlich hat er dabei, ohne den Magneten von dem zu magnetisirenden Stahl zu entfernen, rückwärts gestrichen.

Die magnetischen Untersuchungen leiteten Gilbert auch auf die elektrischen Erscheinungen. Bis auf ihn wusste man nur, dass Bernstein und das uns unbekannte Lynkurion gerieben, leichte Körper anzögen; er erst untersuchte, ob nicht andere Körper ebenfalls solche Anziehungskräfte besässen, und wurde dadurch in noch ausschliesslicherem Sinne

Gilbert,
1600.

der Vater einer neuen physikalischen Disciplin. Er betrachtete zuerst diese Anziehung als eine neue selbstständige Naturkraft und gab ihr nach dem ἤλεκτρον (dem griechischen Namen des Bernsteins) den Namen der elektrischen Kraft, doch gebraucht er noch nicht das Substantiv Elektricität, ebenso wenig wie den Namen Magnetismus.

Gilbert führt neben dem Bernstein eine Menge Körper an, die durch Reiben elektrisch werden: Demant, Saphyr, Amethyst, Opal, Bergkrystall, alle Glassorten, die meisten spathigen Substanzen, dann Schwefel, Harze, Steinsalz, Talk und Bergalaun und einige andere; dagegen als solche, die nicht elektrisch werden: Smaragd, Achat, Perlen, Chalcedon, Alabaster, Marmor, Knochen, Elfenbein und endlich die Metalle. Die elektrisirten Körper ziehen fast alle dichten Körper an, nur sehr feine Stoffe, wie Flammen und glühende Körper, folgen der Anziehung nicht. Trockene Luft, Nord- und Ostwinde wirkten beim Elektrisiren günstig und im Sonnenschein blieben geriebene Körper noch zehn Minuten lang nach dem Reiben elektrisch. Dagegen schwächten Feuchtigkeit, das Ansathmen, das Besprengen mit Weingeist und Wasser die elektrischen Körper ungemein, Besprengen mit Oel aber war nicht hinderlich.

Dies sind die Kenntnisse Gilbert's in Betreff der elektrischen Kräfte. Wir sehen, dieselben erstrecken sich nur auf die Anziehung geriebener Körper, die Abstossung derselben blieb ihm noch unbekannt. Bei diesem immerhin noch sehr niedrigen Stand dürfen wir uns nicht wundern, wenn Gilbert die Aehnlichkeit der Elektricität mit dem Magnetismus weniger erkennt und gerade die Unterschiede zwischen beiden betont. Er giebt als solche Unterschiede: 1) die Elektricität entsteht nur durch Reiben, der Magnet zeigt die Anziehungskraft als natürliche dauernde Eigenschaft; 2) die Elektricität wird durch Feuchtigkeit aufgehoben, der Magnet verliert selbst bei Dazwischenkunft fester Körper seine Kraft nicht; 3) der Magnet zieht nur wenige Körper an, die Elektricität wirkt fast auf alle Stoffe; 4) der Magnet bewegt Körper von beträchtlichem Gewicht, die Elektricität nur leichte Materien; 5) bei der elektrischen Anziehung wirkt nur der elektrische Körper, und nur der angezogene bewegt sich, beim Magneten bewegen sich beide gemeinschaftlich. Hiernach ist es natürlich, wenn Gilbert für beide Kräfte auch ganz verschiedene Entstehungsweisen annimmt. Den Magnetismus hält er für eine dem Stoffe eigenthümliche, vom Anfang innewohnende Kraft und schreibt demselben eine merkwürdig weite Wirkungsfähigkeit zu. Die elektrische Anziehung aber wird von ihm, wie von den alten Physikern, durch Ausflüsse erklärt, welche das Reiben aus den Körpern herauspresst. Diejenigen Körper, welche nicht elektrisch werden, haben, weil sie erdiger Natur sind, allzu grobe Ausflüsse. Diese gehen nicht durch die anzu-

Gilbert, 1600.

ziehenden Körper hindurch und so viel diese in den entstandenen leeren Raum hineingetrieben werden, so viel werden sie durch die groben Ausflüsse wieder zurückgestossen.

Noch bleibt uns eines posthumen Werkes von Gilbert zu erwähnen, dessen Thema etwas weiter sich erstreckt; wir meinen De mundo nostro sublunari Philosophia nova (Amsterdam, 1651). Er wendet sich darin direct gegen die noch herrschende Philosophie des Aristoteles. Wie Cardanus polemisirt er gegen die Lehre von den Aristotelischen Elementen und schliesst vor allem das Feuer von denselben aus, weil eine Feuermaterie nie aus den Körpern abgeschieden werden könne. Feuer ist nur der höchste Grad von Wärme, diese aber der Actus einer verfeinerten Flüssigkeit, etwa eines sehr feinen körperlichen Aethers. Doch wendet sich Gilbert nicht der Atomistik zu, er erklärt vielmehr alle Körper für continuirlich und lässt auch die Körper nicht durch blosses Mischen und Trennen entstehen; er steht deshalb der Umwandlung der Elemente nicht direct feindlich gegenüber und glaubt an den Uebergang von Luft in Wasser, allerdings durch Zwischenstufen [1]). Andererseits aber nimmt er mit den Atomisten das Dasein eines leeren Raumes an; die Ausströmungen aus der Erde und damit die Atmosphäre derselben reichen nur bis wenige Meilen über die Oberfläche hinaus, von da an bis zum Monde und zwischen den Gestirnen ist der Raum leer, sonst würden die Himmelskörper nicht frei sich bewegen und das Licht nicht momentan von diesen Körpern bis zu uns sich fortpflanzen können. Gilbert ist ein Anhänger des Kopernikus und folgt ihm auch in seiner Vorstellung von der Schwerkraft. Die Schwere ist der Zug des Körpers zum Körper, der Theile zum Ganzen, der Bruchstücke zu ihrer eigenen Kugel, aber nicht der Zug zu dem räumlichen Orte der Kugel, wie die Aristoteliker annehmen. Absolut leichte Körper giebt es nicht, vielmehr ist die Bewegung der leichten Körper nur ein Auftrieb, der durch die dichteren, sie umgebenden Körper bewirkt wird. Neben der Schwere, die nur zwischen den Theilen eines Planeten thätig ist, giebt es noch eine weiter reichende magnetische Kraft, die zwischen den Gestirnen selbst wirkt. „Die Kraft, die aus dem Monde strömt, reicht bis zur Erde, und auf dieselbe Weise durchläuft die magnetische Kraft der Erde den ganzen Himmelsraum bis zum Monde; beide Kräfte correspondiren und conspiriren, wenn sie sich vereinigen, nach bestimmten Verhältnissen und Bedingungen; die Wirkung der Erde ist aber viel grösser, da ihre Masse viel grösser ist. Die Erde zieht also den Mond an und stösst ihn wieder ab und ebenso

---

[1]) Eine eingehendere Darstellung der Lehre von den Elementen während dieser und der vorhergehenden physikalischen Periode giebt Lasswitz in dem Programm des Gymnasiums zu Gotha vom Jahre 1882.

Gilbert,
1600.

thut auch in bestimmten Grenzen der Mond mit der Erde, und zwar
nicht auf die Weise, wie magnetische Kräfte thun, um sie mit sich zu
vereinigen, sondern so, dass ein Körper um den anderen in beständigem
Laufe sich bewege."

Die Vorstellung einer zwischen den Himmelkörpern wirksamen
magnetischen Kraft, die zugleich anzieht und abstösst, ist augenscheinlich nur gemacht, um das Beharren eines Trabanten in seiner Bahn zu
erklären, das man auf mechanische Weise noch nicht erklären konnte.
Die Darstellung der Erde als eines grossen Magneten liess solche Wirkungen natürlich erscheinen und führte in dieser Zeit zu mannigfachen
Versuchen, den Magnetismus mit der Bewegung der Himmelskörper in
Verbindung zu bringen. Für die spätere Himmelsmechanik
haben diese Ideen wohl die Nachwirkung gehabt, dass
sie der Vorstellung einer actio in distans leichteren
Eingang verschafften.

Kepler, Ad
Vitellonem
Paralipo-
mena, 1604.

Ein leuchtendes Dreigestirn grosser Physiker ziert den Anfang des
17. Jahrhunderts; zu Galilei und Gilbert gesellt sich **Kepler,** der einzige würdige Vertreter der deutschen Nation in dieser Zeit. Angeregt
durch die Untersuchungen des Tycho de Brahe[1]) über die astronomische Refraction, wandte sich auch Kepler dieser Erscheinung
zu, und wie in vielen anderen Dingen ging auch hier der Assistent tiefer
als der berühmte Hofastronom selbst. Kepler begnügte sich
nicht mit der Untersuchung jener einzelnen optischen
Erscheinung, sondern erstreckte seine Studien über das
ganze Gebiet, um von der Kenntniss der allgemeinen optischen Erscheinungen aus auf die besonderen der astronomischen Refraction zu
schliessen. Er griff zu dem Zwecke auf die Schrift[2]) des Vitello aus dem
13. Jahrhundert zurück und gab seine Untersuchungen als Supplemente
zu dieser unter dem Titel Ad Vitellonem Paralipomena quibus
astronomiae pars optica traditur (Frankfurt a. M., 1604).

Das erste Capitel dieses Werkes handelt von der
Natur des Lichts und der Farben. Ohne Vorarbeiten von Seiten
wirklicher Physiker bleibt hier Kepler ganz in den Kreisen der peripatetischen Naturphilosophie. Die Farben entstehen wie bei Aristoteles[3])
durch die Mischung von Licht und Finsterniss; Farbe ist Licht der
Möglichkeit nach, in der Materie verborgenes, d. h. durch
verschiedene Materien mehr oder weniger getrübtes
Licht. Das zweite Capitel handelt von der runden Gestalt des Sonnenlichts, das durch eine enge Oeffnung in
einen dunklen Raum fällt. Ohne Maurolykus zu nennen, dessen

---

[1]) Theil I, S. 137.
[2]) Theil I, S. 102.
[3]) Theil I, S. 21.

Schrift Kepler überhaupt nicht gekannt zu haben scheint, giebt er hier- Kepler, Paralipomena. 1604.
für die gleiche Erklärung[1]) wie dieser, wenn er auch für den Beweis einen
colossalen geometrischen Apparat verwendet. Interessant ist die Beschreibung des Weges, auf dem er zu seiner Erklärung gekommen ist:
„Ich legte ein Buch, das mir die Stelle des leuchtenden Körpers vertreten sollte, an einen hochgelegenen Ort. Zwischen dieses Buch und
eine Wand stellte ich eine Tafel mit einer Oeffnung, die viele Winkel
hatte. Hierauf befestigte ich an die eine Ecke des Buches einen Faden,
zog ihn durch die Oeffnung hindurch und beschrieb längs der Grenzen
derselben mit dem anderen Ende des Fadens eine Figur mit Kreide auf
die Wand. Ich erhielt hierdurch eine der Oeffnung ähnliche Figur.
Dasselbe geschah, als der Faden an der zweiten, dritten und vierten
Ecke und an mehreren anderen Stellen des Buches befestigt wurde. Aus
allen diesen Figuren entstand endlich eine, die der des Buches um so
ähnlicher wurde, je weiter die Wand von der Oeffnung entfernt war."
Das dritte Capitel enthält Untersuchungen über den Ort
der Bilder, welche durch Spiegel entstehen. Kepler nimmt
hier besondere Rücksicht darauf, dass wir mit zwei Augen sehen und
bemerkt auch, dass hiervon unsere Beurtheilung der Entfernung eines
Gegenstandes abhängt, wenigstens da, wo die Entfernung der Augen
gegen die des Gegenstandes nicht verschwindend klein erscheint. Das
vierte Capitel behandelt die Brechung des Lichtes. Trotz
der Einwürfe des Alhazen[2]) hatte man doch wieder, wie es selbst Maurolykus gethan, die Einfalls- und Brechungswinkel für dieselben Medien
als proportional angenommen. Kepler misst diese Winkel bei Luft und
Glas für Strahlen, die unter verschiedenen Neigungen einfallen, und
findet, dass nur bis zu einer Abweichung von ohngefähr 30^0 vom Einfallsloth das Verhältniss des Einfallswinkels zum Brechungswinkel[3])
gleich 3 : 1 zu setzen sei, wie es schon Ptolemäus[4]) gethan hatte; dass aber
für grössere Einfallswinkel der Brechungswinkel grösser würde, als er
es nach diesem Verhältniss sein dürfte. Er nahm darum an, dass
der Brechungswinkel in zwei Theile zu zerlegen sei, von
denen der eine dem Einfallswinkel, der andere aber der
trigonometrischen Secante des Einfallswinkels proportional wäre. Das war, wie wir wissen, ein falscher Gedanke; für die
weiteren Berechnungen Kepler's genügte indessen auch diese nur näherungsweise richtige Annahme. Die Ursache der Ungleichheit der Brechung
bei den verschiedenen Materien suchte Kepler in den verschiedenen Dichten der Stoffe, wurde aber bald durch den Engländer Harriot (1560

---

[1]) Theil I, S. 127.
[2]) Theil I, S. 79.
[3]) Unter Brechungswinkel ist hier immer der Winkel, welchen die Verlängerung des einfallenden Strahles mit dem gebrochenen bildet, also die Ablenkung, verstanden.
[4]) Theil I, S. 49.

bis 1621) belehrt, dass ein erkennbarer Zusammenhang
zwischen der Dichte und der brechenden Kraft nicht bestehe. Harriot schickte in einem Briefe an Kepler Tafeln über die
Brechung des Lichtes durch verschiedene Medien, die das bewiesen.
Doch hat man sich noch länger mit diesem Gedanken beschäftigt und
noch Descartes bemerkt in einem Briefe an Mersenne, dass Terpentinöl
leichter sei als Wasser und doch das Licht mehr breche.

Bei Tycho haben wir erwähnt, dass derselbe eine Veränderlichkeit der Refraction mit der Entfernung der Sterne von der Erde
annahm. Dies findet seine Erklärung darin, dass man damals an eine
Erstreckung der Luft bis zu den Sternen glaubte, wonach ja allerdings das Licht der weiter abstehenden Sterne auch stärker gebrochen
werden könnte. Der hessische Astronom Rothmann liess die Brechung
nur am Horizont stattfinden und kam deswegen in Streit mit Tycho,
der doch bis zu einer Höhe von 45⁰ die Refraction noch für merklich gross hielt. Kepler erklärt, dass diese Brechung bis
zum Zenith sich erstreckt, und betont gegen Tycho, dass sie in
gleicher Höhe für alle Sterne gleich sein müsse, weil die Höhe der
Atmosphäre nicht allzu bedeutend sei und keineswegs bis zu den Sternen
reiche. Dabei passirt es ihm freilich, dass er aus der astronomischen
Refraction nur eine Höhe der Atmosphäre von 0,48 Meilen heraus-
rechnet, weil er dieselbe überall gleich dicht und an der Grenze scharf
abgeschnitten annimmt. Das röthliche Licht, welches der Mond bei
totalen Mondfinsternissen zeigt, leitet Kepler zum ersten Male richtig
aus der Strahlenbrechung in der Atmosphäre der Erde ab.

Die Paralipomena enthalten merkwürdige Unrichtigkeiten und
ermüdende Weitschweifigkeiten, wunderbarerweise gehört der
Theil zu den klarsten, in welchem von dem Vorgang des
Sehens und der Einrichtung des Auges die Rede ist. Es
ist dies das fünfte Capitel. Nach den Anatomen Jessenius und Platter
beschreibt Kepler zuerst die anatomische Beschaffenheit des Auges und
geht dann zur Entstehung der Bilder im Auge über. Die Strahlen-
kegel, die von den Punkten des Gegenstandes ausgehen,
und deren gemeinschaftliche Basis die Pupille ist, werden von der Krystalllinse so gebrochen, dass sie hinter
ihr wieder Kegel bilden, deren Spitzen auf der Netzhaut
liegen und dort ein Bild des leuchtenden Gegenstandes
geben. Dieses Bild ist ein verkehrtes, weil sich die Achsen jener Kegel
in der Krystalllinse kreuzen. Die Netzhaut aber empfindet die Richtung,
aus welcher die Lichtstrahlen kommen, und so bleibt es der Seele nicht
zweifelhaft, dass das Untere des Bildes dem Oberen des Gegenstandes
entspricht und umgekehrt. Kepler macht darauf aufmerksam, dass nach
Wegnahme der übrigen Häute an der Hinterseite des Auges das Bild
auf der Retina sichtbar werden müsse; doch hat er selbst das Experiment nicht ausgeführt. Die Accommodation des Auges für ent-

fernte und nahe Gegenstände führt Kepler auf eine Zusammenziehung und Ausdehnung der Krystalllinse oder auf ein Annähern der Retina an die Linse oder auf beide Ursachen zurück. Die Weit- und Kurz-sichtigkeit erklärt er danach durch eine falsche Wölbung der Linse, wie schon Maurolykus gethan hat. Auch die Irradiation versucht Kepler durch seine Theorie zu erklären. Er weist darauf hin, dass bei einem kurzsichtigen Auge von jedem Punkte des leuchtenden Gegen-standes ein kleiner Lichtkreis auf der Netzhaut erzeugt, dass dadurch der Gegenstand mit verwaschenen Rändern, aber etwas grösser gesehen werden muss, und dass wir uns sehr entfernten leuchtenden Objecten wie Sternen gegenüber immer in einem solchen Zustande der Kurzsich-tigkeit befinden. Kepler's Schrift zeigt trotz vielfacher Irrthümer doch einen ganz anderen Geist als die optischen Schriften des 16. Jahrhun-derts. Eine so klare Verfolgung der Lichtstrahlen auch beim Durchgang durch brechende Medien, eine solch erfolgreiche Untersuchung complicirter optischer Phä-nomene findet man selbst bei Maurolykus noch nicht, der doch Kepler in seiner Eigenschaft als bedeutender Mathematiker am nächsten steht. Kepler's Theorie des Sehens bleibt für lange Zeit muster-gültig, und seine Annäherung an das Brechungsgesetz trägt sehr bald bei der Betrachtung des neu erfundenen opti-schen Instruments, des Fernrohrs, ihre ersten Früchte.

Kepler, Pa-ralipomena, 1604.

Die **Erfindung des Fernrohrs** ist neben derjenigen der Dampf-maschine die vielumstrittenste in der ganzen Geschichte der Physik. Nicht nur dass man Spuren der Erfindung bis mehr als 1000 Jahre vor das allgemeine Bekanntwerden derselben verfolgen will, dass sich nach-träglich Erfinder melden, die den Anspruch erheben, ihre Erfindung vor-datiren zu dürfen; auch für die Zeit, in welcher das Fernrohr unleugbar erfunden wurde, haben wir noch zwischen mehreren Erfindern zu wählen, über deren Primat schwer zu entscheiden ist. Diejenigen Optiker, welche wir nach einzelnen Aeusserungen in ihren Schriften als Vorläufer des Erfinders betrachten dürfen, wie Roger Bacon, Porta[1]), haben wir schon im ersten Band dieses Werkes erwähnt. Auf Datirungen, nach denen womöglich schon Moses das gelobte Land vom Berge Nebo aus mit einem Fernrohre überschaut hat, wollen wir nicht näher ein-gehen; dann bleibt uns für die Zeit der Erfindung nur der Zeitraum von 1590 bis 1610 und unter den Personen nur die Wahl zwischen drei Brillenmachern aus Holland, nämlich Zacharias Jansen, Jacob Metius und Hans Lippershey (Lippersheim, Laprey?). Dass uns der Entscheid über die Ansprüche dieser drei Personen jetzt, 2¾ Jahr-hunderte nach der Erfindung, schwer wird, darf wenig wunderbar erscheinen, wenn wir hören, wie unsicher schon die Zeitgenossen der

Erfindung des Fern-rohrs, 1608.

---

1) Theil I, S. 101 und S. 140.

Erfinder selbst waren. Rudolf Wolf[1]) giebt aus einer Schrift, die er
mit Sicherheit dem Pater Scheiner und dem Jahre 1616 zuschreiben
kann, folgende in dieser Beziehung charakteristische Stelle: „— Man
muss gestehen erstens, wenn wir das, was das Fernrohr leistet, ins Auge
fassen, so wird hierfür nicht nur verdientermaassen Baptist. Porta als
Erfinder gelten, weil er ein solches Instrument, wenn auch nach seiner
Weise in dunklen Worten und räthselhaften Ausdrücken beschreibt, wie
es das Fernrohr ist. Man muss aber auch sagen zweitens, wenn wir
von dem Fernrohr sprechen, wie es nach allmäliger Vervollkommnung
heute angewandt wird und allgemein bekannt ist, so ist weder besagter
Porta noch Galilei der erste Erfinder gewesen, sondern das Fernrohr in
diesem Sinne wurde in Deutschland und bei den Belgiern erfunden und
zwar zufällig· durch einen Krämer, der Brillen verkaufte, indem er concave und convexe (Gläser), entweder spielend oder Versuche mit ihnen
machend, combinirte, und es dahin brachte, dass er einen ganz kleinen
und entfernten Gegenstand durch beiderlei Gläser gross und ganz in der
Nähe erblickte, durch welchen Erfolg erfreut, er einige gleiche Gläser-
paare in ein Rohr einfügte und sie um einen hohen Preis vornehmen
Leuten anbot. Auf diese Weise kamen sie (die Fernrohre) nach und
nach unter die Leute und verbreiteten sich allmälig nach anderen Gegenden." Diese Worte des Scheiner sind in mancher Beziehung merkwürdig, aber für uns doch von geringer Bedeutung. Der gute Pater
spricht dem Porta ohne Weiteres die Erfindung des Fernrohrs zu, „weil
derselbe ein solches Instrument, wenn auch in dunklen Worten, beschrieben." Wir haben gesehen wie dunkel die Worte waren, aber auch abgesehen davon sind wir heutzutage nicht mehr gewohnt, denjenigen für
den Erfinder einer Sache zu halten, der einige dunkle Andeutungen von
der Möglichkeit derselben giebt, sondern nur denjenigen, der zum ersten
Male dieselbe wirklich hervorbringt. Dann deutet Scheiner an, dass
wohl die Fernrohre aus unvollkommenen Anfängen nach und nach heran
gewachsen. Wie dies aber geschehen und durch wen, darüber giebt er
uns leider keine Auskunft. Endlich beruhigt sich der sonst so wiss-
begierige Scheiner merkwürdig schnell dabei, dass ein holländischer
Krämer das Fernrohr erfunden, ohne uns nur einen Wink über die.
Person oder den Namen des Krämers zu geben. Aber gerade um den
Namen dieses Krämers, wie um den genauen Zeitpunkt der Erfindung
drehte sich der Streit, der allerdings jetzt endgültig zu Gunsten des
einen Krämers entschieden zu sein scheint.

 Der französische Arzt Pierre Borel veröffentlichte im Jahre 1655
eine Schrift De vero telescopii inventore, in welcher er gerichtlich
beglaubigte Zeugnisse aus Middelburg in Holland, sowie einen Brief des in
Middelburg geborenen holländischen Gesandten Wilhelm Boreel vorbrachte,
aus denen allen hervorzugehen schien, dass der Brillen-

---

[1]) Wiedemann, Ann. d. Physik und Chemie, I, S. 478 bis 480.

macher Zacharias Jansen zu Middelburg zuerst ein Fern- Erfindung des Fernrohre, 1608.
rohr construirte, und dass Lippersheim und Metius erst nach oder
auch durch diesen zur Anfertigung von Fernrohren gelangten. Es
bezeugte nämlich Johannes Jansen, dass sein Vater Zacharias Jansen
im Jahre 1590 Mikroskope und kurze Fernrohre und dann im Jahre
1618 auch lange Fernrohre erfunden, und dass erst 1620 Metius das
Fernrohr nachmachte. Die Schwester desselben, Sara Goedard,
bezeugte ebenso, dass ihr Vater Zacharias Jansen das Fernrohr erfunden, aber sie vermochte die Zeit der Erfindung nicht genau anzugeben
und setzte dieselbe ungefähr in das Jahr 1611 oder 1613. Wilhelm
Borcel erzählte endlich, dass er als Knabe mit Johannes Jansen gespielt
und oft gehört habe, dass dessen Vater das Mikroskop im Jahre 1590
und die längeren Fernrohre um 1610 gemeinschaftlich mit seinem Sohne
Johannes Jansen erfunden habe. Dem Prinzen Moritz von Nassau sei
ein solches Instrument überreicht worden, und obgleich man die Sache
als tiefes Geheimniss behandelt, seien doch Gerüchte in die Oeffentlichkeit gedrungen. In Folge dessen habe ein Unbekannter sich um ein
solches Instrument bemüht, sei aber nicht zu dem wirklichen Erfinder,
sondern zu dem in der Nähe wohnenden Brillenmacher Laprey (Lippersheim) gekommen; die Fragen des Unbekannten hätten dann Laprey auf
das Instrument aufmerksam gemacht und danach sei auch dieser zur Construction desselben gelangt. Adrian Metius wie auch Cornelius Drebbel
hätten erst 1620 die Verfertigung von Fernröhren von Zacharias Jansen
gelernt. Die Zeugnisse des Johannes Jansen und des Wilhelm Boreel
decken sich in Betreff der Erfindung des Mikroskops, und da denselben nicht widersprochen wird, so haben wir im ersten Bande dieses
Werkes dem Zacharias Jansen diese Erfindung zugeeignet und wenn auch
mit einigen Zweifeln[1]) in das Jahr 1590 gesetzt. In Betreff der Fernrohre fehlt eine solche Uebereinstimmung und auch die übrigen Zeugnisse, die jenes Buch enthält, und die noch dazu von wenig sachverständigen Bewohnern Middelburgs herstammen, widersprechen sich vielfach,
indem der eine die Erfindung dem Jansen, der andere aber dem Lippersheim zuschreibt[2]).

Wir würden darnach kaum im Stande sein, ein abschliessendes

---

1) Theil I, S. 142.
2) Die Aussagen des Johannes Jansen widersprechen, wie wir sogleich
sehen, in Betreff der Verdienste des Lippersheim und des Metius direct noch
vorhandenen amtlich aufbewahrten Documenten. Das macht misstrauisch gegen
diesen Zeugen und lässt an die Möglichkeit denken, dass Johannes Jansen vordatirt und seinem Vater Erfindungen zuschreibt, die derselbe erst in zweiter
Linie oder doch später als angegeben, gemacht hat. Lippersheim starb schon
1619 und Metius jedenfalls zwischen 1624 bis 1631; diese beiden waren also
etwaigen Rückdatirungen bei jenem Verhör, das 1655 stattfand, nicht mehr
hinderlich. Der Gesandte Boreel aber, gegen dessen Unparteilichkeit wir nichts
einwenden können, erzählt von lange vergangenen Zeiten nur nach Hörensagen
und ist also jedenfalls in seinen Aussagen nicht entscheidend.

Urtheil zu fällen, wenn nicht neuere Untersuchungen mehr Licht gebracht
hätten.   Diese Untersuchungen sind niedergelegt in dem Werke G e -
s c h i e d k u n d i g O n d e r z o c k n a a r d e e e r s t c U i t f i n d e r s d e r
V e r n k y k e r s u i t d e A a n t c k e n i n g e n v a n w y l e d e n H o o g e l a a r
v a n S w i n d e n z a m e n g e s t e l t d o o r G. Moll (Amsterdam, 1831);
die hauptsächlichste Aufklärung erhielt Swinden durch Benutzung des
Archivs in Haag.   In diesem Werke wird erzählt, dass Adrian Antho-
nieszoon, Bürgermeister von Alcmar und Festungsbaumeister der Staaten,
vier Söhne gehabt, von denen zwei besondere Berühmtheit erlangten.
Der eine davon war Adrian Adriaansz, der auf der Universität seines
mathematischen Fleisses wegen den Beinamen Metius erhielt (die ganze
Familie nahm darnach denselben an), und der für das Verhältniss der

Kreisperipherie zum Durchmesser den berühmten Bruch $\dfrac{355}{113}$ gab.   Der

andere, J a c o b A d r i a a n s z oder J a c o b M e t i u s, ein Sonderling, men-
schenscheu und ungelehrig, lernte von einem Brillenmacher das Glas-
schleifen und verfertigte dann viele Brennspiegel und Brenngläser.   Er
überreichte am 17. October 1608 den Generalstaaten eine Bittschrift:
„e r s e i s e i t z w e i J a h r e n d u r c h F l e i s s u n d N a c h d e n k e n a u f
e i n I n s t r u m e n t g e k o m m e n, w o d u r c h m a n e n t f e r n t e, s o n s t
g a r n i c h t o d e r g a n z u n d e u t l i c h z u s c h e n d e D i n g e d e u t-
l i c h s e h e n k ö n n e.   D a s j e t z t p r ä s e n t i r t e s e i z w a r n u r
a u s s c h l e c h t e m M a t e r i a l b l o s s z u r P r o b e g e f e r t i g t, a b e r
e s l e i s t e d o c h n a c h d e m U r t h e i l e S r. E x c e l l e n z u n d a n d e r e r,
d i e b e i d e I n s t r u m e n t e v e r g l i c h e n h a b e n, e b e n s o v i e l a l s
d a s j e n i g e, w e l c h e s e i n B ü r g e r a u s M i d d e l b u r g U. E. D. M.
g a n z k ü r z l i c h v o r g e l e g t h a b e.“   Er bittet um ein Verbot des
Verkaufens oder Kaufens auf die Dauer von 22 Jahren für Alle, d i e
n i c h t s c h o n v o r h e r d i e s e E r f i n d u n g g e m a c h t u n d i n s
W e r k g e s t e l l t. Supplicant wird beschieden, das Instrument zur
Vollkommenheit zu bringen, dann solle über ein Verbot beschlossen
werden.   Der wunderliche Jacob Metius liess darnach nichts weiter von
sich hören, der Middelburger Bürger aber, welcher ihm zuvorgekommen,
war Lippershey. Am 2. October 1608 schon hatte II a n s L i p p e r s h e y
(gebürtig aus Wesel, Brillenmacher in Middelburg) den Generalstaaten
die Bittschrift überreicht: „d a s s i h m f ü r e i n v o n i h m e r f u n d e n e s
I n s t r u m e n t, u m i n d i e F e r n e z u s e h e n, e i n O c t r o i a u f
3 0 J a h r e o d e r a u c h e i n e j ä h r l i c h e P e n s i o n, u n t e r d e r B e-
d i n g u n g, s o l c h W e r k z e u g a l l e i n z u m D i e n s t d e s L a n d e s
z u v e r f e r t i g e n, b e w i l l i g t w e r d e n m ö g e.“   Die Generalstaaten
setzen eine Commission zur Prüfung der Sache ein, verhandeln dann
wieder mit Lippershey, endlich am 1 3. F e b r u a r 1 6 0 9 w i r d a n g e-
z e i g t, d a s s d e r s e l b e z w e i I n s t r u m e n t e (m i t z w e i A u g e n
z u s e h e n, w i e v e r l a n g t w o r d e n) a b g e l i e f e r t h a b e u n d
b e s c h l o s s e n, i h m d e n v e r e i n b a r t e n P r e i s f ü r d i e s e l b e n a n-

zuweisen. Eine Octroi wird ihm verweigert, weil schon andere Kenntniss von der Erfindung haben[1]). Das letztere bezieht sich wohl auf Jacob Metius, wenigstens ist Jansen bei diesen Verhandlungen nicht erwähnt worden. Darnach ist sicher Hans Lippershey der erste gut beglaubigte Verfertiger der Fernrohre und wir dürfen nicht anstehen ihn als Erfinder derselben zu bezeichnen, da kein anderer auch nur mit einiger Sicherheit ihm gegenüber gestellt werden kann. Die ersten Fernrohre bestanden, wie allgemein bekannt, nur aus einem concaven und einem convexen Glase; sie gestatten nur eine geringe Vergrösserung, haben aber den Vortheil, dass sie kurz sind und aufrechte Bilder geben. Diese sogenannten holländischen oder Galilei'schen Fernrohre werden in den Zeugnissen des Jansen und Boreel mit dem Namen kurze Fernrohre bezeichnet; über die Erfindung der langen, der sogenannten Kepler'schen oder astronomischen Fernrohre werden wir noch berichten.

Die schnelle Verbreitung, welche die Fernrohre vom Jahre 1608 an fanden, scheint uns das stärkste Zeugniss, dass dieser Zeitpunkt derjenige der Erfindung ist. Das Fernrohr ist kein Instrument, dessen Werth erst bei längerer Beschäftigung mit demselben eingesehen werden könnte; von einem Punkte aus weit in die Ferne zu sehen, mit dem Auge wenigstens ein Stück Allgegenwart zu erlangen, das ist für den Menschen ein zu verlockender Gedanke, als dass nicht auch das unvollkommenste Instrument, das nur einigermaassen der menschlichen Sehnsucht genügt, mit reissender Geschwindigkeit seinen Weg machen sollte. Wir geben darum Nichts darauf, wenn man dem Cäsar oder dem Ptolemäus den Gebrauch von Fernrohren zuschreibt und haben wenig Gewicht darauf gelegt, wenn man einzelne dunkle Aeusserungen eines Porta etc. zu Andeutungen des Fernrohres machen möchte.

Die Generalstaaten wünschten die ihnen wichtig erscheinende Erfindung geheim zu halten, aber vergeblich. Schon am 28. December 1608 schrieb der französische Gesandte im Haag, Präsident Jeannin, dem König Heinrich IV. und dessen Minister Sully von diesem Instrument: er habe gewünscht heimlich ein solches Werkzeug von dem Middelburger Brillenmacher zu erhalten, allein dieser habe sich geweigert, weil er versprochen keines ohne Zustimmung der Staaten abzuliefern; doch hätten die Staaten zwei für Seine Majestät und Sully bestellt. Noch früher scheinen die Fernrohre nach Deutschland gekommen zu sein. In einer Schrift vom Jahre 1614 erzählt Simon Marius (Mayer), markgräflich brandenburgischer Mathematiker in Anspach: Auf der Herbstmesse des Jahres 1608 zu Frankfurt a. M. habe ein Kaufmann dem Freunde des Marius, Fuchs v. Bimbach, erzählt, dass sich in der Stadt ein Belgier

Erfindung des Fernrohrs, 1608.

---

[1]) Grösstentheils nach Nürnberger, Astron. Handwörterbuch, Art. Fernrohr.

aufhalte, der ein Instrument erfunden habe, mit welchem man die entferntesten Gegenstände so deutlich wie die nächsten sehen könne. Fuchs habe sich das Instrument zeigen lassen und trotzdem das Glas einen Riss bekommen, habe es doch die Gegenstände einige Mal vergrössert gezeigt. Fuchs habe Lust gehabt das Instrument zu kaufen, der Handel sei jedoch nicht perfect geworden, weil der Belgier einen zu hohen Preis gefordert. Darauf sei Fuchs zu ihm (Marius) nach Anspach gekommen und daselbst hätten sie beide ein erhabenes und ein hohles Glas zu einem solchen Instrument zusammenzusetzen versucht, sie hätten auch eine vergrössernde Wirkung erzielt, seien aber doch nicht recht zum Ziele gelangt, weil die Convexität des einen Glases zu gross gewesen. Sie hätten nach Nürnberg um andere Gläser geschrieben, aber die Sache habe sich doch verzögert, bis sie im Sommer 1609 ein recht gutes Instrument aus Belgien erhalten. Nach Italien scheint die Erfindung erst im Jahre 1609 gekommen zu sein. Der Mailänder Gelehrte Hieronymus Sirturus berichtet[1]), im Mai 1609 sei ein Franzose in Mailand gewesen und habe sich dem Grafen Fuentes als Erfinder des Fernrohrs ausgegeben, da aber in Mailand kein taugliches Glas zu erlangen gewesen, so sei derselbe nach Venedig gegangen. Auch an den Cardinal Borghese soll um diese Zeit von den Niederlanden selbst aus ein Fernrohr geschickt worden sein.

Der ersten directen Verbreitung des Fernrohrs diente nur das Verlangen, dem Auge Entferntes näher zu rücken, an eine nützliche Verwendung scheinen die Erfinder nur in sofern gedacht zu haben, als dasselbe dem Heerführer und Commandeur bei Recognoscirung entfernter Feinde nützlich erschien. Nur der geniale Geist eines Galilei griff mit sicherer Hand in ein ganz neues Gebiet, ihn interessirte nicht das billige Vergnügen, weit von Kirchthürmen aus mit dem Fernrohr zu bewundern, was man in der Nähe ohne das Fernrohr viel besser betrachten konnte; er sah mit dem ersten Anblick in dem neuen Instrument das mächtige Hülfsmittel aus dem engen Kreis der Erde sich zu entfernen und in die Tiefen des Himmels einzudringen. Mit diesem grossartigen Gedanken, der nicht so nahe lag als man jetzt wohl denkt, wurde das Fernrohr aus einem Spielzeug eine mächtige Waffe. Wie in so vielen Fällen ging auch in der Benutzung des Fernrohrs die Astronomie der Physik voran. Zwar benutzte auch sie zuerst das Fernrohr nur als Vergrösserungsglas, aber nach und nach lernte sie die wichtigere Anwendung als Messinstrument kennen und dann nahm auch die Physik wiederum das Instrument, welches sie erst der Astronomie geschenkt, für sich in Gebrauch. Doch ehe wir sehen, wie Galilei mit

---

[1]) Telescopium s. ars perficiendi novum illud Galilei visorium instrumentum ad sidera. Frankfurt a. M., 1618. Wir finden hier zum ersten Male den Namen Teleskop (statt perspicilli etc.), derselbe wie auch der Name Mikroskop soll von Demiscianus stammen.

seinem Fernrohr aus einem bahnbrechenden Physiker zu einem grossen Erfindung
des Fern-
rohrs, 1608.
Astronomen mit erstaunlicher Geschwindigkeit sich umbildet, müssen
wir erst noch einer That der Astronomie erwähnen, welche, so fern sie
der Physik zu liegen scheint, doch eine Vorbereitung bildet für eine der
grössten Revolutionen auch in dieser Wissenschaft.

Wir schicken dieser Betrachtung der bedeutendsten wissenschaft-
lichen That Kepler's eine kurze Skizze seines Lebens voraus. Johannes
Kepler (auch Kheppler und Keppler [1]) ist am 27. December 1571 zu Kepler,
astronomia
nova, 1609.
Magstadt [2]), einem Dorfe bei der ehemaligen Reichsstadt Weil im Würt-
tembergischen geboren. Sein Vater war aus adeligem, aber verarmtem
Geschlecht, seine Mutter eine ungebildete Frau, die weder lesen noch
schreiben konnte; die Erziehung des schwächlichen und oft kranken
Kindes liess darum viel zu wünschen übrig. Der Schulbesuch war im
Anfang oft unterbrochen, bis man den Knaben 1584 in die Klosterschule
zu Adelberg und 1586 auf die zu Maulbronn brachte. Nachdem er sich
1588 die Baccalaureatswürde erworben, bezog er das theologische Stift
der Universität Tübingen. Hier musste er als Vorstudium der Theologie, für die er von Anfang an bestimmt war, Mathematik treiben und
dabei zeigte er so viel Talent, dass sein Lehrer Mästlin sich auch privatim mit ihm beschäftigte und ihn mit dem Kopernikanischen Weltsysteme bekannt machte, das Kepler dann schon als Student in Wort
und Schrift vertheidigte. Dadurch wurde er den orthodoxen Theologen
anrüchig und da Kepler selbst sich mit der Orthodoxie nicht befreunden
konnte, so nahm er auf Anrathen seines Lehrers Mästlin im Jahre 1594
die Stelle eines Professors der Mathematik in Graz an. Hier bekam er
120 Gulden Gehalt und ausserdem noch 20 Gulden für Abfassung eines
Kalenders, den er von 1595 an veröffentlichte. Der Kalender machte
ihn durch gelungene astrologische Prophezeiungen, von denen er selbst
nicht viel hielt, vortheilhaft bekannt; im besseren Sinne aber war das
der Fall mit seinem Mysterium cosmographicum [3]), durch das er mit
Galilei, Tycho u. a. in Verbindung kam. Letzterer veranlasste ihn nach
Prag zu kommen, um sich von ihm bei seinen Arbeiten unterstützen zu
lassen. Und da Kepler schon durch die Religionsverfolgungen, die nach
der Uebernahme der Regierung durch den Erzherzog Ferdinand im
Salzburgischen begonnen hatten, heimgesucht worden war, so ging er
trotz unsicherer Aussichten im October 1600 mit seiner Frau nach Prag.
Nach Tycho's frühem Tode erhielt er dann dessen Stelle. Seine Aufgabe

---

[1]) Die Schreibung der Namen ist während der beiden vorletzten Jahrhunderte in Deutschland eine besonders unbestimmte, die gebräuchliche Latini-
sirung mag hieran die Hauptschuld tragen.
[2]) Nach Wolf (Geschichte der Astronomie, S. 281) in „Weil der Stadt"
selbst geboren und nur bei dem verwandten protestantischen Pfarrer Broll in
Magstadt getauft.
[3]) Theil I, S. 144.

4*

war vor allem die Herausgabe neuer Sterntafeln, aber weder flossen ihm
seine Besoldungen noch die für eine solche Arbeit sonst nöthigen Gelder
in nur einigermaassen erträglicher Weise zu. Von seiner Anstellung an
bis ans Ende seines Lebens hatte er mit Nahrungssorgen zu kämpfen;
der Kaiser und die Reichsstände, an die der erstere ihn gewiesen, waren
gleich saumselig mit ihren Zahlungen, und Kepler klagt, dass er mehr
Zeit auf die Erlangung ihm rechtmässig zukommender Gelder verwenden
müsse, als ihm für seine astronomischen Arbeiten übrig bleibe und dass
er kaum einen Rechner für sich halten könne, was ihm bei seinen häufigen Rechenfehlern besonders unangenehm sei. Im Jahre 1612 starb
Kaiser Rudoph II., und sein Nachfolger Matthias bestätigte Kepler.
Leider wurde auch durch diese Aenderung des Regiments seine Geldnoth
nicht gehoben. Er nahm darum eine Stelle an der Landschaftsschule
in Linz an, wo er Mathematik lehren, die Landmappe revidiren, aber
auch noch immer für den Kaiser die Sterntafeln vollenden sollte. Sein
Gehalt als Kaiserlicher Mathematicus lief nach wie vor schlecht ein und
als er, nachdem Ferdinand II. Kaiser geworden, auch in Linz heftiger
religiöser Verfolgung wegen seine Stelle aufgeben musste, war ihm der
Kaiser noch 12 000 Gulden schuldig. Kepler hatte sich nach Ulm begeben, um dort trotz der unzureichenden Hülfe die Sterntafeln drucken
zu lassen. Da er aber doch dem Kaiser durch seine Bemühungen um
sein Geld lästig wurde, so überliess ihn dieser an Wallenstein. Wallenstein berief ihn zu sich nach Sagan in Schlesien, versuchte aber, als
Kepler zum Hofastrologen nicht zu gebrauchen war, ihn mit einer Professur in Rostock abzuspeisen. Kepler ging im Jahre 1630 nach Regensburg, um dort bei dem Reichstage seine Beschwerden vorzubringen. Doch
seine Kraft war gebrochen, er starb in Regensburg am 15. November
noch nicht 59 Jahre alt.

    Kepler's Leben war eine Kette von Missgeschicken. Sein Vater
ging 1589 in den Krieg ohne wiederzukehren; seine erste Ehe, die er
1597 schloss, war keine glückliche; seine Mutter wurde 1620 der Hexerei
angeklagt und nur durch die Vertheidigung Kepler's, der 70 Meilen weit
von Linz nach dem Würtembergischen eilte, vor der Tortur gerettet.
Endlich fiel der letzte Theil seines Lebens in den Anfang des dreissigjährigen Krieges, der neben der Unruhe, die er in das Leben Kepler's
brachte, auch die thätige Hülfe verhinderte, die unter anderen Umständen
der grosse Astronom doch wohl unter den Fürsten des Reiches gefunden
hätte. Es gehörte wahrlich nicht nur ein genialer Geist, sondern auch
ein grosser kräftiger Charakter dazu, um in der immerwährenden Geldnoth, bei den drückenden Familienverhältnissen, unter dem Lärm des
grossen Krieges und der religiösen Streitigkeiten die Thaten Kepler's zu
vollbringen. Er war kein Märtyrer, der passiv einige Augenblicke der
Qual ertrug, sondern ein Held, den Jahre der Leiden in seiner Kraft nicht
zu brechen vermochten.

    Kepler's gelehrter Nachlass hat vielfach den Besitzer gewechselt;

1718 gab Hansch mit kaiserlicher Unterstützung einen ersten Band der sämmtlichen Werke, die Briefe enthaltend, heraus, aber erst 1856 bis 1871 erschienen zum ersten Male Joannis Kepleri opera omnia in acht Bänden, besorgt von Prof. Christ. Frisch in Stuttgart.

Die bedeutendste astronomische Schrift Kepler's ist die Astronomia nova αἰτιολόγητος seu physica coelestis tradita commentariis de motibus stellae martis (Prag 1609); ihrer Betrachtung schliessen wir gleich die Erwähnung der anderen an. Abgesehen von dem Prodromus, der schon besprochen, sind dies: Epitome astronomiae copernicanae (Linz 1618); De cometis (Augsburg 1619); Harmonices mundi (Linz 1619) und Tabulae Rudolphinae (Ulm 1627).

Für die Mechanik des Himmels, speciell für die Bewegung der Planeten, hatte man drei Gesetze aufgestellt, die für das Ptolemäische wie für das Copernikanische Weltsystem gültig waren, wenn man nur entsprechend die Erde mit der Sonne vertauschte: 1. die Bahnen der Planeten sind excentrische Kreise; 2. es giebt innerhalb jeder dieser Bahnen einen Punkt (punctum aequans), aus welchem gesehen, die Bewegung des Planeten gleichförmig erscheint; 3. dieser Punkt ist in der Erdbahn das Centrum derselben, in den übrigen Planetenbahnen liegt er mit dem Centrum und der Sonne in gerader Linie und zwar so, dass das Centrum den Abstand der Sonne von jenem Punkte halbirt. Als Kepler mit Tycho in Verbindung trat, war dieser gerade mit der Bahn des Mars beschäftigt, der sich nur schwer fügen wollte. Tycho nahm deshalb an, dass in der Marsbahn das punctum aequans einen anderen Abstand vom Centrum der Bahn habe als der Mars und erhielt dadurch eine Theorie, die mit den Beobachtungen bis auf einige Minuten stimmte. Er war geneigt sich mit diesem Erfolge zu begnügen, konnte aber Kepler nicht zu gleicher Mässigkeit bewegen. Da Kepler jene Abweichungen nicht durch Beobachtungsfehler erklären konnte, so begann er, als ihm nach Tycho's Tode dessen Beobachtungen vollständig zu Gebote standen, seine Betrachtungen von Neuem und konnte endlich im Jahre 1609 in der Astronomia nova den vollständigen Erfolg seiner Bemühungen melden. In der Dedication des Werkes an den Kaiser beschreibt er die Mühen seiner Arbeit in höchst humoristischer Weise. „Vor allem sei in dem Kriege zu preisen der Fleiss des Heerführers Tycho, welcher in zwanzigjährigen Nachtwachen alle Gewohnheiten des Feindes ausgekundschaftet, seine Kriegskunst beobachtet und seine Pläne aufgedeckt habe. Durch die hinterlassenen Schriften Tycho's belehrt, habe er nun als sein Nachfolger im Amte den Feind nicht mehr gefürchtet, vielmehr sich die Zeiten genau gemerkt, an welchen er zu denselben Orten zurückzukehren pflegte, die Tychonischen Maschinen, die mit feinen Diopteren versehen, auf ihn gerichtet und endlich, indem er den Wagen der Mutter Erde im Kreise herumgeführet, die ganze Gegend ausgekundschaftet. Der Kampf habe aber viel Schweiss gekostet. Oft hätten die Maschinen gefehlt, wo sie am nöthigsten gewesen, oder seien von ihren Führern schlecht bedient oder gerichtet worden. Häufig habe auch der Glanz der Sonne oder die Nebel die Angreifenden am Sehen gehindert, auch die dicke Luft die Geschosse vom rechten Wege abgelenkt. Dazu sei gekommen des Feindes Gewandtheit im Ausweichen, sowie seine Wachsamkeit; während seine Verfolger oft geschlafen. Im eigenen Lager sei Unglück aller Art ausgebrochen; der Tod des Führers Tycho, Aufruhr und Krankheit; im Rücken sei sogar, wie er in seiner Schrift über den neuen Stern gemeldet, ein neuer schrecklicher Feind aufgestanden, darauf habe noch ein grosser Drache mit einem ungeheuer langen Schwanze alle seine Truppen in Furcht versetzt. Er selbst aber habe sich durch nichts schrecken lassen. Ohne zu rasten habe er den Feind auf allen seinen Schwankungen verfolgt, bis dieser endlich, da er sich nirgends mehr sicher gesehen, seinen Sinn zum Frieden gewendet und sich für besiegt erklärt, und sei, bewacht von Arithmetik und Geometrie, mit grosser Heiterkeit in das feindliche Lager eingerückt. Zuerst habe er, an Ruhe nicht gewöhnt, versucht ihnen Furcht einzuflössen, als ihm aber dies nicht gelungen, habe er jeden Schein der Feindschaft abgelegt und sich als treuen Freund bewährt. Nur eins erbitte er von Seiner Majestät. Er habe noch viele Verwandte am Himmel, Vater Jupiter, Grossvater Saturn, Schwester und Freundin Venus und den Bruder Merkur, Gleichheit der Sitten verbänden alle diese Verwandten mit einander, Mars wünsche sehnlichst, dass die ganze Familie so freundschaftlich wie er mit den Menschen verkehre und gleiche Ehre geniesse." Seine Majestät möchten doch den Nerv des Krieges, das Geld für weitere Kämpfe liefern.

In dem Werk selbst beschreibt dann Kepler die unendliche Menge von Versuchen, die er machte, um unter Beibehaltung der excentrischen Kreise die Theorie mit der Erfahrung in Uebereinstimmung zu bringen. Er findet zuerst, dass auch für die Erdbahn das punctum aequans aus dem Centrum des Kreises herausgelegt werden muss und dass sich dann die Bewegung der Erde ziemlich beschreiben lässt. Aber die Bewegung des Mars will sich der Annahme einer kreisförmigen Bahn mit keiner Bedingung fügen und so kommt er zur Annahme erst einer ziemlich unbestimmt ovalen, dann einer elliptischen Bahn. Da mit einer solchen alle Ungenauigkeiten weichen, so dehnt er die Annahme auf alle Planeten aus und erhält dadurch sein erstes Gesetz: Die Bahnen aller Planeten sind Ellipsen, in deren einem Brennpunkt die Sonne sich befindet. Indem dann Kepler den alten Satz vom punctum aequans auf die neuen Bahnen anwendet, fügt sich sogleich das zweite Gesetz an: Die Planeten bewegen sich mit solchen Geschwindigkeiten in ihren Bahnen, dass die radii vectores (die von der Sonne nach den jeweiligen Orten der Planeten gezogenen Linien) in gleichen Zeiten gleiche Flächenräume überstreichen. Soweit reicht die Astronomia nova, das dritte Gesetz ent- Kepler, Astronomia, 1609. hält sie noch nicht und es vergehen noch zehn Jahre, ehe dasselbe gefunden wird.

Die Astronomie ist das Werk Kepler's, welches am freiesten ist von jenem Hange zur Schwärmerei und der Liebhaberei am Wunderbaren, die Kepler immer anhaften; aber hier gerade zeigt sich **wie genau die weitschweifende Phantasie unseres Astronomen mit seiner Erfindungsgabe zusammenhängt.** Kepler's erstes astronomisches Werk, der Prodromus, beschäftigte sich mit einem Gesetz der Planetenentfernungen, das pythagorisirend nur in algebraischer Regelmässigkeit gesucht wurde. Nach der Astronomia nova arbeitete er wieder an der Lösung desselben Problems, aber nun innerlicher, indem er diese Entfernungen mit anderen Eigenschaften der Planetenbahnen zu vergleichen suchte. Dabei kam er auch auf die Umlaufszeiten und sah da mit einem genialen Blick den Zusammenhang, der zwischen den letzteren und den Entfernungen der Planeten von ihrem Centralkörper besteht. In den **Harmonices mundi** erzählt er, dass er am 18. März 1618 zum ersten Male daran gedacht habe, die **Quadrate der Umlaufszeiten mit den Cuben der mittleren Entfernungen** zu vergleichen, ein Rechenfehler habe damals die Erreichung des Zieles gehindert. Am 15. Mai desselben Jahres schon sei er wieder zu dem Gedanken zurückgekehrt und habe nun die bekannte Proportion entdeckt, die man mit dem Namen des dritten Kepler'schen Gesetzes bezeichnet: **Die Quadrate der Umlaufszeiten verhalten sich bei den verschiedenen Planeten wie die Cuben ihrer mittleren Abstände von der Sonne.**

Kepler hat durch seine Gesetze die Physik des Himmels, wie er sagt, oder wie man heute bestimmter sagt, **die Mechanik des Himmels begründet.** Er fand diese Gesetze empirisch, er erkannte genialisch direct aus dem Gewirre des vorliegenden Beobachtungsmaterials die tief verborgene Regelmässigkeit. Den Grund dieser Regelmässigkeit selbst aber hat er nicht gefunden und doch lag es nicht zu fern, bei der erkannten arithmetischen Abhängigkeit der Umlaufszeiten von den Entfernungen, auch nach einer physischen Abhängigkeit dieser Grössen zu suchen. Wie kam es, dass Kepler diesen Schritt nicht vollendete, warum wurde er nicht der Entdecker der allgemeinen Gravitation? Es scheint nach seinen Werken nicht so, als ob er gar nicht an eine solche Kraft gedacht habe, und er befasst sich wenigstens in der Astronomia nova sehr viel mit der Schwere. Wir kommen damit wieder unserer engeren Aufgabe näher und betrachten **Kepler's mechanische Ansichten,** aus denen man den inneren Grund dieser Erscheinung ziemlich klar erkennen kann.

Kepler wendet sich zuerst scharf gegen die alte Vorstellung von der Bewegung aller schweren Körper nach dem Mittelpunkt der Welt und definirt ganz wie Kopernikus die Schwere als ein Vereinigungsbestreben des Gleichartigen. Aber er geht dann weit über Kopernikus hinaus. Das Centrum der Welt als ein mathematischer Punkt kann schwere Körper nicht veranlassen, dass sie sich ihm nähern, denn die Dinge können keine Sympathie haben zu dem, was nichts ist; aus ähnlichem Grunde können auch die Körper nicht deswegen nach dem Mittelpunkte streben, weil sie die Grenzen der runden Welt fliehen., Vielmehr ist jede körperliche Substanz, insofern sie körperlich ist, geschickt an jeder Stelle des Weltalls zu ruhen, wenn sie nur an diesem Orte ausserhalb des Wirkungskreises eines verwandten Körpers liegt. S c h w e r e i s t d a s V e r e i n i g u n g s b e s t r e b e n v e r w a n d t e r K ö r p e r. Der Stein strebt nicht zu einem Punkte im Raume, sondern die Erde zieht den Stein an sich, so dass er folgt, wohin sie geht. W ä r e d i e E r d e n i c h t r u n d, s o g i n g e n d i e f a l l e n d e n K ö r p e r n i c h t n a c h d e m M i t t e l p u n k t e, s o n d e r n n a c h v e r s c h i e d e n e n P u n k t e n. Würden zwei Steine nach einem Orte gebracht, wo keine anderen Körper auf sie wirkten, so würden sie wie zwei Magnete in einer mittleren Stelle zusammenkommen und zwar würden sich die Wege der beiden umgekehrt verhalten wie ihre Massen. S o w ü r d e n a u c h d i e E r d e u n d d e r M o n d, w e n n n i c h t i r g e n d e i n e l e b e n d i g e K r a f t i n i h r e m U m s c h w u n g e s i e e r h i e l t e, s i c h m i t e i n a n d e r v e r-c i n i g e n, i n d e m d e r M o n d e t w a u m 5 3 T h e i l e u n d d i e E r d e u m e i n e n T h e i l i h r e r g e g e n s e i t i g e n E n t f e r n u n g z u e i n-a n d e r g i n g e n, beide von gleicher Dichtigkeit vorausgesetzt. D i e A n z i e h u n g s k r a f t, w e l c h e d e r M o n d a u f d i e E r d e a u s ü b t, b e m e r k t m a n d e u t l i c h a m M e e r w a s s e r. Dieses würde ganz zum Monde abfliessen, wenn nicht die Erde es hielte. Da aber letzteres der Fall, so bildet es einen Berg an der Stelle, über welcher der Mond gerade vertical steht, dieser Berg bewirkt die M e e r e s f l u t h. Sie folgt dem Monde bei seinem Laufe um die Erde, bleibt aber schliesslich, weil die Welle nicht so schnell nachkommen kann, etwas hinter dem Monde zurück. Die Aristotelische Vorstellung von der absoluten Leichtigkeit einiger Stoffe ist falsch; keine Materie ist an sich leicht und keine hat das Bestreben sich von der Erde zu entfernen, wo das geschieht, da wird sie nur durch eine schwerere emporgetrieben. Die Erde hält alle irdischen Dinge an sich gebunden und führt alles, auch die Wolken, bei ihrer täglichen Umdrehung mit sich um ihre Achse.

Dies sind die Vorstellungen von der Schwere, wie Kepler sie vorzüglich in der Astronomia nova ausspricht. In den H a r m o n i c e s m u n d i geht er noch weiter und vergleicht die Abnahme der von einem Weltkörper ausgehenden Schwere mit der Abnahme des Lichts, die im quadratischen Verhältniss der Entfernung geschieht. D o c h b e n u t z t e r d i e s e V o r s t e l l u n g e n k e i n e s w e g s z u e i n e m V e r s u c h d i e R o t a t i o n e n d e r P l a n e t e n u m d i e S o n n e z u e r k l ä r e n. Die Schwere ist für Kepler nur die Ursache des Zusammenhalts im Planetensystem, hat aber sonst keine Verbindung mit der Bewegung der Planeten

Kepler, astronomia, 1609.

um die Sonne. **Zur weiteren Ausbildung einer Theorie dieser Bewegungen fehlt ihm eine gesunde Theorie der Bewegungen überhaupt**, fehlt ihm die Kenntniss der Galilei'-schen Dynamik, vor allem als Grundlage das vollständige Beharrungs-gesetz. **Kepler spricht ganz klar die statische Hälfte desselben aus, aber von dem dynamischen Theile hat er keine Ahnung.** Dass der Umschwung der Himmelskörper von einer ihnen für immer innewohnenden geradlinigen Geschwindigkeit herrühren könne, die in unbestimmter Zeit auf unbestimmte Weise einmal erhalten, daran ist bei ihm nicht zu denken, weil er noch ganz in der alten Vorstellung lebt, dass eine Bewegung wie ein Licht von selbst er-löschen müsse, wenn nicht immer eine Kraft dieselbe unterhalte und nähre. Kepler sucht immerwährend eine solche Kraft zu entdecken, welche die Planeten um ihre Achsen dreht und um die Sonne herum-führt und da er keine solche ausserhalb der Planeten auffinden kann, so kehrt er in seiner Epitome und seinen Harmonices zu früheren mysti-schen Anschauungen zurück. **Alle Himmelskörper, die sich um eine Achse drehen, haben eine Seele, welche die Ursache dieser Bewegung ist.** Als Beweise für die Seele der Erde giebt er ihre innere unterirdische Wärme (die Materie an sich ist kalt), das Aus-schwitzen von Feuchtigkeit und das Bilden von Flüssen (die den Adern in dem thierischen Körper gleichen), das Erzeugen entzündbarer Fossi-lien, die sich in Licht verwandeln lassen, die innere Gestaltung der Ma-terie, wie der Krystalle etc. Da die Sonne alles belebt und erwärmt, so hat sie erst recht eine Seele und dreht sich durch diese um ihre Achse. **Durch diese Umdrehung werden dann auch die Planeten mit um die Sonne geführt, ähnlich wie ein Magnet Eisen mit sich herumführen kann, wenn er gedreht wird, nur folgen die Planeten bei dieser Umdrehung mit verschie-denen Geschwindigkeiten, weil sie verschieden schwer sind.** Wir wollen nicht näher auf diese Materie eingehen, auch darauf nicht, dass Kepler die Aehnlichkeit der Gravitation mit der magnetischen Anziehung noch weiter ausmalt; es war eben damals Mode geworden, alle noch unerklärbaren Wirkungen auf magnetische Ursachen zurück-zuführen. Selbst Galilei war nicht abgeneigt die tägliche Umdrehung der Erde mit ihrem Magnetismus in Verbindung zu bringen und in einigen Köpfen waren solche Vorstellungen so eingewurzelt, dass sie meinten, das Kopernikanische Weltsystem zu stürzen, als sie zeigten, dass eine magnetische Eisenkugel sich keineswegs vermöge ihres Magnetis-mus unaufhörlich um ihre Achse dreht.

Galilei war noch Professor in Padua, als er im Juni 1609 bei einem zufälligen Aufenthalt in Venedig von dem neuentdeckten Fernrohr hörte. Er reiste sogleich nach Padua zurück und fand dort nach mannigfachem Nachdenken die Construction des Fernrohrs, wie sie die Holländer

Galilei, Pe-riode seiner astronomi-schen Ent-deckungen 1609—1616.

gefunden; vervollkommnete aber dasselbe durch bessere venetianische Gläser bald so sehr, dass seine Instrumente bis 30 Mal vergrösserten, während die Holländer kaum eine fünffache Vergrösserung zu Stande brachten. Man streitet viel darüber, in wie weit Galilei bei der Construction selbständig gewesen und wie viel er vorher von dem Instrument gehört, ja ob er vielleicht ein solches vorher gesehen. Galilei selbst hat nicht behauptet, dass er dasselbe ganz unabhängig erfunden, und es scheint, als habe er mindestens eine Beschreibung des Instrumentes benutzen können. Danach interessirt uns der Streit um so weniger, als Galilei's Hauptverdienst nicht in der Construction des Instruments, sondern in der genialen Anwendung desselben liegt. Galilei blieb nicht im dumpfen Sinn auf der Erde haften, sein kühner Blick bemerkte und ergriff mit Eifer die Möglichkeit ganz neue Welten der menschlichen Kenntniss zu erobern.

Nur zehn Monate nach seiner Construction des Fernrohrs gab er seinen Nuncius sidereus heraus, der eine Fülle neuer Entdeckungen nachwies. Der Mond zeigte im Fernrohr eine unebene Oberfläche mit hohen Bergen und tiefen Kratern, die Milchstrasse löste sich an einzelnen Stellen in lauter Sternhaufen auf. Auch andere Gegenden des Himmels fanden sich mit zahllosen kleinen Sternen bedeckt, die dem blossen Auge unsichtbar waren, und die Planeten unterschieden sich im Fernrohr durch ihr ruhiges stilles Licht ganz deutlich von den funkelnden kleinen Fixsternen. Als bedeutendste Entdeckung aber giebt der Sternenherold selbst das Mondensystem des Jupiters. Am 7. Januar 1610 nämlich hatte Galilei drei kleine Sterne gesehen, die sich um den Jupiter bewegten, wie der Mond um die Erde, und sechs Tage später entdeckte er noch den vierten. Es zeigte sich zwar in der Folge nicht möglich die Umlaufszeiten dieser kleinen Sterne so genau zu bestimmen, dass man die Bewegungen ganz bestimmt hätte voraussagen können; aber Galilei beobachtete die Verfinsterungen derselben wenigstens so weit, dass er ihre Analogie mit dem Erdtrabanten sicher behaupten und die Sterne als Jupitersmonde bezeichnen konnte.

Die Schrift machte ungeheures Aufsehen und verbreitete sich und den Ruhm des Galilei mit reissender Geschwindigkeit; noch im Jahre 1610 wurde sie in Prag, Frankfurt a. M. und in Paris gedruckt. Der grosse Rath von Venedig, der von dem Fernrohr weitere Vortheile für die Beherrschung der Meere hoffte, hatte schon die Besoldung Galilei's auf 1000 Goldgulden erhöht und die Verpflichtung zu Vorlesungen in Padua auf ein Minimum beschränkt, trotzdem blieb Galilei nicht im Dienste der Republik. Schon im Juli 1610 ging er nach Florenz, wo er den Titel eines Mathematikers und Philosophen des Grossherzogs und neben bedeutenden Geschenken einen Gehalt von 1000 Scudi ohne irgend eine Verpflichtung zu öffentlicher Wirksamkeit erhielt. Die Venetianer bedauerten seinen Verlust schmerzlich, und einflussreiche, angesehene Freunde warnten ihn vor Florenz, wo die Jesuiten herrschten, und der Hof ganz unter römischem Einflusse stand; aber Galilei wünschte, wie aus einem Briefe[1]) hervorgeht, seine ganze Zeit rein wissenschaftlichen Arbeiten widmen zu können und liess darum jene Warnungen unbeachtet. In dem erwähnten Briefe macht er die Bücher namhaft, welche er zu vollenden wünscht: zwei Bücher de systemate seu constitutione universi, drei Bücher de motu locali, drei Bücher von der Mechanik und dann noch einige andere von verschiedenen physikalischen Gegenständen. Diese Titel erinnern an seine später erscheinenden Hauptwerke, sie sind ein weiteres Zeichen dafür, dass Galilei das Material für diese Schriften schon in Padua beisammen hatte. Leider sollte er in Florenz die gewünschte Ruhe doch nicht finden und die Befürchtungen seiner venetianischen Freunde wurden bald zur Wahrheit. Galilei rastete auch in Florenz in seinen Arbeiten nicht, ohne Stillstand folgten den erwähnten neue astronomische Entdeckungen, aber wie die Zahl seiner Bewunderer, vermehrte sich damit auch in wachsendem Verhältniss die Zahl seiner Feinde.

Schon in einem Briefe an Vinta vom 30. Juli 1610 erwähnt er neue Entdeckungen am Saturn; an Kepler theilt er dieselben in einem Anagramm mit und gab am 13. November 1610 als Erklärung: „altissimum planetam tergeminum observavi"; er hatte den Saturn gestützt gesehen durch zwei kleine seitliche Sterne. Bei weiterer Beobachtung verschwanden diese Sterne, und endlich zeigte sich der Planet auf beiden Seiten mit einer Mütze versehen. Weiter kam Galilei nicht, entweder weil die beginnende Schwäche seiner Augen ihn an ferneren Beobachtungen hinderte oder weil sein Fernrohr weiterer Deutlichkeit nicht fähig war. Ende September 1610 sah er die Venus sichelförmig und fand, dass sie überhaupt einen Lichtwechsel ähnlich dem des Mondes zeigte. Endlich bemerkte Galilei noch am Ende des Jahres 1610 (seiner Versicherung nach) die Flecken auf der Sonnenscheibe, nachdem Kepler schon am 28. Mai 1607 einen solchen beobachtet, denselben aber für den vor der Sonne vorübergehenden Merkur gehalten hatte.

So schloss das Jahr 1610, für Galilei reich an beispiellosen Erfolgen; die nächsten Jahre gleich sollten Ernüchterungen bringen. Ueber die Entdeckung der Sonnenflecke erhob sich ein heftiger Streit, aus dem Galilei nicht einmal ganz siegreich hervorging. Der friesische Astronom Joh. Fabricius war ihm in der Bekanntmachung der Entdeckung jedenfalls zuvorgekommen und der Jesuitenpater Scheiner, welcher mit grosser Heftigkeit die Priorität der Entdeckung für sich in Anspruch nahm,

---

[1]) An Vinta, ersten Staatssecretär des Grossherzogthums Toscana (27. Mai 1610).

blieb von da an sein erbitterter Feind. In einem 1614 erschienenen Werke behauptete Simon Marius[1]) (allem Anschein nach sehr mit Unrecht), dass er schon im Sommer 1609 die Jupitersmonde gesehen und liess darnach schliessen, dass er noch vor Galilei das Fernrohr zur Erforschung des Himmels gebraucht habe. Doch waren das Widerwärtigkeiten, denen Galilei wohl gewachsen; schlimmer war es, dass man nach und nach, als man wissenschaftlich ihn nicht zu beherrschen vermochte, die kirchliche Macht gegen ihn zu interessiren suchte.

Während der ersten Jahre scheinen die neuen Entdeckungen verblüffend gewirkt zu haben, man hörte von keiner Opposition gegen dieselben. Ueberall drängte man sich zur Benutzung des neuen Instruments, jeder wollte die neuentdeckten Wunder des Himmels sehen. Die peripatetischen Physiker blieben mit ihren Büchern allein und konnten nur passiv den Strom vorüberfliessen lassen; die Kirche hatte noch keinerlei Stellung genommen, ja viele ihrer Glieder zeigten sich persönlich als eifrige Bewunderer Galilei's. Nach und nach aber erwachten die Gegner aus ihrer Erstarrung, und jemehr sie bei der Betrachtung des Neuen bemerkten, wie gefährlich dasselbe sei, desto mehr rüsteten sie zu einem letzten verzweiflungsvollen Entscheidungskampfe. Die physikalischen Entdeckungen Galilei's hatten die peripatetischen Collegen zu Feinden des neuen Physikers gemacht; doch durfte die Feindschaft dabei noch eine academische bleiben. Man machte es dem jungen Gelehrten so schwer als möglich, seine revolutionären Ideen zu verbreiten, aber wenn er den alten Herren ihre Cirkel nicht direct störte, so konnte man ihn reden lassen. Die grosse Masse war zu sehr an die alte Kost gewöhnt und die neue Wissenschaft war viel zu schwer zu verstehen, als dass man eine schnelle Revolution hätte befürchten müssen. In der That sieht man weder in der Wissenschaft um diese Zeit bedentende Spuren einer Bekanntschaft mit der Mechanik, wie sie Galilei in Padua vorgetragen, noch findet man, dass die Erfahrungsmethode in der Gunst der Menge grosse Fortschritte gemacht hätte. Es ist wahrscheinlich, dass die neue Methode nur sehr langsam in die Physik eingedrungen wäre, wenn nicht die Beobachtung des Himmelsgewölbes mit unwiderstehlicher Macht das Gebäude des Aristotelismus gestürzt hätte. Als das Fernrohr die Sphäre der Fixsterne in eine Welt von unendlicher Tiefe auflöste, als in der Sonne Flecken entdeckt wurden, als man Planeten, wie die Erde von Monden umgeben fand, da war ein Fortschritt weit über die Wissenschaft der Alten hinaus auf diesem Gebiete nicht mehr zu läugnen, und nachdem so der starre Stillstand am Himmel gebrochen, kamen auch auf der Erde die Dinge in Fluss. Schritt die Erfahrung am Himmel über die alte Doctrin hinaus, so verlor diese auch auf der

---

[1]) Mundus jovialis. Nürnberg 1614.

Erde ihre Jahrhunderte lang behauptete Geltung, und die Erfahrung Galilei,
musste auch hier in ihre Rechte eingesetzt werden, um so mehr als nun 1609—1616.
nach den astronomischen Entdeckungen die Bewegung auch weitere
Volksschichten ergriff. Wenn Kepler bewies, dass die Bahnen der Planeten nicht die Gestalt der vollkommensten Linie, der Kreislinie haben
könnten, so machte das den Aristotelikern und den Klerikern noch wenig
aus, denn die Masse ihrer Anhänger kümmerte sich kaum um so gelehrte
Sachen; wenn aber Galilei Jedem, der es nur sehen wollte,
den Jupiter mit seinen vier Monden als ein Modell des
Sonnensystems nach Kopernikanischer Lehre zeigte, so
wurde es höchste Zeit einzuschreiten, falls man in diesen
Dingen den alten Standpunkt noch zu halten gedachte.

Von peripatetischen Professoren wird erzählt, dass sie sich gehütet
in ein Fernrohr zu sehen aus Furcht, die Jupitersmonde möchten ihnen
darin entgegen leuchten. Diese Methode blieb nicht lange anwendbar,
man musste sich direct gegen die neue Lehre wenden. Die Jesuiten
hatten sich zuerst dem Neuen nicht unfreundlich gezeigt. Galilei schreibt
(17. December 1610) an Welser in Augsburg: „Endlich sind einige
Beobachtungen über die Medicei'schen Sterne (Jupitersmonde), welche
von einigen Jesuiten, Schülern des P. Clavius, gesehen worden, erschienen. Ich habe sie allen hier in Florenz wohnenden und anderen
durchreisenden Jesuiten gezeigt und diese haben sich derselben in
Predigten und Reden auf sehr wohlwollende Weise bedient." Ebenso
schreibt er an Vinta (1. April 1611): „Ich finde, dass die Herren Jesuiten die neuen Medicei'schen Planeten endlich angesehen und seit
dem 12. Mai fleissig beobachtet haben. Sie geben sich alle Mühe ihren
periodischen Lauf zu entdecken, sind aber mit dem kaiserlichen Mathe-
matikus einerlei Meinung, dies sei sehr schwer und fast unmöglich."
Auch andere Geistliche zeigten sich Galilei geneigt, sein alter Gönner,
Cardinal del Monte, schrieb an den Grossherzog von Toscana: „Galilei
hat seine Entdeckung so augenscheinlich bewiesen, dass alle grossen
und sachverständigen Männer dieser Stadt die Wahrheit eingesehen und
bewundert haben." Im März 1611 war Galilei in Rom; der Cardinal Bellarmin, in dessen Garten er die Sonnenflecke zeigte, wandte
sich an die Jesuiten, darunter Clavius, und diese verwarfen die neue
Entdeckung damals noch nicht. Galilei fand auch in Rom neue Freunde,
die Gesellschaft dei Lyncei erwählte ihn zu ihrem Mit-
gliede und wirkte eifrig für ihn; doch zog ihm gerade seine
eifrige Vertheidigung der neuen Ansichten viele Gegner zu, und diese
mehrten sich noch bedeutend im folgenden Jahre. Der Grossherzog von
Toscana versammelte gern Gelehrte, um sie über naturwissenschaftliche
Dinge sprechen zu hören; in einer solchen Versammlung kam man auch
auf die Behauptung der Peripatetiker, dass das Schwimmen vorzüglich
von der Form der Körper abhänge. Galilei wandte sich nicht nur
sogleich gegen diese Ansicht, sondern schrieb auch im gleichen Sinne

jene Schrift über die schwimmenden Körper, deren Inhalt wir schon
angegeben. Diese erste Schrift, in der er gegen Aristoteles auftrat,
erbitterte die Peripatetiker heftiger als alle mündlichen Angriffe. Vin-
zenzio di Grazia, Lud. delle Colombe, Coresio und Palme-
rini wandten sich in eigenen Schriften gegen die Galilei'sche Abhandlung und obgleich sich Galilei nur durch seinen Freund und Schüler
Benedict Castelli vertheidigen liess, so richtete man doch auch ferner
alle Angriffe gegen ihn, weil man annahm, dass die Vertheidigungs-
schrift von dem Meister selbst herrühre. Von kirchlicher Seite begannen
die Dominikaner den Angriff gegen die neuen Entdeckungen und ihren
Urheber; der Pater Caccini predigte 1614 in Florenz selbst gegen den
grossherzoglichen Mathematiker und begann seine Predigt mit den
Worten (Apostelgeschichte Cap. 1, Vers 11): Ihr galilaeischen Männer,
was stehet ihr und sehet gen Himmel?

G a l i l e i h a t t e i n e i n e m d e r d r e i B r i e f e , die er in An-
g e l e g e n h e i t d e r S o n n e n f l e c k e n a n W e l s e r i n A u g s b u r g
s c h r i e b , s i c h o f f e n f ü r d i e B e w e g u n g d e r E r d e e r k l ä r t ;
d i e s e r B r i e f e r s c h i e n 1 6 1 8 i m D r u c k . Hier nun glaubte man
ihn am leichtesten verwundbar und gegen die Anerkennung des Kopernikanischen Weltsystems richteten sich jetzt die Angriffe, die sonst keine
Anhaltspunkte finden konnten. Galilei wurde privatim von Castelli und
dann auch öffentlich von dem Carmeliter Foscarini und dem Augustiner
Didacus a Stunica vertheidigt, die alle behaupteten, dass aus der Bibel
kein Beweis gegen die Bewegung der Erde genommen werden könne
und Galilei sprach sich in mehreren Briefen ähnlich aus; aber gerade
dadurch wurde die Sache schlimmer. Galilei hatte sich damit auf das
theologische Gebiet gewagt und sei es, dass dies am meisten ver-
dross[1]), sei es dass man ihn hier am sichersten zu treffen wusste; e s
c o n c e n t r i r t e s i c h v o n n u n a n d e r A n g r i f f a u f d i e b i b l i s c h e
F r a g e . Galilei hielt es für gerathen im September 1615 selbst wieder
nach Rom zu gehen und dort für die Wahrheit des Kopernikanischen
Systems zu sprechen und darauf aufmerksam zu machen, dass sich die
Kirche durch einen Kampf gegen die Wahrheit selbst den ungeheuersten
Schaden zufügen werde. Persönlich wurde er auch vom Papste Paul V.
sehr liebenswürdig aufgenommen, und angesehene Geistliche, wie der
Cardinal Orsini, adoptirten seine Ansichten. Aber Galilei irrte sich,
wenn er an die Möglichkeit einer Erreichung seiner Absichten glaubte;
a m 5 . M ä r z 1 6 1 6 w u r d e n v o n d e r C o n g r e g a t i o n d e s I n d e x
a l l e B ü c h e r v e r b o t e n , w e l c h e l e h r t e n , d a s s d i e B e w e g u n g
d e r E r d e d e r h e i l i g e n S c h r i f t n i c h t w i d e r s p r e c h e ; der
gedruckte Brief des Foscarini (Lettera sopra l'opinione dei Pittagorici

---

[1]) Wolf (Geschichte d. Astronomie, S. 247) erzählt, dass Kepler von seinem
väterlichen Freunde Hasenreffer ermahnt worden sei, nichts zu veröffentlichen,
worin er die Kopernikanischen Lehren nicht als blosse Hypothesen behandele
und dabei jede Erwähnung der Bibel zu vermeiden.

e del Copernico della mobilita della terra e stabilita del Sole) von 1615 Galilei, wurde ganz unterdrückt, und das Werk des Kopernikus wie die Schrift 1609—1616. des Didacus wurden so lange suspendirt, bis sie an den Stellen gereinigt seien, wo sie jene Lehre vortrügen. Galilei war in dem Decrete nicht erwähnt; ja er erhielt am 26. Mai von dem Cardinal Bellarmin auf sein Verlangen ein Zeugniss, worin gesagt wurde, dass Galilei weder seine Lehre abgeschworen, noch dass ihm Buss-übungen auferlegt worden wären, es sei ihm nur das Er-kenntniss der heiligen Congregation und das Verbot der Kopernikanischen Lehre notificirt worden. Auf Weisung des Grossherzogs von Toscana, der ihn in Rom nicht mehr für sicher hielt, kehrte Galilei im Juni 1616 nach Florenz zurück und blieb dort dem Verbot gemäss ruhig und über die Bewegung der Erde schweigend bis ins Jahr 1623. Doch erwuchs ihm auf anderen Gebieten ein neuer Streit, der doch auch die Anhänger des Aristoteles erbitterte und noch mehr einflussreiche Mitglieder des Jesuitenordens zu seinen Feinden machte. Im Jahre 1618 nämlich fielen drei Kometen auf, über welche der Jesuit Orazio Grassi eine Schrift veröffentlichte; der Schüler Galilei's, Marius Guiducci, schrieb 1619 mit sichtlicher Unterstützung seines Meisters dagegen Discorso sulle Comete und danach wandte sich Grassi gegen Galilei selbst. Zum Schrecken seiner Freunde schwieg der letztere nicht, sondern erwiderte in seinem Saggiatore. Diese Schrift stellte nicht bessere Ansichten über die Cometen auf als diejenigen Grassi's, war aber so elegant und mit so grossem polemischen Talent geschrieben, dass sie überall reges Interesse und vielen Beifall hervorrief. Sie erbit-terte die Jesuiten und speciell Grassi aufs Aeusserste und wenn man auch kein Verbot derselben zu erwirken vermochte, so war man nun um so mehr bemüht den unbezwungenen, siegreichen Gegner selbst zu verderben.

Das Erstarken des physikalischen Interesses zeigt sich zu Anfang De Dominis, des 17. Jahrhunderts auch in der Optik. Mehr und mehr bemüht man 1611. sich zu einer Theorie der Farben wenigstens zu kommen, zuerst noch ganz auf der Anschauung der Alten fussend, dann aber auch selbständiger. Auch **Marcus Antonius de Dominis** behandelt in seinem Werke De radiis visus et lucis in vitris perspectivis et iride tractatus (Venedig 1611) dieses Thema ziemlich ausführlich. Er theilt die Farben in zweierlei Arten, in wahre oder permanente, die den Körpern eigenthümlich sind, und scheinbare oder apparente, die nur durch gewisse Lichtstrahlen auf Körpern erzeugt werden und mit diesen Lichtstrahlen wieder von den Körpern verschwinden[1]). Dominis zweifelt nicht, dass diese letzteren Farben

---

[1]) Franciscus Aguilonius (1566—1617) schrieb 1615 einen starken Folianten nur über die geradlinige Fortpflanzung des Lichts. Er zeigt darin

De Dominis,
1611.
dem Licht an sich zugehören, ja das Licht selbst seien. Das weisse
Licht wird, wie bei Aristoteles, farbig, wenn es mit Dunkelheit zusammen-
trifft, ohne dass es völlig auslöscht. Wenn weisses Licht durch
ein Prisma geht, so wird ihm von der Materie des Prismas
mehr oder weniger Dunkelheit beigemischt, je nachdem
es eine dickere oder eine dünnere Schicht des Prisma
durchläuft; der unterste, der brechenden Kante nächste Strahl erscheint darum nach dem Durchgang in der hellsten Farbe, nämlich roth,
und der Lichtstrahl, welcher durch die dickste Stelle des Prisma hin-
durchläuft, erscheint in der dunkelsten Farbe, also blau. Obgleich dieser
Farbentheorie jede mathematische Bestimmtheit mangelt und obgleich
ihre Widerlegung kein grosses Kunststück ist, so war sie doch für ihre
Zeit nicht ohne Verdienst und führte direct zu einer Erklärung des
Regenbogens.

De Dominis hing Glaskugeln auf, die mit Wasser gefüllt waren, und
liess das Sonnenlicht auf die vordere Seite dieser Kugeln fallen. Dann
fand er, dass man nicht bloss Farbenlichter hinter der Kugel bemerkte,
sondern auch dann wenn man, wie in der Figur, schief von vorn aufwärts
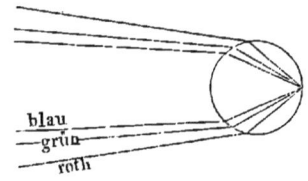
nach der Kugel sah. Er lehrte darnach, dass
die Lichtstrahlen, welche auf die vordere Seite
der Kugel fallen und nach der hinteren Fläche
gebrochen werden, nicht alle durch diese
hindurchgehen, sondern auch nach unten
reflectirt werden und dann an der vorderen
Seite nach wiederholter Brechung wieder aus
der Kugel treten. Dabei durchläuft der Lichtstrahl, welcher zu unterst
austritt, die geringste Strecke in der Kugel, wird also am wenigsten mit
Dunkelheit gemischt und erscheint darum roth, während die anderen
Strahlen nach oben zu immer weitere Wege in der Kugel zurücklegen müssen und dadurch immer dunkler werden. Wenn die Sonne
auf die Regentropfen scheint, so wird das Licht auf dieselbe Weise wie
in der Kugel verändert, wir können dann von einem Tropfen rothes Licht,
von einem anderen grünes Licht u. s. w. ins Auge erhalten, und da
diese Verhältnisse in derselben Weise auf Kreisen um den Gegenpunkt
der Sonne am Himmel stattfinden, so werden wir concentrische farbige
Kreise sehen, deren gemeinsames Centrum eben jener Gegenpunkt ist.
De Dominis hat so die alte Ansicht von der Entstehung der Farben für
die Erklärung des Hauptregenbogens erfolgreich angewandt; weiter aber

wenig Kenntniss von den bedeutenden Entdeckungen solcher Zeitgenossen, wie
Kepler, bereichert aber die Farbenarten noch um eine dritte, die der inten-
tionellen Farben. Diese entstehen z. B., wenn ein Körper auf der Platte
der Camera obscura sich abbildet. Sie sind insofern apparente Farben als sie
nicht den Körpern selbst angehören, an denen sie erscheinen, unterscheiden
sich aber von denselben (den prismatischen Farben) dadurch, dass doch etwas
Gefärbtes ihre Quelle ist.

kann er bei seiner Unkenntniss des Brechungsgesetzes und der Abhängig- De Dominis,
1611.
keit der Farben von den Brechungswinkeln natürlich nicht kommen,
die Radien jener concentrischen Bögen oder die Grösse
des Regenbogens kann er nicht bestimmen, und über den
Nebenregenbogen hat er sogar merkwürdig falsche Vorstellungen.

Wie viel er bei seiner Beschreibung des Weges der Lichtstrahlen
von den Arbeiten seiner Vorgänger benutzen konnte, bleibt zweifelhaft.
Die wichtigste Schrift über diesen Punkt, das Werk Theodorich's [1]), scheint
er nicht gekannt zu haben, bei der Abhandlung Fleischer's [2]) wäre dies
eher möglich. Diesem gegenüber aber bleibt ihm das Verdienst, einen
anschaulichen Versuch angegeben und die Reflexion des Strahls mit der
Brechung in denselben Tropfen verlegt zu haben. Doch scheint um
diese Zeit das Letztere schon mehrfach der Fall gewesen zu sein, auch
der Engländer Harriot lässt ums Jahr 1606 den Regenbogen durch
Brechung des Lichts an der erhabenen und Reflexion an der hohlen
Seite desselben Tropfens entstehen.

De Dominis wurde im Jahre 1566 geboren, trat früh in den
Jesuitenorden und brachte es bis zum Erzbischof von Spalatro. Als
solcher wurde er der Hinneigung zum Protestantismus angeklagt und
nur unter strengen Drohungen aus dem Kerker der Inquisition entlassen. Er ging nach England und lebte dort zuletzt als Decan von
Windsor bis 1622. Dann kehrte er, weil man ihn einen Cardinalshut hoffen liess, nach Rom zurück und schwor den Protestantismus
ab. Als er darnach wieder Verdacht erregte, wurde er abermals
in den Kerker geworfen und starb darin auf unbekannte Weise im
Jahre 1624.

Jo. Kepleri Dioptrice, seu demonstratio eorum quae Kepler.
Dioptrice,
1611.
**visui et visibilibus propter conspicilla non ita pridem
inventa accidunt** (Augsburg 1611). Die Entdeckung der Fernrohre
scheint ein neuer Anstoss für Kepler gewesen zu sein, die optischen
Untersuchungen, vorzüglich insofern als sie sich auf die Brechung des
Lichts durch Linsen beziehen, wieder aufzunehmen. **Er kommt auch
hierbei nicht zum genauen Brechungsgesetz, aber die Annäherung an dasselbe, die er in den Paralipomena gegeben, ist für Kepler doch genügend, um das Problem von
den Bild- und Brennweiten der Linsen wenigstens theilweise zu lösen.** Kepler nimmt bei Betrachtung der Linsen nur auf
solche Rücksicht, welche einen Bogen von höchstens 30° zur Grenze
haben. Da nun beim Aufsuchen des Brennpunktes nur Strahlen in
Betracht kommen, welche zur Achse parallel sind, so ist der grösste

---

[1]) Theil I, S. 104 bis 105.
[2]) Theil I, 126.

Einfallswinkel *(x = ω)* höchstens 15⁰; für solch kleine Winkel aber
setzt Kepler die Einfalls- und Brechungswinkel einander noch propor-

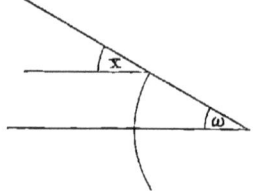

tional und begeht damit auch keinen allzu
grossen Fehler. Zuerst bestimmt er die Vereinigungsweite paralleler Strahlen oder die
Brennweite für eine convexe sphärische Fläche und findet dieselbe gleich
anderthalb Durchmessern derselben; die Brennweite einer concaven Fläche wird danach dem Durchmesser selbst gleich gefunden[1]).
Daraus folgt direct, dass auch die Brennweite einer planconvexen Glaslinse gleich dem Durchmesser der Kugel-
fläche ist, und für die doppelt, aber gleichseitig convexe
Glaslinse leitet dann Kepler noch ab, dass deren Brennweite dem Radius der Flächen gleich ist. Die Bildweite
(d. i. die Vereinigungsweite der von einem Punkte ausgehenden Strahlen) einer solchen Linse kennt er nur für den Fall, dass der leuchtende
Punkt in einer Entfernung gleich dem Durchmesser vor der Linse steht;
weiter aber vermag er hier nicht zu gelangen. Die Brennweiten anderer
als der plan- und gleichseitig convexen Linsen findet er nicht, dagegen
führt ihn sein Brechungsgesetz zur Entdeckung und Erklärung der
totalen Reflexion des Lichts. Kepler bemerkt, dass beim Uebergang von Luft in Glas, falls die Trennungsfläche eben ist, kein gebrochener
Strahl in dem Glase vom Einfallslothe mehr als 42⁰ abweichen kann,
wenn auch die einfallenden Strahlen alle möglichen Winkel von 0⁰ bis 90⁰
durchlaufen. Er kehrt dann die Sache um und schliesst, dass kein Strahl
in dem Glase, der mehr als 42⁰ vom Einfallsloth abweicht, aus diesem
heraustreten kann, dass also jeder dieser Strahlen an der Trennungsfläche in das Glas zurückkehren, d. h. total reflectirt werden muss.
    Die Theorie der Brechung in Linsen wendet Kepler dann auf das
Fernrohr an und giebt damit nicht nur zum ersten Male eine Erklärung des holländischen Fernrohres, sondern macht auch
Vorschläge zu neuen, schärferen Instrumenten. Er bemerkt,
dass die von einer Sammellinse kommenden Strahlen, wenn sie vor ihrer
Vereinigung an richtiger Stelle durch eine Hohllinse aufgefangen werden,
darnach divergiren und ein vergrössertes subjectives Bild des Gegenstandes, welcher seine Strahlen auf die Sammellinse sendet, erzeugen
können. Nach dieser Betrachtung des holländischen Fernrohrs prüft er
eine Menge anderer Linsencombinationen auf ihre Tauglichkeit zur Construction von Fernrohren und beschreibt ein solches mit zwei
und dann auch mit drei doppelt convexen Gläsern. Ueber

---

[1]) Es ist natürlich immer ein Uebergang des Lichts von Luft in Glas
angenommen, das constante Verhältniss des Einfallswinkels zur Ablenkung wird
gleich ⅜/₁ gesetzt.

das erste, das man nach ihm das Kepler'sche oder auch das astronomische Fernrohr genannt hat, sagt er: „Das Objectivglas sei in solcher Entfernung, dass das von demselben bewirkte umgekehrte Bild entfernter Gegenstände, wegen der zu grossen Divergenz der aus jedem Punkte desselben kommenden Strahlen, undeutlich sein würde. Wird nun zwischen dieses Bild und das Auge ein zweites Sammelglas und zwar nahe dahinter gestellt, so wird jene zu grosse Divergenz, in welcher die Strahlen ins Auge kommen, durch die Ocularlinse aufgehoben und das Bild daher deutlich. Die dem Beobachter nähere Linse macht es grösser, als sie es von der entfernteren empfängt, ohne seine umgekehrte Lage zu ändern." Leider hatte Kepler selbst nicht die Mittel, nicht die Zeit und vielleicht auch nicht das Interesse, diese Ideen praktisch auszuführen, und hat nie ein Fernrohr, wie er es beschrieben, wirklich construirt. Als interessant erwähnen wir noch, dass ein Brief Kepler's vom 18. December 1610 schon hervorhebt, das Objectivglas des Fernrohrs müsse grösser sein als das Ocular, sonst wäre es wohl nöthig, eine Blendung anzubringen, auch müsse man das Rohr selbst verlängern und verkürzen können, damit sich das Werkzeug nach dem Gesicht einrichten lasse; bis dahin hatte man häufig die Gläser in Bleiröhren gefasst, die jedenfalls unverkürzbar waren.

Kepler's Dioptrik ist vorwiegend mathematisch, über die Natur des Lichts findet sich bei dem sonst an Ideen so reichen Kepler wenig oder gar nichts; wenn er in den Paralipomena noch die Farbenlehre mit vorgetragen, so unterbleibt das hier auch. Kepler war ein genialer Beobachter, ein scharfsinniger Mathematiker, aber bei alledem doch einseitig; eine gesunde, gut geschulte Naturphilosophie fehlte ihm, und das hat sich auch an diesem grossen Geiste gerächt. Für die Dioptrik hat er die wissenschaftliche Grundlage gelegt, sein Brechungsgesetz erlaubte zum ersten Male, den Lichtstrahlen auch nach ihrer Brechung nachzugehen, und er selbst hat die Gesetzmässigkeiten dieser Wege trotz aller Schwierigkeiten an vielen Stellen aufzufinden gewusst. Doch hatte er wie in der Mechanik des Himmels auch hier seine Grenze, über die mathematische Auffassungsweise der Erscheinung hinaus konnte er keinen erfolgreichen Schritt wagen.

Kepler's Nachfolger in manchen Dingen ist der Pater Scheiner, der sich wie dieser mit astronomischen und optischen Studien beschäftigte, aber seinen Vorgänger in keiner Weise erreichte. Christoph Scheiner (1575 zu Walda bei Mindelheim in Schwaben geboren) trat 1595 in den Jesuitenorden, lehrte Hebräisch und Mathematik zu Ingolstadt, Freiburg im Breisgau und Rom und starb als Rector des Jesuitencollegiums zu Neisse in Schlesien im Jahre 1650. Seine optischen Untersuchungen sind in zwei Werken veröffentlicht. Das erste mit dem Titel

Marginal notes: Kepler, Dioptrice, 1611. / Scheiner, optische Untersuchungen, 1619 u. 1630.

Oculus, hoc est fundamentum opticum (Innsbruck 1619) be- handelt hauptsächlich die Theorie des Sehens. Das zweite Rosa Ursina[1]) sive sol ex admirando facularum et macularum suarum phaenomeno varius (Bracciano 1630) giebt eine lange Reihe von sorgfältigen Beobachtungen von Sonnenflecken und Sonnenfackeln und beschreibt das neue von Scheiner nach Kepler's Ideen construirte Fernrohr.

Scheiner beschäftigt sich damit, die brechende Kraft der verschiedenen Flüssigkeiten im Auge zu bestimmen, und da er das Brechungsgesetz noch nicht kennt, so giebt er die Brechungs- winkel von Grad zu Grad. Darnach meint er, dass die brechende Kraft der Krystalllinse wenig von der des Glases abweiche, die der wässerigen Feuchtigkeit mit der des Wassers übereinstimme und die der gläsernen Feuchtigkeit die Mitte zwischen beiden halte. Er überlegt auch, wo eigentlich der Sitz des Sehens im Auge sei und kommt wie Kepler zu dem Schlusse, dass dies nur die Netzhaut sein könne. Aber was Kepler nicht gethan zu haben scheint, Scheiner schneidet an einem Ochsenauge und an einem Kalbsauge die hinteren Häute bis auf die Netzhaut weg und zeigt direct, dass auf dieser die Bilder der äusseren Gegenstände entstehen. 1625 soll er in Rom dieses Experiment an einem menschlichen Auge wieder- holt haben. Das Aufrechtsehen der Gegenstände erklärt er wie Kepler, giebt aber für die Durchkreuzung der Lichtstrahlen in einer engen Oeffnung (wie der Pupille) einen interessanten Beweis. Man solle eine spitze Flamme durch eine enge Oeffnung in einem Papiere betrachten, dann werde eine Messerklinge, die man zwischen dem Papiere und dem Auge von unten nach oben führe, zuerst die Spitze der Flamme ver- decken. Die Accommodation des Auges für verschiedene Entfernungen geschieht nach Scheiner durch eine Verlängerung und Verkürzung des- selben, auch bemerkt er dabei eine Erweiterung oder Verengung der Pupille.

Bei Gelegenheit seiner vielen Sonnenbeobachtungen versuchte Scheiner auch die Methode dieser Beobachtungen selbst zu verbessern. Zuerst beobachtete er nur, wenn Wolken vor der Sonne waren, dann versuchte er durch farbige ebene Gläser vor den Augen diese zu schützen, hierauf wollte er die Linsen selbst aus farbigem Glase herstellen lassen, schliess- lich aber fiel ihm das Beste bei. Ein Fernrohr wurde etwas weiter aus- gezogen, als es zum deutlichen Sehen gehört. Wenn dasselbe dann nach der Sonne gerichtet wurde, so entstand in einem dunklen Zimmer auf einem weissen Schirm, den man hinter das Fernrohr setzte, ein Bild der Sonne, an dem nun Scheiner mehreren Personen zu gleicher Zeit die

---

[1]) Die Sonne hat nichts dawider, wenn man sie mit einer Rose vergleicht, und da das Buch dem Herzog von Bracciano, aus der Familie der Ursi, ge- widmet ist, so führt es diesen Namen.

Sonnenflecken zeigen konnte. Seine Compatres und seine Vorgesetzten
waren zuerst nicht sehr erbaut von einer fleckigen Sonne, und Scheiner
theilte seine Entdeckung im Jahre 1611, auf Veranlassung seines Jesuiten-
provinzials Busäus, nur anonym an Welser in Augsburg mit, später aber
wurde doch die Rosa Ursina mit Erlaubniss der Oberen gedruckt.
Scheiner nannte das Fernrohr, wie er es zu Sonnenbeobachtungen
gebrauchte, Helioskop, dasselbe ist für die Physik besonders wichtig,
indem es das erste Fernrohr mit zwei convexen Linsen
ist. Nach der Rosa Ursina hat Scheiner schon „vor 13 Jahren" dem
Erzherzoge Maximilian von Oesterreich die Sonnenflecken mit Hülfe
eines solchen Fernrohres gezeigt, die Construction desselben würde also
vor 1613 oder doch vor 1617 zu setzen sein, da der Druck jenes Werkes
von 1626 bis 1630 währte[1]). Scheiner erwähnt übrigens nicht
bloss das Fernrohr mit zwei convexen, sondern auch ein
solches mit drei Linsen, durch welches man die Gegenstände aufrecht
sehen könne, was bei Betrachtung irdischer Gegenstände von Vortheil sei.
Des Mikroskops gedenkt er mit einem Enthusiasmus, der nicht un-
gerechtfertigt ist, wenn das Instrument leistete, was er von ihm erzählt,
dass es eine Fliege zu einem Elephanten und einen Floh zu einem Kameel
vergrössere.

Scheiner war kein epochemachender Physiker, dazu fehlte ihm das
Geniale; seine Optik lehnte sich im Theoretischen stark an Kepler an,
dessen Erklärungen er meist aufnimmt. Aber Scheiner zeigt sich überall
als ein guter Beobachter, und nicht selten reicht seine Beobachtungskunst
weiter als seine Kraft zur Erklärung; er ist gerade darum wohl zu
beachten als ein erster Vertreter kommender Geschlechter.

Die Auffindung des Brechungsgesetzes durch Snell schloss für einige
Jahre die Reihe der optischen Entdeckungen, mit denen das 17. Jahrhundert begonnen hatte. Willebrord Snell war der Sohn des Professors der Mathematik Rudolph Snell in Leyden. Er wurde im Jahre
1591 geboren und starb 1626 als Professor der Mechanik in Leyden,
wo er 1613 der Nachfolger seines Vaters geworden war. Dies kurze
Leben von 35 Jahren genügte ihm, seinen Namen als Mathematiker und
Physiker unsterblich zu machen. Während der Jahre 1615 bis 1617
vollendete Snell zum ersten Male eine Messung des Erdumfangs

---

[1]) Harting hat in einer holländischen Abhandlung vom Jahre 1867 für
Hans und Zacharias Jansen wenigstens die Erfindung der sogenannten astronomischen Fernrohre zu retten versucht. Er macht darauf aufmerksam, dass
Boreel demselben die Erfindung der langen Fernrohre um das Jahr 1610 zuschreibt und dass die bekannte Erzählung von den spielenden Kindern des
Jansen sagt, sie hätten den Wetterhahn nicht bloss grösser, sondern auch „het
onderste boven gekeerd" gesehen. (Nach Gerland in „Bericht über die wissenschaftlichen Apparate auf der Londoner internationalen Ausstellung im Jahre
1876", S. 45.)

nach der Methode, die allein eine Gewähr von Sicherheit bietet; er maass durch Triangulation von Alkmar nach Leyden und Bergen op Zoom einen Meridianbogen von 1^0 11' 30" Länge. In der Schrift Eratosthenes Batavus (Leyden 1617) veröffentlichte er die höchst mühsamen Rechnungen (der Gebrauch von Logarithmen war ihm unbekannt), durch welche er für einen Meridiangrad die Länge von 28473 Ruthen rheinisch oder 55100 Toisen fand. Snell entdeckte selbst Fehler in der Messung und Rechnung, sein früher Tod hinderte ihn aber an der Verbesserung derselben. Musschenbroek revidirte später aus Pietät die Rechnungen und fand für einen Meridiangrad 29514 Ruthen rheinisch oder 57033 Toisen.

Seine optische Entdeckung, das Brechungsgesetz, hat Snell nicht selbst veröffentlicht. Die Schrift, welche dasselbe enthält, ist ungedruckt geblieben; aber Huyghens versichert in seiner Dioptrik, dieselbe gesehen zu haben, und Isaak Voss sagt in seinem Werke De natura lucis vom Jahre 1662 ausdrücklich, dass der Sohn des Willebrord Snell ihm diese Schrift gezeigt, sie habe aus drei Büchern bestanden. Nach dem Bericht des Huyghens giebt Snell das Brechungsgesetz materiell vollkommen richtig, wenn auch in etwas unbequemer Form. Wenn ein Auge in O den in einem dichteren Körper z. B. Wasser

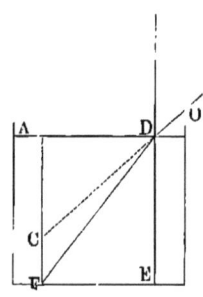

befindlichen Punkt F in der Richtung OCD zu sehen geglaubt, und man denkt sich FC senkrecht gegen die brechende Fläche AD gezogen, so hat der wahre Einfallsstrahl DF zu dem scheinbaren CD ein unveränderliches Verhältniss, so lange die brechende Materie dieselbe bleibt. Die Strecken CD und DF verhalten sich wie die Cosecanten der Winkel, welche der gebrochene und der eintretende Strahl mit dem Einfallsloth DE bilden, und so konnte Snell sein Brechungsgesetz auch so aussprechen: Bei denselben Medien behält das Verhältniss der Cosecanten der Einfalls- und der Brechungswinkel immer denselben Werth. Da die Cosecanten zweier Winkel sich umgekehrt wie die Sinus derselben verhalten, so stimmt dieses Gesetz ganz mit der Form überein, die Descartes später dem Brechungsgesetz gab und die es bis heute behalten hat. Wir werden bei Descartes wieder hierauf zurückkommen.

Der erste Philosoph der neueren Wissenschaft, **Francis Bacon**, wurde am 26. Januar 1561 in London geboren, wo sein Vater keine geringere Würde als die des Grosssiegelbewahrers bekleidete. Der junge Bacon studirte zu Cambridge und beschäftigte sich dort viel mit der alten Philosophie, ging dann zu seiner weiteren Ausbildung mit dem englischen Gesandten nach Paris, kehrte aber bald, als sein Vater im Jahre 1580 starb, nach England zurück. Sein Erbtheil war nicht sehr

bedeutend, und da er mit Wenigem nicht auszukommen wusste, gerieth
er in Schulden, wegen deren die Gläubiger ihn sein ganzes Leben lang
geplagt haben. Bacon wurde des Gelderwerbs wegen zunächst Advocat
und erwarb sich als solcher einen bedeutenden Ruf, aber sein Ehrgeiz
strebte nach einer Staatsstellung von starkem politischen Einfluss. Um
diese zu erreichen, wandte er alle möglichen Mittel an; er schmeichelte
der Königin Elisabeth, so sehr er konnte, er wandte sich an seinen Onkel,
den Schatzkanzler Lord Burleigh, er wurde der Günstling des Grafen
Essex; doch so lange Elisabeth lebte, konnte er sein Ziel nicht in der
gewünschten Weise erreichen. 1598 sass er sogar auf kurze Zeit im
Schuldgefängniss. Zwei Jahre später fiel Essex in Ungnade, und Bacon,
der wenigstens Kronanwalt geworden war, musste die Anklageschrift
verfertigen. Diesmal noch entledigte er sich des unangenehmen Auf-
trages in so geschickter Weise, dass Elisabeth sich besänftigen liess.
Als aber bald darauf Essex in verrätherische Umtriebe mit König Jacob
von Schottland angeblich sich eingelassen hatte, wurde er auf Antrag
des Generalprocurators Coke und des Kronanwalts Bacon am 25. Februar
1601 hingerichtet. Diese Anklage, der ein festerer Charakter als
Bacon sich trotz seines Amtes wohl entzogen hätte, erweckte allseitigen
Unwillen gegen ihn; trotzdem aber erlangte er in kurzer Zeit sogar die
Gunst jenes Königs Jacob, der 1603 nach Elisabeth's Tode den Thron
von England bestiegen hatte, und dieser ertheilte ihm schon 1604 die
Ritterwürde. 1605 erschien Bacon's erstes Werk, das auch die Naturwissenschaften berührte, unter dem Titel: The two books of Francis Bacon on the proficience and advancement of learning
divine and human. Seine Wünsche nach einer einflussreichen Stellung
gingen nun schnell in Erfüllung; 1607 wurde er Sollicitor general, 1615
Attorney general, und 1617 und 1618 erreichte er die höchsten Würden,
die einem Unterthan in England zugänglich sind, er wurde Grosssiegel-
bewahrer und endlich Grosskanzler. Währenddem hatte er im Jahre 1612
seine Schrift Cogitata et visa veröffentlicht, dieselbe arbeitete er bis
1620 um, und in diesem Jahre erschien die Bearbeitung unter dem Titel
Novum organon scientiarum als ein Theil des grossen Werkes,
der Instauratio magna, durch welche Bacon eine Neubegründung
und Umgestaltung der gesammten Wissenschaften zu bewirken gedachte.
Diese Schrift enthält von der Instauratio magna den Haupttitel,
die Widmung an König Jacob, die Vorrede des ganzen Werkes
und auch noch die Eintheilung desselben. Nach dieser soll dasselbe
aus sechs Theilen bestehen. Der erste soll die Eintheilung
und allgemeine Uebersicht der Wissenschaften geben, so
dass nicht nur dargestellt wird, was bis jetzt erreicht ist, sondern auch
was noch fehlt. Der zweite Theil soll das Werkzeug aller
Wissenschaften, d. h. den Gebrauch der Vernunft bei Erforschung
der Dinge, und die wahren Hülfsmittel der Erkenntniss behandeln. Der
dritte wird dann die Erscheinungen des Weltalls, d. h. die

Erfahrungen aller Art und die Naturgeschichte, sowie sie der zu errich-
tenden Philosophie als Grundlage dienen soll, beschreiben. D e r v i e r t e
T h e i l w i r d a n e i n z e l n e n B e i s p i e l e n z e i g e n , w i e m a n d e n
z w e i t e n a u f d e n d r i t t e n a n w e n d e t , d. h. wie man das neue Werkzeug der Wissenschaften zur Ableitung allgemeiner Gesetze aus dem Erfahrungsmaterial gebraucht. D e r f ü n f t e T h e i l w i r d d a n n d i e s e
A b l e i t u n g e n s e l b s t g e b e n , so weit das Material bis dahin dem
Bacon vorliegt, und d e r s e c h s t e T h e i l e n d l i c h s o l l m i t V o l l e n-
d u n g a l l e r m ö g l i c h e n A b l e i t u n g e n d i e g a n z e W i s s e n-
s c h a f t s e l b s t v o l l e n d e n.

Aus alle dem geht schon hervor, dass Bacon für seine Person allein
nicht an eine wirkliche Vollendung des angezeigten Werkes dachte,
sein Eintheilungsplan soll augenscheinlich nur als Schema dienen, nach
dem sich nicht bloss die jetzigen, sondern auch alle späteren nach seiner
Methode zu erlangenden Resultate einordnen lassen. Bacon aber ist in
seiner Riesenarbeit auch nicht einmal so weit gekommen, als er sich
selbst vorgenommen zu haben scheint. 1620 erschien ausser der angegebenen Eintheilung des Werkes nur d e r z w e i t e T h e i l , d a s N o v u m
o r g a n o n. D e r e r s t e T h e i l folgte 1623 unter dem Titel D e
d i g n i t a t e e t a u g m e n t i s s c i e n t i a r u m , es war die 1605 er-
schienene, neu ins Lateinische übersetzte und theilweise vermehrte
Schrift. Endlich gab nach dem Tode Bacon's sein Secretär Rawley
noch d e n d r i t t e n T h e i l unter dem Titel S y l v a s y l v a r u m s i v e
h i s t o r i a n a t u r a l i s heraus, und damit blieb das Werk selbst unvollendet.

Bacon erreichte mit dem Erscheinen seines Hauptwerkes den Gipfel
seines Ruhmes; noch in demselben Jahre wurde er zum Baron von Verulam und im folgenden auch zum Viscount von St. Albans ernannt;
aber schon im April 1621 stellte ihm das Oberhaus des Parlaments eine
Anklageacte zu, auf die er sich in allen Punkten schuldig bekennen
musste. Er gab zu, dass er als Kanzler des höchsten Gerichtshofes von
den Parteien Geschenke bis zu 1000 Pfund Sterling angenommen hatte,
und machte nur zu seiner Entschuldigung geltend, dass er nie vor entschiedener Sache eine Belohnung angenommen und die Aussicht auf
eine solche nie sein Urtheil beeinflusst habe. Bacon wurde vom Parlament am 3. Mai 1621 zu einer Geldstrafe von 4000 Pfund und zum
Verlust aller seiner Aemter verurtheilt und sollte, wie die gebräuchliche
Formel lautet, so lange gefangen bleiben, als es dem König beliebte.
Dem König zwar beliebte es nur zwei Tage, und auf vieles Drängen und
Bitten wurde Bacon im Jahre 1624 auch ganz begnadigt, doch konnte
er dieser Begnadigung nicht lange mehr froh werden. Sein Gesund-
heitszustand verschlechterte sich mehr und mehr, und am 9. April
1626 starb er auf dem Schlosse des Grafen Arundel in Highgate bei
London.

Bacon ist ein zweifelhafter Charakter; man darf wohl darüber streiten und hat viel gestritten, wie man die räthselhafte Mischung von guten und schlechten Eigenschaften in seiner Person beurtheilen und ob man ein Uebergewicht der ersteren oder der letzteren constatiren soll. Aber der Streit über den Charakter des Bacon ist nichts gegenüber dem Gewirre der Meinungen über die wissenschaftlichen Leistungen dieses seltsamen Mannes. Abergläubische und eitle Unwissenheit findet Lange bei ihm[1]), Liebig macht ihm den schwersten Vorwurf, den man einem wissenschaftlichen Manne machen kann „die Natur, die ihn so reich mit ihren schönsten Gaben ausgestattet, hatte ihm den Sinn für die Wahrheit und die Wahrhaftigkeit versagt; ihm, der sich der Natur mit der Lüge im Herzen nahte, offenbarte und gehorchte sie nicht; seine Experimente konnten Menschen täuschen, aber in ihrem Gebiete konnten sie nicht gelingen. Als Naturforscher war Alles an ihm unecht"[2]). Auf der anderen Seite rühmt man Bacon als ein lumen scientiarum[3]), als einen in aller Rücksicht grossen Mann[4]), und Liebig selbst giebt zu „dass die Biographen und die meisten Schriftsteller, die sich mit seinen Werken beschäftigt haben, ihn als den Gegner der Scholastiker, als den Erneuerer der Wissenschaften, als den Gründer einer neuen Methode der Forschung und einer neuen Philosophie, der empirischen oder Nützlichkeitsphilosophie, schildern und betrachten" und dass noch heute „nach drei Jahrhunderten sein Name glänzt, wie ein leuchtender Stern, der uns — so behauptet man — den richtigen Weg und das wahre Ziel der Wissenschaften gezeigt hat."

Wo liegt nun die Wahrheit und was ist die Ursache einer so grossen Verschiedenheit in der Beurtheilung? Wir wollen in kurzen Zügen eine Darstellung der Ansichten Bacon's geben, und dann wird sich zeigen, dass die Verschiedenheit der Urtheile zum guten Theile auf einer Verschiedenheit des Standpunktes der Beurtheiler beruht, und dass die extremsten Urtheile insofern Unrichtigkeit in sich tragen, als sie die historische Stellung Bacon's verkennen und den Stand der Wissenschaften zur damaligen Zeit nach einer oder der anderen Seite hin unrichtig auffassen[5]).

Bacon geht davon aus, dass die Wissenschaft (bei der er vorzüglich die Scholastik im Auge hat) abgestorben und seit Jahrhunderten unfruchtbar gewesen sei, dass aber dem gegenüber die mechanischen Künste „gleich als wären sie eines lebendigen Odems theilhaftig, sich täglich

---

[1]) Lange, Geschichte des Materialismus. 4. Aufl., S. 175.
[2]) Liebig, Rede in der öffentl. Sitzung der königl. Akademie d. Wissensch. München, 1863.
[3]) So steht auf dem Grabstein. Poggendorff, Gesch. der Physik, S. 222.
[4]) Fischer, Gesch. der Physik, Bd. I, S. 30.
[5]) Wir geben die Sätze aus dem Novum organon nach der Uebersetzung von J. H. v. Kirchmann. Philosophische Bibliothek, Bd. 32.

vermehren und vervollkommnen. Bei dem ersten Erfinder erscheinen
sie meist roh, ziemlich schwerfällig und unförmlich; aber später gewinnen
sie immer neue Vortheile und werden täglich bequemer. Die Philosophie und die höheren Wissenschaften dagegen werden den Götter-
bildern gleich zwar verehrt und gefeiert, aber nicht weiter gebracht."
Die alleinige Ursache und Wurzel dieser Uebel aber ist, „dass man die
Kräfte des menschlichen Verstandes fälschlich bewundert und erhebt und
seine wahren Hülfsmittel nicht aufsucht." „Die Feinheit der Natur
übersteigt vielfach die Feinheit der Sinne und des Verstandes. Jene
schönen Erwägungen, Speculationen und Begründungen der Menschen
sind nichts als ungesundes Zeug." „Die Logik, mit der man jetzt Miss-
brauch treibt, dient mehr dazu, die in den gewöhnlichen Begriffen
steckenden Irrthümer zu befestigen als die Wahrheit zu erforschen."
„Zwei Wege zur Erforschung der Wahrheit sind möglich.
Auf dem einen fliegt man von den Sinnen und dem Einzelnen gleich zu den allgemeinsten Sätzen hinauf und
bildet und vermittelt aus diesen obersten Sätzen, als der
unerschütterlichen Wahrheit, die mittleren Sätze. Dieser
Weg ist jetzt im Gebrauch. Der zweite zieht aus dem
Sinnlichen und Einzelnen Sätze, steigt stetig und allmälig
in die Höhe und gelangt erst zuletzt zu dem Allgemeinen.
Dies ist der wahre aber unbetretene Weg." Dieser zweite
Weg stützt sich ganz auf die Erfahrung. „Die Erfahrung ist bei
Weitem das beste Beweismittel, wenn sie bei dem Versuche selbst stehen bleibt." „Die Erfahrung ist, wenn man ihr
begegnet, Zufall, wenn man sie sucht, Versuch oder Experiment." Nur
das Experiment ist zur Erforschung der Wahrheit zu gebrauchen. „Wie
man die natürliche Gemüthsart eines Menschen nur dann richtig erkennt
und erprobt, wenn man ihn reizt und herausfordert oder, wie Proteus
sich nur in verschiedene Gestalten verwandelte, wenn man ihn fest um-
schlossen und gefangen hielt, so offenbart sich auch die Natur weit
deutlicher, wenn man ihr kunstgerecht Zwang anthut, als wenn man sie
sich selbst überlässt" [1]). Auch ist die gewöhnliche Erfahrung durch die
Sinne eine sehr unsichere. „Der Fehler der Sinne ist ein zweifacher,
entweder sie lassen uns im Stich oder sie täuschen." „Deshalb gebe
ich auf die unmittelbare Sinnesempfindung nicht viel, sondern ich richte
die Sache so ein, dass die Sinne nur über den Versuch, der Versuch aber
über die Sache das Urtheil fällt." Zuerst muss also „eine genügende und gute Naturgeschichte und eine Sammlung der
Versuche beschafft werden, um die Grundlage der Arbeit
zu bilden. Denn man soll nicht erdichten, nicht ausdenken, sondern
auffinden, was die Natur thut und erträgt." „Es ist aber auch nicht
zulässig, dass der Geist von dem Einzelnen sofort zu den entlegenen

---

[1]) De augmentis scientiarum.

und allgemeinsten Sätzen, die man Principien der Künste und Dinge Bacon v. Verulam, 1620.
nennt, überspringe und überfliege, wobei dann deren Wahrheit für unveränderlich gilt und die mittleren Grundsätze darnach eingerichtet und
abgemessen werden." „Um die Wissenschaften wird es erst
dann gut stehen, wenn man auf einer richtigen Leiter von
Stufe zu Stufe, ohne Unterbrechung und Sprünge, von
dem Einzelnen zu den untersten Lehrsätzen, dann höher
zu den mittleren und nur zuletzt zu den allgemeinsten
aufsteigt." Sonach „soll man dem menschlichen Geist keine Flügel,
sondern eher ein Bleigewicht beigeben, welches alles Springen und
Fliegen hemmt. Bis jetzt ist das noch nicht geschehen und wenn es
geschehen sollte, kann Besseres von den Wissenschaften erhofft werden."
„Bei der Ableitung der Lehrsätze mittelst solcher Induction muss auch
geprüft und erprobt werden, ob der aufgestellte Satz nur dem Maasse
der Einzelfälle, aus denen er abgeleitet ist, angepasst ist, oder ob er
von weiterem und grösserem Umfange ist. Im letzteren Falle muss
man sehen, ob diese Weite und dieser Umfang durch neue Einzelfälle,
die man beachtet, gleich Bürgen bestätigt wird, damit man nicht
in den bekannten stecken bleibt, oder durch zu weite Fassung in
Schatten und inhaltsleere Formen statt in das Feste und Bestimmte
gerathe."

Soweit ist alles bei Bacon richtig; er bekämpft mit glänzenden Worten und entschiedenem Erfolge die alten scholastischen Wissenschaften auf allen Wegen und in allen ihren Schlupfwinkeln und macht
sie in den eigentlichen Wissenschaften unmöglich, er empfiehlt für alle
Wissenschaften die Erfahrungsmethode, er bringt das Experiment als
die Grundlage aller Wissenschaften zu siegreicher Anerkennung, ja er
deutet methodisch echt und gut an, dass das Experiment nicht nur als
die Grundlage, sondern als ein stetiges Correctiv alles Fortschreitens
gebraucht werden müsse. Wie ist es möglich, diese Verdienste, diese
Thaten zu verkennen? Liebig findet gerade hier einen Betrug Bacon's, der alle diese Sätze für neu und ihm eigenthümlich angegeben, während doch die Erfahrungsmethode
zur Zeit Bacon's längst geübt und empfohlen und die
Scholastik besiegt gewesen sei. „Die Bekämpfung der Scholastiker durch Bacon war der Streit des berühmten Ritters mit den Windmühlen; denn ein Jahrhundert vor ihm waren die starren Fesseln der
Scholastik schon gebrochen; in allen Zungen pries man die Erfahrung,
Leonardo da Vinci in Italien, Paracelsus in Deutschland, Beide ein halbes
Jahrhundert vor ihm, und zu seiner Zeit Harvey und Gilbert in England" [1]). Doch erscheint es uns zu weit gegangen, wenn
Liebig für Bacon gar kein Verdienst um die Experimentalmethode anerkennen will. Vorerst hat Bacon das Eigenthümliche,

---

[1]) Liebig, Rede etc. München 1863.

dass er die inductive Methode nicht nur für die Naturwissenschaften
empfiehlt, sondern dieselbe auch auf alle anderen Wissenschaften ange-
wendet wissen will, und **wenn dann die Philosophen in Bacon
den Begründer einer neuen philosophischen Richtung
verehren, so ist das kein geringer Ruhm und jedenfalls
ein Ruhm, der ihm von keinem Naturwissenschaftler vor-
weggenommen werden kann.** In solcher Rücksicht sagt Haller[1])
von ihm: „Bacon's Vergleich mit Galilei ist höchst ungerecht; der letztere war freilich ein besserer Mathematiker und Kenner der Sterne, aber
er war auf wenige Wissenschaften eingeschränkt[2]), und Bacon übersah
sie alle, wie ein Wesen von einem höheren Orden und wie noch Niemand
sie vor ihm gesehen hatte." Ueberweg erkennt (in seiner Geschichte
der Philosophie, III, S. 37, 5. Aufl.) Bacon ausdrücklich als den „Begründer — zwar nicht der empiristisch-methodischen Naturforschung,
wohl aber — der empiristischen Entwickelungsreihe der neueren Philosophie" an. Und Lewes erklärt[3]): „Bacon, schwach in der positiven
Wissenschaft, war stark in der Philosophie, welche Stoff in ihr suchte.
Bacon war der Erste, der den Gedanken an eine Philosophie der positiven Wissenschaften fasste. Dies that er mit der Erklärung: Die Physik
sei die Mutter aller Wissenschaften."

**Aber wir sind gar nicht gewillt, für Bacon nur ein
philosphisches Verdienst gelten zu lassen, wir meinen,
dem Blicke des Historikers kann nicht unklar bleiben,
dass Bacon auch den Naturwissenschaften in hervorragender Weise genützt hat.** Es ist ja wahr, die Experimentalmethode war schon lange vor Bacon für die Physik eifrig empfohlen
worden, wir brauchen ja nur an Bacon's Namensvetter und Landsmann
im dreizehnten Jahrhundert zu erinnern, es ist auch richtig, wie Liebig
anführt, dass Leonardo da Vinci und Paracelsus schon im vorhergehenden
Jahrhundert die Erfahrungsmethode als die einzig mögliche betont, dass
die Zeitgenossen und Landsleute Bacon's, Gilbert und Harvey (1598 bis
1657), sie mit Erfolg anwandten, ja wir müssen noch anfügen, dass
Galilei und Kepler vor allen Anderen in vollständig klarer Erkenntniss
ihres Werthes sie gebraucht, aber damit ist doch nicht jedes Verdienst
Bacon's beseitigt. Roger Bacon's und Leonardo's hierher gehörige
Schriften waren bis dahin so gut wie gar nicht bekannt geworden, Paracelsus und Consorten waren nicht die Leute, deren Empfehlung irgend
einer Sache zum Siege verhelfen konnte, und die Thatsache, dass geniale
Physiker diese Methode benutzten, hatte dieselbe noch lange nicht zu
allgemeiner Anerkennung und noch weniger zu allgemeinem Verständniss
gebracht. Noch sassen doch factisch auf den physikalischen Lehrstühlen

---

[1]) Nach Böhme: Ueber Francis Bacon etc. Erlangen 1864.
[2]) Was wir natürlich nicht unterschreiben würden.
[3]) Geschichte der Philosophie, II, S. 130.

der meisten Universitäten die Peripatetiker mit fetten Gehältern, noch Bacon v. Verulam, 1620.
war es nicht lange her, dass die Naturphilosophen Galilei von der Universität seines Vaterlandes vertreiben konnten, und noch gab es nur
wenige junge Gelehrte, die ausnahmsweise das Experiment mit Geschick
zu handhaben verstanden. Wenn Harvey sagt, Bacon habe über die
Wissenschaft wie ein Lordkanzler geschrieben, so wollen wir nichts
dagegen sagen, aber dass ein Mann von solch hohem wissenschaftlichen
Ansehen wie Bacon so eifrig die alten scholastischen, philosophischen
Methoden verdammte, das nützte der Naturwissenschaft wie den Naturwissenschaftlern, und ich glaube, man darf nicht anstehen,
Bacon als einen Mitbegründer der neueren Naturwissenschaft anzuerkennen, wenn man nur dabei weniger an
die Schöpfung als an das Geltendmachen und die Verbreitung ihrer Methode denkt.

Freilich mehr als dies darf man ihm nicht zuschreiben, obgleich Bacon viel für sich in Anspruch nimmt. Er
will nicht so einfach nur auf eine schon vor ihm gebrauchte Methode
aufmerksam machen, er will der Naturwissenschaft eine neue Methode schenken, und er polemisirt ebenso wie gegen die Scholastiker
gegen die Empiriker, die schon vor ihm Experimente angestellt.
Bacon ist zu sehr Philosoph, als dass er dem Naturwissenschaftler das
Experiment so einfach zum beliebigen Gebrauch überlassen sollte, er
will vielmehr eine ganz genaue, allgemeine, für alle Fälle passende Anweisung geben, wie sich die Naturwissenschaften zu entwickeln haben.
Bacon verspricht eine Methode, nach welcher Jedermann den Fortschritt
bewirken kann. „Meine Weise, die Wissenschaften aufzusuchen, ist so beschaffen, dass der Schärfe und Stärke
des Geistes nicht viel übrig gelassen wird; vielmehr stellt
sie die Geister und Anlagen einander eher gleich. Denn sowie zur Ziehung einer geraden Linie oder Beschreibung eines vollkommenen Kreises
mit der blossen Hand viel Sicherheit und Uebung gehört, aber wenig
oder gar keine, wenn das Lineal oder der Zirkel dazu benutzt wird, so
verhält es sich auch mit meiner Verfahrungsweise." Nach ihm haben
die Naturwissenschaftler bis dahin gar keine Methode
gehabt, sie gebrauchten zwar das Experiment, aber bei diesem Gebrauch wie bei dem Verarbeiten der erhaltenen Thatsachen tappten sie
ohne jeden Leitstern ganz im Dunkleu. „Die jetzt gebräuchliche
Art der Erfahrung ist blind und thöricht. Man irrt und
schweift auf unsicheren Wegen, bestimmt gleich nach dem, was man
trifft, macht sich an Vieles, bringt aber wenig vorwärts, ist bald ausgelassen, bald zerstreut, und immer bleibt Anlass, weiter zu suchen.
So kommt es, dass man leichtsinnig und nur spielend Versuche anstellt,
indem man die bekannten Versuche nur wenig verändert, und gelingt
es nicht, so wird man der Sache überdrüssig und giebt sie auf. Wird
aber auch ernster, beharrlicher und fleissiger an die Versuche gegangen,

Bacon v. Ve-
rulam, 1620. so wird doch alle Mühe nur auf die Erörterung eines Versuches verwendet, wie Gilbert es bei dem Magneten und die Chemiker bei dem Golde
thun." „Diese Art der Erfahrung ist aber nur ein Besen
ohne Band und ein blosses Herumtappen, wie es des Nachts
geschieht, wo man Alles befühlt, bis man zufällig den
rechten Weg getroffen hat, während es sicherer wäre,
den Tag abzuwarten oder ein Licht anzuzünden und dann
den Weg zu betreten." „Die, welche Wissenschaften bearbeiten,
waren entweder Empiriker oder Dogmatiker. Jene sammeln und ver-
brauchen wie die Ameisen, letztere aber, welche mit der Vernunft
beginnen, ziehen wie die Spinnen das Netz aus sich selbst heraus. Das
Verfahren der Bienen steht zwischen beiden; diese ziehen den Saft aus
den Blumen in Gärten und Feldern, aber behandeln und verdauen ihn
durch eigene Kraft. Aehnlich ist das Geschäft der Philosophie; es stützt
sich nicht ausschliesslich oder hauptsächlich auf die Kräfte der Seele,
und es nimmt den von der Naturkunde und den mechanischen Versuchen
gebotenen Stoff nicht unverändert in das Gedächtniss auf, sondern verändert und verarbeitet ihn im Geiste." Solche Grundsätze sind gewiss
vortrefflich und müssen für alle Zeit die Grundregeln der wissenschaftlichen Methode bleiben; leider entspricht Bacon's eigenes
Verhalten nicht ganz diesen Regeln, wie sich das nun bei
näherem Eingehen zeigen wird.

„Bei der grossen Zahl und Masse des Einzelnen, was durch seine
Zerstreuung und Ausbreitung den Geist spaltet und irre führt, ist von
einem blossen Anführen und leichten Versuchen und Uebersichten wenig
zu erwarten, vielmehr muss das, was zu einem bestimmten Gegenstande
gehört, geordnet und mit Hülfe von Tafeln zusammengestellt werden,
die zur Entdeckung geeignet sind und in ihrer guten Anordnung lebenden Wesen gleichen." Diese Tafeln werden in folgender Weise aufgestellt. Um das Wesen oder nach Bacon die Form einer Sache, sagen
wir z. B. der Wärme, zu ergründen, schreiben wir alle bekannten Fälle
auf, bei denen Wärme vorkommt, hierdurch erhalten wir die Tafel
der positiven Instanzen. Dann stellen wir jedem der gefundenen
Fälle ganz ähnliche gegenüber, bei denen die Wärme fehlt, dies giebt
die Tafel der negativen Instanzen. Da nun in allen jenen
Fällen die entwickelte Wärme in sehr verschiedenen Graden auftreten
kann, so müssen wir uns noch eine Tafel anlegen, auf welcher die Erscheinungen dem Grade nach verglichen werden, diese heisst die Tafel
der Vergleichung oder der Grade. In diesen drei Tafeln ist
nun das Material für die eigentliche Induction enthalten. Die
ersten Arbeiten dieser bestehen dann in dem Ausschliessen aller
Fälle, die nicht nothwendig mit dem Wesen der zu untersuchenden
Erscheinung zusammenhängen, und in der Zusammenfassung aller
übrigbleibenden, die nun jedenfalls das Wesen der Erscheinung
ausmachen. In unserem Beispiele sind also auszuschliessen alle Bestim-

mungen, die einmal vorhanden sind, wo die Wärme fehlt, oder einmal Bacon v. Ve-
fehlen, da wo sich Wärme entwickelt, und es sind noch auszuschliessen rulam, 1620.
alle Bestimmungen, welche dem Grade nach wachsen, wo die Wärme
abnimmt und umgekehrt. Nehmen wir dann die Bestimmungen zusammen, die nach vollendeter Ausschliessung übrig bleiben, so haben
wir das Wesen der Wärme in nothwendigen Bestimmungen ausgedrückt
und damit die erste Lese vollendet. Mit dieser ist jedoch die vollkommene Induction noch nicht abgeschlossen, sie giebt höchstens das
Wesen einer Erscheinung, Bacon's Methode aber soll bis zu den allgemeinsten Grundsätzen aller Wissenschaften führen. Indessen verfolgt er selbst den Weg principiell nicht weiter, er giebt
nur weitere, zahlreiche Hülfsmittel und Anweisungen
für die Induction, eine Menge oft recht bemerkens-
werther Vorschriften zur Behandlung der „vornehmsten
Fälle", welche bei der Induction vorkommen, und schliesst
damit das neue Organon, einen Theil der niemals zu
vollendenden Instauratio, selbst unvollendet.

Wir geben im Folgenden zur Illustration die Tafeln Bacon's für die
erste Lese in möglichst abgekürzter Form.

Tafeln zur Untersuchung der Form der Wärme.

Tabelle der positiven Instanzen.	Tabelle der negativen Instanzen.
Warm sind:	
1. Die Sonnenstrahlen, vorzüglich im Sommer und des Mittags.	1. Die Strahlen des Mondes, der Sterne und der Kometen werden nicht als warm empfunden.
2. Die zurückgeworfenen und zusammengedrängten Sonnenstrahlen (z. B. bei Brennspiegeln).	2. Die Sonnenstrahlen wärmen nicht in der sogenannten mittleren Region der Luft.
3. Feurige Lufterscheinungen.	3. Sternschnuppen und Nordlicht sind nicht warm.
4. Zündende Blitze.	4. Das Wetterleuchten ist nicht warm.
5. Flammen, welche aus den Höhlen der Berge brechen.	5. Vulcane kommen in kalten wie in warmen Gegenden vor.
6. Jede Flamme.	6. Irrlichter sollen wenig Hitze haben; wie es mit dem St. Elmsfeuer steht, ist nicht bekannt.
7. Alles Glühende.	
8. Heisse Quellen.	
9. Erwärmte Flüssigkeiten.	9. Alles Flüssige wird zuletzt kühl, auch die ätzenden Flüssigkeiten sind beim ersten Anfühlen kühl.
10. Heisser Dunst und Rauch.	10. Dämpfe von Oelen sind zwar leicht entzündlich, aber nicht warm.
11. Heisse Winde.	11. Die Nordwinde sind kalt.

Tabelle der positiven Instanzen.	Tabelle der negativen Instanzen.
Warm sind:	
12. Die Luft in unterirdischen Höhlen während des Winters.	
13. Wolle, Pelze und das Gefieder der Vögel (haben einige Wärme).	13. Man weiss nicht genau, woher die Wärme kommt, ob sie noch anhängt von dem lebenden Thier, ob sie von der öligen Beschaffenheit oder der Abgeschlossenheit der Luft stammt.
14. Die Körper, welche dem Feuer eine Zeit lang nahe gewesen sind.	
15. Funken aus dem Kiesel.	
16. Geriebene Körper.	
17. Grünes zusammengepresstes Gras.	17. Genauere Untersuchnngen sind nöthig, die grünen Gräser scheinen noch etwas verborgene Wärme in sich zu haben, die nicht entweichen kann, wenn sie zusammengepresst sind.
18. Gebrannter, mit Wasser besprengter Kalk.	
19. Eisen, das in ätzendem Wasser gelöst wird.	19. Blei in Scheidewasser und Gold in Königswasser geben keine Wärme.
20. Thiere, hanptsächlich in den inneren Theilen.	
21. Pferdemist und frische Excremente.	
Wie die Wärme wirken:	
22. Vitriolöl auf Leinwand.	22. Vitriolöl fühlt sich zuerst kalt an.
23. Origanöl âuf die Zähne.	
24. Starker Weingeist.	
25. Aromatische Kräuter.	25. Aromatische Kräuter werden innerlich beim Einnehmen noch wärmer empfnnden.
26. Essig und Säuren an Gliedern, wo die Oberhaut fehlt.	
27. Starke Kälte auf Gefühl.	27. Kälte nnd Wärme haben manche Wirkung gemeinsam, so schützt die Kälte wie das Feuer das Fleisch vor dem Faulen.
28. Noch manches Andere.	

Tafel der Grade.

Feste Körper und auch Wasser sind nicht von Natur warm, sondern werden es erst durch andere Körper; doch behaupten einige Körper, die vorher warm gewesen sind, noch Ueberbleibsel der Wärme, wie Pferdemist und gebrannter Kalk. Kein Theil eines Thieres behält auch nach der Trennung vom Körper eine fühlbare Wärme; doch haben einige noch eine mögliche oder versteckte Wärme. So die Leichname von Thieren,

Bacon v. Verulam, 1620.

„auch sollen die Orientalen ein feines und weiches Gewebe haben, was aus Vogelfedern gemacht wird und durch seine innewohnende Kraft die in dasselbe eingewickelte Butter auflöst und flüssig macht." Der niedrigste Wärmegrad, der durch Fühlen wahrnehmbar ist, scheint die Wärme der Thiere zu sein; indess wird von einigen Menschen, deren Körper von sehr trockener Beschaffenheit war, behauptet, sie wären bei hitzigem Fieber so heiss geworden, dass man sich bei ihrer Berührung die Haut etwas verbrannt habe. Von den Sternen gelten die Sonne, Mars, Jupiter, Venus, Sirius für wärmer als die anderen, sie wärmen am meisten, wenn ihre Strahlen senkrecht auffallen; die Planeten wirken ausserdem stärker, wenn sie in Erdnähe sind, und auch wohl, wenn sie in der Nähe grösserer Fixsterne stehen. Von den Flammen scheint die des Weingeistes die gelindeste zu sein, wenn nicht das Irrlicht oder das Leuchten des thierischen Schweisses noch gelinder sind. Die stärkste Hitze ist bei Pech, Harz und noch mehr bei Schwefel. Glühende Körper sind manchmal heisser als die Flamme, auch die heissen Wasser und die in Oefen eingeschlossene Luft übersteigen einige Mal die Hitze der Flamme. Bewegung vermehrt die Wärme, deshalb schmelzen die harten Metalle nicht durch ruhiges und todtes Feuer, sondern nur, wenn es durch Blasen angeregt wird. Die Flamme erzeugt sich nur dann, wenn sie einen hohlen Raum hat, wo sie spielen kann, ausgenommen die Dampfflamme bei dem Pulver etc. Bei porösen brennenden Körpern erlischt die Flamme sofort, wenn die Bewegung durch starken Druck gehindert wird. Der Reiz der Kälte ringsum steigert die Wärme, wie man an dem Kamin bei strenger Kälte bemerken kann. Am lebhaftesten von allen Körpern nimmt bei uns die Luft die Wärme an und theilt sie am lebhaftesten mit, darnach kommen vielleicht Eis und Schnee und Quecksilber[1].

Tafel der Ausschliessung.

Wegen der Sonnenstrahlen und des unterirdischen Feuers ist die Wärme an sich weder irdisch noch himmlisch. Weil die Körper, welche andere erwärmen, nicht an Gewicht abnehmen, so ist jede Mittheilung einer Substanz zu verwerfen. Weil auch dunkle Körper wärmen, gehört das Licht nicht nothwendig zum Wesen der Wärme. Weil alle Körper durch Reiben warm werden, ist jeder selbständige Wärmestoff ausgeschlossen. Aus mancherlei Ursachen wird auch die Bewegung der Körper als Ganzes bei der Wärme ausgeschlossen.

Darnach folgt endlich die erste Lese, welche das Wesen der Wärme giebt: „die Wärme ist eine ausdehnende Bewegung, die gehemmt wird und in den kleineren Theilen erfolgt. —

[1] Man vergleiche: Theil I, S. 21 bis 22.

Bacon v. Ve-
rulam, 1620. Wenn man in einem Naturkörper eine Bewegung auf Erweiterung und Ausdehnung seiner selbst erwecken könnte, und wenn man diese Bewegung so
zurückdrängen und auf sich selbst richten könnte, dass jene Ausdehnung
nicht gleichmässig vor sich ginge, sondern theils geschähe, theils
zurückgestossen würde, so würde man unzweifelhaft Wärme erzeugen."
Es ist wenig, was Bacon nach so vielen Mühen von der Wärme
wirklich herausgebracht hat; aber wenn man das leichtsinnig zusammen-
getragene Material, die oft schauderhaft falschen Daten, mit denen er
arbeitet, ansieht, so muss man sich wundern, dass er noch zu einer verhältnissmässig richtigen Definition der Wärme gelangte. Zu einem
epochemachenden Physiker gehört ein guter Experimentator, ein guter Mathematiker und auch ein guter Philosoph. Bacon war nur das letztere, vom Experimentiren
verstand er   Grunde so gut wie nichts und von der
Mathematik erst recht nichts. Als Philosoph erkannte er mit
klarem Auge die Unfruchtbarkeit der alten, rein deductiven Methode;
in seiner Kritik der Erkenntnissvermögen, der Sinne und des Verstandes,
ist er im besten Sinne des Wortes epochemachend. Wenn er für alle
Wissenschaften verlangt, dass sie mit der Erfahrung beginnen und auf
der Grundlage der Erfahrung sich aufbauen sollen, wenn er ausdrücklich das Hinausstreben des menschlichen Verstandes über alle mögliche
Erfahrung hinaus als ein Irrlicht der Wissenschaft bezeichnet, so ist er
dadurch zum Begründer einer neuen philosophischen Wissenschaft und
in gewissem Sinne auch der Vorläufer unseres heutigen philosophischen Kriticismus geworden. Wenn er aber dann seine
Methode speciell auf die Naturwissenschaften und vor Allem auf die Physik
anwenden will, so macht sich seine Einseitigkeit geltend, und seine
weiteren Anweisungen werden unbrauchbar und oft lächerlich. Trotzdem Bacon das Experiment als die Grundlage aller Naturwissenschaft
empfahl, machte er für seine eigene Person doch so geringen Gebrauch
davon, dass es recht zweifelhaft wird, ob er selbst überhaupt experimentirt hat. Sein Secretär Rawley sammelte viel Material, er selbst
nahm von anderen auf, was er fand; leider war das Aufgenommene
durchaus nicht immer sicher und zuverlässig. Bacon vernahm als guter
Jurist sorgfältig alle vorgeschlagenen Zeugen pro et contra; aber er
vergass zu sehr, die Glaubwürdigkeit der Zeugen selbst zu prüfen. Seine
Verarbeitung des Materials ist reich an geistreichen, auch den Naturwissenschaften nützlichen Bemerkungen, er hat auch hier die besten
Einsichten, doch wie schon bemerkt, folgte er denselben nicht immer:
„In der Auswahl der Versuche und Erzählungen glaube ich besser als
die, welche sich bis jetzt mit der Naturkunde beschäftigt haben, für die
Menschen gesorgt zu haben. Nur das, was sich auf den Augenschein
und eine genaue Untersuchung stützt, habe ich und zwar erst nach
strenger Prüfung aufgenommen. Nichts ist des Wunderbaren wegen
vergrössert worden, sondern was ich mittheile, ist rein und unbefleckt von

Dichtung und Eitelkeit. — Bei jedem neuen und schwierigen Versuche Bacon v. Verulam, 1620. habe ich, wenn mir auch das Ergebniss sicher und festgestellt schien, doch das beobachtete Verfahren offen dargelegt, damit man durch die Mittheilung, wie ich das Einzelne gewonnen habe, erkenne, ob ein Irrthum dabei sich eingeschlichen haben könne, und damit sichere und ausgewähltere Beweise erreicht werden, soweit solche möglich sind."

Liegt so der erste Fehler Bacon's, die mangelhafte Constatirung der Thatsachen, nur in der schlechten Anwendung seiner Methode, so ist der zweite schlimmer, weil er in der Methode selbst begründet ist. Bacon's Methode soll rein inductiv sein, sie ist darnach ein reines Rechenexempel, das von dem Aufgenommenen nach und nach alles Unwesentliche abzieht, um das reine Wesen der Erscheinung als Rest zu behalten. In dieser Methode hat die Hypothese keinen Raum; die neuere Naturwissenschaft aber macht gerade von dieser den ausgedehntesten und kräftigsten Gebrauch. Wir hypothesiren z. B., das Licht sei eine Wellenbewegung des Aethers, wir leiten aus dieser Annahme sorgfältig alle Erscheinungen ab, die eine solche Wellenbewegung zeigen muss, und wenn wir dann durch exact ausgeführte Experimente finden, dass das Licht alle jene Erscheinungen zeigt, so erklären wir unsere Hypothese für höchst wahrscheinlich oder naturwissenschaftlich sicher. Jede naturwissenschaftliche Hypothese erhält ihre grössere oder geringere Sicherheit dadurch, dass von ihr deductiv eine grössere oder geringere Menge neuer Sätze abgeleitet werden, die sich dann durch Experimente verificiren lassen. Bacon kann aber die Hypothese nicht als methodisch annehmen, weil er die Deduction methodisch ausschliesst; damit fällt der stärkste Gebrauch des Experiments, und darin liegt der Hauptunterschied der neueren naturwissenschaftlichen Methode von der Bacon's, und darin liegt auch der Hauptfehler der letzteren. Es erscheint wunderbar, dass Bacon diesen Fehler begehen konnte, da doch grosse Physiker, wie Gilbert und Galilei, die beide auch dem Bacon bekannt waren, schon vor ihm den richtigen Weg sicher und bewusst gegangen. Als Entschuldigung kann man nur anführen, dass ihm als Philosophen das Experiment doch nicht das gewohnte Instrument war, und dass ihm die stärkste deductive Wissenschaft, die Mathematik, wie es scheint, gänzlich fehlte. Die Hypothese ist nicht ohne Deduction zu gebrauchen, denn aus ihr müssen erst die Sätze abgeleitet werden, die das Experiment bestätigen soll. Die sicherste Deduction aber ist die mathematische; wo wir aus einer Hypothese mathematisch Gesetze abgeleitet haben, welche die Maassverhältnisse der Erscheinung bestimmen, und wo wir dann finden, dass die wirklich beobachteten Maassverhältnisse mit den deducirten übereintreffen, da sprechen wir wohl der Hypothese eine mathematische Sicherheit zu, wenn wir auch nur eine recht grosse Wahrscheinlichkeit behaupten dürften. Bacon brachte für die Wissenschaft

einen starken philosophischen Geist, auch eine ziemliche Neigung zur
Beobachtung mit, das mathematische Verständniss aber
fehlte ihm fast gänzlich; dadurch nur werden seine Mängel erklärlich. Bacon hat als Beispiel für die Anwendung seiner Methode durch
Zufall oder mit Absicht dasjenige physikalische Gebiet, die Wärme,
erwählt, wo noch am wenigsten die Mathematik eingreifen konnte; hätte
er sich nicht, wie es scheint, geflissentlich von Optik und Mechanik fern
gehalten, so hätte ihm der Mangel seiner Anlage zum Bewusstsein kommen
müssen. Doch scheint er gerade hier zu wenig befähigt gewesen zu sein.
Bacon kannte das Thermometer in seinem rohesten Anfang und beschreibt
sogar dessen Anfertigung, aber er interessirt sich nur für die Empfindlichkeit der Luft gegen die Wärme und unterlässt weitere Messungen derselben.
Wo er auf die Bewegung zu sprechen kommt, da versucht er nicht, die
Geschwindigkeit, Zeit und Raum derselben messend zu bestimmen, sondern theilt im Novum organon alle Bewegungen auf die curioseste Art
ein oder macht, wie in De augmentis scientiarum, den Vorschlag, nachzusehen, welche Körper durch die Schwere, oder durch die Leichtigkeit,
oder durch keins von beiden bewegt werden etc. Wie wenig Bacon
eine Ahnung hatte von der Sicherheit, welche das Uebereinstimmen
mathematischer Deductionen mit den Erscheinungen giebt, geht aus
seiner Beurtheilung des Kopernikus hervor. In dem Artikel des Organon, wo er diesen erwähnt, spricht er von Astronomen, „die gern den
Sinnen ohne Noth Gewalt anthun und die Sache verdunkeln", und früher
noch hat er Kopernikus als einen von den Männern bezeichnet, „die es
für nichts achten, alles Beliebige in der Natur zu erdichten, wenn es
nur in ihren Rechnungen aufgeht." Von dieser Seite aus betrachtet,
kann man ein Urtheil verstehen, wie es Dühring[1] ausspricht: „Franz
Bacon war ohne Sinn für Mathematik und exactes Denken und nur der
Prediger einer so zu sagen handgreiflichen Empirie, die wohl für die
mehr beschreibenden Theile des Naturwissens, aber nicht für das mechanische und physikalische Forschen an seinem Platze war. — Er hatte
keine Ahnung von der Tragweite des mathematischen und construirenden
Denkens — in der That hat auch die ganze höhere Naturwissenschaft nur dadurch weiter kommen können, dass sie
nie in Versuchung gerathen ist, von den Recepten des
englischen Kanzlers Gebrauch zu machen."

Doch gehen solche Urtheile in ihrer Einseitigkeit entschieden zu
weit und enthalten eine Ungerechtigkeit gegen Bacon. Man darf erstens
nicht verkennen, dass verschiedene Zweige der Physik, vor Allem die
Optik, noch immer zu einseitig mathematisch behandelt wurden, und dass
hier eine Aufforderung zu fleissiger Beobachtung noch
Anspruch auf Neuheit machen konnte; dann aber erscheint auch sein entschiedenes Hervorheben der induc-

---

[1] Geschichte der allgem. Principien d. Mechanik, 2. Aufl., S. 103 bis 104.

tiven Methode als solcher, seine Empfehlung dieser Me-Bacon v. Verulam, 1620.
thode für die Wissenschaften im Allgemeinen als ein
unbestreitbares Verdienst. Für die Naturwissenschaften
im Speciellen bleibt dann noch immer zu bedenken, dass
Bacon ihnen durch sein entschiedenes Eintreten für ihre
Methode zu schnellerer Anerkennung und allgemeinerer
Würdigung gewiss verholfen hat. In dieser Beziehung stimmen
wir ganz mit Lewes[1]) überein: „Obgleich seine Methode nicht die Kraft
hatte, welche er ihr zuversichtlich zuschrieb, so wirkten doch seine Be-
redsamkeit und seine weittragenden Gedanken mächtig auf seine eigene
und die folgenden Generationen. Er adelte die wissenschaftliche Haltung, er machte die Menschen stolz auf die Forschungen, die sie sonst
gering geachtet haben möchten, er hielt ihnen die Eitelkeit der subjectiven Methode vor und drang eifrig auf die Nothwendigkeit geduldiger
Befragung der Natur. Der Glanz seines Styls gab seinen Gedanken un-
widerstehliche Gewalt.“

Wir haben gesehen, dass im Jahre 1616 unter Papst Paul V. dem Galilei's abschliessende Periode, 1616—1642.
Galilei bekannt gegeben wurde, die Lehre des Kopernikus sei der hei-
ligen Schrift zuwider, und dass Galilei daraufhin über dieses Thema sich
schweigsam verhielt. Im Jahre 1621 aber starb Paul V. und sein zweiter
Nachfolger wurde im Jahre 1623 Urban VIII., der noch vor drei Jahren
als Cardinal Barberini in einem lateinischen Gedichte Galilei besungen
hatte. Der Letztere beeilte sich nach der Thronbesteigung seines Gön-
ners nach Rom zu gehen und wurde dort auch so freundlich aufgenommen, dass seinem Sohne sogar eine Pension versprochen wurde.
Darnach schöpfte Galilei neuen Muth, sein grosses Werk über die Weltsysteme zu vollenden, er machte in den Jahren 1628 und 1630 zwei
neue Reisen nach Rom und legte schon während der ersten das fertige
Werk den geistlichen Censoren vor. Im Jahre 1630 erhielt es auch das
Imprimatur und die Gesellschaft Dei Lyncei in Rom, welche schon den
Saggiatore herausgegeben hatte, würde auch den Druck dieses Werkes
besorgt haben, wenn nicht eben um diese Zeit ihr Stifter und Präsident,
der Fürst Cesi, gestorben wäre. Dadurch verzögerte sich der Druck und
als im Jahre 1631 wegen der Pest in Toscana der Papst seine Staaten
durch einen Grenzcordon abschloss, wurde der Druck in Rom unmöglich.
Das Werk erschien in Florenz 1632 unter dem Titel Dialogo di Galileo Galilei Linceo, Matematico supremo dello studio
di Padova e di Pisa, e filosofo e matematico primario del
serenissimo Granduca di Toscana, dove nei congressi di
quattro giornate, si discorre sopra i due massimi sistemi
Tolemaico e Copernicano del mundo. Das Buch giebt eine
Vergleichung des Ptolemäischen und Kopernikanischen Weltsystems in

---

[1]) Geschichte der Philosophie II, S. 128.

Galilei's ab-
schliessende
Periode,
1616—1642. Form eines Dialogs, der vier Tage hindurch von den Freunden Galilei's,
Joh. Franc. Sagredo und Phil. Salviati, als Anhängern des Kopernikus,
und dem peripatetischen Philosophen Simplicius, als Anhänger des
Ptolemäus, im Palast des Sagredo abgehalten wird. Am ersten Tage
werden die peripatetischen Lehren widerlegt. Der Unterschied zwischen der Bewegung der himmlischen und irdischen Körper
existirt nicht, vielmehr bewegen sich (was schon Kopernikus behauptet)
auch die irdischen Körper wie die himmlischen kreisförmig, denn nur
wenn alle Bewegungen wieder an den Ausgangspunkt zurückführen, ist
ein Bestand des Universums denkbar. Auch in der Unveränderlichkeit
und Unzerstörbarkeit besteht kein Unterschied zwischen den himmlischen
Körpern und der Erde, denn erstens beziehen sich alle Veränderungen
der irdischen Körper nur auf geringe Veränderungen an der Oberfläche
der Erde, und zweitens ist auch der Himmel nicht unveränderlich; denn
die Kometen erscheinen und verschwinden am Himmel, ebenso die Flecken
auf der Sonne, und in den Jahren 1572 und 1604 sind sogar neue Sterne
erschienen, die unter den entferntesten Fixsternen stehen. Die Erde
braucht nicht im Mittelpunkte der Welt zu ruhen, denn wir sehen nur,
dass alle irdischen Körper nach dem Mittelpunkte der Erde streben, und
wenn wir daraus schliessen, dass sie sich nach dem Weltcentrum bewegen,
so tragen wir unsere Behauptung erst in den Beweis hinein. Die Weltkörper sind auch nicht durchaus kugelförmig, denn der Mond zeigt eine
rauhe Oberfläche.

Aus den hellen und dunklen Stellen auf dem Monde darf man aber
nicht auf Meere schliessen, sonst müsste man auf dem Monde Wolken-
bildungen bemerken. Der Mond dreht der Erde immer dieselbe Seite
zu, was wahrscheinlich durch die magnetische Anziehung
derselben zu erklären ist; das secundäre Licht, durch welches man
die ganze Mondscheibe zur Zeit vor und nach dem Neumonde schwach
erleuchtet sieht, ist von der Erde reflectirtes Sonnenlicht (nicht directes
Sonnenlicht, das durch den durchsichtigen Mond hindurchscheint); der
Tag währt auf dem Monde einen Monat, der Jahreswechsel fehlt ganz,
die heisse Zone beträgt nur 10°, es fehlt an Wasser, darum können dort
unmöglich organische Geschöpfe gleich den unserigen existiren, — doch
das Maass unserer Erkenntniss ist nicht das Maass der
vorhandenen Dinge.

Der zweite Tag des Dialogs behandelt die Achsendrehung der Erde und widerlegt die alte Ansicht theils mit Kopernikanischen Gründen, theils mit eigenen neuen. Kein irdischer Körper
bewegt sich geradlinig, der Schein einer solchen Bewegung entsteht nur
dadurch, dass wir unsere eigene Bewegung nicht merken. Es ist nicht
nöthig, dass durch die Schwungkraft Häuser und Menschen von der Erde
hinweggeschleudert werden, denn die Schwungkraft ist um so
kleiner, je grösser der Radius der Kreisbahn ist, bei der
Grösse des Erdradius aber genügt die Schwere zur Ueberwindung der

Schwungkraft. Die Welt ist in einen beweglichen und unbeweglichen Theil getheilt, es ist für die Erscheinung gleichgültig, welchem Theile man die Bewegung zuschreibt. Nun bewegen sich die Planeten um so langsamer, je weiter sie von der Sonne entfernt sind, der Saturn vollendet seinen Umlauf erst in 30 Jahren; es ist darum richtiger, die Fixsternsphäre ruhen zu lassen, statt ihr einen Umschwung von 24 Stunden zuzuschreiben. Die Bewegung der Erde um die Sonne vertheidigt Galilei am dritten Tage wieder wie Kopernikus, nur berichtigt er die Annahme desselben von einer dritten Bewegung der Erde, durch welche ihre Achse immer eine parallele Lage behalten soll. Die Rotationsachse erhält sich vielmehr auch ohne besondere Kraft bei jedem freischwebenden Körper, denn wenn man eine Holzkugel auf einer Schüssel mit Wasser schwimmen lässt und die Schüssel bewegt, so folgt doch die Kugel der Bewegung nicht, sondern behält ihre Lage gegen die Wände des Zimmers bei. Der Dialog am vierten Tage ist der Erklärung der Ebbe und Fluth durch die Bewegung der Erde gewidmet, doch ist diese Erklärung eine der schwächsten Leistungen Galilei's, wir wollen nicht näher darauf eingehen.

Galilei glaubte vorsichtig zu handeln, wenn er in der Vorrede[1] seiner Schrift dieselbe als ganz gemäss dem Willen der Kirchenherrscher, ja sogar als für dieselben nützlich darstellte, trotzdem aber erhob sich bald ein ungeheurer Sturm gegen diese neue Vertheidigung des Kopernikus. Der Professor der Philosophie in Pisa, Scipione Chiaramonti (1565 bis 1652), schrieb heftig gegen das neue Werk, der Peripatetiker Claude Berigard (1578 bis 1663) behauptete, Galilei habe dem Simplicius nicht die stärksten Gründe gegen die Bewegung der Erde in den Mund gelegt. in Rom arbeiteten die Jesuitenpatres Grassi und Scheiner mit dem Eifer persönlichen Hasses gegen Galilei, und endlich wusste man auch den Papst umzustimmen, indem man ihm beibrachte, er sei selbst unter der Gestalt des Simplicius lächerlich gemacht. In Rom wurde nun eine Commission zur Untersuchung der Sache zusammengesetzt, welche aus lauter eifrigen Peripatetikern bestand, und Chiaramonti wurde eigens als Mitglied dieser Commission von Pisa nach Rom berufen. Jetzt fand sich auch plötzlich auf dem Protokoll über die Ermahnung Galilei's durch Bellarmin die Bemerkung, dass es Galilei ausdrücklich verboten worden, die Kopernikanische Lehre für wahr zu halten oder zu vertheidigen, und dass ihm angedroht worden, im Uebertretungsfalle werde das heilige Officium gegen ihn verfahren, und dass Galilei sich hierbei beruhigt und Gehorsam angelobt habe[2]). Da war es denn nicht wunderbar, wenn

---

[1]) Nach Wolf (Gesch. d. Astronomie, S. 255) ist dieses Vorwort von dem Obercensor, Dominikauer Niccolo Riccardi, dem Galilei abgetrotzt.

[2]) Galilei hat stets geläugnet, dass er ein solches Versprechen gegeben, und

befunden wurde, Galilei habe das Verbot von 1616 übertreten und sei
vor das Inquisitionsgericht zu stellen. Im November 1632 wurde er
vorgefordert, und obgleich der Grossherzog von Toscana empört war, so
leistete doch der erst zweiundzwanzigjährige Fürst (Ferdinand II., regiert
1620 bis 1670) nicht genügenden Widerstand. Der kranke Galilei
musste am 20. Januar 1633 seine Reise antreten und langte, nachdem
er an der Grenze des Kirchenstaates eine vierzehntägige Quarantaine
ausgehalten hatte, am 13. Februar in Rom an. Er wohnte zuerst bei
dem toscanischen Gesandten Niccolini (der sich überhaupt mit allen
Kräften auf seine eigene Gefahr hin des Gelehrten annahm), wurde am
12. April in die Kerker der Inquisition übergeführt, aber schon nach vier-
zehn Tagen seiner Kränklichkeit wegen wieder entlassen. Endlich am
21. Juni wieder vorgeführt, blieb er denselben Tag und
die folgende Nacht in dem Inquisitionsgebäude, wurde
am anderen Morgen nach dem Dominikanerkloster Alla
Minerva gebracht, und hier musste er seine Irrthümer
knieend abschwören[1]).

Was während der Nacht vom 22. auf den 23. Juli im Inquisitionsgebäude mit dem damals schon neunundsechzigjährigen kränklichen
Greise vorgegangen ist, wird wohl nie bekannt werden. Dass ihm mit
der Tortur gedroht worden, darüber herrscht kein Zweifel; ob aber dieselbe an ihm wirklich vollzogen, darum dreht sich ein Streit, der gerade
in der letzten Zeit eifrig geführt worden ist, ohne dass er ganz unzweifelhaft entschieden wäre. Wohlwill (Zeitschrift für Math. und
Physik, XXIV. Jahrgang, 1879) fasst seine Ansicht in die Sätze zusammen: Es ist den Enthüllungen von Silvestro Gherardi
mit voller Sicherheit zu entnehmen, dass am 16. Juni
1633 von dem Papst und von der Congregation der Be-
schluss gefasst worden, Galilei unter Androhnng der

---

da die betreffende Stelle in dem Protokoll keine Unterschriften trägt, so ist
eine Fälschung höchst wahrscheinlich. (Wolf, Gesch. d. Astr., S. 255.)

[1]) Die Abschwörungsformel lautet: „Ich schwöre ab, verwünsche und ver-
fluche mit aufrichtigem Herzen und nicht erheucheltem Glauben die genannten
Irrthümer und Ketzereien, sowie jeden anderen Irrthum und jede der genannten
heiligen Kirche feindliche Secte, auch schwöre ich, fürderhin weder mündlich
noch schriftlich etwas zu behaupten, wegen dessen ein ähnlicher Verdacht
gegen mich entstehen könnte, sondern, wenn ich einen Ketzer oder der Ketzerei
Verdächtigen antreffen sollte, werde ich ihn diesem heiligen Officium oder dem
Inquisitor und dem Bischof des Orts, wo ich mich befinde, anzeigen. Ausserdem schwöre und verspreche ich, alle Bussen zu erfüllen und vollständig zu
verrichten, welche mir dieses heilige Gericht auferlegt hat oder noch auferlegen
wird. Sollte es mir begegnen, dass ich irgend einem dieser meiner Versprechen,
Proteste und Eidschwüre (was Gott verhüten möge) zuwider handle, so unter-
werfe ich mich allen Bussen und Strafen, welche durch die heiligen Canones
und andere allgemeine und besondere Constitutionen gegen derartige Uebel-
thäter bestimmt und verhängt sind: so wahr mir Gott helfe und die heiligen
Evangelien, die ich mit meinen Händen berühre."

Tortur dem Examen de intentione zu unterwerfen und ihn', falls er dabei bliebe, die Kopernikanische Gesinnung zu verläugnen, zu weiterem Verfahren in die Folterkammer abzuführen. Es ist durch die Sentenz verbürgt, dass diesem Beschlusse gemäss eine Abführung in die Folterkammer stattgefunden hat. Die Actenstücke des Vaticanmanuscripts, die in vollem Widerspruche mit dem Originaldecrete und dem Bericht der Sentenz behaupten, dass am 16. Juni befohlen worden, sich auf die Androhung mit der Tortur zu beschränken und am 21. Juni demgemäss verfahren sei, sind aus inneren wie äusseren Gründen einer in neuerer Zeit erfolgten Fälschung dringend verdächtig.

Galilei war ausser zum Abschwören seiner Meinung auch zum Kerker verurtheilt worden, doch ward dieser sogleich in Hausarrest in der Villa Medici umgewandelt und bald auch in Verweisung nach dem erzbischöflichen Palast in Siena. Er langte am 8. Juli bei dem Erzbischofe Ascanus Piccolomini, seinem Freunde, an, dann bezog er am 18. December 1633 die Villa Bellosguardo bei Florenz und endlich am 19. November 1634 eine Villa am Monte Rivalto im Kirchspiel Arcetri; hier starb er am 8. Jannar 1642 an einem langsam zehrenden Fieber. Bis zuletzt stand er unter directer Aufsicht der Inquisition, und wie seinen Umgang beobachtete und controlirte man seine Arbeiten; es war ihm verboten, musikalische oder gelehrte Gesellschaften zu halten oder grosse Mahlzeiten und Lustbarkeiten zu geben. Ueber seine Schicksale bei der Inquisition war ihm Stillschweigen auferlegt, und er hat sich gehütet, dasselbe zu brechen. Selbst mit seinem Tode erlosch der Hass der Kirche nicht; an seinem Grabe wurde keine Leichenrede gehalten, und der Leichnam selbst durfte nicht in die Familiengruft der Galilei, sondern nur in einer Nebencapelle der Kirche bestattet werden und auch da ohne Monument und Grabschrift.

Galilei war in der letzten Zeit seines Lebens sehr kränklich, von 1616 an wurde er schwerhörig, und von 1637 an bildete sich der Staar auf beiden Augen aus, von 1639 an konnte er nicht mehr schreiben, sondern nur noch dictiren, und 1640 erblindete er ganz. Trotzdem blieb er nie müssig; da ihm die Inquisition die Beschäftigung mit der Astronomie unmöglich gemacht hatte, wandte er sich wieder ganz der Physik zu und begann seine mechanischen Entdeckungen systematisch zu verarbeiten. Im Jahre 1634 erschien seine Mechanik in französischer Uebersetzung von Mersenne und 1638 sein bedeutendstes Werk, die Discorsi e demostrazioni. Es war immerhin eine muthige That von Mersenne, schon zwei Jahre nach der Verurtheilung Galilei's eine Schrift desselben herauszugeben; für Italien war ausdrücklich verboten worden, ein neues Werk desselben zu drucken oder auch nur ein altes neu aufzulegen. Die letztere Schrift

Galilei's konnte darum ebenfalls nicht in Italien erscheinen; wie er in der Widmung derselben an den Grafen de Noailles (franz. Gesandten in Rom) erzählt, wollte er dieselbe im Manuscript an verschiedene Orte senden, damit sie nicht verloren ginge, wenn ihre Herausgabe nicht zu bewirken wäre. Auch dem Grafen hatte er bei einem Besuche in Arcetri eine Copie übergeben; darnach schrieben ihm unerwartet 1638 die berühmten Elzevire aus Leyden, dass sie das Werk drucken würden, er möge die Dedication senden, und so erschien dasselbe zuerst in Leyden. Ob diese Erzählung richtig, oder ob sie nur erfunden, um Galilei wegen der Herausgabe bei der Inquisition zu entschuldigen, mag dahingestellt bleiben.

Von Schülern war im Herbst 1638 der langjährige Freund Castelli wieder zu Galilei gelassen worden, weil man schon damals sein Hinscheiden fürchtete; demselben durfte der Meister unter Aufsicht eines Dritten seine noch unvollendeten Untersuchungen mittheilen, mit Ausnahme solcher, die sich auf die Bewegung der Erde bezogen. Viviani erhielt im Sommer 1639 die Erlaubniss, bei Galilei verweilen zu dürfen, und im October 1641 erlangte Torricelli die gleiche Vergünstigung. Diese beiden Schüler standen mit seinem Sohne Vincenzo und den Vertretern der Inquisition am Sterbebette des grossen Mannes.

Galilei's Werke sind viele Male in stets vermehrten Ausgaben erschienen. Er selbst hatte schon durch Micanzio im Jahre 1636 mit den Elzeviren über eine Gesammtausgabe seiner Werke verhandelt, aber bei den damaligen schwierigen Verhältnissen zerschlug sich die Sache. Viviani brachte im Jahre 1656 mit Hülfe des Fürsten Leopold von Medici bei Carlo Manolesi in Bologna eine solche zu Stande, dieselbe enthält nur zwei Volumina in Quart, der gefährliche Dialog über die Weltsysteme findet sich selbstverständlich nicht darin. Die zweite Gesammtausgabe erschien 1717 in drei Quartbänden zu Florenz bei Tortini und Franchi, wieder ohne jenen verhassten Dialog. Dieser war zuerst (mit Beigabe der Abschwörungsformel) in der vierbändigen Ausgabe enthalten, die im Jahre 1744 in Padua erschien. In Mailand kam 1811 eine Ausgabe in dreizehn Bänden heraus, und dieser folgte die bis jetzt vollständigste und schönste Le Opere di Galileo Galilei, Prima Edizione completa condotta sugli Autentici Manoscritti Palatini (Firenze 1842 bis 1856), welche durch Eugenio Albéri besorgt wurde und auch eine Sammlung von Galilei'schen Briefen enthält[1]. Biographien Galilei's sind erschienen von dem Florentiner Canonicus Gherardini (der Galilei 1633 persönlich kennen gelernt hatte), Viviani (1654), Paul Frisi (1777), Jagemann (1783), Senator Nelli (1793),

---

[1] Briefe von Sagredo, Micanzio, Cavalieri, Castelli u. A. an Galilei in: Carteggio Galileano inedito con note ed appendici per cura di Giuseppe Campori. Modena 1881.

Tiraboschi (1796), Libri (1841), Martin (1868), Oggioni (2. Aufl. 1875) u. A.

Von physikalischen Apparaten Galilei's werden noch aufbewahrt: zwei Teleskope, ein Objectivglas, ein natürlicher Magnet (armirt), Thermometer und ein Mikroskop ohne Gläser (in Florenz); ein Apparat, um zu zeigen, dass ein Körper die Sehne eines Kreises in derselben Zeit wie den Durchmesser durchfällt, ein Teleskop, Luft- und Wasserthermometer und ein armirter natürlicher Magnet (in Padua)[1].

Nach mehr als dreissigjähriger Pause wurden **die magnetischen Untersuchungen** wieder mehrfach aufgenommen. Im Jahre 1634 erschien von Pater **Kircher Magnes sive de arte magnetica tripartitum** in erster Auflage, und schon 1641 folgte die zweite. Kircher lehrt in dieser Schrift die Kraft eines Magneten messen, er hängt nämlich denselben an eine Seite der Wage und gleicht sein Gewicht auf der anderen Seite durch Sandkörner aus. Dann bringt er den Magnet mit einem Stück Eisen in Berührung und sieht nach, wie viel man Sand zugiessen muss, um den Magnet von dem Eisen loszureissen. Er bemerkt dazu, dass man auf diese Weise die Kraft des Süd- und Nordpols vergleichen und auch über den Vortheil der Bewaffnung des Magneten entscheiden könne. Kircher beobachtet, dass der Magnet glühendes wie kaltes Eisen mit der gleichen Kraft anzieht, er lehrt auch die Verfertigung von Nadeln und Boussolen; den grössten Theil des Werkes aber füllt die Beschreibung von magnetischen Spielereien, wie eines Perpetuum mobile, eines eisernen Igels, zweier Widderköpfe, die zusammenstossen etc. Hierbei giebt er auch ein Verfahren an, wie sich Personen, die meilenweit entfernt von einander sind, mit einander durch Magnetnadeln unterhalten können. Doch war der Gedanke nicht neu, auch Galilei erzählt von einem Manne, der das Geheimniss einer solchen Telegraphie zu besitzen vorgab, fügt aber hinzu, derselbe habe sein Kunststück nicht durch wenige Zimmer hindurch zu bewerkstelligen vermocht. Kircher's Werk hat trotz der guten Vorarbeiten Gilbert's die Wissenschaft nur wenig gefördert, und man wird das nicht wunderbar finden, wenn man noch von Kircher hört, dass der Magnet bedeutend verstärkt werde, wenn man ihn zwischen zwei trockene Blätter von Isatis sylvatica lege. Zwar versucht er die ihm selbst wunderbare Wirkung durch die in der Pflanze enthaltenen Eisentheilchen zu erklären, trotzdem flösst die Angabe wenig Vertrauen zu seinen Erklärungsprincipien oder zur Genauigkeit seiner Versuche ein.

Athanasius Kircher, den wir später noch einmal als Optiker erwähnen werden, wurde am 2. Mai 1601 in Geisa bei Fulda geboren,

---

[1] Aus Gerland: Versuch eines Verzeichnisses der bis auf unsere Zeit erhaltenen Originalapparate. Leopoldina, Heft XVIII, 1882.

trat 1618 in den Jesuitenorden, lehrte in Würzburg, dann in Avignon,
zuletzt in Rom Philosophie, Mathematik und orientalische Sprachen und
starb am 30. October 1680. Er schrieb ausser seinen physikalischen
Schriften auch archäologische Werke und stiftete eine werthvolle Kunst-
sammlung, das Museum Kircherianum in Rom. Ueberhaupt war er
ein Mann von sehr ausgebreiteten Kenntnissen, aber kein eigentlicher Physiker, mehr Sammler als Selbstproducent, eine
Gestalt von einiger Aehnlichkeit mit Porta, nur entsprechend dem neuen
Jahrhundert solider, doch dafür auch weitschweifiger und langweiliger,
wie sie sich noch mehrfach in dieser Zeit vorfinden.

Ein zweites magnetisches Werk gab der Jesuit **Niccolo Cabeo** in
seiner **Philosophia magnetica** (Ferrara 1639), das aber ebenfalls
nur in Einzelheiten über Gilbert hinausgeht. Der Magnet zieht
das verrostete Eisen schwächer an als das gewöhnliche,
zwei Magnete können sich in ihren Wirkungen auf ein Stück Eisen
verstärken oder aufheben, je nach der Lage, in die man sie bringt;
eiserne Nadeln, die auf Wasser schwimmen, richten sich
nach dem Meridian, auch wenn sie nicht magnetisch sind,
eiserne Werkzeuge nehmen von selbst magnetische Kraft an, auch
eiserne Fensterstäbe, die senkrecht stehen, werden nach und nach von
selbst magnetisch und zwar am unteren Ende nord-, am anderen süd-
magnetisch. Wenn ein Magnet zwei Pfund Eisen tragen
kann, so trägt er doch nicht ausser einem Pfund Eisen
noch ein Pfund Blei, das man an das Eisen befestigt hat.
Trotz vieler solcher guter Beobachtungen, die alle auf magnetischer
Induction beruhen, hat Cabeo den allgemeinen Gesichtspunkt für dieselben nicht zu finden gewusst; ein Zeichen, dass auch die blosse Experimentirkunst allein wenig geeignet ist, einen wirklichen Fortschritt zu
machen. Die Erklärung der elektrischen Anziehung giebt
Cabeo etwas anschaulicher als früher. Die durch Reiben aus den elektrischen Körpern ausgehenden Ausflüsse stossen die zunächst anliegende
Luft fort, welche aber wegen des Widerstandes der entfernteren Luft
in eine kleine Wirbelbewegung versetzt wird, mithin den Ausflüssen
nicht weiter zu gehen gestattet, sondern dieselben und mit ihnen leichte
Körper zu dem elektrischen Körper zurückführt.

Ein bedeutender Schritt geschah dagegen in der Kenntniss des
Erdmagnetismus dadurch, dass die Veränderlichkeit der
magnetischen Declination an ein und demselben Orte festgestellt wurde. 1625 zog **Henry Gellibrand** (1597 bis 1637, erst
Pfarrer in Kent, dann Professor der Astronomie in London) in einem
Garten zu London eine Mittagslinie und beobachtete mit Hülfe einer
langen Magnetnadel die Declination oder die Variation, wie die Seeleute
sie noch heute nennen. Durch diese Beobachtungen und durch die Ver-

gleichung derselben mit früheren stellte er fest, dass die magnetische Declination zu London im Abnehmen begriffen sei und schloss daraus auf die Veränderlichkeit derselben überhaupt. Er machte seine Ent-deckung bekannt in dem Werke A d i s c o u r s e m a t h e m a t i c a l o n the v a r i a t i o n o f t h e m a g n e t i c n e e d l e (London 1635). Die Franzosen hatten schon früher jene Veränderung bemerkt, ohne sie zu beachten; bei dem seefahrenden Volke der Engländer aber verursachte sie grosse Bestürzung und darnach fortgesetzte genaue Beobachtungen.

Diese Periode ist eine der günstigsten für den Magnetismus; die nähere Bekanntschaft mit dieser eigenthümlichen Kraft, ihre erfahrene allgemeine Verbreitung liessen ein reges Interesse für dieselbe wach werden. Eine Zeitlang sah man in jeder unerklärlichen Einwirkung eines Körpers auf einen anderen Magnetismus; aber wenn auch diese Neigung bis heute nicht ganz geschwunden ist, so musste man doch bald bemerken, dass trotz dem Anwachsen des empirischen Materials in der Sache selbst nicht viel weiter zu kommen war. M a n b e g n ü g t e s i c h d a r n a c h m i t d e r B e o b a c h t u n g d e r f ü r d i e S c h i f f f a h r t s o w i c h t i g e n E r s c h e i n u n g e n d e s t e r r e s t r i s c h e n M a g n e-t i s m u s u n d l i e s s t h e o r e t i s c h e S p e c u l a t i o n e n r u h e n, bis mit der wachsenden Kenntniss der elektrischen Kraft auch ihre Verwandt-schaft mit der magnetischen deutlich hervortrat.

Die Stelle eines wissenschaftlichen Journals, einer gelehrten Aka- demie für Mathematik und Naturwissenschaften, vertrat in der ersten Hälfte des 17. Jahrhunderts der „naturforschende Theologe" Mersenne. Er stand mit den bedeutendsten wissenschaftlichen Männern seiner Zeit, mit Galilei, Descartes, Gassendi, Roberval, Hobbes etc. in lebhafter Ver-bindung, vermittelte den Austausch ihrer Ansichten und regte die allge-meine Behandlung wissenschaftlicher Fragen an. Von ihm stammt die Sitte, für grössere oder kleinere Kreise Preisaufgaben von wissenschaft-lichem Interesse zu stellen, die in der Zeit der grossen Bernoulli's so heftige Bewegungen in den gelehrten Kreisen hervorrief und später in modificirter Gestalt von den wissenschaftlichen Akademien aufgenommen wurde. M a r i n M e r s e n n e wurde 1588 zu Soultière in Le Maine geboren, bei den Jesuiten in La Flèche erzogen, trat später in den Orden der Minoriten und starb 1648. E r s e l b s t w a r k e i n e p o c h e-m a c h e n d e r P h y s i k e r o d e r M a t h e m a t i k e r, doch hat er nicht nur A n t h e i l a n a l l e n T h e i l e n d e r W i s s e n s c h a f t e n genommen, sondern auch durch v e r s t ä n d i g e s E x p e r i m e n t i r e n, d u r c h s o r g f ä l t i g e s N a c h p r ü f e n d e r I d e e n b e d e u t e n d e r e r G e i s t e r der Physik directe Dienste geleistet. M o n t u c l a (Geschichte der Mathe-matik) findet bei ihm einen Ocean von Beobachtungen aller Sorten, ver-schweigt aber nicht, dass sich eine grosse Anzahl ziemlich kindlicher darunter befinden. Mersenne's physikalische Hauptwerke sind H a r-m o n i e u n i v e r s e l l e (Paris 1636) und P h a e n o m e n a h y d r a u-

Mersenne.
1588—1648.

lico-pneumatica[1]); am bedeutendsten sind seine ¯akustischen Arbeiten.

Er setzt wie Galilei und auch Bacon die Verschiedenheit der Töne in die verschiedene Anzahl von Schwingungen, welche die tönenden Körper in gleichen Zeiten machen, und durch eine Menge von Versuchen findet er die bestimmten Sätze: die Schwingungszahlen von Saiten derselben Substanz verhalten sich bei gleichen Längen und Dicken wie die Quadratwurzeln der Spannungen, bei gleichen Dicken und Spannungen umgekehrt wie die Längen und bei gleichen Längen und Spannungen umgekehrt wie die Quadratwurzeln der Dicken. Nach diesen Gesetzen (bei deren letztem nur die einfache Dicke statt der Quadratwurzel zu setzen ist) bestimmte er dann die absolute Schwingungszahl eines Tones. Eine Saite von 15 Fuss Länge, welche durch ein Gewicht von $6^5/_8$ Pfund gespannt wurde, machte in der Secunde 10 Schwingungen; darnach musste eine Saite von $^3/_4$ Fuss Länge unter sonst gleichen Verhältnissen 200 Schwingungen in der Secunde machen. Den Ton, welchen diese Saite gab, schlug Mersenne als Grundton des ganzen Tonsystems vor, doch wurde sein Vorschlag kaum beachtet. Eine andere Entdeckung verstand er selbst nicht zu würdigen. Er bemerkte, dass eine Saite durch eine andere zum Mittönen gebracht wurde, auch wenn sie um eine Octave oder Quinte von der ersten abstand, dass sie also ausser dem ihr eigenthümlichen Tone noch zwei andere höhere Töne geben konnte; aber sowohl er wie auch Galilei, der eine ähnliche Bemerkung machte, legten auf diese Obertöne kein besonderes Gewicht. Die Fortpflanzungsgeschwindigkeit des Schalls bestimmte Mersenne zuerst und zwar, wie schon Bacon vorgeschlagen hatte, durch die Beobachtung des Zeitunterschiedes zwischen dem Aufblitzen und dem Hören eines abgefeuerten Geschützes, er fand so für diese Geschwindigkeit 1380 Fuss.

Weniger glücklich als hier war er in seinen übrigen physikalischen Untersuchungen. Er prüfte das Pendelgesetz und fand dasselbe richtig. Dann bemühte er sich nachzusehen, ob wirklich das Pendel in seiner aufsteigenden Bewegung gerade so retardirt, als es beim Herabfallen beschleunigt werde; konnte aber zu keinem Resultate kommen, und ebenso erging es ihm bei der Vergleichung der Pendelbewegung und der des freien Falls. Hier fand er so entschiedene Differenzen, dass er fast an den Galilei'schen Fallgesetzen irre geworden wäre; schliesslich aber wagte er doch nicht, seinen Zahlen, die zumeist auf blossen Schätzungen beruhten, allzu grossen Werth beizulegen. Als Mersenne entgegen den Ansichten Galilei's doch Stoss und Fall zu vergleichen suchte, indem er schwere Körper aus verschiedenen Höhen auf eine Wagschale fallen liess, war er

---

[1]) Das letztere ist ein Theil des umfassenderen Werkes Cogitata physico-mathematica. Paris 1644 bis 1647.

auch dabei nicht ganz glücklich. Denn er fand die **Wirkung des** Mersenne,
1588—1648. **Stosses dem Product aus Gewicht und der einfachen Geschwindigkeit** (statt dem Quadrat derselben) **proportional**; sein Freund Descartes wurde dadurch mit veranlasst, dieses Product als das allgemeine Kraftmaass anzunehmen. Bei der **Bewegung von Flüssigkeiten** kam er zu ähnlichen Resultaten, wie sie schon **Torricelli** um diese Zeit bekannt gemacht hatte; nur bemerkt er richtig, **dass der aus einem Gefässe ausfliessende Wasserstrahl des Luftwiderstandes wegen keine vollkommene Parabel beschreibe, und er erkennt auch in diesem Luftwiderstande die Ursache, warum ein senkrecht aufsteigender Wasserstrahl nicht wieder die Niveauhöhe des Gefässes erreicht.** Er giebt auch an, der Luftwiderstand zeige sich durch die Zertheilung der Wassertheilchen in Wasserstaub, meint aber trotz aller Erkenntniss des Luftwiderstandes, die Regentropfen fielen langsamer als gleich schwere feste Körper, weil in die flüssigen Körper, deren Theile keinen Zusammenhang zeigten, die Luft eindringe, während das bei festen Körpern nicht geschehen könne. **Vom Luftdruck weiss Mersenne in den Phaenomena noch nichts**, und da der Horror vacui ihm auch nicht passt, **so kommt er auf den Gedanken, dass die Lufttheilchen Häkchen besässen, durch welche sie das Wasser in den Pumpen in die Höhe zögen.** Der Gedanke war so schlecht, dass er nicht ohne mannigfachen Beifall blieb.

Von den **optischen Untersuchungen** Mersenne's sagt Wilde[1]), dass sie fast nichts Anderes enthielten, als eine höchst trockene Zusammenstellung damals längst bekannter Sätze, meist ohne Beweise. Trotzdem war er nahe daran, der **erste Verfertiger eines Spiegelteleskops** zu werden. Im Jahre 1616 schon hatte der Jesuit **Niccolo Zucchi** (1586 bis 1670) durch ein Hohlglas in einen Hohlspiegel gesehen und dadurch entfernte Gegenstände vergrössert beobachtet. 1644 schlug nun Mersenne vor, einen parabolischen Hohlspiegel mit einer Oeffnung nicht grösser als die Pupille zu durchbohren und durch diese Oeffnung in einen zweiten viel kleineren Hohlspiegel zu sehen; die Spiegel sollten in eine geschwärzte Röhre eingeschlossen werden, damit seitliche Lichtstrahlen nicht störend wirkten. Descartes, dem er sein Project mittheilte, versprach sich sehr wenig von dessen Ausführung, und auf diese Autorität hin gab Mersenne den ganzen Gedanken auf.

Direct an Galilei knüpft sein bedeutendster Schüler Torricelli an. Torricelli,
1608—1647. **Evangelista Torricelli** wurde zu Faenza am 15. October 1608 geboren; von Castelli erhielt er in Rom seinen ersten mathematischen Unterricht; sein erstes Werk wurde durch die Discorsi Galilei's veranlasst. Castelli zeigte dasselbe bei Gelegenheit einer Reise seinem Meister, und dieser

---

[1]) Geschichte der Optik I, S. 290.

rief daraufhin den jungen Gelehrten selbst zu sich, damit derselbe ihm
bei Vollendung seiner Arbeiten behülflich wäre. Torricelli kam erst im
October 1641 nach Arcetri und hatte so nur noch kurze Zeit den Vortheil des Umgangs mit dem ganz erblindeten Lehrer. Nach Galilei's
Tode erhielt er selbst die Stelle eines Hofmathematikers in Florenz, und
wenn jemals ein Nachfolger seines genialen Vorgängers würdig gewesen,
so war es bei diesem jungen Hofmathematicus der Fall. Leider sollte
ein so glorreich begonnenes Leben nicht lange währen; Torricelli starb
schon im Jahre 1647 zu Florenz.

Das Werk, welches Castelli an Galilei überbracht hatte, erschien im
Jahre 1641 in Florenz unter dem Titel Trattato del moto dei
gravi und 1644 auch in lateinischer Uebersetzung als De motu gravium naturaliter descendentium et projectorum libri duo. In demselben
vertheidigt Torricelli das Galilei'sche Gesetz, dass beim freien Fall die
erlangten Geschwindigkeiten der Zeit proportional sind, gegen den peripatetischen Satz, dass dieselben den durchlaufenen Räumen proportional
wären, bestätigt die Galilei'schen Sätze über die Wurflinie und kommt
dann zu seinen berühmten Untersuchungen über die Art des Aus-
flusses der Flüssigkeiten aus Gefässen. Sein Lehrer Castelli[1]) hatte schon im Jahre 1628 ein Werk Della misura del-
l'acque correnti herausgegeben, in welchem er die Bewegung des
Wassers in Flüssen und Canälen, sowie die Ausflussgeschwindigkeiten
desselben aus freien Oeffnungen behandelte. Er bemerkte darin richtig,
dass die Geschwindigkeiten der Flüssigkeiten in natürlichen Canälen den Querschnitten an den einzelnen Orten
umgekehrt proportional sind, täuschte sich aber insofern, als er
glaubte, dass die Ausflussgeschwindigkeit des Wassers aus der Oeffnung
eines Gefässes im directen Verhältniss zur Niveauhöhe stehe. Torricelli
berichtigte hier seinen Lehrer, indem er zeigte, dass die aus einer am
Boden eines Gefässes befindlichen Oeffnung in gleichen Zeiten abflies-
senden Wassermengen sich wie die Reihen der ungeraden Zahlen verhalten, wenn man die im letzten Zeittheil abfliessende Menge gleich
1 setzt. Die Ausflussgeschwindigkeiten müssen darnach umgekehrt wie
die Reihe der ungeraden Zahlen abnehmen, d. h. die Ausflussgeschwindigkeiten verhalten sich ganz wie die Geschwindigkeiten eines in die
Höhe geworfenen Körpers. Daraus folgt dann auch, dass ein Wassertheilchen aus der Oeffnung abfliesst mit einer Geschwindigkeit, die derjenigen gleich ist, welche es erhalten
würde, wenn es seine ursprüngliche Höhe über der Oeffnung frei durchfallen hätte. Da nun aber die erlangten Geschwindigkeiten den Quadratwurzeln aus den durchlaufenen Wegen proportional
sind, so können sich die Abflussgeschwindigkeiten nicht wie die

---

[1]) Benedetto Castelli, geboren 1577 in Brescia, Professor der Mathematik
in Rom, starb daselbst im Jahre 1644.

Niveauhöhen, sondern nur wie die Quadratwurzeln aus denselben verhalten. Aus dieser Regel gehen durch Vergleichung mit
den Gesetzen des freien Falls noch weiter die Sätze hervor: der Wasserstrahl, welcher aus einer seitlichen Oeffnung ausfliesst,
hat die Gestalt einer Parabel; bei gleich grossen Oeffnungen verhalten sich die Mengen, welche in gleichen Zeiten ausfliessen, wie die
Quadratwurzeln aus den Niveauhöhen; ebenso verhalten sich bei Gefässen
von gleichem Querschnitt und bei gleicher Oeffnung die Entleerungs-
zeiten; und aus einer kurzen, mit dem Gefäss in Verbindung
stehenden Röhre, die senkrecht nach oben gerichtet ist,
muss das Wasser, von anderen Hindernissen abgesehen, so hoch
springen als es im Gefässe selbst steht.

Bekannter noch als durch diese wichtigen Entdeckungen ist Torricelli durch seine Constatirung des Luftdruckes geworden. Er
selbst hatte nicht mehr Gelegenheit gefunden, diese Untersuchungen zu
beschreiben, aber dieselben waren so überraschend und griffen so kräftig
in das allgemeine öffentliche Leben ein, dass der Name des Entdeckers
diesmal nicht in Gefahr gerieth, vergessen zu werden, sondern dass er
sehr bald auch dem grösseren Publikum, das sonst auf mechanische
Gesetze nicht viel Gewicht zu legen pflegt, ruhmreich bekannt wurde.
Torricelli wusste von seinem Meister Galilei, dass Wasser durch Saugpumpen sich nicht höher als 32 Fuss heben lasse, und kannte jedenfalls
dessen Ansichten über den Horror vacui. Er sah, dass weitere Versuche
mit einer so hohen Wassersäule nur schwer auszuführen wären, und hielt
es auch aus anderen Gründen für interessant nachzusehen, ob nicht
eine andere, schwerere Flüssigkeit schon bei geringerer
Höhe dem Horror vacui widerstehen würde. Am bequemsten
fand er für diesen Zweck das Quecksilber, das schon bei einer Höhe
von $^{32}/_{13}$ Fuss oder 28 Zoll dem Horror das Gleichgewicht halten musste,
wenn derselbe nach Galilei eine begrenzte Kraft darstellen sollte. Torricelli beschäftigte sich vorläufig noch nicht selbst mit dem Versuche; er
beauftragte mit der Ausführung seinen Schüler Vincenzo Viviani,
und dieser sah im Jahre 1643, nachdem er eine längere Röhre, die an
einem Ende geschlossen war, mit Quecksilber gefüllt und umgekehrt mit
dem offenen Ende in ein weiteres Gefäss mit Quecksilber getaucht hatte,
dass wirklich die Quecksilbersäule in der Röhre bis auf
eine Höhe von 28 Zoll herabsank und dann ruhig stehen blieb.
Darnach griff auch Torricelli selbst die Sache wieder auf und zwar mit
unläugbarer Genialität. Mit jenem Versuche war anscheinend nicht
mehr bewiesen als mit der Wasserpumpe. Wenn Galilei dem Horror
einmal eine Grenze gesetzt, so war es ganz natürlich, dass diese
Grenze nicht in einer gewissen Höhe, sondern in einem
gewissen Druck bestand, und das Experiment mit dem Quecksilber
drängte an sich nicht weiter. Torricelli aber sprach sogleich
aus, dass der Horror vacui mit einer Grenze, über welche

hinaus die Natur in ihrem Abscheu ohnmächtig wäre, ein
Unding sei, und schrieb die Ursache von dem Aufsteigen der Flüssigkeiten in luftleeren Räumen direct dem Luftdrucke zu. Er schritt
auch sogleich dazu, diesen Druck der Luft zu messen und
bemerkte, vollkommen klar über seine Aufgabe, in einem Briefe an Michel
Angiola Ricci [1]) in Rom vom Jahre 1644: er habe den Versuch nicht
allein darum angestellt, um einen leeren Raum hervorzubringen, sondern
vorzüglich in der Absicht, ein Instrument zu verfertigen, an welchem
man die Veränderungen der Luft erkennen könne, welche bald schwerer
und dichter, bald leichter und feiner wäre.

Torricelli hatte also schon erkannt, dass das Quecksilber seine Höhe in der Röhre verändere, und diese Beobachtung ist es wohl vorzüglich gewesen, welche ihn veranlasste, den Horror vacui durch den Luftdruck zu ersetzen.
Denn so lange nur constatirt ist, dass durch die Kraft, welche eine
Wassersäule von 32 Fuss trägt, auch eine Quecksilbersäule von 28 Zoll
Höhe gehalten wird, so lange hat man nur wenig Ursache, die Vorstellungen von dieser Kraft zu ändern. Wenn aber beobachtet wird, dass
die Grösse dieser Kraft Schwankungen unterworfen ist, so wird es höchste
Zeit, die Vorstellungen vom Horror vacui aufzugeben; denn man kann
doch unmöglich vermuthen, dass die Natur wie ein coquettes
Mädchen launenhaft ihre Neigungen und Abneigungen
verändere, selbst dann noch, wenn man zugegeben hat, dass sie solche
Abneigungen besitzt [2]). Doch dürfen wir nicht unterlassen zu bemerken,
dass selbst dann, wenn durch Beobachtungen von Schwankungen der
Quecksilberhöhe die Vorstellung eines Horror vacui beseitigt,
doch noch nicht ganz sicher festgestellt ist, dass gerade ein Druck der
Luft die Ursache jener Erscheinungen sei. Uns scheint die
Vorstellung vom Druck der Luft so natürlich, dass wir nicht begreifen
können, wie man sie läugnen mag. Und doch ist nicht nur die Vorstellung eines Druckes, der auf uns lastet, ohne dass wir ihn fühlen, eine
recht schwere Aufgabe, es ist die Vorstellung vom Schwanken des Luftdrucks ein Problem, dessen Erklärung noch jetzt Manchem, der doch
mit der Vorstellung vom Luftdruck selbst über alle Berge zu sein glaubt,
Schwierigkeiten bereitet. Für Torricelli war mit seinen Versuchen eine
feste Anschauung gegeben, er hat die Sache bis zu seinem frühen Tode
nicht weiter verfolgt; für das allgemeine Publikum aber wurde die Frage
erst entschieden, als Pascal den Zusammenhang der Barometerhöhe mit
der Erhebung über die Erdoberfläche nachwies, und noch gründlicher,
als die Versuche mit den Magdeburger Halbkugeln dem Luftdruck
Pferdekräfte entgegensetzten.

---

[1]) Den späteren Correspondenten der Florentiner Akademie.
[2]) Poggendorff (Geschichte d. Physik, S. 324) übersah wohl die Bedeutung dieser
Beobachtung, die nur an einem Barometer gemacht werden kann, wenn er sagt, dass
dasselbe im Grunde den Luftdruck nicht strenger erweist als eine Wasserpumpe.

Merkwürdig bleibt das ge ri n g e I nte r c s s c, welches Torricelli für die Herstellung eines l e e r c n R a u m c s zeigte. In seiner Gedankenreihe ganz auf die Vorstellung des Luftdrucks gerichtet, kam ihm die Wichtigkeit und Brauchbarkeit eines luftleeren Raumes wohl nicht vor Augen. Desto mehr aber übte das Auffinden der Torricelli'schen Leere ihre Wirkung auf Andere. Der Streit über die Existenz eines leeren Raumes hatte seit Aristoteles und den alten Atomistikern die Gemüther beschäftigt. Jetzt war man nicht abgeneigt, die Barometerleere für die Existenz eines absolut leeren Raumes ins Gefecht zu führen, und die Gegner eines solchen hatten einen schweren Stand. Doch war mit der Torricelli'schen Leere in Wirklichkeit wenig anzufangen, weil man dieselbe nicht zugänglich zu machen wusste; das Bestreben, einen leeren Raum zu schaffen, der Versuche in seinem Innern erlaubte, führte dann G u e r i c k e zu seinen Demonstrationen des Luftdrucks [1]).

René Descartes (Renatus Cartesius) ist am 30. März 1596 zu La Hay in der Touraine geboren, sein Vater war Parlamentsrath zu Rennes, seine Familie gehörte zu den ältesten des Tourainer Adels. Im Alter von 8 Jahren kam der kleine Descartes, dessen Mutter bald nach seiner Geburt gestorben war, in das Jesuitencollegium zu La Flèche in Anjou, wo er schon Mathematik mit grossem Eifer studirte. Von 1612 bis 1616 lebte er in Paris, die ersten zwei Jahre den Vergnügungen der Grossstadt ergeben, die letzten zwei einsam in der Vorstadt St. Germain, wieder vorzugsweise mit Mathematik beschäftigt. Im Jahre 1617 ging er nach Holland und diente in der Armee des Statthalters Moritz von Nassau, 1619 nahm er in der Armee des Kurfürsten von Baiern deutschen Kriege Theil. Darnach bereiste Descartes fast ganz Europa, lebte aber von 1629 an meist zurückgezogen und einsam an verschiedenen Orten Hollands. Bis 1629 hatte er sich in verschiedenen Berufszweigen versucht, von da an aber widmete er sich ganz der Philosophie. Im Jahre 1637 erschien sein erstes Werk D i s c o u r s d e l a m é t h o d e p o u r b i e n c o n d u i r e s a r a i s o n e t c h e r c h e r l a v e r i t é d a n s l e s s c i e n c e s. Plus l a d i o p t r i q u e, l e s m é t é o r e s e t l a g é o-, m é t r i e, q u i s o n t d e s e s s a i s d e c e t t e m é t h o d e (Leyden 1637) welches eine neue Methode zu philosophiren bekannt machte und die Fruchtbarkeit dieser Methode in ihrer Anwendung auf die Dioptrik, die feurigen Lufterscheinungen und die Geometrie zeigen wollte. Der geometrische Theil der Schrift enthält als wichtigste Entdeckung die der a n a l y t i s c h e n G e o m e t r i c, auf die Dioptrik und die Metcore werden wir noch zurückkommen. Vier Jahre später entwickelte Descartes nach der neuen Methode seine Metaphysik den M e d i t a t i o n e s d e

---

[1]) Von Apparaten Torricelli's werden ein Teleskop und zwei Barometerröhren noch in Florenz aufbewahrt. (Gerland, Leopoldina, Heft XVIII, 1882.)

7*

prima philosophia, in quibus Dei existentia et animae humanae immortalitas demonstrantur (Amsterdam 1641).

Wie Bacon in seinem Novum organon, schätzt auch Descartes alle Wissenschaften seiner Zeit gering und ist von allen mehr oder weniger unbefriedigt; überall sieht er Irrthum und Unsicherheit, und ganz wie Bacon findet auch er die Quelle alles Uebels in der falschen Methode der Wissenschaften. Wie Bacon hält er die richtige Methode für das Nothwendigste und das Fehlen einer solchen für einen genügenden Grund zum Misserfolg. „Der gesunde Verstand ist das, was in der Welt am besten vertheilt ist; denn Jedermann meint damit so gut versehen zu sein, dass selbst Personen, die in allen anderen Dingen schwer zu befriedigen sind, doch an Verstand nicht mehr als sie haben sich zu wünschen pflegen, — es kommt nicht bloss auf den gesunden Verstand, sondern wesentlich auf dessen gute Anwendung an" [1]). Sobald aber dann Descartes seine Methode selbst darlegt, beginnt der Unterschied, ja der directe Gegensatz zu Bacon. Die neue Methode hat vier Grundregeln: 1. keine Sache für wahr anzunehmen, die man nicht ganz klar und deutlich erkannt hat; 2. jede zu untersuchende Frage in so viel einfachere als möglich und erforderlich aufzulösen; 3. mit den einfachsten und leichtesten Gegenständen zu beginnen und 4. alles vollständig zu überzählen und im Allgemeinen zu beschauen, um gegen jedes Versehen gesichert zu sein. Gemäss der ersten Regel beginnt dann Descartes seine Philosophie mit dem Zweifel an Allem, was ihm bis jetzt als wahr erschienen, und findet nach gründlicher Prüfung nur einen in sich sicheren Satz, den berühmtesten seiner Philosophie: cogito, ergo sum; ich denke, also bin ich. Meine Sinne täuschen mich oft, ich habe Träume, denen gar nichts Wirkliches entspricht, meine Vorstellungen von der Aussenwelt können ebensowohl Träume als Wahrheit sein, nur eins bleibt sicher, ich denke, ich bin ein denkendes Wesen. Von diesem einen Satze kommt Descartes zur Erkenntniss Gottes. Ich finde in mir die Idee einer unendlichen Substanz, diese Idee kann ihre vollständige Ursache nicht in mir haben, der ich eine endliche Substanz bin, sie muss also Ursache ihrer selbst und zugleich aller endlichen Wesen, auch meiner selbst sein. So ist die Existenz Gottes als einer unendlichen Substanz so sicher, ja sicherer noch als meine eigene. Aus der Idee Gottes leitet sich aber alle Sicherheit meiner Erkenntniss ab. Gott muss wahrhaftig sein, daraus folgt, dass er uns nicht für Lug und Trug nur geschaffen hat, vielmehr dass Alles wahr ist, was wir mit den Erkenntnissvermögen, die er uns gegeben, klar und deutlich erkannt haben. So bedingt die Existenz Gottes die Sicherheit unserer eigenen Erkenntniss, damit baut Descartes das Gebäude

---

[1]) Wir geben die deutschen Uebersetzungen zumeist nach J. H. v. Kirchmann: René Descartes, philosophische Werke (Philosophische Bibliothek).

seiner ganzen Erkenntnisstheorie weiter. Was wir klar und deutlich erkannt haben, das muss wahr und wirklich sein, so
wahr als wir selbst und ein wahrhaftiger Gott existiren, das ist die erste
Erkenntnissregel der neuen Philosophie. Trotz alledem ist dem Descartes doch ein Gefühl von der Unsicherheit unserer Erkenntniss geblieben.
Für die Philosophie hatte das den Vortheil, dass damit dieselbe auch in
Descartes schon auf die kritische Richtung einlenkte. Für die Physik aber
hatte es den Nachtheil, dass danach der Philosoph die Sicherheit der Beobachtung gegenüber der des reinen Denkens erst recht zu gering schätzte.
Die Hauptresultate seiner Philosophie giebt Descartes in seinem Hauptwerk
Principia philosophiae (Amsterdam 1644). Es enthält im ersten
Theile eine Wiederholung der Meditationen und ihrer Grundlegung der Erkenntniss, im zweiten die Lehre von der Materie
und ihren Eigenschaften, im dritten die Untersuchung
über den Bau der Welt und endlich im vierten die Betrachtung der Erde.

Zur Grundlegung der Moral suchte Descartes seine Methode in
Les passions de l'âme (Amsterdam 1650) zu verwerthen. Das
Werk ist zunächst für eine Schülerin, die Prinzessin Elisabeth von der
Pfalz, geschrieben; 1647 sandte er es an die Königin Christine von
Schweden, mit welcher er durch den schwedischen Gesandten in Verbindung gekommen war. Christine lud darnach Descartes nach Schweden
zu sich ein, und dieser folgte 1649 der Einladung, vielleicht um Streitigkeiten auszuweichen, in welche er auch in dem protestantischen Holland
mit den Theologen gerathen war. Doch befiel ihn in Stockholm schon
nach 4 Monaten eine tödtliche Krankheit, welcher er am 11. Februar
1650 erlag. Lateinische wie französische Gesammtausgaben der Werke
Descartes' sind öfter erschienen; die beste ist die französische
in 11 Bänden, welche Victor Cousin 1824 bis 1826 herausgegeben hat. Sie enthält ausser den Briefen noch mehrere nicht ganz
vollendete Schriften, unter denen wir nur eine 1636 in Eile gearbeitete Abhandlung über die Mechanik erwähnen.

Wir gehen über zur Darstellung der physikalischen Lehren Descartes'
nach seinem Hauptwerke, den Principien der Philosophie. Man
kann vom Körper alle Eigenschaften wegdenken bis auf eine, die Ausdehnung; darum besteht die Natur des Körpers in der Ausdehnung und nur in der Ausdehnung. Es giebt also keinen
leeren Raum und keine Atome. (Doch werden wir sehen, dass trotzdem
die Lehre des Descartes der Atomistik sich stark annähert.) Mit dieser
Definition der Materie fällt direct der alte Unterschied zwischen den
irdischen und himmlischen Körpern, denn die Materie, deren Natur nur
in der Ausdehnung besteht, muss unterschiedslos alle Räume erfüllen.
Bewegung eines Körpers ist die Ueberführung desselben
aus der Nachbarschaft derjenigen, die ihn berühren, in
die Nachbarschaft anderer. Der Begriff der Bewegung ist also

(margin:) Descartes principia philosophiae, 1644.

durchaus reciprok, und wenn ein Körper *A* von dem Körper *B* fortbewegt wird, so ist es ebenso richtig zu sagen, der Körper *B* werde von *A* fortbewegt. Daraus folgt der sehr wichtige Satz, d a s s z u r B e w e g u n g n i c h t m e h r A c t i o n g e h ö r t a l s z u r R u h e und dass j e d e r K ö r - p e r z u g l e i c h v i e l e B e w e g u n g e n h a b e n u n d j e d e B e w e g u n g a u s v i e l e n z u s a m m e n g e s e t z t g e d a c h t w e r d e n k a n n. Die letzte Ursache aller Bewegungen ist Gott; weil aber Gott immer derselbe bleibt, so muss die in der Welt vorhandene Bewegungsmenge immer dieselbe bleiben. (Dies ist der merkwürdige Beweis Descartes' für die Erhaltung der Kraft.) Aus dem Satze, dass zur Ruhe und Bewegung gleichviel Action gehöre, kommt das vollständige Beharrungsgesetz: J e d e r K ö r p e r b e h a r r t i n s e i n e m Z u s t a n d e d e r R u h e o d e r d e r B e w e g u n g, s o l a n g e n i c h t e i n e ä u s s e r e U r s a c h e d i e s e n Z u s t a n d ä n d e r t; speciell wird hier noch hinzugefügt, dass ohne äusseren Widerstand der bewegte Körper auch seine Richtung immer beibehält. Trotzdem giebt dann Descartes das dritte in seinem zweiten Theile merkwürdig falsche Bewegungsgesetz: E i n K ö r p e r, d e r e i n e m a n d e r e n b e g e g n e t, v e r l i e r t s o v i e l v o n s e i n e r B e w e - g u n g, a l s e r d i e s e m m i t t h e i l t, w e n n e r i h n ü b e r h a u p t z u b e w e g e n v e r m a g; w e n n d e r W i d e r s t a n d d e s z w e i t e n K ö r - p e r s a b e r g r ö s s e r i s t a l s d i e K r a f t d e s e r s t e n, s o b e h ä l t d i e s e r s e i n e B e w e g u n g v o l l s t ä n d i g u n d b i e g t n u r a u s s e i n e r B e w e g u n g s r i c h t u n g a u s. Aus diesem Bewegungsgesetz werden 7 Regeln über den Stoss vollkommen harter (eine unbestimmte Vorstellung für vollkommen elastische Körper) Körper abgeleitet: 1. zwei gleiche Körper *B* und *C* mit gleichen aber entgegengesetzten Geschwindigkeiten prallen nach dem Stoss mit umgekehrten Geschwindigkeiten zurück; 2. ist aber *B* nur ein wenig grösser als *C*, so gehen beide nach dem Stoss in der Richtung des *B* mit gleichen Geschwindigkeiten weiter; 3. sind *B* und *C* wieder gleich, *B* aber etwas schneller, so giebt *B* die Hälfte seines Ueberschusses an *C* ab; 4. ruht *C* und ist etwas grösser als *B*, so wird *C* unbewegt bleiben und *B* mit entgegengesetzter Geschwindigkeit zurückprallen; 5. ist aber unter denselben Umständen *C* kleiner als *B*, so werden sich beide Körper mit gleichen Geschwindigkeiten weiter begeben, und zwar wird *B* an *C* nach Verhältniss der Massen von seiner Geschwindigkeit abgeben; 6. wären unter denselben Umständen *B* und *C* gleich, so würde *C* in der Richtung des *B* weiter gehen, *B* aber zurückprallen, die Geschwindigkeiten würden sich nach dem Verhältniss der Massen vertheilen; 7. in der siebenten Regel betrachtet Descartes den Fall, dass *B* und *C* gleich gerichtete Geschwindigkeiten haben, und giebt je nach dem Verhältnisse der Geschwindigkeiten verschiedene Vorschriften für die Bestimmung der·Bewegungen nach dem Stosse. Von den 7 Regeln ist keine unter den gegebenen Bedingungen ganz richtig, wohl aber sind die mittleren hauptsächlich ganz unbegreiflich falsch. Alles ist dem Zufall preisgegeben, weil Descartes' Gesetz über die

Mittheilung von Bewegungen nur in seiner ersten Hälfte richtig ist, weil er ~Descartes,~ elastische und unelastische Körper nicht scharf unterscheidet, und endlich, ~1641.~ was vielleicht der Grund von allen Fehlern, weil er eine Umwandlung von äusserer Bewegung in innere (Molecularbewegung) nicht kennt und darum ein Vernichten von äusseren Bewegungen unter keinen Umständen zulassen kann. Montucla (Geschichte der Math.) bewundert nur die Gelehrigkeit der Schüler des Descartes, welche solche Sätze glauben konnten; Descartes selbst aber glaubte gegen alle Anfechtungen geschützt zu sein, wenn er nach dem Aussprechen jener Gesetze darauf hinwies, dass es keine vollkommen harten Körper gäbe und mithin jene Gesetze sich bei Versuchen niemals als ganz richtig erweisen könnten.

Da das Wesen eines Körpers nur in der Ausdehnung besteht, so darf Descartes demselben keinerlei innewohnenden Kräfte, weder abstossende noch anziehende, zugestehen. Dass irgend ein Leim die Theilchen der Körper zusammenhalte, ist undenkbar, darum kann dieser Zusammenhalt seine Ursache nur in der Trägheit der Materie haben, und der Widerstand, den ein Körper der Trennung seiner Theilchen entgegensetzt, kann kein anderer als der Trägheits- widerstand der Materie sein. Bei den Flüssigkeiten findet ein solcher Widerstand nicht statt, weil deren Theilchen in immer- währender Bewegung sind. Ein fester Körper aber, der sich in einer Flüssigkeit befindet, wird durch die Bewegung der kleinen Flüssig- keitstheilchen weder in der Ruhe gehindert, noch in seiner Bewegung beeinflusst, weil die Stösse der Theilchen auf ihn sich gegenseitig auf- heben. Die merkwürdige Thatsache, dass ein fester Körper so schwer zu zerbrechen ist, erklärt sich dadurch, dass er als Ganzes der Bewe- gung Widerstand leistet, während die Hand nur mit einzelnen Theilen ihn angreift.

Von den Weltsystemen ist das Ptolemäische mit Recht ver- worfen worden, das Kopernikanische und das Tychonische sind ziemlich gleich gut, aber das erste hat die grössere Einfachheit für sich; jetzt soll eine Hypothese aufgestellt werden, die noch einfacher und zugleich besser ist. Descartes giebt sein Weltsystem überall nur als Hypothese; er sagt schon in dem Discours: „Um meine Ansichten freier aussprechen zu können, ohne den unter den Gelehrten herr- schenden Meinungen nachgehen oder sie widerlegen zu müssen, beschloss ich, diese irdische Welt hier ihnen ganz zu ihren Streitigkeiten zu über- lassen und nur das zu besprechen, was in einer ganz neuen geschehen würde, wenn Gott an einem anderen Ort in dem Weltenraume genügen- den Stoff zu ihrer Gestaltung erschüfe, und wenn er den verschiedenen Theilen dieses Stoffes mancherlei Bewegungen gäbe. — Nachher möchte Gott dieser Natur nur seinen gewöhnlichen Beistand leisten und sie nach ihren Gesetzen sich entwickeln lassen." Doch sieht man deutlich, dass er nur den Streitigkeiten der Gelehrten und den Anfechtungen der

Theologen entgehen wollte[1]) und dass er selbst seiner Hypothese alle mögliche Sicherheit zuschrieb.

Im Anfange war die Welt erfüllt mit **materiellen Theilchen von gleichem Stoff und gleicher mittlerer Grösse**. Dieses Stoffmeer war nicht ruhig, sondern in viele **ungefähr kugelförmige Wirbel getheilt**, die sich jeder um eine Achse drehten. Die einzelnen Theilchen des Stoffes konnten anfangs nicht kugelförmig sein, weil sie sonst den Raum nicht ausgefüllt hätten, aber nach und nach schliffen sie sich in den Wirbelbewegungen an einander zu Kugeln ab und nun bestanden **zweierlei Materien in der Welt**, nämlich **die Kügelchen**, diese nennt Descartes die **Theilchen des zweiten Elements**, **und die von ihnen abgeschliffenen, viel kleineren Theilchen**, welche die Zwischenräume des zweiten Elements ausfüllen, diese heissen **Theilchen des ersten Elements**. Die im Anfange geringe Menge der Theilchen des ersten Elements vermehrte sich immer mehr, wie sich die Theilchen des zweiten Elements mehr und mehr an einander abrieben, und da nun die Menge derselben grösser wurde, als zur Ausfüllung der Lücken nöthig war, **so floss diese übrige Masse nach der Mitte des Wirbels und bildete dort einen höchst flüssigen Körper, den Centralkörper des Wirbels**. Das war um so leichter, als erstens die Kügelchen des zweiten Elements durch das Abschleifen kleiner wurden und zweitens ihrer bedeutenderen Grösse wegen stärker als die Theilchen des ersten Elements nach aussen drängten, so dass nun für das erste Element in der Mitte des Wirbels ein Raum frei blieb. **Jeder Körper eines Wirbels zeigt nämlich** wie der Stein in einer Schleuder **ein Streben nach aussen zu gehen**, und zwar überwiegt dabei das Streben des grösseren. Diesem Bestreben kann aber ohne Weiteres kein Theilchen des zweiten Elementes folgen, denn jedes innere Theilchen wird von den äusseren zurückgehalten, und die äussersten werden von den angrenzenden Wirbeln zurückgedrängt. Doch setzt sich wenigstens der Druck vom Centralkörper aus, wo der Stoff des ersten Elements dicht zusammen liegt, im ganzen Wirbel geradlinig nach aussen fort und wirkt auch noch auf die benachbarten Wirbel. **Diesen Druck empfindet das Auge als Licht**, und von dieser Ansicht aus lassen sich alle Eigenthümlichkeiten des Lichts erklären.

Die an einander grenzenden Wirbel im Himmelsraume werden sich in ihren Bewegungen beeinflussen und müssen ihre Bewegungen einander so anpassen, dass sie sich am wenigsten hindern. Dies wird nur dann der Fall sein, **wenn die Pole des einen Wirbels den Aequatorialgegenden des anderen nahe liegen**; denn würden die

---

1) Descartes hatte schon 1633 eine Schrift über das Weltsystem fast vollendet, als er aber von der Verurtheilung Galilei's hörte, unterliess er die Herausgabe derselben.

Wirbel mit den Polen an einander liegen, so müssten sie bei gleicher Descartes, 1614. Rotationsrichtung in einander fliessen, bei entgegengesetzter aber sich am stärksten hemmen. Der durch die Rotation bewirkte Druck nach aussen ist in jedem Wirbel am grössten am Aequator und am kleinsten an den Polen; wenn also Aequator und Pol von zwei Wirbeln zusammenstossen, so wird der Aussendruck des ersteren im Allgemeinen (er hängt auch von der Grösse der Wirbel ab) an dieser Stelle grösser sein als der des anderen, und es wird Stoff aus dem ersten Wirbel in den zweiten überfliessen. Dies wird vor allem Stoff des ersten Elements sein, denn dieser hat weniger Beharrung und dringt leicht durch die Gänge zwischen den Kügelchen des zweiten. Es strömt also in jedem Wirbel Stoff des ersten Elements in der Richtung der Achse ein und in der Richtung des Aequators wieder aus. Der aus einem fremden Wirbel in den eigenen Wirbel eindringende Stoff ersten Elements drückt auch auf die Kügelchen zweiten Elements und erzeugt damit im Auge Lichtempfindung, was in Bezug auf das Sehen fremder Centralkörper von Wichtigkeit (aber doch nicht genügender Wirkung) ist.

Wenn Theilchen des ersten Elements durch einen Wirbel in der Richtung der Achse hindurchgehen, so müssen sie sich, da die Zwischenräume zwischen den Kügelchen des zweiten Elements dreieckig sind, dreikantig formen, und da sich der Wirbel während ihres Laufes dreht, so werden sie sich nach Art der Schneckenhäuser winden und zwar in entgegengesetzter Richtung, je nachdem sie in einer oder der anderen Richtung durch den Wirbel gegangen sind[1]). So lange diese so gestalteten Theilchen des ersten Elements noch zwischen den Kügelchen des zweiten Elements sich befinden, wird ihre Gestalt ohne Einfluss sein, sobald sie aber im Raume des Centralkörpers sich ungetrennt zusammenfinden, so werden sie sich zusammenfilzen und grössere Massen bilden, die nun (des Aussendrucks wegen) in dem Centralkörper nahe dem Aequator emporsteigen. Diese schwerer beweglichen Massen werden als ein neues drittes Element bezeichnet. Wenn über die Oberfläche eines Centralkörpers ein Flecken aus solcher Masse bestehend sich gelagert hat, so hindert dieser den Stoss der Theile des Centralkörpers auf die umgebenden Kügelchen des Wirbels. Dieser Stoss war im Verhältniss recht stark, weil alle die gleichartigen Theilchen des Centralkörpers in ihrer Wirkung zusammenstimmten; wird er jetzt gehindert, so wird überhaupt der Druck nach aussen an dieser Stelle stark vermindert, und das Licht des Centralkörpers wird durch den Flecken stark geschwächt oder vielleicht auch ganz ausgelöscht. Die Verminderung des Aussendrucks durch den Flecken wirkt jedoch noch bedeutender. Mit dem

---

[1]) Das ist für eine spätere Erklärung der magnetischen Erscheinungen wichtig.

Aussendruck wird auch der Widerstand des Wirbels gegen die benachbarten geringer, die Theilchen der benachbarten Wirbel werden dann in
ihn eindringen, seine Theilchen mit sich führen und ihm so von seinem
Stoff mehr oder weniger entziehen. Ja es kann geschehen, wenn der
Centralkörper sich ganz mit Flecken bedeckt, dass der Wirbel von einem
stärkeren Wirbel gänzlich aufgesogen wird und dass sein Centralkörper
vollständig in den zweiten Wirbel eintritt. Die fortschreitende Bewegung, die er dabei erhält, hängt von seiner Dichtigkeit und
Masse ab; ist sie so gross, dass der erloschene Centralkörper durch
den Wirbel hindurchgeht, so wird er zu einem Wandelstern oder
Kometen; ist dies aber nicht der Fall, so wird ihn der Wirbel mit
sich um seinen Centralkörper führen und er wird zu einem Planeten
desselben.

Jetzt liegt das Weltsystem Descartes' klar vor uns. Jeder Wirbel
bildet ein Sonnensystem; sein Centralkörper, die Sonne, besteht aus
Theilchen des ersten Elements, nur ihre Flecken gehören dem dritten
Element an; der Wirbel selbst besteht aus Kügelchen des zweiten Elements. Ein solcher Wirbel kann mehrere dunkel gewordene Fixsterne
aufgesogen haben; dies sind seine Planeten, die noch immer die Rotation ihres verloren gegangenen Wirbels in der Drehung um ihre Achse
zeigen und vielleicht vorher schon andere Centralkörper aufgenommen
hatten und also selbst Trabanten mit sich führen. Nach diesem Weltsystem bewegt sich also die Erde wie alle Planeten mit dem gesammten
Himmelsstoff unseres Wirbels um die Achse unseres Sonnensystems;
daraus folgt, dass weder Erde noch die anderen Planeten
streng genommen eine eigene Bewegung haben. Keiner der
Planeten entfernt sich aus der Nachbarschaft des ihn berührenden Himmelsstoffes, vielmehr trennt sich bald dieses bald jenes Theilchen des
flüssigen Himmelsstoffes von dem Planeten mit einer Bewegung, die eben
diesen Theilchen und nicht dem Planeten zuzuschreiben ist. Die Erde
bewegt sich also nicht, die Gegner des Kopernikus dürfen Descartes
ausser Verfolgung lassen.

Nach der Betrachtung des Weltsystems wendet Descartes sich zur
Erde, und war er schon vorher nicht furchtsam bei Hypothesen über die Gestaltung der Materie, so wird er hierin
nun noch fruchtbarer. Immer mehr werden die kleinsten Theilchen,
die wir nie beobachten können, mit Ecken und Zweigen versehen, und
wo nur einmal die Erklärung zu stocken beginnt, da fliegt gleich den
Theilchen ein neuer Auswuchs an. Wir können alle diese Wandlungen
nicht mitmachen, sondern müssen noch kürzer als früher in den Einzelheiten verfahren. Die Erde besteht in ihrem Innersten (noch von
ihrer früheren Rolle als Centralgestirn her) aus Theilchen des ersten
Elements, darauf folgt eine ganz dunkle Hülle aus Theilchen des dritten Elements, die bei dem Erkalten aus den Flecken
sich gebildet hat. Von beiden erfahren wir direct nichts, nach diesen

Descartes, 1644.

Hüllen kommt erst die äussere Rinde, die aus Trümmern der zweiten gebildet und mit vielen himmlischen Theilen vermischt ist. Weil die irdische Materie in grossen Massen zusammenhängt, so folgt sie nicht so leicht dem Drucke nach aussen, der durch die Rotation der Erde erzeugt wird, wie der himmlische Stoff, der zwischen der irdischen Masse sich befindet. Der himmlische kann aber nicht von der Erde in den durchaus mit Stoff erfüllten Himmelsraum sich entfernen, ohne andere Stoffe nieder, d. h. nach dem Centrum der Erde, zu drücken. Und da nun überall der himmlische Stoff das gleiche Streben nach aussen besitzt und der irdische Stoff überall diesem nachsteht, so wird an allen Orten der irdische Stoff nach dem Centrum gedrängt, und diese Erscheinung ist's, die man als die Schwere bezeichnet. **Schwere ist also kein dem Stoff an sich innewohnendes Streben, sondern nur der Rückstoss, den die vom Centrum sich entfernenden Himmelskügelchen auf die irdische Materie ausüben.** Auch die Ebbe und Fluth erklärt Descartes natürlich nicht durch eine Anziehung des Mondes, er leitet dieselbe ab aus einer Verengerung des Erdwirbels an der Stelle, wo der Mond steht. Da der ganze kreisende Himmelsstoff sich zwischen Erde und Mond durchdrängen muss, so drückt er an dieser Stelle das Meerwasser zurück und erzeugt dadurch die Ebbe [1]).

Die Luft ist eine Anhäufung von Theilchen des dritten Elements, die so fein und so weit von einander entfernt sind, dass sie allen Bewegungen des Himmelsstoffes folgen. Durch Wärme wird die Luft ausgedehnt. **Wärme ist nämlich die durch den Stoss der Himmelskügelchen bewirkte Erzitterung der irdischen Theilchen;** wird die Erzitterung stärker, so brauchen die Theilchen, welche im Allgemeinen mehr lang als breit sind, mehr Raum, und darum dehnen sich alle Körper wie auch die Luft beim Erwärmen aus. Da ferner immer eine gewisse Wärme und somit auch eine gewisse Bewegung der Theilchen vorhanden ist, so erklärt sich hierbei auch **die Elasticität der Körper und vor allem die der Luft.** Dass die oberste Erdhülle in ihren Gängen Himmelsstoff enthält, haben wir schon bemerkt; aber auch die zweite Erdhülle lässt aus dem Innern Theilchen des ersten Elements aufsteigen, welche die Theilchen der oberen Hüllen zum Erzittern bringen, also erhitzen, und welche dieselben auch in gewisser Weise umformen. **Die schärfsten der dadurch entstehenden Theilchen bilden das Salz, die weichsten den Schwefel und die schwersten und runden den Merkur, das sind die drei Urstoffe der Chemiker.** Alle Erdtheilchen haben, wenn sie einzeln und getrennt der schnellen Bewegung

---

[1]) Nach der Attractionstheorie tritt gerade dem Mond gegenüber Fluth ein. Doch verzögert sich der Eintritt derselben um einige Stunden, so dass die Beobachtung auch dem Descartes nicht direct widerspricht.

des ersten Elements folgen, die Form der Flamme; wenn sie aber weniger schnell mit den Kügelchen des zweiten Elements sich bewegen, die Form der Luft. Aus dem Kieselstein kann man mit einem harten Stoffe Funken schlagen, indem man die Kügelchen des zweiten Elements zum Herausspringen nöthigt. Blitze, Irrlichter, Sternschnuppen entstehen auf gleiche Weise durch Niederstürzen von Wolken auf einander. Wasser ist dem Feuer deshalb so entgegen, weil es nicht bloss aus dickeren, sondern auch weicheren und klebrigen Theilchen besteht. „Nichts fängt schneller Feuer und behält es kürzere Zeit als Schiesspulver, was aus Schwefel, Salpeter und Kohle gemacht wird. Denn der blosse Schwefel ist schon sehr feuerfangend, weil er aus Theilchen scharfer Säfte besteht, die in so dünne und gespaltene Zweige des übrigen Stoffes eingehüllt sind, dass sehr viele Gänge nur dem ersten Element offen stehen. Deshalb gilt auch der Schwefel als die hitzigste Medicin." In Todtengewölben könnten Lampen noch nach vielen Jahren brennend gefunden werden, weil der Russ ein kleines Gewölbe bildete, innerhalb dessen der Stoff des ersten Elements, wie bei einem Stern sich schnell um sich drehte und alle anderen Theilchen zurückstiess. Auf solche Weise erklärt Descartes aus der Gestalt der Theilchen alle ihm bekannten Naturerscheinungen, wobei er nur in Constatirung der Thatsachen, wie auch Bacon, nicht sehr sorgfältig ist.

Wir heben nur noch seine magnetische Theorie heraus, weil sie eine bessere thatsächliche Grundlage hat und weil sie besonders zeigt, mit welch erstaunlicher Geschicklichkeit Descartes alle Wirkung in die Ferne durch unmittelbare Stossbewegungen erklärt. Der Stoff des ersten Elements strömt an den Polen eines jeden Wirbels ein und geht in der Richtung der Achse durch den Wirbel, also auch durch den Centralkörper hindurch. Dabei nimmt er eine schneckenförmig gewundene Gestalt an und schneidet danach beim Durchgang durch die Masse des dritten Elements in diese entsprechend gewundene Canäle ein. Auch die Erde hat von ihrer Stelle als Centralgestirn her solche Canäle, nur sind dieselben nicht in allen irdischen Stoffen geblieben, vielmehr geht aus der Beschaffenheit der kleinsten Theilchen hervor, dass sie nur im Eisen sich offen erhalten haben. Durch diese Canäle strömt der Stoff des ersten Elements, da dieselben aber entgegengesetzt gewunden sind, so kann der Stoff des ersten Elements durch Canäle, die vom Süd- nach dem Nordpol führen, nur gehen, wenn er selbst durch den Wirbel hindurch diese Richtung schon verfolgt hat und umgekehrt. Ist also dieser Stoff von einem Pol zum anderen durch die Erde hindurchgegangen, so kann er wegen der Richtungen seiner Windungen nicht direct zurück, weiter kann er aber auch nicht, weil Luft und Wasser und andere Körper keine solchen Gänge haben, er muss also um die Erde herumlaufen, um an dem ersten Pole wieder eintreten zu können. Nimmt man nun einen natürlichen Magneten, d. h. ein Stück Eisen, in welches solche Gänge eingeschnitten sind, aus der Erde, so werden die Ströme des ersten Elements nur ungehindert durch den Magneten hindurchgehen, wenn dessen Gänge dieselbe Richtung haben wie in der Erde; im anderen Falle treffen die Theilchen schief auf die Gänge und sind somit bestrebt, den Magneten so aufzustellen, dass seine Achse der Erdachse parallel wird. Wie aber die Erde und ein Magnet, so verhalten sich auch im Kleinen zwei Magnete zu einander; die richtende Kraft derselben ist somit erklärt, die anziehende leitet Descartes aus dem Rückstoss der Theilchen beim Austritt aus den Magneten in die Luft ab. Auch das verschiedene Verhalten von weichem Eisen und Stahl, sowie die Schwächung des Magneten durch Erhitzung folgt nun leicht aus der Theorie.

Descartes giebt seine Wirbeltheorie als blosse Hypothese, indessen ist leicht zu sehen, dass er derselben eine einzige Berechtigung zusprach. Nachdem er zuerst an allem gezweifelt, was überlieferte Gelehrsamkeit hiess, ist er mit Hülfe seines Fundamentalsatzes der Existenz Gottes und mit diesem als Bürgen seiner eigenen Erkenntnisskraft gänzlich sicher geworden. Da wir nun so das Fundament gewonnen, dürfen wir wieder ruhig philosophische Theorien ausbilden und brauchen nicht ängstlich zu sein, dass irgend eine mögliche Erfahrung uns widerlegen könnte. Vor allem dürfen wir ohne jede experimentelle Prüfung verwerfen, was unserer Definition der Materie widerspricht; denn wäre diese, deren Richtigkeit wir klar und deutlich erkannt haben, trotzdem falsch, so müsste der wahrhaftige Gott uns mit einem Erkenntnissvermögen betrogen haben, das uns Unwahres für Wahres gäbe. In Ansehung dieses Standpunktes kann man es begreiflich, wenn auch nicht entschuldbar finden, dass Descartes in einem Briefe an seinen Freund Mersenne schreibt: Galilei habe, ohne die ersten Ursachen der Natur zu betrachten, nur die Gründe einiger besonderen Wirkungen gesucht und so ohne Fundament gebaut; alles was er von der Geschwindigkeit der Körper sage, welche im leeren Raume fielen, sei ohne Fundament; denn er hätte zuvor bestimmen müssen, was die Schwere sei, und wenn er das Richtige gewusst hätte, so würde er wissen, dass sie im leeren Raume gar nicht vorhanden. „Was zunächst Galilei betrifft, so will ich Ihnen sagen, dass ich ihn niemals gesehen und auch keinen Verkehr mit ihm gehabt habe und dass ich folglich von ihm nichts entlehnt haben kann und auch in seinen Büchern nichts sehe, was ich beneidete und fast nichts, was ich als das Meinige eingestehen möchte" [1]).

Da wir klar und deutlich eingesehen haben, dass keiner Materie von Natur aus irgend eine Kraft inne wohnen kann, so ist keine andere

---

[1]) Für den Mechaniker besonders bezeichnend ist der folgende, gegen Galilei gerichtete Satz: Es ist offenbar, dass ein Stein nicht auf gleiche Weise geneigt ist, eine neue Bewegung oder eine Vermehrung seiner Geschwindigkeit anzunehmen, wenn er sich bereits sehr schnell, oder wenn er sich langsam bewegt.

Descartes,
1644.
Hypothese möglich als die Wirbeltheorie. Wir brauchen uns also gar
nicht mit einer Begründung derselben aufzuhalten, sondern nur zuzu-
sehen, wie alle Erscheinungen aus diesem Fundament zu erklären sind.
Nun muss man zugeben, dass in der Möglichkeit einer solchen
Erklärung die beste Verification einer Hypothese liegt;
aber hier passirt doch unserem Philosophen etwas Merkwürdiges. Descartes ist einer der bedeutendsten Mathematiker seines Jahrhunderts, die Erfindung der analytischen Geometrie wird ewig seinen Namen
glänzend erhalten, bei der Betrachtung seiner Optik werden wir ihn
auch als bedeutenden mathematischen Physiker kennen lernen;
nur bei Aufstellung seiner Wirbeltheorie hat er den
Mathematiker gänzlich vergessen. In dem ganzen Buche
kommt nicht eine einzige exacte Grössenbestimmung vor; Descartes
bekümmert sich weder um die wahren Grössen der Massen, noch der
Räume, noch der Geschwindigkeiten, und dies wird tödtlich für die ganze
Theorie. Eine Hypothese kann nicht besser beglaubigt werden, als wenn
wir mathematisch die Grössenverhältnisse aus ihr deduciren und dann
experimentell nachweisen, dass diese Grössenverhältnisse in Wirklichkeit
stattfinden. Die mathematische Deduction ist absolut sicher; erlaubt die
Hypothese eine solche und stimmen die deducirten Verhältnisse mit den
an den Erscheinungen gemessenen, so hat die Hypothese die genaueste
Probe bestanden, die sie bestehen kann. Descartes aber zeigt in
seiner Wirbeltheorie keinen Gedanken an eine mathematische Verification, er ist nur Philosoph, der aus
seiner Definition der Materie alle Erscheinungen der
Körperwelt ableitet. Und da aus dem Satze „die Natur der Materie besteht nur in der Ausdehnung" allein nicht viel herauszuklauben
ist, so wird er im Verlauf der Untersuchung gezwungen, immer mehr
neue Hülfshypothesen über die Gestaltung der Materie hinzuzufügen.
Das ist auf der einen Seite bequem, denn direct experimentell lässt sich
über die Gestaltung der unsichtbar kleinen Theilchen nicht entscheiden,
hat aber auf der anderen Seite den alles vernichtenden Nachtheil, dass
mit Häufung der Hypothesen die Wahrscheinlichkeit der
ganzen Theorie der Null immermehr sich annähert. Man
kann nicht verkennen, dass der Versuch, die Annahme eines
Vereinigungsbestrebens aller gleichartigen Körper unnöthig zu machen, höchst geistreich ist, es ist auch entschieden
kein unverdienstliches Unternehmen, aus der Physik alle
unvermittelte Wirkung der Körper aufeinander zu eliminiren; aber dieses Weltsystem war doch zu luftig gebaut, als dass es
längere Sicherheit hätte gewähren können und sowie ein mathematisch
festes Gebäude ihm gegenüber errichtet wurde, musste es verlassen werden[1].

---

[1] Am ungünstigsten ist immer das Unternehmen des Descartes von den
Astronomen beurtheilt worden, die Grundlagen für ihre Rechnungen verlangten.

Zu ihrer Zeit aber fanden die Ansichten des Descartes Descartes,
allgemeine und schnelle Verbreitung. Die Peripatetiker hatten 1644.
für jede unerklärliche Erscheinung an der Materie eine besondere Fähigkeit (qualitas occulta) derselben eingepflanzt, die jedoch ebenso wenig
erklärt wurde; die himmlischen Körper z. B. bewegten sich kreisförmig,
die irdischen geradlinig, nur weil es ihnen so natürlich war. Solchen
verborgenen Qualitäten gegenüber waren die Annahmen des Descartes in
unläugbarem Vortheil. In dem Systeme des Descartes wirken keine
verborgenen Kräfte, das Räthsel der Schwerkraft selbst
existirt nicht, leicht verständliche Hypothesen über die
Form der Materie sind die Grundlagen der Ableitungen.
Wenn man damals darüber hinweg sah, dass es doch der Hypothesen zu
viel wurden, so darf man entschuldigend anführen, dass eine bessere
Erklärung vieler der Erscheinungen nicht vorhanden und dass eine Verbesserung auch der Mängel ja nicht ausgeschlossen erschien. In Frankreich wie in England wurde einige Zeit nach Descartes
die Physik nur nach seinen Anschauungen gelehrt; Rohault's Traité de physique, der 1673 zum ersten Male erschien
und ganz auf Descartes basirt war, galt für das Hauptschulbuch. Als
Newton sein System bekannt machte, hatte es einen langen
Kampf gegen das Descartes'sche zu bestehen und befand
sich längere Zeit in ungünstiger Lage.

Wir gehen nun über zur Betrachtung der Ansichten Descartes' über das Licht, wie sie vor allem in den Anhängen zu seinem
Discours, in der Dioptrik und den Meteoren enthalten sind. Das Licht
besteht, wie schon bemerkt, in einem Druck der Himmelskügelchen (der
Kügelchen des zweiten Elements) auf das Auge. Damit hält Descartes
die Mitte zwischen der Emissions- und der Undulationstheorie des Lichts.
Das Licht wird nicht erzeugt durch eine Wellenbewegung oder durch eine
Aussendung von Lichtmaterie, vielmehr pflanzt sich momentan von Himmelskügelchen zu Himmelskügelchen nur ein Druck fort, der dann vom Auge
als Licht empfunden wird. Ein solcher Druck wird, wie wir gesehen, von
jedem Fixstern ausgeübt, aber auch von jedem leuchtenden irdischen
Körper, weil ein solcher durch die heftige Bewegung seiner länglich
gestalteten kleinsten Theilchen die Kügelchen zweiten Elements, welche sich in ihm und um ihn befinden, immerwährend drückt
und stösst. Descartes glaubt auch, dass die Netzhaut des
Auges selbst einen solchen Druck ausüben und dadurch
die Körper gleichsam tastend auch im Dunkeln sehen
könnte. Von seiner Theorie aus löst dann Descartes die gewöhnlichen

---

Delambre sagt: Descartes hat die Methode der alten Griechen erneuert, die ins
Blaue hineinredeten, ohne jemals zu beobachten oder zu rechnen; aber Irrthum
gegen Irrthum, Roman gegen Roman gehalten, sind mir die soliden Sphären
des Aristoteles noch lieber als die Wirbel des Descartes.

Descartes,
1644.
Probleme der Reflexion und Refraction. Denken wir uns, ein Himmelskügelchen stösst schief gegen eine harte Wand, so lässt sich nach den
Stossgesetzen leicht zeigen, dass es unter demselben Winkel zurückprallen
muss, unter dem es aufgefallen, und dass mithin Einfalls- und Reflexionswinkel einander gleich sein müssen. Denken wir uns
aber, um das Brechungsgesetz abzuleiten, dass ein solches Kügelchen
an eine Wand kommt, in welche es eindringen kann, und setzen wir
voraus, dass in dem dichteren Stoffe der Wand sich das Kügelchen mit
grösserer, z. B. zweimal so grosser Geschwindigkeit als vorher fortbewegt, so wird folgende Construction zum erwünschten Ziele führen.
Bezeichnen wir die Wand mit AB, eine der Geschwindigkeit des Lichts
proportionale Strecke mit CD, und schlagen wir mit CD um D einen
Kreis, so wird das Kügelchen in der Wand den Radius des Kreises in
der Hälfte der Zeit durchlaufen, in welcher es den Radius CD durchlaufen hat. Zerlegen wir dann die Bewegung CD in die senkrechten
Componenten CE und ED, so wird in der Wand die parallel gehende
Bewegung nicht verändert werden (so setzt Descartes voraus), sie wird

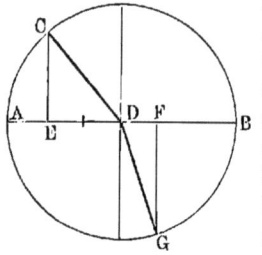

also in der Hälfte der Zeit nur die Hälfte von
ED gleich DF durchlaufen; die Veränderung
der Bewegung der senkrechten Componente in
der Wand brauchen wir nicht zu discutiren, denn
durch die Grösse der ganzen Bewegung und
die Grösse und Richtung der einen Componente
ist schon der Weg des Kügelchens in der Wand
bestimmt. Das Verhältniss der Wege, welche
ausserhalb und innerhalb der Wand parallel
zur Wand zurückgelegt werden, wird dabei für
jeden Einfallswinkel immer dasselbe, in unserem Beispiel 2 : 1, bleiben
und da dieses Verhältniss, wie sich aus der Figur ergiebt, gleich dem
der Sinus vom Einfallswinkel und Brechungswinkel ist, so
folgt daraus direct, dass das Verhältniss dieser Sinus für dieselben Medien immer dasselbe ist.

Descartes hat mit seinem Brechungsgesetze wenig Ruhm eingeerntet.
Man hat betont, dass Snell dies Gesetz schon vor Descartes, wenn auch
in unbequemerer Form gegeben, und hat auch geradezu behauptet, Descartes habe die Snell'sche Entdeckung gekannt und
benutzt und sich folglich, als er denselben bei Angabe des Gesetzes
nicht nannte, eines Plagiats schuldig gemacht. So that das Isaac Voss
vom Jahre 1662 an, und Hughens hatte sogar erfahren, dass Descartes
die betreffende Snell'sche Handschrift selbst gesehen habe. Die Geschichtsschreiber der Mathematik und Physik haben diese Beschuldi-
gungen meist für wahr angenommen; jetzt hat Dr. P. Kramer zu
zeigen versucht[1]), dass die bei weitem grössere Wahrscheinlichkeit

---

[1]) Zeitschrift f. Mathem. u. Physik, XXVII. Jahrg. Histor. lit. Supplement.

für die selbständige Entdeckung des Brechungsgesetzes durch Descartes sei. Kramer setzt diese Entdeckung in die Jahre 1627 oder 1628, weil Descartes um diese Zeit ein Instrument zum Schleifen von Linsen construirt habe, welches von der Kenntniss des Brechungsgesetzes zeuge. Er nimmt als wahrscheinlich an, dass Descartes bei Gelegenheit seiner beiden kurzen Aufenthalte in Holland während der Jahre 1619 und 1621 bis 1622 nichts von Snell's Entdeckung (wenn sie überhaupt bis dahin fertig) gehört haben könne, und da der lange Aufenthalt Descartes' in Holland erst 1629 beginnt, so wäre damit eine unabhängige Auffindung des Gesetzes durch diesen constatirt. Alles das vor der Hand zugegeben, darf man doch annehmen, dass Descartes bis zum Jahre 1637, wo die Veröffentlichung seines Werkes erfolgte, von Snell's Entdeckung Kenntniss bekommen hatte, um so sicherer, als der Prof. Hortensius das Gesetz von 1634 an öffentlich nach Snell vortrug. Wenn das aber der Fall, was auch Kramer für möglich hält, so erscheint erst recht sonderbar, dass Descartes in seiner Dioptrik sich das Recht der unabhängigen Entdeckung nicht ausdrücklich auch gegen Snell gewahrt hat. Kramer bemüht sich zu zeigen, dass Descartes hier nicht die Pflicht hatte, seinen Vorgänger zu nennen; wir meinen aber, es hätte eine solche Erwähnung in seinem eigenen Interesse gelegen, und da er, wie wir auch später noch sehen werden, gerade in dieser Richtung seine Rechte immer zu wahren bemüht war, so scheint uns die Unterlassung an dieser Stelle doch gegen ihn zu sprechen. Wir halten darum eine stillschweigende Benutzung der Snell'schen Entdeckung durch Descartes noch immer für wahrscheinlich und um so mehr, als Descartes (wie er selbst aussprach und wie Kramer nachweist) es eben nicht für seine Pflicht hielt, in einem Werke, das ja keine Geschichte der Optik sein sollte, seine Vorgänger namentlich anzuführen. Wenn Voss und Huyghens erst nach dem Tode des Descartes mit ihren Eröffnungen hervortraten, so kann man daraus noch keinen Schluss gegen die Richtigkeit derselben ziehen, und Descartes für gänzlich ohne Schuld erklären, heisst hier leider schwere Vorwürfe gegen Männer wie Voss und Huyghens erheben.

Descartes muss zu seiner Ableitung des Brechungsgesetzes verschiedene Voraussetzungen machen: 1. die Geschwindigkeit des Lichts in einem dichteren Mittel ist grösser als in einem dünneren; 2. diese Geschwindigkeiten haben bei denselben Medien für alle Einfallswinkel dasselbe Verhältniss, und 3. die zur Trennungsfläche der Medien parallele Componente wird beim Uebertritt aus einem Medium das andere nicht verändert, woraus noch folgt, dass die normale Componente in einem Verhältniss geändert wird, welches mit dem Einfallswinkel selbst sich verändert. Alle diese Hypothesen haben in sich wenig Wahrscheinlichkeit und werden erst durch Erlangung eines richtigen Resultats plausibel, Der englische Philosoph Hobbes (1588 bis 1679) und der berühmte Mathematiker Fermat (1590 bis 1663) vor allem griffen denn auch diesen Beweis in

Descartes,
1644.

allen Punkten an, und Descartes konnte kaum zu einem Waffenstillstande, geschweige denn zu einem Siege gelangen. Ja, als nach dem Tode Descartes' sein Schüler Clerselier in den sechziger Jahren mehrere ungedruckte Schriften wie auch die Briefe[1]) desselben herausgab und seine Ableitung des Brechungsgesetzes vertheidigte, nahm auch Fermat den Streit von Neuem auf und gab selbst einen Beweis, der in seiner Grundlage einer Descartes'schen Annahme direct widersprach. Fermat glaubte voraussetzen zu dürfen, dass das Licht den Weg von einem Punkt in einem Medium bis zu einem Punkte in einem anderen Medium in der kürzesten Zeit zurücklegen werde, und wandte seine neue Methode der Maxima und Minima an, um diesen Weg zu bestimmen. Er fand dadurch ein dem Descartes'schen Brechungsgesetz entsprechendes Resultat, musste aber dabei die Geschwindigkeit im dichteren Mittel geringer annehmen als im dünneren. Da die Natur keine Verschwendung begehen darf, so hielt er sein Princip der kleinsten Wirkung für natürlich sicher und meinte so seinen Gegner gänzlich widerlegt zu haben. Clerselier jedoch gab sich nicht gefangen; er entgegnete, dass jenes Princip Fermat's für die Physik doch auch keine andere als hypothetische Geltung haben könne, und so haben sich auch in der Folge jene beiden Ansichten über das Verhältniss der Lichtgeschwindigkeiten in dünneren und dichteren Mitteln unversöhnlich gegenübergestanden. Deshalb gingen viele Optiker den principiellen Schwierigkeiten aus dem Wege und gaben für das Brechungsgesetz jenen anschaulichen Beweis, den man wohl den Soldatenbeweis nennt. Die Lichtstrahlen verhalten sich beim Auftreffen auf die Trennungsfläche zweier Medien wie ein in breiter Front marschirender Soldatenzug, der von der glatten Strasse schief auf ein Ackerfeld trifft und dadurch in seiner Front verändert und von seiner Richtung abgelenkt wird. Einen solchen Beweis geben Barrow in seinen Lectiones opticae (1669) und Deschales in seinem Mundus mathematicus (1690); nach Montucla (Gesch. d. Mathematik) stammt der Beweis von Pater Maignan aus dem Jahre 1648.

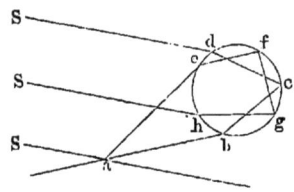

Ueberzeugender als in der Ableitung des Brechungsgesetzes war Descartes in der Erklärung des Regenbogens, die er in seinen Meteoren gab. Er versuchte zuerst den Gang der Lichtstrahlen experimentell festzustellen. Zu dem Zwecke nahm er eine mit Wasser gefüllte Glaskugel und hing sie so auf, dass die Sonnenstrahlen auf sie fielen. Indem er nun, den Rücken gegen die Sonne gewendet, nach der Kugel sah und dieselbe auf- und niederzog, bemerkte er, dass ihm am unteren Ende der

―――――
1) Lettres de Descartes sur la morale, la physique, la médicine et les mathématiques. 3 Vol. Paris 1667.

Descartes, 1644.

Kugel bei b Farben erschienen, sowie die Visirlinie ab nach dem Tropfen mit der Visirlinie Sa nach der Sonne einen Winkel von ungefähr 42⁰ bildete und zwar, dass bei einem etwas grösseren Winkel Roth und mit abnehmendem Winkel Gelb und Blau auftraten. Vergrösserte er den Winkel durch Emporziehen der Kugel immer mehr über 42⁰ hinaus, so verschwanden bald die Farben ganz, traten aber noch einmal matter und in umgekehrter Reihenfolge am oberen Rande der Kugel auf, wenn der Winkel ungefähr die Grösse von 52⁰ erreichte. Indem danach Descartes die Stellen, an welchen er den Durchgang der Lichtstrahlen durch die Kugel vermuthete, mit Papier bedeckte, fand er, dass der Lichtstrahl im ersten Falle den Weg $Sdcba$ und im zweiten den Weg $Shgfe$ verfolgte und hatte damit experimentell bewiesen, dass wirklich der **Hauptregenbogen durch zweimalige Brechung und einmalige Reflexion, der Nebenregenbogen aber durch zweimalige Brechung und zweimalige Reflexion** entsteht. Doch begnügte Descartes sich hiermit nicht, sondern versuchte auch nachzuweisen, **warum nur die Tropfen uns Licht zusenden, aus denen die Strahlen unter jenen Winkeln gegen ihre Anfangsrichtung austreten.** Er überlegte, dass die Sonnenstrahlen, welche parallel auf den Tropfen fallen, je nach den Stellen, auf die sie fallen, unter sehr verschiedenem Winkel, also sehr divergent wieder austreten werden. Es wird also durch die Regentropfen das Sonnenlicht zerstreut, und wir sehen darum durch die Strahlen, welche durch die Tropfen in unser Auge gelangen, im allgemeinen kein helles Bild; nur wenn verhältnissmässig viele solcher Strahlen zusammenbleiben, **wenn sie wieder nahezu parallel aus den Tropfen treten, werden sie ein helles Bild geben.** Descartes berechnete nun für 1000 Strahlen, die er auf den Tropfen in verschiedenen Punkten auffallend dachte, die Ablenkungen. Er fand, dass bei einer zweimaligen Brechung und einmaligen Reflexion die Strahlen wenig divergent austreten, deren Ablenkung ungefähr 42⁰ beträgt, und dass bei zweimaliger Brechung und zweimaliger Reflexion dasselbe für eine Ablenkung von 51 bis 52⁰ der Fall ist. Descartes hatte so zum ersten Male die Grösse der Bögen richtig bestimmt und eine Erklärung der Erscheinung gegeben, die wir noch heute als die richtige anerkennen. Nur eins fehlte noch, Descartes konnte wohl die hellen Bögen, aber **nicht das Auftreten von Farben und die Reihenfolge derselben** erklären; er betonte nur, dass zu ihrer Entstehung eine einmalige Brechung nöthig und dass sie mit den prismatischen Farben identisch seien.

Descartes' optische Untersuchungen zeichnen sich in mancher Richtung vortheilhaft aus. **In diesem Theile der Physik zeigt er nicht nur sein mathematisches Genie im hellsten Lichte, auch das Experiment ist mit grossem Geschick zur Grundlegung der mathematischen Deduction verwandt.** Dass er in den Principien der Philosophie dieser schon so gut benutzten Fähig-

Descartes,
1644.

keiten fast ganz vergessen und seine Beobachtungskunst wie sein mathematisches Talent vernachlässigt hat, darf man bedauern, muss aber
dabei auch bedenken, dass es ein anderes ist, den geradlinigen Strahlen
des Lichtes nachzugehen, bei denen noch dazu nur der Weg und keine
Geschwindigkeit, keine Kraft in Frage kommt, als die complicirten Probleme der Himmelsmechanik mathematisch aufzulösen. Nur in einem
Punkt können wir keine Entschuldigung finden, das ist
in seinem Verhältniss zu Galilei. Dass Descartes noch sechs
Jahre nach dem Erscheinen der Discorsi so merkwürdig falsche Bewegungsgesetze geben konnte, wie das in seinen Principien der Fall ist,
dass er über die Wahrheit und Wichtigkeit der Galilei'schen Arbeiten
so unklar sein konnte, wie er sich in seinen Briefen an Mersenne zeigt,
das können wir nur durch eine sträfliche Ueberschätzung der
Sicherheit seines eigenen Denkens erklären.

Gassendi,
1592—1655.

Der bedeutendste Gegner des Descartes, **Pierre Gassendi,** wurde
1592 in der Nähe von Digne in der Provence als Sohn armer Landleute
geboren.   Ein Verwandter schickte ihn nach Aix, um dort Philosophie
zu studiren, und dies geschah mit solchem Erfolge, dass er schon 1608,
also 16 Jahre alt, Lehrer der Rhetorik in Digne und drei Jahre später
der Nachfolger seines vormaligen Lehrers in Aix wurde.   Schon damals
schrieb er seine Exercitationes paradoxicae adversus Aristo-
teleos, die erst später gedruckt wurden, nachdem er auf den Rath
seiner Gönner einen Theil der heftigsten Angriffe ausgemerzt hatte.
Unter diesen Gönnern befand sich der Prior Joseph Gaulterius und vor
allem der gelehrte Parlamentsrath Peirescius; auf deren Veranlassung
trat er in den geistlichen Stand und wurde auch bald durch die Gunst
des Letzteren Canonicus und dann Probst in Digne.   1646 zum Professor der Mechanik in Paris ernannt, kehrte er doch bald seiner schwachen
Gesundheit wegen nach Digne zurück.   Erst 1653 ging er wieder nach Paris,
erkrankte aber bald aufs Neue und starb am 24. October 1655, nachdem
er, schon vom Fieber geschwächt, noch dreizehn Aderlässe ausgehalten
hatte.   Seine Werke erschienen 1658 gesammelt in sechs starken Bänden.

Gassendi gehört zur naturphilosophischen Linie der
Physiker, er hatte kein Interesse am Experiment um des Experiments
willen, er war nicht bloss darauf bedacht, beobachtend Neues zu entdecken;
aber er war auch nichts weniger als ein einseitiger Speculant, sondern
prüfte selbständig, was ihm der Beachtung werth schien.   Nur eins
lässt er an manchen Stellen vermissen, das mathematische Interesse und vielleicht auch das mathematische Talent.   Er war vor
allem darauf angelegt, kritisch zu prüfen, alte Irrthümer zu beseitigen
und neue, schwer verständliche Ideen einzuführen; darum nimmt er eine
bedeutsame Stelle unter den Begründern der neuen Weltanschauung ein
und ist einer der Hauptleute im Kampfe gegen die alte
Physik, die sich auf die Autorität des Aristoteles grün-

dete. Gassendi setzte dem Aristotelismus direct ein anderes philosophisches System entgegen, er kehrte zu dem zurück, das dem Aristotelismus am feindlichsten war, und wurde der Erneuerer der Atomistik; in solcher Absicht empfahl er die Philosophie des Epikur und machte sie zur Grundlage seiner Naturanschauung[1]. Gassendi, 1592—1655.

Dass ein Körper bis ins Unendliche getheilt werden könne, ist undenkbar, sonst müsste derselbe in Nichts sich auflösen lassen; alle Körper bestehen vielmehr aus untheilbaren Theilchen oder Atomen, zwischen denen sich ein absolut leerer Raum befindet. Die Atome sind undurchdringlich, untheilbar und haben eine gewisse Grösse und eine gewisse Schwere, d. h. eine natürliche Bewegung oder wenigstens ein Streben zur Bewegung. Die Atome sind sehr verschieden geformt, kugelig, oval, länglich, spitz, eckig u. s. w. und besitzen danach eine ganz verschiedene Trägheit, die glatteren weniger, die eckigen mehr. Die Beschaffenheit eines Körpers hängt von der verschiedenen Lagerung seiner Atome ab, hängen dieselben nur in wenig Punkten zusammen, so ist der Körper flüssig, hängen sie in mehr Punkten zusammen, so ist er fest. Das letztere ist vorzüglich der Fall, wenn die Atome sehr unregelmässig gestaltet sind; hier spielt auch bei Gassendi die Vorstellung von hakig gebogenen Atomen als der hauptsächlichste Grund der Festigkeit herein. Die grössere oder geringere Dichtigkeit der Körper ist natürlich durch die geringere oder grössere gegenseitige Entfernung ihrer Atome bedingt. Alles Entstehen und Vergehen ist nur ein Verbinden und Trennen der Atome, dieses Verbinden und Trennen geschieht nur durch Kräfte, die den Atomen selbst innewohnen, also nicht direct durch den Schöpfer der Welt. Doch ist Gott die erste Ursache aller Vorgänge in der Welt, denn er schuf alle Atome mit ihren Kräften als Samen der Dinge. Die irdischen Atome sind in immerwährender Fallbewegung nach dem Mittelpunkt der Erde in Folge der gegenseitigen Anziehungskraft der Atome. Diese Anziehung ist jedoch nicht als eine unvermittelte Fernwirkung (actio in distans) zu denken, sie gleicht vielmehr der magnetischen Anziehung, und die magnetische wie die elektrische Anziehung erklärt Gassendi nach seinen alten Mustern für eine directe Wirkung der von den betreffenden Körpern ausgehenden Ausflüsse. Ein directer Ausfluss von Materie aus einem Körper ist dem Gassendi auch das Licht; er ist ein Anhänger der reinen Emanationstheorie und tritt schon dadurch in einen starken Gegensatz zu Descartes, dessen ganzes philosophisches System er 1643[2] an der Wurzel angriff, indem er heftig gegen das Cogito ergo sum polemisirte. Gassendi

---

[1] De vita, moribus et doctr. Epicuri (Leyden 1647); Philosophiae Epicuri syntagma (Haag 1655).

[2] Disquisitiones Anticartesianae.

Gassendi,
1592—1655. fand auch in seiner Lichttheorie viele Anhänger, doch hat er gerade in
der Optik mehr Falsches als Richtiges zu Tage gefördert.

Die Schallgeschwindigkeit bestimmte Gassendi wie Mersenne,
aber indem er dabei sowohl Kanonen wie Pistolen benutzte, widerlegte
er zugleich einen alten Irrthum der Peripatetiker. Er fand entgegen
den Behauptungen jener, dass der Schall sich unabhängig von
seiner Quelle und von der Tonhöhe in der Luft immer mit
derselben Geschwindigkeit fortpflanze und zwar mit einer
Geschwindigkeit von 1473 Fuss in der Secunde. Der Ansicht, dass Kälte
nur negative Wärme sei, tritt er direct entgegen; vor allem weil Wasser
und Salpeter bei ihrer Vermischung ebenso Kälte, wie andere Körper
Wärme erzeugen; er nimmt also wie eine Wärmematerie auch eine besondere Kältematerie an. Die Atome der Kälte sind tetraedrisch,
sie dringen in die flüssigen Materien ein und verfilzen
deren Atome so mit einander, dass die Flüssigkeiten fest
werden; die Spitzen der Kälteatome sind es auch, die auf unserer Haut
das eigenthümlich prickelnde Gefühl der Kälte erzeugen. Wie man
sieht, ist auch Gassendi trotz seines Gegensatzes zu Descartes nicht
ängstlich mit dem Formen der unsichtbaren Atome, das
liegt wohl in dem Charakter der Naturphilosophie. Doch ist Gassendi
auch auf so unsicheren Gebieten, wie der Physik der Erde, noch immer
ein schärferer Beurtheiler als mancher Physiker seiner Zeit. Er ist
gegen die Ansicht von einem im Erdinnern beständig brennenden
Centralfeuer, weil keine Flamme sich ohne Licht erhalten kann.
Wo Flammen aus der Erde hervorbrechen, da steigen sie aus Höhlen
und Spalten auf, in denen sich Schwefel und harzige Stoffe angesammelt
haben. Die Entzündung dieser Stoffe aber ist nicht wunderbar, da man
ja weiss, dass eine Mischung von Salpeter, Schwefel und lebendigem
Kalk sich von selbst entzündet. Auch die Erdbeben entstehen durch
solche Feuer, nicht durch heftige Winde, die aus den Spalten der Erde
wehen. Das Meerwasser ist salzig, weil es immerwährend mit colossalen
Salzlagern und Salzbergen, die an seinem Grunde sich finden, in Berührung ist.

Gassendi's mechanische Leistungen waren hauptsächlich durch
seine Betheiligung an dem Streit über die Weltsysteme bedingt. In
Italien war mit der Verurtheilung Galilei's das Kopernikanische System
für längere Zeit abgethan; in Frankreich aber, wo sich eben eine Menge
bedeutender Gelehrten zusammenfanden, führten diese, unterstützt von
einflussreichen Gönnern der Wissenschaft, wie Peirescius, den Kampf
weiter, und die Anhänger des Kopernikus siegten endlich auf der ganzen
Linie. Das Ptolemäische System war nicht mehr zu halten,
soweit war man klar; jetzt handelte es sich nur um Kopernikus
oder Tycho. Eine Menge bedeutender Männer waren für Tycho, sein
Schüler Longomontanus, der Kapuziner Ant. Mar. Schyrläus
de Rheita, die Jesuiten Riccioli, Deschales u. a. Am heftigsten

jedoch trat Jean Baptiste Morin (1583 bis 1656) in einer Schrift Gassendi, 1592—1665. aus dem Jahre 1631 gegen Kopernikus auf. Morin brachte zwar keine neuen Gründe vor, aber sein Einfluss in Paris war bedeutend und damit gefährlich. Er war 1629 Professor der Mathematik in Paris geworden (ursprünglich war er Arzt, nebenbei auch Astrologe) und hatte sich bei Richelieu (wie auch bei dessen Nachfolger Mazarin) in Gunst zu setzen gewusst. Danach fehlte nicht viel, dass sich die Sorbonne dem Bannfluch des Papstes angeschlossen und Kopernikus ebenso in Frankreich zu unterdrücken versucht hätte, wie das in Italien geschah. Gegen diesen Morin und seine Gründe für das Tychonische System wandte sich Gassendi in zwei Briefen an Peter Pateanus vom Jahre 1640. Morin antwortete 1643 in einer Schrift mit dem bescheidenen Titel Alae telluris fractae; Gassendi replicirte 1645 in einem dritten Briefe an seinen Gönner Gaulterius, und 1649 erschien die ganze Widerlegung Morin's als das Werk De motu impresso a motore translato. Morin erklärte sich zwar auch dadurch noch nicht für besiegt, aber die Sorbonne hütete sich doch durch Eingreifen in den Streit sich blosszustellen. In der Schrift De motu impresso handelt es sich vor allem um die Erhaltung einer Bewegung auch in dem Falle, dass dem bewegten Körper noch eine neue Bewegung mitgetheilt wird. Die Gegner des Kopernikanischen Systems wollten trotz der Galilei'schen Untersuchungen über die Zusammensetzung der Bewegungen nicht begreifen, dass ein Körper, der von der Erde geworfen wird, neben dieser Bewegung auch die alte, die er mit der Erde hatte, noch behält; Morin hatte wieder geltend gemacht, dass, wenn die Erde sich bewege, ein fallender Körper hinter derselben zurückbleiben müsse. Um die Frage endgültig zu erledigen, liess Gassendi im Hafen von Marseille auf einer Rudergaleere, die in einer Viertelstunde vier milliaria (1 milliarium = 1000 Schritt) zurücklegte, Steine von der Spitze des Mastes fallen. Dieselben fielen parallel dem Maste, blieben also trotz der Vorwärtsbewegung des Schiffes nicht hinter diesem zurück, damit war nun der fast zweitausendjährige Einwurf von dem Zurückbleiben der Wolken etc. hinter der bewegten Erde endlich beseitigt. Auch für das Galilei'sche Fallgesetz von dem Wachsthum der Fallgeschwindigkeit proportional mit der Zeit trat Gassendi[1]) in Briefen an den eifrigsten Gegner desselben, den Pater Casräus, ein und zeigte ihm sowohl die Fehlerhaftigkeit seiner Schlüsse als die Ungenauigkeit seiner Versuche. Gassendi bekannte sich trotz alledem nicht direct zu dem Kopernikanischen System; er bemüht sich nur zu zeigen, dass alle Einwände gegen dasselbe falsch seien. Auch in seiner Institutio astronomica, die 1647 erschien, hatte er sich nicht entschieden. Er gab da im ersten Buche die sphärische Astronomie, im zweiten das

---

[1]) De proportione qua gravia decidentia accelerantur Epistolae III. Paris 1646.

Ptolemäische und im dritten das Kopernikanische und Tychonische
System. Das Ptolemäische verwarf er ganz, das Kopernikanische erklärte
er für das einfachste und der Wirklichkeit am besten entsprechende —
aber das Tychonische müsse man annehmen, weil die Bibel
offenbar der Sonne eine Bewegung zuschreibe. Die Sache
war wohl durchsichtig genug, das zeigen auch die fortdauernden Angriffe Morin's, die Kirche jedoch begnügte sich mit dieser scheinbaren
Unterwerfung. Ob sie in Frankreich ihrer Macht nicht so sicher war
als in Italien, ob sie sich scheute, zum zweiten Male gegen einen berühmten Gelehrten einen gehässigen Inquisitionsprocess anzustrengen, oder
ob Galilei mit seiner rücksichtslosen Polemik gegen halbgelehrte Mönche
den Hauptgrund zu seiner Verfolgung gelegt? Schon die Zeitgenossen
waren verwundert, dass man die Erneuerung der Atomistik, die Verehrung des verrufenen Epikur, die erneute Discussion des Kopernikanischen Weltsystems so ruhig hingehen liess. Dem liebenswürdigen, mil-
den, nie verletzend polemischen Gelehrten, dem der Kirche immer
unterwürfigen Priester, dem naiven Gassendi, der so ahnungslos die
gefährlichsten Lehren vortrug, wurde so viel verziehen, dass der ver-
gleichsweise freisinnige Theologe Launoy über Gassendi ausruft: „Wenn
das Ramus, Litaudus, Villonius und Clavius gelehrt hätten, was würde
man mit jenen Menschen angefangen haben."

Wir haben schon früher die magnetischen Arbeiten des **Athanasius
Kircher** erwähnt, jetzt müssen wir seines optischen Werkes gedenken, und hieran schliessen wir gleich die Betrachtung einiger anderer
Schriften an. Wie schon früher bemerkt, steht Kircher in unserer Wissenschaft auf keiner sehr hohen Stufe, und mancher Physiker dürfte ihn nicht
einmal als Collegen anerkennen wollen, aber seine Arbeiten sind doch
beachtenswerth. Sie geben ungefähr den Stand des damaligen exacten Wissens und die Richtungen, in denen gearbeitet wurde; wenn man auch dabei vorsichtig sein muss und nicht
manchen abenteuerlichen Erklärungsversuch des dilettantischen Experimentators seinem Zeitalter überhaupt als charakteristisch zurechnen
darf. Kircher's optisches Werk erschien 1646 in Rom und 1671 in
Amsterdam in vermehrter Auflage unter dem Titel **Ars magna lucis
et umbrae**. Obgleich Descartes schon 1637 seine Veröffentlichung des
Brechungsgesetzes bewirkt hatte, nimmt Kircher darauf noch keine Rücksicht; er theilt über die Brechungen aus Luft in Wasser, in Wein, in
Oel und in Glas Tabellen mit, aber er ergänzt für Wasser diese Tabellen
noch nach der Kepler'schen Hypothese. In der Amsterdamer Ausgabe
beschreibt Kircher ausführlich die **Zauberlaterne**, laterna magica,
fast ganz in der noch jetzt gebrauchten Form und giebt noch zur Ver-
deutlichung zwei gut ausgeführte Abbildungen. Man hat darum Kircher
für den Erfinder dieses Instruments angesehen, vielleicht mit Unrecht,
aber wir legen keinen Werth darauf, da ja im Princip Porta dieselbe

schon angegeben hat. Kircher hatte als Begleiter des Landgrafen Fried- Kircher, 1646.
rich von Hessen im Jahre 1636 eine Reise nach Sicilien unternommen
und dort auch Syracus besehen. Er kam dabei zu der Ueberzeugung,
dass die römische Flotte bei der Belagerung im Jahre 212 v. Chr. den
Mauern wohl bis dreissig Schritt nahe gewesen sein könnte, und als es
ihm nun gelang, mit einer Combination von fünf ebenen Spiegeln noch
in einer Entfernung von 100 Fuss brennbare Stoffe zu entzünden, so
meinte er damit die Verbrennung der römischen Flotte durch Archimedes plausibel gemacht zu haben. Wir sprachen unsere gegentheilige
Ansicht schon Bd. I, S. 34 dieses Werkes aus.

Auf dieser Reise nach Sicilien wurde Kircher auf die wunderbare
Erscheinung der Fata morgana aufmerksam, die sich häufig an der
Meerenge von Messina zeigt, und hatte auch hierfür eine Erklärung.
Auf dem Grunde des Meeres an der calabrischen Seite enthält der Sand
viel gypsige, spiessglanzartige und glasartige Materien; die ausser-
ordentliche Hitze der Sonne in jenen Gegenden verflüchtigt von diesen
Theilchen so viel, dass sie in der Luft eine spiegelnde Fläche bilden,
und diese zeigt dann dem erstaunten Auge weit entfernte, sonst unsichtbare herrliche Gegenden.

Eine andere nicht minder wunderbare Lichterscheinung fing erst um
diese Zeit an Aufsehen zu erregen. Nach einer Erzählung Priestley's
in seiner Geschichte der Optik hat der Schuhmacher Vincenz Cascariolo im Jahre 1630 bei Gelegenheit alchemistischer Versuche zuerst
bemerkt, dass der um Bologna sich findende Schwerspath, wenn man ihn
längere Zeit dem Sonnenlicht ausgesetzt hat, die Fähigkeit besitzt, im
Dunkeln mit schwachem Licht zu leuchten. Die Erzählung kann wenigstens der Zeit nach nicht richtig sein, denn La Galla erzählt schon in
seinem Buche De phaenomenis in orbe lunae von 1612, dass Galilei
in einem Gespräch jenes Steines und seiner wunderbaren Eigenschaft
erwähnte und daraus schloss, dass das Licht nicht eine unkörperliche
Qualität sein könne. Kircher beschreibt diesen Stein genau und giebt
an, dass man denselben auch noch an verschiedenen Orten ausser bei
Bologna fände, und dass das Nachleuchten des Steins noch viel stärker
werde, wenn man ihn zu Pulver zerreibe, mit Wasser, Eiweiss und
Leinöl durchknete und dann im Ofen calcinire. Auch macht er die ver-
nünftige Bemerkung, aus dem Lichteinsaugen des Bologneser Steins sei
ebensowenig auf einen besonderen Lichtstoff zu schliessen, als aus dem
Nachleuchten eines glühenden Eisenstabes, den man vom Feuer genommen.
Solche Leuchtsteine oder Phosphore sind danach mit Vorliebe
untersucht und die Erscheinung ist zur Erklärung aller möglichen Erscheinungen verwandt worden; selbst der ganze Mond wurde zu einem
solchen Phosphor gemacht, um für das schwache Leuchten der nicht von
der Sonne beschienenen Fläche einen Grund zu haben [1].

---

[1] Die Untersuchung der Phosphore hat man nicht bloss das 17., sondern
auch das ganze 18. Jahrhundert in vollem Eifer fortgesetzt. 1675 entdeckte

Der Hauptwerth der Kircher'schen Ars magna liegt in seiner Behandlung der Farben. Kircher hat zu wenig mathematisches Verständniss, als dass er sich mit einer rein mathematischen Theorie des Lichts vertraut machen könnte, er sucht darum nach Aufgaben, wo dieser Fehler weniger hervortritt, und findet solche gerade auf diesem Gebiete. Zwar ist er auch hier nicht bahnbrechend, seine Farbenlehre steht der Theorie nach ganz auf dem alten Standpunkte, aber er giebt doch eine ganze Menge neuer interessanter Beobachtungen. Kircher ist der erste Physiker, der die Thatsache der sogenannten physiologischen (subjectiven) Farben und der Nachbilder, an denen diese Farben erscheinen, erwähnt. Ein gewisser Joseph Bonacursius hatte in einer Unterhaltung mit Kircher erwähnt, dass man auch im Dunklen sehen könne. Kircher brachte danach in der Oeffnung eines Fensterladens in einer dunklen Kammer auf einem Papier eine leichte Zeichnung an. Nachdem er dieselbe eine Zeit lang fixirt, schloss er die Oeffnung des Ladens, und sah nun auf einem weissen Papier, auf welches er sein Auge wendete, Kreise mit allerlei Farben, sowie auch ein Bild jener Zeichnung. Kircher empfiehlt diese Erscheinung der Aufmerksamkeit aller Naturforscher; er selbst meint, das Auge verhalte sich dabei wohl wie ein Bononischer Stein, der das Licht einsauge und dann in der Dunkelheit wieder von sich gebe. Ein Chamäleon, das ein Franziskanermönch 1639 aus Palästina mit nach Rom gebracht, beobachtete Kircher mit grossem Interesse; den wunderbaren Farbenwechsel des Thieres erklärte er aus Zweckmässigkeitsgründen. Am merkwürdigsten aber ergeht es Kircher bei einer anderen bedeutenden Entdeckung. Aus Mexiko hatte er einen Becher zum Geschenk erhalten, der aus einem Holz gefertigt war, das man Nierenholz[1] nannte, weil es bei Blasen- und Nierenkrankheiten als Heilmittel angewandt wurde. Kircher bemerkte, dass Wasser, welches in diesem Becher längere Zeit gestanden, beim Hindurchsehen keine Spur von Farben, beim Daraufsehen aber entschiedene Farben, vor allem ein intensives Blau zeigte. Boyle hat später diese Beobachtungen fortgesetzt und dahin berichtigt,

---

der Amtmann Balduin zu Grossenhain in Sachsen, dass auch der Rückstand bei der Destillation von Kreide in Salpetersäure das Licht einsauge (Balduin'scher Phosphor). Dieselbe Eigenschaft fand Homberg 1712 an dem fixen Salmiak, dem Chlorcalcium (Homberg'scher Phosphor). Du Fay bemerkte 1724, dass auch Amethyst, Hyacinth und viele andere Körper als Phosphore wirken. Unser Element Phosphor entdeckte Brand aus Hamburg 1669. Interessant ist auch die Aeusserung Bacon's (Organon 1620): Man möge untersuchen, ob das Licht an einem Orte verweilen könne, einige Gelehrte hielten die Dämmerung für verursacht durch zurückgelassenes Sonnenlicht.

[1] Burckhardt (Poggendorff's Ann. CXXXIII, S. 680) theilt mit, dass schon Nicolò Monardes jene Eigenschaft des Nieren- oder nephritischen Holzes beobachtet und in einer spanischen Schrift beschrieben hat, von welcher 1575 eine italienische Uebersetzung in Venedig erschien. Nach Burckhardt hat Kircher diese Schrift auch benutzt.

dass ein Aufguss von jenem Holz in durchgehendem Licht goldfarbig
und in zurückgeworfenem Licht blau erscheine. Kircher gab sich viel
Mühe um die Erklärung der Sache, fand auch nach langen Versuchen
den richtigen Grund der Erscheinung und versprach denselben an einem
anderen Orte mitzutheilen, leider aber hat er sein Versprechen
vergessen, und wir wissen nicht, wie er sich mit dieser Fluorescenz-
erscheinung abgefunden hat.

Kircher,
1646.

In zwei akustischen Schriften[1]) von 1650 und 1673, in denen
viel von merkwürdigen Echos und Sprachgewölben die Rede ist, beschreibt
Kircher zum ersten Male zwei neue Instrumente, die Aeolsharfe und
das Sprachrohr. Doch ist auch hier sein Verdienst nicht über allen
Zweifel erhaben; denn in Betreff des ersten wusste man längst, dass
durch den Wind Saiten harmonisch erklingen, und das zweite Instrument,
das Sprachrohr Kircher's, erscheint wenig für seinen Zweck geeignet. Das
Sprachrohr in der noch jetzt gebräuchlichen Form hat zuerst der Engländer Samuel Morland im Jahre 1671 beschrieben.

Als das abenteuerlichste Werk Kircher's erscheint uns sein Mundus subterraneus in quo universae naturae majestas et
divitiae demonstrantur (Amsterdam 1664). Wenn es auch nur
giebt, was die damalige Zeit über das Innere der Erde dachte, so sieht
man doch, dass hier tief unter der Erde das Fabuliren noch leichter war
als an der hellen Oberfläche. Mundus subterraneus leitet die meisten
Erscheinungen im Erdinnern aus dem Centralfeuer desselben oder
doch wenigstens aus den in Höhlen eingeschlossenen brennbaren Dünsten ab. Das Centralfeuer der Erde (auch die Sonne
besteht aus einer ungeheuren wallenden Feuermasse) entzündet die in
den Erdhöhlen aufgespeicherten nitrösen Dünste, dadurch entstehen die
Erdbeben; es treibt aber auch aus diesen Höhlen, welche die Erde wie
einen Schwamm durchlöchern, die wässerigen Theile in die Atmosphäre.
Diese verdichten sich dann in den kalten Luftschichten und fallen als
Regen, oder wenn sie vorher mit nitrösen Dünsten zusammengetroffen
sind [2]), als Schnee oder Hagel herab. Der Mond ist der Erde ähnlich,
er besteht wie diese aus Erden, Wasser und allen möglichen Salzen.
Wegen dieser Aehnlichkeit findet zwischen Erde und Mond eine gegenseitige Einwirkung statt; sobald das Mondlicht das Meer bescheint, leben
die nitrösen Geister, die sonst vom Wasser zurückgehalten wurden, im
Meere auf und treiben das Wasser mit Gewalt in die Höhe. Der Salzgehalt des Meerwassers rührt von grossen Salzlagern am Grunde des
Meeres her, daher nimmt der Salzgehalt mit der Tiefe zu, und das ins
Meer einfliessende Flusswasser bleibt oben schwimmen und macht, dass
die Dämpfe des Meerwassers nur süsses Wasser enthalten.

Kircher ist ein Physiker der alten Schule, der nur von

---

[1]) Musurgia s. Ars magna consoni et dissoni (Rom 1650) und Phonurgia
nova (Kempten 1673).

[2]) Kircher denkt hier an die Kältemischungen.

Kircher,
1646.
der Neuzeit einige Beobachtungkunst aufgenommen hat. Er ist durchaus bewandert in der Naturphilosophie der Alten und geht noch gern in
ihren Bahnen, wenigstens da, wo ihn die Beobachtung nicht gewaltsam
heraustreibt; die mathematische Ader dagegen scheint ihm ganz zu
fehlen, und das giebt seinen Schriften einen noch mehr dilettantischen
Anstrich als sie ohnedies haben würden.

Schott,
1608—1666.
Aehnliches gilt auch von Kircher's Freund, Schüler und Ordens-
bruder **Kaspar Schott**, der 1608 in Königshofen bei Würzburg geboren,
Professor der Theologie und der Mathematik in Palermo war und 1666
als Professor der Mathematik und Physik in Würzburg starb. Er hat
ein Werk M a g i a u n i v e r s a l i s n a t u r a e e t a r t i s (Würzburg 1657)
hinterlassen, in dessen erstem Theile er ziemlich dieselben Gegenstände
wie Kircher in seiner Optik behandelte. Wir erwähnen daraus nur die
Anweisung zur Anfertigung von k a t o p t r i s c h e n A n a m o r p h o s e n,
das sind Zerrbilder, die durch conische oder cylindrische Spiegel als regel-
mässige Bilder erscheinen, für welche übrigens auch Kircher und einige
andere vorher Anweisungen gegeben hatten. In einer anderen Schrift,
M e c h a n i c a h y d r a u l i c o - p n e u m a t i c a (Würzburg 1657), behält
Schott noch immer den Horror vacui bei und behauptet, die Torricelli'sche
Leere sei nicht luftleer, sondern nur luftverdünnt; als Zeugniss dafür
führt er an, dass man in den leeren Raum über einer Wassersäule ein
Uhrwerk gebracht habe, das trotzdem gehört worden sei. Otto v. Gue-
ricke aber macht schon auf die geringe Beweiskraft dieses Experiments
aufmerksam. Das Werk hat reellen Nutzen dadurch gebracht, dass Schott
darin zuerst (mit Guericke's Erlaubniss) die L u f t p u m p e beschrieb.
In einem späteren Werke, T e c h n i c a c u r i o s a von 1664, wurde diese
Beschreibung wiederholt; dort findet sich auch die Nachricht von d e r
T a u c h e r g l o c k e, welche am weitesten zurückdatirt. Im Jahre 1538
sollen sich vor Kaiser Karl V. zwei Griechen zu Toledo in einem umgekehrten kupfernen Kessel ins Wasser gelassen haben und unbeschädigt
heraufgekommen sein. Bacon beschreibt in seinem Novum organon
(Buch II, art. 50) schon eine wesentlich vollkommnere Vorrichtung und
erwähnt auch dabei, dass man dieselbe schon mehrfach zur Untersuchung
untergegangener Schiffe gebraucht habe, ja erwähnt gerüchtweise eines
Kahnes oder kleinen Schiffes, mit welchem man auf weite Entfernungen
unter Wasser fahren könne. Nach einem Briefe von Thomas Bartholinus
dem Jüngeren hat F r a n z K e s l e r aus Wetzlar 1616 einen „Wasser-
harnisch“ beschrieben, in welchem man auf dem Grunde des Meeres
spazieren gehen, lesen, schreiben, essen, zechen und singen kann[1]).

Cavalieri,
1647.
Auf Kircher folgen direct noch zwei Optiker, beide in ihrer Art
sehr verschieden und doch beide von grosser Bedeutung. **Bonaventura**

---

[1]) E. B u d d e in Wiedemann's Ann. XIII, S. 208.

Cavalieri [1]), geboren 1598 zu Mailand, trat früh in den Orden der Cavalieri, 1647.
Jesuaten oder Hieronymiten. Seine Oberen sendeten ihn seiner Talente wegen auf die Universität Pisa, 1629 wurde er Professor zu Bologna, und dort starb er 1647. Er war ein Schüler Galilei's und ein
Freund Castelli's. Seinen Hauptruhm erhielt er durch seine n e u e M e -
t h o d e d e r F l ä c h e n - u n d K ö r p e r b e r e c h n u n g; für die P h y s i k
wurde er durch eine Abhandlung S p e c c h i o u s t o r i o (Bologna 1632) und
vor allem durch seine E x e r c i t a t i o n e s g e o m e t r i c a e s e x (Bologna
1647) wichtig. In den letzteren gab er zum ersten Male die B r e n n -
w e i t e n oder die V e r e i n i g u n g s w e i t e n p a r a l l e l a u f f a l l e n d e r
S t r a h l e n f ü r G l a s l i n s e n v o n u n g l e i c h e r K r ü m m u n g a u f
b e i d e n S e i t e n. Unter der Voraussetzung, dass das Brechungsverhält-
niss von Luft in Glas $3/_2$ ist, findet er die richtigen Sätze: I n a l l e n
c o n v e x e n o d e r c o n c a v e n L i n s e n, w e l c h e n a c h v e r s c h i e -
d e n e n S e i t e n g e k r ü m m t s i n d, v e r h ä l t s i c h d i e S u m m e a u s
d e n R a d i e n d e r L i n s e n f l ä c h e n z u d e m R a d i u s d e r L i n s e n -
f l ä c h e, w e l c h e d e n p a r a l l e l a u f f a l l e n d e n L i c h t s t r a h l e n
z u g e w a n d t i s t, w i e d a s D o p p e l t e d e s R a d i u s d e r a n d e r e n
L i n s e n f l ä c h e z u r B r e n n w e i t e; fallen aber die Krümmungen der
beiden Linsenflächen nach derselben Seite, d. h. sind die Linsenflächen
nicht beide concav oder convex, sondern die eine concav und die andere
convex, so gilt noch dieselbe Regel, nur ist statt der Summe die Differenz derselben zu setzen. Da die Mathematiker zu Cavalieri's Zeit noch
nicht daran gewöhnt waren, entgegengesetzte Richtungen von Strecken
durch Vorzeichen derselben auszudrücken, so musste Cavalieri seine
Regel für alle verschiedenen Combinationen von concaven und convexen
Flächen besonders entwickeln; daher rührt es, dass die Regel nicht
die entgegengesetzte Lage der Brennpunkte bei verschiedenen Linsen
andeutet, vielmehr noch einen Zusatz darüber erfordert, auf welcher Seite
in jedem besonderen Falle der Brennpunkt liegt.

Die Vereinigungsweiten auch für Strahlen, die nicht parallel sind,
also die Bildweiten leuchtender Punkte, gab zuerst I s a a c B a r r o w in
seinen L e c t i o n e s o p t i c a e, welche Newton im Auftrage Barrow's
herausgab. Auch er konnte, da er eine ganz geometrische Methode
befolgte, nur jeden Fall besonders behandeln; eine allgemeine Formel,
welche für alle Gläser und Spiegel gültig war, erreichte erst H a l l e y 1 6 9 3.

J o h a n n e s Marcus Marci (de Kronland) war 1595 zu Landskron Marcus
Marci, 1639
u. 1648,
in Böhmen geboren und bis 1667, in welchem Jahre er starb, Professor
der Medicin in Prag. Nächst der Medicin widmete er sich mit beson-
derem Eifer den Naturwissenschaften, und man kann ihm nicht absprechen,
dass er den mächtig fortstrebenden Wissenschaften zu folgen und auch

---

[1]) So schreibt P o g g e n d o r f f und warnt vor einer Verwechslung mit Cavalleri (Prof. der Mathematik in Cahors, 1698 bis 1763). Moutucla und Whewell
schreiben: Cavalleri; Wilde: Cavaleri; Fischer: Cavallerie.

noch weitere Ziele zu erreichen wusste. Leider leiden seine Werke vielfach an Unklarheit und Unbestimmtheit, und das mag unter anderen mit
eine Ursache dafür gewesen sein, dass dieselben wenig Wirkung übten
und bald vergessen wurden.

In seinem 1639 in Prag erschienenen Werke De proportione
motus seu regula sphymica ergriff er mit wunderbarem Erfolge
das schwierige, von Galilei und Torricelli eben nur berührte, von Descartes so unglücklich behandelte Problem vom Stoss der Körper.
Er beginnt mit der Eintheilung der Körper in weiche, zerbrechliche und
harte. Mit den letzteren (unter denen er elastische versteht) beschäftigt
er sich besonders und findet u. a. folgende merkwürdig richtige Regeln:
Wenn ein bewegter Körper auf einen anderen ihm gleichen,
ruhenden stösst, so bleibt er selbst in Ruhe, während der
andere seine Bewegung aufnimmt; wenn zwei gleiche Körper mit gleichen aber entgegengesetzten Geschwindigkeiten aufeinanderstossen, so werden sie beide nach dem
Stoss mit den gleichen, aber entgegengesetzten Geschwindigkeiten zurückprallen[1]).

In einem zweiten Werke Thaumantias. Liber de arcu coe-
lesti deque colorum apparentium natura (Prag 1648) behandelt
Marci die prismatischen oder die damals sogenannten apparenten
Farben. Er spricht sich entschieden gegen die alte Meinung aus, dass
diese Farben nur an der Grenze von Licht und Schatten entstehen und
macht den sehr bemerkenswerthen Vorschlag, zur genaueren Untersuchung
das prismatische Bild an einem dunklen Orte aufzufangen
und zu betrachten. Er behauptet auch, dass Lichtstrahlen,
welche parallel auf das Prisma fallen, beim Austritt aus
demselben divergiren, und dass einmal gebrochenes Licht
nach wiederholten Brechungen immer dieselbe Farbe zeige;
ja er kommt zu dem Schlusse, dass verschieden gebrochenes
Licht auch verschiedene Farben zeigen müsse. Das könnte
man für eine Anticipation der Newton'schen Entdeckungen ansehen und
ist jedenfalls ein entschiedenes Zeugniss dafür, dass schon um diese Zeit
über die Abhängigkeit der Farben von den Brechungsexponenten verhandelt wurde; leider sind die erklärenden Vorstellungen des Marci
gerade an dieser Stelle nicht die bestimmtesten. Er glaubt nämlich bei
der Untersuchung verschiedener Pigmente gefunden zu haben, dass man
jede Farbe durch Condensation in eine andere verwandeln
könne; da er nun beobachtet hat, dass das Licht beim Uebergang aus
einem dünneren in ein dichteres Mittel auf einen kleineren Brechungswinkel beschränkt wird, so meint er dadurch erklärt zu haben, wie bei
der Brechung Farben überhaupt entstehen. Und da jede verschieden
starke Brechung auch das Licht mehr oder weniger condensirt oder

---

[1]) Montucla II, S. 406.

zerstreut, so folgt noch weiter, dass zu jeder bestimmten Brechung auch eine bestimmte Farbe gehört. Marcus Marci, 1639 u. 1648.
Man sieht, die **Condensation des Lichts als Ursache der Farben** ist eine Vorstellung, mit welcher sich manches deuten lässt; doch ist dieselbe mathematisch wenig fassbar und darum für eine Weiterentwickelung wenig geeignet.

Den Spuren Torricelli's folgte **Blaise Pascal**. Derselbe wurde am 19. Juni 1623 zu Clermont-Ferrand in der Auvergne geboren, wo sein Vater Präsident der Steuerkammer war. Von seinem frühreifen Genie wird so Erstaunliches erzählt, dass man sicher diese Erzählungen für Fabeln halten würde, wenn nicht das kurze Leben des Gelehrten in den verschiedensten Gebieten so grosse Früchte getragen hätte. Im Jahre 1631 war Pascal mit seinem Vater nach Paris gezogen; in dem väterlichen Hause verkehrten die bedeutendsten Mathematiker und Physiker wie Roberval, Carcavi, Mersenne etc., und wohl in Folge dessen begann der junge Pascal selbst lebhaftes Interesse an der Geometrie zu nehmen. Der Vater, welcher fürchtete, sein Sohn möchte über dieser Wissenschaft die Sprachstudien vernachlässigen, verweigerte demselben jeden Unterricht in Mathematik, entzog ihm alle darauf bezüglichen Bücher und verbot auch den Freunden, jene Vorliebe des Knaben zu nähren. Glücklicherweise nur so lange, bis er bemerkte, dass dieser sich seine eigene Geometrie mit ganz entschiedenem Erfolge construirte. Mit 16 Jahren war Blaise Pascal bereits so weit, dass er ein Buch über Kegelschnitte schreiben konnte, welches bleibende wissenschaftliche Bedeutung hat. **Mit dem Jahre 1647 begannen seine physikalischen Arbeiten; aber leider verminderte sich schon von 1650 an seine Thätigkeit in dieser Richtung, und von 1653 an hörte dieselbe ganz auf.** Seine angestrengten Arbeiten hatten seine Gesundheit untergraben, sein Gemüth neigte zur Hypochondrie, und als er 1653 bei Gelegenheit einer Fahrt nur mit knapper Noth dem Tode entrann, wandte er sich ganz religiösen Dingen zu. Er war ein Freund der Jansenisten Arnauld, Nicole etc.; zur Vertheidigung Arnauld's gegen die Sorbonne schrieb er 1656 die berühmten **Lettres écrites par Louis de Montalte à un provincial de ses amis**, die mehr als 60 Auflagen erlebt haben. Er starb im Jahre 1662, erst 39 Jahre alt. Seine gesammelten Werke erschienen 1779 durch Bossut in Paris. Pascal's Physikalische Untersuchungen, 1647—1653.
Wir haben schon früher berichtet, dass Torricelli seine Entdeckung des Barometers im Jahre 1644 an Ricci mitgetheilt hatte. Durch diesen kam die Nachricht zu dem Factotum der Physiker Mersenne, und von diesem erfuhr sie Pascal. Auf diesem langen Wege aber war die Erklärung des Instruments verloren gegangen, und **Pascal, der die Torricelli'schen Versuche mit Quecksilber, Wasser, Rothwein etc. wiederholte,** nahm in der kleinen Schrift **Expériences nouvelles touchant le vuide** (Paris 1647) als Grund dieser Erscheinungen das alte Auskunfts-

mittel, den Horror vacui an. Als dann aber die Torricelli'sche Lehre vom Luftdruck der ersten Nachricht nachgekommen war, suchte Pascal um so eifriger nach sicheren Beweisen für die sogleich angenommene Erklärung. Das Schwanken der Quecksilbersäule im Barometer erschien ihm allein noch nicht genügend für die Constatirung des Luftdrucks. Er bemühte sich darum über dem Quecksilberreservoir des Barometers die Luft ganz oder theilweise zu entfernen und sah auch wirklich, als ihm das gelang, das Quecksilber in der Röhre fallen. Damit noch nicht genug, beschloss er noch auf andere Weise den Zusammenhang zwischen Luftdruck und Quecksilberhöhe zu zeigen. Am 15. November 1647 schrieb er an seinen Schwager Périer (Rath an der Steuerkammer zu Clermont): „Du siehst, dass wenn die Höhe des Quecksilbers auf dem Gipfel des Berges kleiner sein sollte, als an dem Fusse desselben (was ich aus manchen Gründen glaube, obschon alle, die bisher darüber geschrieben haben, entgegengesetzter Meinung sind), dass dann daraus folgt, dass das Gewicht der Luft die einzige Ursache dieser Erscheinung sein muss, nicht aber jener Horror vacui, da es offenbar ist, dass an dem Fusse des Berges mehr Luft abzuwägen ist, als auf dem Gipfel desselben, und da wir doch unmöglich sagen können, dass die Luft am Fusse des Berges eine grössere Scheu vor dem leeren Raume haben solle, als auf dem Gipfel." Périer stellte darauf nach Torricelli's Art zwei Barometer her; mit dem einen bestieg er am 19. September 1648 den circa 4300 par. Fuss hohen Puy de Dôme bei Clermont, das andere liess er während der Zeit in Clermont unter der Bewachung des Pater Chastin zurück. Beim Besteigen des Berges zeigte sich ein stetiges Fallen des Barometers, und als man nach Beendigung der Expedition die gleichzeitigen Barometerstände am Fusse des Berges und auf dem Gipfel desselben verglich, fand man eine Differenz der Quecksilberröhren von 3 Zoll und 15 Linien. Périer berichtete das Gelingen des Versuches sogleich an Pascal, und dieser, über die Grösse der Differenz erstaunt, wagte nun auch Versuche an geringeren Höhen. Er bestieg in Paris den circa 150 par. Fuss hohen Thurm der Kirche St. Jacques de la Boucherie und fand auch für diese Höhe eine Differenz der Barometerstände von 2 par. Linien. Noch im Jahre 1648 machte Pascal in einer kleinen Flugschrift Récit de la grande expérience de l'équilibre des liqueurs die neuen Entdeckungen bekannt, und damit verschied der altersschwache Horror vacui. Die Reste der Peripatetiker versuchten zu retten, was noch zu retten war, und erfreuten sich an dem Gedanken, dass doch die Torricelli'sche Leere kein eigentlich leerer Raum, sondern wohl noch mit verdünnter Luft gefüllt sei; aber ihre Ansicht, dass die Luft nicht auf schwerere Körper drücke, war doch für die Wissenschaft von nun an unmöglich [1]).

---

[1]) Descartes nahm einen Theil von Pascal's Ruhme für sich in Anspruch. Er beklagte sich in Briefen vom Juni und August 1649 an Carcavi, dass

Pascal begnügte sich noch nicht mit den erlangten Resultaten, er veranlasste während der Jahre 1649 bis 1651 weitere Barometerbeobachtungen und verwendete dieselben bei Abfassung seiner Schrift Traité de l'équilibre des liqueurs et de la pesanteur de la masse de l'air, die schon im Jahre 1653 vollendet war, aber erst 1663, ein Jahr nach dem Tode ihres Verfassers, erschien. In dieser Schrift erklärte er durch den Luftdruck alle Erscheinungen des Saugens, freilich aber dabei auch (wie schon Galilei durch den Horror vacui) manche Adhäsionserscheinungen. Er bemerkte, dass das Barometer zum Messen der Höhenunterschiede der Orte dienen könne; sah aber auch, dass diese Sache noch weiterer schwieriger Untersuchungen bedürfe. Die meisten Forscher der damaligen Zeit nahmen zuerst an, dass die Luft überall von gleicher Dichtigkeit sei, und schlossen danach, dass die Höhen der Beobachtungsorte den Barometerhöhen umgekehrt proportional wären. Pascal jedoch bemerkte, dass die Luft von den untersten bis zu den obersten Schichten an Dichtigkeit stetig abnehmen müsse und dass darum jene Proportionalität nicht stattfinden könne. Das Gesetz aber, nach welchem die Abnahme der Luftdichtigkeit mit der Höhe erfolgt, wurde erst bedeutend später gefunden. Wie Torricelli bemerkt hatte, dass der Barometerstand an demselben Orte sich verändere, so sah das auch Pascal, und die Art der Ausführung des Experiments am Puy de Dôme weist schon deutlich auf eine solche Kenntniss hin. Pascal fand aber noch weiter, dass diese Schwankungen des Barometers oder des Luftdrucks mit den Veränderungen des Wetters zusammenhingen und führte diese ersteren, richtiger als man es später vielfach gethan hat, auf den Wechsel des Windes und auf den Wechsel der Temperatur zurück. Doch auch hier waren seine Beobachtungsreihen noch zu kurz, und er neigte sich der verkehrten Ansicht zu, dass das Barometer gewöhnlich falle, wenn es hell werde, und dass dasselbe bei trübem Wetter steige.

Wie der Titel anzeigt, behandelt Pascal in seiner Schrift ausser den Erscheinungen, die vom Luftdruck abhängen, auch das Gleichgewicht der Flüssigkeiten im Allgemeinen. Er stützt sich dabei wie Galilei, von dessen Schrift er wohl beeinflusst ist, auf das Princip der virtuellen Geschwindigkeiten und leitet mit Hülfe dieses

Pascal,
1647—1653.

Pascal nicht ihm zuerst den Erfolg seiner Experimente gemeldet hätte, da er es doch gewesen, der ihm dieselben angerathen habe. Er giebt als muthmasslichen Grund dieser Rücksichtslosigkeit die Freundschaft Pascal's mit Roberval, seinem Gegner, an. Muss man einerseits zugeben, dass das System des Descartes mit einem Horror vacui nicht verträglich war, und mag es für möglich gelten, dass er Pascal zuerst in dem Glauben an den Horror erschüttert habe, so ist man doch andererseits ganz allgemein nicht geneigt, sehr viel Werth auf die schlecht begrenzten Ansprüche jener Briefe zu legen, und das um so weniger, als diese Briefe erst ein Jahr nach jenen Vorgängen geschrieben wurden.

Pascal,
1647—1653.
Princips die Sätze her, die schon Stevin in seinen Beghinselen der Weegkonst statisch abgeleitet hatte, wahrscheinlich ohne diese Abhandlung zu kennen. Er denkt sich zum Beispiel einen mit Flüssigkeit gefüllten Cylinder durch zwei Stempel von verschiedener Oberfläche geschlossen. Dann wird allerdings ein Druck, der auf den einen Stempel ausgeübt wird, auf den anderen nach dem Verhältniss der Oberflächen beider wirken; aber dafür werden bei einer Bewegung die durchlaufenen Wege beider Stempel wieder im umgekehrten Verhältniss ihrer Oberflächen stehen, und gerade aus diesem Verhältnisse der Wege folgt das vorher behauptete Verhältniss der Druckkräfte. Pascal macht ausdrücklich auf das Verhältniss der virtuellen Geschwindigkeiten als auf das allgemeine Princip des Gleichgewichts der Maschinen aufmerksam, indem er sagt: „Man muss bewundern, dass sich in dieser neuen Maschine jene beständige Ordnung findet, die bei allen früheren, nämlich dem Hebel, der Schraube ohne Ende u. s. w. statt hat, dass der Weg in demselben Verhältniss wie die Kraft vermehrt wird...... was man sogar für die wahre Ursache jener Wirkung nehmen kann, da es offenbar dasselbe ist, 100 Pfund Wasser einen Zoll Weges als ein Pfund Wasser 100 Zoll machen zu lassen."

Riccioli,
almagestum
novum, 1651.
Einer der letzten Gegner des Kopernikus, Giovanni Battista Riccioli, wurde 1598 zu Ferrara geboren, trat in seinem 16. Jahre in den Jesuitenorden, lehrte Theologie und Philosophie in Parma, durfte sich aber später ganz der Astronomie widmen und lebte in dem Ordenshause zu Bologna bis zu seinem Tode, der 1671 erfolgte. Sein Hauptwerk Almagestum novum, das im Jahre 1651 zu Bologna in zwei Foliobänden erschien und 1665 in der Astronomia reformata eine Fortsetzung erhielt, ist ein Sammelwerk von grossem Umfang, in welchem die Entwickelung der Astronomie bis auf seine Zeit mit rühmenswerther Sorgfalt dargestellt ist. Für uns hat dasselbe besonders durch die Beschreibung der Fallversuche Interesse, welche Riccioli mit seinem Schüler und Freund Grimaldi gemeinschaftlich während der Jahre 1640 bis 1650 in Bologna anstellte. Riccioli liess Kreidekugeln von Thürmen, besonders von dem Thurme degli Asinelli in Bologna, mit einer Fallhöhe von 200 Fuss fallen und maass die verflossenen Zeiten durch Schwingungen eines Pendels, das $^1/_6$ Secunden schlug. Die Versuche wurden einmal so angestellt, dass die Räume, welche in gewissen Zeiten durchlaufen werden, gemessen wurden, und das andere Mal so, dass die Zeiten beobachtet wurden, in denen gewisse Räume durchlaufen werden. Jedesmal aber fand man, dass die in gleichen Zeiten durchlaufenen Räume sich ganz genau, wie die Reihe der ungeraden Zahlen verhielten. Das ist im Grunde genommen der Genauigkeit etwas zu viel, Luftwiderstand und Beobachtungsfehler werden hier wie immer abändernd eingewirkt haben, und es ist doch wenig wahr-

scheinlich, dass sich diese abändernden Ursachen gerade zu Null auf-
hoben. Riccioli hat danach auch selbst Versuche über die Wirkuug
des Luftwiderstandes angestellt und gefunden, dass schwerere
Kugeln etwas eher zu Boden kommen als leichtere. Hatte Riccioli so
auf der einen Seite Galilei bestätigt, so benutzte er gerade diese That,
um ihn auf der anderen Seite zu widerlegen.

Er war, ob aus Ueberzeugung oder als fügsamer Sohn der Kirche,
das mag dahingestellt bleiben, Gegner des Kopernikanischen Systems
und stellte in seinem Almagest nicht weniger als 77 Gründe gegen dieses
System auf. Unter diesen findet sich der alte Einwurf von dem
Zurückbleiben der fallenden Körper hinter der bewegten Erde, nur in
neuer schärferer Form. Wenn die Erde sich bewegt und alle zu
ihr gehörigen Körper sich mit ihr bewegen, so wird sich die wirkliche Bewegung eines fallenden Körpers aus seiner Fallbewegung und
der Rotationsbewegung, die er mit der Erde gemeinsam hat, zusammen-
setzen. Die wirkliche Bewegung desselben würde also auf ein ganz anderes
Gesetz als die einfache Fallbewegung führen; ja da die Bewegung der
Erde gegen die Fallbewegung sehr gross ist, so müsste die wirkliche
Bewegung (wie die Rotation) nahezu gleichförmig vor sich gehen. Doch
hatte schon Galilei bemerkt, dass man auf der bewegten Erde immer
nur die relative Bewegung eines Körpers gegen dieselbe beobachten
könne, und die Zeitgenossen widerlegten bald die Behauptung Riccioli's,
dass er durch seine Veranstaltungen die absolute Bewegung eines
fallenden Körpers gemessen habe.

Riccioli hatte überhaupt als Physiker und auf der Erde viel weniger
Erfolg wie als Astronom und am Himmel. Die Fluthbewegung
erklärt er durch eine Anziehung der Sonne auf die Dünste des Meerwassers
und damit auf dieses selbst und lässt auch noch einen Wind zu Hülfe
kommen, der beständig von Osten nach Westen weht und das Meerwasser
treibt. Eine Gradmessung, welche er 1645 mit Grimaldi anstellte
und bei welcher sie die Horizontaldistanz der betreffenden Orte durch
Triangulation bestimmten, ergab für den Grad 62650 Toisen; während
Richard Norwood durch blosse Messung mit der Messkette im Jahre
1636 viel richtiger 57300 Toisen erhalten hatte.

Riccioli's Gehülfe Grimaldi hat ein optisches Werk hinterlassen, das
für die Physik wichtiger ist als alle Arbeiten Riccioli's. Francesco
Maria Grimaldi wurde 1618 in Bologna geboren, war wie Riccioli
Jesuit und starb als Lehrer der Mathematik am Jesuitencollegium zu
Bologna noch vor jenem im Jahre 1663. Das erwähnte Werk erschien
erst zwei Jahre nach dem Tode des Verfassers unter dem Titel Phy-
sico-mathesis de lumine, coloribus et iride aliisque an-
nexis, libri II; es ist vor Allem berühmt durch die Entdeckung
der Diffraction des Lichts. Grimaldi liess durch eine kleine
Oeffnung Licht in ein dunkles Zimmer fallen, das sich hinter der Oeff-

nung natürlich in einen Lichtkegel ausbreitete. In diesen Lichtkegel brachte er ziemlich entfernt von der Oeffnung einen Stab und fing den Schatten desselben auf einer weissen Fläche auf. Hier zeigten sich verschiedene überraschende Erscheinungen, erstens war der **Kernschatten des Stabes breiter**, als sich bei Annahme einer nur geradlinigen Fortpflanzung durch Berechnung ergab, **dann aber waren zu beiden Seiten dieses Schattens** noch (je nach der Helle des Lichts) **ein, zwei oder drei Streifen zu sehen**, die nach der Schattenseite zu blau und nach der anderen Seite roth waren, aber von innen nach aussen an Intensität des Lichts und der Farben abnahmen. **Auch in dem Schatten selbst** waren bei ganz hellem Sonnenlicht noch **farbige Streifen** zu sehen. Danach war klar, dass das Licht nicht allein sich **geradlinig** fortpflanze, sondern auch bei seinem Vorüberstreifen an einem Körper sich sowohl **von demselben ab, wie auch um denselben herumbiege.** Grimaldi nannte diese neue Eigenschaft die **Diffraction des Lichts**, und um zu zeigen, dass dieselbe weder in einer **Reflexion** noch in einer **Refraction** bestehe, variirte Grimaldi seine Versuche. Er brachte, um den Zwischenkörper zu eliminiren, in den Lichtkegel eine undurchsichtige Platte mit einer kleinen Oeffnung und fing das durchgegangene Licht wieder auf einem weissen Schirm auf; auch hier zeigte sich der erleuchtete Kreis grösser, als er nach der Dimension der Oeffnung hätte sein dürfen. Weiter brachte er dann in dem Laden des verdunkelten Zimmers zwei Oeffnungen an und fing die Bilder auf einem Schirm in einer solchen Entfernung auf, dass dieselben sich theilweise deckten. Dann bemerkte er zwei dunkle, sich schneidende Ringe um jeden hellen Kreis und sah die Fläche, welche den beiden Ringen gemeinschaftlich war, bedeutend heller als die jedes einzelnen Ringes; sah aber auch den Rand jedes Kreises dunkel in der erleuchteten Fläche des anderen Kreises. Hieraus zog Grimaldi ausdrücklich den Schluss: **ein erleuchteter Körper kann dunkler werden, wenn zu dem Lichte, das er empfängt, noch neues Licht tritt, und damit ist auch die Interferenz des Lichts** sicher ausgesprochen, wenn auch nicht erklärt[1]). **Mit der Erklärung hatte es bei Grimaldi überhaupt seine Schwierigkeiten.** Er liebt es nicht eine neue Meinung ganz selbständig auszubilden, oder vermeidet es wenigstens dieselbe klar auszusprechen, sondern führt lieber alle möglichen Meinungen referirend an, ohne sich fest und klar zu einer zu bekennen. Grimaldi denkt ganz gewiss an eine **Wellenbewegung des Lichts, die Anfänge der Undulationstheorie** sieht man ganz deutlich in seiner Schrift, wenn er sagt: „Sowie sich, wenn

---

[1]) Bacon hat unter seinen Fragen nach der Natur des Lichts auch die: Man solle untersuchen, auf welche Weise das Licht verdunkelt werde, wie z. B. durch stärkeres Licht. Doch erscheint natürlich, dass er nicht an eine Interferenz, sondern nur an das Ueberstrahlen eines Lichtes durch ein helleres denkt.

man einen Stein ins Wasser wirft, um diesen, wie um einen Mittelpunkt, Grimaldi, 1618—1663.
kreisförmige Erhöhungen des Wassers bilden, gerade so entstehen um
den Schatten des undurchsichtigen Gegenstandes jene glänzenden Streifen, die sich nach der Verschiedenheit der Gestalt des letzteren, entweder
in die Länge ausbreiten, oder gekrümmt erscheinen. Und so wie jene
kreisförmigen Wellen nichts anderes sind als angehäuftes Wasser, um
welches sich auf beiden Seiten eine Furche zieht, so sind auch die glänzenden Streifen nichts anderes als das Licht selbst, das durch eine heftige Zerstreuung ungleichmässig vertheilt und durch schattige Intervalle
getrennt wird." Es ist aber etwas anderes, die Ursache einer Erscheinung ahnen, als aus dieser Ursache alle Eigenthümlichkeiten der Erscheinung wirklich ableiten; von einer Erklärung aller beobachteten
Erscheinungen aus einer hypothetischen Wellenbewegung war Grimaldi
soweit entfernt, dass er vielfach nur mit Gleichnissen zu erklären versuchte. Bei Besprechung der Farben taucht eine Ansicht auf, dass
dieselben wohl von ungleich geschwinden Erzitterungen
des Lichtstoffes herrühren mögen, wie die verschiedenen Töne
von ungleicher Geschwindigkeit der Luftschwingungen; aber daneben
steht auch die schon bei Marcus Marci anklingende Meinung, dass
überall da, wo die Lichtstrahlen dichter auffallen, die
Farben auch heller sein müssen; eine Vorstellung, die noch ein
Nachklang von der Entstehung der Farben aus Licht und
Schatten ist. Doch bricht Grimaldi ganz entschieden mit der Theorie
von den permanenten und apparenten Farben; er hält die Farben nur
für Bestandtheile des Lichts und erklärt, dass alle Farben nur
im Licht existiren und dass also auch die permanenten Farben
der Körper nur dadurch entstehen, dass diese das Licht in einer
besonders modificirten Weise zurückwerfen. Zur Vorstellung der grösseren oder geringeren Dichtigkeit des Lichts in den verschiedenen Farben trug bei Grimaldi dieselbe Beobachtung bei, die wir
ebenfalls schon bei Marcus Marci gefunden haben. Grimaldi hat wie
Marcus Marci beobachtet, dass das Licht beim Durchgang durch ein
Prisma zerstreut wird, dass also ein Theil des Lichtstrahls mehr gebrochen
wird als der andere. Daraus folgt die Vorstellung, dass da, wo das Licht
am wenigsten gebrochen wird, dasselbe am dichtesten und also roth ist,
dass aber da, wo das Licht am meisten gebrochen wird, dasselbe dünner
und die Farbe blau oder violett ist.

Wir haben mit Grimaldi den berühmtesten der jesuitischen Physiker
behandelt; sie treten in dieser Zeit häufig auf und zeigen im Grunde
genommen alle eine gewisse Familienähnlichkeit. Fast alle
sind keine schlechten Beobachter, sie nehmen fremde Entdeckungen mit
Glück und Geschick auf und wissen sie oft weiter auszubilden. Neue
Wege zu eröffnen ist aber weniger ihre Sache. Eine Ausnahme hiervon macht nur Grimaldi, er hat wenigstens die Erscheinung der Beugung des Lichts unbestritten zuerst

aufgefasst und, ohne von scholastisch-philosophischen Neigungen beirrt zu werden, gut beobachtend studirt.

Theoretisch aber weiter zu gehen, eine ganz neue Anschauung und Grundlage der Theorie auszubilden hat auch er nicht vermocht; wo er zu einer solchen ansetzt, da wird er unsicher, schwankend, stellt Neues und Altes neben einander und bleibt ängstlich in Gleichnissen stecken. Vielleicht finden wir in dieser Furchtsamkeit doch noch eine Folge seiner Erziehung und des Bewusstseins der drückenden Disciplin seines Ordens, die ohne Billigung der höheren Autorität keinen weitergehenden Schritt erlaubt.

— ———

2.

Zweiter Abschnitt der Physik in der neueren Zeit.
Von circa 1650 bis circa 1690.

Physik vorwiegend Experimentalphysik.

Im vorigen Zeitraum erst hatte die Physik sich das Experiment als wissenschaftliche Methode erobert und dasselbe zu hohem Ansehen gebracht, in diesem Zeitraum steigert sich schon die Verehrung des Experiments bis zu einer Einseitigkeit, welche die anderen Factoren der Wissenschaft öfters ganz übersehen lässt. Die Florentiner Akademiker nehmen sich von Anfang an vor zu experimentiren und nicht zu discutiren; der grosse Experimentator Boyle ist so wenig darauf bedacht weitere Schlüsse aus seinen Beobachtungen zu ziehen, dass ein Schüler ihm in der Entdeckung des sogenannten Mariotte'schen Gesetzes zuvorkommen kann, und fast an allen Orten wirft sich die Arbeit auf Themata, in denen dem Experiment die Hauptentscheidung zusteht. Die neu erfundene Luftpumpe wird überall eifrig benutzt, und alle möglichen Versuche, die man sonst in freier Luft angestellt, werden nun auch im luftleeren Raume nachgeprüft. Die Capillarerscheinungen, die Glasthränen etc. erregen grosses Interesse. Die Instrumente, welche zu meteorologischen Beobachtungen dienen, werden allmälig vervollkommnet; man construirt unzählige Barometer, Thermometer, Hygrometer, Anemometer, Regenmesser, in allen möglichen Formen und zu allen möglichen besonderen Zwecken. Leider fehlte allen diesen Instrumenten die

nothwendigste Eigenschaft, die Uebereinstimmung und die Vergleichbarkeit ihrer Angaben. Trotz aller Bemühungen kam man
nicht zu einer festen Scala für die Thermometer, und selbst die
Barometer zeigten unter einander solche Abweichungen, dass sie
für genauere Messungen unbrauchbar waren. Immerhin wurden
die Thermometer so weit ausgebildet, dass sie Phantasien, wie wir
sie noch über Wärme bei Bacon gefunden haben, unmöglich
machten und dass man mit ihnen zur Kenntniss fester Temperatur-
punkte, wie der Siedepunkte etc., gelangen konnte. Ueber einzelne meteorologische Fragen begannen lange Verhandlungen, die
viele und mannigfaltige Beobachtungen veranlassten, und die man
doch meist nicht zu Ende führen konnte. Die Ausdehnung der
Körper durch die Wärme, das Sieden der Flüssigkeiten, Gefrieren des Wassers, natürliche oder künstliche Kälte behandelte fast jeder Experimentator.
In der Akustik war noch wenig für die Experimentalphysik zu
gewinnen, nur die Messungen der Schallgeschwindigkeit
wurden mit Eifer fortgesetzt. In der Optik wurde vorzüglich die
Farbentheorie gefördert. Die Spectralerscheinungen,
die Farben dünner Blättchen, die natürlichen Farben
der Körper, die Farben, welche bei der Beugung des Lichts
auftreten, erfuhren eine fast erschöpfende Beobachtung; auch
phosphorescirende Körper nahmen die Aufmerksamkeit
noch immer stark-in Anspruch. Nur Elektricität und Magnetismus blieben merkwürdigerweise ausserhalb des allgemeinen
Stromes. Der Magnetismus wurde fast nur aus praktischen Rück-
sichten für Zwecke der Schifffahrt, allerdings hier mit grossem
Fleiss bearbeitet, und die Elektricität trotz der Entdeckungen Guericke's nur in Bezug auf ihr Verhalten im luftleeren Raume untersucht.

Besonders wirksam zeigt sich auch die experimentale Tendenz bei der Gründung der grossen naturwissenschaftlichen Akademien, die in diesem Zeitraume
erfolgte. Der Philosoph, der Mathematiker bedarf der Einsamkeit
zur Lösung seiner Probleme, Mithülfe Anderer ist ihm höchstens
bei Aufstellung derselben und bei der Kritik der Lösung nützlich. Der Experimentalphysiker dagegen hat in sehr vielen Fällen
Mitarbeiter, Gehülfen bei der Arbeit selbst und wegen der

Kostspieligkeit der Untersuchungen auch die pecuniäre Unterstützung des Staates oder besser situirter Freunde der Wissenschaft
nöthig. Bis zu dieser Zeit hatte man sich meist mit einem ausgedehnten Briefwechsel begnügt, um von den Arbeiten Anderer
zu erfahren und die eigenen Entdeckungen schnell bekannt zu
geben. Mersenne bildete lange Zeit eine Centralstelle für den
Verkehr der Physiker und Philosophen, und auch mancher eifrige
Liebhaber der Physik spielte gern den ehrlichen Makler in den
wissenschaftlichen Geschäften. Nun aber traten in Italien auf
Anregung von Schülern Galilei's Physiker zusammen,
um mit Unterstützung des Grossherzogs von Toscana
physikalische Experimente zu machen, zu denen dem
Einzelnen die Arbeitskräfte wie die Geldmittel mangelten, und der
grossartige Erfolg dieses Unternehmens ermuthigte an anderen
Orten zur Bildung ähnlicher gelehrter Gesellschaften.

Schon seit 1645 vereinigten sich im Hause des Dr. Goddart
in London einige bedeutende Männer zur Besprechung naturwissenschaftlicher Gegenstände; aber unter den politischen Kämpfen
in England kam die Gesellschaft lange Zeit nicht weiter. Erst
1659, ein Jahr nach Cromwell's Tode, versammelte sich die Gesellschaft öffentlich in Gresham College zu London, und 1660
nach der Thronbesteigung Karl's II. ordnete sich die Vereinigung
zu einer bestimmt organisirten Gesellschaft. Derselben gehörten
nun Hooke, Boyle, Wallis, Wren, Brounker etc. an; Wil-
kins war Präsident, Balle Schatzmeister und Oldenburg Secretär; die Gesellschaft errichtete eine Instrumentensammlung und
eine Bibliothek und bestellte sich einen eigenen Curator of experiments. Der König zeigte sich der neuen Gründung sehr geneigt;
am 5. December 1660 sicherte er ihr seinen königlichen Schutz
zu, und am 15. Juli 1662 erhielt sie den Namen Royal Society
und in einem Freibrief das Recht liegende Gründe und Gerichts-
barkeit zu besitzen. Nach einem Decret vom 18. October 1662
sollte jede physikalische und mechanische Erfindung ihrer Prüfung
unterbreitet werden. Seit 1664 nahm die Gesellschaft auch aus-
wärtige Mitglieder auf; zu den ersten gehörten Huyghens und der
Danziger Astronom Hevel. Mit dem Jahre 1665 begann die Gesellschaft durch ihren Secretär Oldenburg die Herausgabe eines
besonderen Journals, Philosophical Transactions of the

Royal Society of London, das regelmässig bis heute fortgesetzt worden ist.

Auch in Paris bildete sich dann nach dem Vorbilde der Royal
Society eine Akademie der Naturwissenschaften. Zwar hatte schon
seit Mersenne in Paris eine Vereinigung gelehrter Männer bestanden,
die sich mit Naturwissenschaften beschäftigte, aber erst 1666 wurde
eine Gesellschaft gegründet, die mit grösseren Mitteln arbeitete.
Sie erhielt auf Anregung Colbert's die Bestätigung Ludwig's XIV.,
den Titel Akademie der Wissenschaften und die Erlaubniss
sich in einem Saale der königlichen Bibliothek zu versammeln,
blieb aber sonst Privatgesellschaft. Diese Akademie zog Huyghens aus Holland, Dom. Cassini aus Rom, Römer aus Dänemark nach Paris; Roberval, Auzout, Picard, Carcavi u. A.
gehörten zu ihren ersten Mitgliedern. Von ihr gingen seit
1669 die berühmten Gradmessungen, astronomische und physikalische Beobachtungen in den Aequatorialgegenden etc. aus, und
bald wurde sie zur ersten gelehrten Gesellschaft in Europa, der
nur die Royal Society Concurrenz machte. Ihre Veröffentlichungen
bewirkte dieselbe bis 1699 in dem 1665 gegründeten Journal
des savants; als aber im Jahre 1699 die Akademie zur eigentlich königlichen Gesellschaft umgestaltet wurde, erschien von
ihren Schriften jährlich ein Band unter dem Titel Histoire et
mémoires de l'académie Royale des sciences, bis 1798
unter der Republik die Akademie abermals umgewandelt wurde.

In Deutschland bildete sich nach dem grossen Kriege ebenfalls eine gelehrte Gesellschaft. Im Herbst 1651 schon hatte der
Stadtphysikus Joh. Lorenz Bausch in der freien Reichsstadt
Schweinfurt die Anregung zur Gründung einer Akademie der
Naturforscher, einer Academia Naturae Curiosorum (ad
excolendas res naturales) gegeben. Am 1. Januar 1652 wurde die
erste Versammlung abgehalten, welche feste Statuten annahm.
1672 erhielt die Gesellschaft durch Kaiser Leopold I. zuerst noch
als Privatverein die Bestätigung; 1677 am 3. August erhob Leopold dieselbe zur Reichsakademie unter dem Titel Sacri Romani
Imperii Academia Naturae Curiosorum, setzte die äussere Einrichtung fest und suchte die Erforschung insbesondere der Natur-
und Heilkunde zu regeln. Am 7. August 1687 erfolgte eine weitere Verleihung von Rechten, die Akademie erhielt den Namen

Caesareo-Leopoldina Naturae Curiosorum Academia,
das noch jetzt geführte Wappen, völlige Censurfreiheit, Privilegien
gegen Nachdruck, das Recht Doctoren zu creiren etc. Am 12. Juli
1742 bestätigte und erweiterte abermals Kaiser Karl VII. ihre
Privilegien, und die Akademie nahm zum Danke in ihren Titel
das Wort Carolina auf. Die Publicationen der Akademie begannen
1670 und sind in verschiedenen Perioden und unter verschiedenen
Titeln bis heute, mit einer einzigen Ausnahme von 1792 bis 1817,
ununterbrochen erschienen[1]).

Doch sind dieselben für die Physik und Chemie von geringerer Bedeutung gewesen als für die beschreibenden Naturwissenschaften. Die deutschen Physiker veröffentlichten ihre Arbeiten
meist in den Acta eruditorum, welche 1682 von dem Professor
Otto Mencke in Leipzig gegründet und dann von seinem Sohne,
seinem Enkel u. A. fortgesetzt wurden. Sie erloschen 1776, nachdem 117 Quartbände erschienen waren. Andere Akademien ausser
den angeführten wurden entweder erst später gestiftet oder sind
für die Physik von wenig Bedeutung.

Die grossen Akademien von Paris und London aber waren
auch in dieser Periode nicht einseitig auf die Experimentalphysik
beschränkt, sie förderten, wenn auch noch nicht so kräftig als in
der nächsten Periode, die mathematische Physik, und diese
blieb selbst in dieser Zeit nicht ohne erfolgreiche Bearbeitung.
Wenn hier nur wenig Arbeiter zu finden sind, so erweisen sie sich
desto genialer und ersetzen oft durch die Qualität der Arbeiten
die fehlende Quantität. Borelli und nach ihm Hooke förderten
die Theorie der Planetenbewegungen; die Lehre vom
Stoss wurde mathematisch entwickelt; Huyghens gab in seinen
mechanischen Arbeiten der mathematischen Physik einen
colossalen Aufschwung, und Newton eroberte ein ganz neues
Gebiet, die Farbenlehre, für diese Disciplin. Doch sieht
man auch in diesen grossen Mathematikern die Tendenz des ganzen Zeitraumes wirksam; sie waren, wie
Huyghens, Newton, die Bernoulli etc., in ihrer Jugend
wenigstens mehr oder weniger experimentell thätig. Erst nach
und nach, als sich die Mathematik mächtiger entwickelte und sie

---

[1]) Leopoldina, Heft XVIII, No. 13 und 14.

selbst ihrer stärksten Anlage sich mehr und mehr bewusst wurden, wandten sie sich von der Experimentirkunst ab, um dem grossen mathematischen Zuge der nächsten Periode zu folgen oder vielmehr ihn zu begründen.

Die Naturphilosophie dagegen machte keinen neuen Schritt in diesem Zeitraum. Man merkte allmälig, dass es für die Begründung einer eigenen, unabhängigen Naturphilosophie noch lange nicht Zeit sei, wenn man nur überhaupt noch an die Möglichkeit einer solchen glaubte. Die Philosophie selbst theilte sich nach und nach in zwei Schulen, die inductive, welche von Bacon anhub, und die deductive, welche von Descartes ausging.

Die inductive Schule blieb vorzüglich in England verbreitet. Sie konnte ihrer Begründung nach nicht an eine von der Experimentalphysik getrennte Naturphilosophie denken. Darum wandte sie sich, so weit sie rein philosophisch blieb, immer mehr von der äusseren Natur ab und neigte stärker anthropologischen Aufgaben zu. Der nächste Nachfolger Bacon's, Hobbes (1588 bis 1679), steht noch am meisten den Naturwissenschaften nahe, doch führt auch seine Philosophie schon nothwendig zur Erkenntnisstheorie als dem Hauptproblem der Philosophie. Hobbes negirte gänzlich die Materie als besonderen Begriff; eine schlechthin unbestimmte Materie giebt es nicht, es existiren nur Körper, von denen man den Begriff Materie abstrahirt hat. Die einzige Art der Wirkung der Körper ist die Bewegung; was Anderes bewegt, muss sich selbst bewegen, mindestens in seinen kleinsten Theilen. Es existirt also bei Hobbes, wie bei Descartes, keine andere Kraft als die der Beharrung und eine actio in distans ist unmöglich. Auf der anderen Seite berührt sich Hobbes mit den Atomisten, indem er die Körper aus kleinen Theilchen zusammengesetzt sein lässt, die jedoch nicht untheilbar gedacht zu werden brauchen. Wenn die Wirkungsweise eines Körpers nur in der Bewegung besteht, so sind die sogenannten Sinnesqualitäten, wie Farbe, Ton, Geruch etc. nicht Eigenthümlichkeiten der Körper, sondern nur Arten der Aufnahme der von den Körpern ausgehenden Bewegungen durch die Sinne eines empfindenden Subjects. Jeder Bewegung eines Körpers, die durch ein Medium, wie die Luft, auf unsere Sinnesorgane übertragen und von diesem in unseren Körper weiter geleitet wird, entspricht in diesem eine Gegenbewegung. Diese Reaction unseres Körpers ist die Empfindung. Alles, was wir als Sinnesempfindung bezeichnen, ist also nur eine Modification unseres eigenen Körpers, die durch die Bewegungen der äusseren Körper veranlasst wird, aber mit diesen der Art nach gar nichts gemein hat. Dieser Sensualismus, der noch heute unsere Physiologie beherrscht, deckt aber nur weitere Schwierigkeiten auf. Erkennen wir mit unseren Sinnen nicht direct das Wesen der Körper, geben unsere Sinne nur Zeichen von Bewegungen, die von diesen ganz verschieden sind, so drängt sich mit voller Gewalt die Frage an uns heran, wie überhaupt noch eine sichere Erkenntniss der Aussendinge möglich ist. Die Philosophie muss dann vor Allem dieses Problem behandeln und damit zu allererst zur Erkenntnisstheorie werden. Als solche tritt sie in dem nächsten Nachfolger Hobbes', in John Locke[1]) (1632 bis 1704) und seinem philosophischen Hauptwerk An Essay concerning human understanding (London 1690) auf; als solche steht sie aber auch mit der Physik in geringer Verbindung und kann erst dann, wenn sie zu festen sicheren Endergebnissen gelangt ist, wie für alle Wissenschaften, so auch für diese von grosser Bedeutung werden. Vor der Hand muss sie mehr von den exacten Wissenschaften ihr Material der Untersuchung entlehnen, als dass sie diese selbst reguliren könnte.

Etwas anders geht die Entwickelung auf der deductiven Seite der Philosophie vor sich, um doch zuletzt auf denselben Punkt, die Erkenntnisstheorie, zu führen. Descartes glaubte zwar seine Naturphilosophie sicher begründet und gegen jeglichen Angriff gesichert zu haben, und mit ihm glaubten es die meisten seiner Schüler. Die bedeutendsten Nachfolger des Descartes aber, die Philosophen Geulinx (1625 bis 1669) und Malebranche (1638 bis 1715), merkten schon das Bedürfniss und die Wichtigkeit erkenntnisstheoretischer Untersuchungen und versuchten das System ihres Meisters nach dieser Richtung hin stärker zu begründen. Indessen hielt immerhin auf dieser Seite die Sicherheit noch länger vor als auf der anderen, und die

---

[1]) Auch Locke ist in seiner Naturanschauung Atomist und erklärt alle Sensationen durch die Bewegung der kleinsten Theilchen der Körper.

Naturphilosophie des Descartes herrschte noch während unseres Zeitraums und darüber hinaus in Frankreich, Deutschland, Holland und auch in England. Unter den Bearbeitern der Physik selbst ging eine starke Verschiebung vor sich. Die Wissenschaft rückte nach Norden und fand in unberührtem Boden neue Nahrung zu weiterer schneller Entwickelung. In Italien, wo die katholische Kirche misstrauisch und drohend die freie Wissenschaft beobachtete, wo man einen Cardinalshut für die Schliessung einer wissenschaftlichen Akademie austheilte, wo kein mächtiger Staat gegen den unmittelbaren Einfluss der nahen päpstlichen Macht aufzutreten wagte, erlosch nach und nach der wissenschaftliche Geist fast ganz. In Frankreich nahm das wissenschaftliche Leben, durch die Gründung der Pariser Akademie mächtig gefördert, einen colossalen Aufschwung, aber auch da folgte durch religiöse Einflüsse ein Rückschlag. Die lange vorher drohende Aufhebung des Edicts von Nantes, welche 1685 wirklich erfolgte, trieb nicht nur eine Menge bedeutender industrieller Kräfte, sondern auch wissenschaftliche Grössen, wie Huyghens, Römer, Papin u. A. aus dem Lande, deren Weggang sich längere Zeit fühlbar machte. In England hinderten im Anfang dieses Zeitraums ebenfalls politische und religiöse Kämpfe den wissenschaftlichen Aufschwung; nachdem aber mit der Restauration 1660 die Ruhe wieder eingetreten war, kamen die Naturwissenschaften zu solcher Blüthe, dass die Engländer im nächsten Zeitraume unbestritten die führende Nation werden konnten.

Deutschland litt noch immer unter den Folgen seines grossen Krieges; ausser dem genialen Guericke, der auch unter den Stürmen des Krieges sein wissenschaftliches Interesse und seine Kraft nicht verlor, haben wir kaum einen deutschen Physiker von grösserer Bedeutung in dieser Periode zu erwähnen. Dafür lieferte Holland einen Huyghens, sowie mehrere der bedeutendsten Mathematiker, und auch die nordischen Reiche begannen ihren Eintritt in die Physik in sehr würdiger Weise durch Olaf Römer, Erasmus Bartholinus u. A.

Guericke, Neue Experimente, ca. 1650—1663. Otto v. Guericke wurde am 20. November 1602 in Magdeburg geboren. Sein Vater war der Magdeburger Patrizier Hans Guericke, seine Mutter Anna eine Geborene v. Zweidorff aus Braunschweig. Den

Elementarunterricht erhielt er auf der Stadtschule seiner Vaterstadt, Guericke,
welche damals in hoher Blüthe stand. Seine Universitätsstudien begann c. 1650 bis
1663.
er schon 1617 in Leipzig und setzte dieselben 1620, als der böhmische
Krieg sich mehr den sächsischen Grenzen näherte, in Helmstädt fort.
Im September 1620 starb sein Vater, und seine Mutter behielt ihn
den Winter 1620—21 bei sich. Während der Jahre 1621 bis 1623
besuchte er die Universität Jena, widmete sich da besonders seinem
Berufsstudium, der Jurisprudenz, und ging 1623 zur Vollendung seiner
Studien nach Leyden, wo er sich viel mit neueren Sprachen, aber auch
mit Physik und angewandter Mathematik, Mechanik und Fortifications-
lehre beschäftigte. Nach einer mehr als neunmonatlichen Reise durch
England und Frankreich kehrte er in seine Vaterstadt zurück, trat 1626
in das Rathscollegium ein und verheirathete sich noch in demselben
Jahre mit Margarethe Alemann, aus einer der angesehensten Familien
Magdeburgs. Dieser Ehe entsprossen drei Kinder, von denen aber zwei
sehr früh starben; nur ein Sohn, Otto, überlebte seinen Vater. Nach
einer Neuordnung der städtischen Verhältnisse im Jahre 1630, bei der
er sich wenig betheiligte, wurde Guericke (neben dem Rathsmann Grote)
das Amt eines Schutz- oder Kriegsherrn der Stadt Magdeburg übertragen,
und er hat bei der Belagerung derselben durch Tilly 1631 vollauf seine
Pflicht gethan. Erst als am 20. Mai jeder Widerstand gegen den eindringenden Feind gebrochen, eilte er zu seiner Familie und flüchtete
mit dieser, nachdem sein Haus total ausgeplündert, seine Dienstleute
ermordet worden waren, in die Bleckenburg, das Haus eines Oheims,
welches die Kaiserlichen schonten. Von dort wurde er mit den Seinigen
ins Feldlager zu Fermersleben übergeführt, mit Milde und Schonung
behandelt, aber doch erst gegen ein Lösegeld von 300 Thlrn. entlassen.
Nach kurzem Aufenthalt in Schönebeck bei Magdeburg und wahrscheinlich auch in Braunschweig bei den Verwandten seiner Mutter, erhielt
der von Subsistenzmitteln entblösste Guericke eine Anstellung als Ge-
neralquartiermeister und Ingenieur Gustav Adolf's. Doch ging er, als
der schwedische General Baner endlich Magdeburg besetzt hatte, dahin
zurück, um sein verlassenes Grundeigenthum wieder in Besitz zu nehmen.
Er war beim Aufbau und der Wiederbefestigung der Stadt thätig, legte
auch eine Schiffbrücke über die Elbe und diente der Garnison Magdeburgs als Ingenieur; daneben trieb er Ackerwirthschaft und braute Bier,
weil eine Braugerechtigkeit auf seinem Hause lag. Als 1635 Kursachsen
seinen Frieden mit dem Kaiser machte, wurden die Schweden aus der
Stadt verdrängt. Diese bekam eine kaiserliche und sächsische Garnison,
welche der Stadt sehr lästig fiel, aber erst nach vielen Bemühungen
Guericke's, der von 1642 an verschiedene Male Reisen zu dem Kurfürsten
von Sachsen unternommen, durch eine städtische ersetzt wurde. Die
dankbare Stadt wählte Guericke 1646 zu ihrem vierten
Bürgermeister und brauchte ihn von da an vorzugsweise
zu diplomatischen Geschäften.

    Noch im Jahre 1646 ging er zu dem schwedischen Feldherrn Tor-
stenson und verehrte diesem, als er der Stadt seinen Schutz versprochen,
ein kostbares Schreibzeug, mit einer aus Messing gearbeiteten, vergol-
deten und durch ein Uhrwerk in Bewegung zu setzenden Himmelskugel,
das wohl von ihm selbst gearbeitet war. Im October 1646 wurde
er nach Osnabrück zu den Friedensverhandlungen ge-
sandt, um seine Stadt vor Allem gegen die Gelüste des Administrators
vom Erzstift Magdeburg zu vertheidigen. Er erreichte seinen Zweck,
kehrte im August 1647 wieder nach Magdeburg zurück
und im Friedensinstrument wurden der Stadt ihre alten Freiheiten
bestätigt. Aber damit waren dieselben noch lange nicht gesichert.
1649 (14. März) musste Guericke deshalb abermals nach
Osnabrück; als die Gesandten der Mächte sich nach Nürnberg begeben
hatten, auch dorthin und nach kurzem Aufenthalt daselbst nach Wien
zum Kaiser. Erst Anfangs 1651 kehrte Guericke nach Magdeburg zurück, nachdem er in Wien viel mit Krankheit gekämpft und
ohne dass er einen entscheidenden Spruch für seine Stadt erwirkt.
1652 ging er in derselben Angelegenheit nach Prag und
1653 nach Regensburg zum Reichstag, von wo er erst 1654
wieder abberufen wurde. 1659 war Guericke nochmals in Wien
und blieb bis 1660; nach dieser Mission endlich, die seine letzte
war, lebte er in grösserer Ruhe zu Hause [1]).
    Seinen so fruchtbaren physikalischen Versuchen hatte er bis dahin
nur bei den kurzen ruhigen Zwischenzeiten seiner diplomatischen Thätigkeit nachhängen können. Jetzt aber blieb ihm neben seinen nicht allzu
anstrengenden Geschäften als Bürgermeister Zeit genug, in einem grossen
Werk seine Ansichten und Erfindungen bekannt zu geben. Wie die
Vorrede sagt, wurde dasselbe schon am 31. März 1663
vollendet. Umstände aber verzögerten das Erscheinen. Guericke
wandte sich nämlich wegen des Drucks an den Buchhändler Jacob Blaeu
in Amsterdam, dieser war nach seinem Briefe überzeugt von der Vor-
trefflichkeit des Werkes, entschuldigte sich aber mit Ueberhäufung; endlich nahm 1669 der Buchhändler J. Jansson von Waesberge zu Amsterdam den Verlag an. Honorar: fünfundsiebzig Freiexemplare für die erste
und zwölf für jede folgende Auflage. Wegen der dem Werke beige-
fügten Zeichnungen erschien dasselbe erst 1672; der Titel lautet:
Ottonis de Guericke Experimenta Nova (ut vocantur) Magde-
burgica De Vacuo Spatio Primùm à R. S. Gaspare Schotto, è So-
cietate Jesu, et Herbipolitanae Academiae Matheseos Professore: nunc
verò ab ipso Auctore Perfectiùs edita, variìsque aliis Experimentis aucta.
Quibus accesserunt simul certa quaedam de Aeris Pondere circa Terram;
de Virtutibus Mundanis, et Systemate Mundi Planetario; sicut et de

---

[1]) Bekanntlich behielt Magdeburg seine Reichsfreiheit nicht, vielmehr
musste die Stadt am 14. Juni 1666 dem Kurfürsten von Brandenburg huldigen.

Stellis Fixis, ac Spatio illo Immenso, quod tam intra quam extra eas Guericke,
funditur. Die Schrift wurde an Fürstenhöfe und Freunde Guericke's c. 1650 bis 1663.
versandt und trug sehr viel Lob ein. Der Kurfürst von Brandenburg
rühmte Guericke's Fleiss in der Naturforschung, und die Königin Christine von Schweden schrieb, dass sie das Buch von Anfang bis zu Ende
mit Aufmerksamkeit und erstaunlichem Vergnügen gelesen habe; dass
Andere zwar mehr als sie befähigt sein würden, den Werth desselben
zu beurtheilen und zu bewundern; ihre Unwissenheit aber verhindere
doch nicht, dass sie das Werk als eins der würdigsten und bewunderns-
werthesten erachte, die in diesem Jahrhundert hervorgebracht seien.
Doch war auch schon vor dem Erscheinen des Werkes
Guericke als Physiker keineswegs unbekannt geblieben.
Auf dem Reichstage zu Regensburg hatte er befreundeten Personen
zuerst seine neuerfundenen Maschinen gezeigt, bis er die Versuche vor
den versammelten Reichsfürsten und dem Kaiser selbst wiederholen
durfte. Kaspar Schott hatte in seiner Mechanica hydraulica
(1657) und Technica curiosa (1664) die meisten der Guericke'-
schen Versuche beschrieben, und schon 1663 war dessen Ruf soweit
verbreitet, dass der Herzog von Chevreuse, der Deutschland durchreiste,
eigens nach Magdeburg kam, um Guericke und seine Maschinen zu sehen.
1666 wurde er vom Kaiser Leopold I. in den Adelstand erhoben und
schrieb sich von da an, wie in seinem Diplom stand, von Guericke statt
Gericke; der Kurfürst Friedrich Wilhelm von Brandenburg ernannte ihn
zu seinem Rath.

Von 1676 an wurde Guericke die Führung seiner Bürgermeister-
geschäfte lästig, er bat wiederholt um Entlassung, erlangte dieselbe aber
vollständig erst am 7. September 1678. Im Jahre 1681 brach in Magdeburg die Pest aus; der kränkliche alte Mann, der mit den Behörden
seiner Vaterstadt in ärgerlichen Streitigkeiten über seine Gerechtsame
lebte, begab sich zu seinem einzigen Sohne nach Hamburg, der dort
Resident des niedersächsischen Kreises war. Hier starb er am 11. Mai
1686 an Altersschwäche in den Armen seiner Gattin und seines Sohnes.
Sein Leichnam sollte in seine Vaterstadt überbracht werden; ob es aber
geschehen, bleibt zweifelhaft [1]).

Guericke kam zu seinen Versuchen und damit zur Erfindung der Luftpumpe durch den alten philosophischen
Streit über die Existenz eines leeren Raumes, ein Streit, der
eben damals, wo der Aristotelismus in der Naturwissenschaft schon kraft-
los geworden und die alte Atomistik wieder auflebte, neue Nahrung
erhalten. Guericke, ganz auf der Seite der Empiriker stehend, behauptete: „Daher können die Philosophen, welche nur an ihren Meinungen
und Argumenten festhalten, die Erfahrung aber unberücksichtigt lassen,
nie zu sicheren und richtigen Schlüssen hinsichtlich der natürlichen

---

[1]) Nach Hoffmann: Otto v. Guericke, Magdeburg 1874.

Erscheinungen in der Körperwelt gelangen; wir sehen ja, dass der
menschliche Verstand, wenn er die durch Erfahrung gewonnenen Resultate nicht beachtet, oftmals viel weiter von der Wahrheit sich entfernt,
als der Abstand der Sonne von der Erde beträgt."

Er bemühte sich deswegen den leeren Raum durch ein Experiment
festzustellen [1]). Dazu nahm er ein Fass, füllte es mit Wasser und versuchte durch eine Saugpumpe, die am Boden des Fasses, senkrecht nach
unten gerichtet, angebracht war, das Wasser herauszichen zu lassen.
Das gelang auch, aber statt des Wassers drang mit Zischen die Luft
durch die Wände in das Fass ein. Als auch das Einsetzen dieses Fasses
in ein mit Wasser gefülltes grösseres nicht half, änderte er seinen Versuch in fundamentaler Weise. Er liess eine kupferne Blase, etwa 60 bis
70 Magdeburger Maass haltend, anfertigen, in welche eine kurze mit
einem Hahn verschliessbare Röhre mündete; mit dieser Röhre wurde die
Blase auf einen Pumpenstiefel geschraubt, der durch einen luftdicht
eingeschliffenen Metallstöpsel nach aussen geöffnet werden musste,
wenn der Kolben nach einwärts gedrückt wurde. Mit diesem Instrument
erlangte Guericke endlich Resultate, es war seine erste Luftpumpe.
Sie hatte das Ueble, dass zwei Arbeiter, wenn die Kugel
allmälig luftleer wurde, nur mit Mühe den Kolben
bewegen konnten. Später verbesserte er darum die Luftpumpe
in der Art, dass er den Stiefel an einem starken Dreifuss befestigte,
welcher an den Boden geschraubt werden konnte und den Kolben nicht
direct an einem Handgriffe, sondern durch einen Hebel, der ebenfalls
mit einem Ende an dem Dreifuss befestigt war, bewegte. Für die bessere Dichtigkeit des Verschlusses am Hahn der Blase sorgte Guericke
dadurch, dass er den Dreifuss mit einem Trichter an der betreffenden
Stelle versah, welcher mit Wasser gefüllt wurde [2]).

Gleich mit seiner ersten Luftpumpe erzielte Guericke erstaunliche
Wirkungen, durch welche sowohl die bedeutende Grösse des Luftdrucks, wie auch die Elasticität der Luft deutlich nachgewiesen
wurden. Wenn die Kugel nach dem Evacuiren oben vom Stiefel abge-
schraubt und der Hahn geöffnet wurde, strömte die Luft mit einer
solchen Heftigkeit in die kupferne Kugel, als wollte sie den gegenüberstehenden Mann gleichsam mit sich fortreissen. Schon aus ziemlicher
Entfernung ward einem sich Nähernden der Athem benommen; und
man konnte nicht die Hand über den Hahn halten, ohne sie der Gefahr
auszusetzen, dass sie mit Heftigkeit hineingezogen wurde. Wenn die
Luft in einem abgeplatteten gläsernen Gefäss mit parallelen Wänden
verdünnt wurde, so zersprang dasselbe zuletzt durch den Druck der
äusseren Luft in tausend Stücke. In einem kupfernen Cylinder von
etwa $^3/_4$ Elle im Durchmesser, dessen Boden halbkugelig gestaltet war

---

[1]) Torricelli's Vacuum war ihm damals noch nicht bekannt.
[2]) Abbildung, Seite 157.

und der vermittelst eines Hahnes mit einem luftleer gemachten Ballon
in Verbindung stand, wurde ein dicht schliessender Kolben bis an den
Boden eingeschoben. Diesen Kolben zogen dann 40 bis 50 Personen
so weit als möglich (das war ungefähr bis zur Hälfte des Cylinders) in
die Höhe. Wenn aber danach der Cylinder mit einer luftleeren Kugel
in Verbindung gesetzt wurde, so vermochten alle die Personen an den
Seilen den Kolben nicht zu halten, der trotz ihres Widerstandes in den
Cylinder hineingedrückt wurde. Das Experiment mit den sogenannten
Magdeburger Halbkugeln zeigte Guericke auf dem Reichstage zu Regensburg kurz vor Schluss desselben, der am 8. Mai 1654 erfolgte. Er
schreibt selbst darüber: „Ich liess mir zwei kupferne Halbkugeln machen,
die ungefähr $^3/_4$ Theile einer Magdebnrgischen Elle im Durchmesser
hatten, oder richtiger, weil die Meister es mit den Maassen der bestellten
Gefässe nicht so genau zu nehmen pflegen, 67 Hundertthcile einer Elle.
Beide Hälften waren einander völlig gleich. An der einen war ein
Hahn oder vielmehr ein Ventil angebracht, vermittelst dessen die inwen-
dige Luft aus der Kugel herausgezogen, die äussere wieder hinein-
gelassen werden konnte. Ausserdem befanden sich an beiden Hälften
noch eiserne Ringe, durch welche Stricke gezogen werden konnten, um
daran Pferde anzuspannen. Dann liess ich mir noch einen Ring aus
Leder machen, welcher mit einer Auflösnng von Wachs und Terpentin
wohl getränkt war, damit keine Luft durchgehen könne. Diesen Leder-
ring legte ich dann zwischen die an einander gefügten Halbkugeln, liess
aus ihnen die Luft schnell herausziehen und sah nun, mit welcher Gewalt beide an den ledernen Ring gepresst wurden, so dass sechzehn
Pferde sie entweder gar nicht oder nur mit Mühe von einander reissen
konnten. Wenn dies aber endlich, wie es bisweilen geschah, der Fall
war, dann vernahm man einen Knall, wie wenn ein Schiessgewehr abge-
schossen würde. Sobald aber wieder Luft in die fest an einander
gepressten Halbkugeln eingelassen war, konnte Jedermann dieselben
leicht von einander trennen. Weil aber beide Halbkugeln beim Aus-
einanderreissen immer etwas beschädigt wurden, und besonders beim
Niederfallen auf die Erde leicht an ihrer vollkommenen Rundung verloren: so liess ich zwei grössere machen, von einer vollen Elle im Durchmesser. Da aber die Kupferschmiede selten ein Gefäss genau nach dem
aufgegebenen Maasse fertigen, so fand ich auch jetzt den wahren Durchmesser nur 95 Hundertthcile einer Elle gross. Luftleer gemacht, konnten
diese beiden Halbkugeln nicht von 24 Pferden auseinander gezogen,
wieder mit Luft gefüllt von Jedermann aber mit leichter Mühe getrennt
werden."

Auf dem Reichstage in Regensburg gewann sich Guericke vor Allem
den Beifall des Kurfürsten von Mainz und des Bischofs von Würzburg,
Johann Philipp. Dieser kaufte ihm seine Apparate ab und liess die
Professoren in Würzburg die Versuche Guericke's in dessen Beisein
nachahmen. Dadurch wurde Kaspar Schott mit Guericke bekannt und

veranlasst   seinem 1657 erschienenen Werke die Versuche zu beschreiben.

Die Elasticität der Luft bewies Guericke besonders dadurch,
dass er eine gläserne Kugel luftleer machte und dieselbe mit einer
anderen lufterfüllten Kugel in Verbindung setzte; aus dieser strömte
dann mit grosser Gewalt die Luft in die leere Kugel und warf darin
befindliche kleine Körper wie ein Sturmwind hin und her. Guericke
brachte auch eine mit Luft gefüllte Blase in seine Halbkugeln und
zeigte, dass mit dem Evacuiren die Blase sich mehr und mehr ausdehnte, bis sie endlich mit lautem Knall zersprang. Aus der Elasticität der Luft schloss Guericke sicher auf eine grössere
Dichtigkeit der Luft in den unteren Schichten der Atmosphäre und bewies dieselbe unabhängig von seiner Luftpumpe. Er
brachte gläserne Kugeln, die am Fusse eines Thurmes oder Berges durch
einen Hahn abgeschlossen worden waren, auf die Gipfel derselben und
fand, dass dann die Luft mit Zischen ausströmte, dass aber, wenn er
dann den Hahn oben wieder schloss und nun zum zweiten Male denselben am Fusse öffnete, die Luft ebenso wieder in die Kugel einströmte.
Diese Beobachtung einer verschiedenen Dichte der Luft brachte ihn auf
den Gedanken einen Dichtigkeitsmesser oder ein Manometer
zu construiren. Dieses bestand aus einer kupfernen Kugel von etwa
einem Fuss Durchmesser, welche luftleer gemacht und dann fest verkittet
ward. Diese Kugel befestigte er an das eine Ende des Balkens einer
empfindlichen Wage, und an das andere knüpfte er ein Gegengewicht
von möglichst kleinem Volumen. Da dies Gegengewicht einen sehr un-
bedeutenden Raum in der Luft einnahm, so glaubte Guericke annehmen
zu dürfen, dass es beständig gleich schwer .bleibe. Die Kugel aber,
deren Umfang ein weit grösserer war, verlor von ihrem Gewichte so viel,
als das Gewicht der von ihr verdrängten Luft betrug, mithin mehr,
wenn letztere dichter, und weniger, wenn sie dünner ward. In diesem
Falle gab die Kugel, in jenem das Gewicht den Ausschlag, zu dessen
näherer Bestimmung ein oben am Wagebalken angebrachter, in Grade
getheilter Kreisbogen diente. Dies Instrument beschreibt zuerst Guericke in einem Briefe an K. Schott aus dem Jahre 1661; damals kannte
er schon Torricelli's Entdeckungen, mit denen er durch den Kapuziner
Valerianus Magnus auf dem Reichstage zu Regensburg bekannt
geworden war.

Noch vor diesem Manometer hatte Guericke die Construction eines
Barometers und zwar eines Wasserbarometers versucht. Er
führte an der Hofwand seines Hauses eine 20 Ellen lange und einen
Finger weite Messingröhre hinauf, die mit dem unteren Ende in einem
Gefässe mit Wasser stand, und an welche sich oben eine Glasröhre
anschloss. Wenn dann das obere Ende evacuirt wurde, so stieg das
Wasser nur ungefähr 19 Ellen hoch und blieb dort stehen, aber, wie
Guericke bald bemerkte, nicht immer in derselben Höhe. Er schloss,

dass das Steigen und Fallen der Wassersäule, welches mehrere Hand-
breiten betrug, von einer Veränderung des Luftdruckes abhänge, und
dass mit dieser Veränderung des Luftdrucks auch die Aenderung des
Wetters in Verbindung stünde. Er brachte darum auf die Flüssigkeit
des Instruments eine aus leichtem Holze geschnitzte menschliche Figur,
die mit dem ausgestreckten Finger der einen Hand auf eine an der
Röhre angebrachte Scala hinwies. Der Sohn Guericke's behauptet in
einem Briefe an den Schlosshauptmann Lubienictzky zu Leipzig vom
Jahre 1665, dass die tägliche Erfahrung während eines Zeitraums von
6 bis 7 Jahren die Abhängigkeit des Wetters vom Stande des Männchens
bewiesen habe; danach würde die Erfindung des Instruments in das Jahr 1657 oder 1658 zu setzen sein. In der
That sagte auch Guericke schon am 9. December 1660 aus dem sehr
tiefen Stande seines Wettermännchens einen Sturm voraus, der zwei
Stunden später eintraf. Guericke hielt die Einrichtung seines Instruments geheim, dasselbe war verdeckt bis auf den Theil der Glasröhre, in dem sich das Männchen befand; das Staunen aber, welches
die Bewegungen des Männchens hervorriefen, lässt erkennen, wie langsam die physikalischen Entdeckungen um diese Zeit noch sich verbreiteten.

Guericke wurde nicht müde seine Luftpumpe nach allen Seiten hin
zu verwerthen, und die Mannigfaltigkeit seiner Versuche zeugt für den
weiten Blick unseres Gelehrten. Er bestimmte das Gewicht der
Luft dadurch, dass er eine gläserne Kugel mit Luft gefüllt
und dann auch luftleer wog, bemerkt aber zugleich dabei, dass
man von dem Gewicht der Luft eigentlich nicht reden könne, weil sie
ja nach ihrer verschiedenen Dichtigkeit ein verschiedenes Gewicht besitze.
Er brachte in einem Gefässe ein Uhrwerk mit hell klingendem Glöckchen
an und zeigte, dass der Ton immer mehr schwinde, je mehr man die
Luft in dem Gefässe verdünne; damit widerlegte er die Peripatetiker,
die nach einem Versuch des Kaspar Bertus in Rom behauptet hatten,
die Torricelli'sche Leere sei gar nicht luftleer, weil man den Ton einer
im Vacuum befindlichen Glocke höre. Er brachte dann in ein Gefäss
eine brennende Kerze und bemerkte, dass dieselbe erlosch, wenn das
Gefäss luftleer wurde. Weil er daraus schloss, dass zum Brennen
Luft gehöre, so ging er noch weiter und brachte ein Licht in ein
Gefäss, das durch Wasser abgeschlossen war; sowie das Licht länger
brannte, stieg das Wasser in dem Gefäss in die Höhe zum Zeichen, dass
die Flamme die Luft verzehre. Aber die Flamme erlosch immer,
ehe die Luft auch nur zum grössten Theil verzehrt war; Guericke
meinte, weil die Flamme selbst die Luft verunreinige. Zuletzt warf er
noch die Frage auf, ob die Luft durch die Flamme zu Nichts verzehrt,
oder ob sie zu einem erdigen Bestandtheile aufgelöst werde, er neigt
mehr zu dem letzteren. Wenn man den freien Geist Guericke's und den
sorgsamen Gebrauch des Experiments in dieser damals so schwierigen

Frage der Verbrennung recht bewundern will, so braucht man nur das
Verhalten Descartes' hiermit zu vergleichen, der in seinen Principien
(1644) noch zu erklären sich abmüht, wie es möglich ist, dass Lampen
in luftdicht verschlossenen Gefässen Jahre, ja Jahrhunderte lang das
Feuer erhalten können. Guericke bemerkte, dass sich beim Einströmen der Luft in ein luftleeres Gefäss wolkige Nebel
niederschlugen, widersprach aber trotzdem der damals fast allgemein gültigen Annahme von der Verwandlung der Luft in Wasser und
erklärte jene Wolken als aus Wasserdämpfen entstanden, die immer in
der Luft enthalten seien. Auch zur Construction einer Windbüchse
gebrauchte Guericke die Luftpumpe, aber die Construction erschien ihm
selbst unvollkommen und sie ist auch fernerhin nicht weiter angewandt
worden. Dagegen verwandte er mit entschiedenem Vortheil die Luftpumpe zur Verfertigung eines Thermometers.

Wir haben gesehen, dass Galilei um den Anfang des 17. Jahrhunderts ein Luftthermometer erfunden hatte; dieses Instrument brachte
Guericke auf eine Form, die seiner Vorliebe für kräftige Wirkungen
besser entsprach. An eine sehr grosse hohle kupferne Kugel schloss
sich eine kupferne lange Röhre von einem Zoll Durchmesser an, diese
Röhre ging von der Kugel nach abwärts und bog sich heberartig wieder
bis fast zur Höhe der Kugel in die Höhe. Die Röhre war mit Weingeist
gefüllt, und auf dem Weingeist schwamm eine kleine Messingkapsel, von
welcher ein Faden oben über eine Rolle ging, der an dem anderen Ende
eine kleine Figur trug. Diese wies auf eine Scala an der Röhre, welche
für Magdeburg grösste Wärme, grösste Kälte und dazwischen eine mittlere Temperatur angab; das ganze Instrument, wieder bis auf Kugel,
Scala und Figur verkleidet, hing an einer von der Sonne nie beschienenen Aussenwand des Guericke'schen Hauses. Die Kugel war blau,
mit goldenen Sternen bemalt und trug in grossen Goldbuchstaben die
Inschrift Perpetuum mobile. Dieses Thermometer war im Allgemeinen
nicht genauer als das von Galilei, es wurde ebenso wie jenes nicht nur
von Wärme verändert, sondern auch von Aenderungen des Luftdrucks
beeinflusst; aber einen Schritt zur weiteren Vervollkommnung that doch
Guericke. Er sah, dass die grösste Wichtigkeit bei verschiedenen Thermometern in der Vergleichbarkeit ihrer
Angaben beruht und versuchte seiner Scala einen festen
Punkt zu schaffen. Er nahm als Mitteltemperatur diejenige um die
Zeit der ersten Nachtfröste oder des ersten Reifs und stellte seine Figur
dadurch auf den angenommenen Punkt ein, dass er mittelst der Luftpumpe aus einer verschliessbaren Oeffnung der Kugel so lange Luft
zog, bis die Figur auf den bestimmten Punkt zeigte. Leider war dieser
nur sehr wenig geeignet als fixer Punkt einer Thermometerscala zu
dienen.

Wir haben noch Guericke's Entdeckungen auf einem den bisherigen
Untersuchungen ganz fremden Gebiete, dem der Elektricität und des

Magnetismus, zu erwähnen. Guericke war immer bemüht die Arbeiten fremder Gelehrten kennen zu lernen, zu prüfen und wenn möglich weiter zu führen; in keinem geringen Maasse gelang ihm das Letztere auch bei den Arbeiten Gilbert's und seiner Nachfolger über Magnetismus und Elektricität. Um seine elektrischen Versuche bequemer als Gilbert anstellen und stärkere Wirkungen als dieser hervorrufen zu können, stellte er sich eine Schwefelkugel von der Grösse eines Kinderkopfes her, steckte dieselbe auf eine eiserne, mit einer Handhabe versehene Achse und brachte sie auf ein hölzernes Gestell. Beim Umdrehen hielt er die flache Hand als Reibzeug an die Kugel. Mit diesem Embryo einer Elektrisirmaschine gelang es ihm, die dürftigen elektrischen Kenntnisse seiner Zeit in wichtiger Weise zu vervollständigen. Er sah, dass eine Flaumfeder von der geriebenen Kugel nicht blos angezogen, sondern nach einiger Zeit auch zurückgestossen wurde; er konnte sogar, wenn er die Kugel vom Gestell nahm, die Feder längere Zeit in der Luft frei schwebend erhalten. Ferner bemerkte er, dass die Feder, wenn sie von der Kugel einmal abgestossen worden war, zu anderen Körpern, auch nach der Nase, hingezogen wurde, und dass die Kugel sogar die Feder wieder anzog, sobald man die letztere nur mit einem anderen Körper, wie z. B. mit einem leinenen Faden, berührt hatte. Wenn man der Feder, welche eben von der Kugel angezogen worden war, den Finger entgegen hielt, so flog sie an diesen, dann wieder zur Kugel und wiederholte dies so einige Male. Wenn an eine Bank ein senkrechtes Holz befestigt wurde, von dem ein Leinenfaden von mehr als einer Elle Länge herunterhing, und man legte dann ungefähr einen Daumen breit von dem Ende des Fadens einen anderen Gegenstand hin, so näherte sich der Faden diesem Gegenstande, sobald nur die erregte Schwefelkugel an die Spitze des senkrechten Holzes gebracht wurde. Auf diese Weise konnte Guericke zeigen, dass die elektrische Kraft sich in einem Leinenfaden bis zur Länge einer Elle fortpflanzt. Wenn er die Kugel mit der Hand im Dunkeln rieb, sah er ein schwaches Leuchten, wie man es beim Zerschlagen von Zucker wahrnimmt, und wenn er die Kugel ganz nahe an das Ohr hielt, hörte er auch ein schwaches Knistern. Doch ist es sehr wohl möglich, ja wahrscheinlich, dass Guericke hierbei nicht das Geräusch der elektrischen Entladung, sondern nur das Knistern bemerkt hat, welches in geschmolzenem und wieder erkaltetem Schwefel beim Erwärmen mit der Hand durch das Voneinanderreissen der Krystalle bewirkt wird. Die betreffende Stelle heisst nämlich [1]): „Die Kugel besitzt auch die Kraft des Tönens; denn wenn man sie in der Hand hält und so ans Ohr bringt, vernimmt man ein Rauschen und Knistern in derselben." Merkwürdiger aber noch, als dieser Satz ist derjenige, welcher ihm vorau-

---

[1]) Experimenta nova, 4. Buch, 15. Capitel, 6. Artikel.

geht[1]). „Auch die Drehkraft kann bei der centralen Umdrehung dieser Kugel nicht zweckentsprechend dargestellt werden, da die Feder sofort (sowie sie seitwärts von der Kugel von der lothrechten Linie abweicht) gemäss der Anziehungskraft der Erde zu sehr erdwärts gezogen und so an ihrem Umlaufe gehindert wird. Diese Kraft kann aber, was die Umdrehungsbewegung in der Feder selbst anlangt, deutlich auch durch die Umdrehung der Kugel um die Feder ebenso gut hervorgerufen werden." Wenn man nämlich die Kugel um die Feder herumführt, so dreht sich diese um ihre Achse und wendet der Kugel stets dasselbe Gesicht zu. Guericke kommt hier auf die schon früher erwähnten Vorstellungen, dass durch magnetische oder auch elektrische Kräfte die Rotationsbewegungen der Himmelskörper erzeugt würden. Auf dem Gebiete des **Magnetismus** machte Guericke ebenfalls einige interessante Beobachtungen. Er fand, dass Eisendrähte magnetisch wurden, wenn man sie von Nord nach Süd gerichtet auf einem Ambos etwas hämmerte; und er bemerkte, dass die eisernen Stäbe an Fenstergittern im Laufe der Zeit von selbst Magnetismus annahmen, und dass sie oben einen Nord-, unten einen Südpol erhielten.

Guericke als Erfinder der Elektrisirmaschine zu bezeichnen erscheint kaum thunlich; seinem Apparate zur bequemeren Elektrisirung grosser Körper fehlte vor Allem der Conductor, der doch für unsere Vorstellung einer Elektrisirmaschine charakteristisch ist; dafür aber dürfen wir ihm **die Entdeckung der elektrischen Abstossung, des elektrischen Leuchtens** (nicht des Funkens) **und der ersten Thatsachen**, welche auf die Vorstellungen der **elektrischen Leitungsfähigkeit und der elektrischen Induction** führen, zusprechen. Von allen Untersuchungen Guericke's haben die elektrischen das wenigste Aufsehen erregt. Guericke liebte es mit grossen Massen zu operiren; auch bei seinen elektrischen Untersuchungen erzielte er grössere Wirkungen als man vorher geahnt; aber sie waren doch nicht so bedeutend, dass ihre Kenntniss sich mit Nothwendigkeit in weitere Kreise verbreitet hätte.

Wenn man zum ersten Male von den Entdeckungen des berühmten Magdeburger Bürgermeisters hört, ist man wohl geneigt ihn als genialen Erfinder physikalischer Instrumente zu betrachten, aber denkt doch weniger daran, ihn als eigentlich wissenschaftlichen Physiker anzusehen. Seine vielfachen, grossartigen Experimente erscheinen dann gerade wegen ihrer Augenfälligkeit und Massigkeit mehr auf die Unterhaltung der grossen Menge berechnet als eigentlich wissenschaftlichen Zwecken dienend. Solche Ansichten aber können nicht bestehen, sowie man etwas tiefer geht. **Guericke hatte durchaus nicht nur die Absicht das Volk zu erstaunen, er war überall durch rein wissenschaftliche Interessen geleitet und zog aus seinen**

---

[1]) 5. Artikel.

Versuchen zwar keine phantastischen Ideen, aber sichere, gut wissenschaftliche Schlüsse. Die Suche nach dem leeren Raum, der für die neue Atomistik so wichtig schien, führte ihn auf die Luftpumpe, der Streit um den Luftdruck machte seine colossal beweisenden Halbkugeln nöthig; die Elasticität der Luft wurde unwiderleglich nachgewiesen, die Nothwendigkeit der Luft für das Brennen wurde sicher erkannt etc. etc., und fast nie finden wir bei Guericke einen dilettantisch physikalischen Zweck oder Schluss, wie sie manchem Experimentator jener Zeit mit unterliefen. Zwar war Guericke kein Physiker, der nach festen Normen einer bestimmten Schule seine Ansichten einrichtete; aber er war mehr als das, ein genialer Geist, der sicher erkannte was der Wissenschaft noth that, ein sehr geschickter Experimentator und ein kenntnissreicher Mathematiker, der überall ein Interesse für Maass und Zahl zeigte. Auch beschränkt sich Guericke in seinem Werk nicht auf die bis jetzt angegebenen Materien. Wir finden vielmehr in den sieben Büchern desselben auch weitergehende und immer gesunde Betrachtungen, wie Ansichten über das Licht, über die Gährung und über das ganze Weltgebäude. Dass Guericke seine physikalischen Entdeckungen nicht systematisch vollkommen durchbildete, lag mit daran, dass er ein Pionier der Wissenschaft war, dem die Vermessung und vollständige Einordnung der eroberten Gebiete weniger am Herzen lag, aber hatte auch vor Allem in den damaligen politischen Zuständen Deutschlands und in der eigenen socialen Stellung Guericke's seinen Grund. Dass er noch in der Zeit des grossen deutschen Krieges und der Erschöpfung solche Thaten vollbrachte, erfüllt uns mit höchster Bewunderung und lässt uns hier in der Geschichte der Physik nur bedauern, dass er der diplomatisch in höchster Unruhe beschäftigte Bürgermeister von Magdeburg gewesen. Trotz alledem bleibt Guericke neben Kepler der grösste deutsche Physiker des 17. Jahrhunderts und einer der bedeutendsten Physiker überhaupt, für uns Deutsche ein leuchtendes Trostbild aus der Zeit unseres grossen nationalen Unglücks.

Guericke hat nicht selbst die Zeit seiner Erfindungen bezeichnet. Bisher gab man immer das Jahr 1650 für die Erfindung der Luftpumpe an. Dieser Termin ist jedenfalls falsch, denn vom März 1649 bis März 1651 war Guericke von Magdeburg abwesend in Osnabrück, Nürnberg und Wien, und man kann doch nicht annehmen, dass er hier unter aufregenden diplomatischen Geschäften und bei seiner Kränklichkeit in der letzten Zeit zu der Erfindung gekommen sei. Dr. Zerener[1]) verlegt alle physikalischen Entdeckungen Guericke's in die Jahre 1632 bis 1638, weil der Urenkel Guericke's,

---

[1]) Otto v. Guericke's Exp. nova, neu edirt und mit einem histor. Nachwort versehen von Dr. Zerener. Leipzig 1881.

von Biedersee, diese Ansicht vertritt und weil diese Jahre in Guericke's Leben bis 1663, wo die Experimenta nova vollendet waren, die
ruhigsten gewesen seien. Uns scheint diese frühe Datirung doch recht
unsicher. Die Ansichten Biedersee's zeigen sich nicht überall fest und
entscheidend; denn dieser setzt auch die Erfindung des Wettermännchens
in die Zeit vor dem Antritt der diplomatischen Missionen Guericke's
während der Jahre 1646 bis 1660. Der Sohn Guericke's sagt aber in
einem Briefe vom 1. August 1665, es sei durch sechs- bis siebenjährige
Erfahrung bewiesen, dass das Steigen und Fallen des Wettermännchens
mit den Veränderungen des Wetters zusammenhänge. Danach würde
diese Erfindung doch ziemlich sicher in die Jahre 1657 oder 1658 fallen,
während deren Guericke auch in Magdeburg sich aufhielt. Was aber
die Zeit Guericke's zu wissenschaftlichen Arbeiten betrifft, so ist richtig,
dass von 1638, oder besser von 1642 an Guericke's Thätigkeit sehr vielfach für andere als wissenschaftliche Interessen in Anspruch genommen
wurde; damit ist aber nicht bewiesen, dass sie ganz von solchen absorbirt wurde. Es erscheint ganz wohl möglich, dass Guericke während seines anderthalbjährigen Aufenthalts in Magdeburg vom August 1647 bis März 1649, oder auch während
eines ebenso langen vom Anfang 1651 bis August 1652,
frühere Versuche zum Abschluss brachte und jetzt erst
zur Construction seiner Luftpumpe gelangte. Ja dies ist
uns sogar um so wahrscheinlicher, als bei der Grossartigkeit der Guericke'schen Versuche das Fehlen aller Nachrichten von denselben während der Jahre 1638 bis 1651 entschieden merkwürdig wäre. Munke[1])
hat (nach Hindenburg's Magazin X, 120) angegeben, dass Guericke schon
1651 dem Magistrate zu Köln eine Luftpumpe zum Geschenk gemacht
habe. Gerland[2]) erklärt dieses Citat für falsch; wenn damit auch das
Factum beseitigt ist, so wäre für die Erfindung der Luftpumpe
doch als spätester Termin das Jahr 1652 anzunehmen, da
vom August 1652 bis 1654, wo Guericke in Regensburg seine Experimente zeigte, derselbe in Magdeburg nicht vier Monate lang an-
wesend war.

In Bezug auf Guericke's elektrische Versuche behauptet
Dr. Zerener, dass dieselben nicht nach 1653 fallen können, weil aus den
Briefen Guericke's an Kaspar Schott hervorgehe, dass der erstere von
1653 an seine Forschungen ganz dem Vacuum zu und von anderen
physikalischen Gebieten abgewandt habe; dann aber müssten nach dem
Früheren auch die elektrischen Entdeckungen während der Jahre 1632
bis 1638 gemacht worden sein. Gegen das Letztere gelten unsere obigen
Einwände in derselben Weise, und da uns auch das negative Zeugniss
der Briefe nicht genügend sicher erscheint, so geben wir nur als späte-

---

1) Gehler, Physik. Wörterbuch, 2. Ausgabe, VI, 527.
2) Bericht über die wissensch. Apparate, S. 33.

sten Termin der elektrischen Entdeckungen Guericke's das Jahr 1663, in welchem nach Guericke's eigenem Zeugniss sein Werk vollendet war. Guericke, c. 1650 bis 1663.

Von Apparaten Guericke's werden noch eine Luftpumpe und zwei Halbkugeln auf der Bibliothek in Berlin aufbewahrt (Gerland, Leopoldina, Heft XVIII). Auch die Stadtbibliothek in Magdeburg besitzt noch eine angeblich von Guericke herrührende Luftpumpe (Hoffmann, S. 220). Ueber die erste Elektrisirmaschine (?) Guericke's, welche 1815 in die Sammlung des Braunschweigischen Polytechnikums kam, siehe Zerener, Nachwort, S. IX und X.

Der directe Nachfolger Guericke's in dessen pneumatischen Versuchen ist Boyle. Robert Boyle, der Sohn des Grafen Richard von Cork, wurde am 25. Januar 1627 in Lismore (Grafschaft Cork in Irland) geboren. Vorgebildet auf dem College zu Eton und dann im väterlichen Hause, vervollständigte er seine Kenntnisse durch Reisen in Frankreich, der Schweiz und Italien. Als er nach dem Tode seines Vaters durch den Besitz eines bedeutenden Vermögens unabhängig wurde, lebte er zuerst auf seinem Landgute Stallbridge in Irland und beschäftigte sich vorzüglich mit religiösen und philosophischen Studien. Im Jahre 1654 aber zog er nach Oxford, wandte sich dort mehr der Chemie und Physik zu und trat auch in die sich eben bildende Gesellschaft der Wissenschaften ein; 1668 folgte er dieser Gesellschaft nach London, wo er am 30. December 1691 starb. Er war nie verheirathet und bekleidete kein öffentliches Amt; sein Leben war der Religion und den Naturwissenschaften geweiht. Als strenger, fast unduldsamer Anhänger der anglikanischen Kirche und enthusiastischer Vertheidiger und Verbreiter des Christenthums, vermochte er doch das Weltall durchaus mechanisch zu betrachten und zog nur aus der Zweckmässigkeit des ewig sich selbst regierenden Mechanismus einen um so sichereren Schluss auf einen intelligenten, allmächtigen Urheber der Welt. Seine sehr zahlreichen einzelnen Schriften erschienen zuerst in englischer Sprache, dann aber meist auch in lateinischer Uebersetzung; viele seiner Abhandlungen sind in den Philosophical Transactions enthalten. Eine Gesammtausgabe seiner Werke besorgte Th. Birch in fünf Bänden (London 1744). Boyle, physikalische Untersuchungen, 1659—1691.

In Bezug auf die philosophische Grundlage seiner Naturanschauungen war Boyle ein Anhänger Gassendi's und mit diesem ein Bewunderer Epikur's. Er[1] nimmt, wie die alten Atomisten, einen absolut leeren Raum an, in dem die kleinsten Theile der Materie, die eine bestimmte Gestalt, Grösse und Bewegung

---

[1] Boyle's Ansichten über die Materie und ihre allgemeinen Eigenschaften in Sceptical Chemist (1661); Origin of forms and qualities according to the Corpuscular Philosophy (1664); Physiological Essays (1661).

haben, sich befinden. Bei Beurtheilung der Aggregatzustände erklärt er ähnlich wie Descartes, dass die Atome der Flüssigkeiten in steter Bewegung, die der festen Körper aber in Ruhe sich befinden; auch meint er, dass die Zwischenräume zwischen den Theilen nicht ganz leer, sondern mit einer sehr feinen Materie gefüllt sind, welche fast keinen Widerstand leistet. Für die beständige Bewegung der Flüssigkeitstheilchen werden die Auflösung fester Körper, sowie die allmäligen Vermischungen, z. B. von rothem und weissem Wein, angeführt. Doch hält Boyle nicht wie Descartes die Trägheit der Materie für den einzigen Grund der Festigkeit; er denkt sich vielmehr die Atome der festen Körper von länglicher Gestalt und vielfach mit einander verflochten; ja für grössere Massen nimmt er auch noch, wie Galilei den Horror vacui, den Luftdruck als Ursache der Festigkeit zur Hülfe. Boyle kam zu der letzteren Annahme durch die Beobachtung, dass mattgeschliffene Glasplatten fest an einander hängen; zwar entging ihm nicht, dass unter der Luftpumpe die Attraction fortdauerte, aber er glaubte dieselbe doch dabei vermindert[1]). Da Boyle alle Veränderung der Stoffe durch Verbinden und Trennen der Atome erklärte, so verwarf er nicht nur die vier Aristotelischen, sondern auch die drei alchemistischen Elemente und behauptete vielmehr, dass viele solcher Elemente existirten, welche aber erst nach und nach bei fortgesetzter Zerlegung der Stoffe zu erkennen sein würden.

Boyle's Luftpumpe.

Durch das Werk Kaspar Schott's vom Jahre 1657 wurde Boyle mit den Versuchen Guericke's bekannt; er begann sogleich dieselben zu wiederholen und gab seine Resultate in der Schrift New experiments physico-mechanical, touching the spring of the air (Oxford 1660). Er beschrieb darin eine neue Luftpumpe, die er mit Hülfe von Hooke zu Stande gebracht, und die zwar im Princip ganz die Guericke'sche, aber doch in der Anwendung bequemer als diese war. Boyle behielt die erste Luftpumpe mit Hahn

---

[1]) Aehnliche Ansichten über die Ursachen der Festigkeit waren damals allgemein verbreitet. Honoré Fabri lehrt in seiner Physica (1669), dass die Theilchen fester Körper mit Erhöhungen und Vertiefungen wie Sägezähne in einander greifen oder wie die Fasern des Holzes in einander verflochten sind.

und Stöpselventil bei, nur befestigte er den Apparat auf einem Gestell und Boyle, gab dem Stiel des Kolbens Zähne, in welche ein Zahnrad mit einer 1669—1691. Kurbel eingriff. An dieser Luftpumpe vermochte dann schon ein Mann allein zu arbeiten; das Experimentiren wurde ausserdem noch dadurch erleichtert, dass an dem flaschenförmigen Recipienten oben eine mit einer Scheibe verschliessbare Oeffnung angebracht war. Wir haben schon erwähnt, dass Guericke darauf hin die Luftpumpe ebenfalls verbesserte und seine Construction hatte jedenfalls den Wasserverschluss am Kolben und am Hahn voraus, durch welchen er die Verdünnung viel weiter zu treiben vermochte als Boyle. Die nebenstehenden schematischen Zeichnungen geben eine Idee dieser Instrumente von Boyle und Guericke. Boyle bestätigte durch seine Experimente alle bekannten Versuche Guericke's und fügte auch sogleich einige neue hinzu. Er beobachtete, dass das Quecksilber fiel, wenn man über dem Gefäss des Barometers die Luft wegnahm; dass der Heber im luftverdünnten Raume zu fliessen aufhörte; dass der Rauch in einem luftleeren Gefäss, nachdem er allerdings zuerst etwas

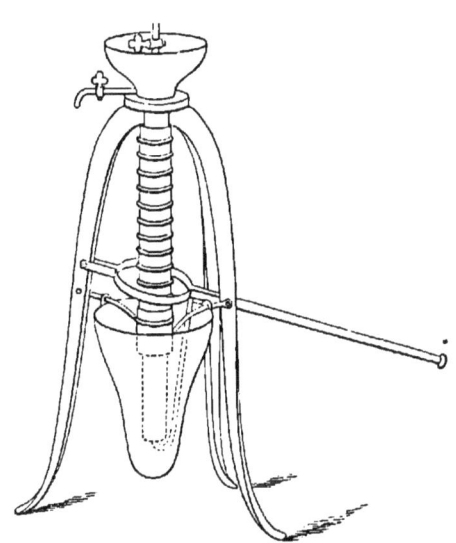

Guericke's verbesserte Luftpumpe.

gestiegen, sich bald wie jeder schwere Körper zu Boden senkte; dass auch im luftleeren Raume beim Reiben gewisser Körper an einander, wie auch beim Löschen von Kalk sich Wärme entwickle; endlich machte er noch zu seinem grossen Erstaunen die Entdeckung, dass warmes Wasser, wenn man über demselben die Luft verdünnte, zu kochen anfing, während kaltes Wasser auf diese Weise nie zum Sieden zu bringen war. Boyle fand auch, dass die Luft beim Brennen verändert werde, und dass im luftleeren Raume eine Menge sonst leicht brennbarer Körper sich nicht entzünden liessen, kam aber hier nicht so weit als Guericke und erkannte nicht, dass beim Brennen immer ein Theil der Luft verzehrt wird.

Trotz aller augenscheinlichen Beweise aber vermochten sich doch viele Anhänger des Alten noch immer nicht davon zu überzeugen, dass

eine so dünne und nach allen Seiten nachgebende Flüssigkeit wie die Luft
eine 28 Zoll hohe Quecksilbersäule schwebend erhalten könne, und der
Lütticher Professor F r a n c i s c u s   L i n u s (1595 bis 1675) hatte schon
gefunden, das Quecksilber hänge mit unsichtbaren Fäden (funiculi) an
dem oberen Ende der Barometerröhre, ja er hatte diese Fäden wirklich
gefühlt, als er einen Finger als oberen Verschluss der Barometerröhre
benutzte.   Gegen diesen Linus schrieb Boyle A d e f e n s e o f t h e d o c -
t r i n e t o u c h i n g s p r i n g a n d w e i g h t o f t h e a i r (London 1662),
und in dieser Schrift sind die experimentellen Beweise für ein Gesetz
enthalten, das wichtiger war als die ganze Bekämpfung des Herrn Professors.   Um Linus von der Widerstandsfähigkeit der Luft zu überzeugen, nahm Boyle eine heberartig gebogene Glasröhre, deren kürzerer
Schenkel geschlossen war.   Wenn er dann durch den langen Schenkel
Quecksilber in den Heber goss, so presste dieses die Luft in dem kürzeren Schenkel zusammen und zwar um so mehr, je mehr er Quecksilber
in den Heber einfüllte, doch vermochte immer bei entsprechender Zu-
sammenpressung die Luft den grösseren Quecksilbersäulen das Gleichgewicht zu halten.   Boyle stellte danach für die verschiedenen Grössen
des Drucküberschusses im langen Schenkel und die entsprechenden Luft-
volumina im kurzen Schenkel Tabellen zusammen, knüpfte aber daran
keine weiteren Schlüsse über das Verhältniss der beiden Grössen.   Erst
einer seiner Schüler, R i c h a r d T o w n l e y, bemerkte, d a s s n a c h j e n e n
T a b e l l e n d i e V o l u m i n a d e r e i n g e s c h l o s s e n e n L u f t d e n
D r u c k k r ä f t e n u m g e k e h r t p r o p o r t i o n a l s e i e n, und danach griff
auch Boyle dieses Gesetz auf und bewies weiter, dass dasselbe auch für
Druckkräfte, die geringer sind als der Druck der Atmosphäre, seine Geltung behält.   Doch erhielt dieses Grundgesetz der Aerostatik nicht den
Namen seines ersten Entdeckers, sondern ist uns unter dem Namen M a -
r i o t t e 's bekannt, eines Mannes, der allerdings die Bedeutung desselben
mehr als Boyle zu würdigen wusste.   Gegen den alten Satz, dass leichtere Flüssigkeiten gegen schwerere keinen Druck ausüben, wandte sich
Boyle und veröffentlichte seine Untersuchungen über das Gleichgewicht
der Flüssigkeiten in der Schrift H y d r o s t a t i c a l p a r a d o x e s vom
Jahre 1666.   Doch reichen seine Untersuchungen principiell nicht über
die Stevin's hinaus und die Schrift ist für uns am meisten dadurch merkwürdig, dass sie solche Sätze um diese Zeit noch als paradox ankündigen
durfte.

Nach dem Erscheinen des Guericke'schen Originalwerks von 1672
wiederholte Boyle auch dessen e l e k t r i s c h e u n d m a g n e t i s c h e V e r -
s u c h e und fügte auch hier einiges Neue zu.   A l l e K ö r p e r z e i g t e n
e i n e g r ö s s e r e e l e k t r i s c h e K r a f t, w e n n m a n s i e v o r d e m
R e i b e n r e i n a b w i s c h t e u n d e r w ä r m t e, d e r R a u c h e i n e r
F l a m m e w u r d e wie a n d e r e l e i c h t e S t o f f e v o n d e n e l e k -
t r i s i r t e n K ö r p e r n a n g e z o g e n; n i c h t n u r d e r e l e k t r i s c h e
K ö r p e r z o g d e n u n e l e k t r i s c h e n a n, s o n d e r n d i e s e r k o n n t e

anch umgekehrt den ersteren zu sich bewegen. Endlich
zeigte sich, dass auch im luftleeren Raume die elektrischen
Versuche wie sonst von statten gingen; nur der Magnet hielt
zwar zuerst beim Evacuiren das Eisen noch fest, liess es aber doch bei
fortgesetztem Verdünnen der Luft fallen. Boyle schloss daraus, dass
die Luft wohl nicht beim Anziehen des Eisens aber doch beim Fest-
-halten desselben am Magneten thätig sei; während er hätte ahnen
sollen, dass durch die fortdauernde und stärker werdende Erschütterung des Apparates beim Evacuiren das Eisen vom Magneten gelöst
worden sei.

Seine Untersuchungen über das Licht gab Boyle in einer
Schrift Experiments and considerations touching colours,
die zuerst 1663 in London erschien. Eine Menge von Beobachtungen
hatte ihm gezeigt, dass oft Veränderungen an der Oberfläche der Körper,
die keine eigentlich stofflichen Veränderungen waren, doch eine Menge
Farbenveränderungen hervorbrachten. Er führt als solche an: die Farbenveränderungen des Stahls beim Härten, die Farbenveränderungen
des geschmolzenen Bleies, wenn man schnell die Aschenschicht wegnimmt, die Farbenveränderungen der Früchte beim Reifen u. s. w.
Danach hält er die Farben für nichts, was den Körpern an
sich eigenthümlich wäre, negirt also ganz die permanenten Farben, und glaubt, dass dieselben durch gewisse Modificationen erzeugt werden, welche das Licht an der Oberfläche der Körper
erleidet und nach denen es in verschiedener Weise auf das Auge wirkt.
Die weissen Körper sind diejenigen, welche das Licht am
meisten zurückwerfen, die schwarzen diejenigen, welche
es am meisten verschlucken. Beweise für diese Behauptung sind:
ein Dachziegel, zur Hälfte weiss, zur Hälfte schwarz gefärbt, wird in der
Sonne an der letzteren Hälfte bedeutend wärmer als an der ersteren,
ein Brennspiegel entzündet viel eher schwarzes als weisses Papier und
selbst die Hand wird in einem schwarzen Handschuh wärmer als in
einem weissen. Die übrigen Farben ordnen sich zwischen Weiss und
Schwarz so ein, dass Roth, Gelb, Grün, Blau nach der Menge des reflectirten Lichtes folgen. Die Farben dünner Häutchen erwähnte
Boyle zuerst, er beobachtete sie an Weingeist, an Terpentinöl, die
er schüttelte, bis sie Blasen warfen, ebenso an Seifenblasen, wie an Kugeln
aus ganz dünnem Glase, und er erwähnt, dass man solche Farben an
jeder Flüssigkeit sehen könne. Auch die grüne Farbe, welche dünne
Goldblättchen in durchgehendem Lichte zeigen, bemerkte Boyle. Eine
Erklärung dieser merkwürdigen Erscheinungen gab er
nicht, ja versuchte nicht einmal eine solche; immerhin aber
war seine Ansicht, dass die Farben nur gewisse, durch die Körper
bewirkte Modificationen des weissen Lichtes seien, ein entschiedener Fortschritt nach Newton hin, der denn auch drei Jahre nach dem Werke des
Boyle die erste Notiz über seine Farbentheorie an die Royal Society schickte.

Noch bleiben uns einige andere interessante Versuchsreihen Boyle's zu erwähnen. Er wiederholte die alten Versuche über das Wachsen der Pflanzen in Wasser und hielt danach für wahrscheinlich, dass dabei das Wasser sich in Erde verwandle. Dasselbe fand er auch, als er Wasser ungefähr 200 mal destillirte und bei jeder Destillation eine gewisse Menge Erde erhielt; indessen schien ihm doch die Sache damit noch nicht genug erwiesen, und er liess ausdrücklich noch zweifelhaft, ob nicht etwas von der Erde aus dem Glase stamme, in welchem die Destillationen vorgenommen wurden. Die Elasticität des Wassers hielt Boyle ebenfalls für wahrscheinlich, weil sowohl bei starkem Evacuiren das Wasser sich auszudehnen als auch nach Einlassen der Luft wieder zusammen zu ziehen schien, und weil Wasser aus einer verschlossenen Hohlkugel von Zinn, die er mit einem Hammer platt geschlagen und dann mit einer Oeffnung versehen hatte, hoch empor spritzte. Dabei entging ihm auch nicht, dass das Wasser immer etwas Luft unsichtbar enthält, und er meint, man könne jene Elasticitätserscheinungen des Wassers auch wohl dieser Luft zuschreiben. Boyle constatirte die grössere specifische Leichtigkeit gefrorenen Wassers und war geneigt dieselbe den Luftbläschen zuzuschreiben, die im Eise sich befinden. Die gewaltige Kraft der Ausdehnung gefrierenden Wassers zeigte er dadurch, dass ein Flintenlauf, der mit Wasser gefüllt und der Kälte zwei Stunden ausgesetzt war, an einem Ende zersprengt wurde. Eis verdunstete immer, selbst in strenger Kälte; von Flüssigkeiten waren schwer oder gar nicht zum Gefrieren zu bringen: Scheidewasser, Weingeist, Salpeter- und Salzgeist(säure), ätherische Oele; für das Quecksilber wünschte Boyle Versuche in kälteren Gegenden. Ueber künstliche Kältemischungen stellte er zahlreiche Versuche an und machte dabei die wichtige Entdeckung, dass alle Salze, wenn sie mit Eis oder Schnee Kälte erzeugen, auch dabei sich verflüssigen.

Boyle war ein ausgezeichneter Experimentator, der den Florentiner Akademisten, von denen wir gleich zu handeln haben, in vielen Punkten erfolgreiche Concurrenz machte und in vielen Punkten sich mit ihnen berührte. Seine Versuche sind äusserst geschickt entworfen und ausgeführt und mit grossem Fleisse oft zahlreich wiederholt. Er greift fast alle Gebiete der Physik experimentell an, überall finden wir ihn beschäftigt, sowohl Altes wie Neues, das ihm in seinem Verkehr mit zahlreichen Gelehrten der damaligen Zeit übermittelt wurde, sorgfältig zu prüfen, und was man bis dahin so vernachlässigt, überall beschreibt er seine Versuche mit solcher Genauigkeit, dass eine Nachprüfung derselben nicht schwer fällt. Er ist, soweit es das Experiment betrifft, jedem neueren Physiker ebenbürtig, freilich auch nur in so weit. Boyle begnügte sich damit, seine Experimente musterhaft anzustellen, sowie aber dieses gelungen, sowie ein nach Umständen möglichst

sicheres Resultat erhalten war, scheint sein Interesse zu erlöschen. An
der Constatirung der Thatsachen lag ihm Alles, an der
Erklärung derselben oft so wenig, dass er sich nicht einmal für eine bestimmte unter mehreren zulässigen Erklärungen entschied. Eine geschickte Anwendung der
Hypothese ist bei ihm so selten zu finden, dass man wohl
in dieser Beziehung einen starken Einfluss der Bacon'-
schen Lehren constatiren darf. Wie es Bacon verlangt, hat
Boyle in einzelnen Gebieten eine Grundlage für Inductionsschlüsse gelie-
fert und auch in freier Weise positive und negative Instanzen einander
gegenüber gestellt; und wenn er diesen Instanzengang nicht weiter verfolgte, so geschah das vielleicht nur, weil er dessen Unfruchtbarkeit
einsah. Boyle hat nach dem Allen die Physik weniger gefördert, als
man bei der Menge seiner Arbeiten und seiner Geschicklichkeit erwarten
sollte; seine grösste physikalische That, die Entdeckung der indirecten
Proportionalität von Druck und Gasvolumen, hat er erst vollendet, als
ein Schüler aus seinen Resultaten den ersten Schluss gezogen, und
darum hat gerade hier die Wissenschaft seine Priorität übersehen.

Nur an einer Stelle hat Boyle einer weiter ausgesponnenen Theorie
gehuldigt; ich meine die Theorie der Atome, von der er ausdrücklich
bedauert, sie erst später als nöthig kennen gelernt zu haben. Und
obwohl er sich auch hier hütete, den Consequenzen derselben zu weit
zu folgen, so liegt doch gerade in diesem Punkte Boyle's grösste Bedeutung. Indem er die Atomistik seinen chemischen Anschauungen zu Grunde legte, indem er die alten naturphilosophischen, wie die alchemistischen Elemente verwarf
und auf die Grundstoffe aufmerksam machte, die man
durch fortgesetzte Zerlegung der Körper finden würde,
indem er alle chemischen Veränderungen als ein Verbinden oder Trennen der Atome auffasste, empfahl er
der Chemie den Standpunkt, den sie mit solchem Erfolg
in der Neuzeit behauptet hat, und wurde bis zu einem gewissen Grade der Begründer der neueren, rein wissenschaftlichen Chemie. Doch scheint selbst auf chemischem Gebiete
seine Kraft der Erklärung nicht ganz gereicht zu haben. Seine Beobachtungen über die Veränderung der Luft beim Brennen konnten ihn
nicht zu der Ueberzeugung von einem dabei stattfindenden Verbrauch
eines Bestandtheils derselben bringen, die Beobachtung der Gewichts-
zunahme der Metalle beim Verkalken wusste er ebenso wenig zu benutzen, und die wichtigen Entdeckungen über Erzeugung von Gas-
arten, aus Kalk und Essig, oder aus Eisen und Salzgeist, verwerthete
er nur zu dem Ausspruch, dass sich Luft auch künstlich darstellen
lasse.

Die Wissenschaft hat trotzdem und mit vollem Recht Boyle's Verdienste immer sehr dankbar anerkannt; seine Landsleute aber haben

ihm in ihrem Enthusiasmus nicht bloss unzweifelhaft eigene Entdeckungen, sondern auch solche zugeschrieben, die er nach fremden Gelehrten
nur prüfend wiederholte, und haben in ihrem patriotischen Eifer die Verdienste Guericke's z. B. zu Gunsten ihres Landsmannes Boyle an manchen
Stellen mehr als entschuldbar übersehen.

Unter dem Einflusse des Grossherzogs Ferdinand II. von
Toscana (1610 bis 1670) und seines Bruders des Fürsten Leopold v. Medici (1617 bis 1675) wurde in Florenz im Jahre 1657
die berühmte Accademia del cimento, die Akademie der Versuche,
gestiftet. Beide Männer zeigten ein reges Interesse für Physik, aber
bei Beiden war dieses Interesse nicht stark genug, der Wissenschaft auch
in schwierigen Umständen Treue zu halten. Ferdinand II. versagte im
Jahre 1632 seinem Mathematiker und früheren Lehrer Galilei den nöthigen Schutz gegen die Inquisition, und beide Fürsten gaben im Jahre
1667 ihre blühende Schöpfung, die Akademie, Preis, als für Leopold ein
Cardinalshut nur gegen Auflösung der Rom verhassten Bildungsstätte
zu haben war. Die Akademie bestand also nur 10 Jahre lang unter
dem Vorsitze des Fürsten Leopold und zwar aus neun Mitgliedern und
einigen Correspondenten.

Die bedeutendsten Mitglieder waren: 1. Vincenzo Viviani (1622 bis 1703), den wir schon als Schüler Galilei's genannt;
2. Giovanni Alfonso Borelli, den wir noch weiter mit selbständigen Arbeiten zu erwähnen haben werden; 3. Francesco Redi (1626
bis 1697), Leibarzt des Grossherzogs; 4. Lorenzo Magalotti (1637
bis 1712), Secretär des Grossherzogs und der Akademie; 5. Antonio
Uliva († 1668); 5. Carlo Renaldini (1615 bis 1698), Professor der
Mathematik in Pisa und dann in Padua; und 7. Candido del Buono
(1618 bis 1676). Von Correspondenten der Akademie wären
zu erwähnen: der Cardinal Ricci (1619 bis 1682), der Astronom
Giovanni Domenico Cassini (1625 bis 1712), der Professor der
Mathematik Montanari (1633 bis 1687), der ausgezeichnete Geolog
Nicolò Stenone (ein Däne, dessen Name wahrscheinlich Steen), der
Custos der königlichen Bibliothek in Paris Thévenot (1620 bis 1692)
und der Jesuit Honoré Fabri (1606 bis 1688). Die Akademiker
arbeiteten gemeinschaftlich und gaben die Resultate ihrer Untersuchung
gemeinschaftlich ohne Sonderung der Verdienste der Einzelnen heraus.
Das betreffende Werk erschien unter dem Titel Saggi di naturali
esperienze fatte nell' Accademia del Cimento (Florenz 1667);
der Holländer Pieter van Musschenbroek lieferte davon eine lateinische Uebersetzung Tentamina experimentorum naturalium
captorum in Accademia del Cimento (Leiden 1731), und 1841
wurde, als Festgeschenk des Grossherzogs von Toscana Leopold II. an
die Versammlung der italienischen Naturforscher, eine vermehrte und verbesserte Ausgabe des Werkes von Antinori besorgt.

Die Saggi zerfallen in dreizehn Capitel, deren Inhalt wir kurz an- Accademia del cimento, 1657—1667.
geben.

1. **Von den Messinstrumenten.** Die Florentiner gebrauchten
zuerst ein **wirkliches Thermometer, bei dem die Röhre mit
der Kugel luftleer gemacht und das Instrument oben hermetisch mit Siegellack geschlossen, also der Luftdruck
ohne Wirkung auf das Instrument war;** auch füllten sie zum
ersten Male das Instrument mit Weingeist statt mit gefärbtem Wasser.
Doch war die Scala der Thermometer ganz willkürlich,
die Anzahl der angenommenen Grade bei verschiedenen Instrumenten
verschieden und die Eintheilung nur nach der grössten Winterkälte und
der grössten Sommerhitze in Florenz festgelegt; eine Vergleichung der
Angaben verschiedener Thermometer war also noch immer unthunlich.
Das Instrument existirte übrigens schon 1641, also vor der Gründung
der Akademie, und ist höchst wahrscheinlich vom Grossherzog Ferdinand II. selbst angegeben worden; wie viel seine Gelehrten dabei geholfen
haben, wissen wir nicht. Ebenso wird auch dem Grossherzog die Erfindung des **Hygrometers,** welches die Florentiner gebrauchten, zugeschrieben. Bei De Cusa und Mersenne finden sich schon Andeutungen
über das Beobachten der atmosphärischen Feuchtigkeit; doch war das
Instrument der Florentiner das erste, welches zum Messen geeignet war.
Es bestand aus einem Trichter von Weissblech, der innen mit zerstosse-
nem Eis gefüllt wurde; an der Aussenfläche condensirte sich die Feuchtigkeit, welche von der Spitze des Trichters herunter in ein Maassgefäss floss. Endlich wäre noch zu erwähnen, dass die Florentiner
Gewichts- und Volumenaräometer zur Bestimmung der specifischen Gewichte und **bifilar aufgehängte Pendel** als Zeitmesser
gebrauchten.

2. **Vom Luftdruck.** Die Arbeiten der Florentiner bringen hier
wenig, was über Guericke oder Boyle hinausgeht, wenn sie auch deren
Versuche mit grosser Sorgfalt wiederholen. Nur können wir hervorheben, dass sie nachwiesen, die Haarröhrchenanziehung hänge keineswegs
vom Luftdruck ab.

3. **Ueber das künstliche Gefrieren des Wassers.** Fast
dieselben Versuche wie bei Boyle über Ausdehnung und geringeres specifisches Gewicht des Eises und über Kältemischungen.

4. **Vom natürlichen Eise.** Dieses Capitel ist vor allem merkwürdig durch die Beobachtung, dass sich Kälte wie Wärme strahlend
fortpflanzt. Die Akademiker stellten einer 500 Pfund schweren Masse
Eis in bedeutender Entfernung einen Hohlspiegel gegenüber und fanden,
dass im Brennpunkte des letzteren ein Thermometer bedeutend fiel.

5. **Die Ausdehnung der Körper durch die Wärme** bewiesen
die Florentiner mit Hülfe verschiedener Apparate, welche meist darauf
hinausliefen, dass ein Körper kalt einer Oeffnung angepasst war, durch
die er erwärmt nicht mehr hindurch ging. Doch stiessen ihnen dabei

eine Menge merkwürdiger Sachen auf, die mehr oder weniger unerklärt
blieben. Ein Glasthermometer, in siedendes Wasser getaucht, fiel zuerst,
wie sie richtig bemerkten, weil das Glas sich stärker ausdehnte als die
Flüssigkeit. Als sie aber ein kleineres Gefäss, das mit zer-
stossenem Eis gefüllt war, in siedendes Wasser tauchten,
fiel das Thermometer nicht und stieg nicht. Die Florentiner hatten dadurch die Constanz des Schmelzpunktes
entdeckt, aber wussten damit nicht viel anzufangen und
beachteten dieselbe wohl deshalb nicht, weil sie diese Erscheinung nicht
erklären konnten und die allgemeine Bedeutung derselben nicht ahnten.
Ebenso unklar blieb das Steigen eines Eisenstäbchens, das mit einem
anderen gleichen Stäbchen an der Waage ins Gleichgewicht gesetzt worden
war, bei seiner Erwärmung; wenigstens schlossen die Florentiner nicht
auf eine Erleichterung der Körper durch eine Erwärmung derselben.

6. Die Versuche über die Zusammendrückbarkeit des
Wassers lieferten ein negatives Resultat.

7. Bei den Versuchen über die absolute Leichtigkeit
der Körper zeigte sich, dass selbst schwerere Körper in einer leichteren
Flüssigkeit nicht emporstiegen, wenn nicht etwas von der Flüssigkeit
unter die Körper kam.

8. Versuche über den Magneten, 9. über Elektricität
und 10. über Farbenveränderungen einiger Flüssigkeiten
ergaben nichts Neues.

11. Das Capitel über die Fortpflanzungsgeschwindigkeit
des Schalls enthält eine nach den Methoden von Gassendi und Mersenne nur noch genauer ausgeführte Versuchsreihe, aus welcher sich eine
Schallgeschwindigkeit von 1111 Par. Fuss in der Secunde ergab.

12. Bei den Versuchen über die Wurfbewegung wurden
die betreffenden Sätze Galilei's vollkommen bestätigt.

13. Das dreizehnte Capitel enthält die Beschreibung verschiedener
Experimente, unter denen besonders die Versuche zur Messung
der Lichtgeschwindigkeit bemerkenswerth sind. Dieselben wurden ganz nach der Methode zur Bestimmung der Schallgeschwindigkeit ausgeführt und lieferten natürlich kein Resultat[1]).

Die Accademia del cimento ist viel gepriesen worden, und wir
beabsichtigen in keiner Weise, ihr den gebührenden Ruhm zu schmä-
lern. Diese ersten naturwissenschaftlichen Akademiker
der Neuzeit haben nicht nur alle physikalischen Thatsachen, soweit sie nur irgend fraglich erschienen, und
soweit es ihnen möglich war, constatirt; sie haben
auch äusserst sorgfältig gemessen, und viele physikalische Messinstrumente verdanken ihnen ihre erste

---

[1]) Das Verzeichniss der Mitglieder der Akademie und die Inhaltsangabe
der Saggi hauptsächlich nach Poggendorff, Geschichte d. Physik, S. 350 bis 403.

Gestaltung; sie haben sich endlich auch in der Verwerthung ihrer Accademia
Versuche als vorsichtige Denker gezeigt und manchen falschen Schluss, del cimento, 1657—1667,
der für weniger bedenkliche Physiker nahe gelegen hätte, nicht gezogen.
Sie gleichen in allen diesen Stücken dem englischen Physiker Boyle,
mit dessen Untersuchungen sich ja auch die ihrigen an so vielen Stellen
berührten. Aber was wir bei Boyle bemerkt, das müssen wir hier wiederholen. Wenn man das Verdienst der Florentiner gerecht
schätzen will, so darf man doch nicht übersehen, dass sie
nur Experimentalphysiker waren und nur solche sein
wollten, und dann werden wir uns nicht wundern, dass
wir zwar ihre Spuren überall da finden, wo es sich um
sichere Bestimmung der Thatsachen handelt, aber kaum
da, wo eine Entwickelung weittragender und fruchtbringender physikalischer Theorien bemerkbar wird. Die
Florentiner sprachen direct als ihre Absicht aus, sie wollten beobachten,
aber sie wollten nicht erklären. Für eine erste gemeinsame Arbeit
vieler Gelehrten wird das gewiss auch das Richtige sein, denn man kann
mit vereinten Kräften und vereinten Mitteln besser als vereinzelt experimentiren, aber man kann nicht besser gemeinsam denken oder gar
gemeinschaftlich denkend erfinden. Doch bleibt dann immer nothwendig, dass der Einzelne zur Ergänzung der gemeinsamen Thätigkeit
sich um die unterlassene Erklärung und eine umfassende Theorie
bemüht und nützlich wird es ohne Zweifel sein, wenn dann die Gesammtheit die gegebene Theorie beurtheilt und gemeinsam prüft. Die Beschränkung der Akademie auf das Experiment ist ein
Zeichen der Zeit; nachdem man glücklich dem Experiment Ansehen
und Geltung verschafft hatte, war schon das Theoretisiren und Hypothesiren einigermaassen in Verruf gekommen, und mehr als nützlich
neigte man nach beiden Seiten hin zu extremen Ansichten. Galilei
war nichts weniger als ein blosser Experimentator gewesen, seine Schüler
erster, zweiter und dritter Linie aber gründeten eine reine Experimental-
akademie. Es ist wohl zu beachten, dass wir von den Mitgliedern
der Akademie, Borelli ausgenommen, fast keine Leistungen in der theoretischen Physik zu erwähnen haben und
dass die Akademie des Versuchs in Italien nicht den Anfang einer neuen Blüthe unserer Wissenschaft anzeigt,
sondern vielmehr das Ende einer der ruhmreichsten Epochen italienischer Wissenschaft einleitet. Dem Licht der
Akademie, das kleinere Kreise hell erleuchtete, fehlten zur Ergänzung
die Strahlen, welche weiter hinaus in die Ferne führende Wege erhellten,
und die Wissenschaft vermochte wenigstens in Italien nicht sich weitere
Gebiete zu erobern.

Doch liegt es uns fern, hierfür die Akademie allein oder auch nur
zum grössten Theile verantwortlich zu machen; politische und religiöse Einflüsse waren mächtiger als alle anderen, ja waren

vielleicht schon mit die Ursache, dass die Akademie jene Einseitigkeit erhielt. So feindselig sich die Kirche der neuen Naturwissenschaft gezeigt hatte, so konnte sie doch niemals die blosse Auffindung von Thatsachen bestrafen. Dagegen war das Schlüsseziehen aus den Beobachtungen eine verhältnissmässig gefährliche Sache und wer darin der Kirche unbequem wurde, kam schlechter weg. Die Florentiner Akademie, deren Beschützer schon einmal dem römischen Stuhle gegenüber sich machtlos erwiesen, hatte darum allen Grund ihren Schwerpunkt in die Beobachtung zu verlegen, und dass sie auch damit sogar nicht volle Sicherheit sich erkaufte, bewies ihr frühes Ende nach kaum zehnjährigem Bestande.

Von Apparaten der Florentiner Akademie werden noch aufbewahrt: Weingeistthermometer, Aräometer, Hygrometer, verschliessbare Metallkugeln (um die Compressibilität des Wassers zu prüfen) und ein armirter natürlicher Magnet. (Gerland, Leopoldina, Heft XVIII.)

Der ideenreichste der Florentiner Physiker war Giovanni Alfonso Borelli, mit Viviani die treibende Kraft der Accademia del cimento. Borelli ist am 28. Januar 1608 zu Castelnuovo bei Neapel geboren, studirte in Rom, wurde 1649 Professor der Mathematik in Messina, 1658 Professor der Mathematik in Pisa und dann Mitglied der Accademia del cimento. Nach Aufhebung derselben kehrte er nach Messina zurück, musste aber 1674, da er an dem unglücklichen Aufstand gegen die Spanier betheiligt, flüchten. Er starb am 31. December 1679 zu Rom in grosser Dürftigkeit.

Borelli's Wirken war sehr vielseitig; ausser einem bedeutenden Physiker war er auch ein guter Mathematiker und Astronom. 1666 erschien von ihm Theoria Mediceorum planetarum ex causis physicis deducta; ein Werk, das sich auf langjährige Beobachtungen der Jupitertrabanten gründete, und das für die Physik durch eine Gravitationstheorie sehr bemerkenswerth ist. Borelli behauptet zuerst, dass die Centralbewegung der Himmelskörper nicht nur durch eine Attractionskraft des Centralgestirns, sondern auch durch eine aus der Beharrung der Körper resultirende Centrifugalkraft erklärt werden müsse. „Nehmen wir also an, dass der Planet zur Sonne hinstrebt und dass er zugleich durch seine Bewegung im Kreise von diesem Centralkörper, der im Mittelpunkt jenes Kreises liegt, weggehen muss. Sind dann diese entgegengesetzten Kräfte unter sich gleich, so werden sie eine wie die andere aufheben und der Planet wird weder näher zur Sonne hingehen, noch auch weiter als bis zu einer bestimmten Grenze von ihr weggehen können, und auf diese Weise wird er im Gleichgewichte um die Sonne schwebend erhalten werden." Damit war das Suchen nach einer Drehkraft, durch welche der Centralkörper die Trabanten mit sich herumführt, die man so häufig durch eine Rotation des Centralkörpers und eine magnetische

Attractionskraft desselben hatte erklären wollen, beseitigt und einer eigentlichen Gravitationstheorie der freie Weg geöffnet.

Auch das eigentliche physikalische Hauptwerk Borelli's war um dieselbe Zeit wie diese Theorie schon vollendet. Es wird erzählt, dass der Fürst Leopold dasselbe den Saggi der Akademie einzuverleiben wünschte, dass aber Borelli, der überhaupt misstrauischen, unverträglichen Charakters war, sich nicht von der besonderen Herausgabe desselben abbringen liess. Es erschien erst 1670 unter dem Titel De vi repercussionis et motionibus naturalibus a gravitate pendentibus. Wie der Titel sagt, beschäftigte sich Borelli in dem Werke mit dem Stoss der Körper und brachte auch einiges Bessere als seine Vorgänger Descartes, Honoré Fabri etc.; aber seine Untersuchungen beziehen sich nur auf besondere Fälle ohne besonderen Zusammenhang und werden dadurch wie durch eine unbequeme Art der Betrachtung ziemlich werthlos. Die Bewegung des Pendels dagegen erklärt er in ganz richtiger Weise aus einer durch einen Stoss erhaltenen seitlichen Anfangsgeschwindigkeit, der Schwere und der vorgeschriebenen Kreisbahn. Dabei zeigt er, dass nur durch die Schwere die Bewegung beschleunigt und verzögert wird, und da die Wirkung derselben beide Male als gleich anzunehmen ist, so muss das Pendel in derselben Weise auf der anderen Seite aufsteigen, wie es auf der ersten niedergefallen ist; ein Satz, mit dem sich Mersenne, wie wir sahen, erfolglos beschäftigte. Der Hauptwerth des Werkes liegt jedoch in den sorgfältigen Untersuchungen über die Capillarität und den Versuchen zur Erklärung derselben. Wir haben im ersten Bande dieser Geschichte der Physik erwähnt, dass von einer Seite dem Araber Alkhazîni[1]) die Entdeckung der Capillarität jedoch mit Unrecht zugeschrieben wird, und dass man bei Leonardo da Vinci[2]) die Kenntniss derselben findet, ohne dass sich diese Kenntniss verbreitet hätte. Auch dem Franz Aggiunti (1600 bis 1635) wird die Kenntniss der Capillarität zugeschrieben, ohne dass dieselbe ganz sicher wäre. Der als Correspondent der Florentiner Akademie erwähnte Honoré Fabri hat in seiner Physica in decem tractatus distributa (Lyon 1669) die richtigen Sätze gegeben, dass in engen Röhren, welche in Wasser getaucht werden, dieses höher ansteigt, als es ausserhalb der Röhre steht, und dass dieses Steigen um so bedeutender, je enger die Röhre ist, dass aber das Wasser nie oben aus der Röhre läuft, und dazu noch den falschen Satz gefügt, dass es in längeren Röhren höher steigt als in kurzen. Da aber Borelli bedeutend früher als Fabri geschrieben, so bleibt ersterem doch der temporelle Vorzug, abgesehen davon, dass Borelli bedeutend umfassendere und viel klarere Kenntnisse von diesen

---

[1]) Theil I, S. 84.
[2]) Theil I, S. 116.

Erscheinungen hatte. Fabri z. B. betrachtete noch den Luftdruck als Ursache der Capillarität, Borelli aber wies nach, dass auch im luftverdünnten Raume diese Erscheinungen statthaben. Nach ihm bestehen die Wassertheilchen aus Körperchen, von denen nach allen Seiten biegsame Aeste ausgehen. Diese Aeste legen sich in einer Glasröhre an die Erhabenheiten der Wand mit einem Ende fest an und wirken danach wie einarmige Hebel, die an der Wand ihre Stützpunkte haben. Dadurch wird aber die Schwere der Wassertheilchen in der Röhre zum Theil aufgehoben, und das Wasser in derselben steigt empor, um das Gleichgewicht mit der äusseren Wassermenge wieder herzustellen. Die Erklärung war so gut als sie ohne Annahme einer Molecularanziehung damals möglich war, bald aber mehrten sich die Schwierigkeiten, und Borelli beobachtete mehr als er erklären konnte. Er fand zunächst, dass die Flüssigkeit noch in der Röhre hängen blieb, auch wenn man dieselbe ganz aus dem Wasser zog, und zwar gerade so hoch als die Steighöhe vorher im Wasser betragen hatte, und dass diese Steighöhen sich umgekehrt verhielten wie die Durchmesser der Röhren. Selbst soweit blieb noch die Hebeltheorie anwendbar; als aber Borelli dann weiter entdeckte, dass zwei auf Wasser gelegte Messingbleche sich zu einander bewegten, als zögen sie sich an, dass dies ebenso mit zwei Holztellerchen geschah, und dass umgekehrt ein Messingblech und ein Holzteller auf Wasser sich abzustossen schienen[1]): da musste er doch gestehen, dass hier die Hebelmaschinerie zur Erklärung nicht mehr reichen wolle. Wie die Capillarität wollte man auch die Kugelgestalt der Wassertropfen durch den Luftdruck erklären, von dem man ja damals alles erhoffte; die Florentiner Akademiker hatten aber schon gezeigt, dass diese Kugelgestalt der Tropfen auch im Vacuum bestehen bleibe. Borelli bemerkte noch, dass zwei Wassertropfen, wenn sie zur Berührung gebracht wurden, sich in einen Tropfen vereinigten und versuchte auch diese Beobachtung aus der angenommenen Gestalt der Wassertheilchen abzuleiten, wie natürlich ohne wirklichen Erfolg.

Die Capillarität beschäftigte damals viele Physiker. Geminiano Montanari (1633 bis 1687) veröffentlichte in Pensiere fisiche e matematiche (Bologna 1667) ähnliche Resultate wie Borelli. Isaak Voss (1618 bis 1689) erwähnt in seinem Werke De Nili et aliorum fluminum origine (Haag 1666) zuerst die Depression des Quecksilbers in engen Röhren und weist schon die Ansicht zurück, als würde das Quellwasser durch die Capillarität auf die Höhen der Berge gehoben. Boyle zeigte wie die Florentiner, dass die Capillarität auch im Vacuum statthat, und dass sie also nicht durch den Luftdruck

---

[1]) Fischer (Gesch. d. Phys. I, 317) giebt an, dass Borelli diese Versuche schon 1655 dem Grossherzog von Toscana und dem Fürsten Leopold gezeigt habe.

verursacht sein könne, liess sich aber wie gewöhnlich auf weitere Er- Borelli,
1660—1680.
klärungsversuche nicht ein. Mit nachhaltigerem Erfolge als bei der Capillarität gebrauchte Borelli seine Hebel in dem berühmten physiologischen
Werke De motu animalium (2 Theile, Rom 1680 und Leyden 1685).
Er lehrt darin, dass Arme und Beine der Thiere und Menschen
wie einarmige Hebel wirken, deren Lastarm länger als
ihr Kraftarm ist, und berechnet die Kraft, welche Armmuskeln ausüben müssen, um an einem Finger 9,5 Pfund zu halten, auf 1900 Pfund.
Er schätzt die Sicherheit des Stehens nach der Grösse der
Unterstützungsfläche, erklärt das Laufen für ein immer-
währendes Fallen, das Zurückziehen der Füsse oder das
Vorbeugen des Leibes beim Aufstehen durch die nothwendig werdende Verschiebung des Schwerpunktes über
die Unterstützungsfläche u. s. w. Borelli's Werk ist von classi-
scher Bedeutung für die Theorie der Körperbewegungen der Thiere und
Menschen geworden und hat lange Zeit auf einen würdigen Nachfolger
zu warten gehabt.

Mit Borelli berührt sich in einigen Punkten **Robert Hooke,** der Hooke,
optische
Unter-
suchungen,
Gravitation,
1665—1700.
überhaupt, wie sein Landsmann Boyle, bei fast allen Problemen, welche
die damalige physikalische Welt bewegten, seinen Einfluss geltend
machte. Robert Hooke ist am 18. Juli 1635 auf der Insel Wight,
wo sein Vater Pfarrer war, geboren. 1658 bezog er die Universität
Oxford, wurde dann Assistent von Boyle, den er vor allem bei der Construction seiner Luftpumpe unterstützte, und erhielt 1662 die Stelle eines
Experimentators der neugegründeten Royal Society. Bald darauf wurde
er auch wirkliches Mitglied und 1678 Secretär dieser Gesellschaft. Nebenbei hielt er Vorlesungen über Mechanik, die von Sir John Cutler veranlasst und honorirt wurden, und war Professor der Geometrie am Gresham College in London. Er starb, durch viele Arbeiten und Nachtwachen
geschwächt, in London am 3. März 1703.

Seine Stellung an der Royal Society brachte ihn in Berührung mit
allen neuen Erscheinungen in der Wissenschaft, seine experimentelle
Geschicklichkeit liess ihn überall nicht bloss fremde Beobachtungen
wiederholen, sondern denselben auch Neues hinzufügen; die Zerstreut-
heit seiner Beschäftigungen hinderte ihn aber auch in den meisten Fällen,
seine Arbeiten weiter zu verfolgen und seine Ideen vollständig auszubilden. So erklärt es sich, dass er Alles zuerst gekannt,
Alles zuerst gethan haben wollte, sich mit allen Ent-
deckern und Erfindern über die Priorität ihrer Arbeiten
in ärgerlichster Weise herumzankte und doch sehr oft die
Welt nicht von der Gerechtigkeit seiner Sache überzeugen
konnte. Ja man wirft ihm geradezu Unredlichkeit vor; Wolf (Geschichte der Astronomie, S. 461) nennt ihn einen wissenschaftlichen
Raubritter und erklärt ihn als „zum mindesten verdächtig, einzelne

Mittheilungen, die durch seinen Canal an die Royal Society gelangen sollten, zu eigenen Gunsten unterschlagen zu haben". Trotzdem aber muss man auf der anderen Seite auch an vielen Stellen die Kühnheit seiner Ideen und zu aller Zeit die Genauigkeit seiner Beobachtungen anerkennen.

Hooke wurde an zwei Stellen mit Newton uneinig, welche gerade für die Physik von weittragendster Bedeutung sind; wir meinen die Lehre von der Gravitation und die Lehre vom Licht. Hooke's früheste optische Untersuchungen sind in seinem ersten berühmten Werke Micrographia or philosophical description of minute bodies (London 1665) enthalten; die späteren finden sich in den Schriften der Royal Society, sowie auch in den Posthumous works (London 1705). Schon in der Micrographia stellte er für das Licht eine Undulationstheorie auf, indem er sagte, dass dasselbe aus einer schnellen und kurzen vibrirenden Bewegung bestehe und dass es in einem homogenen Medium so fortgepflanzt werde, dass jede Vibration des leuchtenden Körpers in dem Medium eine sphärische Oberfläche erzeuge, die immer wachse und grösser werde, ganz auf dieselbe Weise, (obschon ungleich schneller) wie die ringförmigen Wellen auf der Oberfläche des Wassers immer grössere Kreise um einen Punkt im Innern beschreiben. In einer Abhandlung, die er im Jahre 1672 der Royal Society vorlegte, sprach er sogar aus, dass die Richtung der Vibrationen auf der Fortpflanzungsrichtung der Wellen senkrecht stände, leider wurde dieser Gedanke in der Folgezeit wieder gänzlich vergessen. Hooke untersuchte auch (wie Boyle) die Farben der Seifenblasen und beobachtete, dass diese sich mit dem Dünnerwerden des Häutchens veränderten, er bemerkte die Farben der dünnen Glimmerblättchen, beobachtete dieselben durch das Mikroskop und erkannte auch hier die Abhängigkeit ihrer Ausdehnung von der Dicke der Blättchen. Nach seiner Lichttheorie erklärte er dieselben dadurch, dass er angab, von der vorderen wie von der hinteren Seite der Blättchen würden zwei hinter einander herlaufende Lichtstrahlen reflectirt, die bei ihrem Zusammentreffen auf der Retina die verschiedenen Farben erzeugten. Leider waren seine Vorstellungen nicht deutlich genug, um zu einer richtigen Theorie der Interferenzerscheinungen zu führen. Er behauptete nämlich, dass die Farben durch die verschiedene Weise, wie verschiedene Vibrationen auf der Retina zusammenschlagen, erzeugt würden, und da er nur zwei Weisen eines solchen Zusammenschlagens fand, so nahm er auch nur zwei Grundfarben Roth und Blau an, aus deren Mischung alle anderen entständen; bei Roth sollte eine stärkere Erschütterung einer schwächeren nachfolgen, bei Blau umgekehrt. Diese Theorie der zwei Grundfarben wollte aber schon nicht mehr helfen, als Hooke zwei prismatische Gläser mit blauer Kupferlösung und rother Aloëtinctur füllte und beim Hindurchsehen gar kein Licht bemerkte. Auch die Hooke,
1665—1700. Beugung des Lichts[1]) hat Hooke (ohne Grimaldi zu erwähnen) später beobachtet und mit keinem grösseren Erfolg zu erklären versucht. Hooke vermochte seine Hypothese der Undulation, die ja eine ganz richtige Grundlage hatte, nicht weiter auszubilden, und so konnte sie gegen Newton's festgeschlossene Theorie, von der dieser 1672 die erste Nachricht gab, nicht aufkommen. Sie verwickelte ihren Urheber nur in einen, wie er bei Hooke's Natur zu erwarten, erbitterten Streit, der der Wissenschaft nicht genützt hat.

Doch war hier der Kampf noch nicht so heiss, als bei der Entdeckung des allgemeinen Gravitationsgesetzes, wo Hooke den Newton direct des Plagiats beschuldigte. Hooke beschrieb seine Ideen von der Planetenbewegung in der Schrift An attempt to prove the motion of the Earth (London 1674). Hier verspricht er eine Erklärung von dem Weltsystem zu geben, wie sie bis jetzt noch Niemand gegeben habe, die aber vollkommen mit allen Gesetzen der Mechanik übereinstimme. Diese Erklärung gründet sich auf drei Regeln: 1. Alle Körper sind nicht allein gegen ihren eigenen Mittelpunkt schwer, sondern auch wechselseitig gegen einander selbst innerhalb ihrer Wirkungskreise; 2. alle Körper, welche eine einfach geradlinige Bewegung haben, setzen dieselbe in gerader Linie fort, wofern nicht eine Kraft sie beständig ablenkt und sie zwingt einen Kreis, eine Ellipse oder eine andere zusammengesetzte Curve zu beschreiben; 3. die Anziehung wird um so stärker, je näher der anziehende Körper sich befindet. Hooke fügt hier hinzu, dass er über das Gesetz, nach welchem diese Anziehung zunehme, noch keine nähere Untersuchung angestellt habe; später hat er dann behauptet, dieses Gesetz noch vor Newton gefunden zu haben, und bei diesem werden wir auf den Streit zurückkommen.

Wollten wir nun weiter von allen einzelnen Arbeiten Hooke's Bericht geben, so müssten wir fast alle Gebiete der Physik und auch der Astronomie berühren; wir heben nur Einzelnes hervor. Er beschäftigte sich in seiner Micrographia mit den Glasthränen, die um diese Zeit allgemeiner bekannt wurden; nach einer Behauptung des Subrectors Schulenburg aus Bremen aber schon um 1625 in mecklenburgischen Glashütten bekannt gewesen sind. Er erklärte das Zerspringen derselben, ähnlich wie auch J. Voss, durch den Druck der eingeschlossenen Luft; der Luftdruck musste eben damals bei allen Erscheinungen eine Rolle spielen. Die richtige Erklärung aus den anomalen Spannungsverhältnissen in den Glasthränen, welche durch die plötzliche Abkühlung des geschmolzenen Glases erzeugt sind, gaben Hobbes und Montanari (1670). Eine besondere Art von Barometer, das sogenannte Radbarometer, beschreibt Hooke eben-

---

1) Er bezeichnet sie als Deflexion des Lichts.

falls in seiner Micrographia; dasselbe hat aber weiter keine Wichtigkeit,
als dass wir daran den Gebrauch des Heberbarometers schon um
diese Zeit erkennen; wer das Letztere erfunden hat, ist unbekannt.
Ueberhaupt beschäftigte man sich um diese Zeit viel mit der Anfertigung verschiedener Arten von Barometern, die für irgend welche speciellen Zwecke besonders geeignet erschienen; Descartes, Huyghens,
Morland, Amontons und andere bedeutende Physiker wären
hier zu nennen. Die meisten dieser Physiker bemühten sich, das Instrument für eine bequemere Ablesung einzurichten, schadeten aber
dabei fast immer der Genauigkeit desselben. An die Erzielung einer
bequemeren Transportfähigkeit dachte man um diese Zeit, wo das Barometer kaum zu Höhenmessungen gebraucht wurde, noch nicht. Doch
suchte bald nach dieser Zeit Mariotte eine erträgliche Formel für
die Berechnung von Höhen aus Differenzen der Barometerstände zu geben, und Hooke öffnete auch hier, allerdings ohne
Absicht, den Weg, indem er, um die Höhe der Atmosphäre zu berechnen,
dieselbe in Schichten theilte und danach das Gesetz der Verdünnung der
Luft mit Zunahme der Höhe aufzufinden sich bemühte. Merkwürdig
ist, dass er auf Grund hierzu angestellter Versuche schon die exacte
Geltung des Boyle'schen Gesetzes von der indirecten Proportionalität des
Druckes und des Luftvolumens bestritt.

Viel Arbeit verwandte Hooke ferner auf die Verbesserung der
Fernrohre und deren Anwendung als winkelmessende Instrumente. Mit der Entdeckung des Fernrohrs war dasselbe noch
nicht zugleich als Messinstrument gegeben, vielmehr wurde noch lange
Zeit dasselbe nur zur Vergrösserung entfernter Gegenstände benutzt.
Erst von William Gascoigne (1621 bis 1644) ist sicher, dass er
1640 den Durchmesser des Jupiters mittelst zweier paralleler Platten
am Fernrohr maass, die durch Schrauben einander genähert und von
einander entfernt werden konnten; aber ganz eingeführt wurde das
Fernrohr als Visirinstrument erst durch Anzout (Traité du mi-
cromètre. Paris 1667) und Picard, die beide schon Fadenkreuze
aus Metallfäden anwandten. Hooke hatte ebenfalls das Fernrohr als
Messinstrument und speciell für das Mikrometer, statt der Fäden aus
Seide oder Metalldraht, Haare[1]) empfohlen, und da der berühmte Danziger Astronom Hevel noch immer mit Diopterlinealen beobachtete,
so zweifelte Hooke sogar in einer nicht allzu höflichen Schrift die Genauigkeit von dessen Beobachtungen an, wie man ihm aber bald bewies,
sehr mit Unrecht.

In dieser Schrift (Animadversions to the first part of
the Machina coelestis of Joh. Hevelius. London 1674) beschrieb
Hooke zum ersten Male eine Maschine zur Kreistheilung. Man

---

[1]) Fadenkreuze aus Spinnwebenfäden kamen erst Anfang des 19. Jahrhunderts allgemein in Gebrauch; 1755 empfahl sie Felice Fontana aus Florenz.

solle mit einer Schraube ohne Ende Zähne in den Rand eines Quadran- Hooke,
ten einschneiden, den Abstand derselben werde man dann leicht bestim- 1665—1700.
men können, doch erwies sich diese Methode bald als unpraktisch. Auch
die Erfindung der Libelle theilt Poggendorff[1]) dem Hooke zu
und giebt für die Zeit der Erfindung 1666 an; Wolf[2]) zeigt aber, dass
dieselbe dem Melchisedec Thévenot zuzuschreiben ist, der schon
1661 seine Erfindung in einem Briefe an Viviani mittheilte und auch
wie Hooke Weingeist für die geeignetste Flüssigkeit zum Füllen der
Libelle erklärte.

Endlich ist Hooke bei der ersten Construction der Spiegelteleskope, wenn auch nicht bei deren Erfindung, betheiligt. Aehnlich wie
Zucchi und Mersenne, welche schon die Idee eines Spiegelteleskops
hatten, dieselbe aber nicht ausführten, erging es auch James Gregory. In seiner Optica promota (London 1663) schlägt dieser vor,
ein Spiegelteleskop, wie es unter seinem Namen in den Lehrbüchern der
Physik beschrieben und abgebildet ist, zu construiren, weil die Linsen-
fernrohre zu lang und durch viele Linsen zu lichtschwach würden. Da
aber Gregory selbst keine solche Instrumente verfertigen und auch andere
damit nicht zu Stande kommen konnten, so gab er die Ausführung seines
Planes auf. Erst 11 Jahre später construirte Hooke ein Spiegelteleskop
ganz nach den Gregory'schen Angaben; während dem war ihm aber
Newton schon zuvorgekommen, der 1668 das nach ihm benannte Spiegelteleskop vollendete[3]).

Hooke hatte, wenn man ihm glauben will, immer das Unglück, dass
andere seine Ideen benutzten und noch vor ihm selbst bekannt machten.
Mit Auzout wurde er aus solchen Gründen ebenfalls über die Construction von Fernrohren uneinig, und Huyghens nahm ihm auch die
Construction der Luftfernrohre vorweg, nämlich der Fernrohre ohne
Rohr, deren Linsen nur an einer langen Stange befestigt sind. Doch
war das noch nicht das Schlimmste von Huyghens; bei der Erfindung
der Uhrfeder wurde auch er von Hooke des Plagiats und der Secretär der Royal Society, Oldenburg, der Beihülfe beschuldigt. Nach
seiner Angabe hat Hooke schon 1658 den Gedanken gehabt, eine Stahl-
feder als Regulator für Taschenuhren zu verwenden und auch später mit
Boyle, Robert Morey und Lord Brounker wegen Erlangung eines
gemeinschaftlichen Patents verhandelt. Doch wurde erst 1675 eine
Taschenuhr mit Spiralfeder nach Hooke's Angaben fertig, nachdem
Huyghens, wie man annehmen muss, ohne unerlaubte Benutzung fremder
Ideen, schon 1674 eine Uhr mit Feder durch den Uhrmacher Turet in
Paris hatte herstellen lassen.

---

[1]) Gesch. d. Physik, S. 565.
[2]) Gesch. d. Astronomie, S. 572.
[3]) Einen kleinen Reflector von Newton bewahrt noch die Royal Society.
Gerland, Leopoldina, Heft XVIII.

Entdeckung
der Gesetze
des Stosses,
1668—1669. Im Jahre 1668 gab die Royal Society ihren Mitgliedern den Wunsch bekannt, sie möchten Untersuchungen über die **Lehre vom Stoss der Körper** anstellen und die gefundenen Resultate einreichen. Auf diese Aufforderung hin liefen drei Abhandlungen ein; am 26. November 1668 von John Wallis (1616 bis 1703, Prof. der Mathematik an der Universität Oxford), am 17. December von Christopher Wren (1632 bis 1723, Prof. der Mathematik, Oberaufseher aller königl. Bauten in England) und endlich am 4. Januar 1669 von Christian Huyghens, welch letzterer noch im Februar desselben Jahres einen Nachtrag sandte; die drei Abhandlungen wurden in den Philosophical Transactions veröffentlicht.

Wallis betrachtet in seiner Arbeit nur den **Stoss unelastischer Körper**, dehnt aber in einem besonderen Werke **Mechanica sive de motu** (London 1670—71) die Untersuchung auch auf den **Stoss elastischer Körper aus**. Er geht in der Ableitung der Stossgesetze am directesten zu Werke, indem er annimmt, dass **die gesammte vorhandene Quantität der Bewegung (Product aus Masse und Geschwindigkeit) sich beim Stoss gleichmässig auf die Massen beider Körper vertheilt**; wobei aber die Bewegungsmengen mit dem Vorzeichen ihrer Geschwindigkeit behaftet gedacht werden müssen, so dass gleiche Bewegungsmengen, deren Geschwindigkeiten entgegengesetzt gerichtet sind, sich aufheben. Hierdurch wurden Descartes' Vorstellungen berichtigt. Descartes hatte nicht einzusehen vermocht, dass Bewegungsmengen beim Stoss verschwinden können, er hatte darum die Constanz der Bewegungsmengen im absoluten Sinne behauptet und war damit zu gänzlich falschen Gesetzen gekommen. Wallis kann ebensowenig das Verschwinden entgegengesetzter Bewegungsmengen erklären, an ein Umsetzen der Massenbewegung beim ·Stoss in Molecularbewegungen denkt auch er noch nicht, aber er nimmt als thatsächlich sicher an, dass gleiche unelastische Körper bei entgegengesetzt gleichen Geschwindigkeiten durch den Stoss zur Ruhe gelangen, und findet so die wahren Gesetze für den Stoss unelastischer Körper. **Das Cartesianische Gesetz von der Constanz der Bewegungsmengen gilt auch bei Wallis noch, nur müssen eben diese Bewegungsmengen mit dem Vorzeichen der Richtung versehen werden.** Aus'den Gesetzen für den Stoss unelastischer Körper folgert Wallis leicht die Sätze für den Stoss elastischer Körper. Wenn zwei elastische Körper auf einander stossen, so pressen sie sich wie unelastische Körper zusammen und gleichen zunächst ihre Bewegungsmengen wie diese aus; aber damit ist es bei elastischen Körpern noch nicht zu Ende, vielmehr wirken dieselben, indem sie sich wieder zu ihrer ursprünglichen Gestalt ausdehnen, noch einmal auf einander, und da die Wirkung der Gegenwirkung gleich ist, so wird die erste Wirkung hierdurch verdoppelt, d. h. **bei elastischen Körpern ist der Gewinn und Verlust an Geschwindigkeit doppelt so gross als bei unelastischen.**

Wren gab nur die Gesetze für den Stoss elastischer Körper in einem sehr kurzen Satz. Auch Huyghens sandte damals an die Royal Society nur die Gesetze für den Stoss elastischer Körper ohne Beweise, aber er holte diese später in einer Abhandlung De motu corporum ex percussione noch nach, die 1703 in seinen Opuscula posthuma erschien. In derselben schlägt er eine merkwürdig geistreiche Methode ein, um aus einem Grundsatz die Stossgesetze abzuleiten, ohne weiter auf die eigentlichen molecularen Vorgänge eingehen zu müssen. Dieser Grundsatz ist: Zwei gleiche elastische Körper, die mit entgegengesetzt gleichen Geschwindigkeiten auf einander stossen, prallen mit denselben Geschwindigkeiten von einander zurück. Um hieraus z. B. den Satz abzuleiten, dass ein elastischer Körper, der auf einen gleichen ruhenden stösst, selbst in Ruhe kommt, während der andere mit der Geschwindigkeit des ersten weiter geht, denkt er sich, dass auf einem Schiff gleiche Körper A und B mit gleichen Geschwindigkeiten auf einander stossen und giebt dann dem Schiff eine Geschwindigkeit, welche der des einen Körpers, z. B. A, gleich und gleichgerichtet ist. Eine Person am Ufer des Sees oder Flusses, auf welchem das Schiff fährt, beobachtet dann die absoluten Bewegungen der Körper A und B. Auf dem Schiff stossen nun A und B mit gleicher Geschwindigkeit auf einander, der Beobachter am Ufer aber sieht den Körper B in Ruhe, während A sich mit verdoppelter Geschwindigkeit bewegt. Nach dem Stoss haben beide Körper auf dem Schiff, dem angenommenen Grundsatz gemäss, ihre Geschwindigkeit ausgewechselt, der Beobachter am Ufer sieht also jetzt A ruhen, während B sich mit verdoppelter Geschwindigkeit weiter bewegt, was zu beweisen war. Huyghens hatte schon in seiner Nachsendung an die Royal Society den speciellen Stossregeln zwei allgemeine Sätze zugefügt: 1. Die Quantität der Bewegung ist nur constant, wenn man die algebraische Summe der Bewegungsmengen nimmt und 2. bei dem Stoss elastischer Körper bleibt die Summe der Producte aus den Massen und den Quadraten der zugehörigen Geschwindigkeiten vor und nach dem Stoss dieselbe. Diese Gesetze spielten dann in dem langen Streite über lebendige und todte Kräfte eine bedeutende Rolle.

Die Stossgesetze sind, trotz des Enthusiasmus der damaligen Zeit für die rein experimentale Methode, doch fast rein deductiv gefunden oder wenigstens dargestellt worden. Wallis und Huyghens leiteten aus einigen Erfahrungssätzen alles Uebrige ohne weitere Zuhülfenahme der Beobachtung ab, und nur Wren hat seine Sätze auch experimentell bestätigt[1]. Umfassendere Versuche zur Bewahrheitung jener Deductionen

Stossgesetze, 1668—1669.

---

[1] Wren war bei einer Menge physikalischer Untersuchungen hervorragend betheiligt, leider hinderten seine vielfachen Berufsgeschäfte eine systematische Durchbildung seiner wissenschaftlichen Arbeiten. Als solche sind zu nennen:

Stoss-
gesctze,
1668—1669. hat erst **Mariotte** mit einer **Stossmaschine** angestellt und in seinem **Traité de la percussion** (Paris 1677) beschrieben. Diese Stossmaschine bestand der Hauptsache nach aus zwei Kugeln, welche an Fäden so aufgehängt waren, dass sie gerade einander berührten. Die Höhe, aus der man die Kugeln fallen liess, konnte man an einem Maassstab ablesen und danach die Stossgeschwindigkeit berechnen.

Huyghens,
Erfindung
der Pendel-
uhren, me-
chanische
Unter-
suchungen,
1657—1673. **Christian Huyghens** wurde am 14. April 1629 zu Haag als der zweite Sohn des Konstantin Huyghens, Herrn von Zelem und Znylichem, Secretär des Prinzen von Oranien, geboren. Sein Vater, ein vermögender und sehr kenntnissreicher Mann, gab ihm selbst den ersten Unterricht in Mathematik und Mechanik. Mit sechzehn Jahren bezog er die Universität Leyden und studirte dort, wie auch in Breda Jurisprudenz. Doch scheint er auch das Studium der Mathematik nicht vernachlässigt zu haben; denn schon 1651 erschien von ihm als erstes Werk **Theoremata de quadratura hyperboles, ellipsis et circuli** etc., dem 1654 **De circuli magnitudine inventa nova** und von da an noch mehrere sehr bedeutende mathematische Abhandlungen, vor allem eine solche über **Wahrscheinlichkeitsrechnung** von 1657 folgten. Neben dieser fruchtbaren Beschäftigung mit der Mathematik betrieb er auch die **Verbesserung der Fernrohre.** Er verfertigte bald ein so gutes Instrument, dass er mit demselben auch am **Saturn** einen **Mond** entdeckte, und gleich darauf gelang ihm ein noch grösseres, mit Hülfe dessen er erkannte, dass jene merkwürdigen Erscheinungen am Saturn, welche Galilei und andere nach ihm beobachtet hatten, von einem **um den Saturn frei schwebenden Ring** herrührten. Während dem hatte er auch seine Versuche zur Construction von **Pendeluhren** begonnen und war schon 1657 zum Ziele gelangt, wie wir gleich noch weiter sehen werden. Anfang der sechziger Jahre machte er Reisen nach Paris und London, wurde 1663 zum Mitglied der Royal Society und 1666 auch zum Mitglied der neu errichteten Pariser Akademie der Wissenschaften ernannt. Mit der letzteren Würde erhielt er einen ansehnlichen Jahresgehalt und Wohnung im königlichen Bibliotheksgebäude in Paris. Doch gab er 1681 diese Stellung auf und kehrte in seine Vaterstadt Haag zurück, seiner gänzlich geschwächten Gesundheit wegen, wie einige sagen, der Aufhebung des Edictes von Nantes halber, wie andere mit mehr Recht behaupten [1]). Hier beschäftigte er sich wieder mit der Construction stark vergrösserter **Fernrohre**, mit der Verfer-

Untersuchungen über den Widerstand, den bewegte Körper in Flüssigkeiten finden, über die beste Construction der Schiffe, über die Wirkung der Ruder und der Segel, über die Bewegung der Pendel, über die Ursachen der Bewegungen der himmlischen Körper, über das Schleifen hyperbolischer Gläser etc.

[1]) Das Edict von Nantes wurde zwar erst 1685 formell widerrufen, aber schon vorher mehrten sich die Religionsverfolgungen; auch Römer und Papin verliessen in derselben Zeit wie Huyghens Paris.

tigung eines **P l a n e t a r i u m s**, einer Schrift über **W e l t s y s t e m e** und vor allem auch mit **t h e o r e t i s c h o p t i s c h e n U n t e r s u c h u n g e n.** Er starb in Haag am 8. Juni 1695. Seine Werke wurden von 's **G r a v e - s a n d e** gesammelt und herausgegeben; zwei Bände **O p e r a v a r i a** 1724 und zwei Bände **O p e r a p o s t h u m a** 1728. Huyghens war, wie viele grosse Physiker der damaligen Zeit, nie verheirathet, ein unabhängiger Gelehrter, der sein Genie, seine Arbeit und sein Vermögen ganz im Dienste der Wissenschaft verwandte.

(Randnotiz: Huyghens, Pendel- uhren, me- chanische Unter- suchungen, 1657—1673.)

Wir betrachten in diesem Abschnitt nur Huyghens' rein mechanische Entdeckungen, die zum grössten Theil in die Zeit von 1657 bis 1673 fallen und mehr oder weni- ger mit der seiner neuen Construction der Uhren zu- sammenhängen. Von früher her ist bekannt, dass man jedenfalls im 14. Jahrhundert schon **G e w i c h t s u h r e n** [1]) verfertigte und dass bei diesen auch bald **H e m m u n g e n** angebracht wurden, welche den beschleu- nigten Ablauf des Gewichts verhindern sollten. Diese Hemmungen aber boten in sich keine Gewähr für einen gleichmässigen Gang der Uhr; für genauere, wie astronomische Zeitrechnungen griff man noch lange Zeit gern zu Wasser- oder Quecksilberuhren und hielt die Räderuhren nur auf Thürmen für zweckmässig. Zwar hatte schon **W a l t h e r** 1484 auf seiner Sternwarte Räderuhren, die noch Viertelsecunden ablesen liessen, für die Sternwarte in Cassel fertigte **J o s t B ü r g i** berühmte Uhrwerke, und **T y c h o d e B r a h e** hatte Rieseninstrumente in Gebrauch; aber diese Zeitmesser bedurften täglicher Justificirungen und kamen öfter in gefährliche Unordnung. Man griff des- wegen nach Galilei's Entdeckungen mit Freuden zum Pendel und Galilei selbst, wie später **R i c c i o l i, G r i m a l d i, M e r- s e n n e, K i r c h e r, H e v e l** etc., bedienten sich sowohl bei astronomischen wie bei physikalischen Untersuchungen desselben als Zeitmesser. Doch hat das Pendel dabei das Unbequeme, dass es die verflossene Zeit nicht selbständig anzeigt, wie auch, dass es ohne neuen Anstoss bald zur Ruhe kommt. Galilei hatte darum schon den Gedanken gefasst, das Pendel mit einem Zählwerk zu verbinden, so dass dieses die verflossene Zeit durch die Anzahl der vollendeten Pendelschwingungen anzeigt, und er setzte diese Ideen weitläufig in einem Briefe vom 5. Juni 1636 an **L a u r e n s R e a a l**, vormals Gouverneur von Nederlands Indien, auseinander. Galilei stand nämlich mit den Generalstaaten von Holland in Unterhandlungen wegen einer genauen **M e t h o d e z u r L ä n g e n b e s t i m- m u n g d e r O r t e d u r c h B e o b a c h t u n g e n d e r J u p i t e r s m o n d e**, und Reaal gehörte der Commission an, welche die Generalstaaten zur Prüfung der Galilei'schen Vorschläge niedergesetzt hatten. Verschiedener Um- stände halber aber zerschlugen sich die Unterhandlungen, und man hörte danach auch nichts weiter von den Zeitmessern Galilei's.

---

[1]) Theil I, S. 103.

Erst 20 Jahre nach jenem Briefe griff H u y g h e n s das Problem von
einer anderen Seite auf. E r g i n g n i c h t v o m P e n d e l a u s u n d v e r -
s u c h t e n i c h t z u d e m s e l b e n e i n Z ä h l w e r k z u e r f i n d e n , s o n -
d e r n g r i f f z u d e n a l t e n U h r w e r k e n z u r ü c k u n d v e r b a n d
d i e s e m i t d e m P e n d e l. Er liess nämlich von der Hemmung den
Balancier (das an der Spindel befestigte Kreuz) weg und brachte dieselbe mit einem Pendel in Verbindung, so dass durch die Gleichmässigkeit seiner Schwingungen auch ein gleichmässiger Gang der Uhr gewähr-
leistet wurde. Huyghens erhielt auf diese Pendeluhren ein P a t e n t
d e r G e n e r a l s t a a t e n v o m 1 6. J u n i 1 6 5 7 und beschrieb dieselben
in einer kleinen Schrift H o r o l o g i u m, welche 1658 erschien.

Von diesen Pendeluhren erfuhr im October 1658 der Prinz L e o -
p o l d v o n T o s k a n a, und wahrscheinlich von ihm selbst veranlasst,
sandte danach V i v i a n i am 20. August 1659 einen Aufsatz an den
Fürsten, in welchem er Galilei's Rechte zu wahren suchte. Dieser Auf-
satz sagte, d a s s G a l i l e i s c h o n 1 6 4 1 d e n G e d a n k e n g e f a s s t
h a b e, s e i n Z ä h l w e r k w e i t e r z u v e r v o l l k o m m n e n u n d d a s s
e r n u n w i r k l i c h d a s Z ä h l w e r k n i c h t m e h r d u r c h d a s P e n d e l,
s o n d e r n u m g e k e h r t d a s Z ä h l w e r k d u r c h e i n G e w i c h t i n
B e w e g u n g s e t z e n u n d d a n n d a s P e n d e l s o m i t i h m v e r b i n -
d e n w o l l t e, d a s s d a s P e n d e l d u r c h d a s Z ä h l w e r k i m m e r i n
B e w e g u n g e r h a l t e n w ü r d e. Da die Blindheit Galilei's ihn selbst
an den nöthigen Arbeiten verhindert habe, so habe er seinen Sohn V i n -
c e n z o mit der Ausführung dieses Planes beauftragt. Indessen sei mit
dem Tode Galilei's auch dies verzögert worden und Vincenzo habe
nicht vor April 1649 mit der Arbeit begonnen. Dann wäre das Instrument wenigstens so weit fertig geworden, dass man seine Wirkungsweise habe beurtheilen können; die gänzliche Vollendung sei aber auch
dies Mal nicht erfolgt, weil Vincenzo noch im Jahre 1649 durch ein
hitziges Fieber schnell hinweggerafft worden sei. Viviani giebt eine
Zeichnung der Uhr, welche A l b é r i in den Supplementen der neuen
Florentiner Ausgabe von Galilei's Werken reproducirt; und durch N e l l i
wird in der Biographie Galilei's berichtet, dass aus dem Nachlasse Vincenzo's im Jahre 1668 auch „u n O r i u o l o n o n f i n i t o d i f e r r o c o l
P e n d u l o, p r i m a i n v e n z i o n e d e l G a l i l e o" verkauft wurde. Wenn
man also nicht Viviani eines directen Betrugs zeihen will, wozu kein
Grund vorhanden, so muss man zugeben, dass G a l i l e i z u e r s t d e n
P l a n e i n e r P e n d e l u h r g e f a s s t; darf aber auch nicht übersehen,
dass seine Umgebung wenigstens die Wichtigkeit des Gedankens nicht
begriffen; denn sonst würde Viviani nicht erst nach Huyghens mit seiner
Veröffentlichung hervorgetreten sein. F ü r H u y g h e n s b l e i b t j e d e n -
f a l l s d e r R u h m e i n e r u n a b h ä n g i g e n z w e i t e n E r f i n d u n g
(da es sicher ist, dass er nicht den letzten Plan Galilei's und höchst wahrscheinlich auch nicht einmal das Zählwerk desselben kannte) u n d a u c h
d a s V e r d i e n s t e i n e r e r s t e n z w e c k m ä s s i g e n u n d z u g l e i c h

leicht ausführbaren Construction der Pendeluhr, nach der Huyghens, 1667—1673. leicht jedes alte Uhrwerk in eine solche umgewandelt werden konnte.

Doch haben wir ausser Galilei noch einen anderen gefährlichen Con-currenten für Huyghens zu nennen; es ist Jost Bürgi, den Wolf in seiner Geschichte der Astronomie (S. 369 bis 373) für den wahrschein-lichen Erfinder der Pendeluhr hält. Dieser würde nach Wolf schon in den achtziger Jahren des 16. Jahrhunderts die Pendeluhren erfunden haben und müsste danach auch vor Galilei mit dem Isochronismus der Pendelschwingungen bekannt gewesen sein. Diese Aeusserung Wolf's stützt sich auf eine ziemlich unbestimmte Aeusserung des Astronomen Rothmann, auf ein directes Zeugniss des Flamländer Mathematikers Doms und das Dasein einer Pendeluhr in der k. k. Schatzkammer zu Wien, die man wenigstens der Zeit Bürgi's zuschreibt. Wolf sagt selbst, dass diese Zeugnisse einzeln genommen wenig bedeuten und nur zusammen eine starke Beweiskraft erlangen; Gerland [1]) aber, dem wir schon bei der Dar-stellung der Verdienste Galilei's gefolgt sind, beweist, dass auch dies nicht einmal der Fall sein kann. Jost Bürgi (1552 bis 1632) war zuerst Uhrmacher des Landgrafen Wilhelm IV. von Hessen-Cassel († 1592); dann von 1603 bis 1622 Uhrmacher des Kaisers Rudolph II. und lebte danach wieder bis an seinen Tod in Cassel; seine Pendeluhren wären also zuerst wohl auf der Sternwarte in Cassel zu suchen. Dort existiren von ihm auch noch drei Uhrwerke, von denen das dritte wirklich mit einem Pendel versehen ist, und zwar hat das Pendel ein verschiebbares Gewicht und die zurückspringende Ankerhemmung, die man gewöhnlich dem Uhrmacher Clement um 1680 zuschreibt. Diese Uhr aber ist um 1676 gründlich reparirt worden und hat dabei wahrscheinlich erst das Pendel erhalten. Gerland kommt zu der wohl begründet erscheinenden Ansicht, „dass keine der bekannten von Bürgi verfertigten Uhren ursprünglich ein Pendel hatte, selbst nicht die grosse Planeten-uhr des Casseler Museums, obgleich dieselbe in für die damalige Zeit grösster Vollkommenheit ausgeführt worden ist. Will man die Ansicht, dass Bürgi die Pendeluhr erfunden, nicht lediglich auf ganz unbewiesene Voraussetzungen gründen, so ist sie fallen zu lassen, zumal sonst Bürgi auch für den Entdecker des Isochronismus der Pendelschwingungen und der zurückspringenden Ankerhemmung gehalten werden müsste [2]).“

Huyghens hörte auch nach der Erlangung seines Patents nicht auf, an der Vervollkommnung seiner Uhren zu arbeiten. Wir haben schon bei Hooke erwähnt, dass er 1674 die erste Taschenuhr mit Spiral-feder anfertigen liess und können hier noch anfügen, dass er auch

---

[1]) Wiedemann, Annalen d. Phys. u. Chemie, Bd. IV, S. 585—613.
[2]) Huyghens' erste Pendeluhr, von Turet in Paris angefertigt, befindet sich noch im physikalischen Cabinet zu Leyden; ebenso ein Fernrohr desselben. Die Linse, mit der er die Saturnsmonde entdeckte, wird in Utrecht aufbewahrt. Gerland. Leopoldina, 1882.

sogleich diese tragbaren Uhren für die Bestimmung der geographischen Länge auf der See empfahl[1]). Für uns aber verschwinden diese Verdienste des Huyghens gegenüber den glänzenden theoretischen Untersuchungen, die er in seinem grösseren Werke Horologium oscillatorium sive de motu pendulorum ad horologia aptato demonstrationes geometricae (Paris 1673) veröffentlichte. Das Galilei'sche Pendelgesetz gilt in aller Strenge nur für einen schweren Punkt, der an einer gewichtslosen Linie befestigt unendlich kleine Schwingungen macht, d. h. es gilt nur für unendlich kleine Schwingungen eines einfachen Pendels. Man sah jedoch bald, dass bei einem schwingenden Körper jeder Punkt desselben eine nach seiner Entfernung vom Aufhängepunkt verschiedene Schwingungsdauer haben müsse und danach entstand die Frage, wie sich dann die verschiedenen Geschwindigkeiten der einzelnen Punkte des Körpers zu einer einzigen Geschwindigkeit des ganzen Körpers combiniren möchten. Mersenne legte um das Jahr 1646 den Mathematikern die Frage nach der Schwingungsdauer einer ebenen Figur vor und forderte speciell Descartes, Roberval und Huyghens[2]) zur Lösung derselben auf. Descartes gab noch in demselben Jahre in einem Brief an Mersenne die richtige Idee zur Lösung, indem er der Aufgabe die Form gab, in dem schwingenden Körper den Punkt zu finden, der für sich allein gerade so schnell schwingen würde, als der ganze Körper wirklich schwingt. Er nannte diesen Punkt, den wir jetzt als Oscillationscentrum oder Schwingungsmittelpunkt bezeichnen, Agitationscentrum, fand denselben aber nur für Figuren, welche in planum, d. h. so schwingen, dass die Rotationsachse in die Ebene der Figur fällt. Roberval (1602 bis 1675) war glücklicher; er löste die Aufgabe für alle Figuren, welche in planum und auch für einzelne Figuren, welche in latus, d. h. so schwingen, dass ihre Rotationsachse senkrecht zu ihrer Ebene liegt, irrte sich aber bei anderen Figuren und besonders bei Körpern. Die beiden Gelehrten Roberval und Descartes, die sich ohne dies nicht günstig gesinnt waren, geriethen über ihre Lösungen in einen langen Streit, bei welchem sie aber im Grunde beide Unrecht hatten, indem sie beide Schwingungsmittelpunkt und Mittelpunkt des Stosses mit einander verwechselten.

Der junge Huyghens scheiterte damals noch ganz, gab aber dafür in seinem classischen Werke die vollständige Lösung. Er ging dabei von dem Grundsatze aus, dass bei einem schwingenden Körper der Schwerpunkt jedenfalls keine grössere Höhe erreichen

---

[1]) Extrait d'une lettre de Mr. Huyghens à l'auteur du journal des savans, touchant une nouvelle invention d'horloges très justes et portatives (Journal des savans. Febr. 1675).

[2]) Montucla II, S. 423.

könne als die, von welcher er zuerst gefallen sei, und folgerte daraus, dass bei allen Schwingungen eines Körpers der Schwerpunkt immer wieder zu gleichen Höhen aufsteigen werde. Aus diesem Satze ergab sich dann die Regel: **Man findet die Entfernung des Schwingungsmittelpunktes von der Drehungsachse, indem man die Summe aus den Producten der Massen der kleinsten Theile des Körpers in die Quadrate ihrer Entfernungen von der Drehachse nimmt, dann die Summe der Producte dieser Massen in ihre einfachen Entfernungen von der Rotationsachse bildet und diese Summen durch einander dividirt;** oder nach heutigem Sprachgebrauch: **Die Länge des einfachen Pendels, welches mit einem zusammengesetzten gleiche Schwingungsdauer hat, ist gleich dem Quotienten aus dem Trägheitsmoment und dem statischen Moment des schwingenden Körpers**[1]). Damit waren die Schwingungen aller Körper auf die Schwingungen einfacher Pendel zurückgeführt, denn das Auffinden des Schwingungspunktes für irgend einen Körper ist nach dieser Regel nur noch ein **rein mathematisches Problem;** auch hatte Huyghens schon entdeckt, dass man Aufhängepunkt und Schwingungspunkt umkehren, d. h. dass man den Schwingungspunkt zum Aufhängepunkt machen kann, ohne dass die Schwingungsdauer sich ändert, wonach sich der Schwingungspunkt auch experimentell finden lässt.

Indessen bot das **einfache Pendel selbst noch manche Schwierigkeiten.** Dass die Schwingungen eines Pendels nur für unendlich kleine Ausweichungen isochron sind, hatte vielleicht schon Galilei gewusst, jedenfalls aber war es schon vor Huyghens bekannt; inwiefern aber die Schwingungsdauer vom Ausschlagswinkel abhängig sei, und **eine Formel zur Berechnung der absoluten Schwingungszahl eines einfachen Pendels aus seiner Länge** fand erst Huyghens. Er brachte zur Vereinfachung der Untersuchung das ganze Problem erst auf eine etwas andere Form. Da er einsah, dass die Pendelbewegung ganz identisch ist mit der Bewegung eines schweren Körpers, welcher auf einer Kreisbahn durch die Schwere abwärts rollt, so fragte er: **Auf welcher Bahn muss ein schwerer materieller Punkt fallen, damit die Zeiten des Falls von irgend einem Punkte der Bahn bis zum tiefsten Punkte derselben von der Fallhöhe unabhängig und also immer gleich werden.** Als einzige

---

[1]) Das Huyghens'sche Princip vom Aufsteigen des Schwerpunktes blieb nicht ohne Anfechtung; der Abbé Catelan erklärte dasselbe sogar für gänzlich falsch und kam mit anderen Principien auch zu anderen Ergebnissen. Doch war dieser Gegner bald beseitigt, dagegen hatten die nachfolgenden Mathematiker grosse Sorge um den Beweis jenes Princips und die Zurückführung desselben auf einfachere mechanische Sätze. Wir werden später hierauf zurückkommen.

Huyghens, 1657—1673.

krumme Linie, welche diese Eigenschaft besitzt, fand er dann die R a d -
l i n i e oder C y c l o i d e, welche mit ihrem Scheitel nach unten gekehrt
ist, und er bewies weiter, dass zu einem Nieder- und Auf-
gang in derselben (zu einer einfachen Schwingung) eine Zeit
gebraucht wird, welche sich zur Zeit des freien Falls
durch die Achse der Cycloide verhält wie ein Kreisumfang
zu seinem Durchmesser. Damit war aber nicht bloss die Tauto-
chrone oder die Linie immer gleicher Fallzeiten gefunden, es war auch
ein Mittel gegeben, die absolute Schwingungszahl eines Cycloidalpendels,
wie eines Kreispendels, aus der Länge desselben zu berechnen. Wenn
wir die Dauer eines einfachen Schwunges eines Cycloidalpendels mit T
und die Höhe der Cycloide mit h bezeichnen, so gilt nach jener Huyg-
hens'schen Regel $T: \sqrt{\dfrac{2h}{g}} = \pi : 1$, und es ist also $T = \pi \sqrt{\dfrac{2h}{g}}$; construiren wir nun einen Kreis, der die Cycloide in ihrem tiefsten Punkte
berührt, so wird derselbe an jenem Punkte auf eine unendlich kleine
Strecke mit der Cycloide zusammenfallen, und wenn wir im Mittelpunkt
des Kreises ein Pendel von der Länge des Radius aufhängen, so werden
unendlich kleine Schwingungen desselben mit den Schwingungen des
Körpers in der Cycloide isochron sein. Der Radius jenes berührenden
Kreises und also auch die Länge l des Pendels ist aber gleich $2h$, und
danach muss für unendlich kleine Schwingungen oder näherungsweise
auch für kleine, endliche Schwingungen des Kreispendels die Schwingungsdauer T durch die bekannte Formel $T = \pi \sqrt{\dfrac{l}{g}}$ bestimmt sein.

Nach diesen Erfolgen bemühte sich Huyghens, die Pendel seiner
Uhren nicht bloss näherungsweise, sondern vollständig isochron
zu machen und ersetzte deswegen die Kreispendel derselben
durch Cycloidalpendel. Er hatte entdeckt, dass die Abwickelungs-
curve einer Cycloide wieder eine Cycloide ist, befestigte darum sein
Pendel an einen Faden und hing diesen zwischen zwei cycloidisch
gekrümmten Blechen auf, an welche der Faden auf der einen oder der
anderen Seite sich anlegte; der schwere Pendelkörper beschrieb dann
richtig eine Cycloide. Doch bewährte sich diese Einrichtung keineswegs, die Bleche waren schwer genau cycloidisch zu krümmen, die Steif-
heit des Fadens, Staub und Feuchtigkeit wurden hinderlich, auch machte
sich bei der Weite der Schwingungen der Luftwiderstand sehr bemerk-
lich. Man gab darum den Huyghens'schen Gedanken bald
wieder auf, und Hooke und Derham benutzten schon Pendel
mit schweren, linsenförmigen Körpern, die sehr kleine
Kreisschwingungen machten.

Huyghens beschränkte sich in seinem Horologium
nicht auf das enge Thema der Uhren; er erschöpfte sein Thema
der Pendelbewegung nach allen Seiten, und in dem Verfolgen aller

Huyghens, 1657—1673.

weiteren Wirkungen seiner neuen Entdeckung zeigt sich sein Genie im hellsten Lichte. Wir haben bei Galilei gesehen, wie sich seine Messung der Fallräume zu einem grossen Theile auf die Theorie des Pendels stützte; Mersenne und andere hatten durch Versuche Pendelschwingungen und Fallgeschwindigkeiten zu vergleichen gesucht, waren dabei aber auf Differenzen gekommen. Huyghens vermochte nach seiner Formel aus der beobachteten Schwingungsdauer eines Pendels und der Länge desselben die Beschleunigung der Schwere $\left(g = \dfrac{\pi^2 l}{T^2}\right)$ zu berechnen und kam so zu dem Werth $g = 31$ Fuss, der mit dem aus Fallversuchen erhaltenen Resultate vollkommen übereinstimmte. Zu diesen Versuchen hatte er ein Secundenpendel construirt und dessen Länge gleich $440\frac{1}{2}$ Par. Linien gefunden; da er der Meinung war, das Secundenpendel müsse an allen Orten der Erde gleich lang sein, so schlug er vor, die Länge des Secundenpendels als unveränderliche Norm für Längenmaasse und den dritten Theil dieser Länge als Normalfuss (pes horarius oder Stundenfuss) anzunehmen.˙ Huyghens war nicht der erste, welcher den Maassen eine unveränderliche, immer leicht wieder zu erlangende Grundlage geben wollte; Gabriel Mouton aus Lyon hatte schon 1670 den Vorschlag gemacht, die Minute eines Meridiangrades als Normallängenmaass einzuführen; aber es leuchtet ein, dass der Gedanke des Huyghens bei weitem besser und leichter ausführbar war als der des Mouton, und man kann nur bedauern, dass die Neuzeit mehr dem letzteren als dem ersteren gefolgt ist.

Endlich hat Huyghens noch Untersuchungen über die Spannung des Pendelfadens durch die Centrifugalkraft angestellt und in seinem Horologium oscillatorium durch kurze Sätze angezeigt; die Beweise dafür folgten erst in der ausführlichen Abhandlung De motu et vi centrifuga, die nach seinem Tode in den Opuscula posthuma (1703) erschien. Er maass darin die Centrifugalkraft zunächst für die Kreisbewegung durch die Wegstrecken, um welche sich der Körper vom Centrum entfernt haben würde, wenn er frei auf der Tangente der Curve statt in dieser selbst weiter gegangen wäre. Er zeigt, dass beim Kreise die Entfernungen der Punkte auf der Tangente von den entsprechenden Punkten auf der Peripherie sich verhalten direct wie die Quadrate der Geschwindigkeiten und verkehrt wie die Kreisradien und schliesst daraus, dass auch die Centrifugalkräfte, welche um jene Strecken den Körper aus der Tangente nach dem Centrum gezogen haben, dasselbe Verhältniss haben. Dieses Gesetz, das sich in der bekannten Formel

$$f = \frac{v^2}{r}$$

darstellt, ist leicht auf die Bewegung in beliebigen Curven anzuwenden, wenn man nur für jeden bestimmten Punkt der Curve in

Huyghens,
1657—1673. der Formel unter v die momentane Geschwindigkeit und unter r den Krümmungsradius in diesem Punkte versteht. Auch bei c o n i s c h e n P e n d e l n bestimmte Huyghens noch die Schwungkraft und hatte schon in seinem Horologium von 1673 die Anwendung solcher Pendel auch für Uhren empfohlen; doch fand diese Empfehlung zu ihrer Zeit fast keine Beachtung.

Das physikalische Arbeitsfeld unseres Huyghens war ein überraschend grosses, s e i n e g e w a l t i g e K r a f t w a r m i t B e a r b e i t u n g e i n e s G e b i e t e s, mochte diese auch noch so eingehend sein, b e i w e i t e m n i c h t a u f g e b r a u c h t, und sein g r o s s e r G e i s t h a t t e b e i a l l e r V e r t i e f u n g i n d i e E i n z e l h e i t e n n i c h t d i e F ä h i g k e i t v e r l o r e n d a s G a n z e z u ü b e r s c h a u e n. Wir werden ihn später als hoch bedeutenden Optiker kennen lernen und dürfen gleich hier erwähnen, dass er vor allem in den ersten Zeiten seiner Reisen und während seines Aufenthaltes in Paris fast alle physikalischen Probleme mit bearbeitet hat, die damals die wissenschaftliche Welt beschäftigten. Er construirte z. B. ein D o p p e l b a r o m e t e r, bei welchem die Veränderungen der Quecksilberhöhe gegen das gewöhnliche Barometer stark vergrössert waren, er unternahm mit P a p i n zusammen V e r s u c h e ·ü b e r d i e S i e d e t e m p e r a t u r, er wiederholte die B e o b a c h t u n g e n ü b e r d a s B r e n n e n i m l u f t l e e r e n R a u m e, über d i e A u s d e h n u n g d e s W a s s e r s b e i m G e f r i e r e n u. s. w. Auch bei der M e s s u n g d e r S c h a l l g e s c h w i n d i g k e i t, welche Mitglieder der Pariser Akademie wie D o m. C a s s i n i, P i c a r d und R ö m e r veranstalteten, war Huyghens betheiligt; sie bestimmten dieselbe auf 1172 Par. Fuss in der Secunde.

Richer in
Cayenne,
1671—1673. Die Erfindung der Pendeluhren trug bald ungeahnte Früchte. Wir haben bemerkt, dass Huyghens in seinem Horologium oscillatorium d a s S e c u n d e n p e n d e l a n a l l e n O r t e n d e r E r d e f ü r g l e i c h l a n g und damit auch d i e S c h w e r e ü b e r a l l a n d e r E r d o b e r f l ä c h e f ü r g l e i c h g r o s s a n g a b. Doch waren kurz vor dem Erscheinen seines Werkes schon Beobachtungen gemacht, die auf das Gegentheil schliessen liessen. J e a n P i c a r d (1620 bis 1682, Schüler und Nachfolger Gassendi's als Professor am Collége de France) unternahm auf Aufforderung der Pariser Akademie, deren Mitglied er war, eine neue Gradmessung, um über die grosse Differenz zwischen den Messungen von R i c c i o l i und N o r w o o d zu entscheiden. Er maass 1669 und 1670 mit Hülfe einer Basis und 35 Dreiecken zum ersten Male mit genauen Winkelmessinstrumenten eine Strecke, deren Endpunkte Sourdon bei Amiens und Malvoisine waren. Er veröffentlichte die erlangten Resultate 1671 in dem Werk M e s u r e d e l a t e r r e und gab darin 57 060 Toisen für 1^0, ein durch glückliche Ausgleichung von Fehlern sehr genaues Resultat. Picard machte weiter darauf aufmerksam, dass man nun, wo man eine feste Entfernung auf der Erde genauer bestimmt

hätte, auch daran denken könne, die Entfernungen der der Erde näher
stehenden Gestirne genauer zu messen. Der geringeren astronomischen
Strahlenbrechung am Aequator wegen, wurde 1671 Jean Richer (Mitglied der Akademie, † 1696) nach Cayenne geschickt, um dort die nöthigen Beobachtungen zu machen. Ende 1673 kehrte er zurück und
wurde zuerst wegen der Genauigkeit seiner Arbeiten sehr belobt, doch
brachte er auch eine Beobachtung mit, die den Akademikern bald sehr
unbequem und unangenehm wurde. Richer hatte von Paris nach Cayenne
eine gute Pendeluhr mitgenommen, fand aber, dass sie in Cayenne um
zwei Minuten täglich zu langsam ging und dass er das Pendel um 1,25
Linien verkürzen musste. Er glaubte zuerst an einen Irrthum seinerseits, als er aber bei seiner Rückkehr nach Paris das Pendel wieder um
dieselben 1,25 Linien verlängern musste, behauptete er mit Sicherheit
die Veränderlichkeit der Länge des Secundenpendels mit
der geographischen Breite. Richer erklärte diese daraus, dass
durch die Umdrehung der Erde die Schwere am Aequator
verringert werde und dass auch vielleicht die Erde an
den Polen abgeplattet sei und darum die Schwere nach den Polen
hin zunehme. Die Akademie aber wollte durchaus nicht an eine Abplattung der Erde glauben, wollte lieber die nothwendige Verkürzung des Pendels am Aequator einer Ausdehnung der
Pendelstange durch die Wärme u. a. zuschreiben und führte für
ihre Ansicht an, dass ja Römer in London und Picard auf seiner
Reise nach der Insel Hven im Kattegat keine Veränderung des Secundenpendels beobachtet hätten. So blieb die Angelegenheit zuerst längere
Zeit schweben, um dann, nachdem Newton auf Grund theoretischer Betrachtungen wieder die Abplattung der Erde behauptet hatte, zu einem
grossen wissenschaftlichen Streite über dieses Thema zwischen Engländern und Franzosen zu führen. Der arme Richer aber litt stark unter
seiner neuen Entdeckung; die eine unbequeme Beobachtung verringerte
in den Augen der Akademiker den Werth aller seiner anderen und
Richer, der leidend von seiner Reise zurückgekommen war, nahm bis
zu seinem Tode nur geringen Antheil an den Arbeiten der Akademie.
Er veröffentlichte seine Entdeckung in dem Werke Observations
astronomiques et physiques faites en l'isle de Cayenne
(Paris 1679).

Als Gegner des noch immer an Ansehen wachsenden Descartes
erwähnen wir Deschales. Claude François Milliet Deschales, geboren
1621 zu Chambéry, war Professor der Mathematik in Clermont, in Marseille, in Lyon und endlich in Turin, wo er 1678 starb. Er gehörte zu
jenen gelehrten Jesuitenpatres, welche in dieser Periode die Wissenschaft
nicht allzusehr bereicherten, aber doch zu leichterer und allgemeinerer
Verwendung geeigneter zu machen verstanden. Seine Ausgabe des Euklid
ist lange Zeit in Frankreich das allgemeine Lehrbuch der Geometrie

gewesen und sein grosses mathematisch-physikalisches Werk C u r s u s
s e u m u n d u s m a t h e m a t i c u s (Lyon 1674) verbreitet sich über viele
Gegenstände mit grosser Klarheit und kann in den meisten Theilen als
ein Bild für die Physik der damaligen Zeit dienen.

D e s c h a l e s w e n d e t s i c h v o r a l l e m g e g e n d i e L e h r e D e s -
c a r t e s' v o m W e s e n d e r f e s t e n u n d f l ü s s i g e n K ö r p e r. Descartes habe behauptet, diejenigen Körper sind fest, deren Theilchen in
immerwährender Ruhe, diejenigen aber flüssig, deren Theilchen in steter
Bewegung sind; der Zusammenhang der Theilchen fester Körper ist
weiter nichts als ihr Trägheitswiderstand. Deschales sagt, wenn das
wahr sei, so müsste man keinen grösseren Widerstand zu überwältigen
haben, wenn man einen Theil eines festen Körpers von diesem trennen,
als wenn man diesen Theil bewegen wollte. Es sei aber klar, dass ein
Körper von einem Pfund Gewicht, den man also auch durch ein Pfund
bewegen könne, doch oft zur Trennung seiner Theile eine viel grössere
Kraft erfordere. D e r E i n w a n d i s t a b e r d o c h n i c h t g a n z s c h l a -
g e n d; denn nimmt man mit Descartes an, dass jeder Körper in einer
Flüssigkeit von den Theilchen derselben gestossen wird und nur in
Ruhe bleibt, weil die Stösse von allen Seiten sich aufheben, so lässt sich
folgendermaassen die Negirung eines besonderen Zusammenhanges der
Theilchen, worauf Descartes den Hauptwerth legte, weiter vertheidigen.
Jeder feste Körper auf der Erde befindet sich in der Luft und ist in
dieser leicht als Ganzes beweglich, weil er von allen Seiten durch die
Luft in gleicher Stärke gestossen wird; wenn aber seine Theile von einander getrennt werden sollen, so wirkt die Luft auf diese Theile nur
einseitig und hindert also ihre Trennung mit einer grösseren oder kleineren Kraft; der ersten Trennung der Theile wirkt also nicht bloss ihr
Trägheitswiderstand, sondern auch der Widerstand der Luft entgegen.
Die Hypothese Descartes' stimmt hier in ihrer Wirkung mit der Erklärung der Cohäsion durch den Luftdruck überein. Aber Deschales bringt
noch andere Einwände gegen die Theorie des Descartes. Er sagt, v o r
a l l e m s e i n a c h d i e s e r T h e o r i e d i e A u f l ö s u n g f e s t e r K ö r p e r
i n F l ü s s i g k e i t e n n i c h t z u e r k l ä r e n; denn wenn die Auflösung
eines Salzes in Wasser gesättigt sei, so sei dieses Salzwasser doch noch
flüssig und dann sei nicht einzusehen, warum diese Flüssigkeit nicht
immer neue Salztheilchen in Bewegung setzen, also verflüssigen sollte.
D e s c h a l e s s e l b s t s e t z t d e n U n t e r s c h i e d z w i s c h e n f e s t e n
u n d f l ü s s i g e n K ö r p e r n i n d i e m e h r o d e r w e n i g e r f e i n e
T h e i l u n g d e r M a t e r i e, s p r i c h t a b e r d a b e i a u c h n o c h v o n
e i n e m g r ö s s e r e n o d e r g e r i n g e r e n Z u s a m m e n h a n g d e r
T h e i l e. Er hält die Lösung eines festen Körpers in einer Flüssigkeit
gewissermaassen für ein Schwimmen der feinen Theile des ersteren in
der letzteren, aber wie die dazu nöthige Theilung des festen Körpers zu
Stande kommt und wie die immer noch gröberen Theile dieses Körpers
in den feineren der Flüssigkeit schwimmen können, erklärt er auch

nicht. Bemerkenswerth bleibt, dass jetzt, nachdem man die Cohä- Deschales, 1674.
sion durch eine Verfilzung der Theile, durch den Luft-
druck oder auch durch den Trägheitswiderstand erklärt
hatte, wieder die Vorstellung eines besonderen Zusammenhangs
zwischen den Theilen auftritt. Roberval gab schon in seiner
Schrift Aristarchi Samii de mundi systemate liber singu-
laris (Paris 1644) Aeusserungen, nach welchen alle Theile der
Materie einander anziehen und die gleichartigen sich dadurch
in Kugeln ordnen, wenn sie frei ihren Anziehungen folgen können.
Allein diese Aeusserungen waren doch alle sehr unbestimmt, und selbst
Newton scheidet ja deutlich die Gravitation als Anziehung in
die Ferne von der Cohäsion als Anziehung bei der Berührung und lässt die letztere ausser Betrachtung.

Deschales prüfte in mehr als 1000 Versuchen die Fallgesetze Galilei's und fand auch Abweichungen, aber er leitete dieselben richtig vom Widerstand der Luft her und glaubte zu
bemerken, dass dieser Widerstand dem zurückgelegten Wege
proportional sei. Er entdeckte die Inflexions- oder Beugungs-
farben auch im zurückgeworfenen Licht, indem er Stücke von
Metall oder Glas, in welche kleine Ritzen eingerissen waren, in einem
dunklen Zimmer von der Sonne bescheinen liess und das reflectirte Licht
auf weissem Papier auffing; er schloss daraus, dass die Farben nicht
allein durch Brechung, sondern auch durch die verschiedenen Stärken
des Lichts entstehen. Ueber die Irrlichter führt er drei Meinungen
an: sie sind entweder brennende Körper, oder weisse Körper, die Sonnenlicht zurückwerfen, oder Körper von eigenthümlichem Glanze, wie faules
Holz und Leuchtwürmer; das Letztere hält er für das Wahrscheinlichste[1]).
Die Nebensonnen erklärt er für Spiegelungen der Sonne in den
Wolken[2]), die Höfe aber um Sonne und Mond sucht er wie die
Regenbogen zu erklären. Die Wolken bestehen nach ihm aus ganz
kleinen Wassertröpfchen; wenn diese in höheren Regionen gefrieren,
senken sie sich, vergrössern sich dabei durch benachbarte, schmelzen
dann in niederen Regionen wieder und fallen schliesslich als Regentropfen zur Erde. Die Erdbeben mögen zum Theil wirklich durch
entzündliche Dämpfe entstehen; zum Theil aber sind sie auch dadurch
zu erklären, dass Wasser bis zu dem unterirdischen Feuer hinunter-
dringt und sich von dort, wenn es verdampft, mit ungeheurer Gewalt
den Ausgang bahnt. Das Letztere ist höchst bemerkenswerth, erstens

---

[1]) Robert Fludd (1574—1637) erzählt, dass er ein Irrlicht verfolgt, zu
Boden geschlagen und dann an der Stelle, wo es niedergefallen, eine schleimige
Materie gefunden habe. Leider ist er durchaus kein zuverlässiger Zeuge.

[2]) Für solche Luftspiegelungen wird angeführt: Man habe in Vesoul einen
bewaffneten Soldaten in den Wolken schwebend gesehen, der die ganze Stadt
in Schrecken versetzt. Schliesslich habe man bemerkt, dass es ein Luftbild
von der Statue des heil. Michael gewesen sei, die vor der dortigen Kirche stand.

Deschales,
1674.
weil es an heutige Anschauungen anklingt, und zweitens weil es wieder
zeigt, dass auch vor der Erfindung der Dampfmaschine die ungeheure
Spannkraft der Wasserdämpfe recht wohl bekannt war, und dass die
Erfinder dieser Maschine nicht erst durch irgend welche Zufälle darauf
aufmerksam gemacht zu werden brauchten.

Newton,
optische
Unter-
suchungen,
1666—1676,
Optics 1704.
    Isaak Newton wurde am 5. Januar (n. St.) 1643 zu Woolsthorpe,
einem Dorfe in der Grafschaft Lincoln, in der Nähe des Städtchens
Grantham geboren. Sein Vater starb schon einige Monate nach der
Vermählung und Isaak Newton kam als sehr schwächliches Kind zu früh
zur Welt. Da seine Mutter sich nach drei Jahren wieder verheirathete,
wurde er der Obhut seiner Grossmutter übergeben, bei welcher so gut
wie Nichts für seine geistige Ausbildung geschah. Erst in seinem
12. Jahre besuchte er die Stadtschule in Grantham und galt dort zuerst
für einen wenig befähigten und auch wenig fleissigen Schüler; doch
zählte er bald, nachdem sein Ehrgeiz erwacht, zu den Besten der Schule.
Schon damals beschäftigte er sich gern mit mechanischen Arbeiten, er
verfertigte Sonnenuhren, Windmühlen, auch kleine Schränke, Tische und
Kästchen für eine Jugendliebe, Miss Horey, die Tochter eines Arztes.
In seinem 16. Jahre kehrte er zu seiner Mutter, die 1656 zum zweiten
Male Wittwe geworden, nach Woolsthorpe zurück und sollte nun
das kleine Landgut derselben bewirthschaften. Aber Newton zeigte
wenig Neigung für eine solche Beschäftigung, und wenn er nach Grantham kam, verwandte er seine Zeit lieber auf die Durchsicht der Bücher
des Apothekers Clark als auf den Vertrieb seines Getreides etc. Da
entschloss sich seine Mutter endlich auf Anrathen ihres Bruders, des
Pfarrers Ayscough, und mit dessen Unterstützung, den jungen Isaak
studiren zu lassen. In seinem 18. Jahre (im Juni 1660) bezog er, so
schlecht vorbereitet wie nur möglich, das Trinity College in Cambridge,
wo auch der Onkel ausgebildet worden. Aber der junge Student besass
Geisteskräfte, die alle schulmässige Vorbildung unnöthig machten; die
elementaren Werke der Mathematik erschienen dem Genie von Anfang
an zu leicht, er begann fast seine Studien mit der Geometrie des Descartes, der Arithmetica infinitorum von Wallis, den Werken Kepler's und
erlangte, trotz dieser für geringere Geister so verfehlten Pädagogik,
schon 1665 den Grad eines Baccalaureus und wurde 1667 Magister und
älterer Collegiat. Seit 1663 war B a r r o w Professor an der Universität
Cambridge; derselbe vertraute 1669 die Herausgabe seiner geometrischen
und optischen Vorlesungen Newton an und entsagte noch in demselben
Jahre seiner mathematischen Professur zu Gunsten Newton's, um ganz
der Theologie leben zu können.

    So war Newton durch das Studium Descartes' und
Kepler's, wie durch die Vorlesungen Barrow's schon im
Beginn seiner wissenschaftlichen Laufbahn der Optik
zugeführt worden; nach Uebernahme der mathematischen Professur

hielt er denn auch in den Jahren 1669 bis 1671 selbst Vorlesungen
über Optik, und aus dieser Zeit datirt schon die grösste und bleibendste
seiner optischen Entdeckungen, die der verschiedenen Brechbarkeit
der einzelnen Farben. Die Royal Society hatte von dem schon erwähnten Teleskop Newton's gehört und forderte ihn auf ein solches zu über-
reichen. Im December 1671 schickte Newton das Instrument an Oldenburg, den Secretär der königlichen Gesellschaft, und schon am 11. Januar
1672 wurde Newton zum Mitglied dieser Gesellschaft erwählt. Das
neue Mitglied zeigte sogleich noch deutlicher, dass es dieser hohen Ehre
würdig war. Am 18. Januar schrieb Newton an Oldenburg: „Ich bitte
Sie, mich in Ihrem nächsten Briefe zu benachrichtigen, wie lange noch
die wöchentlichen Zusammenkünfte der Societät dauern werden. Denn
wenn sie selbige noch einige Zeit fortsetzt, so bin ich entschlossen, ihr
einen Bericht über eine physikalische Entdeckung, die mich auf die Verfertigung des Teleskops geleitet hat, zur Prüfung vorzulegen. Ich
zweifle nicht, dass diese Entdeckung der Gesellschaft weit angenehmer,
als selbst das Teleskop sein werde, weil sie meiner Meinung nach die
wichtigste ist, die man bis jetzt über die Natur des Lichts gemacht hat."
Am 6. Februar übersandte er dann die bezeichnete Abhandlung; sie enthält Newton's Entdeckung der Dispersion des Lichts und Erklärung der Farben; in dem Be-
gleitbrief an Oldenburg werden die ersten Anfänge der
Erfindung bis ins Jahr 1666 zurückdatirt. Die Society übertrug die Prüfung der Entdeckung einer Commission aus den Mitgliedern
Seth Ward (Professor der Astronomie in Oxford), Boyle und Hooke;
diese sprach sich sehr günstig aus, und die Abhandlung wurde in den
Transactions veröffentlicht. Doch dauerte das Einvernehmen Newton's mit Hooke nicht lange. Wie wir schon auseinandergesetzt,
hatte der letztere über die Farben dünner Blättchen geschrieben und
noch 1672 der Society eine Abhandlung über diesen Gegenstand übergeben. Newton griff danach dasselbe Thema an, verfolgte die Beobachtungen weiter und gelangte zu einer Theorie, die er 1675 in seinem
Discourse on light and colours der Royal Society mittheilte, die
aber, wie wir sehen werden, der Theorie Hooke's widersprach. Dadurch
kam es zu einem erbitterten Streit zwischen beiden Gelehrten, der endlich Newton veranlasste, keine Arbeit über das Licht mehr zu veröffentlichen, so lange Hooke lebte. Hooke gab noch 1675 eine Abhandlung
über die Beugung des Lichts und Newton 1676 eine solche
über die natürlichen Farben der Körper, dann aber schwieg
er bis zu Hooke's Tode im Jahre 1702. Erst im Jahre 1704 erschien
auf Bitten seiner Freunde das Werk, in welchem Newton seine Arbeiten
über Optik sammelte, unter dem Titel Optics, or a treatise of the
reflexions, refractions, inflexions and colours of light
und 1728 folgten noch posthum lectiones opticae, welche die Optik
Newton's in strengerer Form behandelten. Beide Werke erlangten

Newton,
1666—1676,
1701.
eine fast kanonische Bedeutung und sind in vielen Ausgaben erschienen; die Optik z. B. lateinisch 1719, 1721, 1728 in
London, 1740 in Lausanne, 1773 in Padua; englisch 1714, 1721, 1730
in London; französisch 1720, 1726, 1787.

Newton's Leben änderte sich nach der Uebernahme der mathematischen Professur lange Zeit nur wenig in seinen äusseren Verhältnissen,
obgleich seine optischen Entdeckungen seinen Ruhm in alle Welt verbreiteten. Wir werden später bei der Betrachtung seiner mechanischen
Arbeiten die weiteren Lebensschicksale Newton's verfolgen.

Das Materielle der Newton'schen Neuerungen in der
Optik scheint bis zum Jahre 1676 vollständig vorhanden
gewesen zu sein, und auch die Theorie war bis zu diesem
Jahre wohl in den meisten Theilen ausgebildet. Später
wurde er zuerst durch seine mechanisch-astronomischen Untersuchungen,
dann durch anderweitige Berufsarbeiten so in Anspruch genommen, dass
er dann wenig mehr gethan zu haben scheint, als seine Theorie etwas
weiter auf die Ursachen der Erscheinungen und das Wesen des Lichts,
zurückzuverfolgen und dieselbe mit seiner Attractionstheorie in Verbindung zu setzen.

Die Optik Newton's zerfällt in drei Bücher: das erste handelt
von der Spiegelung, Brechung und Zerstreuung des Lichts;
das zweite von den Farben dünner Blättchen, den natürlichen Farben der Körper und auch den Farben dicker
Platten; das dritte von der Inflexion (Diffraction) des Lichts,
und daran schliessen sich eine Reihe von Fragen, die unvollen-
dete Versuche und nicht gelöste Probleme betreffen.

Newton begann nach seiner eigenen Aussage im Jahre 1666 sich
mit der Brechung des Lichts durch Glasprismen zu beschäftigen;
dass ihm dabei die Bemerkungen Grimaldi's über die Zerstreuung des
Lichts schon bekannt waren, ist nicht wahrscheinlich; denn erstens
erwähnt Newton nichts davon und zweitens ist es möglich, dass er bis
dahin über seine ersten Lehrmeister, Kepler und Descartes, noch nicht
viel hinausgedrungen war. Um die prismatischen Farben bequemer beobachten zu können, kam er nach und nach zu folgender Einrichtung, die unerwartete Aufklärungen vermittelte. In dem Laden
eines verdunkelten Zimmers brachte er eine kreisförmige Oeffnung von
$^{1}/_{4}$ Zoll Durchmesser an, und in einer Entfernung von 22 Fuss vom
Laden fing er das entstehende Sonnenbild auf einem Schirm auf, nachdem das Licht dicht hinter dem Laden durch ein Prisma gegangen,
dessen brechender Winkel gleich 63° 12′ war. Dabei zeigte sich auf
dem Schirm ein farbiges Spectrum von $2^{5}/_{8}$ Zoll Breite und $13^{1}/_{4}$ Zoll
Länge, dessen Seiten geradlinig begrenzt waren, dessen Ecken aber
halbkreisförmig abgerundet erschienen. Die Breite des Spectrums
entsprach dem scheinbaren Sonnendurchmesser von 31 Minuten, die
Länge aber war fast fünfmal grösser, als sie ohne Zer-

streuung des Lichts hätte sein dürfen. Newton versuchte nun Newton, 1666—1676, 1701. zuerst festzustellen, ob diese Zerstreuung des Lichts von zufälligen Ur- sachen herrühre, oder ob sie nothwendig mit der Brechung des Lichts durch ein Prisma verbunden sei. Als durch zahl- reiche Experimente das letztere constatirt und auch nachgewiesen war, dass die Lichtstrahlen nach der Brechung wieder geradlinig sich fort- pflanzen, kam er zu der Ueberzeugung, dass das weisse Sonnen- licht aus farbigem Licht zusammengesetzt sei, dass in jedem Sonnenstrahl also eine Menge farbiger Strahlen enthalten, dass jeder anders farbige Strahl bei der Bre- chung auch um eine andere Grösse abgelenkt werde, und dass somit durch die Brechung das sonst zu weissem Licht vereinigte, vielfarbige Licht getrennt und auf verschie- dene Stellen des Schirms geworfen werde. Wenn das aber der Fall, dann müssten allen verschieden farbigen Strahlen auch bei denselben Medien verschiedene Brechungsexponenten entsprechen, Roth müsste z. B. nach seiner Lage im Spectrum allezeit am wenigsten und Violett am meisten gebrochen werden. Dies suchte Newton weiter direct nachzuweisen, und das Experiment, durch welches ihm das gelang, betrachtete er als das entscheidende für die Theorie von der Zerstreuung des Lichts und nannte es das Experi- mentum crucis[1]). Er stellte hinter das Prisma einen Schirm mit sehr kleiner Oeffnung, 12 Fuss hinter diesen einen zweiten, wieder mit einer sehr kleinen Oeffnung, dahinter wieder ein Prisma und hinter dieses endlich den Auffangeschirm. Indem er dann das erste Prisma um seine brechende Kante drehte, konnte er durch die Oeffnung des ersten Schirms rothes oder blaues Licht u. s. w. senden; aus diesem wurde durch die Oeffnung des zweiten Schirms noch einmal ein be- stimmtes Roth oder Blau etc. ausgesondert, und erst dieses so erhaltene fast homogene Licht wurde von dem zweiten Prisma gebrochen. Wie erwartet fand er erstens, dass die Farben durch das zweite Prisma nicht merklich zerstreut wurden, und zweitens, dass der Brechungsexponent der Strahlen vom Roth zum Blau hin wirklich stetig zunahm. Wenn so zu jeder Farbe ein eigener

---

1) Wir haben bis jetzt kaum einen directen Einfluss Bacon's auf die eigent- liche Physik constatiren können, nur bei Boyle war zu erwähnen, dass seine Scheu vor Hypothesen an die Schule Bacon's erinnert. Aehnliches werden wir bald auch bei Newton finden, und hier weist sogar der merkwürdige Name Experimentum crucis auf einen ähnlichen Ausdruck bei Bacon hin. Bacon sagt im neuen Organon in der Besprechung der „vornehmsten Fälle", die bei der Untersuchung der Naturerscheinungen auftreten: „Zu den vornehmsten Fällen rechne ich vierzehntens die Fälle des Kreuzes, indem ich dieses Wort von den Kreuzen hernehme, welche an Scheidewegen aufgerichtet sind, um die sich trennenden Wege zu zeigen. Ich nenne solche Fälle auch entscheidende Fälle oder Urtheilsfälle und manchmal Orakel- oder Gebotsfälle."

Brechungsexponent und entsprechend zu jedem Brechungsexponenten eine eigene Farbe gehörte, so handelte es sich nun weiter darum, diese Brechungsexponenten einzeln zu bestimmen, dazu aber war vorerst eine genaue Abgrenzung der einzelnen Farben nöthig. Nach Newton's Theorie besteht das Spectrum aus lauter einzelnen, verschieden farbigen, runden Scheiben, die von verschieden brechbarem Licht herrühren; da nun die Ränder des Spectrums geradlinig erschienen, so schloss Newton, dass dieses aus unendlich vielen Kreisen zusammengesetzt sein und dass es also unendlich viele in einander übergehende Farben geben müsse. Um aber doch zu bestimmt markirten Stellen im Spectrum zu gelangen, theilte er dasselbe in die üblichen sieben Hauptfarben ein und versuchte dann die Erstreckung seiner sieben Hauptfarben im Spectrum und die Uebergangsstellen von einer Farbe zur andern genau zu bestimmen. Er fand, wenn er das Spectrum über das Violett hinaus um sich selbst verlängerte und diese doppelte Länge des Spectrums gleich 1 setzte, die Strecken vom Endpunkt der Verlängerung bis zum Ende des Violett gleich $^1/_2$, bis zum Ende des Indigo $^9/_{16}$, bis zum Ende des Blau $^3/_5$, und so fort $^2/_3$, $^3/_4$, $^5/_6$, $^8/_9$, endlich die Strecke bis zum Ende des Roth gleich 1. Newton hielt es für höchst interessant, dass diese Zahlen mit den Saitenlängen proportional sind, welche die Töne einer Molltonleiter geben; doch lässt sich nicht verkennen, dass diese Uebereinstimmung durchaus keine natürliche und erst durch die willkürliche Abgrenzung der Farben künstlich erzeugt ist. Trotzdem hat auch nach Newton die Aehnlichkeit der sieben Farben mit den sieben Tönen der Octave zu weiteren Speculationen verführt. Ein P. Castel formte ein Project für eine optische Musik, ein optisches Clavier, und versprach sich davon für das Auge einen ebenso grossen Genuss als eine gut ausgeführte Harmonie dem Ohre gewährt. Er veröffentlichte seinen Plan im Jahre 1731, hat aber dem akustischen Claviere wenig Concurrenz gemacht [1].

Für Newton waren jene optischen Verhältnisszahlen trotz ihrer Willkürlichkeit von Bedeutung; er setzte diese abgegrenzten Breiten der einzelnen Farben den Unterschieden der Sinus ihrer Brechungswinkel bei demselben Einfallswinkel proportional und berechnete dann aus den Brechungsexponenten der extremen Farben die Brechungsexponenten der sieben Hauptfarben, wenigstens für den Uebergang aus Glas in Luft. Auch gebrauchte er jene Zahlen um zu bestimmen, in welchen Verhältnissen verschiedene Farben gemischt werden müssen um wieder weisses Licht hervorzubringen. Leider gelang ihm diese Herstellung weissen Lichtes nur bei prismatischen Farben, durch Zusammenmischen farbiger Pigmente erhielt er nur ein unbestimmtes Grau, das sich dem Weissen mehr oder weniger annäherte.

---

[1] Montucla, Histoire, III, S. 566 und 567.

Um die farbigen Säume, die man an allen Körpern durch ein Prisma sieht, zu erklären, liess Newton durch einen Spalt, der fast so weit als das Prisma breit war, Licht auf dieses fallen. Dann zeigte sich auf dem Auffangeschirm ein Bild des Spaltes in der Mitte weiss, aber mit rein violettem Rand auf der einen und rein rothem Rand auf der anderen Seite. Er erklärte dann dieses Bild als eine Composition aus vielen Spectren des Spaltes, die in der Mitte auf einander fallen und von denen nur am obersten Spectrum die obere, am untersten Spectrum der untere Rand in reinen, homogenen Farben erhalten bleibt.

Newton, 1666—1676; 1704.

Auch auf die Theorie des Regenbogens wandte Newton seine Entdeckung der Dispersion des Lichts mit grossem Erfolg an. Descartes hatte nur bestimmen können, dass sich der Haupt- und der Nebenregenbogen als zwei leuchtende Kreisbögen von circa 41⁰ und circa 51⁰ Radius zeigen müssten. Newton erklärte jetzt nicht bloss die im Regenbogen auftretenden Farben und ihre umgekehrte Ordnung in den beiden Bögen, sondern konnte auch vermöge seiner Messung der Brechungsexponenten für die verschiedenen Farben ganz genau die Radien der einzelnen Farbenbögen und danach die Breite des Haupt- und des Nebenregenbogens bestimmen, die er für den Hauptbogen 2⁰ 17' und für den Nebenbogen 3⁰ 43' fand. Damit war die Theorie des Regenbogens vollendet, bis auf die der sogenannten überzähligen Bögen, die sich bisweilen in schwachen Farben sowohl innerhalb des Hauptbogens wie ausserhalb des Nebenbogens zeigen, deren Erklärung aber auch heute noch nicht als ganz sicher erscheint.

In der Praxis wie auch in der Theorie der Fernrohre rief die Entdeckung der Farbenzerstreuung grosse Veränderungen hervor. Bis dahin hatte man als die Hauptursache für die Undeutlichkeit der Bilder in stark vergrössernden Fernrohren die sphärische Abweichung (die Eigenschaft, dass durch sphärische Flächen nicht alle Strahlen, die von einem Punkte ausgehen, genau wieder in denselben Punkt vereinigt werden) angesehen, und Descartes hatte darum schon elliptische oder hyperbolische Gläser empfohlen. Newton machte darauf aufmerksam, dass die Nachtheile der sphärischen Abweichung im Vergleich zu denen der Farbenzerstreuung noch gering seien, und er empfahl deshalb die Spiegelteleskope, bei denen die Farbenzerstreuung fast ganz beseitigt ist. Leider beging er hierbei einen verhängnissvollen Irrthum. Er glaubte bemerkt zu haben, dass mit Brechung des Lichts die Zerstreuung nothwendig verbunden, und meinte, dass die beiden in ihren Stärken proportional seien; er ahnte also nicht, dass bei verschiedenen Medien das Verhältniss der Brechung und Farbenzerstreuung ein verschiedenes ist und dass sich deshalb durch geeignete Mittel die Farbenzerstreuung aufheben lässt, während die Brechung bleibt oder auch umgekehrt. Er sprach darum den Fernrohren mit Linsen die Verbesse-

rungsfähigkeit in Bezug auf die chromatische Abweichung
ganz ab und hielt bei stärkerer Vergrösserung die Reflectoren für die
einzig möglichen Instrumente. Es ist dies eine der wenigen Behauptungen Newton's, die sich auf Thatsachen und mathematische Verhältnisse beziehen und sich doch als falsch erwiesen haben.

Eine ganz ähnliche Behandlung wie die Dispersion des Lichts
erfuhren die Farben dünner Blättchen. Um diese schon bei
Boyle und Hooke erwähnten Farben genauer zu beobachten, fand Newton
für zweckmässig, entweder eine doppelt convexe Linse auf die ebene
Seite einer planconvexen oder eine planconvexe Linse mit ihrer convexen Seite auf eine ebene Glasplatte zu drücken. Wenn er dann in
homogenem (einfarbigem) reflectirtem Lichte die Gläser betrachtete, so
zeigten sich an der Berührungsstelle der Gläser ein dunkler Fleck und
um diesen abwechselnd helle und dunkle Ringe; in weissem Licht waren
die Erscheinungen der Form nach dieselben, nur folgten dabei, statt
heller und dunkler Ringe, Ringe in den Spectralfarben abwechselnd auf einander. Beim Hindurchsehen (also in durchgegangenem Lichte) traten
die Erscheinungen gerade umgekehrt auf, statt schwarz erschien weiss
und statt einer jeden Farbe ihre Complementärfarbe. Newton unterschied die in den verschiedenen Ringen wiederholt auftretenden Farben
als Farben erster, zweiter, dritter Ordnung u. s. w. und versuchte zuerst
die Grössenverhältnisse der Erscheinung sicher zu bestimmen. Er legte
eine doppelt convexe Linse von 50 Fuss Krümmungsradius auf die ebene
Seite eines planconvexen Glases von 7 Fuss Krümmungsradius; dann
betrugen in reflectirtem weissem Lichte die Dicken der Luftschichten
zwischen den Gläsern an der hellsten Stelle des ersten Farbenkreises
$^1/_{178000}$ Zoll, an der des zweiten $^3/_{178000}$, an der des dritten $^5/_{178000}$ u. s. w.;
die Dicken der Luftschichten an den dunkelsten Stellen der Kreise aber
resp. $^2/_{178000}$, $^4/_{178000}$, $^6/_{178000}$ u. s. w. Es verhielten sich also die
Dicken der Luftschichten und danach auch die Quadrate
der entsprechenden Radien der Farbenkreise wie die
Zahlen der natürlichen Zahlenreihe. Dasselbe Gesetz fand
Newton für alle in homogenem Licht erzeugten Kreise, nur waren hier
die absoluten Grössen der Kreise nicht dieselben, vielmehr verhielten
sich bei dem verschiedenen homogenen Licht die Quadrate aus den
Radien der ersten hellen Kreise wie die Cubikwurzeln aus den Zahlen
1, $^8/_9$, $^5/_6$, $^3/_4$, $^2/_3$, $^3/_5$, $^9/_{16}$, $^1/_2$, entsprechend den Farben Weiss, Roth,
Orange u. s. w. bis Violett. Aus dieser verschiedenen Lage der Kreise
bei verschiedenem einfachem Licht erklärten sich dann mit Hülfe der
Theorie von der Zusammensetzung des Lichts leicht die farbigen Kreise,
welche bei weissem Licht auftraten; so blieb also nur die Entstehung
der Kreise bei homogenem Licht aus Eigenschaften der Lichtstrahlen
abzuleiten. Newton vermuthete, wie schon die Art seiner Messung
zeigt, dass diese Kreise von der Luftschicht zwischen den Gläsern abhingen, und um dies sicher zu stellen, füllte er den Raum zwischen den

Gläsern mit Wasser. Auch dann zeigten sich die Kreise, aber ihre Newton, 1666—1676; 1704. Dimensionen betrugen nur $^7/_8$ von denjenigen der vorigen Versuche, und die Dicken der betreffenden Wasserschichten waren also nur $^{49}/_{64}$ von den entsprechenden Dicken der Luftschichten. Diese Zahl ist näherungsweise gleich dem Brechungsexponenten $^3/_4$ aus Wasser in Luft; indem dann Newton annahm, dass ein solches Verhältniss für alle Stoffe stattfinden würde, glaubte er aus den einmal für Luft berechneten Dicken der Zwischenschichten auch für alle anderen Substanzen die entsprechenden Dicken berechnen zu können, was er bei seiner Theorie der natürlichen Farben der Körper dann weiter gebrauchte. Doch blieb trotz der anerkannten Abhängigkeit der Farben von den Schichten zwischen den Gläsern noch immer das Grundproblem, die Entstehung der Ringe selbst, zu erklären; zu diesem Zwecke sah sich Newton schliesslich gezwungen, den Lichtstrahlen ganz neue merkwürdige Eigenschaften zuzuschreiben. Er nahm an, dass jeder Lichtstrahl auf seinem Wege Anwandlungen erleide, vermöge deren er an der einen Stelle leichter reflectirbar und an der anderen Stelle leichter brechbar sei. Diese Anwandlungen (Fits of easy Reflexion or of easy Transmission) folgen alle in gleichen, aber sehr kleinen Intervallen auf einander, die für jede Farbe verschieden und zwar für Roth am grössten, für Violett am kleinsten sind.

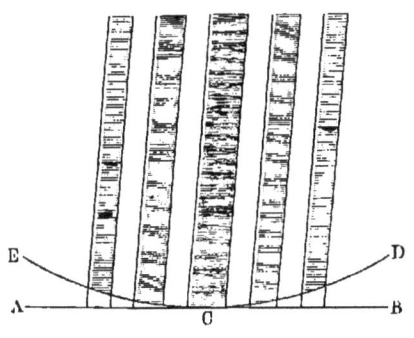

Denken wir uns auf eine ebene Glasplatte AB eine planconvexe Linse ECD gelegt, so wird das Licht, welches auf AB fällt, je nach der Anwandlung, in der es sich eben befindet, theils durch AB hindurchgehen und theils von AB reflectirt werden. Betrachten wir nun die Linse von oben, also in reflectirtem Lichte. Um C herum wird das Licht noch in eben demselben Zustand auf die Linse kommen, in welchem es auf AB gefallen, also in dem leichter reflectirbaren, es wird also von dieser zurückgeworfen werden, und das Auge über ECD wird um C einen dunklen Fleck bemerken. Die Strahlen aber, die weiter von C auffallen, haben von ACB einen weiteren Weg nach ECD zurückzulegen und kommen nach und nach auf ECD in der entgegengesetzten Periode der leichteren Durchgangsfähigkeit, sie werden also durch ECD hindurchgehen und dem Auge einen hellen Kreis zeigen etc. etc. Es ist nun leicht weiter zu sehen, warum nur bei sehr dünnen Schichten sich jene Farbenringe gesondert zeigen und auf welche Weise der Stoff der Zwischenschichten das Intervall der Anwandlungen verändern kann, aber schwer bleibt sich solche Anwandlungen des Lichtstrahls überhaupt vorzustellen; wir werden später noch sehen, was Newton zu Gunsten der verschiedenen Eigenschaften der Lichtstrahlen weiter anführt.

Dünne Platten werden also nur Licht von mehr oder weniger homogener Beschaffenheit durchlassen, nämlich dasjenige Licht, welches auf die beiden Grenzflächen der Platten in derselben Phase der Anwandlung kommt; danach erklären sich wie die Farbenringe auch die Farben der Seifenblasen, die Farben dünner Glimmerblättchen, die Farben an angelassenem Stahle, auf geschmolzenen Metallen, ja sogar die natürlichen Farben der Körper überhaupt. Jeder homogene Körper ist von Natur durchsichtig, und Undurchsichtigkeit entsteht nur dadurch, dass ein Körper im Innern viele mit Luft gefüllte Zwischenräume hat, an deren Wänden das Licht vielfach reflectirt und so ausgelöscht wird. Deswegen ist Glas ganz durchsichtig, das poröse Papier aber höchstens durchscheinend, wenn seine Zwischenräume durch Tränken mit Oel ausgefüllt werden, und genügend dünne Lamellen irgend eines Stoffes müssen immer durchsichtig sein. Ein undurchsichtiger Körper besteht aber wenigstens an der Oberfläche aus durchsichtigen dünnen Blättchen, diese werden je nach der Beschaffenheit des Körpers mehr oder weniger dünn sein und danach nur Lichtstrahlen der einen oder der anderen Farbe durchlassen, die Farbe dieser dünnen Blättchen ist dann die natürliche Farbe des Körpers überhaupt. Newton will sogar die natürliche Farbe der Körper dazu benutzen, um die Grösse der kleinsten Theilchen der Körper zu berechnen, doch zeigt sich dabei die Schwierigkeit zu entscheiden, ob die Farben des betreffenden Körpers Farben erster, zweiter oder dritter Ordnung sind.

Newton's Theorie von der Zusammensetzung des weissen aus farbigem Licht bewährte sich wieder glänzend bei seiner Untersuchung der Beugungserscheinungen[1]), bei welcher er Grimaldi's Versuche mit den Abänderungen, die für seine Zwecke nöthig waren, wiederholte. Er liess in einem dunklen Zimmer das Licht durch die Oeffnung eines Bleiplättchens auf einen weissen Schirm fallen; der Durchmesser der Oeffnung war $1/42$ Zoll. Hielt er dann hinter die Oeffnung in einem Abstande von 12 Fuss ein Menschenhaar von $1/280$ Zoll Breite und fing den Schatten 4 Zoll vom Haar auf, so betrug derselbe in der Breite $1/60$ Zoll; 2 Fuss vom Haar aber betrug er $1/28$ Zoll etc. Der Schatten war also jedenfalls viel breiter, als er bei rein geradliniger Fortpflanzung des Lichtes hätte sein können, ausserdem aber zeigten sich an beiden Seiten noch drei farbige Streifen, die nach innen blau, nach aussen

---

[1]) Newton nannte die Beugung Inflexion, Hooke Deflexion, Grimaldi Diffraction; erhalten hat sich mit Recht nur die letztere Bezeichnung.

roth gesäumt waren. Newton stellte zur Erklärung wieder Versuche Newton, 1666—1676; 1704. mit homogenem Licht an und fand ganz ähnlich wie bei den Farben- ringen auch hier nur hellere und dunklere Streifen, deren Entfernung aber bei den verschiedenen Farben verschieden war. Bei rothem Licht betrug die Entfernung des ersten Streifens vom Schatten, den das Haar in einer Entfernung von 6 Zoll warf, $1/37$ Zoll, im violetten Licht aber betrug dieselbe Entfernung nur $1/46$ Zoll. Danach entschied Newton wieder, dass, wie bei den Brechungserscheinungen und den Farben dünner Blättchen, auch bei den Beugungserscheinungen die Farben des weissen Lichtes nicht gleichmässig verändert oder gebeugt würden und so aus und neben einander fielen. Um aber die Entstehung der Streifen auch im homogenen Licht abzu- leiten, musste Newton dem Licht abermals eine neue Eigen- schaft zulegen. Er nahm an, dass alles Licht, wenn es an einem Körper vorüberginge, etwas abgestossen und von demselben weggebogen würde, dadurch erklärt sich die beobachtete Verbreiterung des Schat- tens; dass aber auch hierbei das Licht Anwandlungen habe, vermöge deren es sich bald weiter, bald weniger weit von einem Körper abbiege und vermöge deren es bei dem Vorübergang an einem Körper eine schlangen- förmig gebogene Linie beschreibe. Die drei Streifen neben dem Schatten rührten dann von dem Auftreffen verschiedener Lichtstrahlen in ver- schiedenen Phasen der Anwandlung zur Beugung her.

Wir müssen in den Newton'schen Arbeiten, um sie recht zu beurtheilen, drei Stufen unterscheiden; die erste betrifft die Consta- tirung der Thatsachen und die Messung ihrer Grössenver- hältnisse, die zweite die Erklärung aller Farbenerschei- nungen durch die Zusammensetzung des weissen Lichts aus farbigem und endlich die letzte, die Erklärung der verschie- denen Brechbarkeit, der verschiedenen Beugung u. s. w. durch die verschiedenen Anwandlungen der Lichtstrahlen. Auf allen drei Stufen hat Newton mit sehr verschiedenem Recht so zahlreiche An- griffe erfahren und so zahlreiche Gegner gefunden, wie nicht leicht ein anderer Mann und eine andere Theorie; aber auf allen drei Stufen ist ihm auch und wieder mit sehr verschiedenem Recht eine so grosse Anerkennung und so grosse Autorität zu Theil geworden wie wenigen anderen Gelehrten.

Was die Constatirung der Thatsachen betrifft, so scheiden sich seine Gegner in solche, die behaupten, die Thatsachen selbst seien unwahr und solche, die behaupten, Newton gebühre nicht die Priorität, die er in Anspruch genommen. Zu den ersteren gehörte der Arzt Franciscus Linus aus Lüttich, den wir schon ein- mal nicht allzu rühmlich erwähnt; er schrieb im October 1674 an einen Freund, dass er ein verlängertes Spectrum nie bei heiterem, wolken- losem Himmel gesehen, und bemängelte später wenigstens die von New- ton beobachtete Gestalt des Spectrums. Nach dem Tode des Linus trat

dessen Schüler G a s c o i g n e wieder mit der Behauptung auf, er habe
das Spectrum mit mehreren Zeugen kreisrund gesehen, und nachdem
dieser zum Schweigen gebracht, bekannte A n t o n i u s L u c a s aus Lüttich einige Versuche anders zu Stande gebracht zu haben, als sie Newton
beschrieben. Newton beklagte sich zuerst darüber, dass man seine Versuche bemängele, deren Wahrheit bei sorgfältiger Untersuchung jedem
von selbst klar werden müsse; endlich machte er seine Gegner darauf
aufmerksam, dass sie wohl mit zu breiter Lichtöffnung beobachtet und
so statt eines Spectrums nur farbige Säume gesehen, oder dass sie ein
durch Reflexion an den Seitenrändern des Prisma erzeugtes Neben-
spectrum für das durch Brechung erzeugte Hauptspectrum gehalten
hätten. Er wies nachdrücklich auf sein Experimentum crucis und dessen
genaue Beschreibung hin, und danach beruhigten sich allmälig diese
Gegner Newton's [1]). Doch kamen auch später noch einzelne ähnliche
Einwände; M a r i o t t e hatte bei einem nach Newton's Vorschrift aus-
geführten Versuch die violetten Strahlen nicht homogen gefunden. Professor D e s a g u l i e r s in Oxford, ein sehr geschickter Experimentator,
zeigte im Auftrage Newton's, dass Mariotte doch nicht genug gesondert
habe. Endlich trat noch wenige Jahre vor dem Tode Newton's der
Venetianer R i z e t t i mit der Behauptung auf, er habe alle Experimente
Newton's wiederholt und alle für unzureichend und Nichts beweisend
erkannt; ihm antwortete aber der Leipziger Professor G e o r g F r i e d-
r i c h R i c h t e r, die Schuld davon liege nicht an Newton, sondern an
seiner eigenen Unachtsamkeit und seinem eigenen Ungeschick, und als
Rizetti sich dabei nicht beruhigte, wurde ihm das von D e s a g u l i e r s
1728 noch weiter mit vollkommen genügender Deutlichkeit nachgewiesen.
A n d i e s e r S t e l l e w a r N e w t o n u n v e r w u n d b a r. Zu denjenigen,
welche Newton die P r i o r i t ä t seiner Beobachtungen bestritten und ihn
des Plagiats beschuldigten, gehörte vor allem H o o k e, der sich darüber
beklagte, dass Newton seine Entdeckung der Farben dünner Blättchen
für sich selbst in Anspruch genommen. Newton entgegnete, dass er ja
nicht leugne, Hooke's Arbeiten bei den Beugungserscheinungen und bei
der Erklärung der durchsichtigen und undurchsichtigen Körper, auch
bei den Farben dünner Blättchen benutzt zu haben, aber Hooke habe

---

[1]) Leider benutzte Newton eine sich darbietende Gelegenheit zur Verbesserung seines Irrthums von der durchgängigen Proportionalität der Dispersion
und der Brechung nicht. Lucas v. Lüttich wiederholte nach der Erinnerung
Newton's nochmals seine Versuche und beobachtete nun dieselben Erscheinungen wie Newton, doch fand er das Spectrum nur 3½ mal so lang als breit.
Er brachte das auch zur Kenntniss Newton's, doch dieser blieb fest bei seiner
Meinung, das Spectrum müsse 5 mal so lang als breit sein. Wahrscheinlich
aber war das Prisma des Niederländers aus einer Glassorte, welche das Licht
weniger zerstreute als die englische, und wenn Newton die Behauptung des
Lucas nicht einfach negirt, sondern auf ihre Wahrheit nachgeprüft hätte, so
hätte er die Verschiedenheit des Verhältnisses von Brechung und Dispersion
des Lichts bei verschiedenen Medien einsehen müssen.

ihm jedenfalls überlassen, die nöthigen Versuche zur Hervorbringung Newton, 1666—1676; 1704.
der Farben auszusinnen und auszuführen.   Hooke habe weiter keine
Anweisung gegeben, als dass die Farbe von der Dicke des Scheibchens
abhänge, gestehe aber selbst, dass er sich vergebens bemüht habe, die
Dicke anzugeben, auf welche es bei jeder Farbe ankomme.   Dies habe
er, Newton, mühsam gefunden und so werde er es ja als sein Eigenthum
betrachten dürfen.

Gegen den zweiten Theil der Newton'schen Entdeckungen, gegen
die Annahme von der Zusammensetzung des weissen aus
farbigem Licht erhoben sich erst in der späteren Zeit am Ende des
18. Jahrhunderts einige heftige Stimmen, die indess unter den eigentlichen Physikern wenig Gehör fanden; Physiker wie Mathematiker waren
vielmehr der Dispersion des Lichts ganz allgemein günstig gesinnt, und
nur Einzelnes wurde hier bemängelt.   Der Jesuit Pardies (Professor der
Mathematik in Clermont) versuchte noch im Jahre 1672 die Verlängerung des Spectrums für eine Beugungserscheinung zu erklären, ward aber
bald zum Schweigen gebracht.   Dann trat ebenfalls noch 1672 ein Un-
genannter auf, der gar nicht die Zusammensetzung des weissen Lichts
bezweifelte, aber nur zwei Farben als Grundfarben annehmen wollte.
Der Ungenannte war ohne Zweifel Hooke, ihm stimmte 1673 Huyghens bei, der ebenso behauptete, zwei Grundfarben (Gelb und Blau)
würden zur Erklärung der Erscheinungen genügen.   Beiden hielt Newton vollkommen siegreich sein Experimentum crucis entgegen.   Nun
aber wandten sich dieselben gegen den dritten Theil von Newton's Theorie, gegen die verschiedenen Anwandlungen des Lichtstrahls
und gegen Newton's Anschauungen vom Wesen des Lichts überhaupt.

Hooke hatte in etwas verschwommener Weise eine Undulationstheorie des Lichtes aufgestellt, Huyghens werden wir bald als den
wirklichen Begründer einer solchen Theorie kennen lernen; Newton aber
wandte sich mehr der Emissionstheorie zu und basirte seine Erklärungen im letzten Grunde auf diese Theorie.   Doch läugnet Newton ausdrücklich, dass er die Absicht habe, eine solche
Theorie von sich aus auszubilden und er war sich wohl bewusst,
dass für seine bedeutendsten Entdeckungen eine Entscheidung zwischen
den beiden Theorien nicht gerade nöthig sei.   Seine Bestimmung
der verschiedenen Brechbarkeit der Farben, seine Lehre
von der Zusammensetzung des weissen Lichts stehen fest
ohne Theorie und werden durch keine solche ernstlich angefochten;
auch seine Zurückführung der natürlichen Farben der
Körper auf die Farben dünner Blättchen ist von der Hypothese über das Wesen des Lichts unabhängig.   Darum vertheidigte sich Newton im Jahre 1672 ganz richtig gegen die Angriffe des
Ungenannten, wenn er in einer Antwort, die in die Philosophical Transactions aufgenommen wurde, bemerkte: In Betreff des zweiten Vorwurfs,
dass er das Licht vielmehr für einen körperlichen Stoff, als für eine den

Aether in Schwingungen versetzende Energie halte, wolle er allerdings nicht läugnen, dass er zu dieser Ansicht hinneige; sie stehe jedoch mit der von ihm entdeckten Eigenschaft des Lichts in gar keiner Beziehung. **Er habe es daher auch, weil ihm die wahre Natur des Lichts zweifelhaft gewesen sei, absichtlich vermieden, über die Art und Weise, wie es sich fortpflanze, irgend etwas Positives zu behaupten.** Wolle man übrigens die von Hooke und Huyghens vertheidigte Hypothese festhalten, dass die Empfindung des Sehens auf ähnliche Weise durch Vibrationen des Aethers erzeugt werde, wie die Empfindung des Hörens durch Vibrationen der Luft: so sei es leicht, die verschiedene Brechbarkeit des Lichts in die Sprache derselben zu übertragen. **Die Empfindung des weissen Lichtes wäre alsdann die dadurch bewirkte, dass alle von dem leuchtenden Körper ausgehenden Vibrationen unvermischt ins Auge gelangen; die Empfindung des farbigen Lichts aber würde man alsdann aus einer Trennung der ungleichen Vibrationen, die durch den Widerstand der brechenden Mittel erfolgt, zu erklären haben.** Da nämlich die grösseren und längeren Vibrationen die Empfindung der rothen, die kleineren und kürzeren die der violetten und die, welche in der Mitte zwischen jenen liegen, die der mittleren Farben erzeugen, so können die grösseren jenen Widerstand leichter überwinden und erleiden eben daher geringere Brechungen als die kürzeren. Die verschiedene Brechbarkeit des Lichts stehe also mit der Hypothese, dass die Farben durch Aethervibrationen von verschiedener Geschwindigkeit auf ähnliche Weise entstehen, wie die Töne durch ungleiche Luftvibrationen keineswegs im Widerspruche. Trotz alledem aber fühlte Newton doch das ganz natürliche und richtige Bedürfniss, seine Lehre von den Anwandlungen der Lichtstrahlen durch eine Theorie plausibel zu machen und wandte sich später mehr und mehr zur Emissionstheorie, obgleich er auch in seiner Optik von 1704 noch nicht die Undulationstheorie für unmöglich erklärte, sondern in den Fragen, welche er dem Buche anhing, ausdrücklich auf sie Bezug nahm.

Newton erklärte also, **dass jeder leuchtende Körper sehr kleine Theilchen aussende, welche bei ihrem Auftreffen auf die Netzhaut die Empfindung des Lichts erregten und bei den verschiedenen Farben von verschiedener Grösse seien, am grössten bei Roth, am kleinsten bei Violett.** Alle Theilchen erleiden beim Uebergang in, ja schon bei der Annäherung an ein dichteres Mittel eine Anziehung; die kleinsten Theilchen werden danach beim schiefen Auffallen auf die Trennungsfläche der Medien am stärksten und die grössten Theilchen am wenigsten abgelenkt. Für alle Theilchen aber wird durch die Anziehung die Geschwindigkeit vergrössert, und dieselbe muss also **im dichteren Mittel bedeutender sein als im dünneren.** Doch reichte die Annahme einer Attraction der Materie auf die Lichtstrahlen nicht aus, wegen der Reflexion musste den Medien auch eine abstossende Kraft zuge- schrieben werden, was immerhin beides schwer zu vereinigen war. Und damit waren die häufigen Anwandlungen des Lichts noch nicht erklärt; zu diesem Zwecke wurde noch weiter vorausgesetzt, dass durch die abstossenden oder anziehenden Kräfte oder sonstwie die Theilchen des Lichts in Schwingungen versetzt würden, welche in der Richtung des Strahls, aber schneller als dessen Fortpflanzungsgeschwindigkeit selbst geschähen. Dann hätte der Strahl die Anwandlung der leichteren Transmission oder der leichteren Reflexion, je nachdem die Fortpflanzungsgeschwindigkeit durch die Schwingungsgeschwindigkeit vermehrt oder gänzlich in die entgegengesetzte Richtung umgekehrt worden wäre. Zur Erklärung der Beugungserscheinungen mussten die Lichtstrahlen wieder neue Anwandlungen erleiden. In den Fragen, welche der Optik angehängt sind, gab Newton zu bedenken, ob nicht die Zu- und Abbeugung der Lichtstrahlen beim Vorübergang an einem schattenwerfenden Körper von wechselnden Anwandlungen der Strahlen zu einer Anziehung oder Abstossung durch die Körper herrühren könne. Schliesslich erhielt der Lichtstrahl ausser seinen mannigfachen Anwandlungen auch noch verschiedene Seiten. Zur Erklärung der neuentdeckten Doppelbrechung im Kalkspath meinte Newton auch noch annehmen zu müssen, dass der Lichtstrahl nach verschiedenen Seiten hin mit verschiedenen Eigenschaften begabt sei, und zwar so, dass zwei entgegengesetzte Seiten des Lichtstrahles Ursache der gewöhnlichen Brechung und zwei andere entgegengesetzte Seiten Ursache der aussergewöhnlichen Brechung seien. So geistreich auch dieser letzte Gedanke ist und so fruchtbar er sich bei Erklärung der Polarisationserscheinungen durch die Undulationstheorie bewiesen hat, so stellte er doch bei Annahme der Emissionstheorie wieder nur eine jener ganz willkürlichen Annahmen ohne wesentliche Begründung dar, deren Häufung die ganze Theorie immer unwahrscheinlicher und schliesslich gänzlich unmöglich machte.

Newton hatte bei allen seinen willkürlichen Annahmen immer als Entschuldigung bereit, dass alle seine optischen Entdeckungen von seiner Theorie unberührt blieben, dass er selbst kein Interesse daran habe über das Wesen der Erscheinung zu entscheiden, dass er selbst seine Theorie nur als bequemes Hülfsmittel zur Erklärung annehme, aber nicht als Wirklichkeit lehre. Aber als Newton's Optik im Jahre 1704 erschien, war längst schon die Abhandlung des Huyghens [1]) bekannt, in welcher

---

[1]) Newton kann diese Abhandlung nur flüchtig gelesen haben; denn er giebt in seiner Optik zur Auffindung des aussergewöhnlich gebrochenen Strahles eine falsche Regel, während Huyghens schon die richtige hat.

dieser die optischen Erscheinungen nach der Undulationstheorie erklärte, und so war gerade für einen Mann von der Bedeutung Newton's Veranlassung genug gegeben, zwischen den beiden entgegenstehenden Theorien endgültig sich zu entscheiden. Die Einseitigkeit, in Folge deren Newton die Verpflichtung des Physikers zur Untersuchung des Wesens der Erscheinung nicht˙anerkennen mochte, und die Hartnäckigkeit, mit welcher er sich der Prüfung solcher physikalischer Arbeiten, die seine Einseitigkeit ergänzen konnten, entzog, ist entschieden bedauerlich, und Newton's Schüler und Nachfolger haben schweren Schaden von dieser Versäumniss ihres Meisters gehabt. Sie haben an ihrer Stelle erst recht die Prüfung der entgegengesetzten Ansichten unterlassen und haben auf das Genie und die Gewissenhaftigkeit ihres Meisters schwörend die Emissionstheorie, welche Newton nur als bequeme Erklärungsart angenommen, als die allein der Wirklichkeit entsprechende Lehre auf den Schild erhoben. Zwar hat Newton auch noch unter˙den der Optik von 1704 angehängten Fragen solche, welche eine Undulationstheorie als möglich hinstellen; aber seine Schüler hatten wenig Verständniss für ein Verfahren, durch welches der Lehrer nur die Verantwortung und weitere Arbeit von sich abzuwälzen suchte. Sie hielten sich an das, was er benutzt hatte, und übersahen das, was er nebenbei auch nicht für unmöglich erklärt. Newton musste noch in seinem Alter dies Verhalten seiner Schüler bemerken, doch hat er nichts dagegen gethan; wir werden bei der Besprechung seiner Gravitationstheorie ein ähnliches merkwürdiges Benehmen des grossen Physikers zu erwähnen haben.

So blieb also unter den nachfolgenden Geschlechtern die Undulationstheorie verpönt, und als später ihre Wiederbelebung versucht wurde, da konnte sie die durch eine hundertjährige Tradition geheiligte gegnerische Theorie nur nach langem Kampfe und durch neue wissenschaftliche Entdeckungen stürzen.

Mariotte,
optische und
mechanische
Unter-
suchungen,
1666—1684.
Zur Reihe der experimentirenden Physiker, wie Boyle, Hooke etc., gehört **Edme Mariotte**, doch zeichnet er sich vor diesen durch bedeutendere mathematische Fähigkeiten aus. Von seinem Leben wissen wir wenig. Er ist 1620 zu Bourgogne geboren, trat früh in den Priesterstand, wurde Priester zu St. Martin sous Beaune in der Nähe von Dijon, 1666 Mitglied der Pariser Akademie und starb in Paris im Mai 1684. Die Verdienste Mariotte's um die Lehre vom Stoss der Körper haben wir schon erwähnt, ebenso seine wenig glückliche Opposition gegen die Farbenlehre Newton's. Doch enthält das Werk Essai sur la nature des couleurs (Paris 1681), in welchem jener Angriff auf Newton sich findet, auch andere Theile, die mehr zu seinem Ruhme beigetragen haben; dies sind vorzüglich die Untersuchungen der farbigen Ringe um Sonne und Mond, die man Höfe nennt,

sowie die der Nebensonnen und Nebenmonde. Von den Höfen sind zweierlei zu unterscheiden, kleinere mit einem Halbmesser von nur 2 bis 5⁰ und grössere von 20 oder 40⁰ Radius. Die kleineren Höfe versuchte Mariotte durch eine zweimalige Brechung zu erklären, welche die Lichtstrahlen beim Durchgange durch die Wassertröpfchen erleiden sollten. Doch ist das nicht möglich, weil sonst die Reihenfolge der Farben die umgekehrte sein müsste; erst Fraunhofer gab hier die noch heute geltende Erklärung. Die grösseren Höfe dagegen und die Nebensonnen hat Mariotte aus Eisnadeln und Eisprismen, die in den höheren Theilen der Atmosphäre schwimmen, richtig abgeleitet; er berechnete selbst sorgfältig nach seiner Hypothese die Grösse der Bögen und fand die Resultate übereinstimmend mit den Beobachtungen. Wir können uns bei diesen Problemen, mit denen auch Newton in seiner Optik und Huyghens in einer besonderen Abhandlung sich beschäftigten, nicht weiter aufhalten; Näheres findet man bei Wilde (Geschichte der Optik, Bd. II, S. 273 bis 294).

Eine andere wichtige optische Entdeckung hat Mariotte schon 1666 der Pariser Akademie mitgetheilt[1]), es war die des sogenannten blinden Fleckes im Auge. Bei anatomischen Untersuchungen hatte er bemerkt, dass der Sehnerv nicht gerade der Pupille gegenüber, sondern etwas seitwärts gegen die Nase hin in das Auge eintrete. Als er dann versuchte das Bild eines Gegenstandes auf diese Stelle im Auge zu bringen, fand er zu seinem grossen Erstaunen, dass dieselbe für Licht gänzlich unempfindlich war. Er zog daraus den merkwürdigen Schluss, dass die Netzhaut überhaupt nicht das Organ des Sehens sei, und gab dafür noch als besonderen Grund die Durchsichtigkeit derselben an. Nach ihm war die Aderhaut der für das Licht empfängliche Theil des Auges, und hierzu hielt er sie ihrer schwarzen Farbe wegen für besonders geschickt. Seine Ansicht ist lange Gegenstand des Streites geblieben; erst Haller (1708 bis 1777) setzte in seiner Physiologia die Netzhaut endgültig wieder in ihr Recht ein.

Wichtiger aber als die optischen sind die Untersuchungen Mariotte's über die Mechanik der Flüssigkeiten und der Luftarten, wie sie in den Werken Essai sur la nature de l'air (Paris 1676) und Traité du mouvement des eaux et des autres fluids (Paris 1686) enthalten sind. In der letzteren Schrift behandelte Mariotte zum ersten Male nach Galilei die Festigkeit der Körper, und zwar mit Erfolg. Er untersuchte das Verhältniss der Bruchfestigkeit zur absoluten Festigkeit unter der Annahme, dass die Fibern des Körpers vor dem Bruch sich ausdehnen, während Galilei eine solche Ausdehnung vor dem Bruch nicht berücksichtigt hatte. Mariotte findet für das Gewicht P, welches einen prismatischen Stab von der Länge AB und der Höhe AC und der absoluten Festigkeit V zerbricht, die Formel

---

[1]) Observations sur l'organ de la vision.

Mariotte,
1666—1684. $P = \dfrac{1/_3\, A\,C.\ V}{A\,B}\cdot$ Der Ausdruck stimmt mit der Erfahrung jedenfalls
besser als die Galilei'schen Regeln; Jacob Bernoulli aber hat später
Mariotte zum Vorwurf gemacht, dass er die Ausdehnung der Fibern als
dem Gewichte proportional angenommen, was nicht der Fall sei.

In dem Traité du mouvement bestätigte Mariotte auch durch
sehr zahlreiche Versuche das Torricelli'sche Gesetz von den Ausflussgeschwindigkeiten der Flüssigkeiten; ferner untersuchte er die Steighöhe der Springbrunnen, erklärte das Zurückbleiben derselben
hinter der Fallhöhe durch den Luftwiderstand und die Reibung der
Wassertheilchen an der Ausflussöffnung und gab Tabellen für die Abhängigkeit der Steighöhen von der Weite der Ausflussöffnung, wobei sich
zeigte, dass die Steighöhe mit der Weite der Ausflussöffnung
bis zu einer gewissen Weite wächst. Auch die wichtige Frage
nach dem Ursprunge des Quellwassers suchte er zu beantworten.
Er liess durch einen Freund in Dijon die jährliche Regenhöhe beobachten,
welcher dafür 17 Zoll fand. Mariotte nahm der Sicherheit wegen nur
15 Zoll an, setzte dann das Stromgebiet der Seine bis Paris auf 3000 Quadrat-
meilen und berechnete die Regenmenge, welche jährlich auf diesem Gebiete fällt, auf 714 150 Millionen Cubikfuss. Die Seine führt aber bei
Paris jährlich nur 105 120 Millionen Cubikfuss, also nicht einmal den
sechsten Theil jener Menge vorüber, und Mariotte schloss sich danach
der Ansicht Vitruv's an, dass alles Wasser der Quellen aus Schnee
und Regen stamme. Doch wie Vitruv seiner Zeit, so fand auch
Mariotte jetzt nicht allgemeine Anerkennung. Claude und Pierre
Perrault kamen auf Descartes' Ansicht vom Aufsteigen des Wasser-
dampfes aus den Höhlen der Erde zurück und führten dafür Beispiele an,
wo beim Oeffnen von Höhlen Wasserdämpfe aufgestiegen und danach die
Quellen in der Umgegend vertrocknet seien; Woodward (1695) hielt
sogar die Erde für eine mit Wasser gefüllte Kugel, deren beständige
innere Ausdünstungen die Quellen speisten. Sédileau (1693) griff die
Grundlage von Mariotte's Theorie, seine Schätzung der Regenmenge, an
und fand, allerdings nach eingestanden unzuverlässiger Schätzung, dass
auf England und Schottland nicht halb so viel Regenwasser fällt, als
zur Unterhaltung der Flüsse nöthig ist. Halley meinte, dass ausser
Regen und Schnee auch die von dem Meere über die Länder gewehten
Dünste, welche sich an den Bergen zu Wasser verdichten, zu den Quellen
direct beitrügen, und De la Hire hielt (1703) dem Mariotte entgegen,
dass das Regenwasser gewöhnlich kaum über 2 Fuss in die Erde eindringe und also tiefe Quellen nicht speisen könne.

In seinem Essai sur la nature de l'air von 1676 veröffentlichte
Mariotte zuerst das nach ihm benannte Gesetz und bewies es durch Versuche sowohl für Drucke, die grösser, als auch für solche, die geringer
als der Luftdruck sind. Zwar hatte Boyle schon 1662 das Gesetz bekannt gemacht, und Mariotte darf also nicht für den Entdecker desselben

gelten, aber der letztere benutzte doch dasselbe sogleich mit grossem Mariotte,
Erfolg. Nach sorgfältigen Beobachtungen glaubte Mariotte annehmen 1666—1684.
zu dürfen, dass das Barometer, welches an der Erdoberfläche einen Stand
von 28 Zoll zeigt, um $^1/_{12}$ Linie fällt, wenn man es in eine Höhe von
5 Fuss über der Oberfläche bringt. Zur Berechnung der Höhe
eines Ortes aus dem beobachteten Barometerstande dachte er
sich dann die Atmosphäre in lauter Schichten getheilt, die alle $^1/_{12}$ Linie
Quecksilberhöhe entsprechen, also alle gleich schwer und zwar gleich
dem Gewichte einer Quecksilberschicht von $^1/_{12}$ Linie Höhe sind. Die
ganze Luftschicht besteht dann aus $28.12.12$ oder 4032 Schichten, von
denen die unterste unter einem Druck von 4031, die nächste unter einem
solchen von 4030, die nächste unter einem Druck von 4029 Zwölftellinien
Quecksilber u. s. w. steht, bis zur obersten, die keinen Druck mehr aus-
zuhalten hat. Nach seinem Gesetz konnte dann Mariotte die Höhen aller
dieser Schichten berechnen und somit die irgend einem Quecksilberstand
entsprechende Höhe über der Erdoberfläche finden. Bezeichnen wir den
Barometerstand irgend eines Ortes, in Zwölfteln einer Linie ausgedrückt,
mit h, so wird die Höhe der Schicht an diesem Orte gleich $\dfrac{4032}{h} \cdot 5$ und

die Höhe H dieses Ortes selbst gleich $\dfrac{4032}{4032} \cdot 5 + \dfrac{4032}{4031} \, 5 + \dfrac{4032}{4030} \cdot 5$

$\cdots\cdots + \dfrac{4032}{4032 - (h - 1)} \cdot 5$ sein. Mariotte fand es zu mühselig, solche Reihen

zu summiren, er nahm bei seinen Rechnungen statt dieser Reihen arith-
metische Progressionen, die im Anfangs- und Endglied und in der Anzahl
der Glieder mit den Reihen übereinstimmten. Dadurch entstand ein Fehler
in seiner Rechnung; ein anderer lag darin, dass er die Atmosphäre in
Schichten von $^1/_{12}$ Linie Quecksilberdruck theilte und also in einer
solchen noch zu hohen Schicht den Druck überall als gleich annahm,
und schliesslich war auch noch die erste Annahme vom Fall des Quecksilbers um $^1/_{12}$ Linie für eine Erhebung um 5 Fuss ungenau. Alle
diese Fehler wurden jedoch erst nach und nach berichtigt, und lange
nach Mariotte noch stimmten die Höhen, welche man aus Barometerbeobachtungen berechnete, nur sehr schlecht mit den durch directe Messung erhaltenen. Die Veränderung des Barometerstandes an
ein und demselben Orte leitete Mariotte richtig von den Luftströ-
mungen ab, glaubte aber, dieselben wirkten nur dadurch, dass sie mehr
oder weniger von oben herab wehten und so auf das Quecksilber im
Gefäss drückten oder dass sie, aus entlegenen Gegenden kommend und
in der Richtung der Tangente von der Erde wegwehend, den Druck der
oberen Luftschichten verhinderten. In Frankreich z. B. bringen die
Nordost- und Ostnordostwinde heiteres Wetter, weil sie von oben herab-
wehend die Luft verdichten, die wenigen Ausdünstungen der Erde am
Aufsteigen, die aufgestiegenen am Herabfallen verhindern und endlich
auch noch, weil sie von China nach Frankreich über keine Meere gehen.

Mariotte,
1666—1684.

Als Hauptursachen der Winde selbst giebt er die Drehung der Erde um ihre Achse, welcher die Luftmassen nicht schnell genug folgen können, die Erwärmung der Luft durch die Sonne und die wechselnden Stellungen des Mondes an. Ueber das Gefrieren des Wassers hat er, wie es in der damaligen Zeit fast Modesache war, viele Versuche angestellt; er richtete dabei sein Augenmerk vor allem auf die im Wasser enthaltene Luft und die Blasen im Eise, doch konnte er wenig Neues bemerken. Nur können wir aus der Schrift Essai du chaud et du froid, in welcher er die betreffenden Untersuchungen veröffentlichte, noch erwähnen, dass er die Ansicht, nach welcher die Kälte nur eine Abwesenheit von Wärme, erfolgreich vertheidigte und dass er mit Hülfe von Thermometern in den tiefen Kellern der Pariser Sternwarte zeigte, wie keineswegs die Keller im Winter wärmer seien als im Sommer, sondern das ganze Jahr hindurch eine fast gleiche Temperatur sich erhielten.

Papin, Verbesserung der Luftpumpen,
1660—1690.

Einer der fähigsten, aber auch einseitigsten Experimentatoren, mehr ein projectirender Erfinder als ein theoretischer Physiker ist Papin. Denis Papin wurde 1647 zu Blois geboren und studirte zuerst Medicin in Paris; doch muss er sich bald der Physik zugewandt haben, denn wir treffen ihn dort schon 1673 als Gehülfen von Huyghens. Als die Verfolgungen der Protestanten in Frankreich immer heftiger wurden, wanderte er, weil er Calvinist war, im Jahre 1680 nach London aus und wurde für kurze Zeit der Gehülfe Boyle's. Von 1688 an war er Professor der Mathematik in Marburg, 1695 ging er nach Cassel; 1707 aber wandte er sich wieder nach London, und von dieser Zeit an sind seine Schicksale wenig bekannt. Er starb um 1712 in England.

Seine erste Schrift Nouvelles expériences du vide avec la description des machines servant à les faire (Paris 1674) enthielt hauptsächlich die Beschreibung der bei den Versuchen mit Huyghens gebrauchten Maschinen und der dabei erlangten Resultate. Die Schrift selbst ist Huyghens gewidmet; in der Widmung sagt Papin: „Diese Versuche gehören Ihnen zu, denn ich habe sie fast alle auf Ihre Anordnung und nach den Anleitungen gemacht, die Sie mir gegeben; aber da ich weiss, dass dieselben Ihnen nur zur Ergötzung dienen und dass Sie sich kaum entschliessen würden, dieselben zu Papier zu bringen und noch weniger sie zu veröffentlichen; so fürchte ich nicht, dass Sie es missbilligen werden, wenn ich dasselbe für Sie thue." In dieser Schrift befindet sich die Beschreibung einer Luftpumpe mit Teller und cylindrischem Glasrecipienten und einer Barometerprobe unter dem letzteren zur Bestimmung des Verdünnungsgrades. Im Uebrigen hatte die Luftpumpe noch ganz die Einrichtung der Boyle'schen; die Zuleitung vom Teller nach dem Kolben war durch einen Hahn, die Oeffnung im Kolben statt durch den Metallstöpsel einfach durch den

Daumen zu schliessen; von Guericke war die Wasserdichtung aufge- Papin, Verbesserung der Luftpumpen, 1660—1690.
nommen. Papin schreibt diese Maschine noch besonders Huyghens zu,
der sie nach der Luftpumpe von Boyle anfertigen liess, und aus einem
Briefe des Huyghens schliesst Gerland[1]) noch weiter, dass Huyghens
Teller und Recipienten schon am Ende des Jahres 1661 der Luftpumpe
zufügte.

Jene erste Schrift des Papin enthält auch schon die wichtige Beobachtung, dass die Siedetemperatur vom Druck abhängt und dass Wasser viel weniger erwärmt zu werden braucht, wenn es unter niederem Druck kochen soll als bei höherem. E. Gerland[2]) schreibt dem Papin auch die Beobachtung zu, dass comprimirte Luft bei ihrer Ausdehnung sich stark abkühlt. „Als der Hahn geöffnet wurde, durch welchen die Luft im Schiffe (comprimirte in einem Taucherschiff) in die Atmosphäre ausströmte, entstand ein dichter Nebel, dessen Entstehung damals weder Papin noch Huyghens erklären konnte." Wenn aber das letztere der Fall war, dann hatte Papin keinesfalls beobachtet, dass die Luft beim Ausdehnen sich abkühlte. Uebrigens bemerkten schon die ersten Erfinder der Luftpumpe, wie Guericke, die ganz gleiche Erscheinung, dass beim Verdünnen der Luft Dämpfe unter der Glocke aufstiegen. Aber Nollet[3]) wusste noch 1740 keine andere Erklärung, als dass diese Dämpfe durch Vereinigung fremdartiger, in der Luft befindlicher Theilchen entstünden. Die Erhöhung der Siedetemperatur durch hohen Druck benutzte Papin bald nachher; in der Schrift A new digestor of softing bones, containing the description of its make and use in kookery (London 1681)[4]) beschrieb er die Construction des nach ihm benannten Dampfkochtopfes. Dieser hat eine besondere Wichtigkeit dadurch, dass Papin an ihm ein Sicherheitsventil, und zwar ein Hebelventil mit verschiebbarem Gegengewicht anbrachte. Für die Dampfkessel der Dampfmaschinen ist später dies Ventil in ganz unveränderter Form übernommen worden.

Nachdem Papin mit Boyle von 1681 bis 1682 in London gemeinschaftlich gearbeitet, veröffentlichte letzterer die erlangten Resultate in einer zweiten Fortsetzung seiner New experiments unter dem Titel A continuation of new experiments physico-mechanical touching the spring and weight of the air (London 1682)[5]); Papin that das gleiche einige Jahre später in einer Fortsetzung seiner

---

[1]) Wiedemann's Annalen II, S. 665 bis 670.
[2]) Licht und Wärme, Leipzig 1883, S. 245.
[3]) Fischer, Gesch. d. Physik IV, S. 232 bis 235.
[4]) Französisch unter dem Titel: La manière d'amolir les os et de faire cuire toutes sortes de viandes en fort peu de temps et à peu de frais (Paris 1682).
[5]) Eine erste Fortsetzung mit ganz gleichem Titel schon 1669 erschienen.

Schrift vom Dampfkochtopf mit dem Titel A c o n t i n u a t i o n o f t h e
n e w d i g e s t o r o f b o n e s (London 1687) und auch in den A c t a e r u -
d i t o r u m erschien eine Papin'sche Abhandlung über diesen Gegenstand
noch in demselben Jahre. Es ist schwer zu sagen, welchem von den
beiden Gelehrten das erste Recht auf die in diesen Büchern beschriebenen Erfindungen zusteht, doch ist bei der Ungewissheit wohl eher für
den jüngeren Papin als für den älteren Boyle zu entscheiden. D i e
L u f t p u m p e, welche hier beschrieben ist, enthält ausser dem Teller
noch eine wichtige Verbesserung, nämlich e i n B l a s e n v e n t i l, welches
den Hahn ersetzt; dass aber an der Luftpumpe, die nach Boyle'scher
Art auch einen nach unten gehenden Pumpenstiefel hat, das Triebwerk
beseitigt und der Stempel durch einen an denselben angebrachten Steig-
bügel bewegt wird, kann man wohl kaum als eine Verbesserung ansehen [1]).

Ungefähr um dieselbe Zeit hatte auch C h r i s t o p h S t u r m eine Ventilluftpumpe construirt, die er in seinem C o l l e g i u m e x p e r i m e n t a l e
(Nürnberg 1676 bis 1685) beschrieb, die aber z w e i sich nach oben öffnende
K e g e l v e n t i l e, das eine am Grunde des Stiefels, das andere im Kolben,
enthielt [2]). Die Hahnluftpumpen waren ebenso gut als Verdichtungs-
wie als Verdünnungspumpen zu gebrauchen gewesen; als man aber
anfing, Ventilluftpumpen zu verfertigen, so musste man auch besondere
C o m p r e s s i o n s p u m p e n construiren; eine solche, die ganz den noch
heute gebräuchlichen gleicht, mit nach innen schlagendem Ventil am
Grunde des Kolbens und einer Oeffnung am oberen Ende des Stiefels,
beschreibt Boyle ebenfalls in seinem angeführten Werke.

Auch eine L u f t p u m p e m i t d o p p e l t e m P u m p e n s t i e f e l sollen
schon B o y l e oder H o o k e [3]) construirt haben; eine brauchbare Form
erhielt dieselbe aber erst durch H a w k s b e e. Der letztere beschrieb
diese Luftpumpe in seinem C o u r s e o f m e c h a n i c a l, o p t i c a l, h y -
d r o s t a t i c a l a n d p n e u m a t i c a l i n s t r u m e n t s (London 1709); es
ist eine Ventilluftpumpe mit Ventilen in jedem Kolben und Ventilen am
Grunde jedes Pumpenstiefels.

Die Hahnluftpumpen erfuhren endlich noch eine wichtige Veränderung. Der Holländer W o l f e r d S e n g u e r d (1646 bis 1724) gab in
seiner P h i l o s o p h i a n a t u r a l i s (Leyden 1685) eine ganz neue Construction dieser Maschinen an, die schon 1675 erfunden, aber erst 1679
zum ersten Male ausgeführt worden war. Der Stiefel liegt dabei
schief, die Pumpe ist ohne Ventile und enthält einen einzigen Hahn,
den bekannten doppelt durchbohrten Senguerd'schen Hahn. Diese Senguerd'schen Luftpumpen verbreiteten sich dann sehr schnell und wurden

---

[1]) Poggendorff, Gesch. d. Physik, S. 473.

[2]) Gerland, Bericht über die wissenschaftlichen Apparate a. d. Londoner
Ausstellung von 1876, S. 39.

[3]) Bericht über die wissensch. Apparate S. 39. Fischer, Gesch. d. Physik
II, S. 444.

besonders in Deutschland beliebt, wo sie von dem Mechaniker Leupold[1]) in Leipzig häufig angefertigt wurden.

Mit der **Verbesserung der meteorologischen Instrumente** war man um die Mitte der achtziger Jahre des 17. Jahrhunderts nicht ohne Glück beschäftigt, wenn auch noch keins derselben ganz zur Vollendung gebracht werden konnte. Der eben erwähnte Altdorfer Professor J o h. Christoph Sturm (1635 bis 1703) beschrieb schon in seinem C o l l e - gium experimentale sive curiosum das D i f f e r e n t i a l t h e r m o - m e t e r, als dessen Erfinder man gewöhnlich L e s l i e angiebt. W i l l i a m M o l i n e u x (1656 bis 1698, ein reicher Privatmann in Dublin) schlug in den Phil. Transactions ein neues H y g r o m e t e r vor. Dasselbe bestand aus einer circa 4 Fuss langen hänfenen Schnur, an der unten ein Pfund- gewicht mit einem Zeiger befestigt war. S t u r m stellte auf einer horizontalen hölzernen Scheibe eine Darmsaite, die oben mit einem Zeiger versehen, senkrecht auf. D a l e n c é gab in seiner Schrift T r a i t é des baromètres, thermomètres et hygromètres (Amsterdam 1688) ein Hygrometer an, das aus einem Papier- oder Lederstreifen bestand, der zwischen zwei kupfernen Säulen lose aufgehängt und in der Mitte mit einem Gewicht beschwert war. Noch Andere, wie z. B. B o y l e, benutzten als Hygrometer einen Badeschwamm, der mit einer hygroskopischen Substanz (Salmiaklösung) getränkt und auf einer Wage durch Gegengewichte ins Gleichgewicht gebracht wurde. Alle diese Instrumente waren bis zu einem gewissen Grade brauchbar und wohl auch genauer als das Florentiner Condensationshygrometer[2]), bei welchem schwerlich alle condensirte Feuchtigkeit in das Maassgefäss zu bringen war, doch war für alle die angenommene Proportionalität zwischen den Hygrometerveränderungen und dem Wachsen der atmosphärischen Feuch- tigkeit keineswegs bewiesen, und jedenfalls waren die Angaben verschie- dener Instrumente nicht vergleichbar.

Auch für die Thermometer suchte man sehr eifrig die Vergleich- barkeit ihrer Angaben zu erreichen und bemühte sich zu dem Zwecke, feste Punkte für die Scala zu gewinnen, aber der Erfolg entsprach auch hier noch keineswegs den Bemühungen. D a l e n c é schlug in der eben erwähnten Schrift, ausser dem schon den Florentinern bekannten con- stanten Schmelzpunkt des Eises, die Temperatur schmelzender Butter als zweiten festen Punkt für die Scala vor, aber dieser Vorschlag sowohl als noch ein anderer, den er in dieser Beziehung that, ver- mochten aus leicht begreiflichen Gründen nicht durchzudringen. H a l - l e y beschäftigte sich um diese Zeit ebenfalls mit der Construction von Thermometern, allein auch er kam nicht zu einer brauchbaren

Verbesse- rung der me- teorologi- schen In- strumente, 1680—1690.

---

[1]) Eine solche Luftpumpe, die für Chr. Wolff von Leupold angefertigt wurde, befindet sich in Marburg, eine andere von Leupold in Dresden.

[2]) Siehe S. 163 d. Theils.

Verbesse-
rung der me-
teorologi-
schen In-
strumente,
1680—1690.

Scala, obgleich er die Constanz des Siedepunktes des Wassers kannte. Zur Vergleichung füllte er nämlich seine Thermometer
mit Quecksilber und auch mit Weingeist. Er kam dabei zu der Ansicht, dass der Weingeist seiner grösseren Ausdehnung wegen für Thermometer zweckmässiger sei als das Quecksilber und schlug den Siedepunkt des Weingeistes als obersten Punkt der Scala und die Temperatur
tiefer Keller als untersten Punkt derselben vor. Der Vorschlag war
ebenso wenig wie die anderen geeignet, das Thermometer zur verlangten Vollkommenheit zu bringen. Halley will die Constanz des
Siedepunktes schon 1688 gekannt haben, veröffentlichte aber seine
Beobachtungen erst 1693 in den Phil. Transact. in der Abhandlung
An Account of several Experiments made to examine the
nature of the expansion and contraction of fluids by
heat and cold in order to ascertain the divisions of the
thermometer.

Den Bemühungen um die Verbesserung der meteorologischen Instrumente entsprachen regelmässigere und bestimmtere meteorologische Beobachtungen. Die Florentiner Akademiker
beobachteten von 1654 an eine lange Reihe von Jahren ihre Thermometer und Barometer, Picard machte von 1666 an einzelne Beobachtungen, Sédileau († 1693, Mitglied der Pariser Akademie) aber
beobachtete planmässig von 1688 an bis zu seinem Tode. Besonderes
Interesse erregten die Regenmesser wegen des Streites über den
Ursprung der Quellen. Die von Mariotte veranlassten Messungen der
Regenhöhen wurden besonders eifrig von Sédileau in Frankreich und
Rich. Townley in England aufgenommen. Der letztere beobachtete in
Lancastershire von 1677 bis 1693, und auch von Derham, De la
Hire, Allgöwer in Ulm u. A. sind solche Messungen lange fortgesetzt worden, ohne dass man zu einem Abschluss der Ansichten
gekommen wäre. Die Regenmesser bestanden aus verschieden gestalteten Auffangegefässen, aus denen man das Wasser in verschlossene
Behälter fliessen liess, um die Verdunstung bis zur Messung so gering
als möglich zu machen. Man stritt noch mit Eifer, aber ohne zur Einig-
keit zu kommen, ob die Regenmenge besser dem Volumen oder dem Gewicht nach zu bestimmen und anzugeben sei.

Den Gedanken, das Barometer zur Höhenmessung zu gebrauchen,
griff Halley bald nach Mariotte auf in einer Abhandlung A discourse of the rule of the decrease of the height of the
mercury in the barometer, according as the places are
elevated above the surface of the earth, welche er 1686 der
Royal Society einreichte. Er dachte sich zu dem Zwecke wieder die
Atmosphäre in Schichten von gleichem Gewicht getheilt und schloss
danach, ähnlich wie Mariotte, dass die Höhendifferenzen der Beob-
achtungsstationen den Differenzen der Logarithmen der Barometer-

höhen proportional seien. Das specifische ,Gewicht des Quecksilbers Halley, Höhenmessung, 1686. setzte er gleich $13^1/_2$, das der Luft gleich $^1/_{800}$, die Barometerhöhe am Meere gleich 30 englische Fuss, und danach gab er die Regel: Die Höhe einer Station über dem Meere findet man (in englischen Fussen), wenn man den Logarithmus der beobachteten Barometerhöhe (die wir mit α Fuss bezeichnen wollen) vom Logarithmus 30 abzieht, die entstandene Differenz mit 900 multiplicirt und das erhaltene Product durch 0,0144765 theilt, d. h. die Höhe über dem Meere ist gleich $\dfrac{(lg\ 30 - lg\ \alpha)\ 900}{0,0144765}$ englischen Fuss. Diese im Grunde noch heute gebräuchliche Formel, der nur die Correction für die Temperatur und eine genauere Bestimmung der Constanten fehlt, wurde auch zu Halley's Zeit wenig beachtet; erst Deluc (1772) und danach Laplace haben sie in verbesserter Gestalt vollständig zur Geltung gebracht. Doch muss man dazu bemerken, dass auch die Barometer selbst zu genauen Messungen noch immer wenig geeignet waren, Deluc half dann auch diesem Uebel ab. Die Barometerveränderungen an ein und demselben Orte leitete Halley, ähnlich wie Mariotte, nur von der treibenden Kraft des Windes ab. Die regelmässigen Winde in der heissen Zone, die Passate, erklärte er richtig durch die stärkere Erwärmung der Luft am Aequator, das dadurch bewirkte Aufsteigen und Abfliessen derselben nach den Polen und das Zufliessen unterer Luftströme von den Polen zum Aequator. Für die Abweichung der Passate aber nach Ost und nach West vermochte er die wirkenden Ursachen nicht zu erkennen.

Edmund Halley, den wir nun schon mehrfach als scharf beobachtenden und scharfsinnigen Physiker erwähnt haben und noch erwähnen werden, war am 29. October 1656 zu Haggerston bei London geboren, ging 1676 nach St. Helena, um ein Verzeichniss der Fixsterne der südlichen Hemisphäre anzufertigen und beobachtete dort, wie Richer in Cayenne, die Verkürzung des Secundenpendels, aber ohne weiter Werth darauf zu legen. 1678 wurde er Mitglied der Royal Society, 1703 Professor der Geometrie zu Oxford und 1720 Director der Sternwarte zu Greenwich. Dort starb er am 14. Januar 1742.

Von seiner Reise nach dem Kattegat hatte Picard den jungen dänischen Gelehrten **Olaus Römer** mit nach Paris gebracht, der bald seine Aufnahme in die Pariser Akademie durch eine bedeutende physikalisch-astronomische Entdeckung rechtfertigte. Mit dem Director der neu erbauten Pariser Sternwarte Giovanni Domenico Cassini beobachtete er die Verfinsterungen der Jupitersmonde und sah, dass der erste derselben, wenn man aus einer zur Zeit der Opposition des Jupiters stattfindenden Verfinsterung die künftigen Verfinsterungen voraus berechnete, mit zunehmender Entfernung des Jupi- Römer, Bradley, Fortpflanzungsgeschwindigkeit des Lichts, 1676, 1728.

ters von der Erde immer später verfinstert wurde, als berechnet
war. Die Verspätung nahm bis zur Conjunction des Jupiters zu und
erreichte hier ein Maximum von 1000 Secunden, nach welcher Zeit
sie wieder bis Null abnahm. Römer erklärte diese Verzögerungen
durch die Annahme einer endlichen Geschwindigkeit des
Lichts, und da zur Zeit der Conjunction der Jupiter von der Erde
um 40 Millionen Meilen weiter entfernt ist als in der Opposition, so
schloss er, dass das Licht diese 40 Millionen in 1000 Secunden oder in einer Secunde ungefähr 40000 Meilen
durchlaufe. Cassini war zuerst derselben Ansicht, gab aber später
dieselbe wieder auf, weil die anderen Monde des Jupiters keine solche
Verzögerungen erkennen liessen und schob die Erscheinung lieber auf
Ungleichheiten im Lauf des Planeten. Römer dagegen hielt seine Meinung mit der grössten Standhaftigkeit fest und suchte den Widerspruch des Cassini durch den Hinweis auf Mangelhaftigkeit der Beobachtungen jener Monde zu entkräften. Die Cartesianischen Gelehrten
der damaligen Zeit aber empfanden überhaupt die Behauptung einer
nicht momentanen Fortpflanzung des Lichts sehr übel und erhoben
lauten principiellen Widerspruch. Doch wurde Römer glänzend gerechtfertigt, als noch von ganz anderer Seite her auf eine endliche Lichtgeschwindigkeit hingewiesen wurde. Der ausgezeichnete Beobachter,
der spätere Director der Sternwarte in Greenwich, James Bradley
(1692 bis 1772) hatte, wie schon manche Astronomen vor ihm, lange
Zeit nach einer Parallaxe der Fixsterne gesucht, welche durch die
jährliche Bewegung der Erde erzeugt werden sollte. Als er aber wirklich eine solche bemerkt zu haben glaubte, fand er, dass sie nicht durch
die jährliche Bewegung der Erde allein erklärt werden konnte und
erkannte dann um das Jahr 1728 [1]), dass dieselbe sich zusammensetze
aus der Geschwindigkeit des Lichts und der Bewegung der Erde, und
schloss aus der Grösse der Abweichung, welche die Fixsterne zeigten,
dass die Geschwindigkeit des Lichts 10000 mal grösser
sei als die der Erde in ihrer Bahn; ein Resultat, das genau mit
dem von Römer übereinstimmt.

Römer, der sich in Paris mit Picard, Huyghens und Cassini an
vielen physikalischen Messungen betheiligt hatte, kehrte 1681 nach
Kopenhagen zurück, wurde dort Professor der Mathematik und beschäftigte sich viel mit Fixsternbeobachtungen, bis er 1705 Bürgermeister
von Kopenhagen und so von wissenschaftlichen Arbeiten fast ganz ab-
gezogen wurde. Er starb 1710 in Kopenhagen, also noch bevor seine
bedeutendste physikalische Entdeckung durch Bradley volle Bestätigung
und damit die verdiente endgültige Anerkennung gefunden hatte.

---

[1]) Account of a new discovered motion of the fixed stars. Phil. Trans. 1728.

3.

Dritter Abschnitt der Physik in der neueren Zeit.

Von circa 1690 bis circa 1750.

Physik vorwiegend mathematische Physik.

Die Umwälzung, welche die mathematischen Wissenschaften am Ende des 17. Jahrhunderts durch die
Entdeckung der Analysis des Unendlichen erlitten,
beeinflusste sehr bald auch das Gesammtgebiet der
Physik. Wir brauchen hier glücklicherweise nicht auf die nun
schon fast zwei Jahrhunderte hindurch discutirte Streitfrage einzugehen, ob Leibniz seine Entdeckung unabhängig von Newton
gemacht, oder ob wenigstens die Differentialrechnung des Leibniz
von der Fluxionsrechnung des Newton als gänzlich verschieden
anzusehen sei; wir können uns damit begnügen, darauf aufmerksam zu machen, dass Leibniz 1684 seine Differentialrechnung in
Andeutungen und Newton 1687 seine Fluxionsrechnung ebenso
rudimentär veröffentlichte, dass aber beide natürlich schon früher
die Entwickelung der Wissenschaft begonnen und dass in der
ersten Auffassung derselben Newton jedenfalls Leibniz voraus war,
während der Name wie die für die weitere Entwickelung unendlich
wichtige Bezeichnungsweise von Leibniz stammt. Leibniz und
seine grossen Anhänger, die Bernoulli's, haben der
Mathematik dieser Periode zu ihren erstaunlich schnellen Fortschritten verholfen, dafür lässt sich aber
auch nicht verkennen, dass die weitere Ausbildung
der mathematischen Physik auf Newton ruht und dass
diese Wissenschaft in seinem Geiste sich fortsetzte.

Newton stellte in seinen mathematischen Principien der Naturlehre ein Lehrbuch der mathematischen Physik her, so grossartigen Stils, wie es bis dahin auch nicht einmal versucht worden war. Schon das Dasein eines solchen, alle Zweige der mathematischen Physik umfassenden, von Grund aus aufbauenden und doch bis zu den Spitzen der Entwickelung fortschreitenden Werkes würde diesem Theile der Physik eine erhöhte Beachtung und eine Anzahl neuer Bearbeiter zugewandt haben. Die Thatsache aber, dass um diese Zeit die Mathematik sich ein neues Instrument erworben, das mit erstaunlicher Leichtigkeit die schwierigsten Probleme nach leicht angebbarer und immer in gleicher Weise anwendbarer Methode löste, verschaffte der mathematischen Physik ein Uebergewicht, dem sich die anderen Theile der Physik nur langsam wieder entgegensetzen konnten. Die bedeutendsten Geister der realen Wissenschaften wandten sich dem neuen mathematischen Calcül zu, der sicheren Ruhm erwarten liess; manche Männer, die wir als Förderer der mathematischen Analysis verehren müssen, waren vor der neuen Entdeckung eifrige Experimentatoren und kehrten sich erst nach dieser von der Experimentalphysik ab. So kommt es, dass wir in dieser Periode die kräftigsten Geister und damit die stärksten Fortschritte in der mathematischen Physik zu suchen haben und auf dem Gebiete der Experimentalphysik nur wenig frisches Leben treffen. Doch finden hier immer noch fleissige, sorgfältige Arbeiter ihre lohnenden Aufgaben, schon darum wird dieses Gebiet nie ganz veröden, und auch in diesem Zeitraum des mathematischen Enthusiasmus ist es nichts weniger als ganz verlassen. Die Verbesserung der meteorologischen Instrumente wird eifrig fortgesetzt und führt wenigstens zur endlichen Construction vergleichbarer Thermometer; akustische Untersuchungen werden mit Geschick und Erfolg betrieben; die Interessen der Schifffahrt schon erheischen und erzwingen genaue Beobachtungen der Magnetnadel; die Uhren erfahren bedeutende Vervollkommnungen, und die elektrischen Untersuchungen beginnen bereits sich langsam zu mehren. Endlich bringt unsere Periode auch die Erfindung der Dampfmaschinen, und man könnte diese That der Technik dem Verdienste der mathematischen Physik entgegensetzen, wenn nur nicht die Wichtigkeit der Erfindung so lange verkannt worden wäre und die Maschine so lange auf die nöthigsten Verbesserungen zu warten gehabt hätte.

Besonders charakteristisch erscheint auch für diese Periode der Bund, welchen das Talent experimentirender Erfinder mit den mathematisch-mechanischen Wissenschaften zur Construction mechanischer oder mechanisch-akustischer Spielereien schloss, und die Vorliebe, welche das ganze 18. Jahrhundert für Sprechmaschinen, Automaten und ähnliche Kunstwerke zeigte. Das grosse Publicum geniesst zwar zu allen Zeiten am liebsten die Wunder der Wissenschaft, dass aber diese Wunder vor allem mechanische sind, ist wieder ein Zeichen für das Vorwalten des mathematisch-mechanischen Interesses. Aus dem Mittelalter wird nur wenig von Automaten berichtet; Roger Bacon, Albertus Magnus, Regiomontanus werden als Verfertiger solcher genannt. Mit der zweiten Hälfte des 17. Jahrhunderts erst mehren sich die Nachrichten von solchen Kunstwerken, und das 18. hat die bedeutendsten von allen aufzuweisen, die bis heute bekannt geworden sind. Jacques de Vaucanson (1709 bis 1782) verfertigte 1738 seinen berühmten Flötenspieler, der auf einer Flöte blies und die Klappen derselben durch seine Finger bewegte. Im Jahre 1741 folgte die nicht minder berühmte Ente, die mit den Flügeln schlug, sich beugte und den Hals streckte, schrie und schnatterte, trank und Korn frass und danach sogar eine Art von Koth von sich gab. Vaucanson erlangte durch diese und andere Kunstwerke einen bedeutenden Ruf, selbst die Pariser Akademie prüfte seine Automaten und approbirte die Veröffentlichung einer Beschreibung derselben, auch erhielt er 1741 die Stelle eines königlichen Inspectors der Seidenmanufacturen. Nach Vaucanson waren die beiden Droz (Vater und Sohn) aus Chaux de Fond berühmte Automatenverfertiger; von ihnen werden genannt die Figur eines Kindes, welches zusammenhängende Worte in französischer Sprache schrieb, aus dem Jahre 1777, eine Clavierspielerin, eine Zeichnerin etc. Die berühmte Schachmaschine des Hofrath Wolfgang v. Kempelen (1734 bis 1804) wurde von 1769 oder 1771 an gezeigt; zuerst hielten auch bedeutende Männer, wie Hindenburg, sie für ein rein mechanisches Kunstwerk; später aber neigte man zu der Meinung, dass ein Knabe in ihr verborgen sei. Das Geheimniss ist direct nicht aufgeklärt worden; eine von ihm erfundene Schreibmaschine dagegen hat Kempelen im Jahre 1791 selbst beschrieben.

Mit dieser Vorliebe für mechanische Kunstwerke hängen zusammen die Versuche, ein Perpetuum mobile zu construiren, d. i. eine solche Maschine, welche, einmal angestossen, ohne jede Einwirkung äusserer Kräfte, sich selbst bis ins Unendliche weiter bewegt. Es ist schwer zu sagen, wann der Gedanke an ein solches Kunstwerk entstand; die zweite Hälfte des 17. Jahrhunderts scheint die Geburtszeit desselben gewesen zu sein. Caspar Schott (Technica curiosa 1664) und Franciscus de Lanis (Magisterium naturae et artis 1684) machen unbestimmte Andeutungen von solchen Maschinen, aber erst mit dem Ende des 17. Jahrhunderts mehren sich die Nachrichten. Im Journal des savants findet man seit 1678 eine grössere Anzahl von Vorschlägen zur Construction eines Perpetuum mobile. Papin, Desaguliers, Christian von Wolf läugnen nicht die Möglichkeit, aber Sturm, Parent u. A. behaupten direct die Unmöglichkeit solcher Maschinen, und De la Hire versucht dieselbe ausführlich nachzuweisen. Das berühmteste Perpetuum mobile stammt von Offyreus aus dem Jahre 1715; es bestand aus einem Rade, das um eine Achse sich immer fort bewegte, wenn es mit einer gewissen Geschwindigkeit einmal umgedreht war. s'Gravesande, wie auch Friedr. Hoffmann und Wolf, vermochten keinen Betrug zu entdecken; aber als der erstere zu viel Neugierde bei der Untersuchung des Instruments zeigte, zerschlug der Erfinder dasselbe aus Aerger über diese Behandlung, wie er angab — oder aus Furcht vor der Entdeckung eines Betrugs, wie Andere behaupteten. Später sind vielerlei künstliche Maschinen construirt worden, welche eine verborgene Triebkraft hatten und lange Zeit die untersuchenden Gelehrten täuschten; doch beschloss die Pariser Akademie erst im Jahre 1775 keine Maschine zur Untersuchung mehr anzunehmen, welche für ein Perpetuum mobile ausgegeben würde. Und auch damit waren die Ansichten des grossen Publicums noch lange nicht geklärt; im Jahre 1790 erfand der Schmiedemeister Heine aus Lemsal in Lievland eine sogenannte trockene Wassermühle, die selbst die Pumpen in Bewegung setzte, welche ihr das Wasser auf die Räder pumpten, und diese Mühle wurde mehrfach als Merkwürdigkeit beschrieben und bewundert [1]). Schlimmer als der Experimentalphysik ging es in diesem Zeitraum der Naturphilosophie, der Speculation über das Wesen der Erscheinung. Der Zug der Zeit und die Autorität des einen Mannes, Newton, vernichteten sie auf lange Zeit hin. Die Grundlagen, welche Newton der Wissenschaft gab, zeigen, dass er wohl die Fähigkeit gehabt hätte, nach der Beurtheilung der quantitativen Verhältnisse auch auf das Wesen der Erscheinung näher einzugehen. Aber die Aufgabe einer Begründung der mathematischen Physik, die er sich gestellt, eine einseitige Verfolgung seines bedeutendsten, des mathematisch-physikalischen Talents, und dann vielleicht nicht am wenigsten der Gegensatz zu seinem naturphilosophischen Gegner Descartes, die Angriffe, welche er durch dessen Nachfolger und Anhänger erfuhr, liessen ihn mit Absicht das Wesen der Erscheinung ausser Discussion stellen und eine gänzliche Beschränkung auf mathematische Verhältnisse empfehlen. „Hypothesen bilde ich nicht", rief Newton emphatisch aus, und obgleich er selbst, in seiner Optik vorzüglich, an hypothetischen Voraussetzungen nicht arm war, so haben sich doch seine Schüler das Wort ihres Meisters zu Herzen genommen, wie ein Axiom, das aller Naturforschung zu Grunde liegen muss. Und da nach und nach alle Physiker mehr oder weniger Newtonianer wurden, so bekam für lange Zeit die Hypothese einen verächtlichen Beigeschmack und verschwand mehr als nöthig und dienlich war aus der Physik. Zu dieser Vernichtung der Hypothese trieb allerdings der Geist der englischen Naturwissenschaften seit Bacon von Verulam. Wir haben wenig Gelegenheit gehabt, irgend einen directen Einfluss Bacon's in der Physik zu constatiren, aber seine Theorie der Induction, die, wie wir schon sahen, jede Hypothese ausschliesst, hat allerdings still gewirkt, bei dem Experimentator Boyle, wie bei dem Mathematiker Newton. Die alte Naturphilosophie hatte die Hypothese schändlich gemissbraucht, Descartes war

---

[1]) Poppe, Geschichte der Technologie, I, S. 175.

mit ihr nicht viel besser umgegangen; jetzt sollte das schädliche Instrument gänzlich entfernt werden, und da eine Naturphilosophie doch das Hypothesiren und Deduciren nicht lassen kann, so musste man sich nun vor allem vor der Naturphilosophie hüten. Diesem Angriff war aber die Naturphilosophie um so weniger gewachsen, als ihr Gewissen nach jener Seite hin selbst nicht mehr sicher war und erkenntnisstheoretische Probleme ihr selbst immer mehr zu schaffen machten; so ging sie für das nächste Jahrhundert sicher zu Grunde und hat es bis jetzt wohl zu einigen eigenthümlichen Versuchen, aber nicht wieder zu richtigem Leben bringen können.

Die Newton'sche Schule schloss also mit Bewusstsein die Hypothese und damit die deductive Philosophie von der Physik aus und wollte in derselben ausgesprochenermaassen nur die empirische und die mathematische Methode gelten lassen. Samuel Clarke sagt in der Vorrede zu seiner Uebersetzung der Newton'schen Optik[1]) sehr deutlich: „Wer bei der Erforschung der Natur nicht in die grössten Irrthümer verwickelt werden und zu gänzlicher Misskenntniss derselben gelangen will, der muss sich nicht auf erdichtete Hypothesen und leichte Muthmaassungen, sondern gänzlich auf mathematische Berechnungen oder klare und gewisse Experimente stützen." An sich ist nun Newton kein Vorwurf daraus zu machen, dass er alle mathematischen Ergebnisse und Entwickelungen scharf von den philosophischen Speculationen trennte; in der Wissenschaft darf keine Unklarheit darüber herrschen, was aus einer Hypothese folgt und erst durch Beobachtungen bewahrheitet werden muss, oder was ohne jede hypothetische Voraussetzung unter allen Umständen sicher ist. Andererseits aber braucht man nur an das Verhältniss der Physik und Chemie zu unserer heutigen Atomistik und Aethertheorie zu denken, um einzusehen, dass mit der Hypothese und der Deduction aus hypothetischen Annahmen der Fortschritt der Naturwissenschaften, wenigstens nach gewissen Seiten hin, in nothwendiger Weise verknüpft ist, und schliesslich hat doch die Ausweisung der Naturphilosophie aus dem Gebiete der

---

[1]) Optice, lat. redd. Sam. Clarke, Lausannae 1740, S. VIII.

Physik die Entwickelung dieser Wissenschaft an manchen Stellen, vielleicht mehr als man noch zuzugeben geneigt ist, verlangsamt oder gar zum Stillstand gebracht. Eine selbständige Naturphilosophie ohne experimentelle und mathematische Grundlage ist als reale Wissenschaft unmöglich, das hatte der Gang der Geschichte gelehrt; aber eine reine Empirie ohne philosophische Schulung, ohne eine allgemeine zielsetzende philosophische Wissenschaft giebt im günstigsten Falle ein Conglomerat von Wissen, oder geräth im anderen Falle, wenn sie doch der Hypothese nicht ganz entbehren kann, ebenso leicht ins Nebelland wie die reine Naturphilosophie.

Merkwürdig bleibt immerhin bei dieser grossen Revolution in der Naturwissenschaft das Verhalten der eigentlichen Philosophen. Die englische Philosophie zwar hatte keine Ursache mit dem Gang der Dinge unzufrieden zu sein; sie hatte seit Francis Bacon die Hypothese negirt, sich selbst immer mehr auf die Untersuchung erkenntnisstheoretischer Probleme zurückgezogen, und noch während dieses Zeitraums gipfelte sie in dem Hume'schen Skepticismus, der sich wohl mit den physikalischen Ansichten Newton's vereinigen liess. David Hume (1711 bis 1776) läugnete in seinem philosophischen Hauptwerke Enquiry concerning human understanding (London 1748) jede Möglichkeit der Erkenntniss eines nothwendigen ursächlichen Zusammenhangs der Dinge. Im Begriff der Wirkung liegt nicht die Ursache, erfahren kann man auch keine ursächliche Verbindung, weil wir überhaupt nur Thatsachen und nicht die Verbindung derselben sehen; sonach bezeichnen wir nur als Ursache und Wirkung solche Erscheinungen, die wir öfters als zeitlich auf einander folgend beobachtet haben. Aus diesem Gesichtspunkt erscheint dann der Newton'sche Standpunkt in Bezug auf die Gravitation als einer unvermittelten Fernwirkung der Körper ganz correct; wir bemerken, dass alle Körper sich zu einander bewegen, wenn sie nicht gehindert werden, wir finden aber keine Erscheinung, die dieser immer voran ginge und die wir als Ursache der Gravitation annehmen könnten, danach erscheint es denn auch ganz unzulässig, von einer weiteren causa gravitatis zu sprechen.

Aber wie die englischen, so unterliessen auch die französischen und deutschen Philosophen nach der Niederlage
ihres Führers Descartes jeden weiteren Angriff gegen die neue
physikalische Schule; auch die deductive Philosophie gab
nach und nach das physikalische Gebiet ganz auf, und auch hier
lag wohl der Hauptgrund in dem Auftreten erkenntnisstheoretischer Schwierigkeiten. Gerade seit Descartes
und seiner Trennung des Begriffs der Kraft von dem
Begriff der Materie hatte man philosophischerseits
sich abgemüht und abmühen müssen, die Wechselwirkung zwischen Geist und Körper in irgend einer
Weise begreiflich zu machen. Geulinx, wie Malebranche
hatten versucht ihren Meister in diesem Punkte zu ergänzen. So
wie aber die Philosophie die Wechselwirkung zwischen
Geist und Körper behandelte, so war die Wechselwirkung der Körper unter einander ein geringfügiges
und niederes Problem, dessen Lösung sich leicht nachholen
liess, wenn man nur erst die Lösung des ersteren hatte. Die
Annahme einer Kraft in der Materie, die auch diese
gewissermaassen vergeistigte, erschien dann dem
Philosophen sogar günstiger als die Descartes'sche
Definition der Materie, und über die Möglichkeit der
unvermittelten Fernwirkung einer solchen Kraft durften sich ja die Physiker streiten, der Philosoph hatte
wichtigere Aufgaben zu lösen.

So war Leibniz, der zuerst ganz auf Cartesianischen Ansichten fusste, aus erkenntnisstheoretischen Gründen und vor allem
in der Absicht, die Wechselwirkung zwischen Geist und Körper zu
erklären, zur Aufstellung seiner Monadologie gekommen, welche
ganz entgegengesetzt dem Descartes die Materie nur durch Kräfte
definiren wollte. Doch hatte diese Monadentheorie so
wenig Naturwissenschaftliches und Mathematisches
in sich, dass sie kaum einen Einfluss auf die Physik
zu üben vermochte. Der philosophische Nachfolger des Leibniz, Christian von Wolf (1679 bis 1754) war zwar speciell
auch Physiker und bei sehr vielen Experimentaluntersuchungen
der damaligen Zeit betheiligt; aber wie in der Philosophie war
Wolf auch hier kaum schöpferisch thätig und seine Ansichten

haben nur den Werth, dass sie zeigen, wie weit sich damals die Philosophie mit den Resultaten der mathematischen Physik befreundet und wie viel sie von dieser passiv aufgenommen hatte. Nach Wolf besteht die physische Welt aus Körpern, welche ausgedehnt sind, Gestalt und Grösse, ein gewisses Maass von Trägheit und ein gewisses Maass von Bewegungskraft haben. Diese physischen Körper sind aus Elementen (atomi naturae) zusammengesetzt, die eben jene Trägheitskraft und jene Bewegungskraft hervorbringen; auf welche Weise dies geschieht, ist uns nicht deutlich, da wir keine Kenntniss jener einfachen Elemente haben.

Von den Schwesterwissenschaften der Physik war die Chemie, die später durch ihre Ausbildung der Atomistik so stark auch auf die Physik einwirkte, zwar schon in stetigem Fortschritt begriffen, aber kam eben jetzt noch zu einer Vorstellung, welche einer weiteren Entwickelung hinderlich werden musste. Es gelang zwar, die Verbrennung und die Verkalkung der Metalle unter einen gemeinsamen Gesichtspunkt zu bringen, indem man annahm, dass in beiden Fällen ein besonderer Stoff, Phlogiston, das Princip des Verbrennens, aus dem verbrennenden oder verkalkenden Körper frei werde. Doch war diese Phlogistontheorie nur möglich bei einer gänzlichen Vernachlässigung aller Untersuchungen über die Gewichtsverhältnisse der Verbindungen, und indem man danach die Constanz aller quantitativen Verhältnisse der Verbindungen übersah, entbehrte man der festesten Stützen für die Ausbildung der neueren Atomistik. Die Chemie wurde in diesem Zeitraum zu einer systematischen theoretischen Wissenschaft, aber erst später, nachdem sie die Verbindungen nicht bloss qualitativ, sondern auch quantitativ bestimmte, konnte sie zur Physik in nähere, nutzbringende Beziehungen treten.

Die Astronomie dagegen trennte sich immer mehr von der Physik; das mächtige Hülfsmittel, das ihr Newton in seinem Attractionsgesetz lieferte, sowie die immer weiter fortschreitende Ausbildung der Mathematik erlaubten die Theorie der Bewegung der Himmelskörper in nie geahnter Weise zu entwickeln und die Oerter der Gestirne mit erstaunlicher Genauigkeit im voraus zu bestimmen. Damit wurde aber der Astronom immer vollständiger durch seine Wissenschaft allein in Anspruch genommen, und nur noch in wenigen einzelnen Fällen, wie in der Entdeckung der

Lichtgeschwindigkeit, der Erfindung der achromatischen Fernrohre,
der Entwickelung der Photometrie, leisteten sich die Wissenschaften
gegenseitig Dienste.

Die Ausbreitung der Wissenschaften in Europa wurde
so weit beendet, als sie überhaupt bis jetzt gekommen ist. England, Deutschland, Frankreich bildeten ein geistiges Triumvirat in
der Physik; Italien, Spanien, die skandinavischen Länder sandten
einzelne Vertreter in das Collegium, und Russland liess wenigstens
auf seinem Boden und vor allem auf seine Kosten von fremden
Gelehrten wissenschaftliche Untersuchungen anstellen. Naturwissenschaftliche Akademien wurden in diesem Zeitraum
noch eine Menge gestiftet; die Beherrscher kleinerer und grösserer
Reiche erwarben sich gern den Titel von Beschützern der Wissenschaft, und die Begünstigung der Wissenschaften wurde Modesache.
Die königliche Akademie der Wissenschaften in Berlin
wurde 1700 von Friedrich I. auf Betreiben von Leibniz gestiftet
und 1743 von Friedrich II. reorganisirt; Leibniz und nach ihm
Wolf organisirten auch die Akademie in Petersburg (1725).
Die Akademie der Wissenschaften zu München stammt
aus dem Jahre 1759, die königliche Gesellschaft der
Wissenschaften zu Göttingen aus dem Jahre 1750, die kur-
fürstlich mainzische Akademie zu Erfurt aus dem Jahre
1754, die Jablonowsky'sche Gesellschaft (seit 1846 königliche Gesellschaft der Wissenschaften in Leipzig) aus
dem Jahre 1766. Schweden erhielt Akademien 1725 in Upsala, 1739 in Stockholm; Dänemark folgte mit Kopenhagen
1743. Italien hatte eine Menge kleinerer Akademien, für die Physik
sind nur die von Bologna (1712) und die zu Turin (1760) wichtig.
Die holländische Gesellschaft der Wissenschaften zu
Haarlem datirt vom Jahre 1752; Annalen einer allgemeinen schweizerischen Gesellschaft für Naturwissenschaften erscheinen seit 1765. In Amerika vereinigte sich die
1728 von Franklin gegründete Junto mit der 1744 errichteten
American Philosophical Society im Jahre 1769 zu einer American Philosophical Society of Philadelphia, die seit 1771
Schriften herausgab.

Wir haben die Beschreibung von dem Leben **Newton's** verlassen, als er Professor in Cambridge geworden und dort vor allem mit optischen Studien beschäftigt war. Diese schliessen vorläufig ab ungefähr mit dem Jahre 1676, von welcher Zeit an die mechanischen Probleme ihn immer mehr in Anspruch nehmen. Newton erklärt in einem Briefe an Halley (14. Juli 1686), dass er den Gedanken einer quadratischen Abnahme der Schwere u n g e f ä h r v o r 2 0 J a h r e n gefasst habe; dies würde in das Jahr 1666 zurückweisen, und ein Gerücht[1]) weiss von einem fallenden Apfel zu erzählen, der in diesem Jahre Newton auf seinen weltbewegenden Gedanken gebracht haben soll. Man thäte besser daran zu erinnern, dass B o r e l l i in jenem Jahre die Planetenbewegungen durch eine Anziehungskraft der Sonne und eine Anfangsgeschwindigkeit zu erklären versuchte und dass auch H o o k e seine ersten Speculationen über die Attraction in jenes Jahr zurückverlegt. Newton selbst erkennt einem Briefe an Halley (20. Juni 1686) die Verdienste Borelli's an und erwähnt sogar, dass schon B u l l i a l d u s (Astronomia Philolaica 1645) eine Anziehungskraft der Sonne behauptet, die im umgekehrten Verhältniss der Entfernung abnehme; N e w t o n r e c l a m i r t f ü r s i c h n u r d e n m a t h e m a t i s c h g e n a u e n N a c h w e i s, d a s s e i n e s o l c h e K r a f t d i e B e w e g u n g d e r P l a n e t e n r e g i e r e, u n d d i e E r k e n n t- n i s s d e r I d e n t i t ä t d i e s e r K r a f t m i t d e r i r d i s c h e n S c h w e r e. In diesen beiden Punkten liegt allerdings das Hauptgewicht der ganzen Theorie; denn so leicht es war, nach einem Vergleich mit der Abnahme der Lichtintensität zum Beispiel, die quadratische Abnahme der Attraction mit der Entfernung zu behaupten, so schwer war es aus dieser Annahme die elliptischen Bahnen der Planeten wie die ganzen Bewegungen der Himmelskörper abzuleiten, und so schwer war es die Identität dieser Attraction mit der Gravitation nachzuweisen.

In der Behauptung von der Einheit der Gravitation und der allgemeinen Attraction hatte Newton keine Vorgänger, und gerade dieser Gedanke scheint der erste gewesen zu sein, den Newton zur Aufstellung seines Systems benutzte. Zwar hatte man schon seit längerer Zeit die Schwere der irdischen Körper durch die Gesammtwirkung aller Theile der Erde erklärt, auch hatte man diese Wirkung schon bis zum Monde hin ausgedehnt[2]); aber die Auffassung der Schwere als eines Vereinigungsbestrebens des Gleichartigen liess doch noch immer die irdische Schwere, wenn sie auch bis zu dem gleichartigen Monde sich erstreckte, scharf von einer etwaigen Anziehungskraft der Sonne auf die Planeten unterscheiden. J o h n R o b i s o n (1739 bis 1805, seit 1774 Professor der

Newton, Principia mathematica, 1687.

---

[1]) P e m b e r t o n, View of Newtons philosophy, 1728. V o l t a i r e, Éléments de la philosophie de Newton, 1738.

[2]) Die Annahme einer gemeinschaftlichen Schwere von Erde und Mond benutzen K e p l e r, K i r c h e r, W a l l i s u. A. zur Erklärung von E b b e und F l u t h. Die Behauptung einer allgemeinen A t t r a c t i o n aller gleich- artigen M a t e r i e n tritt auch bei F e r m a t und R o b e r v a l auf.

Physik in Edinburgh) behauptet, dass Newton noch im Jahre 1666 seine
Rechnungen über den Fall des Mondes begonnen habe; Newton selbst
constatirt wenigstens in dem erwähnten Brief an Halley (20. Juni 1686),
dass er 1673, als ihm Huyghens sein Horologium oscillatorium übersandt, diesem seine Entdeckung von der Wirkung der Erde
auf den Mond und der Sonne auf die Erde mitgetheilt und
den Nutzen der Huyghens'schen Sätze (von der Centrifugalkraft) für die Berechnung dieser Wirkungen gezeigt habe.
Newton nahm also an, dass die irdische Schwere bis zum Mond sich
erstrecke und dabei im quadratischen Verhältniss abnähme; daraus
berechnete er den Fallraum des Mondes in der ersten Minute auf etwas
mehr als 15 Fuss. Der Mond fällt aber nicht geradlinig zur Erde, weil
eine ihm innewohnende Geschwindigkeit ihn immerwährend in der Tangente seiner Bahn weiter zu führen bestrebt ist. Die Attraction der
Erde vermag ihn nur aus der Tangentialrichtung, nach welcher er sich
ins Unendliche von der Erde entfernen würde, immer wieder in seine
elliptische Bahn zurück zu zwingen. Wenn diese Attraction aber mit
der Schwere identisch sein soll, so muss die Distanz, um welche sie den
Mond aus der Tangente nach der Erde ablenkt, in jeder Minute etwas
mehr als 15 Fuss betragen. Newton fand jedoch bei ganz genauen
Rechnungen nur 13 Fuss, welche Differenz ihm genügte, seine Ideen als
unhaltbar fallen zu lassen — bis im Juni 1682 bei einer Sitzung der
Royal Society die neue Messung des Erdumfangs durch Picard in ihren
Resultaten bekannt wurde. Diese Messungen ergaben einen bedeutend
genaueren Werth als früher für den Erdradius, und damit war auch die
Entfernung von dem Mond, die immer auf den Erdradius bezogen wird,
bedeutend richtiger bestimmt. Als dann Newton diese neuen berich-
tigten Grössen in seine Rechnungen einführte, fand er übereinstimmend
mit dem Fallraum des Mondes die Abweichung desselben von der Tangente seiner Bahn in jeder Minute auf etwas mehr als 15 Fuss, und
danach erst vertraute er seinen Ideen von der Erstreckung der irdischen
Schwere wenigstens bis zum Mond und nahm seine weiteren Rechnungen
in vollem Umfange wieder auf. So lautet die Erzählung des genannten
Robison (Mechanical philosophy 1822), mit der auch Biot (Biblio-
graphie Universelle) übereinstimmt; doch sind mindestens die Zeitangaben
dabei nicht ganz genau, denn die Resultate von Picard's Gradmessungen wurden schon 1675 in den Philosophical Transactions veröffentlicht und waren also von da an wohl den Mitgliedern der Royal Society allgemein bekannt[1]).

Mit den Untersuchungen über die Revolutionen der Himmelskörper
hingen zusammen Arbeiten über die Bahn frei fallender Körper
auf der rotirenden Erde. Im November 1679 schrieb Newton an
Hooke, damals Secretär der Royal Society, über die Abweichungen

---

[1]) Whewell, History, 3. ed. II, S. 124.

Newton.
1687.

frei fallender Körper von der Senkrechten. Früher hatte man behauptet, fallende Körper müssten hinter der rotirenden Erde zurückbleiben, also, wenn man sie von der Spitze eines Thurmes herabliesse, westlich vom Fuss desselben niederfallen. Jetzt erklärte Newton: da die Spitze des Thurmes eine grössere Rotationsgeschwindigkeit als der Fuss besitzt, so müssen die von der Spitze fallenden Körper, weil sie beim Fallen ihre grössere Rotationsgeschwindigkeit beibehalten, nach Osten voraneilen und ostwärts vom Fusse des Thurmes niederfallen. In jenem Briefe forderte Newton auf, Fallversuche anzustellen, um dann aus der beobachteten östlichen Abweichung auf die Rotation der Erde direct schliessen zu können. Hooke jedoch antwortete zuerst ausweichend und kritisirend, und als er gedrängt wurde seine Pflicht zu thun, stellte er die betreffenden Versuche nur bei einer Fallhöhe von 27 Fuss an und vermochte dabei natürlich keine östliche Abweichung zu constatiren. Hooke war damals schon wegen der optischen Fragen in scharfen Gegensatz zu Newton getreten, der sich nun bald noch verstärken sollte.

Wie Hooke und Newton beschäftigten sich um dieselbe Zeit auch Wren und Halley mit der Mechanik der Himmelsbewegungen. Halley hatte aus dem dritten Kepler'schen Gesetz auf eine quadratische Abnahme der Attraction der Sonne geschlossen und beschäftigte sich mit der Bahnbestimmung der Planeten nach diesem Gesetz; doch ergaben diese Arbeiten mathematische Schwierigkeiten, die Halley nicht bewältigen konnte. Er fragte darum im Jahre 1683, als er einmal mit Hooke zusammentraf, diesen in Gegenwart von Wren nach diesen Problemen. Hooke war wie immer sicher und weise; er behauptete, dass er alle Gesetze der himmlischen Bewegungen aus der Annahme einer Attraction sicher und klar ableiten und die Gestalten der Bahnen bestimmen könne, war aber nicht dazu zu bringen diese Ableitungen bekannt zu geben, selbst dann nicht als Wren und Halley eine Prämie für dieselben aussetzten. Dagegen fand Halley bei Newton, als er denselben im August 1684 in Cambridge besuchte, was er von Hooke vergeblich verlangt, und noch mehr als das. Er bemühte sich Newton sogleich zur Herausgabe seiner Arbeiten zu bewegen, dieser aber fasste seine Aufgabe in höchster Allgemeinheit, und erst zwei Jahre später im April 1686 wurde die Handschrift des vollendeten Werkes der Royal Society vorgelegt. Hooke schlug darob furchtbaren Lärm, er behauptete geradezu, Newton habe sich nur seiner Ideen bemächtigt und seine Resultate als eigene veröffentlicht. Newton, nun gleichfalls erbittert, schrieb darauf an Halley den schon erwähnten, sehr scharfen Brief vom 20. Juni 1686, in welchem er seinerseits Hooke des Plagiats beschuldigte. Doch liess er sich später durch Halley besänftigen und versprach in einem Briefe vom 14. Juli 1686 der Verdienste von Hooke, Wren und Halley in einer Anmerkung des Werkes gedenken zu wollen. Die Royal Society ertheilte danach dem Werke ihr Imprimatur und dasselbe erschien 1687, besorgt durch Halley und höchst wahrscheinlich auch auf dessen Kosten, unter dem Titel Philosophiae naturalis principia mathematica.

Wie der Titel sagt, ist dieses Hauptwerk Newton's durchaus nicht auf die Mechanik der Himmelsbewegungen beschränkt; es handelt vielmehr nur in dem kleinsten Theile direct von diesen und ist im übrigen ein Lehrbuch der mathematischen Physik, so umfassend als es nach dem damaligen Standpunkte der Wissenschaft möglich war, leider nicht so klar und leicht geschrieben, als es für ein allgemeineres Verständniss desselben wünschenswerth wäre.

Newton beginnt seine Principien nach echt geometrischer Methode, die in dem ganzen Werke die herrschende ist, mit Definitionen. Er erklärt in der ziemlich ausgedehnten Einleitung des Werkes Grösse der Materie oder Masse eines Körpers als das Product aus Volumen und Dichtigkeit; Grösse der Bewegung als Product aus Masse und Geschwindigkeit; schreibt der Materie das Vermögen zu widerstehen oder in ihrem Zustande (der Ruhe oder der gleichförmig geradlinigen Bewegung) zu beharren zu und kommt dann auf zwei sehr bemerkenswerthe Definitionen der Kraft. „Eine angebrachte Kraft ist das gegen einen Körper ausgeübte Bestreben, seinen Zustand zu ändern, entweder den der Ruhe oder den der gleichförmig geradlinigen Bewegung. — Die Centripetalkraft bewirkt, dass ein Körper gegen irgend einen Punkt als Centrum gezogen oder gestossen wird, oder auf irgend eine Weise dahin zu gelangen strebt." Darauf folgen Definitionen der absoluten Centripetalkraft als proportional der wirkenden Ursache, welche vom Mittelpunkt nach den umgebenden Theilen sich fortpflanzt, der beschleunigenden Centralkraft als proportional der Geschwindigkeit, welche in einer gewissen Zeit erzeugt wird, und der bewegenden Centralkraft als proportional der in einer gewissen Zeit erzeugten Bewegungsgrösse. Für die letztere wird noch besonders bemerkt, dass sie dem Product aus der beschleunigenden Centralkraft und der Masse des bewegten Körpers gleich sein müsse, weil die Bewegungsgrösse dem Product aus Masse und Geschwindigkeit gleich sei. In einer Anmerkung unterscheidet dann Newton absoluten und relativen Raum, absoluten und relativen Ort und danach absolute und relative Bewegung in der gewöhnlichen Weise.

Auf die Definitionen folgen die Axiome der Bewegung: 1. Jeder Körper verharrt in seinem Zustand der Ruhe oder geradlinig gleichförmigen Bewegung, wenn er nicht durch eine einwirkende Kraft gezwungen wird, diesen Zustand zu ändern; 2. die Aenderung der Bewegung ist der einwirkenden Kraft proportional und geschieht nach der Richtung der-

selben; 3. die Wirkung ist gleich der Gegenwirkung. Als Newton,
Zusätze werden unter anderen hierzu gegeben: Ein Körper be- 1687.
schreibt in derselben Zeit, durch Verbindung zweier
Kräfte, die Diagonale eines Parallelogramms, in welcher
er, vermöge der einzelnen Kräfte, die Seiten beschrieben
haben würde; durch die gegenseitige Einwirkung mehrerer Körper
auf einander wird die algebraische Summe ihrer Bewegungsgrössen und
auch der Zustand ihres gemeinschaftlichen Schwerpunktes nicht verändert; Körper, welche in einem gegebenen Raum eingeschlossen sind,
haben dieselbe Bewegung unter sich, mag nun dieser Raum ruhen oder
sich gleichförmig geradlinig (aber nicht im Kreise) bewegen.

Newton führt ausdrücklich das Beharrungsgesetz und den Satz vom
Parallelogramm der Kräfte auf Galilei zurück. Wir haben gesehen,
dass Galilei die Zusammensetzung der Kräfte nicht allgemein behandelt
und jedenfalls das Gesetz vom Parallelogramm der Kräfte nicht bewiesen
hat; Newton beruft sich zu dem Zwecke auf sein zweites Bewegungs-
axiom. Er nimmt danach an, dass die zweite längs AC auf einen Körper
wirkende Kraft an der Geschwindigkeit nichts verändern kann, mit

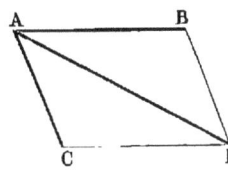

welcher sich der Körper vermöge der längs AB
wirkenden Kraft der Linie BD nähert, und da
das ebenso für die zweite Kraft in Bezug auf
die Einwirkung der ersten gilt, so muss der
Körper die Diagonale AD durchlaufen. Im
übrigen bezieht sich Newton darauf, dass die
gegebene Zusammensetzung und Zerlegung der
Kräfte vollständig in der Mechanik bestätigt werde. Newton's Ableitung
des Satzes vom Parallelogramm der Kräfte ist weiter nichts als eine
Specialisirung seines zweiten Bewegungsaxioms. Er hat also wie Galilei
den Satz für einen gegebenen mechanischen Grundsatz gehalten, der nur
durch Beispiele erläutert zu werden braucht. Von Pierre Varignon
(Professor der Mathematik in Paris, 1654 bis 1722) wurde 1687 in
seinem Projet d'une nouvelle mécanique das Parallelogramm
der Kräfte auf ähnliche Weise wie in Newton's Werk abgeleitet, dadurch
dass er den Körper durch die eine Kraft auf einer Linie fortführen liess,
die von der zweiten Kraft immer parallel ihrer ursprünglichen Lage
fortbewegt wurde. Das posthume grössere Werk Nouvelle mécanique (Paris 1725) desselben Verfassers zeichnet sich dadurch aus, dass
es alle einfachen Maschinen mit Hülfe des Parallelogramms der Kräfte
erklärte und z. B. das Hebelgesetz dadurch bewies, dass es zeigte, wie
die Resultante der am Hebel im Gleichgewicht befindlichen Kräfte durch
den Unterstützungspunkt des Hebels geht.

Mit der Betrachtung der allgemeinen Bewegungsgesetze schliesst
die Einleitung. Bevor aber Newton zur speciellen mathematischen Behandlung der Bewegung der Körper übergeht, schafft er sich erst das
Werkzeug zu derselben. Er benutzt dabei nicht, wenigstens zuerst

nicht, seine Fluxionstheorie, sondern schafft sich im 1. Abschnitt des
ersten Buches ein synthetisch geometrisches Surrogat, eine Methode der
ersten und letzten Verhältnisse, d. i. eine Methode der Grenzwerthe geometrischer Verhältnisse. Hat aber schon seine
Fluxionsrechnung ihrer unbequemen Bezeichnungsweise wegen Schwierigkeiten für die Anwendung, so gilt dies noch mehr von dieser Methode,
und die mit ihr gegebene geometrische Behandlungsweise der Principien ist es vorzüglich, welche das Verständniss des Buches für neuere
Mathematiker, die an analytische Methoden gewöhnt sind, zu einem
schwierigen macht. Doch fügt Newton später im zweiten Abschnitt des
zweiten Buches auch noch die Elemente seiner Fluxionstheorie ein.

Der 2. Abschnitt des ersten Buches beginnt dann mit der
Bestimmung der Centripetalkräfte. Newton beweist zuerst in
voller Allgemeinheit den sogenannten Flächensatz, nach welchem
Körper, die sich in Bahnen bewegen, deren Radien stets
nach dem unbeweglichen Mittelpunkt der Kräfte gerichtet
sind, in einer festen Ebene bleiben und in gleichen Zeiten
gleiche Flächenräume beschreiben. Diesen Satz kehrt er dann
dahin um, dass jeder Körper, welcher sich in einer Curve
bewegt, deren Radien nach einem festen Punkte gerichtet
sind, und welcher um diesen Punkt der Zeit proportionale
Flächenräume beschreibt, durch eine Centripetalkraft
bewegt wird, welche nach jenem festen Punkte gerichtet
ist. Darauf folgen Grössenbestimmungen der Centripetalkraft für verschiedene Bahnen und verschiedene Lagen des Kraftmittelpunktes, z. B.
für den Kreis und einen Punkt der Peripherie, für die Ellipse und ihren
Mittelpunkt.

Im 3. Abschnitt wird speciell nachgewiesen, dass bei einer
elliptischen oder hyperbolischen oder parabolischen
Bahn eine nach dem einen Brennpunkt gerichtete Centralkraft dem Quadrat des Radius vector umgekehrt
proportional sein muss; die Bewegungen in den einzelnen Arten
der Kegelschnitte werden durch die Verhältnisse der Geschwindigkeiten
wie bekannt unterschieden. Die Umkehrungen dieser Sätze
beweist Newton nicht allgemein. Er stellt sich zwar die Aufgabe, man suche die Linie, welche ein Körper beschreibt, der von einem
gegebenen Orte mit gegebener Geschwindigkeit und nach gegebener
Richtung ausgeht, wenn dabei die Grösse der Centripetalkraft dem Quadrate des Abstandes vom Centrum indirect proportional ist; aber er
nimmt sofort an, dass diese Linien Kegelschnitte sind,
und bestimmt nur aus der Grösse und Richtung der gegebenen Geschwindigkeit die Art des Kegelschnittes. Doch
war ja für die Himmelsmechanik die erste Form der Aufgabe die gegebene, und mit ihr hatte Newton sein eigentliches Problem gelöst.

Der 4. und der 5. Abschnitt des ersten Buches enthalten

rein mathematische Constructionen von Kegelschnitten aus gegebenen Newton,
1687. Elementen, und der 6. Abschnitt giebt die Bestimmung der Orte der Körper in ihren Bahnen zu gewissen Zeiten. Der 7. Abschnitt behandelt das geradlinige Steigen und Fallen der Körper unter Voraussetzung verschiedener Arten von Anziehungskräften. Der 8. Abschnitt vergleicht Bewegungen, die vermöge einer beliebigen Centralkraft auf einer Curve stattfinden, mit auf- und niedersteigenden Bewegungen. Der 9. Abschnitt enthält die für die Astronomie vor allem wichtigen Bewegungen von Körpern in Bahnen, die selbst wieder bewegt sind.

Von der Pendelbewegung handelt der 10. Abschnitt. Die Sätze von Huyghens werden unter ausdrücklicher Nennung seines Namens abgeleitet, auch die Theorie des Raumpendels wird begonnen. Bis hierher hat Newton nur bewegte Punkte betrachtet, von nun an werden auch physische Körper behandelt und deren Massen in Betracht gezogen. Der 11. Abschnitt untersucht die Bewegungen kugelförmiger Körper, die sich gegenseitig anziehen. Zwei Körper, die sich dem Quadrat ihres Abstandes indirect proportional anziehen, beschreiben um ihren gemeinschaftlichen Schwerpunkt, wie um einander, wechselseitig Kegelschnitte. Auch für diese Bewegungen gilt der Flächensatz, und die Bewegungen können immer so erklärt werden, als ob sie durch die Anziehung eines dritten im gemeinschaftlichen Schwerpunkt befindlichen Körpers geschähen. Darauf folgt eine ausführlichere Behandlung der Bewegungen dreier und schliesslich mehrerer sich gegenseitig anziehender Körper. Im 12. Abschnitt geht Newton dazu über zu betrachten, wie sich die Anziehung eines kugelförmigen Körpers aus der Anziehung seiner einzelnen Theilchen zusammensetzt. Er nimmt an, dass die einzelnen Theilchen der Materie sich gegenseitig im Verhältniss ihrer Grösse und im umgekehrt quadratischen Verhältniss ihrer Entfernungen anziehen und leitet daraus die folgenden Sätze ab. Ein kleiner Körper (ein physischer Punkt) ist innerhalb einer Kugelschale überall im Gleichgewicht; in einer massiven homogenen Kugel wird er mit einer Kraft nach dem Mittelpunkt derselben gezogen, die seinem Abstand vom Centrum direct proportional ist; wenn er aber ausserhalb der Kugel sich befindet, wird er mit einer Kraft nach dem Centrum gezogen, welche dem Quadrat seiner Entfernung vom Centrum indirect proportional ist; und endlich, zwei homogene oder aus homogenen concentrischen Schalen bestehende Kugeln ziehen sich mit einer bewegenden Kraft an, die dem Producte aus den Massen der anziehenden Kugeln direct und dem Quadrat des Abstandes ihrer Mittelpunkte indirect proportional ist. Im 13. Abschnitt werden ähnliche Betrachtungen auch für anders gestaltete Körper, z. B. für die Sphäroide, angestellt.

Die Brechung des Lichts behandelt der 14. Abschnitt in höchst abstracter Form. Es wird angenommen, dass kleine Körper aus einem Medium in ein anderes übergehen, dabei aber eine parallelflächig begrenzte Zwischenschicht durchlaufen, in der sie, ohne sonst in ihrer Bewegung gehindert zu sein, gegen das eine Mittel hingezogen oder gestossen werden. Dann folgt, dass der Sinus des Austrittswinkels in einem constanten Verhältniss zum Sinus des Eintrittswinkels steht, und dass sich die Geschwindigkeiten beim Aus- und Eintritt wie die Sinus jener Winkel verhalten. Damit war der so viel bekämpfte Satz der Emissionstheorie, dass die Lichtgeschwindigkeit im dichteren Mittel grösser ist als im dünneren, abermals festgestellt. Newton erwähnt Snell und Descartes ausdrücklich bei diesem Brechungsgesetz; die Annahme einer endlichen Geschwindigkeit des Lichts vertheidigt er durch die Beobachtungen Römer's an den Jupiterstrabanten und die Annahme einer Anziehung, welche die Lichttheilchen von dem Medium erfahren sollen, durch die Beobachtungen Grimaldi's über die Beugung, aus denen ja folge, dass das Licht beim Vorübergange an undurchsichtigen Körpern von diesen angezogen werde.

Hiermit schliesst das 1. Buch; das zweite beginnt mit der Bewegung der Körper in widerstehenden Mitteln und behandelt im 1. Abschnitt die Bewegung in einem Mittel, dessen Widerstand der Geschwindigkeit proportional ist. Newton findet, dass dabei ein fallender Körper seine Geschwindigkeit nicht ins Unendliche vermehren kann, sondern eine grösste Geschwindigkeit [1]) erlangt, und giebt die Vorschriften für die Construction der Wurflinie in einem solchen Mittel. Doch bemerkt er am Schluss, dass jene Annahme nur sehr selten und nur bei sehr langsamen Bewegungen in ziemlich festen Materien zutreffe; in den meisten Fällen werde vielmehr, weil die grössere Geschwindigkeit noch dazu in kürzerer Zeit dem widerstehenden Mittel mitgetheilt werden müsse, der Widerstand dem Quadrat der Geschwindigkeit proportional sein. Unter dieser Annahme werden dann die Bewegungen im 2. Abschnitt des 2. Buches betrachtet. Indem dabei noch vorausgesetzt wird, dass der Widerstand auch im einfachen Verhältniss zur Dichte des Mittels steht, wird nach den Dichten des Mittels an den einzelnen Orten gefragt, bei welchen ein geworfener Körper eine bestimmte Curve beschreibt. Die umgekehrte Aufgabe aber und die wichtigste, die Wurflinie in einem gleichförmig widerstehenden Mittel zu finden, vermag hier Newton nicht zu lösen; er sagt nur, dass dieselbe eher hyperbolischer als parabolischer Natur sei.

---

[1]) Descartes (Lettres, tome III, no. 105) behauptet schon, dass ein Körper, der in einem widerstehenden Mittel fällt, sich einer constanten Fallgeschwindigkeit nach und nach annähert; Huyghens nennt diese Geschwindigkeit vitesse terminale.

Der 3. Abschnitt beschäftigt sich mit Bewegungen in einem Mittel, Newton,
1687. dessen Widerstand theils dem Quadrat der Geschwindigkeit, theils der Geschwindigkeit selbst proportional ist; dabei brechen die Untersuchungen hier, wo noch mehrere Hypothesen möglich wären, ab; Newton wollte nur den Zugang zu diesem Gebiete eröffnen. Der 4. Abschnitt bringt aber noch die Betrachtung kreisförmiger Bewegungen in Mitteln, deren Dichte an den einzelnen Orten nach gewissen Gesetzen sich ändert. Der 5. Abschnitt enthält die Hydrostatik. „Eine Flüssigkeit ist jeder Körper, dessen Theile einer jeden einwirkenden Kraft nachgeben und indem sie nachgeben, leicht unter einander bewegt werden." Ueber incompressible Flüssigkeiten folgt dabei nichts Neues, für elastische Flüssigkeiten aber wird der für die barometrische Höhenmessung wichtige Satz bewiesen: Es sei die Dichtigkeit einer Flüssigkeit dem Druck proportional, welchen die letztere erleidet, und es mögen ihre Theile durch die Schwere, welche dem Quadrate des Abstandes proportional ist, abwärts gezogen werden. Nimmt man nun die Entfernungen in harmonischer Progression an, so stehen die Dichtigkeiten der Flüssigkeiten in eben diesen Entfernungen in geometrischer Progression. Als Zusatz dazu folgt: Wenn man die Schwere aber als unveränderlich nimmt, so würden bei Entfernungen, die in arithmetischer Progression wachsen, die Dichtigkeiten in geometrischer Progression zunehmen. Die Entdeckung dieses letzteren Satzes, der schon aus Mariotte's Untersuchungen folgt, wird Halley zugeschrieben. Schliesslich kommt Newton in diesem Abschnitt auch auf die Ursache der Elasticität. Wenn die Dichtigkeit einer Flüssigkeit im Verhältniss der zusammendrückenden Kraft wächst und die Flüssigkeit besteht aus Theilchen, welche einander fliehen, so muss diese Fliehkraft dem Abstande der Theilchen umgekehrt proportional sein. Doch bemerkt Newton vorsichtig, dass er keineswegs behaupte, die Theilchen einer elastischen Flüssigkeit müssten einander wirklich fliehen, vielmehr sei die Beantwortung dieser Frage Sache der Physiker, und er wolle nur diesen Veranlassung geben, diese Frage zu untersuchen. Der 6. Abschnitt beschäftigt sich wieder vorzugsweise mit den Pendelbewegungen, aber berücksichtigt jetzt vorzugsweise die Widerstände, welche diese Bewegungen in widerstehenden Mitteln finden. Es wird zuerst bewiesen, dass die Menge der Materie (Masse) eines Pendels dem Gewicht und dem Quadrate der Schwingungsdauer (im leeren Raume) direct, der Pendellänge aber indirect proportional ist, und dazu bemerkt, dass man mit einem Pendel danach die Verschiedenheit des Gewichts eines und desselben Körpers an verschiedenen Orten der Erde und damit auch die Veränderungen der Schwere messen könne. Dann werden

die Bewegungen von Kreis- und auch von Cycloidalpendeln in
widerstehenden Mitteln betrachtet und die hierbei entwickelten Gesetze
umgekehrt empfohlen zur Untersuchung der Widerstände verschiedener Mittel mit Hülfe der Pendel. Newton theilt auch
selbst zahlreiche Versuche über den Widerstand von Luft, Wasser etc.
mit und zeigt dabei immer, dass der Widerstand der Dichte
der Flüssigkeiten proportional ist. Im 7. Abschnitt werden die verschiedenen Widerstände untersucht, welche
verschieden geformte Körper, wie die Kugel, der Kegel,
der Cylinder u. s. w. bei Bewegungen in Flüssigkeiten
erleiden, und umgekehrt auch die Widerstände bestimmt, welche solche
Körper strömenden Flüssigkeiten entgegensetzen[1]); auch über die
Verzögerungen, welche fallende Körper durch den Widerstand der Luft erleiden, werden viele Versuche angeführt
und ihre Ergebnisse mit der Theorie verglichen. Bei der Betrachtung der
Ausflussgeschwindigkeit von Flüssigkeiten aus einer Oeffnung am Boden
eines Gefässes bemerkt Newton zum ersten Male die Zusammenziehung des Strahles an der Oeffnung und die Verminderung der Ausflussmenge, welche hierdurch bedingt ist; er erklärt
dieselbe durch die seitliche Geschwindigkeit, welche die von allen Seiten
nach der Ausflussöffnung hinströmenden Wassertheilchen bei dieser
Strömung erhalten. Merkwürdigerweise erwähnt er hierbei wohl Galilei, als Entdecker der Fallgesetze, aber nicht Torricelli, der doch
zuerst das Gesetz der Ausflussgeschwindigkeiten gegeben. Der 8. Abschnitt des 2. Buches enthält die mathematische Grundlage
der Akustik. Jeder zitternde Körper wird in einem elastischen Mittel
die Bewegung seiner Stösse überall hin geradlinig fortpflanzen; dabei
werden die einzelnen Theilchen des Mittels mit einer Bewegung vor- oder
rückwärts gehen, die nach der Art eines schwingenden Pendels beschleunigt oder verzögert wird. Denken wir uns nun, dass eine Flüssigkeit
durch ein aufliegendes Gewicht nach Art unserer Atmosphäre zusammengedrückt werde, und sei A die Höhe eines homogenen Mittels, dessen
Gewicht dem aufliegenden gleich und dessen Dichtigkeit dieselbe ist wie
die der betreffenden Flüssigkeit, in welcher die Stösse sich fortpflanzen;
dann schreiten die Stösse in dieser während der Zeit, in welcher das
Pendel von der Länge A eine ganze Schwingung vollendet, um den Umfang eines Kreises fort, dessen Halbmesser gleich A ist. Da aber die
Höhe A der Elasticität der Flüssigkeit direct und der Dichte derselben
indirect proportional ist, so folgt, dass die Fortpflanzungsgeschwindigkeit der Wellen in einem elastischen Mittel

---

[1]) Diese Untersuchungen, die für die Schifffahrt von so grosser Wichtigkeit
sind, haben Jacob Bernoulli (Acta erud. 1693), Johann Bernoulli
(Nouvelle théorie de la manoeuvre) und Hermann (Phoronomia) weiter fortgeführt.

der Quadratwurzel aus der elastischen Kraft direct, der
Quadratwurzel der Dichte des Mittels aber indirect proportional ist; vorausgesetzt noch, dass die elastische Kraft mit der
Dichtigkeit in gleichem Maasse wächst. Die Regel zeigt, dass die Fortpflanzungsgeschwindigkeit der Wellen nur von Elasticität und Dichtigkeit des
Mittels, aber nicht von der Schwingungsgeschwindigkeit oder Wellenlänge
abhängt; Newton bezieht ausdrücklich diese letzten Untersuchungen auf die Bewegung des Schalls und des Lichts,
macht aber nur einige Anwendungen auf die Theorie des
Schalls. Er bemerkt, dass sich die Schallgeschwindigkeit
mit der Temperatur ändern und also z. B. im Sommer grösser
als im Winter sein müsse, und er versucht die Schallgeschwindigkeit nach seiner Formel direct abzuleiten. Das specifische
Gewicht des Quecksilbers ist circa 17²/₃, das der Luft ¹/₈₇₀, Quecksilber
ist also 11 890 mal schwerer als Luft. Bei einem Barometerstand von
30 Zoll müsste danach die Höhe einer Luftschicht, deren Dichte und
Gewicht der Dichte und dem Gewicht der Luft an der Erdoberfläche
gleich wären, gleich 29 725 Fuss sein, und so gross haben wir also die
vorhin erwähnte Länge *A* zu nehmen. Ein Pendel von dieser Länge
hat eine Schwingungsdauer von 190³/₄ Secunden, die Peripherie eines
Kreises vom Radius *A* ist gleich 186 768 Fuss; um diese Strecke pflanzt
sich der Schall während der Zeit von 190³/₄ Secunden fort, die Fortpflanzungsgeschwindigkeit des Schalls beträgt also 979
Fuss in der Secunde. Newton kennt die Abweichung seines Resultats von den durch directe Beobachtung gefundenen Zahlen; er giebt in
den späteren Auflagen seiner Principien auch 1070 Pariser oder 1142
englische Fuss als die richtige Zahl für die Schallgeschwindigkeit an und versucht die Abweichung durch die unbeachtet gebliebene
Grösse der Lufttheilchen oder durch den Gehalt der Luft an Wasserdämpfen zu erklären. Doch hat man diese Erklärung nicht gelten lassen
und seine Formel lange Zeit für gänzlich unzutreffend gehalten. Neuere
Physiker erst haben ihn gerechtfertigt und gezeigt, dass
dieselbe nur einer Correction bedarf, weil die durch die
Schwingungen eintretende Verdichtung der Luft Wärme
erzeugt und dadurch auch die Elasticität derselben verändert wird.

Der 9. und letzte Abschnitt des 2. Buches behandelt die
Wirbelbewegungen vorzüglich in der Absicht „um zu erfahren,
ob durch ein Verhältniss derselben die Himmelserscheinungen mittelst der Wirbel erklärt werden können". Newton findet, wenn eine Kugel in einem Mittel um eine feste Achse rotirt
und dadurch allein die Theilchen des Mittels in Bewegung gesetzt werden, dass dann die Umlaufszeiten der Theilchen im quadratischen Verhältniss ihrer Entfernungen vom Centrum stehen. Diese Bewegung
widerspricht aber, auf die Planeten angewandt, dem dritten Kepler'schen

Newton,
1687.

Gesetz, und danach meint Newton die Descartes'sche Wirbeltheorie gänzlich unmöglich gemacht zu haben. Er übersieht dabei die vielen Hülfshypothesen des Descartes, vor allem die Annahme, nach welcher jeder
Planet als früherer Centralkörper noch mit einer eigenen Geschwindigkeit in den Centralwirbel eintritt und dass auch je nach seiner Masse
der Planet den Wirbelbewegungen selbst nur mit modificirter Geschwindigkeit folgen soll. Ueberhaupt scheinen Newton wie auch
seine Schüler im Studium des Descartes'schen Werkes
nicht weit gekommen zu sein; sie würden sonst bemerkt
haben, dass, obgleich das Cartesianische System zur Erklärung der Erscheinungen völlig ungenügend war, doch
ein Beweis seiner Unmöglichkeit nicht so leicht zu geben
war, als es ihnen schien.

Im 3. Buche seines Werkes geht Newton endlich über zu den
Anwendungen seiner mechanischen Theorien auf das Weltsystem. Wir geben nun, da hierbei das physikalische Interesse doch
mehr zurücktritt, nur noch einzelne Sätze, die aus irgend einem Grunde
für die Physik wichtig sind. Das Buch beginnt mit vier allgemeinen
Regeln für die Erforschung der Natur: 1. An Ursachen zur Erklärung natürlicher Dinge nicht mehr zuzulassen, als wahr
sind und zur Erklärung jener Erscheinungen ausreichen.
2. Man muss daher, soweit es angeht, gleichartigen Wirkungen dieselben Ursachen zuschreiben. 3. Diejenigen
Eigenschaften der Körper, welche weder verstärkt noch
vermindert werden können und welche allen Körpern
zukommen, an denen man Versuche anstellen kann, muss
man für Eigenschaften aller Körper halten. Hier treffen
wir auf einen Hauptpunkt der Newton'schen Anschauung. Er führt als
solche allgemeine Eigenschaften aller Körper an: Ausdehnung, Undurchdringlichkeit, Härte, Trägheit und Beweglichkeit der Körper. Dann
überlegt er, dass alle Körper in der Umgebung der Erde gegen diese,
der Mond gegen die Erde und das Meer gegen den Mond, dass die Planeten gegen einander und auch die Kometen gegen die Sonne schwer
sind, und danach hält er von der Schwere für besser bewiesen, dass dieselbe eine allgemeine Eigenschaft der Materie sei, als dies selbst für die
Undurchdringlichkeit der Fall ist; denn für die letztere haben wir keinen
Versuch und keine Beobachtung an den Himmelskörpern. Aber den-
noch will er nicht behaupten, dass die Schwere den Körpern wesentlich, d. h. als eine allgemeine Eigenschaft der
Materie zukomme. 4. In der Experimentalphysik muss
man die durch Induction gewonnenen Gesetze, wenn
nicht entgegengesetzte vorhanden sind, so lange entweder genau oder sehr nahe für wahr halten, als sie durch
neue Erscheinungen nicht grössere Genauigkeit erlangen
oder Ausnahmen unterworfen werden. „Dies muss ge-

s c h e h e n , d a m i t n i c h t d a s A r g u m e n t d e r I n d u c t i o n d u r c h
H y p o t h e s e n a u f g e h o b e n w e r d e [1])." Der letzte Satz wendet sich
wohl gegen D e s c a r t e s und die Naturphilosophen, welche eine unvermittelt in die Ferne wirkende Kraft, als unbegreiflich, nicht anerkennen
mögen.

Newton hat gezeigt, und weiss von den Jupiterstrabanten, dem Mond,
der Erde und den Planeten, dass die Anziehungskräfte, welche sich in den
Bewegungen dieser himmlischen Körper offenbaren, mit der irdischen
Schwere identisch sind; er nimmt danach an, dass alle Körper und alle
materiellen Theilchen gegen einander schwer sind und zwar im directen
Verhältniss der Mengen ihrer Materie und im indirect quadratischen
Verhältniss der Entfernung. Für das Letzte zeugen die Bewegungen
der Himmelskörper, für das Erstere führt Newton an, dass die Schwere,
wie überall die Erfahrung zeigt, nicht von der Form der Körper abhängt. Ist aber die Schwere nur durch die Menge der Materie bedingt,
d a n n g i e b t e s k e i n e K ö r p e r o h n e a l l e S c h w e r e (also k e i n e
I m p o n d e r a b i l i e n), dann hängt auch die verschiedene Schwere der
verschiedenen Stoffe nur von der Menge der Poren in denselben oder von
dem Grade der Verdünnung der Materie ab, und d a n n i s t n i c h t e i n -
z u s e h e n , w a r u m d i e s e V e r d ü n n u n g n i c h t b i s z u N u l l f o r t -
s c h r e i t e n , d. h. w a r u m e s k e i n e n l e e r e n R a u m g e b e n s o l l [2]).
Durch die Abhängigkeit der Schwere von der Menge der Materie ist sie
von der magnetischen oder elektrischen Kraft verschieden, denn diese
kann an ein und demselben Körper ohne eine Aenderung der Menge der
Materie vermehrt und vermindert werden. Die Schwere ist wegen der
Rotation der Erde an verschiedenen Orten derselben ungleich; am
Aequator wird sie am meisten durch die Centrifugalkraft vermindert;
d a r u m m u s s d i e E r d e a n d e n P o l e n a b g e p l a t t e t s e i n (wie
auch der Jupiter sich abgeplattet zeigt), und wäre sie das nicht, so
würden die Meere an den Polen sich senken, am Aequator aber erheben
und hier die Länder überschwemmen. Als Erfahrungsbeweis für die
Abplattung der Erde führt Newton die Beobachtungen R i c h e r ' s i n
C a y e n n e und danach auch die von V a r i n und D e s h a y e s an,
welche Letzteren 1682 auf der Pariser Sternwarte die Länge des Secundenpendels zu 3 Fuss 8⅝ Linien und auf Guadeloupe und Martinique
zu 3 Fuss 6½ Linien bestimmten. D i e s e B e h a u p t u n g e i n e r A b -
p l a t t u n g d e r E r d e f a n d a b e r t r o t z d e m n i c h t d e n B e i f a l l
d e r G e l e h r t e n ; vor allem waren die Mitglieder der Pariser Akademie
Gegner dieser Ansicht. Sie schoben die nothwendige Verkürzung der

---

[1]) Newton erwähnt häufig in seinen Principien frühere Physiker; G a l i l e i
z. B. wird an mehreren Stellen genannt, den Namen B a c o n habe ich nicht
gefunden, doch zeigt sich wohl in solchen methodisch-philosophischen Bemerkungen auch dessen Einfluss.

[2]) Newton zeigt sich überall durchaus als Atomistiker, wenn er auch den
Begriff des Atoms nie genau definirt.

Pendel in heisseren Klimaten auf die Ausdehnung der Pendelstangen durch die Wärme, und obgleich Newton zeigte, dass diese Ansdehnung zu klein sei, um jene Verkürzungen zu erklären, so blieben die Akademiker doch noch lange bei ihrer Ansicht. Die Frage erregte einen gelehrten nationalen Krieg zwischen Engländern und Franzosen, der die grossartigen Gradmessungen der Letzteren zuerst veranlasste, aber doch erst durch diese nach längerer Zeit endgültig entschieden wurde.

Nach seiner Attractionstheorie berechnet auch Newton die Höhen der Meeresfluth, die Mondungleichheiten, die Präcession der Aequinoctien und endlich die Bewegungen der Kometen. Aus den Bewegungen der letzteren schloss er, dass sie planetenähnliche Körper seien, die sich nach denselben Gesetzen wie die Planeten bewegen, und dass sie bei ihren Bewegungen keinen Widerstand im Himmelsraume fänden.

Am Schlusse führt Newton die Kometen auch gegen die Wirbeltheorie ins Feld, indem er bemerkt, dass deren mannigfaltige Bewegungen nicht durch die Bewegung eines Sonnenwirbels zu erklären seien, vielmehr den Wirbelbewegungen direct widersprächen. Dann macht er darauf aufmerksam, dass gerade die planmässige Einheit, welche seine Attractionstheorie überall im Universum nachweist, mit dem Gedanken an ein höchstes Wesen, an einen Herrn und Regierer der ganzen Welt zusammenstimmt, und kommt endlich noch auf den Punkt, der seinen Zeitgenossen von seinem ganzen System am wenigsten annehmbar erschien. „Ich habe bisher die Erscheinungen der Himmelskörper und die Bewegungen des Meeres durch die Kraft der Schwere erklärt, aber ich habe nirgends die Ursache der letzteren angegeben. Diese Kraft rührt von irgend einer Ursache her, welche bis zum Mittelpunkt der Sonne und der Planeten dringt, ohne irgend etwas von ihrer Wirksamkeit zu verlieren. Sie wirkt nicht nach Verhältniss derjenigen Theilchen, worauf sie einwirkt (wie die mechanischen Ursachen), sondern nach Verhältniss der Menge fester Materie, und ihre Wirkung erstreckt sich nach allen Seiten hin bis in ungeheure Entfernungen" — „ich habe noch nicht dahin gelangen können, aus den Erscheinungen den Grund dieser Eigenschaften der Schwere abzuleiten und Hypothesen erdenke ich nicht." „Es genügt, dass die Schwere existire, dass sie nach den von uns dargelegten Gesetzen wirke, und dass sie alle Bewegungen der Himmelskörper und des Meeres zu erklären im Stande sei."

In der That, hier lag der springende Punkt aller Schwierigkeiten, welche die neue Theorie für die Zeitgenossen hatte. Die physikalische Welt hatte sich gewöhnt, alles Unanschauliche aus der Wissenschaft verbannt zu sehen. Durch Aristoteles und seine Nachfolger war die Lehre von den natürlichen Eigenschaften der Körper stark discreditirt worden; Newton, man hatte endlich eingesehen, dass es jeden Fortschritt 1687. der Wissenschaft hindere, wenn man jede Erscheinung, die man nicht auf andere zurückzuführen vermochte, als eine Folge der natürlichen Eigenschaften der betreffenden Materie, als eine berechtigte Eigenthümlichkeit derselben ansah und damit jede weitere Discussion aufgab. Dass man nicht weiter kam, wenn man für natürlich ausgab, dass der eine Körper steigt, der andere fällt, der dritte sich im Kreise bewegt, das hatte die Jahrhunderte lange Stagnation der Mechanik nach Aristoteles genügend gezeigt. Jetzt nachdem man alle natürlichen Eigenschaften der Materie auf zwei, Ausdehnung und Trägheit, reducirt und alle Kraftwirkungen so anschaulich als möglich durch directe Stösse der Theilchen erklärt hatte, nachdem man zu einer einigermaassen hellen physikalischen Atmosphäre gekommen schien, jetzt schrieb Newton wieder der Materie eine Eigenschaft zu, ebenso unerklärlich und noch viel wunderbarer als irgend eine von denen, die man früher der Materie zugelegt. Die Sonne sollte Millionen Meilen weit ohne jede Vermittelung, ohne jede Handhabe die Erde an sich ziehen, jedes Theilchen der Materie sollte wie ein belebtes Wesen und doch ohne jedes Organ eines solchen zu dem anderen hinstreben; das erschien als ein verderblicher Rückzug zu den verborgenen Qualitäten der Peripatetiker, ja als eine bewusste Verirrung in die alte Finsterniss. Und man kann nicht umhin, den Cartesianern wenigstens von ihrem Standpunkt aus ein Recht zu solchen Ansichten einzuräumen; wer auf dem philosophisch einzig richtigen Standpunkt steht, die Begreiflichkeit der Welt (wenn auch nur als Ideal) anzunehmen, der muss gegen eine Kraft protestiren, welche auf eine uns ewig unbegreifliche Weise in Wirksamkeit tritt. Newton fühlte die schiefe Beleuchtung, welche von diesem Standpunkte aus sein System erhielt, und that alles Mögliche, sowohl um seine Stellung durch eine richtige Begrenzung zu sichern, als auch um zu zeigen, dass die neue Theorie keinen Wunderglauben von seinen Anhängern verlange. Er definirt ausdrücklich die Kraft nur als die Ursache, welche bewirkt, dass ein Körper nach einem Punkt gezogen, gestossen wird oder nach ihm zu gelangen strebt; er will also nicht angeben, was diese Kraft ist, er behauptet nicht, dass dieselbe eine letzte, ursprüngliche Eigenschaft der Materie sei, er verneint nicht, dass die scheinbare Anziehung der Materie irgend eine ganz anschauliche Ursache haben könne, er gebraucht das Wort Kraft nur um die unbekannte Ursache bekannter Wirkungen kurz zu bezeichnen. Als Mathematiker interessirt ihn nur die Wirkung und die mathematische Begründung der Maassverhältnisse der Erscheinungen; nach der unbekannten Ursache, der causa gravitatis, will er nicht fragen, denn Hypothesen mag er nicht ersinnen. Newton versucht in seinem ganzen Buche den Standpunkt des reinen Mathematikers festzuhalten und nur aus den Beobachtungen mathematisch die Gesetze der Grössenverhältnisse abzuleiten; an vielen Orten thut er dies auch so weit, dass er nicht einmal entscheidet, ob die von ihm gemachte Annahme auch in der Natur zutrifft und also seine mathematischen Ableitungen eine reelle Bedeutung haben, sondern dass er dem eigentlichen Physiker es überlässt, die Annahme und mit ihr auch seine Schlüsse zu verificiren.

Trotz alledem aber wurde dieser Standpunkt weder von seinen Gegnern richtig erkannt, noch von seinen Schülern und Freunden mit Verständniss festgehalten, und an beiden Erscheinungen ist Newton selbst durchaus nicht ohne Schuld gewesen.

Die Gegner Newton's waren, wie schon angedeutet, vor allem die Cartesianer; ihnen hatte der Meister die Planetenbewegungen und die ganze Welt vollkommen genügend erklärt, zwar hatte er nicht vermocht ein einziges Grössengesetz aus seinen vielen Hypothesen abzuleiten und hatte so das sicherste Mittel zur Verificirung einer guten Theorie nicht zu nützen vermocht, aber seine Schüler und Anhänger waren nur zum geringsten Theile Mathematiker und Astronomen, sie gaben sich darum zufrieden, wenn ihnen nur die Sache plausibel gemacht wurde und legten weniger Werth auf genaue mathematische Grössenbestimmungen. Statt anzuerkennen, was Newton unwiderleglich dargethan, dass alle Himmelserscheinungen wenigstens so vor sich gehen, als strebten alle Körper nach dem directen Verhältniss ihrer Massen und dem indirect quadratischen Verhältniss ihrer Entfernungen zu einander, statt dankbar die neue Erkenntniss anzunehmen und nun ihrerseits zu versuchen, ob nicht auch diese Erscheinungen nach der Wirbeltheorie ihres Meisters Descartes zu erklären seien, negirten sie einfach die Sätze Newton's und brachten dadurch ihre Theorie in einen Gegensatz zu dem neuen System, der die Vereinigung beider Lager unmöglich und die gänzliche Vernichtung des einen nothwendig machte.

Doch trugen an einer solchen Zuspitzung des Gegensatzes die Schüler und Anhänger Newton's nicht weniger Schuld als die Cartesianer. Der Meister Newton war vorsichtig genug gewesen, seine Aussprüche in engen Grenzen zu halten und die philosophische Frage nach der causa gravitatis ausdrücklich offen zu lassen; seine Freunde aber kannten diese Vorsicht, diese Halbheit nicht und setzten ihren Ruhm darin, die Aussprüche ihres Meisters hier zu ergänzen. Sie waren es, welche die Annahme einer unvermittelten Fernwirkung der Körper für eine vollständige Lösung des Problems erklärten und die Schwere ohne weitere Scrupel den allgemeinen Eigenschaften der Materie zuzählten. Roger Cotes (1682 bis 1716, seit 1706 Professor der Mathematik und Physik an der Universität Cambridge), welcher im Auftrage

Newton's die zweite Auflage seiner Principien von 1713 besorgte, spricht Newton,
sich in dieser Beziehung am schärfsten aus. Er erklärt in seiner ^1687.
Vorrede zu diesem Werke die Fernwirkung der Körper, die
actio in distans, direct für eine allgemeine Eigenschaft
der Materie, die nicht weiter erklärt werden könne, weil
sie nicht wieder Wirkung einer anderen Ursache, sondern
eine erste Ursache und vom Schöpfer direct der Materie
eingepflanzt sei. „Will man aber die Schwere deshalb eine verborgene Ursache nennen und sie unter diesem Namen aus der Naturlehre verbannen, weil ihre Ursache verborgen und noch nicht aufgefunden
ist? Diejenigen, welche dies behaupten, mögen sehen, dass sie keine
absurde Behauptung aufstellen, wodurch sie endlich die ganze Grundlage
der Physik umreissen würden. Obgleich man durch beständige Ver-
knüpfung der Ursachen vom Zusammengesetzten zum Einfachen fortzuschreiten pflegt, kann man doch nicht weiter kommen, sobald man
zur einfachsten Ursache gelangt ist. Von der letzteren kann keine
mechanische Erklärung gegeben werden, würde diese gegeben, so war
die Ursache noch nicht die einfachste." Cotes meint nun, die
Schwere sei eine solche einfachste Ursache; er hält es für
irreligiös nach weiteren Erklärungen derselben zu suchen
und so den Schöpfer ganz eliminiren oder doch ganz begreifen zu wollen. Wer die Principien der Naturlehre und die
Gesetze der Dinge finden zu können glaubt, indem er sich allein auf die
Kraft seines Geistes und das innere Licht seiner Vernunft stützt, muss
entweder annehmen die Welt sei aus einer Nothwendigkeit hervorgegangen und die aufgestellten Gesetze aus derselben Nothwendigkeit
folgen lassen, oder er muss der Meinung sein, dass, wenn die Natur
durch den Willen Gottes entstanden sei, er, ein elendes Menschlein eingesehen habe, was als das Beste zu thun sei." „Diese Principien (wie
sie Newton und Cotes aufgestellt) werden aber deshalb nicht weniger
zuverlässig sein, weil sie vielleicht einigen Menschen weniger willkommen
sind. Für diese werden sie Wunder und verborgene Eigenschaften sein,
an denen sie keinen Gefallen finden; allein die boshafter Weise bei-
gelegten Namen darf man nicht aus Versehen auf die Dinge übertragen;
wenn man nicht zuletzt erklären will, dass die Naturlehre sich auf
Atheismus gründen müsse." Gingen nun auch nicht alle Anhänger
Newton's so weit, jeden Forscher nach der causa gravitatis für einen
Atheisten zu erklären, so wurde doch bald für die ganze Newton'sche
Schule die Frage nach der Ursache der Schwere das Zeichen einer gänzlich verpönten Naturphilosophie. Man darf es vielleicht natürlich finden,
dass die Schüler in dem Streite und in dem Enthusiasmus für ihren
Lehrer die Theorie desselben als vollkommen abgeschlossen und ohne
irgend welchen dunklen Rest darzustellen versuchten und dass sie bemüht
waren den schlimmsten Angriffspunkt, die Ursache der Schwere, aus der
Physik wenigstens gänzlich hinaus zu schaffen; dafür aber wird man

von dem Meister Newton selbst erwarten müssen, dass er
sich nicht zu demselben Extrem fortreissen liess und seinen
ersten exacten Standpunkt immer beibehielt. Leider ist
gerade hier nicht alles so klar, als es sein sollte.

Newton betitelte sein Werk Principien der Naturphilosophie, und
man muss gestehen, dass Newton wohl gross genug beanlagt war zu den
Principien der Dinge zu gelangen, soweit dies nur irgend einem Menschen
möglich werden kann. Newton's Arbeiten haben für die Physik einen
grossen allgemeinen Werth. Er formulirte an vielen Stellen zuerst
die allgemeinen Grundgesetze der Bewegung, die vor ihm
wohl vielfach angewandt, aber doch nicht mit bewusster Allgemeinheit
bestimmt ausgesprochen worden waren, und durch seine Definitionen
der absoluten, beschleunigenden und bewegenden Kraft,
der absoluten und relativen Bewegung, durch seine allgemeinen Bewegungsgesetze gab er vor allem der Mechanik eine
sichere Grundlage. Durch seine scharfe Trennung der mathematischen Ergebnisse von den hypothetischen Grundlagen der Deduction ermöglichte er eine ganz genaue Sicher-
heitsbestimmung der Resultate, auch war er als Experimentator vollkommen fähig und auch immer bereit seine Resultate
durch die Beobachtung zu verificiren. Er scheint zum
vollendeten Physiker angelegt und fähig Philosophie,
Mathematik und Empirie gleichmässig zu beherrschen,
aber es lässt sich nicht verkennen, dass er diese Fähigkeiten nicht gleichmässig benutzt hat. Newton's Arbeiten
sind zum grössten Theile mathematisch; er selbst betont, wirklichen oder
möglichen Angriffen gegenüber, stets seinen Standpunkt als Mathematiker und behauptet mit der Unanfechtbarkeit seiner mathematischen
Resultate auch die Vereinbarkeit derselben mit entgegengesetzten physikalischen Theorien.

Wie zwischen der Emissions- und Undulationstheorie des Lichts, so
versucht er zwischen der Annahme einer vermittelten und der einer
unvermittelten Fernwirkung eine neutrale Stellung zu halten, und wie
er in der Optik frageweise auch die Erklärung der optischen Erscheinungen durch die Undulationstheorie berührt, so spielt er in der Gra-
vitationslehre auf eine Erklärung der Schwere durch die Stösse einer
allverbreiteten ätherischen Flüssigkeit an; ja er eröffnet, an einer
Stelle wenigstens, über die Wirksamkeit dieses Aethers Per-
spectiven, wie man sie kühner heute nicht denken könnte.
Im zweiten Abschnitt des ersten Buches der Principien sagt er, ähnlich
wie bei der Definition der Centripetalkraft[1]): „Aus diesem Grunde fahre
ich fort, die Bewegung von Körpern zu erklären, welche sich gegenseitig
anziehen, indem ich die Centripetalkräfte als Anziehungen betrachte,

---

[1]) Siehe S. 226.

Newton, 1687.

obgleich sie vielleicht, wenn wir uns der Sprache der Physik bedienen wollen, richtiger Anstösse genannt werden müssten. Wir befinden uns nämlich auf dem Gebiete der Mathematik und bedienen uns deshalb, indem wir physikalische Streitigkeiten fahren lassen, der uns vertrauten Benennung." „Die Benennung Anziehung nehme ich hier allgemein für jeden Versuch der Körper sich einander zu nähern an, mag jener Versuch aus der Wirksamkeit der entweder zu einander hin strebenden oder mittelst ausgeschickter Geister sich gegenseitig antreibender Körper entstehen; oder mag er aus der Wirkung eines Aethers, der Luft oder irgend eines Mittels hervorgehen, welches letztere körperlich oder unkörperlich sei, und die in ihm schwimmenden Körper auf irgend eine Weise gegen einander treibt." Am Schlusse des dritten Buches geht er noch viel weiter. „Es würde hier der Ort sein, etwas über die geistige Substanz hinzuzufügen, welche alle festen Körper durchdringt und in ihnen enthalten ist. Durch die Kraft und die Thätigkeit dieser geistigen Substanz ziehen sich die Theilchen der Körper wechselseitig in den kleinsten Entfernungen an und haften an einander, wenn sie sich berühren. Durch sie wirken die elektrischen Körper in den grössten Entfernungen sowohl um die nächsten Körperchen anzuziehen als auch um sie abzustossen. Mittelst dieses geistigen Wesens strömt das Licht aus, wird zurückgeworfen, gebengt, gebrochen und erwärmt die Körper. Alle Gefühle werden erregt und die Glieder der Thiere beliebig bewegt durch die Vibrationen desselben, welche sich von den äusseren Organen der Sinne mittelst der festen Fäden der Nerven bis zum Gehirne und hier von diesem bis zu den Muskeln fortpflanzen. Diese Dinge aber lassen sich nicht mit wenigen Worten erklären, und man hat noch keine hinreichende Anzahl von Versuchen um genau das Gesetz bestimmen und beweisen zu können, nach welchem diese allgemeine geistige Substanz wirkt." Auch in den schon erwähnten, der Optik angehängten Fragen kommt Newton auf die Aethertheorie zurück. „Dieses Mittel, ist es nicht dünner in den dichten Körpern der Sonne, der Sterne, der Planeten und der Cometen, als in den leeren himmlischen Räumen, welche zwischen diesen Körpern sind; und indem es in sehr entfernte Räume geht, muss es nicht immerwährend dichter werden und ist es nicht dadurch die Ursache von der gegenseitigen Gravitation der Körper und der Gravitation ihrer Theile selbst, indem jeder von ihnen sucht von mehr dichten zu weniger dichten Partien zu kommen? — Und obgleich das Wachsthum der Dichte in grossen Distanzen ausserordentlich langsam sein kann, so kann doch auch die elastische Kraft des Mittels so gross sein, dass sie genügt um die Körper von den dichteren Partien zu den weniger dichten mit der

ganzen Kraft zu stossen, welche wir Gravitation nennen. Die ausser-
ordentliche elastische Kraft des Mittels kann man aus der Geschwindigkeit seiner Vibrationen folgern. Der Ton durchläuft circa 1140 Fuss
in einer Secunde und circa 100 englische Meilen in 7 bis 8 Minuten.
Das Licht geht in ungefähr 7 bis 8 Minuten von der Sonne bis zu uns,
in dieser Zeit durchläuft es eine Distanz von circa 70 000 000 englischen
Meilen, vorausgesetzt, dass die Parallaxe der Sonne ungefähr 12 Zoll
sei. Damit aber die Vibrationen dieses Mittels die Anwandlungen der
leichteren Transmission oder Reflexion hervorbringen können, müssen
sie schneller sein als das Licht und folglich mindestens 700 000 mal
schneller als der Ton. Dann muss die Elasticität dieses Mittels im Vergleich zu seiner Dichte $700\,000^2 = 490\,000\,000\,000$ mal grösser sein
als die Elasticität der Luft im Verhältniss zu ihrer Dichte." So kann
auch der Aether noch viel dünner angenommen werden als die Materie
des Lichts und doch von einer viel grösseren elastischen Kraft im Verhältniss zur Dichte, dann wird er den Bewegungen der Himmelskörper
unendlich geringen Widerstand leisten und doch die Körper gegen einander stossen können [1]. „Wenn Jemand beabsichtigt mich zu fragen,
wie ein Mittel so dünn sein kann, so möge er mir sagen, wie es
möglich ist, dass die Atmosphäre in den höheren Regionen mehr als
1000 mal, 100 000 mal so dünn ist als Gold, und wie man durch
Reiben aus den elektrischen Körpern Ausflüsse herauspressen kann, so
dünn und so fein (und doch so mächtig), dass keine bemerkbare Verminderung des Gewichts verursacht wird, — und wie die magnetische
Materie so dünn und fein sein kann, dass sie ohne irgend einen Widerstand oder eine Verminderung ihrer Kraft durch eine Glasplatte geht,
und wie sie dabei doch so mächtig sein kann, dass sie eine Magnetnadel
in einem Glase wendet [2]."

Trotz allen diesen Aeusserungen Newton's, dass er eine weiter
zurückliegende Ursache der Schwere für möglich halte, trotzdem dass
Newton den Aether als die causa gravitatis fast vertheidigt, so hat er doch
nichts gethan für eine Entscheidung dieser so wichtigen Frage; ja er
hat geduldet, dass seine Schüler ihm hier direct widersprachen und jede
Möglichkeit einer physikalischen Ursache der Schwere geradezu verwarfen. So kommt es, dass in den Principien Newton selbst
jede unvermittelte Fernwirkung, jede actio in distans,
fast für unmöglich erklärt, während in der Vorrede zur
zweiten Auflage des Werkes sein Schüler Cotes schon
das Suchen nach einer solchen Ursache oder Vermittelung
der Fernwirkung als ein Zeichen des Atheismus denuncirt.
Es scheint danach, als ob Newton mit dem Alter einseitiger und schroffer
geworden sei. Hatte er früher nur jede definitive Stellungnahme zu

---

[1] Newton, Optice, lat. redd. S. Clarke, quaestio XXI.
[2] Newton, Optice, quaestio XXII.

den betreffenden Fragen abgelehnt, so nahm er im Alter die ihm Newton, 1687.
bequemste Hypothese einfach auf, und wenn er auch nicht ausdrücklich
seine frühere Neutralität widerrief, so begannen doch seine Schüler
unter seiner Fahne den Kampf gegen die Physiker und Philosophen,
welche der ohne genügende Untersuchung angenommenen Meinung des
Meisters widersprachen. Auf diese Weise ist Newton passiv
durch seine Anhänger der Gründer der Emissionstheorie
des Lichts und der actio in distans geworden, obgleich
er in seinen Werken die ausschliessliche Entscheidung
für diese Lehren verweigert hatte. Mag man einer Ansicht sein,
welcher man will, so darf man doch nicht verkennen, dass ein solches
Verhalten eines Geistes von der Grösse Newton's nicht würdig ist [1]).

Es wird sich schwer entscheiden lassen, ob dieses eigenthümliche
Verhalten vollständig in der Natur Newton's begründet, oder ob es mit
durch die Angriffe auf ihn hervorgerufen worden ist; jedenfalls machte
dasselbe den Sieg seiner Sache nicht leichter und nicht schneller. Am
längsten hielten die Franzosen an der Autorität ihres
Landsmannes Descartes fest, aber auch in England zeigten sich
vor allem viele Lehrer der Physik als gut conservative Anhänger dieses
Philosophen. In Frankreich wie in England legte man allgemein dem
physikalischen Unterricht Rohault's 1671 zuerst erschienenen Traité
de physique zu Grunde, der nach Descartes' Principien bearbeitet
war. Erst im Jahre 1697, als Samuel Clarke statt der gebrauchten
schlechten englischen Uebersetzung dieses Werkes eine gute lateinische
gab und dieser die Ansichten Newton's in Noten beifügte, änderte
sich nach und nach in England wenigstens die Sachlage zu Gunsten Newton's, und von dieser Zeit an füllten sich die Lehrstühle
der Schulen mit Schülern und Anhängern Newton's. Damit bildete
sich dann ein Gegensatz zwischen den Physikern Englands und Frankreichs aus, der lange nachgewirkt hat.
Voltaire, der 1727 England besuchte, schreibt darüber: „In Paris
sieht man das Universum mit lauter ätherischen Wirbeln besetzt, während hier in demselben Raume unsichtbare Kräfte ihr Spiel treiben. In
Paris ist es der Druck des Mondes, der die Ebbe und Fluth des Meeres
macht, und in England ist es umgekehrt das Meer, das gegen den Mond
gravitirt, so dass, wenn die Pariser von dem Monde eben Hochwasser
verlangen, die Herren in London zu derselben Zeit Ebbe haben wollen."
„Bei Euch Cartesianern geschieht alles durch den Druck, was uns anderen
nicht recht klar werden will, bei den Newtonianern aber wird alles durch

---

[1]) Zöllner (Principien einer elektro-dynam. Theorie, Leipzig 1876, Bd. I,
S. XXIV bis LXIII) meint, Newton habe in späterem Alter seine Ansicht geändert
und Cotes habe im directen Auftrag Newton's jene Sätze geschrieben. Dann
wäre aber gar nicht zu begreifen, warum Newton nicht die widersprechenden
Stellen im Werke selbst geändert, da er doch an anderen Orten desselben wirklich verbessert hat.

den Zug verrichtet, was aber nicht viel deutlicher ist.   In Paris endlich
malt man uns die Erde an ihren Polen länglich, wie ein Ei, und in
London ist sie abgeplattet wie eine Melone." In England hatten die
bedeutendsten Gelehrten wie W r e n , H a l l e y , die G r e g o r y s , C o t e s ,
K e i l l die Partei Newton's ergriffen; ausserhalb Englands aber verhielten
sich die grossen Physiker, wie H u y g h e n s , die B e r n o u l l i s etc.
feindlich. 1736 schrieb M a u p e r t u i s in Frankreich die erste Abhandlung günstig für Newton; aber noch F o n t a n e l l e starb 1756 als gläubiger Cartesianer.   Doch war man auf der anderen Seite auch schon
bestrebt, die neue Lehre in die weitesten Kreise zu verbreiten, und
1739 erschien sogar N e w t o n ' s P h i l o s o p h y e x p l a i n e d f o r t h e
u s e o f l a d i e s , f r o m t h e I t a l i a n o f A l g a r o t t i (2 volumes).

N e w t o n ' s P r i n c i p i e n erlebten noch bei seinen Lebzeiten d r e i
A u f l a g e n ; die zweite wurde, wie schon erwähnt, 1713 durch C o t e s ,
die dritte 1726 durch P e m b e r t o n besorgt; sie erschienen weiter 1729
und 1802 englisch, 1759 französisch (durch die Marquise d u C h a t e l e t ,
die Freundin Voltaire's), 1872 deutsch durch W o l f e r s[1]), dessen Uebersetzung wir im Vorhergehenden meist gefolgt sind.   Trotz alledem hat
das Werk zu allen Zeiten weniger direct als durch die Vermittelung
von Bearbeitern gewirkt, die dasselbe dem allgemeinen Verständniss
näher brachten.   Einer allgemeinen Verbreitung war immer die abstract
mathematische Fassung der Probleme hinderlich und die geometrisch-
synthetische Methode der Lösungen war nicht bloss schwer verständlich,
sondern war auch wenig geeignet ein Fortschreiten der Wissenschaft,
ein Fortbilden derselben durch die Nachfolger zu erleichtern.   Die directen Schüler Newton's, welche sich darauf capricirten die Newton'sche
Methode, wie seine Fluxionsrechnung, ganz in seiner Weise zu gebrauchen,
verloren nach und nach die Leitung in der mathematischen Physik, wie
in der Mathematik selbst; und Franzosen und Deutsche, welche die Differentialrechnung des Leibniz weiter bildeten, wurden die Führer in der
weiteren Entwickelung der mathematischen Wissenschaft und damit auch
der Newton'schen Theorien.

Auf das P r i v a t l e b e n N e w t o n ' s hatte das Erscheinen seines
grossen Werkes vor der Hand wenig Einfluss.   Noch 1692 petitionirte
er erfolglos um eine Aufbesserung seines Gehaltes: „Ich sehe es, meine
Sache ist, stille zu sitzen," schrieb er damals an seinen Freund, den
Philosophen L o c k e .   Erst 1695 begann sich seine Lage glänzender zu
gestalten.   Durch seinen früheren Schüler und Gönner L o r d M o n -
t a g u e erhielt er in diesem Jahre das gut besoldete Amt eines königlichen Münzwardeins und 1699 die sehr reich dotirte Stelle des königlichen Münzmeisters.   1703 legte er seine Professur in Cambridge zu
Gunsten des W i l l i a m W h i s t o n nieder, und von da an lebte er meist

---

[1]) Sir Isaac Newton's mathematische Principien der Naturlehre, herausgegeben von Prof. Dr. J. Th. W o l f e r s . Berlin 1872.

in London oder Kensington. Die äusseren Ehren häuften sich dann auf Newton, 1687. seiner Person; er wurde Mitglied des Parlaments, die Royal Society wählte ihn von 1703 alljährlich zum Präsidenten, und die Königin Anna ertheilte ihm die Ritterwürde. Von wissenschaftlichen Arbeiten folgten seinen Principien keine neuen epochemachenden mehr, nur betheiligte er sich bis zuletzt an den Arbeiten der Royal Society mit grossem Eifer. Von 1722 an hatte er stark mit Gicht, Rheumatismus und Steinbeschwerden zu kämpfen, aber noch einen Monat vor seinem Tode präsidirte er der Royal Society. Er starb am 21. März 1727 und wurde mit grossen Ehren in der Westminsterabtei beigesetzt. Der Dichter Pope hat ihm die Grabschrift verfasst: Nature and Nature's laws lay hid in night, God said: „Let Newton be and all was light." Wie viele der grössten Gelehrten der damaligen Zeit, war er nicht verheirathet, seine Nichte führte ihm lange Zeit bis zu seinem Tode den Haushalt. In der letzten Zeit beschäftigte er sich wie Boyle viel mit theologischen Speculationen, und 1736 erschien von ihm posthum ein Werk über den Propheten Daniel und die Offenbarung Johannis, das man besser der Oeffentlichkeit nicht übergeben hätte.

Die Folgen von dem merkwürdigen Verhalten Newton's, der per- Huyghens, Traité de la lumière, 1690. sönlich eine wissenschaftliche Theorie benutzen konnte, ohne sich doch definitiv für diese oder die entgegengesetzte zu entscheiden, trug Niemand schwerer als Huyghens mit seiner Undulationstheorie des Lichts. Gegenüber der alten Ansicht von dem Ausströmen kleiner Theilchen aus dem leuchtenden Körper hatte schon Grimaldi in zaghafter und Hooke in bestimmterer Weise das Licht für die Vibrationsbewegung eines unendlich dünnen und leichten Mittels, des Aethers, und die Ausbreitung desselben für eine Wellenbewegung ähnlich der des Schalls erklärt. Im Jahre 1678 las Huyghens vor der Pariser Akademie eine Abhandlung, in welcher er nicht bloss behauptete, sondern auch bewies, dass nur die letztere Ansicht die richtige sein könne. Da er aber im Jahre 1681 schon Paris verliess, so verzögerte sich der Druck derselben, und erst 1690 erschien das Werkchen unter dem Titel Traité de la lumière où sont expliquées les causes de ce qui arrive dans la réflexion et dans la réfraction et particulièrement dans l'étrange réfraction du Cristal d'Islande avec un discours de la cause de la pesanteur (Leyden 1690). Dieses Werk enthält eine vollständige Undulationstheorie des Lichts, die bis auf einen Hauptpunkt ganz mit unserer jetzigen Lichttheorie übereinstimmt.

Huyghens setzt einen höchst feinen, höchst beweglichen, durch das ganze Weltall verbreiteten Stoff, den Aether, voraus. Wird an einer Stelle ein Aethertheilchen in Schwingung versetzt, so theilen sich die Schwingungen allen benachbarten Theilchen mit, und durch den Raum pflanzt sich eine Aetherwelle fort, die jenes Theilchen zum Mittelpunkte

Huyghens, 1690. hat. Trifft eine solche Welle unser Auge, so haben wir die Empfindung von Licht. Huyghens findet nichts Absonderliches darin, die Existenz eines solchen Aethers anzunehmen, da ja das Licht sich auch durch den luftleeren Raum fortpflanzt, und er meint, eine solche Wellenbewegung liesse die ausserordentlich schnelle Fortpflanzung des Lichts viel eher erklären, als die Annahme einer Materie, die nicht eine Bewegung, sondern einzelne schwere Theilchen mit solcher Geschwindigkeit fortsendet. Er zeigt dann, wie die Lichtwellen beim Auftreffen auf undurchsichtige Mittel unter gleichen Winkeln zurückgeworfen werden, und weiter wie die Fortpflanzungsrichtung solcher Wellen beim Uebergang aus einem Mittel in ein anderes ganz dem Brechungsgesetz gemäss verändert werden muss. Huyghens erklärte also nach der Undulationstheorie die Reflexion und Refraction des Lichts mindestens ebenso gut, als Newton sie nach der Emissionstheorie erklärt hatte, nur musste er dabei die entgegengesetzte Annahme über die Veränderung der Lichtgeschwindigkeit beim Uebergang aus einem Medium in ein anderes machen. Während Newton fand, dass die Lichtgeschwindigkeiten in den verschiedenen Mitteln den Sinus der Abweichungen vom Einfallsloth indirect proportional wären, musste Huyghens voraussetzen, dass diese Proportionalität eine directe sei. Leider ergab dies noch kein Mittel, sicher zwischen beiden Theorien zu entscheiden, denn die Fortpflanzungsgeschwindigkeit des Lichts in .den verschiedenen Medien konnte nicht gemessen werden. Dafür aber waren von anderer Seite schon Erscheinungen bekannt gegeben worden, die direct für ihre Erklärung die Undulationstheorie forderten.

Erasmus Bartholinus (1625 bis 1698, Professor der Mathematik und Medicin an der Universität Kopenhagen) hatte entdeckt, dass man durch grosse klare Stücke des isländischen Kalkspaths darunter liegende Gegenstände doppelt sieht, und dass also jeder der Lichtstrahlen, welcher von einem Punkte des Gegenstandes ausgeht, im Krystall sich in zwei Strahlen theilt. Indem er dann unter verschiedenen schiefen Richtungen nach dem Gegenstande sah und dabei die Brechungsexponenten bestimmte, fand er für den einen Strahl den Brechungsexponenten, wie es das Brechungsgesetz vorschreibt, constant, nämlich gleich $^5/_3$, für den anderen Strahl aber konnte er keine Regel entdecken[1]). Diese Erscheinung war es, welche Huyghens zu erklären versuchte und deren Gesetz er mit Hülfe der Undulationstheorie auffand. Der isländische Kalkspath, auch Doppelspath genannt, hat die Gestalt eines Rhomboëders; schleift man die zwei stumpfen Gegenecken desselben A und B senkrecht zu ihrer Verbindungslinie (der Hauptachse des Krystalls) eben ab, so erscheint ein schwarzer Punkt, den man durch den

---

[1]) Experimenta Crystalli Islandici Disdiaclastici, quibus mira et insolita refractio detegitur. Kopenhagen 1669.

Krystall sieht, senkrecht zur Schliffebene einfach und nur bei schiefem Huyghens, Daraufsehen doppelt. Der Lichtstrahl, welcher von dem schwarzen 1690. Punkte ausgeht, wird im Krystall in zwei Strahlen zerlegt, von denen

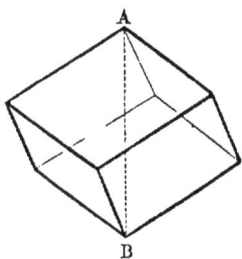

der eine nach allen Richtungen hin, welche nicht der Hauptachse parallel sind, anders gebrochen wird als der andere. Bei der angegebenen Art die Ecken abzustumpfen bleiben noch beide Strahlen in der Einfallsebene, schleift man aber die Ecken schief zur Achse ab, so tritt auch der eine Strahl aus der Einfallsebene heraus. D e r e r s t e S t r a h l h e i s s t d e r o r d e n t l i c h e S t r a h l, für ihn fand Huyghens, wie schon Bartholinus den constanten Brechungsexponenten gleich $^5/_3$. Um auch für den anderen, den a u s s e r o r d e n t l i c h e n S t r a h l, eine Regel zu finden, die seine Construction in jedem gegebenen Falle erlaubte, nahm Huyghens an, d a s s d i e k l e i n s t e n T h e i l c h e n d e s K a l k - s p a t h s d i e F o r m v o n R o t a t i o n s e l l i p s o i d e n h ä t t e n, d e r e n k l e i n e A c h s e (die Rotationsachse) d e r H a u p t a c h s e d e s K r y s t a l l s p a r a l l e l s e i, u n d d a s s d a n a c h d i e o p t i s c h e D i c h t e d e s K a l k - s p a t h s i n d e r R i c h t u n g d e r H a u p t a c h s e a m g r ö s s t e n, n a c h a l l e n a n d e r e n R i c h t u n g e n h i n a b e r k l e i n e r u n d z w a r d e n e n t s p r e c h e n d e n H a l b m e s s e r n d e s E l l i p s o i d s u m g e k e h r t p r o p o r t i o n a l s e i. Dann würde jede von einem Punkt ausgehende Lichtwelle im Krystall sich in zwei zerlegen; die erste wäre kugelförmig gestaltet und in ihr nach allen Richtungen hin die Fortpflanzungsgeschwindigkeit und mithin auch der Brechungsexponent derselbe. Die zweite Welle aber hätte die Gestalt eines den Molekülen ähnlichen Rotationsellipsoids, in ihr wäre die Fortpflanzungsgeschwindigkeit nach der Richtung der Hauptachse am grössten (gleich der in der Kugelwelle) und nach der Richtung der anderen Achsen am kleinsten. Die erste Welle erzeugte den ordentlichen, die zweite den ausserordentlichen Strahl. Durch viele Messung von Brechungen des ausserordentlichen Strahls bestimmte Huyghens die Gestalt jenes Rotationsellipsoids und fand das Achsenverhältniss desselben ungefähr gleich 0,9. Mit der Form desselben war aber für jede Richtung der Halbmesser desselben, damit auch die Geschwindigkeit des Lichts in dieser Richtung und endlich auch der Brechungsexponent gegeben. D a r a u s w i r d k l a r, w i e H u y g - h e n s n u n f ü r j e d e R i c h t u n g d e s e i n f a l l e n d e n S t r a h l e s d i e R i c h t u n g a u c h d e s a u s s e r o r d e n t l i c h g e b r o c h e n e n S t r a h l e s d u r c h R e c h n u n g o d e r C o n s t r u c t i o n o h n e w e i t e r e B e o b a c h t u n g f i n d e n k o n n t e. E r p r ü f t e s e i n e T h e o r i e d u r c h z a h l r e i c h e M e s s u n g e n u n d d i e U e b e r e i n s t i m m u n g, w e l c h e e r z w i s c h e n T h e o r i e u n d B e o b a c h t u n g f a n d, w a r i h m e i n s i c h e r e r B e w e i s f ü r d i e R i c h t i g k e i t s e i n e r U n d u · l a t i o n s h y p o t h e s e.

Leider zeigten sich seine Zeitgenossen wenig geneigt dies anzuerkennen. Newton erwähnt in seiner Optik, die er 14 Jahre nach dem
Erscheinen der Huyghens'schen Abhandlung erst im Druck veröffentlichte, dieser Schrift bei der Beschreibung des Doppelspaths, giebt aber
trotzdem eine falsche Vorschrift für die Construction des ausserordentlich gebrochenen Strahls. Auf sein Verhältniss zur Undulationstheorie scheint die Huyghens'sche Vertheidigung
derselben eher einen ungünstigen als günstigen Einfluss
geübt zu haben. Seine Anhänger aber, und das wurden nach und
nach fast alle Optiker, fanden es am besten die ihnen unbequeme Abhandlung über die schwer zu behandelnde Undulationstheorie einfach
todt zu schweigen. Der Traité de la lumière blieb in der Folgezeit ohne jede Wirkung; er war für ein ganzes nachfol-
gendes Jahrhundert so gut wie nicht geschrieben, und selbst
der grosse Euler vermochte ihn nicht zu Ehren zu bringen. Die bedeutenden Geschichtsschreiber der Physik zu Ende des vorigen Jahrhunderts
erwähnen das Werk fast nur als Curiosität, und noch Fischer[1] sagt,
als er des Huyghens'schen Beweises für das Brechungsgesetz erwähnt:
„So richtig auch dieser Beweis an sich ist, so beruht er doch auf einer
Hypothese, welche wohl schwerlich noch jetzt Liebhaber finden wird.
Auch müsste daraus folgen, dass die Lichtstrahlen in brechenden
Medien von stärkerer Dichtigkeit stärker als in den von geringerer
Dichtigkeit gebrochen würden, welches aber der Erfahrung ganz ent-
gegen ist."

Trotzdem ist das ganze Vorgehen des Huyghens bei
Begründung seiner neuen Lehre eines der besten Beispiele für eine richtige Methode der Physik. Newton hatte
durch sein berühmtes „Hypothesen bilde ich nicht" die Physik wieder
auf den Weg der reinen Induction gewiesen. Aber gerade die Optik
Newton's hat gezeigt, dass man ohne jede Hypothese über das Wesen
der Erscheinung kaum zur Erklärung so complicirter Erscheinungen wie
der Lichtbeugung, der Doppelbrechung u. s. w. gelangen kann. Huyghens dagegen, indem er aus der Annahme der Wellenbewegung des
Lichts mathematisch die Gesetze der Erscheinungen ableitete und dann
das Gefundene so vielfach durch Versuche verificirte, hat der physikalischen Optik auch methodisch die Grundlage gegeben, auf welcher sie
in der neueren Zeit zu einer der sichersten und am weitesten ausgebil-
deten Disciplinen der ganzen Physik geworden ist.

Freilich dürfen wir über dem Rühmen der Methode nicht vergessen,
dass auch Huyghens nicht alle Räthsel löste, und dass auch mit Annahme
der Undulationstheorie noch einige dunkle Reste in der damaligen Optik
blieben, die immerhin gegen die Annahme dieser Hypothese geltend
gemacht werden konnten. Die Theorie der Farben blieb ein

---

[1] Geschichte der Physik, II, S. 47.

schwieriger Punkt für die Undulationstheorie, und selbst Huyghens,
1690. die Möglichkeit einer geradlinigen Fortpflanzung der Lichtstrahlen wollte Manchem bei dieser Theorie ausgeschlossen erscheinen. Um die geradlinige Verbreitung des Lichts von einer hellen Oeffnung in ein dunkles Zimmer zu erklären, sagt Huyghens: Wenn das Licht durch eine helle Oeffnung in ein dunkles Zimmer eintritt, so wird sich allerdings von jedem leuchtenden Punkte in der Oeffnung eine Welle in das Zimmer fortpflanzen, aber obschon die partialen Wellen, die von den einzelnen Punkten der Oeffnung kommen, sich ausser dem geradlinigen Raum verbreiten, so können doch diese Wellen nirgends als in der Fronte der Oeffnung zusammen kommen oder sich begegnen, sie können also nur hier den Eindruck des Lichts erzeugen. „Dies war denen unbekannt, welche die Wellen des Lichts zuerst betrachtet haben, wie Hooke in seiner Micrographia und Pardies." Sind aber schon diese Andeutungen einigermaassen unbestimmt, so konnte Huyghens noch viel weniger, ohne eine klare Vorstellung von der Interferenz des Lichts, die Farben erklären, welche bei der Beugung des Lichts[1]), bei dem Durchgang des Lichts durch dünne Blättchen etc. auftreten. Er griff deshalb zu dem bequemsten, aber wohl auch nicht ganz zu rechtfertigenden Ausweg, dass er in seiner Abhandlung die Farbentheorie ganz überging. Dies mag dann mit ein Grund gewesen sein, dass wieder Newton und seine Anhänger bei ihren unläugbaren Erfolgen auf diesem Gebiete die Hypothesen des Huyghens ohne Beachtung liessen.

Ausser dem Fehlen einer Farbentheorie besitzt Huyghens' Werk noch eine andere Lücke, welche sogar die Undulationstheorie direct berührte. Nennt man Hauptschnitt des Rhomboëders eine Ebene, welche durch die Hauptachse und eine der Kanten des Rhomboëders geht, so kann man eine neue, von Huyghens entdeckte Erscheinung folgendermaassen beschreiben. Wenn man zwei Rhomboëder des isländischen Doppelspathes so über einander legt, dass ihre Hauptschnitte parallel sind, so gehen die von dem unteren Rhomboëder kommenden Lichtstrahlen unverändert durch das obere; dreht man aber den einen Krystall so, dass die beiden Hauptschnitte auf einander senkrecht stehen, so wird der ordentliche Strahl des unteren Krystalls durch den oberen in den ausserordentlichen verwandelt und umgekehrt; bei jeder schiefen

---

[1]) Die Beugungserscheinungen fanden auch in der Folgezeit um so geringere Beachtung, je weniger man mit ihnen anzufangen wusste. Giac. Fil. Maraldi (1665 bis 1729, Mém. Par. 1723) stellte wieder Versuche über die Beugung des Lichts an, kam aber nicht viel weiter als Newton. s'Gravesande (Elementa physices, Bd. II, Buch 5) fügte hinzu, dass nicht nur im Schatten eines Körpers, sondern auch im Licht einer sehr engen Spalte farbige Streifen entstehen. Auch er blieb noch auf dem Standpunkt Newton's und erklärte diese Streifen durch die Anziehung der Lichtmaterie an den Rändern der Spalten.

Lage der Hauptschnitte aber wird jeder Strahl, der aus dem unteren Krystall austritt, im oberen in zwei Strahlen zerlegt. Newton machte bei der Erwähnung dieser Erscheinung die Bemerkung, der Lichtstrahl möge wohl verschiedene Seiten haben und nach verschiedenen Seiten sich ungleich verhalten. Für die Erklärung der Polarisationserscheinungen des Lichts durch die Undulationstheorie wurde dieser Gedanke später ausserordentlich fruchtbar, bei Newton selbst aber bedeutete er nur eine neue hypothetisch den Lichtstrahlen angezwungene Eigenschaft, mit der er auch nicht viel anfing. Huyghens freilich kam auf diesem Gebiete zu gar keinem Ergebniss, weil seine Undulationstheorie gerade hier sich noch mangelhaft zeigte. Er hatte nämlich angenommen, dass die Vibrationen des Lichtäthers, wie das beim Schall mit den Luftschwingungen der Fall ist, in der Fortpflanzungsrichtung der Wellen geschähen. Danach aber war keine Möglichkeit gegeben einzusehen, wie der Lichtstrahl nach verschiedenen Seiten hin sich verschieden verhalten könne, und eine Erklärung jener merkwürdigen Erscheinungen konnte nicht gelingen. Erst bei der neuen Erweckung der Undulationstheorie in diesem Jahrhundert verbesserte man den Irrthum des Huyghens und nahm an, dass die Vibrationen des Aethers in allen möglichen zur Fortpflanzungsrichtung des Strahles senkrechten Richtungen stattfänden, und damit erhielt der Newton'sche Gedanke von den verschiedenen Seiten des Lichtstrahles erst durch die gegnerische Theorie die Berechtigung der Existenz.

Neben seinen theoretisch optischen Untersuchungen war Huyghens auch sehr viel mit praktischen Arbeiten beschäftigt. Er erfand 1660 ein Verfahren zum Schleifen von Linsengläsern und stellte danach mit Hülfe seines Bruders Constantin Linsen von bedeutenden Dimensionen her. Weil aber bei solchen Linsen die Fernrohre zu lang wurden und deshalb nur schwer zu regieren waren, so liess er das Rohr derselben ganz weg, befestigte im Jahre 1684 die Gläser nur auf einer langen Stange und construirte so das erste praktische Luftfernrohr. In dem Werke Cosmotheoreos (Haag 1698) beschrieb er auch zuerst einen Apparat zum Messen von Lichtintensitäten und hatte mit demselben die Sonne 27 664 mal heller als den Sirius gefunden.

Ueberhaupt war man um diese Zeit mit der Verbesserung der optischen Instrumente und speciell der Fernrohre eifrig beschäftigt. In Italien waren Eustachio Divini (um 1660) und noch mehr Giuseppe Campani (um dieselbe Zeit), in Frankreich Pierre Borel (1620 bis 1689) und Adrien Auzout († 1691), in England Paul Neille, Reive und Cox, in Holland noch Nicolaus Hartsoeker (1656 bis 1725) und in Deutschland vor allem Tschirnhausen als Verfertiger von Linsen mit grosser Brennweite berühmt. Der „Logiker, Mathematiker und Physiker" Ehrenfried Walther Graf von Tschirnhausen (1651 bis 1708) legte auf seinen Gütern eigene Glas- hütten und Mühlen zum Schleifen von Gläsern an. Mittelst eines solchen Glases von Tschirnhausen verbrannten A v e r o n i und T a r g i o n i 1694 und 1697 zum ersten Male Diamanten. Auch grosse Brennspiegel ver- fertigte Tschirnhausen, den grössten im Jahre 1687; er war aus Kupfer getrieben, doppelt so dick als ein Messerrücken, hatte einen Durchmesser von drei Leipziger Ellen und zwei Ellen Brennweite. Mit Hülfe des- selben schmolz man Metalle, durchlöcherte einen sächsischen Thaler in fünf bis sechs Minuten und verglaste Ziegeln und Erden [1]. Derselbe findet sich mit anderen Brennspiegeln und Brenngläsern noch jetzt im königlichen Salon in Dresden [2].

Theoretisch wichtig sind Tschirnhausen's U n t e r s u c h u n g e n ü b e r d i e B r e n n l i n i e n, die er zuerst 1682 in den A c t a   e r u d i t o r u m veröffentlichte. Die Gestalt der Brennlinien bei Linsen wurde zuerst von B a r r o w in seinen L e c t i o n e s   o p t i c a e gegeben, Tschirnhausen bestimmte auch die Gestalt derselben bei sphärischen Spiegeln. Doch war seine Construction nicht genau, er selbst gestand später sich geirrt zu haben und verbesserte sich in einer Abhandlung vom Jahre 1690. J o h a n n   u n d   J a c o b   B e r n o u l l i (1692 und 1693) und der M a r - q u i s   d e   l'H ô p i t a l (1716) erweiterten seine Untersuchungen bedeu- tend; von J a c o b   B e r n o u l l i rühren die Benennungen d i a -   u n d   k a t a - k a u s t i s c h e   C u r v e n her. H u y g h e n s hatte sich ebenfalls mit diesen Problemen beschäftigt und die Brennlinien eines Hohlspiegels für parallel einfallende Strahlen richtig bestimmt, auch diese Untersuchungen ver- öffentlicht in seiner Abhandlung von 1690.

Endlich bleibt uns noch des Anhangs zu der Optik des Huyghens, des D i s c o u r s   d e   l a   c a u s e   d e   l a   p e s a n t e u r, zu erwähnen. In dieser Abhandlung über die U r s a c h e   d e r   S c h w e r e behauptete Huyg- hens übereinstimmend mit Newton und entgegen seinen früheren Col- legen von der französischen Akademie die A b p l a t t u n g   d e r   E r d e. Er bestimmte nach der Formel, welche er in seinem Horologium oscilla- torium gegeben hatte, die Schwungkraft am Aequator der Erde auf $1/_{289}$ der Schwere, machte darauf aufmerksam, dass danach eine 17 mal grössere Rotationsgeschwindigkeit der Erde die Schwere am Aequator völlig auf- heben müsse, und schloss wie Newton aus dieser Schwungkraft auf eine Ab- plattung der Erde. H u y g h e n s   b e r e c h n e t e   d i e   A b p l a t t u n g   a u f $1/_{578}$,   N e w t o n   a b e r   r i c h t i g e r   a u f $1/_{230}$; dafür gab Huyghens einen augenscheinlichen Beweis für die Abplattung von rotirenden Kugeln, indem er eine weiche Thonkugel auf eine Achse steckte und in Dre- hung versetzte. In dieser Abhandlung behauptet er auch, die Car- tesianischen Wirbelbewegungen könnten die Schwere nicht erklären: 1. denn die Centrifugalkraft der schweren Flüssigkeiten würde die

---

[1] Fischer, Geschichte der Physik, VII, 180.
[2] Gerland, Leopoldina, XVIII, 1882.

Körper nicht nach dem Mittelpunkt der Erde, sondern nach der Achse des Wirbels treiben; 2. damit die ätherische Masse die irdischen Körper mit der Schwere treiben könne, müsse die Drehung des Wirbels 17 mal schneller sein als die der Erde; 3. nach der Cartesianischen Hypothese müssten die dichteren Körper die leichteren, und die weniger dichten die schwereren sein. Er versucht darum dem Aether eine andere, mehr zweckentsprechende Bewegung zuzuschreiben, vermag aber dabei auch nicht zu einer sicheren Construction zu gelangen.

    In demselben Jahre, in welchem Newton seine Principien vollendete, begann ein anderer Streit über die Kraft, der nicht weniger als die Attractionstheorie die weitesten Kreise beschäftigte und zuletzt ebenfalls mehr abgewiesen als entschieden wurde. Von dem Philosophen und Mathematiker Leibniz erschien 1686 in den Acta eruditorum eine Abhandlung Brevis demonstratio erroris memorabilis Cartesii et aliorum circa legem naturae, secundum quam volunt a Deo eandem semper quantitatem motus conservari, in welcher er behauptete, die Grösse einer Kraft werde nicht durch das Product aus Masse und Geschwindigkeit, sondern durch das Product aus der Masse und der diese Geschwindigkeit erzeugenden Fallhöhe, oder was auf dasselbe hinauskommt, durch das Product aus der Masse und dem Quadrat der Geschwindigkeit gemessen. Descartes habe danach Unrecht, wenn er glaube, dass bei allen Veränderungen in der Welt dieselbe Bewegungsmenge immerhin constant bleibe; vielmehr sei das Product aus Masse und Quadrat der Geschwindigkeit dasjenige, was bei allen Veränderungen sich erhalte. 1695 folgte dann eine zweite Abhandlung Specimen dynamicum pro admirandis naturae legibus circa corporum vires et mutuas actiones detegendis et ad suas causas revocandis, in welcher Leibniz den bekannten Unterschied zwischen lebendigen und todten Kräften machte. Todte Kräfte sind nämlich solche, die keine Bewegung hervorbringen, sondern nur ein Streben nach einer solchen; für sie gilt das Cartesianische Kräftemaass von Product aus Masse und der Geschwindigkeit, welche die Kräfte hervorzubringen bestrebt sind oder im ersten Zeitmoment hervorbringen würden. Für Kräfte aber, die wirkliche Bewegungen erzeugen, bei denen sich die Geschwindigkeiten durch wiederholte Antriebe immer summiren, muss das neue Maass angewendet werden. Diese beiden Sätze waren durch einzelne mechanische Arbeiten der damaligen Zeit angeregt und nur Verallgemeinerungen der in diesen zu Grunde gelegten Principien. Die erste Ansicht wurde veranlasst durch das schon vielfach angewandte Princip der virtuellen Geschwindigkeiten, wobei die Kraftwirkungen geschätzt werden durch die Geschwindigkeiten, welche sie bei möglichen Bewegungen hervorbringen würden. Die zweite Ansicht aber wurde gestützt durch die kurz vorhergegangenen Arbeiten über Pendelbewegungen, bei denen von Huyghens vorausgesetzt wurde, dass die Körper am Pendel zu derselben Höhe durch die erlangte Geschwindigkeit aufsteigen würden, von der sie gefallen.

Die Cartesianer wehrten sich mit allen Kräften gegen den Vorwurf, welchen man ihrem Meister machte; sie bestanden auf der Bewegungsmenge als Kräftemaass und führten sehr richtig gegen Leibniz an, dass man dieses Maass nur verwerfen könne, wenn man die Zeit nicht berücksichtige und dass man in der Bewegungsmenge ein vollkommen richtiges Kräftemaass habe, wenn man nur die Zeit in Rechnung ziehe, während welcher die Kraft jene Bewegungsquantität erzeugt habe. Der Streit erhielt in den ersten Jahrzehnten des achtzehnten Jahrhunderts eine weitere Verbreitung. Papin, Clarke, Mairan u. A. waren gegen, Joh. Bernoulli, s'Gravesande, Hermann, Wolf waren für Leibniz; die Marquise von Chatelet und ihr Freund Voltaire betheiligten sich sogar auf entgegengesetzten Parteien, und unser grosser Philosoph Kant verdiente sich noch 1747 in seiner Jugendschrift „Gedanken von der Schätzung der lebendigen Kräfte in der Natur" das Epigramm von Lessing: „Kant unternimmt ein schwer Geschäfte der Welt zum Unterricht. Er schätzet die lebendgen Kräfte, nur seine schätzt er nicht [1]."

Das Problem war nach und nach zur nebelhaften metaphysischen Streitfrage geworden und dies vor allem durch das Räthsel, das auch für uns noch im Begriff der Kraft liegt. Versteht man unter Kraft nur die Fähigkeit eines bewegten Körpers einen Widerstand zu überwinden, so denkt man dabei nicht an die zur Wirkung nöthige Zeit und das Leibniz'sche Kräftemaass muss dem richtigen wenigstens proportional sein, denn jene Fähigkeit ist als die zu leistende Arbeit dem halben Product aus Masse und Quadrat der Geschwindigkeit gleich. Will man aber unter Kraft die wirkende Ursache verstehen, welche jenem Körper seine Bewegung ertheilt hat, so nimmt man bei der Schätzung immer auf die Zeit, die zur Erlangung dieser Wirkung gebraucht wurde, Rücksicht, und man misst die Kraft durch die in einer gewissen Zeit erzeugte Bewegungsmenge, oder wie wir uns heute bestimmter ausdrücken, durch das Product aus Masse und Beschleunigung. In dem letzteren Sinne hatte schon Newton die beschleunigende Centralkraft als proportional der in einer gewissen Zeit erzeugten Geschwindigkeit und die bewegende Centralkraft als proportional der erzeugten Bewegungsgrösse definirt, und Galilei hatte noch früher die Kräfte durch die erzeugten Geschwindig-

---

[1] Lessing's sämmtl. Werke (Cotta u. Kröner) in 20 Bänden, 1. Bd., S. 57.

keiten gemessen. Der Streit war also nur möglich durch eine zwiespältige Auffassung des Wortes Kraft, die mathematische Mechanik konnte darum, indem sie sich sorgsam auf ihre Formeln beschränkte, den Streit über das Kräftemaass fallen lassen und D'Alembert wies ihn auch ausdrücklich als einen blossen Wortstreit aus ihrem Gebiete. Damit war aber die zweite Frage nach der Erhaltung der Kraft, die am meisten die Allgemeinheit bewegte, nicht entschieden, sondern nur vertagt. Ueber die Erhaltung der Kraft konnte man damals nur ein metaphysisches Gesetz aufstellen; jede physikalische Discussion musste im Sande verlaufen, weil man noch kein Gesetz, ja kaum eine Ahnung, von der Verwandlung der Kräfte, wie der äusseren mechanischen Kräfte, in innere Molecularkräfte, in Wärme u. s. w. hatte. Doch förderte jener Streit wenigstens eine hierher gehörige interessante Aeusserung von Leibniz zu Tage. Dieser bemerkte, dass beim Stoss unelastischer Körper lebendige Kraft verloren gehe und erklärte, dass diese durch die kleinsten Theilchen der Körper absorbirt werde. An ein Wiedererscheinen dieses verlorenen Theils als Wärme dachte Leibniz noch nicht, trotzdem er sagte: „Was durch die kleinsten Theile absorbirt wird, geht keineswegs absolut für das Universum verloren, obwohl es für die Gesammtkraft der zusammenstossenden Körper verloren geht." Dieser vielversprechende Satz ist nämlich nicht der Anfang, sondern vielmehr der Schlusssatz einer aus jener Zeit stammenden Abhandlung und ist nicht physikalisch, sondern metaphysisch erschlossen.

Gottfried Wilhelm von Leibniz war am 21. Juni 1646 in Leipzig geboren, hatte in Leipzig und Jena Jura, aber auch daneben Philosophie und Mathematik bei dem bekannten Jenenser Professor Erhard Weigel (1621 bis 1699) studirt. Auf Reisen nach Paris und London während der Jahre 1672 bis 1676 wurde er mit den bedeutendsten Mathematikern und Naturwissenschaftlern dieser Städte bekannt, mit dem Cartesianer Arnauld, mit Huyghens, Collins, Oldenburg, Boyle, und auch Spinoza besuchte er auf der Durchreise durch Holland. 1676 wurde er Bibliothekar in Hannover, dort starb er am 14. November 1716.

Noch im Anfange der siebziger Jahre des 17. Jahrhunderts zeigte sich Leibniz in seinen Schriften über das Wesen der Materie mit Descartes völlig einverstanden und betonte, dass in den Körpern nur Grösse, Figur und Bewegung, keine verborgenen Qualitäten, keine Kräfte vorhanden seien und überhaupt nichts, was sich nicht mechanisch erklären lasse. Doch war er nicht ausschliesslich Cartesianer; er meint auch in der Naturphilosophie des Aristoteles sei vieles, was man richtig verstanden auch heute noch gelten lassen könne, und über die Existenz oder Nichtexistenz eines leeren Raumes ist er noch zweifelhaft. 1684 aber warnt er

Leibniz, 1686 u. 1695.

bereits vor zu weit getriebener Anwendung der Cartesianischen Principien; 1686 erschien sein erster Angriff
auf Descartes, und von da an scheint sich auch sein System
im Gegensatz zu dem Cartesianischen entwickelt zu haben.
Wahrscheinlich trug hierzu nicht wenig der Gegensatz gegen den
Atheisten Spinoza[1] bei, der mit Descartes das Wesen der Materie ganz
in die Ausdehnung setzte; denn Leibniz selbst sagt, ohne die Kraft in
der Materie könne man dem Spinozismus nicht entgehen. Seit 1686
gab Leibniz in Briefen und seit 1690 auch in öffentlichen Zeitschriften
sein System der Monaden und der prästabilirten Harmonie
bekannt. Er erklärte nun, dass es unmöglich sei, die Gründe einer
wahren Einheit (der Natur) in der Materie allein oder in dem, was nur
passiv sei, zu finden. Die wahren Einheiten oder einfachen
Substanzen seien zu definiren durch den Begriff der Kraft.
Darum habe jede Monade (jedes Einzelwesen) neben der passiven Kraft
des Widerstandes auch eine active Kraft, welche ihre Wirkung äussere,
sobald nur die Hindernisse beseitigt seien, gerade wie die gespannte
Sehne des Bogens nur ausgelöst zu werden brauche, um ihre Wirkung
zu zeigen. Die Materie ist die nothwendige Folge der
Kraft; die Kraft aber hat zwei Seiten, eine active und
eine passive. Die passive ist die Kraft des Widerstandes
oder der Trägheit; die active ist die Seele der Materie,
der ihr von Natur innewohnende Trieb zur Bewegung.
Aber man darf, obgleich die Substanz nur aus Kraft besteht, doch nicht
hoffen, sich einen sinnlichen Begriff von der Kraft machen zu können,
noch sie durch Experimente demonstriren zu lernen. Keine Analyse
wird uns je die Quelle aller Thätigkeit erschliessen, Kraft
ist nicht ein physikalischer, sondern ein metaphysischer
Begriff.

Damit sind wir auf der einen Seite dem Anschauungskreise der
Anhänger Newton's, welche die Gravitation als eine allgemeine Eigenschaft der Materie vertheidigten, ziemlich nahe gekommen, andererseits
aber besteht doch noch der bedeutende Unterschied, dass Leibniz seinem
Begriff der Kraft nur eine metaphysische und keine physikalische Bedeutung beilegt, und dass er die actio in distans
auch nicht einmal metaphysisch vertheidigt. Im Gegentheil,
die active Kraft der einen Monade wirkt nie anders auf
andere Monaden als indem sie dieselben von sich ausschliesst und also direct beschränkt; in dieser Hinsicht ist bei
Leibniz ganz wie bei Descartes nur eine unmittelbare Wirkung möglich.
Aber wenn Leibniz einmal der Materie einen ihr innewohnenden Antrieb
zur Bewegung imputirte, so konnten auch hierdurch die Anhänger New-

---

[1] Baruch Spinoza (1632 bis 1677): Renati Cartesii principia philosophiae (1663); Opere posthuma mit der Ethica (1677).

ton's sich ermuthigt fühlen, solchen Antrieb zur Bewegung mit der actio
in distans in Verbindung zu bringen und diese durch jenen zu erklären.
Die Monadologie des Leibniz sollte nur ein metaphysisches System
sein, und kaum hat auch ein Physiker jemals versucht dieselbe unverändert für seine theoretischen Principien aufzunehmen; doch hat dieselbe
in der Folge auch die Physik wenigstens indirect beeinflusst. Descartes
hatte aus der Körperwelt den Begriff der Kraft als einer ursprünglich
wirkenden Bewegungsursache ganz ausgeschlossen; Leibniz findet gerade
in diesem Begriffe das eigentliche Wesen der Materie. Die Physiker
griffen in ihrer schwierigen Lage zwischen Descartes und Newton die
neue Vorstellung von dem Bewegungsbestreben der Materie mit Freuden
auf, und wenn sie auch mit der Leibniz'schen Monadologie nichts weiter
anzufangen wussten, so nahmen sie doch dieselbe als die Unterstützung
der Newton'schen Ideen sehr gern an, und der Newton'schen, mathematischen Anschauung von der Kraft diente nun die
Leibniz'sche metaphysische Lehre als willkommene Ver-
bündete.

Während die mathematischen Physiker vor allem mit der Verarbeitung der Newton'schen Principien zu thun hatten, waren die Experimentalphysiker mit der Verbesserung der meteorologischen Instrumente
beschäftigt und hierin zeichnete sich um diese Zeit besonders Amontons
aus. Guillaume Amontons (1663 bis 1705) wurde in Paris geboren
und lebte und starb auch dort. Er übergab im Jahre 1687 der Pariser
Akademie ein eigenartig construirtes Hygrometer, welches darauf
beruhte, dass eine Hohlkugel aus Hammelfell bei feuchter Luft sich
ausdehnte, bei trockener aber zusammenzog, und 1695 erschien von ihm
ein specielles Werk über meteorologische Instrumente unter dem Titel
Remarques et expériences physiques sur la construction
d'une nouvelle clepsydre, sur les baromètres, thermomètres et hygromètres, dem er wahrscheinlich 1699 seine Aufnahme in die Akademie zu danken hatte. Amontons beschreibt in dem
Werke zwei sinnreich erdachte Barometer; ein solches, das aus
einer mehrfach gekrümmten Röhre bestand und das viel kürzer sein
konnte als das gewöhnliche, und ein konisches Barometer, welches die
Veränderungen des Luftdrucks stärker anzeigen sollte als das gewöhnliche Barometer. Im Jahre 1703 veröffentlichte er in den Memoiren
der Pariser Akademie die Erfindung eines offenen Luftthermometers, welches die Wärme durch die Elasticität eines eingeschlossenen
Luftquantums maass und bei gleichzeitiger Beobachtung eines Barometers den Einfluss des Luftdrucks eliminiren liess. Dasselbe war seiner
grossen Länge wegen schwer zu handhaben und kaum zu transportiren,
er betrachtete es darum nur als ein Normalthermometer, nach dem man
andere Instrumente normiren sollte. Alle diese Instrumente aber haben
trotz der guten Aufnahme, die sie fanden, sich nicht im Gebrauch zu

halten vermocht, weil sie erhebliche Fehlerquellen zeigten; dafür hat Amontons bei der Verfertigung wie bei Anwendung derselben Beobachtungen gemacht, die für die spätere endliche Gestaltung der Instrumente von bedeutender Wichtigkeit waren. Er hatte eine genaue Kenntniss von der allerdings schon vorher beobachteten Constanz des Siedepunktes des Wassers, und er benutzte dieselbe zum ersten Mal, um einen festen Punkt für die Scala seines Luftthermometers zu erhalten. Mit diesem Luftthermometer fand er dann zwei wichtige Gesetze über die Elasticität der Luft: Luftmassen unter gleichem Druck vermehren ihre Elasticität proportional der Wärmemenge, welche sie zugeführt erhalten, und Luftmassen unter gleicher Temperatur vergrössern ihre Elasticität proportional der Vermehrung des Druckes.

Für die Barometerbeobachtungen war eine andere Bemerkung Amontons' von grosser Bedeutung. Er hatte beobachtet, dass das Quecksilber sich um $1/115$ seines Volumens ausdehnt, wenn die Temperatur von der grössten Winterkälte bis zur grössten Sommerwärme von Paris steigt. Er machte danach geltend[1]), dass man die Barometerhöhe nach der Temperatur corrigiren müsse, wenn man nicht eine Veränderung der Quecksilberhöhe durch die Temperatur den Veränderungen des Luftdrucks zurechnen wolle, und er berechnete Tabellen zur Vornahme solcher Correctionen. Doch hatten diese Correctionen damals noch keinen praktischen Werth, weil die Barometer noch andere grössere Fehlerquellen hatten, welche die einzelnen Instrumente nur sehr wenig in ihren Angaben übereinstimmen liessen. Diese Differenzen wurden vor allem dadurch herbeigeführt, dass man das Auskochen der Barometer unterliess und so immer mehr oder weniger Luft aus dem Quecksilber in die Torricelli'sche Leere bekam, deren grössere oder geringere Elasticität bei den verschiedenen Temperaturen mit veränderlicher Stärke das Quecksilber deprimirte. Auch Amontons hatte noch von diesem Grunde einer Ungenauigkeit der Barometer keine Ahnung. Als man ihm einst ein Barometer übergab, welches beständig Differenzen bis zu 19 Linien gegen andere Instrumente zeigte und als er dann solche Differenzen auch an seinem Barometer beobachtete, meinte er die Sache nicht anders erklären zu können, als durch eine verschiedene Grösse und Zahl der Poren in den verschiedenen Glassorten, welche verschiedene Mengen von Luft durchliessen. Der Verfertiger jener Barometer aber, Wilhelm Homberg (1652 bis 1715, Mitglied der Pariser Akademie), erklärte, allerdings erst ein Jahr nach dem Tode Amontons', dass er jene Barometerröhren vor dem Füllen mit

---

[1]) Que tous les baromètres agissent non seulement par le plus ou moins de poids de l'air mais encore par son plus ou moins de chaleur. Par. Mém. 1704.

Weingeist ausgespült, von dem sich wohl noch Dämpfe in den Röhren erhalten haben möchten.

Auch Temperaturen über die Siedehitze des Wassers hinaus versuchte Amontons zu messen. Er machte eine Eisenstange an einem Ende glühend, beobachtete die Temperaturzunahme vom kalten nach dem warmen Ende hin und berechnete danach die Temperaturen für alle Punkte der Stange, indem er annahm, dass die Temperaturen in arithmetischer Progression zunähmen. Amontons gab seine Ansichten nur als Bemerkungen zu einem Aufsatz, der 1701 in den Philosophical Transactions erschienen war [1]). In diesem Aufsatz hatte Newton ein ähnliches Verfahren wie das obige beschrieben, aber genauer angenommen, dass die Temperaturen wie die Ordinaten einer logarithmischen Linie zunähmen. Indessen ist für Temperaturen bis zu 600^0 der Unterschied, welchen die nach beiden Regeln berechneten Resultate ergeben, nicht sehr bedeutend. Newton scheint sich ebenfalls um diese Zeit mehrfach mit Untersuchungen über die Wärme beschäftigt zu haben. Er versuchte theoretisch nachzuweisen, dass die Wärme einer Kugel durch Ausstrahlung in geometrischer Progression abnimmt, wenn die Zeit in arithmetischer Progression wächst, und hatte sich für seine Untersuchungen ein besonderes Thermometer construirt. Dies Thermometer war mit Leinöl gefüllt, als feste Punkte waren der Eispunkt und die Temperatur des menschlichen Körpers angenommen, der erstere Punkt war mit Null, der letztere mit 12 bezeichnet; für die Wärme des siedenden Wassers ergab sich dann die Zahl 34 [2]). In den Principien giebt Newton die Siedehitze des Wassers als 7 mal grösser als die grösste Sommerwärme an.

Mit einem ganz neuen Zweige bereicherte Amontons die Mechanik durch einen Aufsatz in den Pariser Memoiren von 1699. Bis dahin hatte man sich noch wenig mit der Reibung der Körper beschäftigt und nur ohne weiteres angenommen, dass die Grösse der Reibung der Grösse der Fläche proportional sei, mit der ein Körper auf einem anderen sich fortbewegte. Amontons befestigte den zu bewegenden Körper, welcher auf einer horizontalen Ebene lag, an eine Schnur, die er der reibenden Fläche parallel über eine Rolle führte und mit einer Wagschale verband. Indem er nun nachsah, welche Gewichte unter den verschiedenen Umständen eben im Stande waren, die Körper zu bewegen, bemerkte er zu seinem Erstaunen, dass diese Gewichte nicht von der Grösse der reibenden Fläche, sondern nur von dem Gewichte des bewegten Körpers abhingen. Um diesen Satz dann recht anschaulich zu beweisen, gab er dem beweglichen Körper die Gestalt eines ungleichseitigen rechtwinkligen Parallelepipedons und zeigte, dass die Reibung dieselbe blieb, mochte man nun den Körper auf

---

[1]) Remarques sur la table des degrés de chaleur extraite des Transact. Philosoph. de 1701 (Par. Mém. 1703).
[2]) Fischer, Geschichte d. Physik, III, S. 227.

der schmäleren oder breiteren Seite gleiten lassen. Die Untersuchungen Amontons,
1687—1705. wurden mit Beifall aufgenommen und bald fortgesetzt. Der Mechaniker Leupold bewahrheitete Amontons' Satz durch Versuche, die er nach derselben Methode anstellte [1]), Parent versuchte die Resultate auch theoretisch abzuleiten; Leibniz aber that den wichtigen weiteren Schritt, die Reibung beim Gleiten von der Reibung beim Rollen zu unterscheiden.

Wir haben **Halley** schon auf mancherlei physikalischen Gebieten Halley,
Magnetische
und elek-
trische
Unter-
suchungen,
1683—1710. thätig gefunden, auf keinem aber ist er selbständiger und beharrlicher gewesen als auf dem des Erdmagnetismus, den er seit den achtziger Jahren des 17. Jahrhunderts bis in den Anfang des 18. Jahrhunderts durch sorgfältige Beobachtungen und mit merkwürdig kühnen Theorien bearbeitet hat. 1683 erschien von ihm in den Philosophical Transactions [2]) eine Tabelle der magnetischen Abweichungen an vielen Orten der Erde, meist aus den Jahren 1670 bis 1680, aber vielfach auch aus den Jahren 1640 bis 1650 und noch weiter zurück. Aus diesen Beobachtungen leitete Halley ab, dass die magnetische Abweichung zur Zeit in Europa und auch an der Ostküste von Nordamerika überall westlich sei, dass aber dazwischen auch eine Stelle liege, wo dieselbe östlich oder auch Null werde. Er meinte diese Abweichungen nicht anders erklären zu können, als durch die Annahme von vier magnetischen Polen auf der Erde, zweien am Nordpol und zweien am Südpol. In einem zweiten Aufsatze von 1692 [3]) benutzt er dann diese Theorie weiter um die Veränderlichkeit der magnetischen Declination an einem Orte der Erde zu erklären. Er stellt sich vor, dass die Erde aus einer äusseren festen Rinde und einem massiven inneren Kern bestehe, die beide durch eine flüssige Materie von einander getrennt seien. Auf der Rinde befänden sich dann zwei der magnetischen Pole, die beiden anderen sässen in dem Kern der Erde. Dann nahm er ferner an, dass Kern und Rinde sich nicht gleich schnell um die gemeinschaftliche Achse drehten, sondern dass der Kern etwas zurückbliebe, in 700 Jahren etwa um eine volle Umdrehung; dadurch müsste natürlich die magnetische Declination an den einzelnen Orten der Erdoberfläche, wo sowohl die Pole des Kerns als auch die der Rinde auf die Magnetnadel wirken, immerwährend verändert werden, und diese Veränderungen müssten sich gleichmässig in einer Periode von 700 Jahren wiederholen. Um diese Theorie zu prüfen, unternahm Halley in den Jahren 1698 bis 1702 drei Reisen in den atlantischen Ocean auf einem von der Regie-

---

[1]) Theatrum machinarum generale (Leipzig 1723 bis 1727).
[2]) Theory of the variation of the magnetical compass.
[3]) On the cause of the change of the variation of the magnetic needle with an hypothesis of the structure of the internal parts of the earth (Phil. Transact. 1692).

Halley,
Magnetische
und elek-
trische
Unter-
suchungen,
1683—1710.

rung zur Verfügung gestellten Schiffe, und danach hatte er den glücklichen Gedanken, die magnetischen Abweichungen an den verschiedenen
Orten dadurch leichter auffindbar und vergleichbar zu machen, dass er
auf der Karte die Orte von gleicher magnetischer Abweichung durch
Linien verband; diese erste Karte der isogonen Linien wurde 1701
veröffentlicht [1]). Halley's vier magnetische Pole fanden manche Anhänger,
aber wie natürlich auch Gegner, denen die Halley'schen Annahmen zu unge-
heuerlich waren. Zu den letzteren gehörte vor allem Leonh. Euler, der
von 1744 an die isogonen Linien aus der Annahme von nur zwei
magnetischen Polen, die nicht direct entgegengesetzte
Lage haben, abzuleiten sich bemühte. La Montre hatte schon
früher [2]) die Veränderlichkeit der magnetischen Declination ganz Cartesianisch zu erklären versucht, indem er vor-
aussetzte, dass die Theilchen des Elements erster Ordnung, welche durch
ihre Ströme die magnetischen Erscheinungen erzeugen, den Rotationsbewegungen der Erde um ihre Achse, wie auch um die Sonne, nicht
schnell genug zu folgen vermöchten und so um zwei Achsen oder um
eine mittlere rotirten, die immermehr von der Erdachse abweiche, bis
sie einen vollständigen Umlauf um dieselbe gemacht. Ueberhaupt
war damals, wie noch lange, für die Theorie des Magnetismus die Lehre Descartes' maassgebend. Dalencé [3]) nahm nur
wenig von Descartes abweichend an, dass der feinen Materie, welche die
Erde und den Magneten durchströmt, die eine Bewegungsrichtung durch
ventilartige Klappen vorgeschrieben wäre, und Hartsöker [4]) setzte
voraus, dass der Magnet aus lauter Prismen bestehe, durch welche die
feine Materie von der Rotationsbewegung der Erde immer in einer
Richtung hindurch getrieben wird.

Dass auch Halley einer solchen Ausströmungstheorie noch anhing,
ersieht man aus seiner Erklärung des Nordlichts. Als im Jahre
1716 ein bedeutendes Nordlicht in Deutschland, England, Frankreich
und Holland alle Gelehrten an diese bis dahin etwas vernachlässigte
Erscheinung erinnerte, meinte er zu bemerken, dass die Abweichung
des Nordlichtbogens vom Nordpunkte der Abweichung
der Magnetnadel ungefähr gleich wäre, und er behauptete
danach, das Nordlicht entstehe durch einen magnetischen
Ausfluss am Nordpol, der sich um die Erde zum Südpol
hinwende. Doch versucht Halley diese Ausströmungen etwas anders
als Descartes aus seiner Erdtheorie abzuleiten, indem er annimmt, dass
zwischen Rinde und Kern der Erde eine flüssige, leuchtende Materie
vorhanden sei, die manchmal an dünnen Stellen durch die Rinde hin-

---

[1]) A general chart shewing at one view the variation of the compass
(London 1701).
[2]) Journal des savants, XXIV, 1689.
[3]) Traité de l'aimant, 1687.
[4]) Principes de physique, 1696.

durchströme. Descartes selbst hatte beim Nordlicht nicht an den Magneten gedacht; er erklärte dasselbe, wie das auch in der neuesten Zeit noch einmal wieder versucht worden ist, für den Wider-schein der Eismassen am Pol. Andere, wie Wolf (Acta erud. 1716), hielten das Nordlicht für erzeugt durch das Aus-strömen entzündlicher Dämpfe aus den Höhlen des Erd-innern, die nicht ganz zur Entzündung kommen und so nicht zu einem vollkommenen Blitze werden könnten.

Die Ansicht, dass die Blitze nur plötzlich sich entzün-dende Ausströmungen schwefliger oder salpetriger Dämpfe seien, war damals noch allgemein; doch begannen schon Ein-zelne wenigstens einen Zusammenhang zwischen dem elektri-schen Funken und dem Blitz zu ahnen. Um das Jahr 1700 machte ein Dr. Wall bekannt[1]), dass er aus einem grossen Stück gerie-benen Bernstein einen Lichtfunken unter hörbarem Knistern gezogen habe, der seinen Finger empfindlich berührt und bemerkte ausdrücklich, dieses Licht und das Knistern scheine einigermaassen Blitz und Donner vorzustellen. Dabei aber scheint Wall von dem Wesen der Elektricität ziemlich verworrene Vorstellungen gehabt zu haben; er war zu seinen Beobachtungen gekommen von der Unter-suchung phosphorescirender Körper, die seit dem Bologneser Schuster Cascariolo sehr im Schwunge waren und eine Menge von Gelehrten beschäftigten. Diesem Ausgangspunkt entsprechend hielt er das Leuchten der phosphorescirenden Körper für die Ursache der Elektricität; doch ist dann noch immer kaum zu errathen, warum das Licht, wie Wall meint, sich am besten zeigen sollte, wenn die Sonne 18⁰ unter dem Horizont steht.

Die Mitglieder der Royal Society nahmen seit Boyle von Zeit zu Zeit immer wieder die Beschäftigung mit der Elektricität auf. Newton beobachtete im Jahre 1675, dass eine geriebene Glasplatte leichte Papier-stücke anzog und abstiess, so dass dieselben zwischen dem Tische und der darüber gehaltenen Platte hin und her hüpften. Hawksbee machte um den Anfang des 18. Jahrhunderts sehr zahlreiche und sorg-fältige Versuche, doch wurden auch durch ihn die Fortschritte der Elek-tricität keine allzu grossen. Er veröffentlichte die betreffenden Arbeiten in den Philosophical Transactions und später gesammelt in der Schrift Physico-mechanical experiments on various subjects touching light and electricity etc. (London 1709). Auch er war von Phosphorescenzerscheinungen (vermeintlichen wenig-stens) zu seinen elektrischen Arbeiten gelangt. Picard hatte 1675 zuerst beobachtet, dass das Quecksilber in der Torricelli'schen Leere des Barometers leuchtete, wenn er das Barometer im Dunkeln stark schüttelte. Danach beobachtete man auch

Halley, Magnetische und elek-trische Unter-suchungen, 1683—1710.

---

[1]) Phil. Transact. XXVI, No. 314.

Halley,
Magnetische
und elek-
trische
Unter-
suchungen,
1683—1710.

dieses Leuchten mit grossem Fleisse und leitete dasselbe von einem
eigenthümlichen Phosphor ab, dem man den Namen des **merkurialischen Phosphors** gab. Die bedeutendsten Gelehrten führten manchen Streit über dieses Leuchten und konnten doch lange nicht zu irgend
einem Entscheid über die Sache, ja nicht einmal zu einer genauen Vorschrift für die Herstellung dieses merkurialischen Phosphors kommen.
1700 glaubte **Johann Bernoulli**[1]) eine Methode gefunden zu haben,
wie man leuchtende Barometer verfertige, und theilte dies der Pariser
Akademie mit. Doch brachte diese nach seiner Vorschrift nichts zu
Wege, und auch die Erläuterungen, welche Bernoulli 1701 in Briefen
gab, wollten nichts nützen. 1706 vertheidigte der französische Arzt
·**Dutal** die Anweisungen Bernoulli's, 1710 aber behauptete **Hartsöker**
wieder, von diesen Vorschriften sei nicht viel zu halten, ob ein Barometer mehr leuchte als ein anderes, das hänge nur von der Glassorte,
von der Reinheit des Quecksilbers und von dessen Gehalt an Luft ab.
1717 noch wurde durch die Akademie zu Bordeaux eine Abhandlung
von **Mairan**[2]) preisgekrönt, in welcher dieser das Leuchten der Barometer von einem Gehalt an Schwefel herleitet. Doch ging schon aus
Hawksbee's Versuchen ziemlich deutlich hervor, dass jenes Leuchten
eine elektrische Erscheinung sei, wie man auch heutzutage noch annimmt.

Hawksbee's eigentliche elektrische Versuche waren sehr zahlreich
und mannigfaltig. Er bemerkte, dass Glas, wie Bernstein, Licht aus-
strahlte, wenn es mit Wollenzeug gerieben wurde; er setzte eine luftleer
gemachte Glaskugel durch ein Triebwerk in schnelle Rotation und hielt
wie Guericke als Reibzeug seine Hand an dieselbe, dadurch erhielt er
im Dunkeln ein so helles Licht, dass die Gegenstände bis auf 10 Fuss
Entfernung beleuchtet wurden. Wenn er seinen Finger der Glaskugel
näherte, erhielt er **Funken bis zu einem Zoll Länge** und fühlte
eine Art Druck in dem Finger, auch hörte er ein gewisses Getöse.
Hawksbee hatte dabei wohl des merkurialischen Phosphors wegen die
Kugel luftleer gemacht. Doch bemerkte er auch Licht, wenn er es
unterliess, nur war das Licht dann nicht so stark. Wie Glaskugeln,
und wie es scheint zum ersten Male, machte Hawksbee auch **lange
Glasröhren** durch Reiben elektrisch; wenn man diese ganz dicht am
Gesicht vorüber bewegte, erzeugten sie ein Gefühl als ob Härchen über
dasselbe hinweggezogen würden. Kugeln von Harz, von Schwefel und
von Mischungen dieser Körper mit Ziegelerde wurden ebenso wie die
Glaskugeln elektrisch gemacht; dabei zeigte sich, dass **die Kugeln
aus verschiedenen Substanzen in verschiedenem Grade
elektrisch wurden; einen Artunterschied der Glas- und**

---

[1]) Nouvelle manière de rendre les baromètres lumineux (Mém. Par. 1700).
[2]) Dissertation sur la cause de la lumière des phosphores et des noctiluques
(Bordeaux 1717).

Harzelektricität aber entdeckte Hawksbee nicht. Weiter bemerkte er, dass Glasröhren, welche er elektrischen Kugeln nahe brachte, in dieser Nähe ebenfalls ein schwaches Licht zeigten, dass manche Körper, wie Metalle, durch Reiben nicht elektrisch wurden, dass Feuchtigkeit die elektrischen Wirkungen verhinderte, Wärme aber dieselben vergrösserte. Alle diese Erscheinungen erklärte er durch die Theorie der Ausflüsse. Die Feuchtigkeit verhinderte die elektrischen Ausflüsse und schwächte dadurch die Elektricität. Die Ausflüsse gingen natürlich von einem elektrischen Körper auch auf einen unelektrischen über, das erklärte das Mitleuchten unelektrischer Körper in der Nähe von elektrischen. Neu und interessant waren bei Hawksbee vor allem die stärkeren elektrischen Wirkungen, welche er hervorbrachte, die langen deutlichen Funken, das bedeutende Geräusch beim Ausströmen der Elektricität und das Leuchten der elektrischen Kugeln im Innern, welches mit dem merkurialischen Phosphor Aehnlichkeit hatte.

Halley, Magnetische und elektrische Untersuchungen, 1683—1710.

Nach den Mitgliedern der Royal Society begannen auch Mitglieder der Pariser Akademie, wie Johann Bernoulli und der jüngere Cassini, sich mit Elektricität zu beschäftigen; doch zeigen alle diese Versuche, dass Experimente ohne leitende Gedanken, ohne ordnende, zusammenfassende, wenn auch hypothetische Theorien, nur unbrauchbares Material anhäufen, das oft selbst für spätere, weiter fortgeschrittene Zeiten sich als gänzlich werthlos erweist.

Da wir Halley hier zum letzten Male erwähnt haben, so wollen wir nur noch seiner Verdienste um die Physik der Erde gedenken, die ihn vielfach beschäftigt hat. Er wies (1719) die feurigen Meteore wegen ihrer erstaunlichen Höhe, Grösse und Geschwindigkeit aus der Atmosphäre der Erde und erklärte sie für kosmische Körper, die von der Erde zu ihr hernieder gezogen würden[1]); er suchte die Wärmemenge zu messen, welche ein bestimmter Ort der Erde durch die Sonne erhält, indem er diese Wärme dem Sinus des Elevationswinkels der Sonne und der Zeitdauer der Beleuchtung proportional annahm; er widersprach der Annahme eines unterirdischen Abflusses des mittelländischen Meeres nach dem rothen Meere und leitete die veränderliche Niveauhöhe des ersteren aus der Verdunstung des Wassers ab; er erklärte endlich das Aufsteigen der Wasserdünste in der Luft dadurch, dass er dieselben für kleine hohle Bläschen ausgab, welche mit verdünnter Luft gefüllt seien. Der letzteren Ansicht war auch Derham (Physico-theology, London 1713), der sogar die Bläschen

---

[1]) Wolf hielt die Feuerkugeln für entzündete Materien gleich dem Blitz; Whiston war ähnlicher Ansicht. Hartsöker und Wallis erklärten sie geradezu für Kometen.

bei verdampfendem Wasser mit der Loupe deutlich gesehen haben wollte; Wolf (Nützliche Versuche, 1721 bis 1723) berechnete die Verdünnung der in den Bläschen enthaltenen Luft.

Seit der Erfindung der Dampfkugel durch Heron ist man immer von Zeit zu Zeit auf die gewaltige Kraft des gespannten Dampfes aufmerksam geworden. Doch liegt es in der Natur der Sache, dass man zuerst mehr diese Gewalt mit Angst betrachtete, als dass man daran dachte, sich dieselbe dienstbar und nützlich zu machen. Erst vom Anfange des 17. Jahrhunderts an beginnt man solche Gedanken ernstlich ins Auge zu fassen, und zwar war es hauptsächlich e i n e Aufgabe, die man durch die Kraft des Dampfes zu lösen versuchte. D i e H e b u n g v o n G e w ä s s e r n i n B e r g w e r k e n v e r m i t t e l s t d e r G e w a l t i h r e r e i g e n e n D ä m p f e b i l d e t e d a s a u s g e s p r o c h e n e Z i e l d e r m e i s t e n d i e s e r A r b e i t e n w ä h r e n d d e s 1 7. J a h r h u n - d e r t s , und auch die erste wirkliche **Dampfmaschine** war allein zu diesem Zwecke gebaut und nur zu dieser Absicht geeignet. Bei einer so wichtigen und so zusammengesetzten Einrichtung wie die der Dampfmaschine kann es nicht fehlen, dass man über den Erfinder, wie über den Zeitpunkt der Erfindung keineswegs einig ist, und es ist nur natürlich, dass patriotische Gelehrte alle Ehre auf den Scheitel ihrer Landsleute zu häufen suchen. Man braucht ja nur den Begriff einer Dampfmaschine je nach dem Zweck etwas weiter oder enger zu fassen, um jeden beliebigen Landsmann, der einmal einen neuen Gedanken über die Bewegung eines Körpers durch Dämpfe angedeutet hat, als den alleinigen Erfinder der Dampfmaschine nachweisen zu können. Wollen wir aber, wie es doch wohl einzig zulässig ist, als erste Dampfmaschine nur diejenige bezeichnen, welche im Stande war, längere Zeit zweckentsprechende Arbeit zu leisten und aus der sich in ununterbrochenem Fortgange unsere heutigen Maschinen entwickelt haben, so werden wir bei dem Jahre 1705 als der Zeit der Erfindung stehen bleiben und den Engländern die Ehre derselben lassen müssen; wenn auch Deutsche und Franzosen auf die grosse Wichtigkeit ihrer Vorarbeiten für die Erfindung aufmerksam machen dürfen.

Der erste, welcher im 17. Jahrhundert eine Maschine zum Heben von Wasser angab, die dann späteren Constructionen als Grundlage diente, war S a l o m o n d e C a u s (1576 bis ca. 1630), wahrscheinlich in Frankreich geboren, aber von 1612 bis 1620 Baumeister und Ingenieur Friedrich's V. von der Pfalz. Dieser beschreibt in seinem Werke L e s r a i s o n s d e s f o r c e s m o u v a n t e s , a v e c d i v e r s e s m a c h i n e s t o u t u t i l e s q u e p l a i s a n t e s a u x q u e l l e s s o n t a d j o i n t s p l u s i e u r s d e s s e i n g s d e s g r o t t e s e t f o n t a i n e s (Frankfurt 1615) eine Hohlkugel von Eisen mit einem verschliessbaren Eingussrohr an der Seite und einem Steigrohr, das bis auf den Boden der Kugel reicht. Wenn diese Kugel auf das Feuer gesetzt wird, so treiben die sich entwickelnden

Dämpfe, welche sonst keinen Ausweg haben, das Wasser durch das
Steigrohr in die Höhe. Diese Dampfkugel war für Arago genug, um
Salomon de Caus als Erfinder der Dampfmaschine zu bezeichnen. Kann
man auch dem nicht zustimmen, so darf man doch anerkennen, dass die
Dampfkugel des de Caus den nächsten Schritt zur Dampfmaschine und
für die Vorrichtung des Edward Somerset Marquis of Worcester die Vorstufe bildet. Von Worcester erschien 1663 eine kleine
Schrift A century of the names and scantlings of such in-
ventions as at present I can call to mind to have tried and
perfected (London 1663). Hier erwähnt er unter No. 68 eine Maschine, welche allerdings Wasser in beliebiger Menge auf beliebige Höhe
fortdauernd zu heben vermag. 1663 erhielt er auf diese Maschine ein
ausschliessliches Patent für sich und seine Erben auf 90 Jahre, und in
einem Tagebuche über die Reise, welche Cosimo, der Sohn des Grossherzogs Ferdinand II. von Toscana 1667 nach England unternahm,
wird berichtet, dass Worcester in London eine hydraulische Maschine
in Thätigkeit gehabt habe, welche Wasser 40 Fuss hoch gehoben.
Leider hat der Erfinder in seinem Buche die Einrichtung seiner Maschine
kaum angedeutet; man vermuthet, dass aus einem Dampfkessel der
Dampf durch zwei mittelst Hähnen verschliessbare Röhren in zwei Gefässe geleitet werden konnte, aus denen der Dampf das Wasser direct in
die Steigröhre presste. Von diesen Hähnen war immer nur der eine
geöffnet, so dass der Dampf nur nach dem einen Gefässe überströmen
und dieses leeren konnte, das andere wurde während dessen mit Wasser
gefüllt [1]. Worcester's grosse Hoffnungen, die er auf seine Dampfmaschine gesetzt, gingen nicht in Erfüllung; seine Erfindung wurde
nicht beachtet und gerieth mit seinem Tode, der 1667 erfolgte, in Vergessenheit. Vielleicht nicht ganz, denn nicht lange nachher brachte
Savery eine Maschine, so ähnlich der Worcester'schen, dass man annehmen darf, er habe die letztere gekannt, was auch von Desaguliers
direct behauptet wird. Thomas Savery, Grubenbesitzer oder Berg-
officiant in Cornwall, nahm 1698 ein Patent auf eine Dampfmaschine,
welche ganz die seines Vorgängers mit den zwei Druckgefässen, den
zwei Zuleitungsröhren und den zwei von Menschenhand bewegten
Hähnen war; nur hatte er durch eine sinnreiche Ventilvorrichtung es
dahin gebracht, dass jedes Gefäss, nachdem es entleert und die Hähne
umgestellt worden waren, selbst das zu seiner Füllung nöthige Wasser
aufsaugte. Savery veröffentlichte 1696 eine Beschreibung seiner Maschine, erhielt zwei Jahre später ein Patent auf dieselbe, zeigte ein
Modell derselben der Royal Society, sowie auch dem König Wilhelm in
Hampton Court und beschrieb dieselbe nochmals 1702 in der Schrift
The miner's friend.

Während dem aber hatte Papin in Marburg Pläne für die Einrichtung von Dampfmaschinen gemacht, die in viel bedeutenderer Weise dieselben förderten. Worcester's wie Savery's Dampfmaschinen waren im Princip nichts weiter als Heronsbälle, in denen nur der Dampf die Stelle von comprimirter Luft vertrat; Papin aber nahm in seine Maschine den Dampfcylinder mit dem Stempel auf und gab so derselben die Art der Kraftwirkung, die für unsere heutigen Maschinen charakteristisch ist. In den achtziger Jahren des 17. Jahrhunderts schon hatte er sich mit der Hebung von Wasser durch erhitzte Luft beschäftigt, 1690 machte er dann den Vorschlag, die Dampfkraft zu diesem Zwecke zu benutzen und brachte auch ein arbeitsfähiges Modell einer Dampfmaschine zu Stande[1]), die er neben anderen ausführlich in seiner Schrift Recueil de diverses pièces touchant quelques nouvelles machines (Cassel 1695) beschrieb. Er wollte in einen Cylinder mit beweglichem Kolben etwas Wasser und dann den Cylinder über Feuer bringen, die Dämpfe des Wassers würden danach den Kolben heben. Wenn man nun den Kolben fest machte und vom Feuer entfernte, so würde mit der Lösung des Kolbens dieser wieder mit grosser Gewalt in den Cylinder herunter gedrückt werden[2]). Doch war, wie man sieht, die Maschine Papin's trotz ihrer grossen theoretischen Bedeutung praktisch noch zu wenig ausgebildet, und so kamen ihm in der Construction einer Dampfmaschine, die wirklich als Arbeitsmaschine benutzt werden konnte, die Engländer Newcomen und Cawley, die aber höchst wahrscheinlich mit seinen Versuchen bekannt waren und seine Gedanken benutzten, zuvor.

Der Eisenhändler Thomas Newcomen und der Glaser John Cawley (beide aus Dartmouth) bauten zu Anfang des 18. Jahrhunderts jene Dampfmaschine, die sich von der in den Lehrbüchern der Physik unter ihren Namen abgebildeten atmosphärischen Dampfmaschine nur noch dadurch unterschied, dass die Condensation des Dampfes nicht durch Einspritzen von kaltem Wasser unter den Kolben, sondern durch Aufgiessen auf denselben bewirkt wurde. Der Erlangung eines Patents durch die beiden Erfinder stand aber dasjenige Savery's von 1698 im Wege, Newcomen und Cawley nahmen deshalb Savery, der nichts weiter für die Sache gethan zu haben scheint, in ihre Gesellschaft auf, und diese drei Männer erlangten dann 1705 ein neues Patent für ihre Maschine. Die erste praktisch thätige Dampfmaschine wurde 1711 zu Wolverhampton für einen Herrn Back zum Heben von Wasser aufgestellt. Bei dieser hatten die Erfinder bereits die Einspritzung von kaltem Wasser angebracht und dadurch den Gang ihrer Maschine bedeutend beschleunigt. Es wird auch berichtet, dass Humphrey Potter schon an dieser Maschine thätig gewesen. Derselbe sei als Knabe mit dem Auf- und Zudrehen der Hähne, welche den

---

[1]) Gerland, Bericht ü. d. histor. App. a. d. Londoner Ausstellung 1876, S. 80.
[2]) Poggendorff, Gesch. d. Physik, S. 549.

Dampf oder das kalte Wasser vom Dampfcylinder abschlossen, beauftragt Erfindung der Dampfmaschine, 1705. gewesen, und weil ihm diese Manipulationen zu langweilig geworden, so habe er die Hähne durch Bindfäden so mit dem Balancier der Maschine verbunden, dass dieser statt seiner das Umstellen der Hähne zur richtigen Zeit besorgte. Die Zeit, wann dies geschah, ist nicht bekannt, jedenfalls aber waren die Maschinen sehr bald mit einem Gestänge versehen, das jene Bindfäden ersetzte.

Newcomen und Cawley haben der Dampfmaschine den Balancier, den Aufzug des Kolbens durch ein Gegengewicht, die Condensation des Dampfes durch kaltes Wasser und mit Potter zusammen auch das Gestänge gegeben, sie haben die erste praktisch wirksame Maschine in Gang gesetzt; wir vermögen nach alledem nicht einzusehen, mit welchem Rechte man ihnen den Ruhm ihrer Erfindung streitig machen dürfte[1]).

Die Dampfmaschinen brachen sich nun langsam Bahn und behielten noch lange Zeit als einzigen Zweck die Hebung' von Wasser. 1718 baute Henry Brighton in Newcastle on Tyne eine Dampfmaschine, die sich durch eine bessere Selbststeuerung, sowie durch ein Sicherheitsventil auszeichnete. 1719 errichtete man in London eine grosse Dampfmaschine zum Heben von Wasser aus der Themse; 1722 soll die erste in Deutschland für den Landgrafen von Hessen-Cassel durch Jos. Emanuel Fischer, Baron von Erlachen, erbaut worden sein, und um diese Zeit errichtete man auch Dampfmaschinen zu Passy bei Paris und zu Toledo in Spanien[2]). Für die Verbreitung der Dampfmaschinen in Deutschland war besonders der Mechaniker Leupold wirksam, der dieselben in seinem Theatrum machinarum generale (Leipzig 1723 bis 1727) sorgfältig beschrieb.

Zu anderen mechanischen Arbeiten als zum Wasserheben, fehlte den Dampfmaschinen vor allem noch die Kurbel und das Schwungrad. 1736 schlug Jonathan Hulls vor, die Maschine mit einem Schwungrad zu versehen und dieses durch eine Kurbel in Bewegung zu setzen. 1758 beschrieb Fitzgerald noch genauer, wie man durch den Balancier das Schwungrad bewegen und dadurch den Gang der Maschinen gleichmässiger machen könnte. Aber diese Vorschläge wurden bis auf Watt's allgemeine Umwandlung der Maschine nicht beachtet, und dieser selbst scheint von denselben keine Kenntniss gehabt zu haben.

Der bei der Erfindung der Dampfmaschinen so thätig gewesene Papin blieb fortwährend mit Plänen zur Construction neuer Maschinen beschäftigt. In der Schrift Manière pour lever l'eau par la force du feu (Cassel 1707) veröffentlichte er die Construction einer neuen Dampfmaschine, die wenigstens der Idee nach als die erste Hoch-

---

[1]) Das Originalmodell einer Dampfmaschine von Newcomen befindet sich im Kings College zu London. Gerland, Leopoldina, Heft XVIII, 1882.
[2]) Fischer, Geschichte d. Physik, III, S. 255.

d r u c k m a s c h i n e gelten kann. In einem vollkommen geschlossenen Dampfcylinder bewegte sich ein hohler, aus Blechwänden zusammengesetzter Kolben mit geringem Spielraum. Auf diesen drückte von oben der Dampf und presste dadurch das unter demselben befindliche Wasser in einen Windkessel mit Steigrohr, von dem aus der Rücktritt des Wassers in den Dampfcylinder durch ein Ventil gehemmt war. Wenn dann der Kolben seinen Weg nach unten vollendet hatte, so schloss ein Arbeiter das Dampfzuleitungsrohr ab und öffnete einen Hahn in dem oberen Theile des Dampfcylinders. Aus einem Wasserreservoir, dessen Spiegel etwas höher als der höchste Kolbenstand lag, drang dann Wasser durch eine Oeffnung mit nach innen schlagendem Ventil in den unteren Raum des Cylinders, hob den leichten Kolben und trieb auch nach oben den Dampf aus der Oeffnung des Cylinders, wonach das Spiel von neuem beginnen konnte[1]). Doch hat auch diese Maschine aus leicht begreiflichen Gründen der Newcomen'schen atmosphärischen Dampfmaschine keine Concurrenz machen können, dafür erregte sie wieder eine andere neue Idee. Papin war mit Leibniz seit 1692 in einen lebhaften Briefwechsel[2]) gekommen, der bis zum Abgang Papin's aus Cassel fortdauerte. In einem Briefe vom 4. Februar 1707, in welchem sich L e i b n i z bei Papin für die Uebersendung der oben erwähnten Schrift bedankte, bemerkt er zu der beschriebenen Dampfmaschine, dass man des geringeren Wärmeverlustes und einer geringeren Grösse der Maschine wegen wohl den Kolben mit comprimirter und nachher erwärmter Luft bewegen könne. Gerland findet in diesem Briefe die vollkommen ausgebildete Idee einer c a l o r i s c h e n M a s c h i n e, uns erscheint es um die Ausbildung der Idee doch noch ziemlich schwach bestellt, und wir halten geschichtlich die folgende Stelle des Briefes für wichtiger. „Endlich zweifle ich nicht, dass, wenn Sie wollten, Sie mit Leichtigkeit bewirken könnten, dass die Hähne *E* und *n* sich abwechselnd durch die Maschine öffneten und schlössen, ohne dass der Eingriff eines Menschen dazu nöthig wäre[3]).“ D a r a u s g e h t h e r v o r, d a s s L e i b n i z s c h o n 1 7 0 7 d i e I d e e e i n e r S e l b s t s t e u e r u n g d e r M a s c h i n e h a t t e.

Papin's speculirender Geist beruhigte sich auch nicht bei der Idee, mit seiner Maschine Wasser zu heben; er d a c h t e d a r a n, e i n S c h i f f d u r c h d i e D a m p f k r a f t z u b e w e g e n, und diese Pläne scheinen die Hauptursache gewesen zu sein, dass er Ende September 1707 Cassel verliess, um nach England zu gehen. Leider vermochte er in London die Royal Society, die überhaupt die Entwickelung der Dampfmaschinen wenig beachtete, nicht für seine Idee zu gewinnen, und von da an scheint es ihm überhaupt an allen Mitteln zur Fortsetzung seiner Versuche

---

[1]) Gerland, Wiedem. Ann. VIII, S. 358 u. 359.
[2]) Herausgegeben von E. G e r l a n d, Leibniz' und Huyghens' Briefwechsel mit Papin. Berlin 1881.
[3]) Gerland, Wiedem. Ann. VIII, S. 363.

gefehlt zu haben. Papin gehört zu jenen unglücklichen Erfindern, die so reich sind an kühnen Ideen, dass sie auf
die wirkliche Durchführung eines Planes sich selbst nicht
zu beschränken vermögen. Er hat wie ein Schiff auch Wagen
durch Dampfkraft bewegen wollen; er hat Versuche mit einem
Taucherschiff angestellt; er hat eine Centrifugalpumpe erfunden,
die ohne Ventile und Klappen continuirlich das Wasser heben und auch
als Blasebalg gut verwendbar sein sollte [1]), und nichts von alledem ist
zur wirklichen Ausführung und praktischen Arbeit gekommen. Selbst
die einzig vollendete Erfindung, die wir von ihm kennen, der Dampfkochtopf, hat erst der Neuzeit die Dienste wirklich geleistet, die Papin
von ihm versprach.

'Wir haben gesehen, dass schon Mersenne die Schwingungszahl einer
Saite zu bestimmen versuchte, Hooke machte 1681 entsprechende Versuche mit metallenen Rädern, und Vittorio Stancari (1678 bis 1709)
zeigte 1706 vor der Akademie zu Bologna, dass beim Drehen eines
Rades von drei Fuss Durchmesser, in dessen Kranz man 200 hervor-
stehende Nägel eingeschlagen, Töne entstanden, deren Höhe der Umdre-
hungsgeschwindigkeit proportional war; aus der Zahl der Umläufe konnte
man dann die Anzahl der Schwingungen in einer Secunde, welche dem
betreffenden Tone eigenthümlich war, berechnen. Doch erlangte man
durch alle diese Versuche noch keine genauen Resultate, solche gab erst
Sauveur in seinen akustischen Untersuchungen.

Joseph Sauveur ist am 24. März 1653 zu La Flèche im Departe-
ment Sarte geboren, wo sein Vater Notar war. Er zeigte als Knabe
viel Liebhaberei und Geschick für mechanische Künste und ging 1670
zu Fuss nach Paris, um dort sein Glück zu suchen, konnte sich aber in
der ersten Zeit nur durch Privatunterricht in der Mathematik erhalten.
1681 wurde er mit Mariotte bekannt, den er bei seinen Versuchen unterstützte, 1686 erhielt er die Stelle eines Professors der Mathematik am
Collège royal, und 1696 nahm ihn die Akademie der Wissenschaften als
Mitglied auf. Bis dahin hatte er sich noch vorzugsweise mit mathematisch-mechanischen Gegenständen beschäftigt, nun aber griff er ein
neues kaum bebautes Feld an, auf dem er trotz persönlicher Hindernisse
grosse Erfolge erntete. Er war ein Stammler, hatte ein so schlechtes
musikalisches Gehör, dass er die Intervalle nur mit Hülfe von Musikern
bestimmen konnte, trotzdem aber sind seine Aufsätze über „musikalische Akustik", die er 1700 bis 1703 in den Mémoires der Akademie veröffentlichte, epochemachend für diese Wissenschaft geworden.
Er starb am 9. Juli 1716 in Paris.

Sauveur bediente sich zur Bestimmung der Schwin-
gungsanzahl eines Tones merkwürdiger indirecter Me-

---

[1]) Gerland, Wiedemann's Ann. VIII, S. 364 bis 368.

Sauveur,
Akustische
Unter-
suchungen,
1700—1713. thoden. Beim Zusammentönen zweier Orgelpfeifen von verschiedenem Ton hatte er bemerkt, dass von Zeit zu Zeit heulende oder wogende Laute (Stösse, Schwebungen) sich hören liessen, und er schrieb diese Stösse richtig dem jeweiligen Zusammentreffen der Schwingungen beider Töne zu. Wenn Sauveur die Orgelpfeifen so wählte, dass ihre Töne um einen Halbton verschieden waren, so konnte er jene Stösse zählen, es waren sechs in der Secunde; die Schwingungszahlen zweier solcher Töne aber stehen im Verhältniss 15 zu 16, wenn also die Schwingungen sechsmal in der Secunde zusammenfallen sollen, so muss der tiefere 90, der höhere Ton 96 Schwingungen in dieser Zeit machen. Danach fand er auch, dass eine offene Orgelpfeife fünf Pariser Fuss lang sein muss, wenn sie in der Secunde 200 (halbe) Schwingungen machen soll, und bestimmte somit die Schwingungszahl des grossen C auf circa 130 Schwingungen in der Secunde [1]). Da man aber durch die harmonischen Verhältnisse, aus der absoluten Schwingungszahl auch nur eines Tones, die Schwingungszahlen aller anderen Töne finden kann, so vermochte Sauveur nun für alle Töne die entsprechenden Schwingungszahlen zu berechnen.

Bald darauf griff Brook Taylor dasselbe Problem rein mathematisch an und versuchte aus Länge, Gewicht und Spannung einer Saite die Schwingungszahl direct zu berechnen. Taylor (1685 bis 1731, vermögender Privatmann in London, seit 1712 Mitglied der Royal Society) bestimmte in seinem berühmten Werke Methodus incrementorum directa et inversa (London 1715) die Gestalt einer schwingenden Saite unter der Voraussetzung, dass alle Punkte derselben gleichzeitig die Gleichgewichtslage passiren, als die einer sehr „gedehnten Cycloide". Von einer Saite, deren Spannung P, deren Länge L und deren Gewicht Q ist, fand er, dass sie $\pi \sqrt{\dfrac{D \cdot P}{L \cdot Q}}$ Schwingungen vollendet, während der Zeit, dass ein Pendel von der Länge D eine Schwingung macht. Daraus folgt für die Anzahl n der Schwingungen während einer Secunde $n = \sqrt{\dfrac{P \cdot g}{L \cdot Q}}$, und danach lassen sich mit Hülfe einer Saite die Schwingungszahlen jedes Tons leicht berechnen. Diese Untersuchungen waren aber ihrer Voraussetzung nach nicht allgemein, denn eine Saite braucht nicht immer als Ganzes zu schwingen, es müssen nicht nothwendig alle Punkte derselben

---

[1]) Newton benutzte in den späteren Auflagen seiner Principien (II. Buch, 8. Abschnitt) diese Messungen Sauveur's um zu schliessen, dass die Wellenlänge eines Tones doppelt so lang ist, als die offene Pfeife, welche ihn erzeugt. Er nahm die Fortpflanzungsgeschwindigkeit des Schalls zu 1070 Par. Fuss an, und da während einer Schwingung der Ton sich um eine Wellenlänge fortpflanzt, so beträgt diese bei jenem Ton, der 100 ganze Schwingungen in der Secunde macht, ungefähr 10 Fuss, d. i. das Doppelte von der Länge der betreffenden Pfeife.

gleichzeitig die Gleichgewichtslage passiren. Die Saite kann ebenso in beliebig viel einzelnen Theilen schwingen, und sie kann auch als Ganzes schwingen, während dabei die einzelnen Theile noch für sich in dem Ganzen Partialschwingungen machen. Wenn die Saite als Ganzes schwingt, giebt sie ihren Grundton, wenn sie in einzelnen Theilen schwingt, so giebt sie einen sogenannten harmonischen Oberton; wenn sie aber gleichzeitig als Ganzes und in einzelnen Theilen schwingt, giebt sie neben dem Grundton noch Obertöne. Taylor hatte nur die Schwingungen, welche die Saite als Ganzes macht, betrachtet. Für diesen Fall hat er die Gestalt der schwingenden Saite bestimmt und für diesen Fall nur galt seine Formel. Dreissig Jahre später erst begann eine Generation der hervorragendsten Mathematiker, wie d'Alembert, Euler und Daniel Bernoulli, das Problem ganz allgemein zu fassen und führte eine lange Discussion über die Gestalten, welche eine schwingende Saite annehmen könnte. Dies waren rein mathematische Untersuchungen, die in der Allgemeinheit ihrer Annahme eigenthümlich analytische Schwierigkeiten boten; experimentell akustisch war man schon viel früher zur Verallgemeinerung des Problems gekommen, indem man bemerkt hatte, dass die Saiten ausser den ihnen eigenthümlichen Grundtönen noch andere höhere Töne geben könnten.

Wir haben schon bei Mersenne die Erwähnung der Obertöne gefunden, und noch genauer wurden solche Töne dann von William Noble und Thomas Pigot, zwei Schülern des Mathematikers Wallis, beobachtet, der auch ihre Untersuchungen 1677 in den Philosophical Transactions veröffentlichte. Mersenne kannte die Erscheinung des Mittönens oder der Resonanz und wusste, dass von zwei Saiten oft die eine mit zu tönen anfängt, sobald die andere angerissen wird. Noble und Pigot spannten solche Saiten neben einander, welche Grundton und Octave oder Grundton und Quinte der Octave oder auch Grundton und Doppeloctave gaben, und fanden, dass beim Tönen der höheren Saite die andere auf den Grundton gestimmte den höheren Ton mit angab. Sie bewiesen durch Auflegen von kleinen Papierreitern, dass dabei die Saite, welche auf den Grundton angestimmt war, sich in zwei oder drei oder vier Theile zerlegte. Sauveur vermochte aber die Obertöne, welche man bis dahin nur durch Resonanz hervorgerufen, auch direct zu erzeugen und eine schwingende Saite selbst aus dem Grundton in die Octave überschlagen zu lassen. Er berührte die Saite seines Monochords mit einem feinen Körper, z. B. der Spitze einer Feder, in ihrer Mitte oder im dritten oder im vierten Theile ihrer Länge und fand, dass dadurch der Ton derselben in die Octave, die Quinte der Octave oder die Doppeloctave sich umwandelte. Durch Auflegen kleiner Papiersattel fand auch er, dass die Saite sich bei jenen Tönen entsprechend in zwei, drei oder vier schwingende Theile getheilt hatte. Er nannte die Töne harmonische Töne, die Ruhepunkte der Saiten Schwingungs-

Sauveur,
Akustische
Unter-
suchungen,
1700—1713.
knoten und die Stellen der grössten Ausweichungen Bäuche. Damit war experimentell die Erscheinung der harmonischen Obertöne erklärt, so lange von einer Saite nur ein Ton zu hören war. Man hatte aber um diese Zeit auch schon vermuthet, und Saveur beschäftigte sich ebenfalls schon mit diesem Problem, dass eine Saite zugleich mehrere Töne, nämlich Grundton und Obertöne, geben könne; die Erklärung dieser Erscheinung jedoch blieb aus, und sie war es vorzüglich, die später den grossen Mathematikern so viele Schwierigkeiten bereitete.

Sauveur's Beschäftigung mit den absoluten Schwingungszahlen der Töne führte ihn auch zu Untersuchungen über die Grenzen ihrer Hörbarkeit. Er meinte zu bemerken, dass eine Pfeife von 40 Fuss Länge den tiefsten, und eine solche von $^5/_{64}$ Fuss den höchsten noch wahrnehmbaren Ton ergäbe; er gab danach an, dass man nur Töne zu hören vermöge, deren Schwingungszahlen zwischen $12^1/_4$ und 6400 in der Secunde lägen. Diese Grenzen sind später bedeutend modificirt worden, immerhin hat Sauveur das Verdienst, auch diese Untersuchungen angeregt zu haben.

Um nun noch einmal auf die Schwebungen zurückzukommen, welche beim Zusammenklingen zweier an Höhe nicht sehr verschiedener Töne entstehen und durch welche Sauveur zuerst die absolute Schwingungszahl eines Tones gemessen hatte, so hatte er dieses Zweckes wegen ein Interesse daran, die Schwebungen so langsam hervorzubringen, dass er sie zählen konnte. Er bemerkte darum nicht, dass diese Schwebungen auch so schnell erfolgen können, dass man dieselben selbst wieder als Ton hört. Die Combinationstöne (wie man diese Töne heutzutage nennt) wurden von praktischen Musikern entdeckt. Der berühmte Violinvirtuose Tartini erwähnt den Combinationston zweier Töne unter dem Namen des „dritten Tones" in der Schrift Trattato di musica secondo la vera scienza dell'armonica (Padua 1754), versichert aber später, dass er denselben schon im Jahre 1714 entdeckt habe; doch ist ihm jedenfalls der Organist Andreas Sorge in seiner „Anweisung zum Stimmen der Orgeln" (Hamburg 1744) mit der öffentlichen Erwähnung dieser Combinationstöne zuvorgekommen. Die Musiker gaben natürlich keine Erklärung für diese Töne, und dass dieselben mit den Schwebungen oder Stössen Sauveur's der Art nach identisch seien, wussten sie auch nicht. Erst Lagrange wies 1759 in dem ersten Bande der Memoiren der Turiner Akademie diese Identität nach und gab damit die Erklärung der räthselhaften Erscheinung.

Jac. u. Joh.
Bernoulli,
Entwicke-
lung der
math. Phys.,
c. 1700 bis
1720.
Die Erfindung der Differentialrechnung und Newton's grosses mathematisch-physikalisches Werk begannen nun nach und nach ihren Einfluss immer mehr fühlbar zu machen, vor allem dadurch, dass sie die fähigsten Arbeiter von der Experimentalphysik

zur Mathematik und mathematischen Physik zogen. Zwar herrschte anfangs unter diesen Arbeitern noch wenig Harmonie, die Rivalität der beiden Erfinder des neuen Calcüls, Newton und Leibniz, übertrug sich auch auf ihre Anhänger, und die Engländer fochten erbitterte Kämpfe gegen die Deutschen und Franzosen; aber diese Kämpfe konnten auf dem sicheren Boden der Mathematik nicht verwirrend, sondern nur anregend wirken, und noch vor Ende des Zeitraums wurde auch die Ruhe durch den Sieg der Partei des Leibniz völlig hergestellt. Dieser Sieg wurde herbeigeführt durch die leichtere Anwendbarkeit der Leibniz'schen Differentialrechnung gegenüber der schwerfälligen Fluxionstheorie Newton's; nicht minder aber auch durch die Glieder einer Familie, die eine fürstliche Stellung ersten Ranges im Gebiete der Mathematik einnimmt, durch die Bernoulli's.

Jac. u. Joh. Bernoulli, Entwickelung der mathematischen Physik, c. 1700—1720.

Der Kaufmann Nicolaus Bernoulli in Basel hatte elf Kinder, von denen zwei, Jacob und Johann, die mathematische Herrschaft ihrer Familie gründeten. **Jacob I. Bernoulli** (wie man ihn zum Unterschied von Nachfolgern bezeichnet) wurde am 27. Dec. (a. St.) 1654 in Basel geboren. Er trieb zuerst nur heimlich Mathematik, weil sein Vater ihn für den geistlichen Stand bestimmt hatte und bestand auch 1676 die theologische Prüfung; dann aber reiste er nach Holland, England und Frankreich und wurde im Jahre 1687 Professor der Mathematik in Basel, wo er am 16. Aug. des Jahres 1705 starb. Jacob Bernoulli war im Anfange seiner Laufbahn der eigentlichen Physik noch mehr zugethan als später; er war dabei ein überzeugter Anhänger Descartes' und ist das auch immer geblieben. In seiner Schrift Dissertatio de gravitate aetheris (Amsterdam 1683) erklärt er, wie Descartes, die Schwere durch den Rückstoss einer feinen elastischen Flüssigkeit, die er Aether nennt, versucht aber auch Descartes zu ergänzen, indem er ebenso die Festigkeit der Körper aus dem Druck dieses Aethers abzuleiten sich bemüht. Fest oder weniger fest sind dann die Körper, je nachdem sie mehr oder weniger Poren enthalten, in welche der Aether einzudringen und dem äusseren Druck entgegen zu wirken vermag. So überzeugt war Bernoulli von der Richtigkeit dieser Erklärung, dass er sogar den Zusammenhalt fester Körper im luftleeren Raum als ein Zeichen für die Existenz des Aethers ansah, der auch in das Vacuum eindringe. Die Haarröhrchenanziehung leitete er damals noch vom Druck der Luft ab. Das Mariotte'sche Gesetz hielt er nicht für unbegrenzt richtig, weil er annahm, dass die Lufttheilchen von bestimmter Grösse seien und nur bis zur Berührung zusammengepresst werden könnten, wonach dann das Volumen jedenfalls nicht mehr dem Druck proportional bleibt. 1685 beschäftigte er sich mit dem Gewicht der Atmosphäre, 1688 mit der Messung der Höhen der Wolken aus der Zeit, während welcher ihre Färbung nach Sonnenuntergang noch anhält und von 1686 auch mit dem Schwingungsmittelpunkt der Körper. Ihm kam das Princip des Huyg-

Jac. u. Joh.
Bernoulli,
Entwicke-
lung der
mathema-
tischen
Physik, c.
1700—1720. hens von der Erhaltung der einmal erlangten Steighöhe des Schwerpunktes nicht sicher genug vor; er bemühte sich den Schwingungsmittelpunkt ohne eine solche Annahme durch bekannte mechanische Gesetze
zu finden und schlug 1686 deshalb vor zu untersuchen, ob nicht zwei
schwere Theile an einem physikalischen Pendel ihre Geschwindigkeiten
wie an einem Hebel ausgleichen möchten? L'Hôpital machte jedoch
darauf aufmerksam, dass diese Annahme der Wirklichkeit nicht entsprechen würde, und Jacob Bernoulli verbesserte danach schon 1691
und ausführlicher 1703 und 1704 seine Methode zur Auffindung des
Schwingungsmittelpunktes. Der Differentialrechnung wandte er
sich gleich nach der Veröffentlichung derselben und fast ausschliesslich
zu und löste mit Hülfe derselben eine Menge der schwierigsten mathematisch-physikalischen Probleme.

Leibniz hatte im Jahre 1687 bei Gelegenheit des Streites darüber,
ob die Zeit beim Messen der Kraft zu berücksichtigen sei, den Cartesianern ironisch aufgegeben, die Curve zu finden, auf welcher
ein Körper in gleichen Zeiten gleiche Höhen durchfällt.
Er hatte zwei Jahre vergeblich auf eine Lösung gewartet und publicirte
dann 1689 seine eigene Lösung, die mit der alten synthetischen Methode erlangt war und darin mit der schon von Huyghens gegebenen
ganz übereinstimmte; Jacob Bernoulli aber bewies 1690 mit Hülfe
des neuen Calcüls, dass die gesuchte Curve die semicubische oder
die Neil'sche Parabel sei. Leibniz nannte dieselbe Isochrone
und stellte dann weiter die neue Aufgabe, die paracentrische Isochrone, d. h. die Curve zu finden, auf welcher ein fallender Körper
sich einem festen Punkte gleichmässig annähert; auch diese Aufgabe
löste Jacob Bernoulli im Jahre 1694, wenn auch nicht in voller Allgemeinheit. Währenddem hatte er aber selbst im Jahre 1690 den Mathematikern die ältere Aufgabe wieder gestellt: Welche Gestalt ein
schwerer, biegsamer, aber nicht ausdehnbarer Faden annimmt, wenn er an seinen Endpunkten aufgehängt wird.
1691 fanden dann Huyghens und Leibniz mit den Brüdern Bernoulli übereinstimmend, dass die Gestalt des Fadens eine
eigenthümliche, noch nicht untersuchte Curve sei, die man
nun Kettenlinie nannte. Jacob Bernoulli erweiterte dann noch das
Problem und bestimmte die Gestalt der Curve auch für den Fall, dass
das Gewicht des Fadens von Punkt zu Punkt nach einem bestimmten
Gesetze sich verändert. 1692 behandelte er die sogenannte elastische
Curve, d. i. die Linie, welche ein elastischer Stab formt, der an einem
Ende festgehalten und an dem anderen mit einem Gewichte beschwert
wird, und mit seinem Bruder gemeinschaftlich untersuchte er 1692 und
1693 auch die Brennlinien verschiedener spiegelnder und
brechender Curven zum ersten Male aus allgemeineren Gesichtspunkten; dass von ihm die Namen Dia- und Katakaustica herrühren,
haben wir schon erwähnt. Bis zum Jahre 1695 bearbeiteten der ältere

und der jüngere Bruder meist gemeinsam die auftauchenden Probleme, von da an aber, nachdem Johann als Professor nach Gröningen gegangen, trübte sich das brüderliche Verhältniss und wurde nach und nach ein im höchsten Grade feindseliges.

  Johann I. Bernoulli war am 27. Juni 1667 in Basel geboren, also fast 13 Jahre jünger als sein älterer Bruder Jacob. Er wurde von diesem in der Mathematik unterrichtet, erlangte schon mit 18 Jahren die Doctorwürde und erhielt 1705 eine Professur der Mathematik in Gröningen. 1705 folgte er seinem Bruder als Professor der Mathematik in Basel, und dort starb er am 1. Januar 1748. Er war ein heftiger, leidenschaftlicher Charakter, der viele Streitigkeiten ausgefochten und der auch wohl in dem Bruderzwiste der am meisten schuldige Theil war. 1696 legte er in den Acta eruditorum den Mathematikern die Frage nach der B r a c h y s t o c h r o n e vor, d. i. d i e C u r v e, a u f w e l c h e r e i n f a l l e n d e r K ö r p e r i n d e r k ü r z e s t e n Z e i t v o n e i n e m h ö h e r e n z u e i n e m t i e f e r e n P u n k t e g e l a n g t, der mit ihm nicht in denselben verticalen Graden und nicht in derselben horizontalen Ebene liegt. Im nächsten Jahre erschienen mit der eigenen Lösung Johanns, auch die von J a c o b B e r n o u l l i, L e i b n i z, l'H ô p i t a l und N e w t o n; die letztere anonym. Alle gaben für den Weg des Punktes einen Bogen d e r C y c l o i d e; Johann war aber nicht mit allen Lösungen gleich zufrieden. Die Arbeit seines Bruders tadelte er, diejenige Newton's, den er ex ungue leonem erkennen wollte, hob er besonders hervor. Jacob fühlte sich davon unangenehm berührt, stellte nun umgekehrt seinem Bruder Prüfungsaufgaben, und damit begann der wissenschaftliche Bruderkrieg, den wir nicht weiter verfolgen wollen, weil er auf rein mathematischem Gebiete sich abspielte.

  Trotz des Lobes, welches Johann bei jener Gelegenheit Newton spendete, ist er doch zeitlebens ein Freund von dessen Gegnern und ein Widersacher von dessen Anhängern geblieben. D i e P h y s i k d e s D e s c a r t e s h a t e r b i s a n s e i n L e b e n s e n d e v e r t h e i d i g t, u n d m i t L e i b n i z i s t e r n i c h t n u r b i s z u d e s s e n T o d e i n l e b h a f t e m B r i e f w e c h s e l[1]) g e b l i e b e n, s o n d e r n h a t d e n s e l b e n a u c h a l l e n A n g r i f f e n d e r E n g l ä n d e r g e g e n ü b e r a l s E r f i n d e r d e r D i f f e r e n t i a l r e c h n u n g m a n n h a f t v e r t r e t e n. Gleich in seiner ersten Schrift D i s s e r t a t i o d e e f f e r v e s c e n t i a e t f e r m e n t a t i o n e (Basel 1690) behandelt er vom Cartesianischen Standpunkte aus alle Erscheinungen des Gährens und des Aufbrausens, welche beim Vermischen zweier Körper entstehen. Die Körper theilen sich nämlich in passive (Alkalien), deren fest zusammenhängende Theilchen comprimirte Luft zwischen sich enthalten, und in active (Säuren), deren spitze Theilchen beim Zusammenmischen mit passiven in diese eindringen,

---

[1]) G. Leibnitii et Joh. Bernoulli commercium philosophicum et mathematicum (Lausanne 1645).

Jac. u. Joh.
Bernoulli, c.
1700—1720.

den Zusammenhang derselben zerstören und die eingeschlossene Luft freimachen. Die explosive Kraft des Pulvers erklärt sich ganz auf dieselbe Weise; das Pulver ist eine passive Materie, die eindringenden spitzen Feuertheilchen befreien die im Innern des Pulvers eingeschlossene und sehr stark comprimirte Luft[1]). Vom Cartesianischen Standpunkte aus löste Johann Bernoulli auch im Jahre 1730 die Preisfrage der Pariser Akademie nach den physischen Ursachen der Abplattung der Planeten und der Bewegung ihrer Aphelien und im Jahre 1733 die Frage nach der Ursache der Neigung der Planetenbahnen gegen den Sonnenäquator. Dem Newton'schen Gravitationsgesetz machte er den neuen und nicht leichten Einwurf: wenn die Gravitation von den kleinsten Theilchen der Materie ausgeht und nach der Menge derselben zu schätzen ist, so muss die Gravitation der Körper nicht im umgekehrt quadratischen, sondern im umgekehrt cubischen Verhältniss der Entfernung stehen. Dabei aber bemerkte er dem jungen Genfer Gabriel Cramer gegenüber, der bei der ersten Preisfrage neben ihm das Accessit für seine Arbeit, die auf Newton'schen Anschauungen fusste, erhalten hatte: er glaube seinen Sieg nur der Behutsamkeit zu schulden, mit der er besser als Cramer die Wirbel des Descartes behandelt habe, die noch immer von den Preisrichtern verehrt würden.

Johann Bernoulli war seit 1699 auswärtiges Mitglied der Pariser Akademie; mit der Royal Society dagegen befand er sich fast immer im Kriegszustande. David Gregory war schon 1697 wegen seiner Abhandlung über die Kettenlinien von Bernoulli des Plagiats beschuldigt worden; ebenso erging es später Taylor; Johann hatte nämlich in seiner 1714 erschienenen Abhandlung De natura centri oscillationis seine Untersuchung ganz auf das Gesetz von der Erhaltung der lebendigen Kraft gegründet und so gezeigt, dass der Schwingungsmittelpunkt im Allgemeinen von dem Mittelpunkt des Stosses verschieden ist und dass beide Punkte nur in speciellen Fällen zusammenfallen. Ein Jahr danach löste Brook Taylor in seinem Methodus incrementorum dieselbe Aufgabe, und das zog nun auch diesem die Beschuldigung des Plagiats zu. Der Streit gegen Bernoulli wurde um diese Zeit von den Engländern fast als Nationalsache geführt, allein dieser neue Horatius Cocles hielt nicht bloss der ganzen Armee stand, sondern vermochte auch einzelne zu weit sich vorwagende Gegner glänzend zu besiegen. Newton hatte in seinen „Principien" die Wurflinie im widerstehenden Mittel für den Fall bestimmt, dass der Widerstand des Mittels der Geschwindigkeit einfach proportional ist, hatte aber für den wichtigeren Fall, dass der Widerstand dem Quadrat der Geschwindigkeit proportional, das Problem nicht zu lösen vermocht. John Keill (1671 bis 1721,

---

[1]) So seltsam uns diese Theorie erscheinen mag, so leitet doch auch Euler (Lettres à une Princesse, Petersburg 1768 bis 1772, 13. Brief) die Explosion des Pulvers noch ganz auf dieselbe Weise ab.

Professor der Philosophie in Oxford), der schon durch eine Schrift vom Jahre 1708 den Prioritätsstreit zwischen Newton und Leibniz begonnen, „ein Soldat mehr kühn als tapfer", gedachte Johann Bernoulli mundtodt zu machen, indem er ihm 1718 eben jenes Problem, an welchem selbst Newton gescheitert, als Aufgabe vorlegte. Gegen alles Erwarten war Bernoulli bald mit der Arbeit fertig, in welcher er die Wurflinie für jeden Widerstand proportional, nicht bloss dem Quadrat, sondern auch jeder beliebigen Potenz der Geschwindigkeit bestimmt hatte. Er hielt seine Lösung vor der Hand geheim und forderte nun seinerseits Keill zur Publicirung von dessen Arbeit auf. Aber Keill blieb ganz still und obgleich Bernoulli danach direct behauptete, Keill habe seine eigene Aufgabe nicht zu lösen vermocht, so liess sich dieser doch nicht zu einem Beweis des Gegentheils herbei. Johann Bernoulli veröffentlichte seine Lösung der Aufgabe zugleich mit der seines Neffen Nicolaus Bernoulli 1719, damit war das Problem als rein theoretisch-mathematische Frage beseitigt; für die Praxis aber war leider noch wenig gewonnen, wie wir später weiter sehen werden. Die Ausdrücke für die Bestimmung der Wurflinie waren schwer zu behandeln, mehrere vorkommende Integrale nicht allgemein integrirbar, und ausserdem war ja das Gesetz des Luftwiderstandes noch durchaus nicht sicher. Noch früher als an diesem Punkte hatte Johann Bernoulli die Newton'schen Principien an einer anderen Stelle ergänzt. Wie wir sahen, vermochte Newton nicht nachzuweisen, dass Körper, die nach seinem Gravitationsgesetz von einem Punkte angezogen werden, sich in einem Kegelschnitt bewegen. Mit Hülfe des neuen Calcüls gelang es Bernoulli auch diesen Beweis in voller Allgemeinheit zu führen.

Johann Bernoulli war am grössten als Mathematiker. Als solcher hat er sich an allen geistigen Bewegungen seiner Zeit betheiligt und manche wichtige Zweige der neueren Mathematik, wie die Integralrechnung, fast allein ausgebildet. In der mathematischen Physik dagegen war er fast ganz auf die Mechanik beschränkt, in der Optik haben wir von ihm nur die Behandlung der Brennlinien und einen Versuch, das Brechungsgesetz aus mechanischen Gründen abzuleiten, zu erwähnen. Im Anfange seiner Laufbahn hatte er auch für einige Gegenstände der Experimentalphysik Interesse, doch muss man gestehen, dass seine Arbeiten auf diesem Gebiete mit seinen übrigen nicht zu vergleichen sind.

Den schon erwähnten Arbeiten Johann Bernoulli's schliessen wir noch einige einzeln stehende an. In einem Discours sur les lois de la communication du mouvement (Par. Mém. 1727) leitete er die Stossgesetze für elastische Körper aus dem Gesetz von der Erhaltung der lebendigen Kräfte ab und behandelte auch den schiefen Stoss. Die Elasticität der Körper überhaupt erklärte er durch die Schwungkraft der Aetherwirbel, welche die Theilchen

Jac. u. Joh. Bernoulli, c. 1700—1720. fester Körper von einander zu entfernen strebt. Seiner schon früher erwähnten Abhandlung über die leuchtenden Barometer schloss sich 1719 eine neue über das leuchtende Quecksilber an. Er gab ausführlich die Eigenschaften dieses Leuchtens an und erklärte dasselbe eb'enfalls aus dem Aether, welcher durch die Poren des Glases ins Vacuum dringt und das Leuchten verursacht. Ein neues, von Bernoulli vorgeschlagenes Barometer ist viel gebraucht worden[1]). Es bestand aus einer senkrechten Barometerröhre, die unten in eine horizontale überging. An ihrem oberen verticalen Ende war die Röhre beträchtlich weiter als an ihrem unteren horizontalen, und das Steigen und Fallen des Quecksilbers im oberen Theil wurde also im horizontalen Theile beträchtlich vergrössert angezeigt. Doch war die Empfindlichkeit des Barometers eine geringe und die Transportirung desselben sehr unbequem; dasselbe ist schliesslich wie alle Barometer, in denen die Bewegungen des Quecksilbers vergrössert werden sollten, gänzlich ausser Gebrauch gekommen und durch die neueren genauen Theilungen der Maassstäbe und den Gebrauch des Kathetometers überflüssig geworden[2]).

Graham, Magnetische Beobachtungen, Verbesserung der Uhren, 1720—1730.   Die Interessen der Schifffahrt regten in England fortgesetzt die Beobachtungen der Magnetnadel an und förderten dadurch auch die Theorie des Magnetismus wenigstens in einem speciellen Theile. Vor allem ist hierbei zu nennen Graham, der in den Philosophical Transactions von 1724 unter dem Titel Observations made on the variation of the horizontal needle at London 1722—1723 die Resultate sehr sorgfältiger Beobachtungen veröffentlichte. George Graham ist im Jahre 1675 zu Horsgills in Cumberland geboren. Er kam in frühem Alter zu dem berühmten Uhrmacher Tompion zu London in die Lehre und brachte es selbst als Mechaniker und Uhrmacher so weit, dass er 1728 Mitglied der Royal Society und nach seinem Tode, der 1751 erfolgte, in der Westminsterabtei bestattet wurde.

In dem erwähnten Werke constatirt er, dass die Declination der Magnetnadel fast in jedem Augenblicke sich verändert, dass aber diese kleinen Veränderungen von ungefähr $1/2^0$ an jedem Tage periodisch wiederkehren, und dass die Abweichung an jedem Tage ein Maximum und ein Minimum zeigt. Auch in der Inclination der Magnetnadel, wie in der

---

[1]) Gehler I, S. 774 bis 775.

[2]) Stephen Gray beschreibt schon in den Philosophical Transactions von 1698 ein Instrument, welches sich von unserem heutigen Kathetometer nur dadurch unterscheidet, dass es statt des Fernrohrs ein Mikroskop trägt und also nur für Messungen in nächster Nähe zu gebrauchen ist. Ein Kathetometer mit Fernrohr und sehr kurzem Maassstab wurde 1817 von Dulong und Petit beschrieben; die Kathetometer überhaupt sind erst durch Regnault in Aufnahme gekommen (Gerland, Bericht über die wissenschaftlichen Apparate, S. 14 bis 16).

Intensität des Erdmagnetismus fand Graham immerwährende kleine Schwankungen, konnte aber die Periodicität dieser Aenderungen nicht erkennen. Bis dahin waren überhaupt die beiden letzten Veränderungen, weil sie weniger praktisches Interesse boten, auch wenig beachtet worden. Früher war man der Meinung gewesen, dass die Inclination am ganzen Erdäquator gleich Null, auf der ganzen nördlichen Hemisphäre eine nördliche und auf der ganzen südlichen Hemisphäre eine südliche sei; doch hatten schon um 1700 die Beobachtungen Cunningham's und um 1706 die Beobachtungen des Jesuiten Franciscus Noël, der 1706 eine Reise nach Indien machte, das Falsche dieser Meinung gezeigt. Die Theorie des Magnetismus vermochte den neuen Erfahrungen natürlich nicht zu folgen. Wir haben gesehen, welch künstliche Construction Halley machte, um nur die säculären Veränderungen der magnetischen Declination zu erklären, wie hätte man jetzt zur Erklärung jener kleinen immer wechselnden Schwankungen kommen sollen. Die Theorie des Magnetismus war bis dahin fast unverändert Cartesianisch und blieb es auch noch lange Zeit. Nur Philippe Villemot modificirte Descartes in seinem Nouveau système ou nouvelle explication du mouvement des planètes (Lyon 1707) insoweit, als er meinte, die magnetische Materie, welche aus einem Erdpole ausströmt, beschreibe dabei Spirallinien und hielt danach wenigstens die constante Abweichung der Magnetnadel für erklärt. Newton'sche Attractionstheorien wurden erst nach den grossen elektrischen Entdeckungen auf den Magnetismus übertragen und auch dann nur, wenigstens was den Erdmagnetismus betrifft, zuerst mit geringem Erfolg.

Graham, Magnetische Beobach-¹ tungen, Verbesserung der Uhren, 1720 bis 1730.

Graham ist, ausser durch die Entdeckung der täglichen Periode der magnetischen Declination, noch mehrfach für die Physik wichtig geworden. Er gebrauchte zur Kreistheilung zuerst eine gute Methode und fertigte für die Sternwarte zu Greenwich den grossen Mauerquadranten, mit welchem Bradley die Aberration des Lichtes entdeckte. Sein Hauptverdienst aber erwarb er sich durch die Verbesserung der Uhren. Er hing, um die Reibung zu vermindern, das Pendel mit den Schneiden auf stählernen Platten auf, und er ist auch der Erfinder der Ankerhemmung, sowie der Compensation der Pendel. Schon von 1715 an versuchte er die Veränderungen, welche die Pendellängen durch die Wärme erleiden, aufzuheben oder doch zu vermindern. Zuerst machte er zu dem Zwecke die Pendelstangen aus Holz, das sich nicht so stark ausdehnt als die Metalle. Da aber hier durch das Werfen des Holzes etc. sich andere Uebelstände ergaben, so versuchte er durch Zusammenstellung mehrerer Metalle, die in verschiedener Stärke sich ausdehnen, die Pendellänge auch bei Temperaturveränderungen constant zu erhalten. Doch verliess er auch diesen Gedanken wieder, um gegen das Jahr 1721 die Compensation durch Quecksilber aufzunehmen, die ihm auch in genü-

gender Weise gelang. Er beschrieb dieselbe in dem Aufsatze A con-
trivance to avoid the irregularities in a clock's motion
occasioned by action of heat and cold on a pendulum road
(Phil. Trans. 1726). Die Compensation durch verschiedene Metalle, die
Construction des sogenannten Rostpendels führte von 1725 bis 1737
John Harrison (1693 bis 1776) mit vollkommenem Erfolge zu Ende,
der dann auch die Unruhe der Schiffsuhren durch Zusammensetzung aus zwei Metallen gegen die Schwankungen der Temperatur
unempfindlich machte. Graham war der erste, welcher die Uhren des
Harrison empfahl, und er unterstützte den letzteren, der arm und unbekannt nach London kam, in jeder Weise.

Harrison hatte bei der Construction seiner Uhrcompensationen von
vorn herein den Zweck vor Augen, die Uhren für die Bestimmung
der geographischen Längen auf der See geeignet zu
machen, und 1765 ward ihm auch wirklich die Genugthuung, von dem
Preis, welchen das englische Parlament schon 1714 für die Lösung jenes
Problems ausgesetzt hatte, wenigstens die Hälfte, nämlich 10 000 Pfund
Sterling, zu erhalten. Harrison hatte die Aufgabe des Uhrmachers gelöst;
zwei Deutsche lieferten die astronomische Arbeit, die den Bestimmungen
der Länge auf der See als Grundlage dient. Auch sie bedachte das
Parlament; Euler erhielt für seine Verbesserung der Mondtheorie
3000 Pfund und die Erben des Johann Tobias Mayer (1723 bis
1762) erhielten für dessen nach Euler's Theorie berechnete Mondtafeln
eine gleiche Summe.

Der erste Künstler, welcher zu dem viel erstrebten Ziele gelangte,
in ihrem Gange gut übereinstimmende Thermometer herzustellen, war
Daniel Gabriel Fahrenheit. Dieser war am 14. Mai 1686 in Danzig
geboren und für den Kaufmannsstand bestimmt; da es ihm aber hierbei
nicht besonders glückte, folgte er der grösseren Neigung und wandte
sich zur Physik. Er lebte meist in Holland als Glasbläser und Verfertiger
physikalischer Instrumente und starb in Holland am 16. September 1736.
Bekannt wurde er vor allem durch Christian Wolf, welcher in einem
eigenen Aufsatz in den Acta eruditorum von 1714 (Relatio de novo
thermometrorum concordantium genere) erzählte, dass Fahrenheit ihm in diesem Jahre zwei Weingeistthermometer übersandt habe,
die in ihrem Gange vollständige Uebereinstimmung zeigten. Wolf vermuthete, dass diese Harmonie in einer besonderen Beschaffenheit des
angewandten Weingeistes ihren Grund habe. Fahrenheit selbst liess die
Welt lange das Räthsel rathen, und erst in den Philosophical Transactions von 1724 veröffentlichte er sein Verfahren und auch da vielleicht
noch nicht ganz genau. Uebereinstimmende Weingeistthermometer hatte Fahrenheit wohl schon seit dem Jahre 1709 verfertigt;
1714 oder 1715 aber ging er, durch Amontons' Untersuchungen über
die Ausdehnung des Quecksilbers angeregt, zur Construction von Queck-

silberthermometern über. Er selbst sagt in seinem Aufsatz von 1724, dass er Amontons' Abhandlung vor nunmehr zehn Jahren gelesen habe, dadurch darf das letztere Datum wenigstens als sicher gelten [1]. Fahrenheit hat bei seinen Thermometern verschiedene Scalen gebraucht. Die letzte ist die noch jetzt in England und Amerika übliche, welche von 0 bis 212⁰ reicht. Nach seiner Beschreibung stellte er die Thermometer zur Graduirung zuerst in eine Mischung von Eis, Wasser und Salmiak oder Kochsalz; die Stelle, an welcher der Weingeist stehen blieb, bezeichnete er mit 0⁰ (ungefähr grösste Winterkälte des strengen Winters 1709); dann brachte er das Instrument in eine Mischung von Wasser und Eis, bezeichnete den Punkt des Gefrierens mit 32⁰ und theilte also die Strecke zwischen dem künstlichen Frostpunkt und dem Gefrierpunkt in 32 gleiche Theile. Zur Controle bestimmte er dann noch die Blutwärme eines gesunden Menschen, dem er das Thermometer in den Mund oder unter den Arm legte und bezeichnete den betreffenden Punkt des Thermometers mit 96⁰. Daraus geht hervor, dass er den Siedepunkt des Wassers als festen Punkt noch unbenutzt liess, und die frühesten seiner Thermometer reichen auch noch nicht bis zu diesem Punkte. Doch nimmt Fahrenheit nach seiner Abhandlung von 1724 den Siedepunkt des Wassers immer auf 212⁰ an und Einzelne vermuthen, dass er diesen Punkt auch schon früher bei der Graduirung benutzt, aber diese wichtige Thatsache aus Egoismus verschwiegen habe [2].

Fahrenheit beschreibt in den Aufsätzen vom Jahre 1724 auch die Erscheinung, welche man als das Ueberkälten des Wassers bezeichnen kann. Er habe im Jahre 1721 eine gläserne Kugel von einem Zoll Durchmesser, die in eine zwei bis drei Zoll lange Röhre auslief, zum Theil mit Wasser gefüllt, durch Kochen möglichst luftleer gemacht und danach die Röhre rasch zugeschmolzen. Eine ganze Nacht hindurch habe er dann die Kugel einer Temperatur von 15⁰ Kälte ausgesetzt, des Morgens aber das Wasser noch flüssig gefunden. Da das Wasser beim Abbrechen der Spitze schnell gefror, schrieb er zuerst dieses Gefrieren dem Eintritt der Luft zu, später aber bemerkte er, dass nur die Erschütterung die Ursache desselben sei, denn das überkältete Wasser erstarrte bei einer Erschütterung selbst in dem Falle, dass die Kugel noch geschlossen war. Auch als Barometer empfahl Fahrenheit seine Thermometer. Er hatte nicht nur, wie Papin, bemerkt, dass unter der Luftpumpe das Wasser bei geringer Temperatur siedet, sondern mit seinen besseren Thermometern auch gefunden, dass schon jede gewöhnliche Veränderung des Luftdrucks sich durch eine Veränderung der Siedehitze zu erkennen giebt. Er machte darum in den Philo-

---

[1] Zwei sehr schön gearbeitete Quecksilberthermometer Fahrenheit's bewahrt das physikalische Cabinet in Leyden. Gerland, Leopoldina, Heft XVIII, 1882.
[2] Gehler, Physikalisches Wörterbuch IX. S. 859 bis 862.

sophical Transactions von 1724 und 1725, in der Abhandlung Description on a new barometer, den Vorschlag, die Veränderungen des
Luftdrucks durch die Veränderungen des Siedepunktes zu bestimmen;
indessen ist dieser Vorschlag erst in diesem Jahrhundert von Wollaston
wieder aufgegriffen und danach vor allem bei Höhenmessungen benutzt
worden.

Endlich haben wir noch eine Verbesserung des Gewichts-
aräometers durch Fahrenheit zu erwähnen. Nach Gerland (Bericht
über die wissenschaftlichen Apparate, S. 27) ist dasselbe nicht von Balthasar Monconys (1611 bis 1665), wie meist angegeben wird, sondern
von Roberval noch vor dem Jahre 1664 erfunden. Es bestand aus einer
gläsernen, halb mit Quecksilber gefüllten Glaskugel, die in eine kurze
zugeschmolzene Röhre verlängert war. Ringförmige Gewichte wurden
auf diese Röhren so viel aufgesteckt, dass das ganze Instrument bis zur
Spitze ins Wasser tauchte, was den Uebelstand hatte, dass die Gewichte
selbst einen Gewichtsverlust erlitten. Fahrenheit als geschickter Glasbläser vermochte an jener Röhre einen Teller anzubringen, auf welchen
nun ausserhalb der Flüssigkeit so viel Gewichte gelegt werden konnten,
dass das Instrument bis zu einer festen Marke einsank; damit schwand
jene Quelle der Ungenauigkeit.

Der vorerwähnte Wolf[1]) hat 1721 ein Werk „Allerhand nützliche Versuche zur genaueren Kenntniss der Natur und der
Kunst" herausgegeben, in welchem er sich auch weitläufig über die
Wärme und das Wesen derselben auslässt. Diese Auslassungen
sind interessant, weil man in ihnen schon die Auffassung der Wärme
erkennt, wie sie noch bis vor kurzer Zeit die herrschende war. Die
Wärme ist ein eigenthümlicher Stoff, der von einem Körper
zum anderen übergeht. Dieser Wärmestoff sammelt sich in den
kleinsten Zwischenräumen des Körpers an und zwar in einem Stoff in
grösserer Menge als in einem anderen. Ein Körper, der sehr grosse und
grobe Zwischenräume besitzt, kann nicht sehr warm werden, nicht
wärmer als die Luft, die ihn umgiebt und seine Zwischenräume ausfüllt.
Der Wärmestoff ist an sich nicht warm, er erzeugt erst das
Gefühl von Wärme, wenn er bewegt wird. Wenn zwei Materien
mit einander gemischt werden, so kommen alle ihre Theilchen in Bewegung, es ist darum nicht wunderbar, dass bei Vermischen und Auflösen
Wärme erzeugt wird. Wenn aber Salpeter in Wasser aufgelöst wird, so
geht ein Theil der Wärme aus dem Wasser in den Salpeter, dieses Wasser
wird darum kälter. Durch die Hypothese von dem nicht warmen Wärmestoff sieht man schon den Begriff der so lange gebrauchten latenten
Wärme durchleuchten. Doch ist Wolf selbst über diesen Gedanken
noch nicht ganz klar, sonst hätte er nicht zu der Annahme zu greifen

---

[1]) Christian, Freiherr v. Wolf, 1679 bis 1754, der bekannte Begründer der
Leibniz-Wolf'schen Philosophie.

brauchen, dass das Salz noch kälter sei als Wasser und dass darum die Wärme des Wassers in das Salz überginge.

Wie Wolf, beschäftigte sich auch Mairan viel mit den Veränderungen der Aggregatzustände durch die Wärme. Jean Jacques d'Ortous de Mairan (1678 zu Béziers geboren, 1771 zu Paris gestorben, seit 1718 Mitglied und seit 1741 Secretär der Pariser Akademie) war ein eifriger Anhänger des Descartes, nach dessen Principien er seine Naturerklärung einrichtete. 1716 erschien von ihm Dissertation sur la glace, eine Schrift, welche, von der Akademie in Bordeaux gekrönt, mehrere Auflagen erlebte und noch 1752 ins Deutsche übersetzt wurde. Die Erklärungen der Erscheinungen erregen dabei mit ihren ganz in der Cartesianischen Weise gekünstelten Annahme weniger Interesse, dagegen enthält die Schrift eine Menge werthvoller Beobachtungen über das Gefrieren selbst und damit zusammenhängende Thatsachen. Für die Ursache der Ausdehnung des Wassers beim Gefrieren giebt Mairan drei Gründe: die Luftblasen, welche im Eis enthalten sind, die Auflockerungen, welche das Eis erfährt, wenn Luft beim Gefrieren aus demselben entweicht, und endlich eine sparrige Anordnung der Theile des Eises, welche dadurch entsteht, dass die Eisnadeln sich immer unter spitzen Winkeln an einander setzen. Dass Eis wie Wasser, vorzüglich bei stärkerem Wind, verdunstet, weiss Mairan und erklärt es durch den Stoss der Lufttheilchen, welche die Eistheilchen mit sich fortführen. Die Erscheinung, dass die Kälte am Ende des Winters vor Eintritt des Thauwetters am empfindlichsten erscheint, erklärt er für einen Betrug der Sinne, den das Thermometer widerlege; doch habe dieser Betrug der Sinne einen Grund, nämlich den, dass um diese Zeit viele Wasserbläschen und Eisnadeln in der Luft schweben, die sich an die Haut viel dichter anlagern als die Luft und so das Gefühl viel grösserer Kälte erzeugen. Wenn die Mauern nach strengem Frost bei Eintritt von Thauwetter mit Schnee beschlagen, so rührt dies nicht davon her, dass die Feuchtigkeit aus der Mauer dringt, sondern davon, dass die Feuchtigkeit, mit welcher die Luft angefüllt ist, an der Mauer gefriert. Ueber die Winde hatte Mairan schon 1715 einen Preis der Akademie von Bordeaux gewonnen, bei der er die Barometerveränderungen durch die Winde erklären wollte; doch wurde er später gerade wegen dieser Arbeit stark angegriffen.

Die Experimentalphysiker beschäftigten sich um diese Zeit noch immer mit den alten Aufgaben; seit der Mitte des vorigen Jahrhunderts, seit den grossen Florentiner Experimentatoren, seit Guericke, Boyle etc., hatten sie sich kaum ein neues Ziel gesteckt, und keine Entdeckung von epochemachend theoretischer Bedeutung war ihnen seit jener Zeit gelungen. Die Mathematik und die mathematische Physik hatte alles

Fahrenheit, Thermometer, Wärmetheorie, 1724.

Elektrische Untersuchungen, Gray, Dufay, 1729—1740.

Genie und damit auch den grössten Ruhm absorbirt. Zwar machten von
Zeit zu Zeit wieder elektrische Arbeiten auf dieses unbekannte Gebiet
aufmerksam, aber die in dem alten Geleise fortfahrenden Experimentalphysiker vermochten nur langsam in diese
Bahnen einzulenken, und selbst die bedeutenden Versuche von Gray
und Dufay, die wir sogleich erwähnen werden, erregten noch immer
nicht so allgemeine und schnelle Beachtung, wie sie z. B. die Entdeckung
der Luftpumpe etc. zu ihrer Zeit gefunden hatte.

    Stephen Gray [1670 [1]) bis 1736, lebte als Mitglied der Royal
Society in London] untersuchte im Jahre 1729, ob eine Glasröhre durch
Reiben in anderer Weise elektrisch würde, wenn sie an beiden Enden
offen, als wenn sie an beiden Seiten geschlossen wäre, und bemerkte bei
seinen vielen Versuchen zu seiner Verwunderung, dass nicht nur die
Röhre selbst, sondern auch der Kork, mit dem sie verschlossen war,
leichte Körper anzog. Diese Beobachtung verfolgte er zum Glück für
die Wissenschaft eifrig weiter. Er steckte in den Kork einen fichtenen
Stab von 4 Zoll Länge und auf diesen eine Elfenbeinkugel, auch diese
wurde wie die Röhre elektrisch; er nahm statt des Fichtenstabes einen
längeren Draht, oder hing die Elfenbeinkugel mittelst eines Bindfadens
an den Kork, der Erfolg blieb derselbe; selbst dann noch als Gray auf
den 26 Fuss hohen Balcon seines Hauses stieg und die Kugel an dem
Bindfaden bis zur Erde hängen liess. Die Elektricität wurde also in
dem Bindfaden senkrecht hinunter geleitet, nun wollte sie Gray auch
gern horizontal fortleiten. Dazu wurde der lange Faden von der Röhre
aus horizontal gespannt und durch einen anderen von der Decke herab-
hängenden Faden an dem Kugelende gehalten; dann aber blieb die
Kugel vollständig wirkungslos, und es zeigte sich, dass die Elektricität
statt nach der Kugel, nach der Decke ging. Gray klagte diesen Unfall
seinem Freunde **Wheeler** (Geistlicher und Mitglied der Royal Society,
† 1770); mit diesem wiederholte er in dessen Hause seine elektrischen
Versuche ohne besseren Erfolg, und dieser schlug dann vor, durch einen
dünnen an der Decke befestigten Seidenfaden den Bindfaden tragen zu
lassen, weil dieser dünnere Faden die Elektricität nicht so stark ableiten
würde. Der Erfolg gab ihm zuerst recht; als man aber, weil der Seidenfaden einmal riss, statt desselben einen ebenso dünnen Messingdraht
nahm, war auch dieser im Stande die Elektricität abzuleiten. Danach
überzeugte sich Gray durch viele weitere Versuche, dass es nicht auf
die Dünne des Fadens, sondern auf seinen Stoff ankomme, ob
er die Elektricität durchlasse oder nicht; er fand dabei, dass auch
Haare, Harze, Glas und einige andere Körper sich wie

---

[1]) Wheeler, der Freund Gray's, sagt von den letzten Versuchen, die dieser
kurz vor seinem Tode, der sicher 1736 erfolgte, anstellte, Gray habe sie als
66 jähriger Mann gemacht. Danach ist dessen Geburtsjahr auf 1670 oder höchstens 1669 zu setzen.

Elektrische Untersuchungen, Gray, Dufay, 1729—1740.

Seide verhielten, und er benutzte diese Eigenschaft, um die Elektricität in den Körpern lange Zeit zu halten. Bis 30 Tage lang hat Gray nach seinen Angaben so die Elektricität in mancherlei Körpern aufbewahrt; dieser Gedanke an eine Bewahrung der Elektricität, so unfruchtbar er an sich war, führte später zur Entdeckung der Verstärkungsflasche.

Gray scheint sich nicht viel mit Erklärungsversuchen aufgehalten zu haben, desto eifriger war er mit seinem Freunde Wheeler zusammen bemüht, die Beobachtungen selbst glücklich weiter zu führen. Er hing einen Knaben in Haarseilen auf und fand, dass auch dieser die Elektricität aufnahm und fortleitete; danach stellte er denselben auf einen Harzkuchen und machte dieselbe Beobachtung. Er bemerkte, dass verschiedene Körper verschiedene Mengen von Elektricität aufnehmen, dass aber ein massiver Würfel von Eichenholz nicht mehr elektrisch wurde, als ein ebenso grosser hohler, trotzdem die elektrischen Ausflüsse doch durch den ganzen Würfel hindurch zu gehen schienen; endlich sah er auch noch, dass die elektrischen und die magnetischen Ausflüsse sich nicht im geringsten störten, indem ein Schlüssel, der an einem Magneten hing, wenn er elektrisch gemacht wurde, kleine Körper ebenso anzog als vorher, wo er nicht mit dem Magneten in Berührung war. Gray veröffentlichte seine elektrischen Untersuchungen in den Philosophical Transactions während der Jahre 1731 und 1732; durch diese Aufsätze wurde Dufay auf die elektrischen Erscheinungen aufmerksam und führte dann die Versuche mit noch glänzenderem Erfolge weiter.

Charles François de Cisternay Dufay wurde am 14. September 1698 in Paris geboren und nahm früh (im Jahre 1712) Militärdienste, die er aber seiner schwachen Gesundheit, sowie des herrschenden Friedens wegen bald aufgab, um sich den Naturwissenschaften zu widmen. 1732 wurde er Intendant des Jardin des plantes und hob denselben zu einer hohen Blüthe. Doch hatte er sich vorher schon viel mit Physik beschäftigt und unterbrach diese Arbeiten auch nach seiner Ernennung nicht. Er starb am 16. Juli 1739 in Paris, noch nicht 41 Jahre alt. Seine Arbeiten veröffentlichte er meist in den Memoiren der Pariser Akademie, deren Mitglied er seit 1723 war; die elektrischen Abhandlungen erschienen während der Jahre 1733 bis 1737; die erste derselben enthält eine kurze Geschichte der Elektricität bis 1732.

Dufay bestätigte die meisten Resultate Gray's, berichtigte dieselben aber auch an einzelnen Punkten, indem er z. B. nachwies, dass die Farbe der Körper beim Elektrisiren derselben ohne Einfluss sei. Wie Gray untersuchte er, welche Körper am meisten Elektricität aufnehmen könnten und glaubte zu bemerken, dass es diejenigen Körper seien, die nicht selbst durch Reiben elektrisch würden. Dabei bediente er sich des ersten primitiven Elektroskops, indem er seidene, baumwollene und wollene Fäden isolirt aufhing und nachsah, welche Fäden am meisten beim Mittheilen von Elektricität aus einander wichen. Dufay bemerkte auch, was Gray übersehen, den elektrischen Funken und zog starke Funken selbst aus isolirten menschlichen Körpern. Er legte sich selbst, sowie Gray einen Knaben, auf seidene Schnüre und liess sich elektrisiren. Dann fuhren aus seinem Gesicht, aus Händen und Füssen und Kleidern, so bald ihm Jemand mit der Hand nur einen Zoll weit nahe kam, stechende Funken, die von einem Knistern begleitet waren, und die sowohl ihm, wie auch der aufnehmenden Person, einen kleinen Schmerz wie von einem Nadelstich bereiteten. Der Abt Nollet, welcher bei den meisten Versuchen Dufay's zugegen war, schreibt, er werde nie den Schreck vergessen, den der erste elektrische Funken, der je aus einem menschlichen Körper herausgelockt worden, ihm sowohl als Herrn Dufay verursacht habe.

Gray erkannte neidlos die Erfolge Dufay's an und wiederholte dessen Versuche, gerieth aber zuletzt auf einen eigenthümlichen Gedanken, den wir nicht übersehen wollen. Er machte Versuche über die Abstossung leichter Körper, die er an Fäden in der Hand hielt, durch eine elektrisch gemachte Eisenkugel. Dabei glaubte er zu bemerken, dass die leichten Körper nicht geradlinig abgestossen würden, sondern um die Eisenkugel zu rotiren anfingen und zwar immer in derselben Richtung, in welcher die Planeten sich um die Sonne bewegen[1]). Er hatte vor, wie er ausdrücklich bemerkte, auf diese Erscheinung eine neue Theorie der Planetenbewegung zu gründen, starb aber, ehe er seine Theorie ausgeführt. Wheeler und Dufay bemühten sich erfolglos jene Versuche zu wiederholen, und Wheeler vermuthete zuletzt, dass sein alter Freund wohl durch das Zittern der Hand den abgestossenen Körpern die zur Rotation nothwendige seitliche Geschwindigkeit ertheilt habe. Es ist nicht wunderbar, dass Gray, wie man Anfangs des 17. Jahrhunderts den Magnetismus als die Ursache der Himmelsbewegungen ansah, nun auch die geheimnissvolle elektrische Kraft dafür in Anspruch nehmen wollte, nur zeigt diese Erscheinung, dass doch Newton's mechanische Theorie noch nicht von allen experimentirenden Physikern verstanden oder auch beachtet und anerkannt wurde.

Dufay ist für die Elektricität vor allem durch zwei Gesetze wichtig geworden, die er durch Induction aus vielen Versuchen ableitete, und die zum ersten Male geeignet waren, einige Ordnung in die verwirrende Mannigfaltigkeit der Erscheinungen zu bringen, und die uns

---

[1]) On the revolutions which small pendulous bodies, by electricity, make round larger ones from west to east, as the planets do round the sun (Phil. Trans. 1736).

noch heute als Grundlagen zur Erklärung dienen. Dufay spricht die Gesetze in Worten aus, denen man ansieht, dass er sich über ihre grosse Bedeutung vollkommen klar gewesen ist. „Ich entdeckte ein sehr einfaches Princip, das einem grossen Theile der Anomalien und Sonderbarkeiten entsprach, von welchen die meisten elektrischen Erscheinungen begleitet zu sein scheinen. Dieses Princip besteht darin, dass die elektrischen Körper alle diejenigen anziehen, die nicht elektrisch sind und sie im Gegentheile abstossen, sobald sie durch die Annäherung oder Berührung jener elektrischen Körper ebenfalls elektrisch geworden sind. Wendet man diese Regel auf die verschiedenen Experimente an, so wird man erstaunen über die grosse Menge von dunklen und räthselhaften Erscheinungen, die dadurch aufgeklärt werden." — „Der Zufall liess mich auf meinem Wege einem anderen Princip begegnen, das noch merkwürdiger und allgemeiner ist als das vorhergehende und das zugleich ein ganz neues Licht auf diesen Gegenstand wirft. Dieses Princip besteht darin, dass es zwei wesentlich verschiedene Gattungen von Elektricität giebt, von denen ich die eine die Glas- und die andere die Harzelektricität nennen will. Jene äussert sich in Glas, in Edelsteinen, Haaren, Wolle u. s. f., diese aber in Bernstein, Gummilack, Seide u. s. f. Das entscheidende Kennzeichen dieser zwei Elektricitäten besteht darin, dass sie sich selbst abstossen und im Gegentheile eine die andere anziehen." Das letztere Princip fand merkwürdigerweise nicht gleich die verdiente Anerkennung und ist später erst zur Geltung gebracht worden, ohne dass man dabei die Verdienste Dufay's anerkannt hätte.

Nach Gray beschäftigte sich auch Jean Théophile Desagulier s (1683 bis 1744, Theolog, Professor der Physik in Oxford, hielt an vielen Orten physikalische Vorlesungen, zuletzt Caplan des Prinzen von Wales) mit Elektricität; seine Aufsätze befinden sich in den Philosophical Transactions von 1739 bis 1742. Er nannte zuerst die Körper, welche nach seiner Ansicht nicht selbst durch Reiben elektrisch wurden, Leiter oder Conductoren und theilte danach alle Körper in an sich elektrische Körper und in Leiter. Ein an sich elektrischer Körper nimmt keine Elektricität von einem anderen an und giebt seine eigene nicht auf einmal, sondern nur an den Theilen ab, an welchen er berührt wird; ein Leiter verliert bei der Berührung alle seine Elektricität auf einmal. Trockene Luft rechnete er unter die Nichtleiter, also zu den an sich elektrischen Körpern.

Desaguliers war bei vielen experimentellen Untersuchungen betheiligt; doch hat er der Wissenschaft mehr durch seine Beihülfe bei den Entdeckungen Anderer und durch die Verbreitung wissenschaftlicher Kenntnisse, als durch eigene

Gray, Dufay,
1729—1740. Entdeckungen genützt. Auch für die Elektricität ist er vorzüglich in ersterer Weise wichtig geworden und weitere Kreise haben die Entdeckungen Gray's und Dufay's vor allem durch Desaguliers kennen gelernt. Sein Cours of experimental philosophy (London 1717) erschien bis 1763 in mehreren Auflagen und Uebersetzungen, seine Dissertation sur l'électricité wurde 1742 von der Akademie zu Bordeaux preisgekrönt.

Fortschritte
der Mecha-
nik. Dan.
Bernoulli,
Euler,
D'Alembert,
c. 1740. Während so die Experimentalphysik zu einem neuen Eroberungszuge in ein bis dahin noch ziemlich märchenhaftes Gebiet sich anschickte, schritt auch die mathematische Physik rüstig weiter vor. Die alten synthetischen geometrischen Methoden, die noch Huyghens und auch Newton fast ausschliesslich gebraucht, wichen; die neuere Analysis, welche besonders die ersten Bernoulli's so mächtig entwickelt, eroberte das ganze Gebiet, und durch eine jüngere Generation mit Daniel Bernoulli, Euler und D'Alembert an der Spitze, erhielt die ganze mathematische Physik eine andere überraschend entwickelungsfähige Grundlage.

Daniel I. Bernoulli, der Sohn von Johann I. Bernoulli, wurde am 29. Jan. (a. St.) 1700 zu Gröningen geboren. Nach längerem Aufenthalte in Italien ging er 1725 mit seinem Bruder Nikolaus II. an die neu gegründete Akademie in Petersburg. Dort starb Nikolaus schon im folgenden Jahre, und auch Daniel kehrte im Jahre 1733 seiner geschwächten Gesundheit wegen nach Basel zurück. Er war hier zuerst Professor der Anatomie und Botanik, von 1750 an aber Professor der Physik und der Philosophie und starb in Basel am 17. März 1782.

Leonhard Euler (geboren am 15. April 1707 in Basel) erhielt den ersten mathematischen Unterricht von seinem Vater Paul Euler, Pfarrer im Dorfe Riehen bei Basel, der selbst bei Jacob I. Bernoulli Mathematik studirt hatte. Auch Leonhard sollte Theologe werden; doch gab der Vater später, als schon der junge Euler die Gunst Johann Bernoulli's gewonnen und dessen Unterricht privatim genossen hatte, diesen Gedanken auf. Nachdem die beiden jüngeren Bernoulli's nach Petersburg gerufen worden waren, „gaben sie sich ebenso viel Mühe, einen so furchtbaren Nebenbuhler (wie Euler) in ihre Nähe zu bringen, wie gewöhnliche Menschen anwenden, ihre Mitbewerber von sich zu entfernen". 1727 ging Euler wirklich nach Petersburg, da er in Basel keine Stelle finden konnte; dort wurde er 1730 Professor der Physik an der Akademie und rückte 1733 in die Stelle seines Freundes Daniel Bernoulli als Professor der höheren Mathematik ein. 1735 zogen ihm seine übermässigen Arbeiten ein heftiges Fieber zu, das ihm das rechte Auge kostete. 1741 ging er als Director der mathematischen Classe der Akademie nach Berlin, kehrte aber 1766 nach Petersburg zurück. In diesem Jahre verlor er durch eine Krankheit auch das Gesicht auf dem zweiten Auge so weit, dass er nur noch starke Kreidestriche auf einer schwarzen Tafel erkennen konnte; seine wissenschaftlichen Arbeiten wurden aber damit nicht unterbrochen. Seine Geisteskraft blieb ihm bis zum letzten Augenblick; am 7. September 1783 hatte er sich noch beim Essen mit Herrn Lexell über den neuen Planeten (Uranus) unterhalten, beim Thee spielte er mit seinen Enkeln, als ihm die Pfeife aus der Hand fiel — „und er hörte auf zu rechnen und zu leben". Euler war zwei Mal verheirathet und hatte aus erster Ehe dreizehn Kinder, wovon acht frühzeitig starben. Seine drei Söhne nahmen alle geachtete Lebensstellungen ein; der älteste vorzüglich folgte nicht ohne Ruhm den Bahnen seines Vaters. Die nachgelassenen Abhandlungen Leonhard Euler's aber füllten noch lange Jahre nach seinem Tode die Bände der Memoiren der Petersburger Akademie.

Fortschritte d. Mechanik, Daniel Bernoulli, Euler, D'Alembert, c. 1740.

Die Untersuchungen Daniel Bernoulli's und Euler's berührten sich sehr häufig und die beiden grossen Mathematiker waren dabei keineswegs allezeit einerlei Meinung; doch hat das nie zu feindseligem Streit zwischen den Beiden geführt. Nicht immer so glatt aber ging es zwischen Euler und dem dritten Begründer der analytischen Mechanik D'Alembert ab. Jean le Rond d'Alembert wurde am 17. November 1717 als ausgesetztes Kind an den Stufen der Kirche Jean le Rond in Paris gefunden und der Frau des Glasers Alembert zur Erziehung übergeben. Zuerst als Jansenist theologischen Studien zugewandt, dann als Brotstudium auch die Rechte betreibend, befleissigte er sich doch dabei immer mit aller Kraft der Mathematik und der mathematischen Physik und wurde als Mathematiker schon 1741 zum Mitglied der Akademie von Frankreich und 1756 sogar, eine ungewöhnliche Auszeichnung, zum Pensionar der Akademie mit bedeutendem Gehalt ernannt. Doch zog er sich durch seine Theilnahme an der Redaction der Encyclopédie ou Dictionnaire raisonné des sciences, des arts et des métiers (Paris 1751 bis 1780), sowie durch seine populären philosophischen Schriften zahlreiche Feinde zu. Trotzdem blieb d'Alembert in Frankreich, selbst als ihm Friedrich II. 1763 die Präsidentschaft der Berliner Akademie und bald darauf Katharina II. die Erziehung ihres Sohnes Paul unter glänzenden Bedingungen antrug. Er wurde 1772 Secretär der Akademie von Frankreich und starb am 29. October 1783 in Paris.

Euler begann den Reigen der erwähnten analytischen Arbeiten mit seiner Mechanica sive motus scientia analytice exposita (Petersburg 1736), in der er, wie er in der Vorrede anzeigt, die Probleme, welche die Vorgänger, wie Newton und Herrmann[1]), synthetisch gelöst, nun durchaus analytisch behandeln wollte. Das Werk schliesst die Statik aus und behandelt nur die Bewegung eines physischen Punktes in zwei Büchern. Das erste untersucht die Bewegungen eines freien Punktes, das zweite die eines

---

[1]) Phoronomia, seu de viribus et motibus corporum solidorum et fluidorum. Amsterdam 1716.

Daniel Bernoulli, Euler, D'Alembert, c. 1740. solchen auf vorgeschriebener Bahn. Euler zerlegt dabei die Bewegungen nach Richtungen, welche den einzelnen Aufgaben angepasst und für die verschiedenen Probleme verschieden sind; sehr vielfach gebraucht er die Zerlegung einer Bewegung nach der Richtung der Tangente und der Richtung der Normale. Die Projection der Bewegungen auf drei zu einander senkrechte, feste Coordinatenachsen hatte er damals noch nicht, sie findet sich zuerst angewandt in Colin Maclaurin's (1698 bis 1746, Professor der Mathematik in Aberdeen und Edinburgh) berühmtem mathematischen Werke A complete system of fluxions vom Jahre 1742[1]).

In Euler's Mechanik handelt es sich noch um die Bewegung einzelner Punkte, aber um diese Zeit hatte man auch schon viel zu thun mit Systemen von Punkten, die in irgend einer Weise mit einander verbunden waren oder auf einander einwirkten. Bei diesen Problemen mischten sich in noch complicirterer Weise dynamische und statische Verhältnisse als bei der Bewegung eines Punktes auf fester Bahn, weil bei einer Verbindung der Punkte dieselben noch mannigfaltigeren Hemmnissen unterlagen als dort. Ueber die Art, in welcher die Hemmnisse wirkten, herrschte Unklarheit und Streit. Man suchte darum vor allem zu allgemeinen Principien zu gelangen, nach welchen diese Hemmwirkungen analytisch zu fassen waren. Hierin war besonders D'Alembert glücklich, und in seinem Traité de dynamique (Paris 1743) gelang es ihm das Princip anzugeben, nach welchem sich alle Bewegungsgleichungen auf Bedingungen des Gleichgewichts zurückführen lassen. Dieses D'Alembert'sche Princip, das sich mit seinen Wurzeln schon in Jacob Bernoulli's Untersuchungen des Schwingungsmittelpunkts findet, lautet: Wenn auf ein System irgendwie mit einander verbundener Punkte Kräfte wirken, so kommt ein Theil dieser Kräfte wirklich zur Geltung, indem er Bewegung erzeugt; ein anderer Theil aber wird durch die stattfindenden Verbindungen der Punkte unwirksam gemacht und geht somit verloren. Dabei müssen immer die verlorenen Kräfte sich so verhalten, dass wenn sie allein an den Punkten wirkten, sie sich in jedem Augenblicke das Gleichgewicht halten würden. Die Bedingungen dieses Gleichgewichts ergeben dann die Bewegungsgleichungen des ganzen Systems. Auf Grund dieses Princips erklärte D'Alembert, was wir schon erwähnt, den Streit über die Erhaltung der Kräfte für gegenstandslos; doch waren immerhin die durch jenes Princip bestimmten Gleichungen noch schwierig genug aufzustellen; diese Schwierigkeiten hat erst später der eigentliche Begründer unserer analytischen Mechanik, Lagrange, beseitigt.

---

[1]) Lagrange, Méchanique analytique, Paris 1788. S. 165.

Auch die **Hydrodynamik** erhielt um 1740 ihre wissenschaftlich analytische Grundlage durch ein allgemeines Princip. Im Jahre 1738 erschien von **Daniel Bernoulli** das Werk **Hydrodynamica seu de viribus et motibus fluidorum commentarii** (Strassburg 1738). In diesem stellte er die **Bewegungsgleichungen der Flüssigkeiten durch Anwendung des Princips von der lebendigen Kraft auf,** nach welchem ein Theil der Flüssigkeit durch sein Fallen eine Geschwindigkeit erhält, die umgekehrt genügen würde, ihn auf dieselbe Höhe zu führen, von welcher er gesunken. Der Vater Daniels, **Johann Bernoulli,** war nicht ganz mit der unmittelbaren Anwendung dieses Princips einverstanden und gab eine andere Ableitung der Resultate, ebenso that **Maclaurin** in seinem oben angeführten Werke, aber die Ableitungen beider waren dunkler und nicht sicherer als diejenige Daniels. **D'Alembert** benutzte bei seinen hydrodynamischen Untersuchungen wieder sein eigenes Princip und veröffentlichte die so erhaltenen Resultate in seinem **Traité de l'équilibre et du mouvement des fluids** (Paris 1744). Doch befriedigte ihn selbst diese Arbeit nicht ganz, und er hat bis an sein Ende gerade diesen Theil zu vervollkommnen gesucht. 1752 erschien sein **Essai d'une nouvelle théorie sur la résistance des fluids** und seine **Opuscules mathématiques** (Paris 1761 bis 1768) enthalten noch mehrere Aufsätze über dieses Thema.

Die Dynamik der **elastischen Flüssigkeiten,** hauptsächlich die **Theorie der regelmässigen Winde,** beschäftigte um diese Zeit ebenfalls die Physiker. Die Berliner Akademie stellte 1746 die Preisaufgabe: **das Gesetz zu bestimmen, welches der Wind befolgen müsste, wenn die Erde allenthalben mit Wasser umgeben wäre.** **D'Alembert,** dessen mathematisch sehr schätzbare Arbeit **Réflexions sur la cause générale des vents** den Preis erhielt, erklärte, aber nicht sehr zutreffend, die Passate einzig und allein durch eine **Luftfluth,** die, wie Meeresfluth, von den Anziehungen der Sonne und des Mondes verursacht würde. **Hadley**[1]**) hatte 1735 in den Philosophical Transactions schon die heute gebräuchliche Erklärung der Passate gegeben,** doch scheint dies wenig bekannt geworden zu sein.

Unter den Fortschritten der Mechanik haben wir auch des sogenannten **Problems der drei Körper** zu gedenken. Die beste Probe auf Newton's Theorie der Gravitation war die Erklärung der verwickelten Planetenbewegungen nach seinen Principien. Die Aufgabe, die Bewegungen eines Mondes aus der gegenseitigen Einwirkung seines Planeten und der Sonne zu berechnen, hatte sich zu der allgemeineren Aufgabe verdichtet, die **Bewegungen dreier Körper zu bestimmen,**

Randnotiz: Daniel Bernoulli, Euler, D'Alembert, c. 1740.

---

[1]) Nach Poggendorff (Biographisch-liter. Handwörterbuch, I. S. 987) nicht John Hadley, der bekannte Erfinder des Spiegelsextanten, sondern **George Hadley,** ein sonst unbekanntes Mitglied der Royal Society.

Daniel Ber-
noulli,
Euler,
D'Alembert,
c. 1740. die sich gegenseitig im Verhältniss ihrer Massen und im
umgekehrt quadratischen Verhältniss ihrer Entfernungen
anziehen. Im Jahre 1747 reichte D'Alembert seine Lösung der
Aufgabe der Pariser Akademie ein, das gleiche geschah in demselben Jahre
von Clairault, und auch Euler arbeitete damals an dem gleichen Problem. Die Arbeiten führten aber merkwürdigerweise für die Bewegungen des Mondapogäums auf einen um die Hälfte zu kleinen Werth.
Dies gab Gelegenheit zu Verbesserungen; 1751 schon gewann Clairault den Preis der Petersburger Akademie für seine verbesserte Lösung,
und 1765 erschien dieselbe vollständig in seiner Théorie de la lune.
D'Alembert gab seine Theorie in den Recherches sur plusieurs
points importants du système du monde (3 vol. Paris 1754
bis 1756), und Euler veröffentlichte schon 1753 seine Theoria motus
lunae. Das letzte Werk ist praktisch das wichtigste geworden, denn
auf dasselbe gründete Tobias Mayer seine schon erwähnten berühmten
Mondtafeln.

Der erwähnte Alexis Claude Clairault (1713 bis 1765) war
ein frühreifes mathematisches Genie und schon mit 18 Jahren Mitglied
der Pariser Akademie. Doch hat er für die Physik weniger Bedeutung,
weil seine Arbeiten meist rein mathematisch sind; am wichtigsten ist
vielleicht seine berühmte Schrift Théorie de la figure de la terre
(Paris 1743), in welcher er auch das Gleichgewicht der Flüssigkeiten allgemein und richtig behandelt hatte. Newton hatte aus
seiner Theorie auf eine Abplattung der Erde im Verhältniss von 229 :
230 geschlossen; eine Gradmessung aber, welche die beiden Cassini (Giovanni Domenico Cassini, 1625 bis 1712 und sein Sohn Jacques
Cassini, 1677 bis 1756) mit Hülfe von Maraldi und La Hire in den
Jahren 1683 bis 1718 im Süden Frankreichs von Malvoisine bis Col-
lioure und im Norden von Amiens bis Dünkirchen ausführten, ergab für
einen Grad im Süden 57097^t und im Norden 56960^t. Diese Messungen widersprachen also gänzlich der Abplattungs-
theorie und liessen eher auf eine längliche Gestalt der
Erde schliessen. Ein langer Streit zwischen Engländern und Franzosen war die Folge dieser Resultate, den die Franzosen endlich durch
neue Gradmessungen zu beenden suchten. 1735 ging eine Expedition
unter Bouguer (den wir noch als Optiker erwähnen werden) und
Charles Marie de la Condamine (1701 bis 1774) nach Peru ab,
die bis zum Jahre 1742 dort eine Messung vollendete, welche für 1°
56734^t ergab. Eine andere Expedition unter Maupertuis, mit Clairault u. A. als Gehülfen, war währenddem nach Lappland gegangen
und hatte dort von 1736 bis 1737 für einen Grad 57438^t gefunden.
Diese Messungen bewiesen sicher die Abplattung der
Erde, stimmten aber doch nicht mit der Theorie; denn sie ergaben die
Abplattung fast doppelt so gross als sie hätte sein sollen.

Der Director der nordischen Expedition, Pierre Louis Moreau

de Maupertuis (1698 bis 1759), von dem boshafte Feinde behaup- Daniel Bernoulli, Euler, D'Alembert, c. 1740.
teten, der frühere Dragonercapitän habe seine ansehnlichen Stellungen
mehr seinen Erfolgen in den Salons der Gesellschaft als auf dem Felde
der Wissenschaft zu danken, hat auch als Mechaniker eine Rolle gespielt
und auch ein allgemeines Princip aufgestellt, nach dem alle mechanischen Probleme analytisch zu lösen waren. Maupertuis ging nach Beendigung seiner Arbeiten für die Gradmessung 1740 auf Berufung von
Friedrich II. nach Berlin, um dort die Akademie neu einzurichten. Da
aber in diesem Jahre der erste schlesische Krieg ausbrach, wurde diese
Akademie erst 1745 zu Stande gebracht, und Maupertuis übernahm nun
wirklich das Präsidium. Er blieb 10 Jahre in Berlin, kehrte dann lite-
rarischer Streitigkeiten wegen, vor allem mit Voltaire, nach Frankreich
zurück und starb in Basel. Maupertuis' Princip ist das Princip der kleinsten Wirkung, das wir schon bei Heron und Fermat
in beschränkterer Anwendung gefunden haben. Er veröffentlichte die
betreffenden Arbeiten 1744 in den Memoiren der Pariser Akademie und
1746 in den Abhandlungen der Berliner Akademie unter dem Titel Les
lois d'un mouvement et du répos déduites du principe
métaphysique. Das Princip heisst: Wenn in der Natur eine
Veränderung vor sich geht, so ist die für diese Veränderung nothwendige Thätigkeitsmenge die kleinstmög-
lichste; die Thätigkeitsmenge wird dabei definirt als das Product aus
Masse, Geschwindigkeit und durchlaufenem Raum. Wie schon der Titel
seiner Abhandlung anzeigt, begründet Maupertuis sein Princip ganz
metaphysisch, durch des Weltenschöpfers und Regierers Weisheit, die
natürlich keine Thätigkeit verschwenden wird. In der Anwendung aber
fällt dasselbe im Grunde genommen mit dem Princip der virtuellen Geschwindigkeiten zusammen. Das wird besonders deutlich durch die
Anwendung dieses Princips auf den Fall des Gleichgewichts, durch das
„Gesetz der Ruhe", welches lautet: Die Bedingungen des Gleichgewichts sind erfüllt, wenn die zur Störung desselben
erforderliche Actionsmenge in der Nähe der Gleichgewichtslage ein Minimum ist. Das Princip der kleinsten Wirkung ist darum mit Recht nicht als selbständiges Princip in die Lehr-
bücher der Mechanik aufgenommen worden.

Das Suchen nach allgemeinen Principien der Mechanik und der Streit über dieselben sind charakteristisch
für diese und die folgenden Zeiten. Wie man in der Philosophie nach und nach immer mehr zu erkenntnisstheoretischen Untersuchungen gedrängt wurde, so begannen die Mechaniker die
Grundlagen ihrer Wissenschaft kritisch zu beleuchten,
und selbst die ältesten, von der Erfahrung gut bestätigten Grundgesetze
der Mechanik fand man nun gar nicht oder ungenügend oder falsch
bewiesen. Wie Varignon wollten viele Mechaniker das Hebelgesetz
durch das Parallelogramm der Kräfte ableiten, andere aber, wie Johann

Daniel Bernoulli, Euler, D'Alembert, c. 1740. Bernoulli meinten, umgekehrt müsse das Parallelogramm der Kräfte durch das Hebelgesetz bewiesen werden. Kästner (Theoria vectis et compositionis virium evidentius exposita (Leipzig 1753) ging in seinem Beweis des Letzteren vom gleicharmigen Hebel aus, kam von da zum einarmigen, dann zum ungleicharmigen, zum Winkelhebel, und von da endlich zum Parallelogramm der Kräfte. D'Alembert (Traité de dynamique) leitet das Letztere direct ab, indem er sich den Körper, welcher von zwei Kräften angegriffen wird, auf einer Fläche denkt, die sich so bewegt, dass der Körper in Ruhe bleibt. Das Gesetz der communicirenden Röhren folgert Daniel Bernoulli aus dem Satz, dass die Oberfläche einer ruhenden Flüssigkeit wagerecht ist; D'Alembert findet das nicht genügend und nimmt den Satz zur Hülfe, dass der Druck in einer Flüssigkeit nach allen Seiten sich gleichmässig fortpflanzt. Dass aber alle diese Bemühungen nicht von durchschlagendem Erfolge gekrönt waren, zeigt noch heutzutage die „Verschiedenheit der Ansichten darüber, ob der Satz von der Trägheit und der Satz vom Parallelogramm der Kräfte anzusehen sind als Resultate der Erfahrung, als Axiome oder als Sätze, die logisch bewiesen werden können und bewiesen werden müssen[1]).“

Fortschritte der Akustik, Optik und Wärmelehre, circa 1740—1750. Die Fortschritte der Physik, so weit sie nicht die theoretische Mechanik oder die Elektricität betrafen, waren in dem letzten Theile dieser Periode verhältnissmässig unbedeutend. Zuerst wurden die Gradmessungen in Peru und in Lappland in mancher Beziehung auch direct für die Physik wichtig. Condamine hatte 1740 in Quito die Schallgeschwindigkeit zu 339 m, in dem beträchtlich wärmeren Cayenne zu 357 m gemessen, und in Frankreich hatte schon 1738 bis 1740 eine Commission der Pariser Akademie, bestehend aus Cassini de Thury, Maraldi und La Caille, diese Geschwindigkeit auf 173 Toisen oder circa 337 m bestimmt. Auf die Abweichung aller dieser Messungen von dem Ergebniss der Newton'schen Formel machte 1740 Gabriel Cramer (Professor in Genf, 1704 bis 1752) wieder aufmerksam, der die Newton'sche Annahme, dass die Lufttheilchen Schwingungen ähnlich denen der Pendel machten, direct angriff und meinte, man könne mit der gleichen Wahrscheinlichkeit wie diese Voraussetzung noch mehrere andere von ihr ganz verschiedene machen. Euler vertheidigte Newton's Ansicht und widerlegte auch Mairan, der behauptet hatte, die Luft müsse aus Theilchen von sehr verschiedener Elasticität bestehen, weil sich sonst die verschieden hohen Töne nicht alle mit der gleichen Geschwindigkeit durch die Luft fortpflanzen könnten.

Eine vollständige Theorie der Töne gab Euler in seinem Ten-

---

[1]) Kirchhoff, Vorlesungen über mathematische Physik. Vorrede zur ersten Auflage, Leipzig 1876.

tamen novae theoriae musicae (Petersburg 1739). Ganz vom mathematischen Standpunkte aus, nach dem die Consonanz eines Intervalls durch die Einfachheit des Verhältnisses der betreffenden Schwingungszahlen bedingt ist, leitete er eine Menge von Tongeschlechtern ab, von denen nur eines mit unserem diatonisch-chromatischen fast genau übereinstimmt. Die Grenzen der Hörbarkeit bestimmte er auf Töne von 30 bis 7520 Schwingungen und später auf 20 bis 4000 Schwingungen, also auf kaum 8 Octaven. Fortschritte der Akustik, Optik und Wärmelehre, circa 1740—1750.

Zu dem Problem der Obertöne gab Daniel Bernoulli 1753 (Mém. de Berlin) durch sein Princip von der Coexistenz der kleinen Oscillationen wenigstens mathematisch die richtige Lösung, indem er darauf hinwies, dass jede Saite als Ganzes und zugleich auch in einzelnen Theilen schwingen und so gleichzeitig neben dem Grundton auch noch höhere Töne geben könne.

Die physiologische Optik fand nach und nach zahlreichere Bearbeiter und machte ziemliche Fortschritte. Der berühmten Optik von Robert Smith (1689 bis 1768), welche 1728 in Cambridge erschien, war eine Abhandlung des Dr. med. Jurin (1684 bis 1750) angehängt „Ueber das deutliche und undeutliche Sehen", in welcher derselbe die Zerstreuungskreise, die Irradiation, die Grenzen der Sichtbarkeit kleiner Objecte, das Funkeln der Sterne u. s. w. behandelte. In dieser Abhandlung hatte Jurin das Princip aufgestellt, dass jeder Empfindung, wenn sie längere Zeit gedauert, nach ihrem Aufhören von selbst die entgegengesetzte folgt. Dieses Princip benutzte auch Buffon[1]) zur Erklärung der subjectiven oder physiologischen Farben, die er in den Pariser Memoiren von 1743 sehr ausführlich behandelte. Wenn man ein kleines Quadrat von rothem Papier auf weisses Papier legt und dasselbe längere Zeit fixirt, so wird man nach und nach um das rothe Papier einen schwach grünen Saum erscheinen sehen, und wenn man das rothe Quadrat wegnimmt, ohne das Auge zu verrücken, wird man auf dem weissen Papier an Stelle des rothen ein schwachgrünes Quadrat bemerken. Buffon ist der erste, welcher die farbigen Schatten der Körper bemerkt hat; er sah bei Sonnenauf- und Untergang die Schatten der Körper einige Mal grün, dann aber meist blau und gab an, dass Jeder leicht diese farbigen Schatten sehen könne, wenn er nur bei Sonnenauf- oder Untergang den Finger vor ein weisses Papier halte. Abbé Mazeas (Mém. de Berlin 1752) beobachtete dann auch, als er einen Körper von einer Lichtflamme und dem Monde zugleich beleuchten liess, dass der Schatten des Körpers, welcher vom Monde herrührte, auf einer weissen Wand röthlich, der Schatten aber, welcher von der Flamme herrührte, bläulich aussah. Man erklärte diese Farben damals aus den Farben der

---

[1]) George Louis Leclerc, Graf de Buffon (1707 bis 1788), Intendant des Königl. Gartens in Paris, Mitglied der Akademie.

Dünste in der Atmosphäre oder der Farbe der Atmosphäre selbst. Von dem Schielen gab Buffon in dem genannten Memoire eine sehr merkwürdige Erklärung. Er meinte, dass ein schielendes Auge schwächer sei als ein normales, dass der Schielende diesen Fehler fühle und darum das schielende Auge weniger gern zum Sehen gebrauche als das normale, gerade wie man die ungeschickte linke Hand weniger verwende als die rechte. Wenn ein Schielender einen Gegenstand fixire, so richte er darum nur das normale Auge ein und nicht auch das andere. Er giebt zu, dass die angegebene Ursache vielleicht nicht die alleinige sei, aber hält sie jedenfalls für die Hauptursache, und das um so mehr, als er Schielende durch Verbinden des normalen Auges zum Gebrauch des anderen gezwungen und dadurch geheilt hat.

Ueber die Accommodation des Auges für die verschiedenen Entfernungen, über die Beurtheilung der Entfernung eines Gegenstandes, über das Einfachsehen mit zwei Augen, über die scheinbare Grösse des Mondes am Horizont etc. führte man lange Debatten, ohne dass man zu einem sicheren Entscheid oder auch nur zu einem festen Grund der Erklärung noch gekommen wäre.

Das Thermometer erhielt um 1740 seine letzten, zur Anerkennung gekommenen Scalen. René Antoine Ferchault de Réaumur (1683 bis 1757, Mitglied der Pariser Akademie) graduirte seine Thermometer zuerst mit Hülfe der zwei festen Punkte, des Gefrier- und des Siedepunktes des Wassers[1]). Er beschrieb die Einrichtung derselben in einer Abhandlung der Memoiren der Pariser Akademie von 1730 und 1731: Règles pour construire des thermomètres, dont les degrés soient comparables. Nach dieser Abhandlung füllte er seine Thermometer mit verdünntem Weingeist, stellte dieselben in Wasser, welches durch eine Kältemischung zum Gefrieren gebracht wurde und bezeichnete den Rand des Weingeistes mit Null. Dann brachte er dieselben in siedendes Wasser, bezeichnete den Stand des Weingeistes mit 80 und verschloss danach die Instrumente hermetisch. Die Theilung des Instruments rührte daher, dass Réaumur gefunden, seine Weingeistmischung dehne sich bei einer Erwärmung vom Gefrierpunkt bis zum Siedepunkt des Wassers um $\frac{80}{1000}$ aus. Réaumur's Thermometer fanden vielen Beifall und wurden viel gebraucht. Doch erhoben sich auch gewichtige Stimmen vor allem gegen die Weingeistfüllung. Musschenbroek behauptete, der Weingeist verliere nach und nach an Ausdehnungsfähigkeit, doch dem wurde vom Abt Nollet widersprochen. Dagegen zeigte sich Deluc's Behauptung, dass der Weingeist sich nicht so gleichmässig wie Quecksilber ausdehne, begründet; denn man bemerkte, dass die Weingeist- und die Quecksilberthermometer keineswegs übereinstimmten, und Deluc gebrauchte darum Quecksilberthermometer

---

[1]) Siehe Fahrenheit, S. 281.

mit Réaumur'scher Scala. Auch der schwedische Physiker Celsius (Anders Celsius, 1701 bis 1744, Professor der Astronomie in Upsala) griff um das Jahr 1742 auf das Quecksilberthermometer zurück, theilte aber der grösseren Bequemlichkeit wegen den Raum zwischen den beiden festen Punkten in 100 Grade; den Gefrierpunkt bezeichnete er dabei mit 100 und den Siedepunkt des Wassers mit 0⁰. Nach dem Vorschlage von Märten Strömer (Orebro 1707, Upsala 1770) wurde bald die umgekehrte Bezeichnung beliebt[1]).

In der Theorie des Nordlichts versuchte man zum Ziele zu kommen, hatte aber keinen grossen Erfolg. Mairan[2]) erklärte das Licht durch die Sonnenatmosphäre, welche an einzelnen Stellen über die Erdbahn hinausreiche und in die Atmosphäre der Erde einträte. Euler[3]) hielt die Nordlichter für Ausstrahlungen der Erdatmosphäre selbst, welche, ähnlich wie die Cometenschweife, durch die Sonnenstrahlen bewirkt würden. Dagegen wurden um diese Zeit zwei wichtige Thatsachen in Bezug auf den Zusammenhang zwischen Nordlicht und Magnetismus constatirt, mit denen man allerdings, wie auch heutzutage, noch nicht viel anzufangen wusste. Olof Peter Hjorter, der im Auftrage von Celsius auf der Sternwarte von Upsala den Gang der Magnetnadel beobachtete, bemerkte, dass dieselbe am 1. März 1741 während eines Nordlichts in heftige Bewegung gerieth, und Mairan fand, dass die Krone des Nordlichts nicht nur im magnetischen Meridian, sondern auch in der Verlängerung der Inclinationsnadel liege. Die Inclinations- boussole selbst suchten Daniel Bernoulli und Euler zu ver- bessern, indem sie die Bedingungen untersuchten, unter welchen die verschiedenen Inclinationsnadeln übereinstimmende Resultate ergeben mussten. Bernoulli erhielt für die betreffende Arbeit 1743 den Preis der Pariser Akademie, Euler das Accessit. Vielleicht auch auf Veran- lassung Daniel Bernoulli's führte um diese Zeit der Baseler Mechaniker Johann Dietrich († 1758) die Hufeisenmagnete und ihre Armirung ein; wenigstens entdeckte Bernoulli mit solchen Dietrich'schen Magneten das Gesetz, dass die Tragkraft der Hufeisenmagnete pro- portional ist ihren Oberflächen oder den dritten Wurzeln aus den Quadraten ihrer Gewichte.

Der berühmteste Experimentalphysiker und Lehrer der Physik zu Ende dieser und Anfang der nächsten Periode ist Pieter van Mus- schenbroek, „der grosse Musschenbroek", wie ihn Fischer in seiner Geschichte der Physik nennt. Musschenbroek ist am 14. März 1692 in Leyden geboren, war zuerst von 1719 bis 1723 Professor der Mathematik und Physik in Duisburg, dann von 1723 bis 1729 in Utrecht und blieb danach, trotz mehrfacher Berufungen nach Kopenhagen, Göttingen, Ber-

---

[1]) Wolf, Handbuch der Math. u. Phys. I, §. 247.

[2]) Traité physique et historique de l'aurore boréale (Paris 1733).

[3]) Recherches physiques sur la cause de la queue de comètes, de la lu- mière boréale et de la lumière zodiacale (Berl. Mém. 1746).

lin etc. als Professor der Physik in Leyden, bis zu seinem Tode, der
1761 erfolgte. Seine umfassenden Werke über Physik, wie seine Ele -
menta physices (1729), seine Introductio ad philosophiam
naturalem (1762 posthum) haben mehrere Auflagen erlebt und sind
in französischen wie in deutschen Uebersetzungen verbreitet worden; er
war bei den meisten physikalischen Experimentaluntersuchungen seiner
Zeit in hervorragender Weise betheiligt, und doch, wenn wir seinen Antheil an der Erfindung der Leydener Flasche abrechnen, wird kaum etwas
übrig bleiben, was sein Andenken in der physikalischen Welt noch längere Zeit wach erhalten wird. Als Beispiel für die damals übliche
Eintheilung der Physik geben wir hier die Capitelüberschriften
aus seiner Introductio ad philosophiam naturalem: 1. Von der Philosophie und den Regeln des Philosophirens (der Hauptsache nach eine
Eintheilung der Wissenschaften). 2. Von den Körpern im Allgemeinen
und ihren Eigenschaften. 3. Vom leeren Raum. 4. Von Raum, Zeit
und Bewegung. 5. Von den Druckkräften. 6. Von den Kräften bewegter Körper. 7. Von der Schwere. 8. Mechanik (einfache Maschinen). 9. Von der Reibung. 10. Von der Bewegung der Maschinen.
11. Von der zusammengesetzten Bewegung. 12. Von der Bewegung
schwerer Körper auf der schiefen Ebene. 13. Von den Pendelschwingungen. 14. Von der Wurfbewegung. 15. Von den Centralkräften.
16. Von den harten, elastischen etc. Körpern. 17. Vom Stoss. 18. Von
der Elektricität. 19. Von den Magneten. 20. Von der Attraction der
Körper. 21. Von der Cohärenz und Festigkeit. 22. Von den Flüssigkeiten im Allgemeinen. 23. Vom Druck der Flüssigkeiten. 24. Ausfluss der Flüssigkeiten aus einer Oeffnung. 25. Von den Springbrunnen.
26. Specifisches Gewicht. 27. Wasser. 28. Feuer. 29. Von den Eigenschaften des Lichts im Allgemeinen. 30. Von den Körpern, welche das
Licht einsaugen. 31. Von der Brechung des Lichts und den brechenden
Körpern. 32. Von der Brechung des Lichts durch ebene und sphärische
Flächen. 33. Von dem Licht, das aus Luft in Glas und dann wieder
in Luft übergeht. 34. Von der verschiedenen Brechbarkeit der Strahlen
und den Farben. 35. Beschreibung des Auges. 36. Von dem Sehen.
37. Dioptrik. 38. Katoptrik. 39. Von der Luft. 40. Vom Schall.
41. Von den Luftmeteoren im Allgemeinen. 42. Von den wässrigen Meteoren. 43. Von den feurigen Meteoren. 44. Von den Winden.

Einiger specieller Probleme, die an der Grenze zwischen mathematischer und Experimentalmechanik stehen, müssen wir hier noch
besonders gedenken. Wir haben erwähnt, dass Johann Bernoulli
die Bahnen geworfener Körper unter Voraussetzung verschiedener
Gesetze des Widerstandes der Mittel bestimmte. Damit war aber für
die Praxis noch nicht viel gewonnen, denn entweder waren jene Ausdrücke, durch welche Bernoulli die Bahnen bestimmt, bei dem damaligen
Stande der Analysis gar nicht zu behandeln, oder sie waren doch für eine

praktische Anwendung viel zu complicirt, und schliesslich blieb vor allem wichtig, das in der Natur wirklich stattfindende Gesetz des Widerstandes sicher anzugeben. Ausserdem fehlte für die Geschütztheorie eine genauere Bestimmung der Anfangsgeschwindigkeiten der Geschosse, und jedenfalls stimmte keine der nach einer Theorie berechneten Tabellen in nur erträglicher Weise mit den Beobachtungen überein. Man musste darum den Weg der mathematischen Analyse bei der Lösung des ballistischen Problems mehr verlassen und sich bemühen, durch Versuche zum Ziele zu gelangen. Robert Anderson (The genuine use and effects of the gun, London 1674) und Blondel (L'Art de jeter les bombes 1685) hatten schon versucht, die alte Theorie, wonach die Wurflinie eine Parabel, weil der Widerstand der Luft gegen schwere Körper äusserst gering sei, unter Beibehaltung des Grundgedankens zu modificiren. Der Artillerieofficier Ressons zeigte aber 1716, dass sich die Beobachtungen an Geschützen durchaus nicht mit der gegebenen Theorie vereinigen lassen wollten, und damit wurde diese Ansicht aufgegeben.

Praktische Versuche unternahm mit grösserem Erfolg erst **Benjamin Robins**[1]) im Jahre 1740, die er 1742 in London unter dem Titel **New principles of gunnery** veröffentlichte. Er bemühte sich vor allem die Geschwindigkeit des Geschosses in irgend einem Punkte der Bahn zu bestimmen, weil davon der Widerstand der Luft und schliesslich ja die Bestimmung der Bahn selbst abhängt. Zu dem Zwecke construirte er sich ein besonderes Pendel (das ballistische), gegen dessen sehr schweren Körper er seine Kugeln abschoss. Aus dem Gewicht des Pendels, den Dimensionen desselben, dem Ausschlag, den es durch die Kugel erhielt, berechnete er die Geschwindigkeit, mit welcher die Kugel auf den Pendelkörper aufschlug. Sorgfältig prüfte er dann die Hypothesen über den Widerstand der Luft und fand, dass für geringere Geschwindigkeiten allerdings der Widerstand dem Quadrat der Geschwindigkeit nahezu proportional sei; dass für grössere Geschwindigkeiten aber, die mehrere hundert Fuss in der Secunde betragen, der Widerstand stärker als das Quadrat der Geschwindigkeit wachse. Er bestätigt auch, dass die ballistische Curve keinesfalls eine Parabel ist, ja dass sie sich nicht einmal dieser nähert und dass der aufsteigende Zweig der Curve viel länger ist als der absteigende. Leider konnte Robins seine Versuche nicht weiter fortsetzen, er war mit Arbeiten überhäuft und starb bald. Euler aber schätzte seine Abhandlung so sehr, dass er sie übersetzte und mit ergänzenden Noten in der Schrift „**Neue Grund-**

(Randnotiz:) Robins, Ballistik, 1742.

---

[1]) Benjamin Robins, geboren 1707 zu Bath, studirte zuerst Theologie, dann Physik und Mathematik. 1742 wurde er bei der Artilleriecommission zu Woolwich angestellt. 1749 ging er als Ingenieurgeneral nach Indien und starb in Madras 1751.

sätze der Artillerie mit Anmerkungen von L. Euler" (Berlin 1745) veröffentlichte.

Das Gesetz des Widerstandes der Flüssigkeiten spielte überhaupt fortdauernd eine grosse Rolle auch in der theoretischen Physik, ohne dass man zu ganz übereinstimmenden Ergebnissen hätte kommen können. Die bedeutendsten Physiker findet man während der ganzen Periode auf diesem Gebiete, das ja auch in fast alle Gebiete der mechanischen Physik eingriff, thätig. Newton liess noch 1710 durch Hawksbee in der Paulskirche zu London Fallversuche zur Bestimmung des Luftwiderstandes anstellen. Desaguliers zeigte 1717 vor dem König von England, dass in einem 15 Fuss hohen Raume eine Guinee mit einem Stücke Papier zu gleicher Zeit den Boden erreichte, wenn der Raum luftleer war, dass aber im lufterfüllten Raume das Papier erst die Hälfte seines Weges zurückgelegt, wenn die Guinee den ihren schon vollendet hatte. Weitere Versuche über den Widerstand von Luft und Wasser stellte er vor mehreren Mitgliedern der Royal Society im Jahre 1719 an. Auch durch Pendelversuche hatten Physiker, wie Newton, Graham u. A., der Lösung nahe zu kommen versucht, aber ebenfalls ohne endlichen Erfolg. s'Gravesande[1] (Elementa' physices, III. Buch, 15. Capitel) folgert nach einer Menge von Versuchen, dass der Widerstand aus zwei Theilen bestehe, von denen der erste, aus der Cohäsion der Flüssigkeiten herrührend, der einfachen Geschwindigkeit, und von denen der zweite, aus der Trägheit der Flüssigkeitstheilchen stammend, dem Quadrat der Geschwindigkeit proportional sei. Daniel Bernoulli kommt durch seine theoretischen Arbeiten zu gleichen Ansichten. Borda (Jean Charles, 1733 bis 1799) aber kam wieder nach zahlreichen Versuchen (die er in den Pariser Memoiren von 1763, 1767 und 1770 beschrieb) zu der älteren Ansicht zurück, dass der Widerstand der Flüssigkeiten bei den beobachteten Geschwindigkeiten wenigstens dem Quadrat der Geschwindigkeit nahezu proportional sei. Bei diesem alten Newton'schen Widerstandsgesetz ist man dann bis heutzutage geblieben, wenn man auch gefunden, dass dasselbe in Wirklichkeit durch eine Menge Ursachen bedeutend modificirt werden kann, wie z. B. bei tropfbar flüssigen Materien durch das Aufstauen, bei elastisch flüssigen aber durch die Compression der flüssigen Materien vor den bewegten Körpern.

---

[1] Wilhelm Jacob s'Gravesande (1688 bis 1742), erst Advocat in Haag, dann Professor der Mathematik und Astronomie und von 1734 an Professor der Physik in Leyden. Seine Physices elementa mathematica, experimentis confirmata sive Introductio ad philosophiam Newtoniam erschienen 1720 bis 1721 in Leyden in erster Auflage, 1725 in zweiter und 1742 in dritter. Viele seiner Vorlesungsapparate dienen noch heute den unseren als Vorbild; eine Sammlung derselben wird in Leyden aufbewahrt.

4.

Vierter Abschnitt der Physik in der neueren Zeit.

Von circa 1750 bis circa 1780.

Periode der Reibungselektricität.

Die ruhige Entwickelung und der stetige Fortschritt unserer Wissenschaft sind die besten Zeichen
dafür, dass dieselbe nach und nach den gehörigen
Boden und den richtigen Weg gefunden hat. Mag dieser
Weg manchmal langsamer, auf mehr Umwegen weiter führen, mag
derselbe zuweilen in lauter einzelne Fusspfade, ohne gemeinsames
Ziel sich aufzulösen scheinen; zum Lande der Irrungen, ins Gebiet
der Träume kann derselbe kaum mehr umbiegen. Auch in dieser
Periode entwickelt sich die Physik in der alten Weise und mit
einer allerdings gewaltigen Ausnahme, zu der jedoch in der vorigen
Periode schon der Grund gelegt war, auch in den alten Bahnen.

Die mathematische Physik sieht zwar in dieser Periode
ihre ersten Bearbeiter nicht mehr, das Geschlecht der stürmisch
genialen Zeit ist hier verschwunden; dafür aber sind ihm nicht
minder grosse Nachfolger erstanden, welche die Wissenschaft ohne
Unterbrechungen und ohne Retardation den Begründern congenial
weiter führen und die in der Mechanik, der Akustik, der Optik,
überhaupt in den Theilen unserer Wissenschaft, welche bis dahin
der Mathematik unterworfen sind, keine Abnahme weder der Qualität noch der Quantität der Arbeiten bemerken lassen. Die
Naturphilosophie bleibt noch immer fast gänzlich aus der
Physik eliminirt. Descartes ist endgültig besiegt und
wird eben noch aus seiner letzten Veste, der Theorie

des Magnetismus und der Elektricitätslehre, vertrieben. Die französischen Materialisten suchen, obgleich bedeutende Mathematiker, wie D'Alembert, zu ihnen gehören,
ihre Philosophie zu allererst für Social- und Moralwissenschaft zu
verwerthen und in diesen Gebieten herrschend zu machen; für
eine weitergehende Anwendung ihrer Ansichten auf die Physik
haben sie wenig Zeit und Interesse übrig. Die Wolf'sche Schul-
philosophie, welche in Deutschland den Ton angiebt, ist nicht
productiv; sie nimmt wohl mehr oder weniger passiv auf, was ihr
von der Physik geboten wird, kann aber das Gebotene durch keine
einzige Gegenleistung vergelten. Auch unser philosophischer Meister
Kant steht bis zum Jahre 1760 noch auf dem Boden dieser Philosophie; erst nach dieser Zeit beginnt sein Durchgang durch den
Hume'schen Scepticismus und dann endlich vom Jahre 1770
an seine Umwandlung zum kritischen Philosophen. Mit der
Vollendung dieser Umwandlung und dem Erscheinen seiner Kritik
der reinen Vernunft im Jahre 1781 aber wird Kant direct
auch für die Physik wichtig; denn von diesem Zeitpunkt an datirt
nicht bloss ein neues Zeitalter der Philosophie überhaupt, die
Wiedererrichtung einer starken allgemeinen Philosophie
macht sich auch bald in dem Auftreten neuer naturphilosophischer Systeme geltend. Diese Systeme werden
merkwürdigerweise ganz nach alter Schablone ohne jede Mitwir-
kung und ohne jede Verbindung mit den beiden anderen methodischen Factoren der Physik construirt, sie verwehen darum wie
Wolken in der Atmosphäre, die keinen Zusammenhang mit dem
festen Boden haben. Indessen fällt das ephemere Aufleben der
Naturphilosophie erst in die nächste Periode unserer Wissenschaft, wir werden darum später darauf zurückkommen.

In der Experimentalphysik begründen die massenhaft
auftretenden Entdeckungen aus dem Gebiete der Reibungselektricität eine ganz neue Epoche. Die wunderbaren Erscheinungen des
elektrischen Lichts, des elektrischen Schlages, die Erklärung des Blitzes, die directe Herableitung der Elektricität aus der Atmosphäre auf die Erdoberfläche
erzeugen einen ähnlichen, nur noch stärkeren Enthusiasmus, wie
ihn Guericke's Experimente vor hundert Jahren hervorgebracht
hatten. In die weitesten Schichten dringt das Verlangen, die

neuen elektrischen Entdeckungen kennen zu lernen und die wunderbaren Wirkungen selbst an sich zu erfahren; wer nicht im physikalischen Laboratorium elektrischen Experimenten beiwohnen kann,
der lässt wenigstens auf Jahrmärkten und bei Volksfesten, vielleicht zur Vermehrung seiner Gesundheit, jedenfalls aber auf
Kosten seines Geldbeutels sich elektrisiren. Selbst bei sehr
vielen Gelehrten wich nach und nach die wissenschaftliche Nüchternheit einem gewissen enthusiastischen
Rausche, und wie vor hundert Jahren der Luftdruck, so wurde
nun die Elektricität mit allen möglichen Problemen
in Verbindung gebracht, und die verschiedensten Wirkungen
versuchte man der Elektricität als Ursache zuzusprechen. William Stuckeley (The philosophy of Earthquakes natural and
religious. London 1750) leitete die Erdbeben von elektrischen
Erscheinungen ab und erklärte dieselben für elektrische Schläge.
Andrea Bina hatte 1751 sogar herausgebracht, dass die mit
Wasser gefüllten Höhlen der Erde sich dabei als Verstärkungsflaschen verhalten, und selbst Beccaria nahm 1758 die Erdbeben
für Ausgleichserscheinungen der Elektricität zwischen der Atmosphäre und dem Erdinnern an. Weniger seltsam mag es erscheinen, dass bedeutende Physiker, wie Saussure und auch Deluc,
die Elektricität bei der Erklärung der Verdampfung und der
Entstehung des Regens zu Hülfe nehmen; wenn aber Hube
(Unterricht in der Naturlehre, 1793 bis 1794) die Dampfbläschen
durch die Elektricität aufschwellen und steigen, beim Ausgleichen
der Elektricität aber zusammensinken und dann als Regen niederfallen liess, so war das doch wieder nur ein Zeichen für jene
enthusiastische Anschauung von der allgegenwärtigen Wirkungsfähigkeit der Elektricität.

Für die weitere Ausbildung der Elektricitätslehre war natürlich dieser Enthusiasmus von grossem Nutzen; er zog eine Menge
Arbeiter auf ihr Gebiet, und die grosse Zahl, wie der Eifer derselben, förderte auch die Kenntniss der Reibungselektricität so
bedeutend, dass in dem kurzen Zeitraum von circa 1750 bis circa
1780 das Gebiet fast vollständig abgearbeitet wurde. Die wichtigsten Erscheinungen der Reibungselektricität waren
bis dahin beobachtet, die elektrischen Apparate fast
vollständig erfunden, Physiker, wie Coulomb, hatten bereits die

Gesetze der elektrischen Wirkung auch quantitativ bestimmt, und das neue Gebiet war somit auch der Mathematik
zugänglich gemacht worden. Der elektrischen Theorien
waren mehrere entstanden, welche alle eine erklärende Zusammenfassung der Erscheinungen erlaubten. Leider mussten sie sich
alle auf die Annahme besonderer elektrischer Flüssigkeiten gründen und machten dadurch die Erkenntniss
von einem Zusammenhange der elektrischen mit den
anderen physikalischen Kräften und damit auch eine
Unterordnung der elektrischen Erscheinungen unter
allgemeinere Gesichtspunkte fast unmöglich. Zwar
standen Einzelne nicht an, eine Identität der elektrischen
mit anderen schon angenommenen Flüssigkeiten zu behaupten; mit dem eben erst zur Anerkennung gelangten Wärmestoff oder auch mit dem Phlogiston, dem Verbrennungsprincip
der damaligen Chemiker, wollte man die Elektricität vereinigen;
für solche Verbindungen aber vermochte man durchaus keine thatsächlichen Grundlagen zu finden, und so musste man bei der Hypothese einer oder zweier specifisch elektrischer Flüssigkeiten bleiben, die dann ebenso die Annahme entsprechender
magnetischer Flüssigkeiten nöthig machten. Wir dürfen
das beklagen, doch leider nicht tadeln, denn wir sind heute noch
in keiner besseren Lage und principiell noch durchaus nicht weiter,
als man damals war.

Aus dem Gebiete der Optik haben wir vor allem die Messungen von Lichtintensitäten, wie die Construction von
achromatischen Fernrohren zu erwähnen. Dagegen konnte
man in der Theorie des Lichts, trotz der Anstrengungen
Euler's, nicht über die Emissionstheorie der Newton'schen Schule
hinauskommen. Die Verbindung von Physik und Chemie, welche
mit der wissenschaftlichen Entwickelung der letzteren immer inni-
ger wurde, förderte die Untersuchungen über die Wärme
und führte zum Aufstellen des Begriffs der latenten Wärme und
danach zur Annahme eines selbständigen Wärmestoffes.
Der lange dauernde Streit hingegen über die Verdampfung
und Verdunstung der Flüssigkeiten und die Ursachen
dieser Erscheinungen war, trotz des beiderseitigen Interesses der
Physiker und Chemiker und trotz vieler sorgfältiger Arbeiten,

nicht zu entscheiden. Zuletzt bleiben noch vom Ende des Zeitraums die gewaltigen Verbesserungen der Dampfmaschine durch Watt zu erwähnen. Watt erst gab der Dampfmaschine die Einrichtung, welche sie in den Grundzügen bis heute behalten hat und durch welche sie zur Universalkraftmaschine unserer Zeit geworden ist. Von ihm und seinen Erfindungen datirt die grossartige Entwickelung der Maschinentechnik der Neuzeit, und Watt ist dadurch epochemachend geworden, nicht nur in der Geschichte der Technik, sondern auch in der Geschichte der Menschheit.

Nach kurzer Pause wurden die elektrischen Untersuchungen wieder aufgenommen, die nun mit einem Male zu den überraschendsten Erfolgen führten und damit eine allgemeine Betheiligung an elektrischen Arbeiten und eine wahre Fluth von elektrischen Versuchen veranlassten. Der Professor der Physik in Leipzig, Christian August Hausen (1693 bis 1743), wurde bei Gelegenheit von elektrischen Vorlesungsversuchen durch einen Zuhörer Litzendorf darauf aufmerksam gemacht, dass es bequemer sei, statt die zu elektrisirende Glasröhre mit der einen Hand an der anderen zu reiben, eine Glaskugel auf einer Achse zu befestigen und diese durch eine Kurbel zu drehen. Hausen führte diesen Vorschlag sofort aus und beschrieb die neue Maschine zum Elektrisiren von Glas in einer besonderen Schrift Novi profectus in historia electricitatis (Leipzig 1743). Guericke's Schwefelkugeln und Hawksbee's Glaskugeln waren also vergessen, dafür aber verbesserte man nun die Maschine des Hausen um so schneller. Georg Matthias Bose (1710 bis 1761, Professor der Physik in Wittenberg) bemerkte bald, dass man die elektrische Wirkung verstärken könne, wenn man die Elektricität von der Kugel durch eine blecherne Röhre aufsammle. Er liess diesen ersten Conductor der Elektrisirmaschine im Anfang durch einen isolirten Menschen halten, hing dann aber die Röhren auch an seidenen Schnüren vor der Kugel auf und setzte die letztere mit der Röhre durch einen Büschel von leitenden Fäden in Verbindung, den er in das eine Ende der Röhre steckte und auf der Kugel schleifen liess. Bose veröffentlichte seine fleissigen elektrischen Untersuchungen in mehreren Schriften während der Jahre 1738 bis 1749. Er zeigte schon, dass durch Aufnahme von Elektricität das Gewicht der Körper nicht verändert wird, und scheint auch gewusst zu haben, dass bei dem Reiben wie die Glaskugel, so auch die Hand elektrisirt wird, wonach er sich nur wunderte, dass ein Isoliren des reibenden Menschen die Wirkung nicht stärkte, sondern schwächte. Nach Bose führte Winkler die Vervollkommnung der neuen Elektrisirmaschine weiter und beschrieb seine Verbesserungen in zwei Werkchen „Ge-

Elektrisirmaschine, Verstärkungsflasche, Blitzableiter, 1747—1760.

Elektrisir-
maschine,
Verstär-
kungs-
flasche,
Blitzableiter,
1747—1760.
danken von den Eigenschaften, Wirkungen und Ursachen
der Elektricität; nebst Beschreibung zweier elektrischen
Maschinen" (Leipzig 1744) und „Die Eigenschaften der elektrischen Materie und des elektrischen Feuers, nebst
etlichen neuen Maschinen zum Elektrisiren" (Leipzig 1745).
Johann Heinrich Winkler (1703 bis 1770, zuerst Professor der
griechischen und lateinischen Sprache, dann der Physik an der Universität Leipzig) setzte, um noch grössere Wirkungen zu erhalten, vier
Kugeln auf eine Achse und brauchte zwei Personen, um mit ihren Händen jenen Kugeln als Reibzeug zu dienen.   Weil diese Veranstaltungen
aber doch recht unbequem waren, so folgte er gern dem gescheidten Gedanken des Leipziger Drechslers Giesling und brachte statt der Per-
·sonen Kissen als Reibzeuge an, die er anfänglich durch Stellschrauben,
dann besser durch Federn gegen die Kugeln oder Glascylinder[1]) drückte.
Die verhältnissmässig starken Wirkungen der neuen Maschinen erregten
ungeheures Aufsehen, und man bemühte sich überall, dieselben in gleicher
Weise oder noch stärker hervorzurufen.   Dabei fand der elektrische
Funken oder das elektrische Feuer noch immer die grösste Beachtung.
Christian Friedrich Ludolf (1707 bis 1763, Arzt, Mitglied der
Berliner Akademie) entzündete 1744 vor der königlichen Akademie in
Berlin Aether durch eine elektrische Eisenstange, Winkler that dies
sogar bei Weingeist durch seinen Finger; der Engländer Henry Miles
entzündete 1745 Phosphor und brennbare Dämpfe und Will. Watson
auch Schiesspulver und Branntwein durch den elektrischen Funken.
Doch wurden diese viel bewunderten Erscheinungen noch im Jahre 1745
durch andere, noch viel erstaunlichere übertroffen.
      Im Herbst 1745 berichtete Ewald Georg von Kleist († 1748,
Domdechant zu Kammin in Hinterpommern) an verschiedene Personen
von einer neuen Erfindung, die er am 11. October dieses Jahres gemacht
habe.   Man stecke einen Nagel in ein Medicingläschen, in welches man
etwas Mercurius oder Spiritus vini gegossen hat.   Wenn man den Nagel
dann elektrisirt und danach berührt, so erhält man aus ihm besonders
starke elektrische Funken, so stark, dass Arme und Achseln davon erschüttert werden. Aber man muss das Gläschen dabei in der Hand halten,
denn wenn man es isolirt, zeigt sich die Wirkung nur schwach.   Die
Hand diente also bei diesen ersten Verstärkungsflaschen als
äussere, die Flüssigkeit in denselben als innere Belegung.   Während
man noch diese Entdeckung Kleist's in Deutschland den Akademien
berichtete, wurde durch den holländischen Physiker Musschenbroek
im Anfange des Jahres 1746 bekannt, dass dieselbe Erfindung 1745
auch schon in Holland gemacht worden sei.   Musschenbroek und seine
Freunde bemühten sich, die Elektricität in einem Körper zu conserviren,

---

[1]) Glascylinder statt der Glaskugeln hatte der Erfurter Professor Gordon
empfohlen.

und ein Herr Cunäus, ein reicher Privatmann in Leyden, erhielt wäh- Elektrisir-
rend solcher Versuche, als er durch einen Nagel die Elektricität in ein maschine, Verstär-
mit Wasser gefülltes Glas zum Aufbewahren geleitet hatte, beim An- kungs-flasche,
fassen des Nagels einen heftigen Schlag. Danach versuchte man nun Blitz-ableiter,
an allen Orten solche Schläge zu erhalten, und die ersten Berichte lassen 1747—1760.
am besten den Eindruck erkennen, den das plötzliche Wachsen der ge-
heimnissvollen, noch so wenig bekannten Kraft auf den Menschen machte.
Musschenbroek schrieb an Réaumur, „um die Krone von Frankreich
möchte er sich nicht zum zweiten Male einer so schrecklichen Erschütterung aussetzen". Winkler, der auch diese Versuche mit Feuereifer
aufgriff, sagt: er habe nach dem Versuch starke Convulsionen im Körper
empfunden, sein Geblüt sei so erhitzt gewesen, dass er ein starkes Fieber
befürchtet und kühlende Arzneien gebraucht habe, auch habe er danach
zwei Mal Nasenbluten bekommen, wozu er sonst nicht geneigt sei und
in den Händen und Armen habe er einen so stechenden Schmerz empfunden, dass er acht Tage nicht habe schreiben können. Seiner Gattin, die
auch mit experimentirt, sei es ähnlich ergangen. Solche Erfahrungen
trieben Winkler, zu versuchen, ob die starken elektrischen Wirkungen
nicht auch ohne Vermittelung des eigenen Körpers zu erhalten wären.
Er legte zu diesem Zwecke eine eiserne Kette um die Flasche, führte dieselbe zu einem Zinnteller, auf dem ein oben rundes Stück Metall befestigt
war und brachte dieses dem Conductor, der mit dem Nagel in der Flasche
in leitender Verbindung stand, nahe. Mit diesem etwas complicirten
Auslader konnte er dann die elektrischen Schläge herausbringen, ohne
Jemandem wehe zu thun. So gesichert gegen zu harte Schläge, versuchte er die Wirkung noch mehr zu verstärken und hing 1746 in der
Pleisse drei Flaschen auf, deren messingene Drähte er in Verbindung
setzte und die er zusammen elektrisirte. Mit dieser elektrischen
Batterie erhielt er Funken, die man zweihundert Schritte weit sehen
und hören konnte [1]).

---

[1]) Euler giebt in seinen Lettres à une Princesse d'Allemagne
(datirt von 1760 bis 1762) die auf umstehender Seite beigefügte Abbildung
einer noch sehr primitiven Elektrisirmaschine mit einer eben solchen Verstärkungsflasche, die als Typen für die ersten Instrumente dieser Art dienen mögen.
„Es sei C eine gläserne Kugel, die vermittelst der Kurbel E gedreht und gegen
das Kissen D gerieben wird. In Q sind die metallenen Fäden, welche die Elektricität durch die metallene Kette P in die eiserne Stange FG leiten." — Mit
der eisernen Stange verbindet man „noch eine andere metallene Kette H, deren
eines Ende in eine gläserne Flasche K, die bis an den Hals mit Wasser angefüllt ist, herabhängt. Die Flasche selbst muss in ein Becken L gesetzt werden,
das gleichfalls voll Wasser ist. In dem Wasser des Beckens kann man, wenn
man will, noch eine Kette A mit dem einen Ende A befestigen und das andere
Ende derselben auf den Fussboden gehen lassen".
Zur Vergleichung geben wir in der zweiten Figur die Abbildung einer
schon vollkommneren Maschine aus Musschenbroek's Introductio ad
philosophiam naturalem (Leyden 1762).

20*

Elektrisir-
maschine,
Verstär-
kungs-
flasche,
Blitz-
ableiter,
1747—1760.

Der Danziger Professor Gralath[1]) wandte zuerst statt der Arzneigläser grössere Flaschen, statt des Nagels den

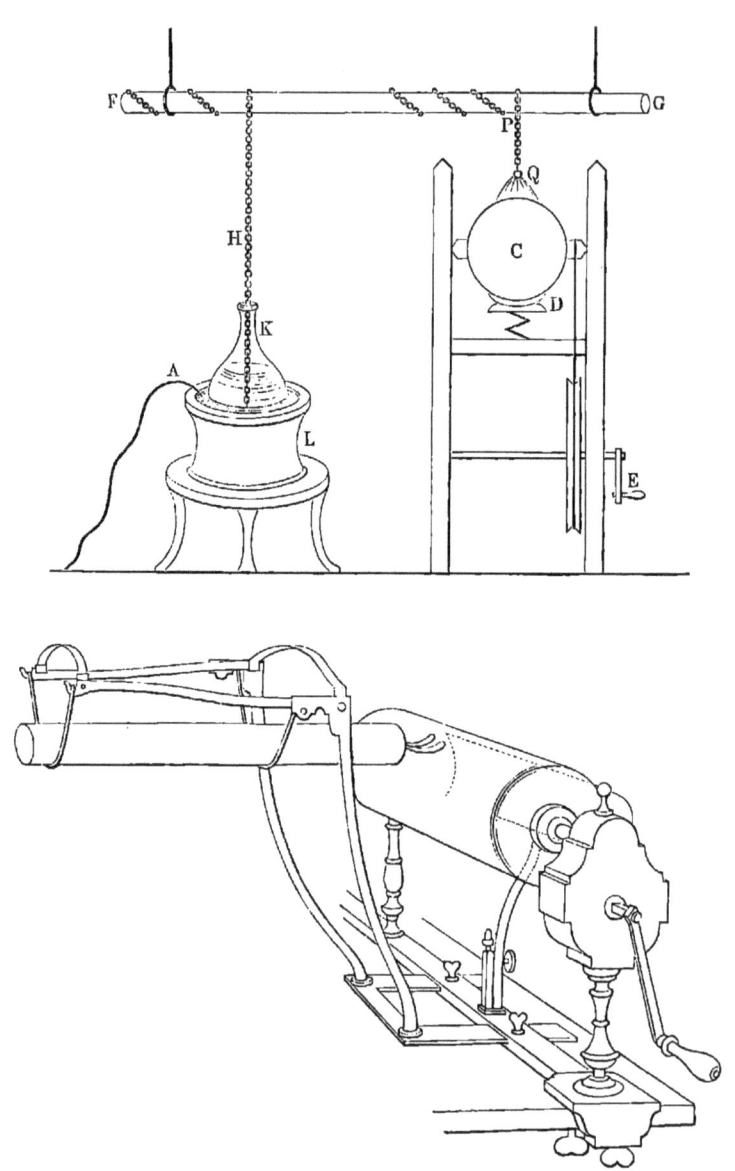

---

[1]) Gralath schrieb auch eine Geschichte der Elektricität, die von 1747 bis 1756 erschien.

eisernen Draht mit der Kugel am Ende und statt des Weingeistes Wasser an; auch er stellte mehrere Flaschen zu einer elektrischen Batterie zusammen. Ebenfalls zuerst theilte er mehreren, bis zu 20 Personen zu gleicher Zeit den elektrischen Schlag mit, indem er dieselben eine Kette bilden, die Personen an dem einen Ende der Kette die Flasche in die Hand nehmen und von der Person am anderen Ende die Kugel des eisernen Drahtes anfassen liess. In England versuchte William Watson (1715 bis 1787, Arzt, Mitglied der Royal Society und Conservator des britischen Museums) die Versuche in grossem Maassstabe zu wiederholen. Er führte noch im Jahre 1747 mit Unterstützung von Martin Folkes, Charles Cavendish, Dr. Bevis, Graham u. A. Versuchsreihen aus, bei denen die Elektricität durch grosse Entfernungen fortgeleitet wurde, zum Theil in der Absicht zu untersuchen, ob sich eine Fortpflanzungsgeschwindigkeit dieser Bewegung würde messen lassen. Die Verbindung zwischen der Aussenfläche der Flasche und dem Draht in ihr wurde zu dem Zwecke nach und nach immer weiter verlängert, und an bestimmten Stellen wurden allemal Personen eingeschaltet, welche die Wirkungen der Schläge und die Schnelligkeit, mit der dieselben erfolgten, beobachten sollten. Man leitete so die Elektricität einmal durch die Themse, ein anderes Mal zwei Meilen weit, theils durch Wasser, theils über Land; man machte dabei werthvolle Bemerkungen über die schlechtere oder bessere Leitung, über Verluste an Elektricität bei solchen Leitungen; aber eine Messung der Fortpflanzungsgeschwindigkeit gelang nicht, selbst in der Mitte des zwei Meilen langen Drahtes fühlte die eingeschaltete Person den Schlag in demselben Augenblick, in welchem sie den Funken an der Maschine sah. Aus diesem Kreise der englischen Physiker kamen auch bald wesentliche Verbesserungen oder doch Veränderungen der Verstärkungsflasche. Watson hatte bemerkt, dass der Schlag der Kleist'schen Flasche um so stärker werde, an je mehr Punkten man die Aussenfläche derselben berühre. Dadurch kam Dr. Bevis auf den Gedanken, diese Aussenfläche zuerst mit dünnen Bleiplatten und danach besser mit Zinnfolie zu belegen. Weitere Versuche ergaben auch, dass die Art der Flüssigkeit, mit welcher man die Gläser füllte, keinen Einfluss auf die Brauchbarkeit der Verstärkungsflasche habe; Dr. Bevis gab Schrot statt Wasser in dieselben und fand ziemlich starke Wirkungen. Danach ersetzte Watson die für die Handhabung des Instruments ziemlich unbequeme Flüssigkeit durch eine innere Belegung, und damit erhielt die Verstärkungsflasche ihre endgültige Gestalt. Der Dr. Bevis aber (dessen Persönlichkeit sonst mit Sicherheit nicht bekannt ist) kann kein gewöhnlicher Geist gewesen sein, denn er erkannte auch, dass die Form der Flasche für das Gelingen der Versuche ganz unwesentlich sei, und belegte Glasscheiben auf beiden Seiten bis auf einen Zoll breit vom

Elektrisirmaschine, Verstärkungsflasche, Blitzableiter, 1747—1760.

Elektrisir-
maschine,
Verstär-
kungs-
flasche,
Blitz-
ableiter,
1747—1760.

Rande mit Bleiplatten oder Zinnfolie, und erhielt mit diesen Tafeln dieselben Wirkungen wie mit Flaschen. Watson beschrieb alle diese Versuche in den Philosophical Transactions von 1748 und 1749.

In Frankreich waren der Abbé Jean Antoine Nollet (1700 bis 1770, Professor der Physik in Paris, Mitglied der Akademie), der schon den elektrischen Versuchen Dufay's beigewohnt, und Guillaume Le Monnier (1717 bis 1799, Leibarzt des Königs, Professor der Botanik und Mitglied der Akademie) auf elektrischem Gebiete hervorragend thätig. Nollet führte die Elektricität in Gegenwart des Königs durch einen Verbindungskreis von 180 Personen. Le Monnier versuchte die Geschwindigkeit der Elektricität zu bestimmen und schickte zu dem Zwecke dieselbe durch einen 950 Toisen langen Draht; doch konnte auch er keine Zeit der Bewegung bestimmen, jedenfalls währte dieselbe nicht länger als eine Viertelsecunde. Nollet tödtete zuerst kleine Thiere, wie Sperlinge, mit der Flasche, bemerkte, dass die Elektricität aus Spitzen schneller ausströmte als aus stumpfen Körpern, beobachtete den eigenthümlichen Geruch der ausströmenden Elektricität und construirte zuerst eine Art von Elektrometer. Dufay hatte Fäden an einer Röhre aufgehängt, um das Elektrischwerden derselben zu beobachten; Nollet wollte durch den Divergenzwinkel der Fäden die Menge der Elektricität auch messen, und da man kein Winkelmessinstrument an die Fäden bringen darf, so schlug er vor, den Divergenzwinkel der Fäden an deren Schatten zu bestimmen. Er bestätigte durch viele Experimente die Beobachtungen von Bose, dass aus einer engen Röhre, aus welcher Wasser nur in Tropfen ausfliesst, das elektrisirte Wasser in einem continuirlichen Strahle ausläuft. Endlich gerieth er auch auf den Gedanken, den Einfluss der Elektricität auf Pflanzen und Thiere zu untersuchen. Bei Pflanzen glaubte er eine Beförderung des Wachsthums zu entdecken, bei Thieren meinte er wenigstens eine Vermehrung der Ausdünstung durch die Elektricität zu constatiren und hoffte auch, dass diese Wirkung medicinisch verwerthbar sei. Doch hatte der Arzt Kratzenstein zu Halle bereits 1745 eine Schrift über die Anwendung der Elektricität in der Medicin herausgegeben und soll schon 1744 die Lähmung eines Fingers durch Elektricität geheilt haben. Auch Louis Jallabert heilte 1748 die Lähmung eines Armes, welche durch den Schlag eines Hammers verursacht worden war, mit Hülfe von elektrischen Erschütterungen.

Nollet war ein eifriger Experimentator, der die Wirkungen der Elektricität unter allen möglichen Umständen untersuchte und dieselben mit allen möglichen Erscheinungen in Verbindung brachte, trotzdem aber vergass er bei den Erklärungen der Resultate keineswegs der nöthigen Vorsicht. Er gab bei den letzterwähnten Versuchen ausdrücklich an, dass sie erst noch weiterer Bestätigung bedürften, und in einem

anderen, recht bedenklichen Falle hat er sich entschieden vorsichtiger
als der so verdiente Leipziger Professor Winkler verhalten. Der Venetianische Jurist Giovanni Francesco Pivati berichtete in zwei
Schriften aus den Jahren 1747 und 1749 [1]) von gar merkwürdigen Entdeckungen. Er hatte in einen gläsernen Cylinder peruanischen Balsam
gebracht, den Cylinder gänzlich verschlossen und hierauf elektrisirt;
wenn dann Personen an den Cylinder gebracht wurden, so verspürten
sie die Wirkung des Balsams, ohne mit ihm in Berührung zu kommen,
und rochen auch später noch stark nach demselben. Winkler in
Leipzig griff die Versuche mit Eifer auf. Er füllte eine Glaskugel mit
Schwefel und verstopfte sie so fest, dass man keinen Schwefelgeruch
bemerkte, selbst wenn der Schwefel geschmolzen wurde. Als aber Winkler die Kugel elektrisirte, wurde der Geruch so heftig, dass ein Freund,
Professor Hauboldt, durch den Schwefelgeruch vertrieben wurde. Mit
peruanischem Balsam gelangen die Experimente so gut, dass Winkler
den Tag darauf noch am Thee einen lieblichen, süssen Geschmack bemerkte, der von den zurückgebliebenen Balsamdünsten noch im Munde
herrschte, und dass man die Düfte mit Hülfe der Elektricität aus einem
Zimmer durch die freie Luft in ein ganz entferntes leiten konnte. Der
Abbé Nollet interessirte sich so sehr für die Versuche, dass er selbst
nach Italien reiste, um dieselben bei Pivati direct zu sehen; doch fand
er die Nachrichten so stark übertrieben, dass er bei keinem der mit
grosser Sorgfalt angestellten Versuche einen bestimmten Geruch wahr-
nehmen konnte. Auch die Engländer, welche 1651 im Hause von Watson nach den eigenen, eingeforderten Berichten Winkler's Versuche über
das Hindurchdünsten von riechenden Substanzen durch elektrische Glaskugeln anstellten, kamen dabei zu einem negativen Resultat.

Man darf über solche merkwürdige Versuchsreihen sich nicht allzu
sehr verwundern und die Experimentatoren, denen solch wundersame
Dinge passirten, nicht allzu schuldig finden. Wo Geschmack oder
Geruch als Entdeckungswerkzeuge dienen sollen, da sind
Täuschungen eher wahrscheinlich als unwahrscheinlich,
und eine Theorie, nach welcher man die Wahrscheinlichkeit angeblicher Thatsachen hätte prüfen können, gab
es ja damals noch nicht. Auch bei der Entwickelung der Elektrisirmaschine findet man gar seltsame Versuche, die nur durch das
Fehlen einer Theorie erklärlich gemacht werden. Der eine Physiker
hält die Hand als Reibzeug für besser als Wolle oder Leder; ein anderer
erzielt kräftigere Wirkungen, wenn er das Reibzeug nass macht, und
wieder ein anderer findet, dass seine Versuche am besten gelingen, wenn
zahlreiche Zuhörer recht nahe an die Maschine treten, und alle drei

---

[1]) Della elettricita medica lettera del chiarissimo signoreggio Francisco Pivati al celebre signore Francisco Maria Zanotti (1747). Riflessioni fisiche sopra
la medicina elettrica (1749).

Elektrisir-
maschine,
Verstär-
kungs-
flasche,
Blitz-
ableiter,
1747—1760.

hatten wahrscheinlich darum Recht, weil durch jene Ursachen die in
isolirten Reibzeugen sich ansammelnde Elektricität besser abgeleitet
wurde.

Die alte Ausströmungstheorie der Elektricität war nur auf die Erklärung der elektrischen Anziehung berechnet und wollte auf die neuen
Beobachtungen nicht recht mehr passen. Nollet erfand darum eine
Theorie der gleichzeitigen Ab- und Zuflüsse einer elektrischen Materie. Diese Theorie ergab aber keinen Unterschied
zweier entgegengesetzter Elektricitäten, wie der Glas- und Harzelektricität, und war deswegen für die Erklärung der neuen Beobachtungen
an der Elektrisirmaschine und der Verstärkungsflasche ebenfalls wenig
geeignet. Bessere theoretische Erfolge erzielte zuerst Watson. Nachdem dieser entdeckt hatte, dass man das Reibzeug nach der Erde ableiten müsse, nahm er an, dass die Elektricität nicht beim
Reiben erzeugt werde, sondern nur aus dem Reibzeuge
und damit indirect aus der Erde in den geriebenen Körper
überströme und da angesammelt werde. Diese Annahme führte
nothwendig zu einem Unterschied zweier Arten von Elektricität als einer
Minus- und einer Pluselektricität, aber ehe Watson noch so weit vor-
geschritten war, hatte schon Franklin diese Theorie ausgebildet und
verhalf derselben durch die so schwierig erscheinende Erklärung der
Verstärkungsflasche zu allgemeiner Anerkennung.

Benjamin Franklin wurde am 17. Januar 1706 auf Governors-
Island bei Boston als Sohn eines unbemittelten Seifensieders geboren.
Er musste früh seinem Vater im Geschäft helfen, besuchte eine mittel-
mässige Schule mit nur geringem Erfolge und erwarb sich erst später
seine Kenntnisse, unabhängig von einem Lehrer. Dazu half ihm, dass
er, zwölf Jahre alt, zu seinem Bruder, einem Buchdrucker und Buchhändler, in die Lehre kam, und dass er auf diese Weise bei seinem Hand-
werke zugleich seinen Wissensdurst befriedigen und eine vielseitige Bildung sich aneignen konnte. Die Verhältnisse des jungen Amerika, das
Fehlen alles Zunftzwanges, der in dem alten Europa der Wissenschaft
auch noch heute nicht fremd ist, und das Fehlen aller zünftigen Gelehrten
begünstigten ihn, und so war es möglich, dass aus dem Buchdrucker,
dem alle Gymnasial- und Universitätsbildung fehlte, in nicht zu langer
Zeit nicht nur ein hervorragender Staatsmann, sondern auch ein epochemachender Gelehrter wurde. Von 1730 ab, wo er selbst in Philadelphia
eine Buchdruckerei gegründet hatte, versammelte er einen Kreis gebil-
deter Männer um sich, mit denen er Politik und wissenschaftliche, vor
allem naturwissenschaftliche Gegenstände besprach. In diesem Kreise
begann er schon im Jahre 1745 seine elektrischen Untersuchungen und setzte dieselben über zehn Jahre lang mit
Eifer fort. Dann aber nahm das Vaterland den schon in
öffentlicher Wirksamkeit vielfach erprobten Mann fast
ganz für Staatsgeschäfte in Anspruch. Franklin war zweimal

von 1757 bis 1762 und dann von 1764 bis 1775 als Agent seines Elektrisir-
Vaterlandes in London und vertheidigte seine Landsleute so mannhaft Verstär-
und kühn, dass er zuletzt nur mit knapper Noth noch frei nach Phila- kungs-
delphia zurückkehren konnte. 1776 ging er als Gesandter der ameri- Blitz-
kanischen Staaten nach Paris, schloss das Bündniss mit Frankreich, 1747—1760.
später auch den Frieden mit England und war nach seiner Rückkehr
noch im Congress der Staaten thätig. Erst 1788 als zweiundachtzig-
jähriger Greis zog er sich vom politischen Leben zurück und starb am
17. April 1790.

Franklin war vor allem Praktiker. Durch seine Betheiligung an
der Gründung gemeinnütziger Gesellschaften, durch seinen Poor Richard's
Almanac, den er von 1732 an 25 Jahre lang herausgab, wirkte er in
hervorragend praktischer Weise auf die grossen Volksmassen; aber er
hatte auch für die Wissenschaften ein bedeutendes Interesse, nur musste
zu erwarten sein, dass diese Wissenschaften der Praxis dienstbar werden
konnten. Bei der Elektricität interessirte ihn mächtig der Schutz
gegen die Gewitter, die Meteorologie war ihm ein Lieblings-
studium, und die Verbrennungserscheinungen studirte er der
Sparöfen wegen, die er selbst als sein Steckenpferd bezeichnete.
Um so mehr muss man anerkennen, dass er auch den Werth
der wissenschaftlichen Theorie nicht verkannte und sogar
der Elektricität zuerst eine brauchbare Theorie zu liefern
vermochte. Leider wurden seine wissenschaftlichen Arbeiten mit dem
Jahre 1757, von wo an ihn sein Vaterland als Politiker vorzüglich in Anspruch nahm, in der Hauptsache beendet. Die epochemachenden elektrischen Untersuchungen veröffentlichte er in Briefen an Peter Col-
linson in London (Mitglied der Royal Society), deren erster vom 28. Juli
1747 und deren letzter vom 18. April 1754 datirt ist. Der berühmte
Davy sagt von ihnen: „Alle seine Untersuchungen waren von einer ihm
ganz eigenthümlichen, glücklichen Induction begleitet, und er verstand
es, mehr als irgend ein Anderer, mit den kleinsten Mitteln die grössten
Zwecke zu erreichen. Der Vortrag und die Art der Mittheilung seiner
Entdeckungen ist ebenso bewundernswerth wie der Inhalt dieser Entdeckungen selbst. Er bemühte sich alles Dunkle und Geheimnissvolle
zu entfernen, mit dem dieser Gegenstand bisher umgeben war. Er
sprach gleich gut für den Physiker wie für den blossen Liebhaber der
Physik, und so oft er in das Detail seines Gegenstandes herabsteigt, ist
er ebenso deutlich als unterhaltend, ebenso einfach als angenehm zu
lesen [1]."

Seine Theorie der Elektricität gab Franklin noch in den
ersten Briefen. Er nimmt nur eine Art elektrischer Materie
an, die in allen Körpern in einer gewissen Menge enthalten ist. Haben zwei Körper einen so normalen Gehalt

[1] Whewell, Geschichte der ind. Wissensch. III, S. 17, Anmerk.

Elektrisir-
maschine,
Verstär-
kungs-
flasche,
Blitz-
ableiter,
1747—1760.

an elektrischer Materie, dass dieselbe sich nicht an der
Oberfläche besonders aufhäuft, so äussern sie keine elektrischen Wirkungen auf einander; ist aber entweder in beiden ein Ueberfluss oder auch ein Mangel an Elektricität
vorhanden, so stossen sie sich ab, und hat der eine einen
Ueberschuss, der andere einen Mangel an elektrischer
Materie, so ziehen sich beide einander an. Ein Körper wird
dadurch elektrisirt, dass er Elektricität erhält, oder dass er Elektricität
abgiebt; beim Reiben zweier Körper an einander nimmt der eine Körper
gerade so viel Elektricität auf, als der andere ihm mittheilt. „Daraus,
sagt Franklin, sind einige neue Redensarten unter uns entstanden. Wir
nennen nämlich B den Körper, der von dem Glase Funken erhält und
solche Körper werden positiv elektrisirt genannt; A aber heissen die,
welche dem Glase ihre Elektricität mittheilen, und diese heissen negativ
elektrisirt, oder auch B ist plus und A ist minus elektrisirt."

Franklin scheint nichts von der Theorie des Dufay und seiner Glas-
und Harzelektricität gewusst zu haben; und erst ein Freund Franklin's, Kinnersley aus Boston, machte ihn darauf aufmerksam, dass
die positive Elektricität mit der Glas- und die negative mit der Harzelektricität identisch seien. Als Grundexperiment für seine Theorie
führte Franklin an: wenn eine isolirte Person eine Glasstange reibt, so
zeigt sich keine elektrische Differenz, weil keine Elektricität abströmen
kann; zieht aber eine zweite isolirte Person aus der Glasstange Funken,
so werden beide Personen elektrisch. Den meisten Anhang jedoch gewann
er unter den Physikern durch seine einleuchtende Erklärung der
Leydener Flasche. Er entdeckte, dass beide Belegungen der Flasche
im geladenen Zustande verschiedene Elektricität besitzen und stellte
dann den Vorgang bei dem Laden auf folgende Weise dar. Die Elektricität der einen Belegung kann nicht durch das Glas nach der anderen
Belegung überströmen, wohl aber wirkt sie durch dasselbe hindurch ab-
stossend auf die Elektricität in der anderen Belegung. Wenn auf die innere
Belegung der Flasche Elektricität geleitet wird, so treibt diese nun von
der äusseren Belegung eine ihr gleiche Menge Elektricität nach der
Erde ab. Dadurch wird also die innere Belegung plus elektrisch und
die äussere minus elektrisch; es entsteht dann eine Spannung der Elektricität, die sich nicht direct durch das Glas, sondern nur ausgleichen
kann, wenn man die innere Belegung mit der äusseren in leitende Verbindung setzt. Franklin entlud danach die Flasche auch
allmälig, indem er mit einer an einem Faden hängenden kleinen Kork-
kugel die Elektricität nach und nach von der inneren auf die äussere
übertrug. Er bemerkte auch und erklärte durch seine Theorie, dass
man eine Verstärkungsflasche umgekehrt laden, nämlich die
Elektricität auf die äussere isolirte Belegung leiten könne, wenn man
nur die innere mit der Erde in leitende Verbindung setze. Endlich entdeckte er noch, dass die Elektricität in der Verstärkungs-

flasche nicht an den Belegungen, sondern an den Glas-
flächen haftet und benutzte zum Beweise die schon von Dr. Bevis
construirte Form der Verstärkungsflasche als einer Glastafel, die er aber
mit abnehmbaren Belegungen versah.

Franklin's Hypothese von der einen elektrischen Flüssigkeit wurde
von den Physikern fast augenblicklich und mit Beifall aufgenommen;
seine Theorie der Blitzableiter dagegen rief merkwürdiger Weise
einen lang andauernden und recht heftig geführten Streit hervor. Blitzableiter scheint man schon in roher Form im Alterthum gekannt zu
haben. Dr. Munk schreibt in Wiedemann's Annalen (Bd. I, S. 320):
„Talmud, Tosefta Sabbath VII, Ende, findet sich eine Stelle folgenden
Inhalts: „„Wer ein Eisen stellt zwischen Geflügel, übertritt das Verbot
der Nachahmung heidnischer Sitten; zum Schutze vor Blitz und Donner
ist dieses jedoch zu thun erlaubt."" Daraus folgt, dass man in dem
4. bis 5. Jahrhundert nach Christus den Einfluss des Blitzes auf Metall,
ja eine ähnliche Einrichtung wie die der Franklin'schen Blitzableiter
gekannt hat." Die Redaction der Annalen bemerkt dazu, dass auch die
Aegypter sich der hohen, an den Spitzen mit Kupfer beschlagenen Mast-
bäume am Propylon der Tempel als Blitzableiter bedient zu haben
scheinen. Doch hat hier sicher nur die Beobachtung gewirkt, dass der
Blitz vorzugsweise in hohe spitze Gegenstände einschlägt; das Alterthum
konnte keine Ahnung von der Identität des Blitzes und des elektrischen
Funkens haben, da es ja elektrische Funken überhaupt nicht kannte
Wir haben gesehen, dass Wall und Gray zuerst von einem Zusammenhang des Blitzes und des elektrischen Funkens sprachen, mit grösserer
Sicherheit aber konnte man doch die Identität der beiden erst nach Erfindung der Verstärkungsflasche und der Kenntniss von deren überraschend starken Wirkungen behaupten. Die Ehre einer solchen ersten
Behauptung gebührt Winkler, der noch im Jahre 1646 in der Schrift
„Von der Stärke der elektrischen Kraft in gläsernen Gefässen" den einzigen Unterschied zwischen dem Blitz und
dem Funken der Leydener Flasche in die Stärke der Elektricität setzte.

Franklin konnte in seiner praktischen Weise sich nicht mit der
Erklärung des Blitzes als eines elektrischen Funkens begnügen; er
suchte nicht bloss diese Behauptung sicher zu beweisen, er war auch sogleich bemüht, diese neue Entdeckung zum Wohle der Menschen zu verwerthen. Schon 1750 schlug er vor, auf einem Thurme eine
hohe Eisenstange zu errichten und durch diese die Elektricität aus den Wolken wirklich herabzuleiten. Indessen
führte er seinen Vorschlag nicht sogleich selbst aus, vielmehr kam ihm
im Mai 1752 der Franzose D'Alibard darin zuvor. Dieser errichtete
zu Marly-la-ville in der Nähe von Paris eine vierzig Fuss lange eiserne
Stange, die unten isolirt war. Als Wächter stellte er einen Tischler Namens
Coiffier an, der dann auch am 10. Mai 1752 Nachmittags, nachdem er

Elektrisir-
maschine,
Verstär-
kungs-
flasche,
Blitz-
ableiter.
1747—1760.
einen lauten Donnerschlag gehört, im Beisein mehrer Personen, wie
des Pfarrers von Marly etc., mit Hülfe einer Flasche helle Funken aus
dem Apparate zog. Gleich darauf gelang auch D e l o r, der auf seinem
Hause in Paris eine 99 Fuss hohe Stange errichtet hatte, derselbe Versuch; danach wurden in Frankreich die Versuche, selbst im Beisein des
Königs, von D'Alibard, Delor, Buffon und dann auch weiter von Mazéas
und Le Monnier mehrfach mit Erfolg wiederholt. Erst einen Monat nach
den ersten Versuchen der Franzosen, allerdings ohne von ihnen zu wissen,
schritt F r a n k l i n selbst zur Ausführung seines Vorschlags, aber weil er
kein Aufsehen erregen wollte und wohl bei einem etwaigen Misslingen den
Spott der Mitbürger fürchtete, in etwas einfacherer Weise. Im Juni 1752
liess er im Felde, wo sich eine bequeme Hütte befand, einen Drachen, der
mit einer eisernen Spitze versehen war, an einer hänfenen Schnur steigen.
An dem Ende der Schnur war als Conductor ein Schlüssel befestigt und die
hänfene Schnur selbst hielt er an einer seidenen. Als die erstere durch
den Gewitterregen nass geworden, sträubten sich die Fasern derselben
und aus dem Schlüssel konnte er mit dem Finger Funken ziehen. So
vor dem Misslingen seiner Absicht gesichert, errichtete er danach auf
dem Dache seines Hauses selbst eine isolirte eiserne Stange und leitete
zur bequemeren Beobachtung die Elektricität in dasselbe, ja er brachte
am Ende der Zuleitung ein elektrisches Glockenspiel an, damit etwa vorhandene Elektricität sich selbst anzeige. Franklin beobachtete danach
anhaltend und mit Sorgfalt die Art der atmosphärischen Elektricität;
auf die Resultate dieser Beobachtungen werden wir später zurückkommen.

Seine T h e o r i e d e s B l i t z a b l e i t e r s gab Franklin ausführlich
in dem Briefe vom 17. September 1753. Er zeigt darin, d a s s d e r
B l i t z n i c h t z e r s t ö r e n d w i r k t, w e n n e r g e n ü g e n d g e l e i t e t
w i r d, und hält zu solcher Leitung Eisenstangen von $1/4$ Zoll Durch-
messer für hinreichend. Indessen hoffte Franklin, dass sein Blitzableiter
es gar nicht zu einer Explosion kommen lassen würde. Er war schon
früher darauf aufmerksam geworden, d a s s a u s m e t a l l e n e n S p i t z e n
d i e E l e k t r i c i t ä t n a c h u n d n a c h, o h n e p l ö t z l i c h e E n t l a d u n g,
a u s s t r ö m t; danach schlug er vor, die Enden der Auffangstange an
den Blitzableitern spitz zu machen, damit durch diese Spitzen die Elektricität der Wolken ganz allmälig aufgesogen und so unschädlich gemacht
würde. Die Blitzableiter verbreiteten sich in Amerika mit grosser Schnelligkeit. In Europa errichtete 1754 zuerst der Pfarrer P r o k o p D i w i s c h[1])

---

[1]) Nach der Wiener Zeitung „Neue freie Presse" befinden sich in der Bibliothek der Wiener elektrischen Ausstellung (1883) die handschriftlichen Belege,
dass der Prämonstratenser Ordenspriester Prokop Diwisch in Prenditz bei Znaim
am 15. Juni 1754 eine 22 Klafter hohe Wetterstange errichtet und diesen Blitzableiter u n a b h ä n g i g von F r a n k l i n erfunden hat. Da Franklin seine
Vorschläge über die Herableitung des Blitzes schon 1750 machte und 1753
schon eine Theorie des Blitzableiters gab, scheint uns doch der Beweis für die
vollständige Unabhängigkeit des Diwisch von Franklin recht schwer zu führen

einen solchen bei Znaim in Mähren; 1762 erhielt England den ersten Elektrisir- durch Watson, und 1769 wurde in Hamburg der Jacobithurm mit einem maschine, Verstär- Blitzableiter versehen. Trotzdem aber war man über die beste kungs- flasche, Construction derselben durchaus nicht einig. Der um die Blitz- ableiter, elektrischenUntersuchungen recht verdiente Benjamin Wilson (1708 1747—1760. bis 1788, Mitglied der Royal Society) erklärte es für höchst gefähr- lich, eine so furchtbare Kraft wie den Blitz durch spitze Stangen auf Gebäude herabzuleiten und empfahl die Ableitungsdrähte des Blitzableiters dicht am Dache mit Kugeln enden zu lassen, die ebenfalls den Blitz unschädlich machen würden und ihn doch nicht anzögen. Es wurde danach viel für und wider geschrieben und auch experimentirt, ohne dass man zu einer wirklichen Entscheidung kam. Schliesslich neigte doch die Mehrzahl den Ansichten Franklin's zu, und die Royal Society lehnte zuletzt ab, weitere Schriften ihres Mitglieds Wilson gegen die spitzen Blitzableiter anzunehmen.

Die Untersuchungen der atmosphärischen Elektri- cität aus rein theoretischer Rücksicht beschäftigte fortgesetzt viele Forscher. Franklin fand zuerst die Wolken während des Gewitters meist negativ elektrisch, doch bemerkte er bald auch die entgegen- gesetzte Elektricität in denselben; Canton beobachtete, dass die Art der Elektricität in den Wolken während eines Gewitters mehrmals, ja in einer halben Stunde fünf- bis sechsmal wechselte. Le Monnier machte die wichtige Entdeckung, dass die Luft auch ohne An- wesenheit eines Gewitters elektrisch sei. In Italien beschäf- tigte sich erfolgreich Giovanni Battista Beccaria (1716 bis 1781, Professor der Physik an der Universität Turin) mit der atmosphärischen Elektricität, und in mehreren Abhandlungen und Schriften von 1753 bis 1773 entwickelte er sogar eine Theorie des Gewitters. Danach nahm er an, dass an einigen Orten in der Erde ein Ueberschuss von Elektricität sich sammelt, der in die Wolken übergeht, mit diesen nach anderen Orten, die Mangel an Elektricität haben, übergeführt wird, und dort sich in einem Gewitter in die Erde entladet. Die Theorie war klar und leicht verständlich; leider klärte sie gerade die Hauptsache nicht auf, nämlich woher der nothwendige Ueberschuss von Elektricität an einzelnen Orten in der Erde kommt.

Die Untersuchungen der atmosphärischen Elektricität wurden stark zurückgedrängt durch einen Unfall, der ihre Gefährlichkeit nur zu deut- lich zeigte. Nollet forderte schon im Jahre 1752 zu grosser Vorsicht bei dergleichen Versuchen auf. Herr de Romas musste am 7. Juni 1753 zweimal sein Publicum weiter zurücktreten lassen, weil die elek- trischen Wirkungen aus einem Drachen von 18 Quadratfuss Oberfläche,

---

zu sein. Uebrigens musste Diwisch 1756 seinen Blitzableiter wieder entfernen, weil seine Bauern behaupteten, die ungewöhnliche Trockenheit des Jahres rühre von des Pfarrers Blitzableiter her.

Elektrisir-
maschine,
Verstär-
kungs-
flasche,
Blitz-
ableiter,
1747—1760.

der 550 Fuss hoch stand, zu mächtig wurden, und entging vielleicht
nur dadurch dem Verderben, dass der Drache durch Umsetzen des Windes zum Niederfallen gebracht wurde; auch Le Monnier und Ber-
tier sollen durch Blitze, die sie selbst herabgelenkt, zu Boden geschlagen
worden sein. Das schlimmste aber trat bald nach jenen Versuchen De
Romas' ein. Georg Wilhelm Richmann (1711 bis 1753, seit 1745
Professor der Naturgeschichte in Petersburg) hatte auf dem Dache seines
Hauses eine eiserne Stange aufgestellt, von dieser einen Draht, welcher
in einem gläsernen, mit Messingspänen gefüllten Becher endigte, in das
Haus geleitet und an diesem Draht noch einen Faden angebracht, durch
dessen Ausschläge er mittelst eines Quadranten die Stärke der atmosphärischen Elektricität messen wollte. Am 6. August 1753, als er die Wirkung eines Gewitters an seinem Elektricitätszeiger beobachten wollte,
fuhr ihm aus dem noch einen Fuss von ihm entfernten Metall ein Feuer-
ball entgegen, der ihn tödtete und auch seinen Gehülfen, den Kupferstecher
Sokolow, betäubte. Dieses eine Opfer mahnte zur Vorsicht beim Umgang
mit der atmosphärischen Elektricität, und das Unglück hatte doch die
segensreiche Wirkung, dass man anfing, die Ableitung der Blitzableiter
sorgfältiger zu construiren und auch die ganzen Einrichtungen von Zeit
zu Zeit auf ihre Sicherheit zu prüfen.

Richmann benutzte noch die Abstossung eines Fadens, um die
Elektricität zu messen, Nollet hatte schon zweckmässiger zwei solcher
Fäden verwandt; Canton aber construirte um 1753 das heute noch
gebräuchliche Elektroskop, nämlich die zwei an zwei Fäden aufgehan-
genen Hollundermarkkügelchen. John Canton (1718 bis 1772) hat
überhaupt um die Physik und speciell die Elektricitätslehre mannigfache Verdienste. Er war bis an sein Lebensende
Vorsteher einer Privatlehranstalt in London, hatte aber dabei so viel
Interesse und so viel Anlagen vor allem für die Experimentalphysik,
dass er zu ihren bedeutendsten Förderern aus dieser Zeit zählt. Er wurde
bald Mitglied der Royal Society und erhielt von dieser schon 1751 die
goldene Medaille für eine Methode, Stahl allein mit Hülfe des Erdmagnetismus zu magnetisiren. Von 1752 an wandte er sich der Elektricität
zu. Er zeigte am Ende des Jahres 1753 zum ersten Male, dass die
beiden Arten der Elektricität nicht gewissen Körpern eigenthümlich
seien, sondern dass man aus vielen Körpern je nach der Beschaffenheit ihrer Oberfläche und des Reibzeugs beide
Elektricitäten hervorrufen könne, ja dass selbst Glas nicht immer positiv,
sondern dass matt geschliffenes Glas, mit Flanell gerieben, sogar stark
negativ elektrisch würde. Später verbesserte er das Reibzeug der
Elektrisirmaschine in erheblicher Weise. Die Versuche über das
Leuchten von Barometern brachten ihn auf das Elektrisiren des Glases
mittelst Quecksilbers und führten ihn endlich um 1762 dazu, das geölte
Seidenzeug, welches als Reibzeug seiner Cylindermaschine
diente, mit einer Mischung aus Zinnamalgam und etwas

Kreide zu bestreichen. Nach diesen Arbeiten wandte er sich wieder Elektrisir-maschine,
anderen physikalischen Disciplinen zu. Er erhielt 1762 eine zweite goldene Verstär-
Medaille für den Nachweis der Compressibilität des Wassers; kungs-flasche,
er fand 1768 eine neue phosphorescirende Substanz, den Can- Blitz-ableiter,
ton'schen Phosph'or, hergestellt aus Austerschalen und Schwefel, 1747—1700.
und überreichte noch 1769 der Royal Society eine Arbeit über das
Leuchten des Meeres, worin er das Leuchten durch den Gehalt des
Meerwassers an fauligen und schleimigen organischen Materien erklärte.

Schliesslich bleibt uns hier aus dem Gebiete der Reibungselektricität noch der Erfindung von Scheibenelektrisirmaschinen
zu erwähnen. Dieselben scheinen im Anfang wenig Aufsehen erregt zu
haben, denn es melden sich für die Zeit von 1755 bis 1766 nicht weniger
als vier Erfinder an, und es ist schwer, zwischen ihnen richtig zu entscheiden. Den meisten Anspruch hat wohl Martin Planta (1727 bis
1772, Director des Seminars zu Haldenstein), der sich schon 1755 einer
Scheibenmaschine bediente; der Pariser Arzt Sigaud de la Fond
(1740 bis 1810) behauptet 1756 eine solche construirt zu haben, bekennt
aber, dass er den Gedanken aufgegeben, nachdem ihm die erste Scheibe
gesprungen sei. Dr. Jan Ingenhouss (1730 bis 1799, praktischer
Arzt, Mitglied der Royal Society) hat nach seiner Aussage 1764 diese
Scheibenmaschinen erfunden und verbreitet, auch Franklin dieselben bei
seinem Aufenthalt in England gezeigt. Aber erst um 1766 fertigte der
englische Mechaniker Jesse Ramsden (1735 bis 1800, Schwiegersohn
von Dollond) Scheibenelektrisirmaschinen an, die eine weitere Verbreitung fanden, und auch er giebt sich für einen Erfinder derselben aus.

Newton hatte geglaubt, dass die Farbenzerstreuung John Dol-lond, achro-matische
mit der Brechung bei allen Medien in gleichem Verhält-
niss stehe und darum für unmöglich gehalten, die Farben- Fernrohre, 1757.
zerstreuung aufzuheben, ohne auch zugleich die Brechung
zu vernichten. Er hatte diesen Glauben auf den Experimentalsatz
gestützt: Wenn die Lichtstrahlen zwei angrenzende Medien von verschiedener Dichtigkeit, wie Wasser und Glas, durchlaufen, deren brechende
Flächen parallel oder nicht parallel sind, und die Brechungen in beiden
Medien heben sich so auf, dass die einfallenden Lichtstrahlen den aus-
tretenden parallel sind, so ist das austretende Licht immer weiss. Euler
mochte in seiner Abhandlung Sur la perfection des verres ob-
jectifs des lunettes (Memoiren der Berliner Akademie, 1747) das
Newton'sche Experiment nicht anfechten, aber er betonte mit allem Nachdruck, dass wenigstens das Auge ein optisches Instrument
sei, welches zwar durch Brechung die eindringenden Lichtstrahlen zu Bildern vereinige, aber trotzdem keine Farbenzerstreuung aufweise. Er meint, das Letztere rühre von
der Zusammensetzung des Auges aus mehreren brechenden Medien her und

macht den Vorschlag, achromatische Linsen für Fernrohre und Mikroskope durch Vereinigung zweier Glaslinsen, zwischen welche man Wasser füllt, herzustellen. John Dollond[1]) griff die Euler'sche Idee mit Eifer auf, kam aber zu dem Resultate, dass der Achromatismus nur bei einer unendlich breiten Linse eintreten könne, weil er dabei an Newton's Grundexperiment noch festhielt. Euler vertheidigte seine Ansicht in Abhandlungen von 1752 und 1753, und erhielt endlich Hülfe an dem Professor der Mathematik zu Upsala, Samuel Klingenstjerna (1698 bis 1765). Dieser behauptete in einer Abhandlung, die er 1754 in den Kongl. Svenska vetenskaps academiens handlingar veröffentlichte und auch an Dollond schickte, das Newton'sche Experiment gelte durchaus nicht in aller Schärfe, die Lichtstrahlen würden bei diesem Experiment niemals ganz weiss, sondern immer etwas gefärbt austreten. Danach prüfte nun auch Dollond jenen Experimentalsatz Newton's und kam zu der Ueberzeugung, dass Klingenstjerna Recht habe. Er fand, dass Lichtstrahlen, die er hinter einander durch Wasser und Glas gehen liess, so dass sie ihrer Anfangsrichtung parallel wieder austraten, doch dabei sich farbig zeigten, und versuchte nun auch umgekehrt die Farbenzerstreuung bei bleibender Brechung aufzuheben. Zahlreiche Experimente bewiesen ihm aber, dass der Unterschied zwischen den farbenzerstreuenden Vermögen bei Wasser und Glas nicht gross genug sei, und dass vielmehr verschiedene Glassorten, vor allem die zwei in England bekannten Flintglas und Crownglas, das verschiedenste Farbenzerstreuungsvermögen hätten und damit für die achromatischen Linsen die geeignetsten wären. 1757 gelang ihm das erste achromatische Fernrohr, und schon 1758 verbesserte er dasselbe[2]), indem er jede achromatische Linse statt aus zwei aus drei einzelnen Gläsern zusammensetzte und dadurch die Farbenspectren noch genauer als zuerst zum Zusammenfallen brachte. Euler war zuerst der Entdeckung, die auf einem anderen als dem von ihm geplanten Wege erfolgte, nicht günstig gesinnt; er glaubte zuerst gar nicht an den Achromatismus der Dollond'schen Fernrohre und meinte, dieselben erzeugten nur darum bessere Bilder, weil bei ihnen die sphärische Abweichung geringer sei als sonst; doch überzeugte er sich bald von dem vollständigen Erfolg der Dollond'schen Arbeiten.

Dollond veröffentlichte seine Entdeckung ohne genaue Maasse zu geben; eine Nachahmung seiner Instrumente wollte darum anderen Optikern nicht gelingen, und lange Zeit blieb die Verfertigung der achromatischen Fernrohre in der Familie des Dollond monopolisirt. Zwar bemühten

---

[1]) 1706 bis 1761, zuerst Seidenweber, errichtete 1752 mit seinem Sohne Peter zusammen, der bei einem Optiker in der Lehre gewesen war, eine optische Werkstatt.

[2]) Zwei achromatische Fernrohre Dollond's von 1758 finden sich im Königl. mathem.-physik. Salon in Dresden (Gerland, Leopoldina XVIII, 1882).

sich die hervorragendsten Gelehrten theoretisch die Vorschriften für die John Dol-
lond, 1757. Verfertigung .der Instrumente abzuleiten, aber die Praxis wollte der Theorie nicht Folge leisten. Die Dollond's selbst bekennen, dass sie die geeigneten Maasse der Gläser durch sorgfältiges Probiren bestimmt, und bemerken, die beträchtlichen Abweichungen in der Güte der einzelnen Glasmassen gestatteten eine stricte Anwendung der Theorie nicht. Clairault beschäftigte sich in mehreren Abhandlungen von 1761 an mit dieser Theorie; D'Alembert gab seine Untersuchungen ebenfalls von 1761 an; Euler blieb bis zum Erscheinen seiner gesammten Optik während der Jahre 1769, 1770 und 1771 mit diesem Thema beschäftigt; auch Klingenstjerna setzte seine Untersuchungen fort und gewann sogar 1762 mit einer Abhandlung den Preis der Petersburger Akademie. Wir wollen schliesslich nicht unterlassen zu erwähnen, dass David Gregory schon 1695 in seinen Catoptricae et dioptricae sphaericae elementa über das Fernrohr sagt: „Es wird vielleicht nützlich sein, das Objectiv eines Fernrohrs aus verschiedenen Medien zusammenzusetzen, wie wir es bei dem Auge von der Natur gethan sehen, die nie eine Sache umsonst thut“, und dass nach Rudolf Wolf (Geschichte der Astronomie, S. 585 und 586) ein Esquire of More Hall in Essex, Namens Chester, schon 1733 einen kleinen Achromaten wirklich construirt haben soll. La Lande behauptet in Bezug auf den letzteren Fall, dass ein Chestermorehall um 1750 den Plan eines achromatischen Fernrohres gehabt und die Ausführung durch Andere versuchen liess; durch dritte Hand habe auch Dollond von dieser Idee gehört und seinerseits dieselbe zur Ausführung gebracht. In einem Process, den allerdings Dollond gewonnen, weil er die achromatischen Fernrohre zuerst ausgeführt und bekannt gemacht habe, sei das bewiesen worden [1]).

Auch auf das Mikroskop versuchte man bald die neue Entdeckung anzuwenden, fand hier aber noch mehr Schwierigkeiten als bei dem Fernrohr. Gute zusammengesetzte Mikroskope hatten zuerst Eustachio Divini und Hooke angefertigt, deren Einrichtungen im allgemeinen beibehalten worden sind. Nach Newton's Spiegelteleskop versuchte man auch Spiegelmikroskope zu Stande zu bringen, und als das nicht gelang, gebrauchte man lange Zeit nur einfache Mikroskope; erst die Entdeckung des Achromatismus regte hier wieder zu weiteren Fortschritten an. Euler behandelt in einem grossen Theile des dritten Bandes seiner Dioptrica (Petersburg 1769 bis 1771) dieses Thema, und nach seinen Vorschriften verfertigte Fuss gute Instrumente. Berühmt durch seine Mikroskope war auch um 1770 Dellebarre in Haag, dessen Instrumente von Montucla (La Lande) empfohlen wurden. Sonnenmikroskope sollen, nach Kästner, schon Samuel Reyher (Professor in Kiel) um 1679 bekannt gewesen sein, allgemeiner wurden sie erst durch Dr. Lieberkühn, der 1739 ein Sonnen-

---

[1]) Montucla, Histoire III, S. 448 und 449.

mikroskop mit nach England brachte und der Royal Society vorzeigte.
Grössere Spiegelteleskope verfertigte zuerst John Hadley; er
überreichte 1723 der Royal Society ein solches von 6 Fuss Länge, das
nach Newton's Art gearbeitet war, später ging er aber auf die Einrichtung von Gregory zurück. Den Spiegelsextanten beschrieb Hadley im Jahre 1731; doch war ein ähnliches Instrument schon vor 1730
von Thomas Godfrey construirt und noch früher um 1699 ein solches
von Newton angegeben worden. Von der Godfrey'schen Erfindung hat
Hadley vielleicht Kenntniss gehabt, die Newton'sche Beschreibung wurde
erst 1742 aufgefunden.

　　Die Entstehung eines neuen Zweiges der Optik, der **Photometrie**,
haben wir ebenfalls dieser Periode zu danken; die Begründer desselben
waren **Bouguer** und **Lambert**.

　　Pierre Bouguer wurde am 16. Februar 1698 zu Croisic in der
Bretagne geboren und in der Jesuitenschule zu Vannes erzogen, wo er
schon bedeutende Zeichen seines mathematischen Talents gab. 1729
erschien sein Essai d'Optique sur la gradation de la lumière,
in welchem er die Grundzüge seiner Photometrie schon entwickelte. Die
Schrift erregte bedeutendes Aufsehen, und da die Pariser Akademie
bereits durch andere Schriften auf ihn aufmerksam geworden, erfolgte
1731 seine Aufnahme in dieselbe. Von 1735 bis 1743 war er mit Condamine behufs der Gradmessung in Peru. Nach seiner Rückkehr
arbeitete er daran, seine optischen Untersuchungen in erschöpfender
Weise mit Benutzung seiner Beobachtungen in Peru darzustellen; aber
die Folgen seines Aufenthalts in den heissen Klimaten, vielleicht auch
die unliebsamen Streitigkeiten mit seinem Collegen Condamine, führten
am 15. August 1758 seinen Tod herbei. Sein nachgelassenes optisches
· Hauptwerk gab sein Freund La Caille unter dem Titel Traité
d'Optique sur la gradation de la lumière (Paris 1760) heraus.

　　Bouguer ersann mehrere Vorrichtungen um die Stärke verschiedener Lichter zu vergleichen und zu messen, die aber
alle darauf beruhen, dass die Beleuchtung, welche ein Gegenstand durch
die zu vergleichenden Lichter erfährt, gleich gemacht wird. Aus den
Entfernungen der Lichter oder anderen Umständen, durch welche die
Gleichheit der Beleuchtung bewirkt wurde, ist dann das Stärkeverhält-
niss der Lichtquellen selbst zu erschliessen. Zur richtigen Abschätzung
dieser Gleichheit der Beleuchtung warf Bouguer die zu vergleichenden
Lichter in den meisten Fällen auf neben einander stehende, durchsichtige
oder undurchsichtige Schirme; seine Photometer näherten sich also
im Princip dem bekannten Photometer von Ritchie. Durch solche
Photometer fand er dann, dass das Licht bei Reflexion durch
einen Metallspiegel mehr als durch einen Glasspiegel
geschwächt werde, dass die Absorption des Lichtes vom
Reflexionswinkel abhänge, und zwar so, dass sie bei dem

kleinsten Reflexionswinkel am kleinsten sei; die Absorp- Photometrie, Bouguer, Lambert, c. 1760.
tion durch spiegelnde Körper war überhaupt am kleinsten
beim Quecksilber. Die grössten Unterschiede in der Absorption bei verschiedenen Neigungswinkeln zeigte Wasser; so wurden durch Wasser von 1000 Strahlen bei einem Neigungswinkel von $2\frac{1}{2}^0$ noch 614, unter einem Neigungswinkel von 90^0 aber
nur noch 18 Strahlen zurückgeworfen, während die entsprechenden
Strahlenmengen für nicht belegtes Spiegelglas 584 und 25 sind.

Beim Durchgange des Lichts durch Glasplatten oder
durch Meerwasser fand er, dass die Absorption in geometrischer Progression mit den Tiefen der durchlaufenen
Schichten wachse; beim Durchgang des Lichts durch die
Atmosphäre zeigte sich die Absorption vom Elevationswinkel des lichtaussendenden Gestirns abhängig. Setzt
man z. B. die Lichtstärke eines Sternes beim Eintritt in die Atmosphäre
gleich 10 000, so ist dieselbe nach dem Durchgange durch die Atmosphäre
bei einer Höhe des Sternes von 90^0 noch 8123, bei einer solchen von 10^0
noch 3149, bei einer Höhe von 5^0 aber nur noch 1201. Bouguer bestimmte auch die verschiedene Helligkeit des Himmelsgewölbes in verschiedenen Entfernungen von der Sonne,
und was das Wichtigste war, es gelang ihm das Licht des Mondes
mit dem der Sonne zu vergleichen. Er gab an, dass die Sonne
im Mittel 300 000 Mal heller sei als der Vollmond in gleicher
Höhe über dem Horizont und erklärte daraus, warum man beim Con-
centriren des Mondlichtes durch Brennspiegel keine merkbare Wärme
fühle. Dabei zeigte sich das Licht der Sonne nicht an allen Stellen
der Sonnenscheibe gleich intensiv, vielmehr war dasselbe in der Mitte
stärker als am Rande; beim Mond verhielt sich die Sache gerade umgekehrt.

Bouguer's Nachfolger auf dem schwierigen Gebiete der Photometrie,
Johann Heinrich Lambert, wurde 1728 einem armen Schneider
in Mühlhausen im Elsass geboren. Seiner schönen Handschrift wegen
erhielt er in seinem 15. Lebensjahre eine Schreiberstelle, wurde Secretär
beim Professor Iselin in Basel, dann Hauslehrer bei dem Präsidenten von
Salis in Chur und erhielt in dieser Stellung vorzüglich Zeit und Gelegenheit genug, seine wissenschaftliche Ausbildung erst eigentlich zu
vollenden. Nachdem er 1759 eine „Freie Perspective" hatte drucken
lassen, erschien schon 1760 das Hauptwerk Photometria sive de
mensura et gradibus luminis, colorum et umbrae in Augsburg, und noch 1761 folgten diesem zwei Schriften: „Ueber Kometen
bahnen" und „Kosmologische Briefe über die Einrichtung
des Weltbaues". Im Jahre 1764 wurde er von Friedrich dem Grossen
nach Berlin berufen und zum Oberbaurath und Mitglied der Akademie
ernannt. Im Jahre 1777 am 25. September, als er eben noch eine Schrift
„Pyrometrie oder vom Maass des Feuers und der Wärme"

drucken lassen wollte, starb er in Berlin; die Schrift erschien posthum im Jahre 1779.

In seiner **Photometrie** geht Lambert einen noch gründlicheren Weg als Bouguer. Er versucht zuerst die Principien aufzustellen, auf denen die gesammte Lichtmessung beruht, bemüht sich dann aus diesen Principien die Lichtstärken in einzelnen Fällen zu entwickeln, um dann zuletzt die so gefundenen Werthe mit den beobachteten zu vergleichen. Er unterscheidet zuerst die absolute Helligkeit eines leuchtenden Gegenstandes, die Erleuchtung oder die Helligkeit eines beleuchteten Gegenstandes und endlich die gesehene oder von unserem Auge empfundene Helligkeit. Danach stellt er folgende Grundsätze für die Photometrie fest: 1. Man erhält die gesehene Helligkeit eines Gegenstandes, wenn man die Lichtmenge durch die Grösse des Bildes auf der Netzhaut dividirt. 2. Unter sonst gleichen Umständen ist die Erleuchtung, welche ein kleiner Gegenstand von einem leuchtenden Punkte erhält, dem Quadrate seiner Entfernung von diesem Punkte umgekehrt proportional. 3. Ist die erleuchtete Fläche in schiefer Lage dem leuchtenden Körper gegenübergestellt, so ist die Stärke der schiefen Erleuchtung dem Producte der normalen in den Sinus des Neigungswinkels der Strahlen gegen die erleuchtete Fläche proportional. 4. Ist λ der Ausflusswinkel für das leuchtende Flächenelement F, und J sein Glanz: so ist die von demselben ausströmende Lichtmenge dem Ausdrucke $F.J.\sin\lambda$ proportional[1]).

Aus diesen Sätzen leitet Lambert mathematisch viele Sätze über das Verhältniss der Beleuchtungen von Körpern in verschiedenen Lagen ab. Dann beschäftigt er sich wie Bouguer mit der Menge des von spiegelnden Gläsern zurückgeworfenen Lichtes, der Menge des von Gläsern durchgelassenen Lichtes u. s. w. Für die Helligkeit der Sterne in verschiedenen Höhen giebt er bedeutend kleinere Zahlen als Bouguer; wenn man das Licht ausserhalb der Atmosphäre 1,0000 setzt, so ist das durchgegangene bei einer Höhe des Sternes von 90^0 0,5889, bei 10^0 0,0476 u. s. w. Das Verhältniss der Helligkeit von Sonne und Vollmond aber findet Lambert gleich 277000, also nahezu so gross wie Bouguer; doch legt er selbst nicht viel Werth auf diese Zahlen[2]). Dagegen berechnet er genau das Verhältniss der

---

[1]) **Ausflusswinkel** ist der Winkel, welchen ein Lichtstrahl mit der Oberfläche des leuchtenden Körpers bildet; **Glanz** ist die absolute Helligkeit einer Flächeneinheit.

[2]) Von neueren Physikern geben für das Verhältniss der Lichtintensitäten der Sonne und des Vollmondes: Wollaston (1799) 801 072, Bond (1860) 470 080, Zöllner (1865) 618 000 oder 619 600.

Helligkeit des Mondes in seinen verschiedenen Phasen, und auch für die Helligkeiten der Plancten giebt er die einzelnen Verhältnisse an. Der letzte Theil seiner Arbeit enthält Berechnungen und Versuche über die Stärke von gefärbtem Licht und von Schatten. Zur Vergleichung von Lichtflammen benutzt Lambert die Stärke der Schatten, die ein schmaler Stab durch beide Lichter auf eine grosse Fläche wirft; er hat also zuerst das Photometer angegeben, das in letzter Einrichtung Rumford zugeschrieben wird. Es ist nicht zu verwundern, wenn die erhaltenen Zahlenresultate bei Bouguer und Lambert verschiedentlich abweichen, ja wenn sie überhaupt gegen neuere Resultate sehr ungenau erscheinen. Das Auge ist gerade bei Messung der Lichtstärken von subjectiven Bedingungen so stark beeinflusst, dass man sich über grössere Abweichungen nicht wundern darf. Jedenfalls muss man rühmend anerkennen, dass Bouguer zuerst wissenschaftlich experimental die Lichtmessung behandelt und Lambert ihr die, auch für unsere Zeit noch gültigen, theoretisch principiellen wissenschaftlichen Grundlagen gegeben hat.

Lambert's Pyrometrie behandelt im allgemeinen die Wärmemessung, also nicht allein das Gebiet der höheren Wärmegrade, was wir heute speciell mit dem Namen Pyrometrie bezeichnen. Doch unterscheidet er Pyrometer von Thermometern, so dass jene die höheren, unserem Gefühl unerträglichen Wärmegrade angeben sollen. Ein eigentliches Pyrometer, dem die heute noch gebrauchten Metallpyrometer fast gleich sind, construirte zuerst Musschenbrock um 1731 und beschrieb dasselbe in verbesserter Gestalt in seiner Introductio ad philosophiam naturalem (Bd. II, S. 610). Es bestand aus einem Metallstab, der an einem Ende befestigt war, und dessen Ausdehnung bei der Erwärmung durch einen Zeiger am anderen Ende angegeben wurde. Doch wollte Musschenbrock mit diesem Instrument nicht sowohl die Wärme, als vielmehr die Ausdehnung der Metalle und anderer fester Körper, wie kleiner Gläser etc., bestimmen. Die Pyrometrie im heutigen Sinne beginnt erst mit Josiah Wedgwood (1730 bis 1795, Töpfer, Erfinder des Steinguts), der im Jahre 1782 in den Philosophical Transactions seine berühmten Thonpyrometer ankündigte, die zu ihrer Justificirung viele Beobachtungen veranlassten, sich aber leider doch nicht als genügend zuverlässig erwiesen.

Eine Theorie der elektrischen Influenz oder der elektrischen Induction, wenn auch ohne diese Namen, erreichten zuerst die beiden deutschen Gelehrten Aepinus und Wilke. Canton (On some new electrical experiments. Phil. Transact. 1754) hatte mit seinem Korkkugelelektrometer einige wunderbare elektrische Erscheinungen genauer untersucht, die bis dahin wenig beachtet worden waren. Er hatte bemerkt, dass die Korkkügelchen schon bei

Photometrie, Bouguer, Lambert, c. 1760.

Influenz. Theorie der Elektricität. Aepinus, Wilke, c. 1760.

Influenz,
Theorie der
Elektricität.
Aepinus,
Wilke,
c. 1760.

**Annäherung eines elektrischen Körpers, vor der Berüh-
rung mit demselben und ohne Ueberspringen von Elektricität sich abstiessen und nach der Entfernung desselben wieder zusammenfielen.** Er variirte diese Versuche sehr
mannigfaltig und bemühte sich dieselben nach dem damaligen Stande
der Theorie zu erklären. Diese befand sich noch, mehr oder weniger
unbewusst, unter dem Einflusse Cartesianischer Anschauungen, hielt
noch immer, wie sich das auch ganz gut mit der Franklin'schen Hypothese vereinigen liess, an den Ausflüssen der elektrischen Materie fest
und erklärte, dass jeder elektrische Körper durch diese Ausflüsse bis auf
eine bestimmte Entfernung hin ganz in elektrische Materie eingehüllt
und also von einer je nach der Stärke seiner Elektricität mehr oder
weniger grossen elektrischen Atmosphäre umgeben sei. Durch diese
elektrische Atmosphäre liessen sich dann die von Canton beobachteten Influenzerscheinungen wohl erklären.

Wenn zwei Hollundermarkkügelchen bei Annäherung eines elektrischen Körpers sich abstossen, so sind sie darum nicht selbst elektrisch,
sondern stossen sich nur ab, weil sie sich in der Atmosphäre des elektrischen Körpers befinden, und daraus folgt dann natürlich, dass die
Kügelchen beim Entfernen des elektrischen Körpers und seiner Atmosphäre wieder zusammenfallen, ohne eine Spur von Elektricität zu zeigen.
Doch kamen die erwähnten Physiker **Wilke** und **Aepinus** bald zu
Erscheinungen, welche diese Erklärungsart mangelhaft erscheinen liessen.

Johann Carl Wilke wurde am 6. September 1732 in Wismar
als der Sohn eines dortigen Predigers geboren. Er studirte in Göttingen
und Rostock und lebte dann einige Zeit in Berlin, wo er mit Aepinus
gemeinschaftlich experimentirte. Danach ging er nach Stockholm, hielt
dort physikalische Vorträge, wurde bald Mitglied der schwedischen Akademie der Wissenschaften und starb in Stockholm am 18. April des
Jahres 1796. Schon in seiner Dissertation **De electricitatibus
contrariis** (Rostock 1757) brachte er die Canton'schen Untersuchungen
in theoretische Ordnung und fügte denselben die folgende fundamental
wichtige Beobachtung bei. **Wenn man einen Körper, der sich
in der elektrischen Atmosphäre eines anderen befindet,
ableitend berührt, so zeigt er, nachdem er aus der elektrischen Atmosphäre des ersteren gebracht ist, immer
noch Elektricität und zwar diejenige, welche der des
ersten Körpers entgegengesetzt ist.** Danach blieb das Räthsel
zu lösen, dass ein Körper in der elektrischen Atmosphäre eines anderen
entweder gar nicht dauernd elektrisch wird oder, wenn das der Fall,
durch die elektrische Atmosphäre die ihr entgegengesetzte Elektricität
erhält.

Franz Ulrich Theodor Aepinus, ebenfalls der Sohn eines
Pastoren, wurde am 13. December 1724 in Rostock geboren, war anfangs Privatdocent in seiner Vaterstadt, dann Professor in Berlin, dann

in Petersburg Mitglied der dortigen Akademie und starb am 10. August
1802 in Dorpat.   Sein elektrisches Hauptwerk, welches unter dem Titel
T e n t a m e n   t h e o r i a e   e l e c t r i c i t a t i s   e t   m a g n e t i s m i (Petersburg 1759) erschien, war in gewissem Sinne epochemachend für
die Elektricität, wie für den Magnetismus.   Er e l i m i n i r t e   a u c h
a u s   d e r   E l e k t r i c i t ä t s l e h r e   d i e   C a r t e s i a n i s c h e n   V o r s t e l-
l u n g e n   v o n   A u s f l ü s s e n   u n d   f ü h r t e   a u c h   f ü r   d i e   E l e k-
t r i c i t ä t   d i e   N e w t o n'sc h e   A n s c h a u u n g s w e i s e   d e r   K r a f t-
ä u s s e r u n g, d i e actio in distans, d i e u n m i t t e l b a r e F e r n w i r k u n g
e i n.   Kein elektrischer Körper hat um sich eine andere elektrische
Atmosphäre als die benachbarte Luft, an welche er etwas Elektricität
abgiebt; aber wohl wirkt jeder elektrische Körper bis in eine gewisse
Entfernung zurückstossend auf die Elektricität benachbarter Körper.
Aepinus ersetzt danach den Namen elektrische Atmosphäre durch die
mehr neutrale Bezeichnung e l e k t r i s c h e r   W i r k u n g s k r e i s eines
Körpers, und mit Hülfe einer directen Fernwirkung erklärte er die neuen,
so merkwürdigen Erscheinungen in höchst geschickter Weise.   W e n n
m a n   i n   d i e   N ä h e   e i n e s   p o s i t i v   e l e k t r i s c h e n   K ö r p e r s   e i n e n
a n d e r e n   b r i n g t, s o   s t ö s s t   d e r   e r s t e r e   a u s   d e m   l e t z t e r e n
d i e   e l e k t r i s c h e   F l ü s s i g k e i t, die in einem normalen Gehalt jeder
unelektrische Körper besitzt, z u r ü c k, u n d   w e n n   m a n   d a n n   a u s
d i e s e m   l e t z t e r e n   d u r c h   B e r ü h r u n g   d i e   E l e k t r i c i t ä t   w e g-
n i m m t, s o   z e i g t   e r   n a c h   d e r   E n t f e r n u n g   v o m   e l e k t r i s c h e n
K ö r p e r   M a n g e l   a n   E l e k t r i c i t ä t, d. h. e r   i s t   s e l b s t   n e g a t i v
e l e k t r i s c h   g e w o r d e n.   Man sieht aus dieser Erklärung, dass Aepinus damals noch die F r a n k l i n'sc h e   T h e o r i e benutzte, und Wilke
wie Aepinus haben viel für die weitere Ausbildung dieser Theorie gethan.
Doch lag in dieser Ausbildung allerdings auch der Keim zu ihrer Zer-
setzung.   Aepinus hält für natürlich, dass die elektrische Flüssigkeit
sich selbst abstösst und gewöhnliche Stoffe anzieht; da aber auch negativ
elektrische Körper, d. h. solche, die Mangel an Elektricität haben, sich
gegenseitig abstossen, so muss man nach Aepinus a u c h   d e r   g e--
w ö h n l i c h e n   M a t e r i e   e i n e   R e p u l s i v k r a f t   z u s c h r e i b e n, was
aber wieder mit der Newton'schen Attractionstheorie nicht recht ver-
einbar erscheint.   Aepinus entsetzte sich vor dieser Annahme, trotzdem aber wusste er nichts besseres als bei derselben zu bleiben und er
gestaltete danach auch die Theorie des Magnetismus um.   A u c h   d i e
m a g n e t i s c h e n   E r s c h e i n u n g e n   s i n d   d i e   R e s u l t a t e   e i n e s
e i g e n e n   F l u i d u m s, d a s   s e i n e   S t e l l e   i m   K ö r p e r   v e r l a s s e n
u n d   i n   F o l g e   d e r   A b s t o s s u n g   s e i n e r   E l e m e n t e   a n   e i n e m
P u n k t e   d e s   K ö r p e r s   s i c h   a u f h ä u f e n   k a n n, s o   d a s s   d a n n   d e r
e i n e   P o l   e i n e n   U e b e r f l u s s   u n d   d e r   a n d e r e   e i n e n   M a n g e l
a n   m a g n e t i s c h e r   F l ü s s i g k e i t   h a t.
    Doch blieb immer bei dieser Theorie die nothwendige Annahme einer
Repulsivkraft der gewöhnlichen Materie neben der allgemeinen Attractions-

Influenz,
Theorie der
Elektricität.
Aepinus,
Wilke,
c. 1760.

Influenz,
Theorie der
Elektricität.
Aepinus,
Wilke,
c. 1760.

kraft derselben ein Stein des Anstosses, welcher der dualistischen
Elektricitätstheorie des Engländers Robert Symmer den Sieg
sehr erleichterte. Von Symmer ist nur bekannt, dass er seit 1753
Mitglied der Royal Society war und am 19. Juni 1763 starb. Seine
elektrischen Arbeiten veröffentlichte er 1759 in den Philosophical Transactions unter dem Titel New experiments and observations
concerning electricity: 1) of the electricity of the human
body and the animal substances, silk and wool, 2) of the
electricity of black and white silk, 3) of electrical cohe-
sion, 4) of two distinct powers in electricity. Symmer kam
um das Jahr 1759 auf merkwürdige Weise zu seinen Entdeckungen.
Er trug zwei Paar seidene Strümpfe, schwarze und weisse über einander
und bemerkte, dass dieselben, wenn er sie einzeln auszog, so elektrisch
wurden, dass sowohl die schwarzen, als die weissen sich unter einander
abstiessen, schwarze und weisse sich aber wechselseitig anzogen. Dies
brachte ihn auf den Gedanken, in allen unelektrischen Körpern
zwei entgegengesetzte Elektricitäten anzunehmen, die
sich gegenseitig so neutralisirt oder gebunden haben,
dass keine von ihnen zur Wirksamkeit kommen kann.
Elektrisch ist dann ein Körper, wenn er nur eine von den beiden Elektricitäten, oder doch die eine im Ueberschuss hat. Wird nun noch angenommen, dass freie gleichartige Elektricitäten sich abstossen und freie
ungleichartige Elektricitäten sich anziehen, so folgen daraus die Gesetze
der elektrischen Anziehung und Abstossung wie aus Franklin's Theorie,
ohne die unbequeme Annahme einer abstossenden Kraft der Materie
selbst. Symmer führte für seine Theorie vor allem den Versuch an, dass
bei dem Durchbohren von Papier vermittelst des elektrischen Funkens
die Ränder der Oeffnung sich nach beiden Seiten aufgebogen zeigen.
Doch war man zuerst vielfach der Ansicht, dass beide
Theorien eine gleich gute Erklärung der Erscheinungen
erlaubten und blieb auch zuerst bei der Annahme einer
elektrischen Flüssigkeit. Bald aber neigte man sich doch
mehr der neuen Theorie zu, und schliesslich gelangte
dieselbe ihrer grösseren Bequemlichkeit wegen zur aus-
schliesslichen Herrschaft. Uebrigens war die Symmer'sche Theorie
eigentlich nicht neuer, sondern sogar älter als die Franklin'sche, da
sie ja schon Dufay vorgetragen hatte, was aber Symmer nicht bekannt
gewesen zu sein scheint. Wilke beschäftigte sich 1762 und 1763 mit
der langsamen elektrischen Entladung durch Spitzen, die
bei positiver Ladung Franklin genügend durch die gesteigerte Abstossung der elektrischen Flüssigkeit in einer Spitze erklärt hatte. Als
aber Wilke bemerkte, dass auch bei einer negativ geladenen
Spitze der elektrische Wind von der Spitze aus wehe, meinte
er, dass dies nicht für einen Mangel an Elektricität, sondern für das Vor-
handensein einer besonderen negativ elektrischen Flüssigkeit spreche. Auch

Torbern Olof Bergmann (1735 bis 1784, Professor der Physik und Chemie in Upsala, Schüler Linné's, ausgezeichneter Chemiker und Mineralog) wandte sich 1765 aus denselben Gründen gegen die Franklin'sche Theorie und ging zu der alten Dufay'schen oder neuen Symmer'schen Theorie über.

Influenz, Theorie der Elektricität. Aepinus, Wilke, c. 1760.

Wilke's Untersuchungen über die Entladung durch Spitzen waren um diese Zeit nicht vereinzelt, auch Wilson, Watson, Charles Cavendish, Franklin hatten in dieser Rücksicht gearbeitet und vor allem das Leuchten der ausströmenden Elektricität untersucht. Watson bemerkte, dass die Elektricität im luftleeren Raum auf viel weitere Entfernungen als sonst mit glänzenden Strahlen, ähnlich dem Nordlicht, von einem Körper zum anderen gehe; er fand also, dass die Torricelli'sche Leere die Elektricität besser leite als die Luft. Wilke hatte in seiner Schrift De electricitatibus contrariis Versuche über das Leuchten der Elektricität bei langsamem Ausströmen mitgetheilt, worin er behauptete, das Licht ströme in einen Lichtkegel aus, der mit der Basis dem positiv elektrischen, mit der Spitze aber dem negativ elektrischen Körper zugekehrt sei, wie das ähnlich auch Franklin für seine Theorie anführte. Später aber machte er Versuche bekannt[1]), bei denen er die Lichterscheinungen durch Ueberstreichen der spitzen Körper mit phosphorescirenden Stoffen noch sichtbarer machte, und welche jenen Ansichten widersprachen. Diese Beobachtungen waren es, die ihn zur Annahme der Symmer'schen Theorie bewogen. Er bestrich Spitzen mit Phosphor und machte sie elektrisch, dann verschwand der Phosphorglanz, welcher sonst die ganze Spitze umgab, und es wurden Lichtstrahlen bis eine Elle weit in die Luft getrieben, die von gleichartig elektrischen Körpern abgestossen, von ungleich elektrischen Körpern aber angezogen wurden. Aus vielfachen Versuchen, auch mit zwei Spitzen, die mit denselben oder entgegengesetzten Elektricitäten geladen wurden, schloss er dann, dass alle Spitzen einen elektrischen Wind von sich treiben, der Phosphorstrahlen mitreisst; diese Winde wirken auf mechanische Art gegen einander, behalten aber dabei auch ihre elektrischen Eigenschaften der Anziehung und Abstossung, wie elektrische Körper, bei.

Auch eine ganz neue Elektricitätsquelle behandelte Wilke, allerdings nicht zum ersten Male und auch nicht allein. In einer Schrift Curiöse Speculationes bei schlaflosen Nächten — von einem Liebhaber, der immer gern speculirt (Chemnitz und Leipzig 1707) wird erzählt, dass die Holländer 1703 einen Stein von Ceylon nach Holland gebracht hätten, Turmalin oder Turmal geheissen,

---

[1]) Electriska försök med phosphorus (Svenska vetenskaps Academiens Handlingar 1763).

Influenz,
Theorie der
Elektricität.
Aepinus,
Wilke,
c. 1700.
der erwärmt, Aschentheilchen an sich ziehe und abstosse, und den man
danach auch Aschenstein genannt habe. Um 1717 zeigte Lémery
diesen Stein in der Pariser Akademie, und da man seine anziehende
Kraft für eine magnetische hielt, nannte man ihn danach Ceylon'scher
Magnet. Linné vermuthete zuerst in ihm elektrische Eigenschaften
und nannte ihn lapis electricus; Aepinus aber bewies 1757 durch
Versuche, welche er mit Wilke zusammen in Berlin anstellte, dass der
Stein durch Erwärmen wirklich elektrisch werde. Wilke
und Aepinus fanden den Stein nach dem Erwärmen an zwei Seiten und
zwar entgegengesetzt elektrisch. Der Stein war im natürlichen unelektrischen Zustande, wenn diese Seiten gleich warm waren, aber im elektrischen Zustande, wenn die eine Seite wärmer war als die andere.
Aepinus theilte diese Versuche schon in den Berliner Memoiren für 1756,
die 1758 herauskamen, Wilke aber in seiner Dissertation De electricitatibus contrariis mit. Später hat Aepinus noch mehrere Arbeiten in
seiner Abhandlung Recueil des différents mémoires sur le Tour-
maline (Petersburg 1762) gesammelt. Die Arbeiten wurden dann von
Wilson, Canton, Torbern Bergmann, Priestley und Wilke
noch weiter fortgesetzt und haben eine Menge neuer Einzelheiten, aber
doch nichts weiter von grösserer Bedeutung ergeben.

Nachdem mit Newton die Physiker, nun fast ausnahmslos, eine allgemeine Attraction aller Materie angenommen, die unvermittelt in die
Ferne wirkt, begann man auch die Erscheinungen der Festigkeit des
Körpers, der Capillarität, der Elasticität etc. durch anziehende Kräfte zu
erklären, und zwar wurde auf diesem Gebiete der Cartesianismus noch
schneller eliminirt, als auf dem der Elektricität und des Magnetismus.
Doch entschied man sich noch zuerst für eine Annahme mehrerer
verschiedener Kräfte und unterschied genau die auf un-
merkbar kleine Entfernungen zwischen den Atomen wirkenden Kräfte von der allgemeinen Schwere, die von Gestirn zu Gestirn reicht. Die allmälig fortschreitende Entwickelung
der neueren Atomistik fand bemerkenswerth wenig Widerstand. Die
Annahme der Atomenkräfte machte nach dem Sieg der
allgemeinen Gravitation keine Schwierigkeit mehr, auch
der Streit über die Existenz des leeren Raumes war aus Mangel an
neuen Gesichtspunkten ganz verstummt; nur die Frage über die Theilbarkeit der Materie erregte Bedenken, und die Untheilbarkeit
der Atome fand entschiedene Gegner.

Leibniz war mit seiner Monadologie der Atomistik
von philosophischer Seite näher gekommen; aber die Monaden selbst waren doch zu wunderbare Gebilde, als dass die Physik
mit ihnen hätte viel anfangen können. Euler erklärt sich in seiner
Schrift „Von den Elementen der Körper" (1746) entschieden gegen Leibniz. Monaden als einfache Wesen können nicht

existiren, denn alle Körper sind theilbar, so weit unsere Erfahrung Boscowich, 1711—1787. reicht. Setzt man aber die Monaden unendlich klein, so kommt man auf einen Widerspruch. Aus einer endlichen Anzahl solcher unendlich kleinen Wesen kann kein Körper bestehen, und ein Körper, der aus einer unendlichen Anzahl von Theilen besteht, ist an sich unmöglich. Auch andere Physiker hatten schon ihre metaphysischen Bedenken über die Schwierigkeit der Atomentheorie Ausdruck gegeben. Nollet untersucht in seinen Leçons de physique (Paris 1743 bis 1750) ebenfalls diese Frage und meint, dass in Gedanken die Materie bis ins Unendliche theilbar sei, darum sei aber eine wirkliche Theilbarkeit noch nicht sicher; endlich hält er eine Beantwortung der Frage bei der Eingeschränktheit unseres Wissens überhaupt für unmöglich.

Diese schwierige Frage nach der Theilbarkeit der Atome gedenkt nun Boscowich gegenstandslos zu machen und versucht dabei zugleich alle Anziehung der Materie und ihrer Theile auf eine einzige Kraft zurückzuführen. Sein Werk ist die einzige naturphilosophische Schrift von Newton's Principien bis auf Kant's „Metaphysische Anfangsgründe der Naturwissenschaft" von 1786.

Roger Joseph Boscowich, am 18. Mai 1711 zu Ragusa geboren, war von 1740 an Professor am Collegio romano in Rom, dann Professor in Pavia, und lebte von 1773 an in Paris. Da er aber hier in Differenzen mit D'Alembert gerieth, verliess er Paris wieder und ging nach Mailand, wo er am 13. Februar 1787 starb. Sein System setzte er zuerst in mehreren kleinen Abhandlungen und dann vollständig in dem Hauptwerke Philosophiae naturalis Theoria, redacta ad unicam legem virium in natura existentium (Wien 1759) aus einander. Nach ihm besteht die Materie aus ausdehnungslosen Punkten, welche im unendlichen leeren Raume so zu einander gestellt sind, dass ihre Entfernungen wohl unendlich, aber nicht gleich Null werden können. Diese Punkte sind nicht blosse Stellen im Raume, mathematische Punkte, sondern physikalische Punkte, mit Trägheit und einer gewissen activen Kraft begabt, vermöge deren sie sich gegenseitig anziehen oder auch abstossen. Diese active Kraft ist im ganzen Universum nur von einer einzigen Art und ändert sich nur nach der Lage der Punkte. Die Kraft nämlich, welche zwei physische Punkte auf einander ausüben, ist in den kleinsten Entfernungen derselben eine abstossende und wird mit dem Annähern der Entfernung an die Null unendlich gross, so dass die Punkte nicht bis zur Berührung kommen können. Mit der Vergrösserung der Entfernung nimmt aber diese Repulsivkraft bis zu Null ab und geht dann mit weiterer Vergrösserung der Entfernung in eine Attractivkraft über, die nun mit der Entfernung bis zu einem gewissen Punkt wächst, um dann wieder abzunehmen, bis zur Null herabzusinken und sich dann abermals in eine Repulsivkraft zu verwandeln. Solcher Umänderungen finden in

unmerklichen Abständen mehrere statt; sobald aber die Entfernung der beiden physikalischen Punkte zu merklicher Grösse ange-
wachsen, so wird die Kraft zur bekannten allgemeinen Gravitation, die in bekannter Weise nach dem umgekehrt quadratischen
Verhältniss der Entfernung erst in unendlicher Entfernung bis zu Null
abnimmt.

Mit Hülfe dieser hypothetischen Kraft und seiner Atomenpunkte
erklärt dann Boscowich die Eigenschaften der Materie, wie Cohäsion,
Elasticität, Schwere, in einfacher Weise. Zwischen den verschiedenen Körpern, die sich alle in endlichen Entfernungen von einander
befinden, wirken die Atomenkräfte ohne Ausnahme wie die Schwere;
zwischen den Theilchen eines Körpers aber, die einander unendlich nahe
sind, wechselt die Kraft in der angegebenen Weise. Die Theilchen
fester Körper befinden sich in solchen Entfernungen von
einander, wo die Kraft gerade von einer Repulsion zu
einer Attraction übergeht. Wird der Körper aus einander gezogen, werden also seine Theilchen von einander entfernt, so wird die
Atomenkraft zur Attraction, welche bestrebt ist, die Theilchen in die
alte Lage zu bringen. Comprimirt man aber den Körper, so wechselt
die Kraft in eine Repulsion um, die dann ebenfalls bestrebt ist, den
alten Gleichgewichtszustand wieder herzustellen.

Für diese Erklärung dieser allgemeinen Eigenschaften der Körper
wäre nur ein Uebergang von der Repulsion zur Attraction und ein
Indifferenzpunkt nöthig; die übrigen scheinen vor allem dazu
bestimmt zu sein, die Newton'schen Anwandlungen der
Lichtstrahlen zu erklären, wie auch der Begriff des physikalischen Punktes hauptsächlich construirt ist, um den leichten Durchgang
der Lichttheilchen durch die Körper plausibel zu machen. Wenn die
Körper aus physikalischen Punkten bestehen, so kann die Lichtmaterie
leicht durch die Körper hindurch gehen, sobald nur ihr Bewegungs-
moment gross genug ist, um die Kräfte, in deren Wirkungskreis sie
gelangt, zu überwinden. Ist dann die Geschwindigkeit derselben sehr
gross, so kann das Licht die Körper durchdringen, ohne die Theilchen
derselben auch nur zu bewegen; ist die Geschwindigkeit kleiner, so wird
es diese Theilchen beträchtlich bewegen, aber vielleicht selbst noch nicht
im Lauf unterbrochen werden; ist aber die Geschwindigkeit noch geringer, so kann die Lichtmaterie auch ganz in dem Körper zurückgehalten
werden.

Sehen wir von den mehrfachen Umwandlungen der Atomenkräfte
ab, und behalten wir nur die anfänglich abstossende und dann schliesslich attractive Kraft bei, dann ist das System des Boscowich
unserer heutigen Atomistik bis dahin, wo sie sich zur Mo-
leculartheorie entwickelt, sehr ähnlich, und vielfach nennt
man auch Boscowich direct als den Urheber der Atomistik, welche die
Atome mit activen Kräften begabt annimmt. Jedenfalls hat er die

Newton'schen Entdeckungen am folgerichtigsten mit der alten Atomistik Boscowich,
verbunden, und in seinen Bahnen ist die Wissenschaft bis heute noch 1711—1787.
weiter geschritten. Trotzdem aber hat man, vorzüglich in Deutschland,
Boscowich's Verdienste wenig beachtet und anerkannt; sie wurden verdunkelt durch die Theorien unseres grossen Philosophen Kant, der in
seinen metaphysischen Anfangsgründen der Naturwissenschaft, dreissig
Jahre später als Boscowich, die Materie mit zwei Kräften, einer repul-
siven und einer attractiven, versah, die beide sich in ihren Wirkungen
wie die eine Kraft des Boscowich verhielten. In Frankreich und England fand das System von Boscowich etwas mehr Beachtung und Anerkennung, doch auch nur langsam und nicht sehr allgemein. Deluc
(Idées sur la météorologie) ist gegen die Hypothese des Boscowich, weil
eine Kraft ohne eine Substanz, an der sie wirkt, ein leerer Ausdruck sei,
und aus ähnlichen Gründen bekämpft auch der Engländer Price das
ganze System. Priestley (History of optics) dagegen bekennt sich
offen als einen Anhänger des Boscowich und meint, die Lehre desselben
sei am besten geeignet, die Schwierigkeiten der Emissionstheorie des
Lichts zu beseitigen. Robison giebt in seinem System of mechanical philosophy (Edinburg 1822) eine Darstellung der Theorie des
Boscowich und behauptet, sie müsse der wahren Theorie mindestens
sehr ähnlich sehen. Faraday's Theorie der Atome als blosser Kräfte-
centren hat die Grundlage mit der des Boscowich gemein, und endlich
hat auch Fechner in seiner Schrift „Ueber die physikalische und philosophische Atomenlehre" (Leipzig 1855 und 2. Aufl. 1864) wieder auf Boscowich aufmerksam gemacht und einen Auszug aus seinen Werken gegeben.

Der bedeutendste Gegner jeder unmittelbaren Wirkung in die Ferne Euler,
und der Anhänger einer umfassenden Aethertheorie ist **Leonhard Euler.** Aether-theorie,
Von der Mitte der vierziger Jahre an, trat er in seinen optischen Schrif- c. 1762.
ten gegen die Emissionstheorie, wie in seinen Schriften über die
Constitution der Materie gegen die actio in distans auf und suchte
die betreffenden physikalischen Erscheinungen durch den Aether zu
erklären, der den ganzen Weltenraum erfüllt. Später wandte er seine
Aetherhypothese auch zur Ableitung der Gesetze der Electri-
cität und des Magnetismus an und erweiterte dieselbe zu einer
vollständigen Aethertheorie. Wir geben die Darstellung derselben nach Euler's Lettres à une princesse d'Allemagne sur
quelques sujets de physique et de philosophie (Petersburg
1768 bis 1772, 3 Theile), die ein noch heute lesenswerthes und höchst
interessantes populäres Lehrbuch der Physik bilden. Die Briefe sind
aus den Jahren 1760 und 1762 datirt, und erschienen in mehreren Ausgaben; ins Deutsche übersetzt von Kries (Leipzig 1792 bis 1794), mit
vielen Zusätzen des Uebersetzers, die vorzüglich gegen Euler's Abweichungen von Newton gerichtet sind. Wir geben Euler's Dar-

stellung in grösserer Ausführlichkeit, weil wir es, ganz abgesehen von dem etwaigen Werthe derselben, für höchst interessant halten, auf die Ansichten eines genialen Mannes einzugehen, die in einem solchen bedeutenden Gegensatz zu den allgemeinen Anschauungen der damaligen Physiker stehen.

Euler wendet seinen Angriff zuerst gegen die Emissionstheorie des Lichts. „Schon auf den ersten Blick muss diese Meinung (der Emissionstheorie) nicht wenig kühn und seltsam erscheinen, denn wenn die Sonne unaufhörlich und nach allen Seiten Ströme von Lichtmaterie, und das mit einer so ungeheuren Geschwindigkeit ausgiesst: so sollte man meinen, dass sie in kurzer Zeit erschöpft sein, oder seit so viel Jahrhunderten wenigstens eine merkliche Veränderung erfahren haben müsste; wovon aber die Beobachtungen gerade das Gegentheil lehren.“ — „Und es ist umsonst, die Lichtmaterie so fein anzunehmen als man will; man gewinnt dadurch nichts: das System bleibt immer unbegreiflich. Auch kann man nicht sagen, dass nicht aus allen Theilen und nach allen Seiten Strahlen ausgehen; denn man mag sich hinstellen, wo man will, so sieht man überall die Sonne ganz.“ — „Aber es kommt noch ein anderer schlimmer Umstand hinzu, der nicht geringer ist, und darin besteht, dass nicht nur die Sonne, sondern auch alle übrigen Sterne Lichtstrahlen verbreiten, die also nothwendiger Weise einander begegnen würden; mit welcher Heftigkeit müssten sie alsdann nicht gegen einander stossen? und wie sehr müsste nicht dadurch ihre Richtung verändert werden?“ — „Ferner, wenn man die durchsichtigen Körper betrachtet, durch welche die Sonnenstrahlen ungehindert hindurchgehen: so sehen sich die Anhänger dieses Systems genöthigt zu sagen, dass die Poren dieser Körper in geraden Linien, und zwar von jedem Punkt der Oberfläche nach allen Seiten gehen, weil man sich keine Linie denken kann, in der ein Lichtstrahl nicht durchgehen könnte, und das mit einer so unbegreiflichen Geschwindigkeit, und ohne anzustossen. Wie sehr müssten also diese Körper durchlöchert sein, die doch dem Anschein nach so dicht sind.“ — „Ich glaube, dass diese Schwierigkeiten zusammengenommen Ew. H. hinlänglich überzeugen werden, dass das Emanationssystem auf keine Weise in der Natur gegründet sein kann, und Ew. H. werden sich gewiss verwundern, wie ein solches System von einem so grossen Manne erdacht und von so vielen aufgeklärten Philosophen angenommen werden konnte. Aber schon Cicero hat die Bemerkung gemacht, dass man sich nichts so Abenteuerliches vorstellen könnte, was die Philosophen nicht zu behaupten im Stande wären. Ich für meine Person bin zu wenig Philosoph, um dieser Meinung beizutreten.“ Newton verwarf eine Erfüllung des Weltenraumes mit Aether, weil er meinte, dass sich dann die Planeten nicht so ungehindert, wie sie es thun, bewegen könnten, aber „Ew. H. werden leicht einsehen, dass der Raum, in welchem sich jene Körper bewegen, anstatt leer zu bleiben, mit Lichtstrahlen erfüllt wird, die nicht nur von der Sonne, sondern auch von allen übrigen Gestirnen unaufhörlich von allen Seiten und nach allen Seiten mit der grössten Schnelligkeit ihn durchkreuzen. Folglich werden die himmlischen Körper, statt einen leeren Raum zu finden, überall auf die Materie der Lichtstrahlen treffen, die wegen der entsetzlichen Bewegung, in welcher sie sich befindet, den Lauf der Körper nothwendig vielmehr hindern muss, als wenn sie in völliger Ruhe wäre. Wenn also Newton besorgte, dass durch eine so feine Materie, wie Descartes sie annahm, die Bewegung der Planeten gestört werden möchte, so muss man gestehen, dass er selbst auf ein sehr sonderbares und seiner eigentlichen Absicht ganz entgegengesetztes Mittel verfallen ist, indem die Planeten eine viel beträchtlichere Störung dadurch erleiden müssten."

Der Aether ist eine luftartige Materie, „die aber viel feiner und elastischer ist als die gemeine Luft. Da wir nun gesehen haben, dass die Luft eben dieser Eigenschaften wegen sehr geschickt ist, die Erschütterungen oder Schwingungen von den schallenden Körpern anzunehmen, und nach allen Seiten auszubreiten, wie man aus der Fortpflanzung des Schalls sieht: so ist es sehr natürlich zu denken, dass der Aether unter ähnlichen Umständen auch auf ähnliche Weise Schwingungen anzunehmen und auf noch viel grössere Entfernungen fortzupflanzen im Stande sein wird." Die Wirkung dieser Schwingungen ist das Licht. Die Sonne verliert danach, „wenn sie gleich die ganze Welt mit ihren Strahlen erleuchtet, nichts von ihrer eigenen Substanz; indem ihr Licht nur durch eine gewisse Bewegung, oder eine sehr heftige Erschütterung in ihren kleinsten Theilen hervorgebracht wird, die sich dem benachbarten Aether mittheilt, und von da nach allen Seiten auf die grössten Entfernungen fortgepflanzt wird; gerade so wie eine angeschlagene Glocke ihre Erschütterungen der Luft mittheilt." Wir wissen, dass „wenn die Dichtigkeit der Luft abnähme, die Bewegung des Schalls dadurch beschleunigt würde, und wenn die Elasticität der Luft grösser wäre, die Geschwindigkeit des Schalls ebenfalls dadurch befördert würde." — „Stellen wir uns also vor, dass die Dichtigkeit der Luft so verringert würde, dass sie der Dichtigkeit des Aethers gleich käme, und hingegen ihre Elasticität so sehr vergrössert, dass sie ebenfalls der Elasticität des Aethers gleich wäre: so werden wir uns nicht wundern, dass auch die Geschwindigkeit des Schalls einige tausend Mal grösser würde, als sie wirklich ist." — „Auf diese Weise hat die ungeheure Geschwindigkeit des Lichts nichts Widersprechendes, sondern sie ist vielmehr mit unseren Grundsätzen vollkommen übereinstimmend; und die Aehnlichkeit zwischen Licht und Schall ist so ausgemacht, dass wir sicher behaupten können, dass wenn

die Luft ebenso fein und zugleich so elastisch würde als
der Aether, die Geschwindigkeit des Schalls ebenso gross
würde, als die Geschwindigkeit der Lichtstrahlen ist."
Ein von den Lichtstrahlen getroffener dunkler Körper erscheint nicht
dadurch erhellt, dass er eine auf ihn treffende Lichtmaterie zurückwirft,
sondern dadurch, dass die Theilchen an seiner Oberfläche durch die
Aetherwellen, die auf ihn treffen, in Schwingungen versetzt werden und
nun ihrerseits wieder dem sie umgebenden Aether ihre Bewegungen mittheilen; gerade so wie ruhende Saiten durch auftreffende Schallwellen
zum Schwingen und damit zum Selbsttönen gebracht werden können.
Durch diese Annahme kommt Euler vor allem zu einer Erklärung
der Farben mit Hülfe der Undulationstheorie, die bis dahin
noch gänzlich gefehlt hatte. „Die Unwissenheit in Ansehung der wahren
Natur der Farben hat von jeher grosse Streitigkeiten unter den Philosophen veranlasst. Ein jeder war bemüht, sich durch eine besondere
Meinung über diesen Gegenstand auszuzeichnen." — „Eine jede einfache Farbe (um sie von den gemischten zu unterscheiden) rührt
von einer bestimmten Anzahl von Schwingungen her, die
in einer gewissen Zeit geschehen: so bringt eine gewisse Anzahl von Schwingungen in einer Secunde die rothe Farbe hervor, eine
andere die gelbe, eine andere die grüne, wieder eine andere die blaue
und noch eine andere die violette, welches die einfachen Farben sind,
sowie wir sie im Regenbogen sehen. Wir müssen uns vorstellen, dass
die kleinsten Theilchen auf der Oberfläche eines Körpers sich, wie die
Saiten eines Instruments, in einer gewissen Spannung befinden, die
durch ihre Masse und Elasticität bestimmt wird; und dass, wenn sie nur
auf die gehörige Weise berührt werden, sie in eine schwingende Bewegung
gerathen, die nach dem Grade der Spannung schneller oder langsamer
sein wird. Wenn also die Theilchen eines Körpers eine
solche Spannung haben, dass, wenn sie erschüttert werden, sie in einer Secunde so viele Schwingungen machen,
wie z. B. die rothe Farbe erfordert: so nenne ich diesen
Körper roth." — „Mit gleichem Recht wird man auch die Strahlen,
welche eben so viel Schwingungen machen, roth nennen können; und
wenn die Nerven des Auges von diesen Strahlen berührt werden, so
haben sie die Empfindung der rothen Farbe. Freilich sind wir
noch nicht so weit gekommen, die Anzahl der Schwingungen einer jeden Farbe zu bestimmen, und wir wissen
noch nicht einmal, welche Farben mehr oder weniger
Schwingungen erfordern, oder welche Farben den feinen,
und welche den groben Tönen entsprechen. Aber es ist
genug zu wissen, dass eine jede Farbe ihre bestimmte Anzahl von
Schwingungen hat." — „Um einen Körper von einer gewissen Farbe
zu erleuchten, werden Strahlen von derselben Farbe erfordert, weil die
Strahlen einer anderen Farbe nicht im Stande sind, die Theile dieses

Körpers in Bewegung zu setzen." — „Die Strahlen der Sonne, einer Euler,
Aether-
theorie,
1762. Wachskerze oder eines gewöhnlichen Lichts erleuchten alle Körper auf gleiche Weise; woraus man schliesst, dass die Sonnenstrahlen alle Farben zugleich in sich fassen, wenngleich ihr Licht gelblich zu sein scheint." — „**Hieraus zieht man den Schluss, dass die weisse Farbe nichts weniger als eine einfache, sondern vielmehr eine aus allen einfachen zusammengesetzte Farbe ist.**"

Auf seine Untersuchungen über die **Ursache der Schwere** kommt Euler erst, nachdem er alle Anziehungsgesetze Newton's abgeleitet und ausdrücklich bestätigt hat. „Ich habe mich bisher bemüht, Ew. H. einen allgemeinen Begriff von den Kräften zu geben, von welchen die vornehmsten Erscheinungen in der Welt abhängen, und auf welche sich die Bewegung der himmlischen Körper gründet." — „Sehr natürlich drängt sich uns nun die Frage auf, was denn die Ursache dieser allgemeinen Anziehung sei, oder woher es komme, dass die Körper einander gegenseitig anziehen?" — „Ich werde Ew. H. nicht mit der Aufzählung der vielen Hypothesen, die man über diesen Gegenstand ersonnen hat, Langeweile machen, sondern mich begnügen, im Allgemeinen zu bemerken, dass sich die Meinungen der Physiker und Philosophen hierüber in zwei Hauptclassen theilen." Die eine Classe behauptet, dass diese Anziehung eine wesentliche innere Eigenschaft der Materie sei, die andere aber, dass sie durch eine unsichtbare, feine Materie mittelbar bewirkt werde. Die erste Meinung ist vorzüglich von englischen Physikern vertheidigt worden, die Newton's Autorität für sich anführen. „**Aber ich habe schon wiederholentlich erinnert, dass man ihm (Newton) eine solche Meinung mit Unrecht beilegt.**" — „Die letztere Meinung, dass die Schwere die Wirkung einer feinen Materie sei, haben, wie schon oben bemerkt ist, besonders Descartes und Huyghens vertheidigt. Und in der That werden wir geneigter sein zu glauben, dass zwei weit von einander entfernte Körper durch irgend eine Materie gegen einander getrieben werden, als dass der eine den anderen ohne alle Zwischenmittel bloss aus innerer Kraft an sich ziehen sollte. Wenigstens stimmt das erstere allein mit unserer übrigen Erfahrung überein." — „Wir wollen einmal annehmen, der Schöpfer hätte vor Erschaffung der Welt nur zwei Körper in weiter Entfernung von einander entstehen lassen, und ausser diesen wäre nichts vorhanden gewesen: wäre es wohl möglich, dass sich einer dem anderen genähert hätte? **Wie hätte der eine das Dasein des anderen in der weiten Entfernung merken können? Wie hätte er eine Neigung haben sollen, sich ihm zu nähern?**" — „Es hat also allerdings das Ansehen, als ob die Meinung derjenigen, welche die Schwere aus der Wirkung einer feinen, alle Körper umgebenden Materie erklären, die richtigere sei. Aber mehr dürfen wir auch nicht behaupten. **Für Gewissheit können wir diese Hypothese nicht ausgeben; es stehen ihr noch genug Schwierigkeiten entgegen.**" Hält sich hier Euler noch ziemlich neutral, so sagt er doch in den Briefen an einer anderen Stelle schon bestimmter: „Unterdessen scheint mir diese Meinung, dass die anziehende Kraft eine wesentliche Eigenschaft der Materie sein sollte, so vielen Schwierigkeiten unterworfen zu sein, dass ich wenigstens ihr nicht beistimmen mag. Viel wahrscheinlicher ist mir die andere Meinung, nach welcher man die Anziehung als die Wirkung einer feinen Materie anzusehen hat, die den ganzen Raum des Himmels erfüllt; wenn uns gleich die Art und Weise, wie diese Materie sich bewegt und auf die Körper wirkt, noch verborgen ist. Es giebt so viele andere, wichtige Dinge, in denen wir unsere Unwissenheit nicht minder gestehen müssen." In der Abhandlung De magnete und ausführlicher in der nachgelassenen, erst 1844 in Petersburg entdeckten Schrift Anleitung zur Naturlehre aber versucht er direct die Anziehung zweier Körper im Himmelsraume aus dem Druck und der Bewegung des alles erfüllenden Aethers abzuleiten; doch kommt er auch hier nicht zum letzten Ziele und bleibt bei der unbewiesenen Annahme stehen, dass jeder Himmelskörper die Elasticität des Aethers in seiner Nähe verändere[1]).

Sicherer und positiver als vorher geht Euler bei der Erklärung der elektrischen und magnetischen Erscheinungen nach seiner Theorie vor. „Die meisten Physiker gestehen ihre Unwissenheit, sobald es darauf ankommt, diese Wirkungen zu erklären. Es scheint, dass die grosse Mannigfaltigkeit der elektrischen Erscheinungen, die sich täglich durch neue Entdeckungen vergrössert, sie so verwirrt, dass sie alle Hoffnung verlieren, die wahre Ursache derselben jemals zu ergründen." — „Es ist wohl keinem Zweifel unterworfen, dass man die Quelle aller elektrischen Erscheinungen in einer feinen flüssigen Materie suchen muss; aber wir brauchen eine solche Materie nicht (wie andere Physiker) erst zu erdichten. Der Aether, diese feine Materie, deren Wirklichkeit ich Ew. H. schon zu einer anderen Zeit bewiesen habe, ist hinreichend, auch die auffallendsten elektrischen Erscheinungen auf die natürlichste Weise zu erklären." — „Da der Aether eine der Luft ähnliche Materie, nur von ungleich grösserer Feinheit und Elasticität ist, so kann er nicht anders in Ruhe sein, als wenn seine Elasticität überall gleich ist. Sobald er an einem Orte elastischer wird als an dem anderen, sobald fängt er an sich auszudehnen, und die benachbarten Theile zusammen zu drücken, bis er durchgehends einen gleichen Grad von Elasticität erlangt hat." — „Wenn sich also der Aether nicht im Gleichgewicht befindet, so wird eben das geschehen, was sich bei der Luft ereignet, wenn ihr Gleichgewicht aufgehoben ist; er wird sich von dem Ort, wo seine Elasticität

---

[1]) Isenkrahe, Euler's Theorie v. d. Ursache der Gravitation. Hist.-lit. Abth. der Zeitschr. f. Math. u. Phys. XXVI, S. 1 bis 19.

Euler,
Aether-
theorie,
1762.

stärker ist, nach demjenigen ausbreiten, wo seine Elasticität schwächer
ist; er wird dies mit einer viel grösseren Schnelligkeit thun als die
Luft, da seine Elasticität und Feinheit so vielmal grösser sind." Der
Aether ist überall, auch in den kleinsten Poren des Körpers verbreitet;
solcher Poren haben aber die Körper grössere und kleinere. Die
grossen Poren, durch welche der Aether frei circuliren
kann, heissen offene Poren; die kleinen Poren aber, welche
den Aether nur schwer hindurchlassen und lange zurück-
halten, heissen geschlossene Poren. „Die meisten Körper
haben Poren von einer mittleren Gattung, die wir mehr
oder weniger verschlossen, und mehr oder weniger offen
nennen wollen." — „Wenn alle Körper vollkommen geschlossene
Poren hätten, so würde es unmöglich sein, die Elasticität des in ihnen
enthaltenen Aethers zu ändern"; — „dasselbe würde geschehen, wenn
die Poren aller Körper vollkommen offen wären." — „Da aber die Poren
der Körper weder vollkommen geschlossen, noch vollkommen offen sind,
so wird es möglich sein, das Gleichgewicht des in ihnen enthaltenen
Aethers aufzuheben, und wenn dies geschehen ist — so kann es nicht
fehlen, dass sich das Gleichgewicht wieder herstellen wird; aber es
geschieht. nicht in einem Augenblick, sondern nach und nach." —
„Zuerst hat die Luft, die wir athmen, fast ganz verschlossene Poren, so dass der Aether ebensoviel Schwierigkeit
findet in sie hineinzudringen, als, wenn er hineingedrun-
gen ist, wieder herauszukommen. Wenn daher der in der Luft
enthaltene Aether nicht im Gleichgewicht mit dem übrigen steht, so
kann die Wiederherstellung des Gleichgewichts nicht in einem Augenblick, sondern nur schwer geschehen. Doch ist dies allein von der
trockenen Luft zu verstehen, denn die Feuchtigkeit ist von einer ganz
verschiedenen Natur." — „Alles hängt (bei der Elektricität) von der
ungleichen Elasticität des in den Poren der Körper verbreiteten Aethers
ab." — „Wenn nun der Aether aus einem Körper, wo er mehr zusammengedrückt ist, in einen anderen überströmt, so setzt ihm die zwischen
beiden befindliche Luft grosse Hindernisse entgegen, weil ihre Poren
fast ganz verschlossen sind. Indessen dringt er doch durch sie hindurch, da sie eine so feine und dünne Materie ist, wenn anders seine
Kraft nicht zu geringe oder der Abstand beider Körper zu gross ist.
Da aber dieser Uebergang mit einer gewissen Anstrengung und Gewalt
verbunden ist, so wird hier eben das geschehen, was wir bei der Luft
bemerken, wenn sie mit Heftigkeit durch eine kleine Oeffnung getrieben
wird: man hört alsdann ein Gezisch." — „Sowie aber eine Erschütterung der Luft den Schall hervorbringt, so bringt eine ähnliche
Erschütterung des Aethers das Licht hervor; so oft also der
Aether aus einem Körper in einen anderen übergeht, so muss sich bei
seinem Durchgang durch die Luft ein Licht zeigen, das bald wie ein
Funke, bald wie ein Strahl erscheint, je nachdem die Menge des über-

strömenden Aethers kleiner oder grösser ist." — „Ein Körper kann
auf eine doppelte Art elektrisch werden, je nachdem der
in seinen Poren eingeschlossene Aether eine grössere
oder geringere Elasticität als der äussere Aether hat.
Hieraus entspringen zwei Arten von Elektricität: die eine, wo der Aether
elastischer oder stärker zusammengedrückt ist, heisst die positive
Elektricität; die andere, wo er weniger elastisch oder dünner ist,
nennt man die negative Elektricität." — „Das leichteste und
bekannteste Mittel, die Elektricität in diesen Körpern zu erregen, ist das
Reiben." — „Der Bernstein und das Siegellack haben ziemlich verschlossene Poren; hingegen die Poren der Wolle sind ziemlich offen.
Während des Reibens werden die Poren von beiden zusammengedrückt,
und der in ihnen enthaltene Aether erlangt einen höheren Grad von
Elasticität.   Je nachdem sich nun die Poren der Wolle leichter oder
schwerer zusammendrücken lassen, je nachdem wird ein Theil ihres
Aethers in den Bernstein, oder umgekehrt aus dem Bernstein in die
Wolle übergehen.   Im ersten Falle wird der Bernstein positiv, im zweiten
negativ; und da seine Poren verschlossen sind, so wird er sich eine Zeit
lang in diesem Zustande erhalten; hingegen kehrt die Wolle, ungeachtet
sie eine ähnliche Veränderung erfahren hat, ihrer weiten Poren wegen,
sogleich in ihren natürlichen Zustand zurück." Hat man eine negativ
elektrische Siegellackstange, so wird die verminderte Elasticität des
Aethers darin sich nicht durch die Luft ausgleichen können, denn diese
hat geschlossene Poren; bringt man aber der Stange einen leichten
Körper gegenüber, dessen Poren offen sind, so wird sich ein Theil des
Aethers aus diesem·Körper durch die Luft nach der Stange den Weg
bahnen, und da hiermit der Luftdruck zwischen dem Körper und der
Stange einseitig vermindert wird, so wird der Körper durch den Druck
der entgegengesetzten Luftschichten nach der Stange hingetrieben werden.
Obgleich die Luft geschlossene·Poren hat, so wird sie doch in der Nähe
des elektrischen Körpers wenigstens etwas verändert, so dass sie entweder an Aether verliert oder gewinnt, dieser Theil der Luft bildet die
elektrische Atmosphäre des elektrischen Körpers.   Die
elektrischen Erscheinungen entstehen also nur dadurch, dass der Aether in
einem Körper stärker zusammengepresst oder mehr verdünnt ist als in einem
anderen.   „Wenn der Aether aus einem Körper, wo er stärker zusammengepresst ist, in einen anderen überströmt, so wird ihm dieser Uebergang
durch die verschlossenen Poren der Luft sehr erschwert, und daher
kommt es, dass er in eine gewisse Erschütterung oder in eine schwingende
Bewegung geräth, die, wie wir gesehen haben, das Licht hervorbringt. Je
heftiger diese Bewegung ist, desto glänzender wird das Licht; es kann sogar
stark genug werden, brennbare Körper anzuzünden und zu verbrennen.
Indem der Aether mit so grosser Gewalt durch die Luft
dringt, werden ihre kleinsten Theilchen gleichfalls in eine
schwingende Bewegung versetzt, von der wir wissen, dass

sie den Schall verursacht." — „Ferner da der Körper der Euler, Aether-theorie, 1762. Menschen wie der Thiere in seinen kleinsten Poren mit Aether erfüllt ist, und besonders die Wirksamkeit der Nerven von dem in ihnen enthaltenen Aether herzurühren scheint, so können Menschen und Thiere gegen die Elektricität unmöglich unempfindlich sein. Wird der in ihnen befindliche Aether in eine grosse Bewegung gebracht, so muss die Wirkung davon sehr fühlbar und, nach Beschaffenheit der Umstände, bald heilsam, bald schädlich sein." Alles, was die Grösse der Poren eines Körpers und damit die Elasticität seines Aethers ändert, kann zur Quelle der Elektricität werden. Es erscheint darum nicht wunderbar, dass auch Körper wie der Turmalin nach blosser Erwärmung Elektricität zeigen, und dass bei grosser Hitze im Sommer die in kältere Regionen aufsteigenden Wolken so stark elektrisch werden, dass sie sich in einem Gewitter entladen müssen.

So erklärt Euler wie früher das Licht und die Gravitation nun, mehr oder weniger natürlich, alle elektrischen Erscheinungen durch den Aether; nur für die magnetischen Erscheinungen genügt diese so feine Flüssigkeit noch nicht. „Die Lage, in der wir den Feilstaub um den Magnet herum sehen, lässt uns nicht zweifeln, dass eine feine und unsichtbare Materie da sei, welche die Eisentheilchen durchströmt und sie in die Lage bringt. Eben so klar ist es, dass diese feine Materie nicht nur den Magnet selbst von einem Pol zum anderen durchstreicht, sondern dass sie auch zu einem Pol herausströmt und von aussen wieder zu dem ersten zurückkehrt, und so durch diese beständige Bewegung, die ohne Zweifel sehr schnell ist, eine Art von Wirbel um den Magnet bildet. Das Wesen des Magnets besteht also in einem ununterbrochenen Wirbel, und dadurch unterscheidet er sich von allen anderen Körpern." — „Diese feine Materie muss alle Körper, das Eisen ausgenommen, so leicht als die Luft, und selbst den reinen Aether durchstreichen, weil die magnetischen Versuche in dem leeren Raum unter der Luftpumpe eben so gut von statten gehen. Sie ist folglich von dem Aether verschieden, ja sogar noch viel feiner als dieser. Sie umgiebt ferner die ganze Erde, bildet den allgemeinen Wirbel um sie herum, und durchdringt sie eben so frei als die anderen Körper, ausser dem Eisen und dem Magnet; und deswegen könnte man die letzteren magnetische Körper nennen, um sie von den übrigen zu unterscheiden." „Ich stelle mir also vor, dass der Magnet und das Eisen so kleine Poren haben, dass der Aether selbst nicht hineinkommen, sondern bloss die magnetische Materie sie durchdringen kann; diese sondert sich, wenn sie in die Poren übergeht, von dem Aether ab und wird gleichsam durch diesen filtrirt. Sie befindet sich daher auch nur in den Poren des Magnets ganz rein und ist sonst überall in dem Aether verbreitet und mit ihm vermischt." — „In einem Magnet befinden sich also, ausser einer Menge Poren, die, wie bei allen Körpern, mit Aether erfüllt sind, noch andere viel engere, in welche die magnetische Materie allein hineinkommen kann; diese Poren haben ferner eine Verbindung mit einander und machen zusammen feine Röhren und Canäle aus, welche die magnetische Materie durchströmt, endlich kann diese Materie nur nach einer Seite durch die Röhren gehen und nicht wieder in entgegengesetzter Richtung zurückfliessen." Damit ist Euler auf magnetischem Gebiete fast ganz zu Cartesianischen Anschauungen zurückgekehrt und erklärt von diesem Standpunkt aus alle magnetischen Erscheinungen, so weit sie damals bekannt waren.

Euler's Aethertheorie hat gerade für den Physiker der Neuzeit etwas ungemein Bestechendes; trotz der vielen Mängel, ja offenbaren Unwahrscheinlichkeiten in der Erklärung der elektrischen Erscheinungen, trotz der unglücklichen Absonderung der magnetischen Erscheinungen von den elektrischen, trotz der Lücke, die bei der Erklärung der Gravitation durch den Aether bleibt, erscheint es doch von der grössten Wichtigkeit, hier einmal mechanische Kraft, Licht, Wärme und Elektricität auf eine allgemeine Ursache, den Aether, zurückgeführt zu sehen. Das Gesetz von der Umwandlung der Kräfte, das die Physik der Gegenwart experimental gewonnen, aber geistig noch nicht einmal begreiflich gemacht hat, weist nothwendig auf eine gemeinsame Wurzel aller Kräfte hin. Euler verdient unseren Dank und unsere höchste Bewunderung, wenn er schon vor mehr als einem Jahrhundert auf eine solche Wurzel nicht bloss hinzuweisen, sondern auch theilweise wenigstens die Erscheinungen aus einer gemeinsamen Grundlage abzuleiten vermochte. Und wären seine Ableitungen noch weniger wahrscheinlich als sie es an sich sind, so bleibt ihnen doch das eine Verdienst, in der Zersplitterung der physikalischen Untersuchungen wieder auf die Einheit aller Naturkräfte aufmerksam gemacht zu haben.

Euler's Zeitgenossen wussten leider ein solches Verdienst wenig zu schätzen; die treibenden Factoren der damaligen Physik, die Experimentirkunst und die Mathematik, hatten vollauf zu thun mit der Constatirung der Erscheinungen und der Feststellung ihrer Maassverhältnisse; speculative Untersuchungen über das Wesen der Erscheinungen, die so leicht auf Abwege führen konnten, erschienen mehr schädlich als nützlich und eher verwirrend als klärend. So kam es, dass auch die Autorität eines Euler seine Zeitgenossen nicht zu zwingen vermochte tiefer auf das Wesen, auf den gemeinsamen Grund der Erscheinungen einzugehen, ja dass selbst der am besten begründete Theil seiner Aethertheorie, die Undulationstheorie des Lichts, die landläufige Emanationstheorie nicht einmal zu Euler,
Aether-
theorie,
1762. erschüttern vermochte. Charakteristisch für die Anschauung seiner Zeit sagt Priestley in seiner Geschichte der Optik (London 1772): „So entscheidend auch die Gründe wider die Meinung, dass das Licht in den Schwingungen eines flüssigen Mittels bestehe, den meisten Naturkundigen vorkommen, besonders seit Newton in seinen Principien die Unmöglichkeit dieser Hypothese bewiesen zu haben schien, so bleiben doch einige Naturforscher, besonders verschiedene berühmte Ausländer bei derselben, und nicht anders als mit vieler Mühe konnten einige selbst unter den Engländern sich bereden, sie fahren zu lassen. Keiner aber bestritt die Newton'sche Hypothese so eifrig und gab sich so viele Mühe um die Sache als der berühmte Mathematiker Herr Euler, der die Hugenianische Hypothese wieder hervorzog und vertheidigte, nach welcher das Licht in Schwingungen besteht, die von dem leuchtenden Körper durch ein subtiles ätherisches Mittel fortgepflanzt werden. Da ich die Leser nicht mit blossen Hypothesen aufhalten mag, so will ich bloss einen kurzen Auszug der Einwürfe des Herrn Euler gegen Newton's Lehre hier vortragen."

Die Dynamik hatte zuerst bei der Untersuchung der Bewegungen Mechanik
fester Kör-
per, Euler,
1765. von der Gestalt der Körper abstrahirt und nur die Bewegungen untheilbarer Punkte untersucht. Je weiter aber diese Untersuchungen der Vollendung nahten, desto mehr versuchte man auch die Gesammtbewegung von ganzen Punktsystemen oder von Körpern zu bestimmen. Doch boten selbst die Bewegungen unveränderlicher Punktsysteme oder absolut fester Körper, mit denen man begann, grössere Schwierigkeiten als alle anderen mechanischen Aufgaben je zuvor, vor allem weil nicht nur geradlinig fortschreitende, sondern auch Rotationsbewegungen bei vielfacher Zusammensetzung in mathematische Formeln zu bannen waren. Wenn ein Körper, ohne dass eine Kraft fortdauernd auf ihn wirkt, sich nur durch einen Stoss mit der ihm dadurch ertheilten Bewegung weiter bewegt, so wird er im Allgemeinen nicht bloss einfach im Raume fortschreiten, sondern sich auch in irgend welcher Weise um feste oder veränderliche Achsen drehen. Huyghens hatte mit seiner Behandlung des körperlichen Pendels einen Anfang in diesem Gebiete gemacht, und obgleich es sich dabei nur um die Rotation um eine feste Achse ohne Translation handelte, so haben wir doch gesehen, welche Schwierigkeiten sich damals ergaben. Trotzdem konnte die Mechanik nicht vor solchen Problemen stehen bleiben, die Astronomie vor allem drängte zu weiterer Entwickelung. So lange man die Planeten noch für vollkommene Kugeln hielt, konnte man sie noch in der Himmelsmechanik wie Punkte behandeln, in welchen die ganzen Planetenmassen vereinigt seien; so wie man aber Unregelmässigkeiten wie die Abplattung in ihrer Gestalt bemerkte, musste man fragen, welchen

Mechanik
fester Kör-
per, Euler,
1765.

Einfluss die Abplattung vor allem auf ihre Rotation aus-
übe, und durfte hoffen mit der Beantwortung dieser Frage
auch manche Veränderung in den Bewegungen der Planeten, wie z. B. die Präcessionserscheinungen u. s. w. zu
erklären. Daniel Bernoulli und Euler hatten schon 1737 gezeigt, dass ein Körper nach einem schiefen Stoss in seiner Bewegung
zwei Gesetzen folgt: 1) Der Schwerpunkt des Körpers bewegt
sich ganz so, als ob die Richtung des Stosses nach ihm
gerichtet gewesen wäre; 2) der Körper dreht sich neben
dieser Bewegung so um den Schwerpunkt, als ob dieser fest
wäre. Jetzt galt es, die Theorie solcher Rotationen um einen Punkt
weiter auszubilden. Die Drehung um den Schwerpunkt kann eine Drehung um eine durch denselben gehende feste Achse, sie kann aber auch
eine zusammengesetztere sein, bei welcher die Lage der momentanen
Rotationsachse sich fortwährend ändert. Immer aber lässt sich die
Drehung, ähnlich wie eine fortschreitende Bewegung, auf drei
Achsen projiciren, d. h. man kann dieselbe durch eine gleichzeitige
Bewegung um drei zu einander senkrechte Achsen, welche alle durch den
Schwerpunkt gehen, darstellen. Diese Darstellung der Bewegung aber wird
für drei bestimmte Achsen, deren Lage im Körper von der jedesmaligen Gestalt desselben abhängt, einfacher als für alle anderen, und diese Achsen
haben ausserdem die Eigenschaft, dass der Körper sich um dieselben frei
drehen kann, ohne dass er selbst bestrebt ist seine Rotationsachse zu ändern;
diese Achsen nennt man darum freie Achsen oder Hauptachsen
des Körpers. Die drei Hauptachsen des Körpers verhalten sich aber
nicht ganz gleich; dreht sich nämlich der Körper um eine Achse, die
nicht mit einer Hauptachse desselben zusammenfällt, sondern einer solchen
nur unendlich nahe liegt, so entfernt sich entweder die Drehungsachse
immer weiter von der erwähnten Hauptachse, oder sie bleibt ihr immer
unendlich nahe; die Hauptachsen, bei denen das erstere der Fall ist, nennt
man labile, die anderen stabile Drehungsachsen. Wirken nun
auf einen Körper, der sich um eine stabile Achse dreht, äussere Kräfte,
so werden dieselben zwar die Lage der Hauptachse stetig verändern,
aber diese Veränderung wird nur, weil der Körper seine Rotationsachse
zu erhalten strebt, in einer drehenden Bewegung dieser Achse auf einer
Kegelfläche um deren Achse als feste Richtung stattfinden. Beispiele
hierfür bieten der schiefgestellte Drehkreisel und die Rotation der Planeten um eine auf ihrer Bahnebene schiefstehende stabile Hauptachse.
Diese Theorie der Hauptachsen, der Drehung im Allgemeinen und die Darstellung der Bewegungen um beliebige
Achsen in specielleren Fällen hat Euler in seinem Hauptwerk Theoria motus corporum solidorum seu rigidorum (Rostock 1765
und neue Auflage 1790) grundlegend für alle Zeiten behandelt. Von
speciell astronomischen Gesichtspunkten ausgehend waren
auch D'Alembert (Opuscules mathématiques, 1761 bis 1768) und La-

grange (Recherche sur la libration de la lune, Preisschrift der Pariser Mechanik fester Körper, Euler, 1765.
Akademie 1764) zu ähnlichen Resultaten gelangt. Johann Andreas
Segner (1704 bis 1777, zuerst Arzt in seinem Vaterlande Ungarn,
dann 1733 Professor der Philosophie in Jena, von 1735 bis 1755 Professor der Mathematik und Physik in Göttingen und schliesslich bis zu
seinem Tode Professor in Halle) aber hatte schon früher die drei Hauptachsen der Rotation entdeckt und 1755 in seinem Specimen
Theoriae turbinum die ersten Ideen darüber entwickelt.

Dieser Professor Segner war überhaupt ein Physiker, der auf mancherlei Gebieten und nicht ohne fruchtbare neue Ideen thätig war. In
einer Schrift De raritate luminis (Göttingen 1740) versuchte er
recht geistreich die Emanationstheorie gegen einen Vorwurf zu vertheidigen, den aber trotzdem Euler später wieder gegen dieselbe anführte.
Man hatte der Emanationstheorie entgegengehalten, es sei schwer denkbar, dass so viele Ströme leuchtender Körper immerwährend ohne sich
zu hindern durch eine enge Oeffnung in ein dunkles Zimmer dringen
könnten. Segner sagt, es sei nicht nöthig, dass der Lichtstrahl wie ein
Wasserstrahl continuirlich sei. Nähme man nur an, dass das Auge einen
Eindruck sechs Zeittertien festhalten könne, so brauchten in einem Lichtstrahl die leuchtenden Atome nur alle sechs Zeittertien oder in Zwischenräumen von circa fünf Erdhalbmessern auf einander zu folgen, wonach
ja eine Menge Lichtstrahlen Zeit haben durch die Enge der Oeffnung
zu gehen. Immerhin waren dadurch die Gelegenheiten zu Störungen
der Lichtstrahlen nur seltener gemacht, aber doch nicht ganz beseitigt.
Wichtiger als diese Schrift waren zwei Abhandlungen vom Jahre 1750
(Machinae cujusdam hydraulicae theoria und Computatio
formae atque virium machinae hydraulicae nuper de-
scriptae), in welchen Segner das nach ihm benannte Wasserrad oder
die Turbine zuerst beschreibt und auch theoretisch behandelt. Segner
gedachte auch sein Wasserrad für eine Mühle zu benutzen und gab
dafür eine Zeichnung und Beschreibung, doch wurde dieselbe erst nach
der Construction des Engländers Barker als Mühle ohne Rad und Tril-
ling mehr bekannt.

Obgleich man schon längere Zeit die Constanz der Siede- Wärme-theorie, 1772.
punkte, wie der Gefrierpunkte der Flüssigkeiten bemerkt und
auch die Wichtigkeit dieser Erscheinung für die Construction von Thermometern erkannt hatte, so war dieselbe doch theoretisch noch wenig
beachtet und eine Erklärung dieser Räthsel noch kaum versucht worden.
Erst in den Jahren 1755 bis 1760 machten sich Deluc und Dr. Black
durch eine genauere Untersuchung und theilweise Messung des Wärme-
verbrauchs beim Schmelzen und Sieden um die bis dahin von den Physikern ziemlich vernachlässigte Theorie der Wärme hoch verdient.

Jean André Deluc ist am 8. Februar 1727 zu Genf geboren, wo
sein Vater Uhrmacher, aber auch als religiöser und politischer Schriftsteller

bekannt war. Auch Jean André nahm zuerst an den politischen Kämpfen seiner Vaterstadt lebhaften Antheil und wurde 1770 Mitglied des grossen Raths. Bald darauf aber verliess er zugleich mit seinem Bruder Genf gänzlich und widmete sich der Geologie und der Physik. Nach mannigfaltigen Reisen wurde er Vorleser der Königin Caroline von England, 1798 auch Professor der Physik in Göttingen, lebte aber trotzdem nicht in Göttingen, sondern abwechselnd in London, Berlin, Hannover, Braunschweig und kehrte 1808 ganz nach England zurück, wo er am 17. November 1817 in Windsor starb.

Joseph Black wurde 1728 bei Bordeaux von schottischen Eltern geboren, die ihn zuerst nach Belfast, dann nach Glasgow und zuletzt nach Edinburg zur Erziehung und zum Studium sandten. Schon seine Inaugurationsschrift De acido a cibis orto et de magnesia (Edinburg 1754) und noch mehr die im nächstfolgenden Jahre erschienenen Experiments on magnesia alba, quicklime and other alkaline substances (Edinburg 1755) geben die wichtige chemische Entdeckung, dass die kaustischen Alkalien und alkalischen Erden mild werden durch Verbindung mit einer eigenen Luftart, die Black „fixe Luft" nannte. Im Jahre 1756 wurde er Professor der Chemie in Glasgow und 1766 in Edinburg; an dem letzteren Orte starb er am 26. November 1799.

Deluc liess im Winter 1754 bis 1755 Wasser in Gläsern gefrieren, in welche er ein Thermometer gestellt hatte. Wenn er diese Gefässe ans Feuer brachte, so stieg die Temperatur nur so lange, bis das Eis zu schmelzen anfing, dann wurde alle zugeführte Wärme verschluckt, und das Thermometer blieb auf 0 Grad stehen, so lange überhaupt noch schmelzendes Eis vorhanden war. Noch genauere Versuche stellte Black um dieselbe Zeit an und trug dieselben schon von 1757 an in seinen chemischen Vorlesungen als Professor in Glasgow, dann auch in Edinburg vor. Professor Richmann in Petersburg hatte (Nov. Comment. Petrop. Tom. I.) angegeben, dass beim Mischen von ungleich erwärmten Mengen einer Flüssigkeit die Temperaturen sich im Verhältniss ihrer Höhe und im Verhältniss der Flüssigkeitsmengen ausgleichen und dass man also die Temperatur der Mischung nach der Formel $T = \dfrac{mt + m't'}{m + m'}$ berechnen kann. Danach müssten gleiche Mengen eines Stoffes beim Mischen genau eine mittlere Temperatur annehmen. Black fand aber, dass beim Eintauchen einer Eismasse von 32^0 Fahrenheit in eine gleiche Wassermenge von 172^0 Fahrenheit die Mischung nicht die mittlere Temperatur von 102^0 annahm, sondern vielmehr die Temperatur des Eises von 32^0 behielt, dass aber dafür das ganze Eis in flüssiges Wasser verwandelt wurde. In seinen Lectures on the elements of chemistry (die John Robison nach Black's Tode im Jahre 1803 in zwei Bänden herausgab) sagt er: „Das schmelzende Eis nimmt sehr viel Wärme in sich auf, aber alle diese Wärme hat nur

dio Wirkung das Eis in Wasser zu verwandeln, und dieses Wasser ist Wärme-
um nichts wärmer als früher das Eis gewesen ist. **Es wird also eine** theorie, 1772.
Menge Wärme oder Wärmestoff, der in das schmelzende Eis übergeht, bloss dazu verwandt das Eis flüssig zu machen, ohne die Wärme desselben in einem bemerkbaren Grade zu erhöhen. Diese Wärme scheint demnach von dem Wasser absorbirt oder in ihm so versteckt zu sein, dass das Thermometer uns keine Anzeige davon geben kann."
Und hier macht er weiter darauf aufmerksam, dass wie bei dem Schmelzen des Eises ebenso auch bei dem Sieden des Wassers eine bestimmte Wärmemenge, ohne die Temperatur zu erhöhen, verbraucht werde, und er wendet darauf den Ausdruck „latente Wärme" an.

Deluc wie Black veröffentlichten ihre Beobachtungen nicht zu der Zeit als sie gemacht wurden; Deluc gab Nachricht davon in seinen Recherches sur les modifications de l'atmosphère (Paris 1772, schon 1762 der Pariser Akademie überreicht) und Black's Versuche wurden zuerst durch Crawford 1779 bekannt. Während dem aber hatte Wilke sich noch erfolgreicher mit der Vertheilung der Wärme zwischen verschiedenen Körpern beschäftigt und veröffentlichte seine Ergebnisse von 1772 an in den Abhandlungen der Königlich Schwedischen Gesellschaft der Wissenschaften[1]). Wilke mischte warmes und eiskaltes Wasser zusammen und fand, dass dabei die Wärme nach der Richmann'schen Regel vertheilt werde. Als er aber dann Schnee mit warmem Wasser schmolz, zeigte sich diese Regel ungültig. **Bei gleichen Mengen von Schnee und Wasser gingen immer, wenn der Schnee vollständig geschmolzen wurde, 72 Wärmegrade (Celsius) des Wassers vollständig verloren** und bei ungleichen Mengen von Schnee und Wasser war der Wärmeverlust ein entsprechender, so dass er für die Wärme der Mischung T die Formel aufstellen konnte $T = \dfrac{mt - 72\,m'}{m + m'}$, wobei m die Menge des Wassers und t seine Temperatur, m' aber die Menge des Schnees von 0^0 Wärme bezeichnet. Diese Beobachtungen veranlassten Wilke zu untersuchen, **ob nicht überhaupt verschiedene Körper bei gleicher Erwärmung verschiedene Wärmemengen verbrauchten.** Er erhitzte den zu untersuchenden Körper, tauchte ihn darauf in eiskaltes Wasser und sah nach, um wie viel der Körper die Temperatur des

---

[1]) Erst nach Wilke's Abhandlungen fanden die Erscheinungen der specifischen und der gebundenen Wärme allgemeinere Beachtung. Robison erzählt indess, dass schon um diese Zeit Wilke durch einen schwedischen Edelmann, der Black's Versuche im Jahre 1770 gesehen, mit diesen bekannt geworden sei. Die Thatsache ist an sich nicht unmöglich, ebenso möglich ist es aber, dass der patriotische Robison eine blosse Vermuthung für ein Factum ausgegeben hat. Wilke selbst giebt zu verstehen, dass Klingenstjerna ihn auf seine Ideen geführt habe.

Wassers zu erhöhen vermöge. Wenn er dann nach der Richmann'schen
Regel diejenige Wassermenge von der Temperatur des Körpers berechnete, welche das Eiswasser um gerade so viel, als es der Körper gethan,
in seiner Temperatur erhöhen könnte, so fand er das Verhältniss der
specifischen Wärmen des Körpers und des Wassers, oder da er die des
Wassers zu 1 annahm, direct die specifische Wärme des Körpers.

Die Messungen der specifischen Wärme der Körper wurden
danach bald allgemeiner, und zwar gebrauchte man zuerst fast durch-
gängig die Methode der Mischungen, die wir eben beschrieben. Auch
Black hatte dieselbe angewandt; besonders zahlreiche und sorgfältige
Versuche, die in dieser Weise angestellt waren, veröffentlichte Adair
Crawford (1749 bis 1795, Arzt in London) in seiner Schrift Expe-
riences and observations on animal heat and the inflam-
mation of combustible bodies (London 1779). Doch ergaben
bei dieser Methode die Erwärmung des Mischgefässes, sowie die Ausstrahlung der Wärme ziemlich bedeutende Fehlerquellen; Lavoisier
und Laplace gebrauchten darum seit 1777 das bekannte Eiscalori-
meter, bei welchem die specifische Wärme eines Körpers bestimmt
wird durch die Menge Eis, welche derselbe zu schmelzen vermag. Aber
auch dabei zeigten sich Schwierigkeiten und die Bestimmung der Menge
des geschmolzenen Wassers war kaum genau auszuführen, weil dasselbe
sich in das Eis einzieht. Wilke hatte deswegen schon den Gedanken
an diese Methode zur Bestimmung der specifischen Wärme aufgegeben.
Die Physiker und Chemiker der nachfolgenden Zeit aber sind eifrig
bemüht gewesen neue Calorimeter zu erfinden, oder wenigstens die
Sicherheit der bekannten zu erhöhen.

Die merkwürdigen neuen Beobachtungen gaben auch dem alten
Streite über das Wesen der Wärme neue Nahrung. Der Vibra-
tionstheorie, welcher Bacon und Descartes gehuldigt, hatte schon
immer die Theorie eines eigenen Wärmestoffes gegenüber gestanden; die
Zeiten nach Newton waren überhaupt den Vibrationstheorien nicht günstig, und nun schienen die letzten Entdeckungen die Annahme eines
besonderen Wärmestoffes direct nothwendig zu machen. Wilke hält
die Wärme für eine feine Materie, deren Theilchen einander abstossen, von den Materien der meisten Körper
aber in verschiedenen Stärken angezogen werden. Jeder
Körper enthält eine ihm eigenthümliche Menge von Wärmestoff, die sich
aber mit verschiedenen Zuständen des Körpers ändern kann. Wenn die
Luft ausgedehnt wird, so kann sie Wärme von den umgebenden Körpern
aufnehmen, und es resultirt darum aus der Ausdehnung der Luft eine
Abkühlung, wie umgekehrt aus der Compression der Luft eine Erwärmung der umgebenden Körper. Diese schon lange vergebens versuchte
Erklärung eines alten Räthsels hielt Wilke mit Recht für einen neuen
guten Grund zur Annahme einer Wärmematerie, trotzdem aber und
obgleich auch die Phlogistontheorie der damaligen Chemie ebenfalls der

Annahme eines Wärmestoffes sich günstig zeigte, konnte doch dieselbe nur langsam zum Siege gelangen.

Aehnlich erging es in einer anderen Frage der Wärmetheorie, nur dass hier der Kampf fast noch heftiger und allgemeiner war als dort. Seit man die Dämpfe des Wassers von der Luft zu unterscheiden anfing, hat man sich mit der Frage beschäftigt, **woher es komme, dass die Wasserdämpfe in der Luft aufsteigen.** Wir haben gesehen, dass Männer wie **Halley, Derham, Wolf** sich mit der merkwürdigen **Theorie der Bläschen** abzufinden wussten, auch **Musschenbroek** blieb bei dieser Ansicht, und dieselbe hat bis heute noch einzelne Anhänger behalten. Im Jahre 1743 machte die Akademie der Wissenschaften zu Bordeaux diese Frage zu ihrer Preisaufgabe und ertheilte merkwürdigerweise den Preis zwei Arbeiten von entgegengesetzten Ansichten: der schon genannte **Christ. Gottlieb Kratzenstein** (1723 bis 1795, Arzt in Halle, Professor der Physik in Petersburg, zuletzt in Kopenhagen) nahm die hohlen Kügelchen in Schutz und berechnete ihre Wanddicke auf $1/_{50000}$ Zoll; **Hamberger aber erklärte das Aufsteigen der Wassertheilchen durch eine Adhäsion derselben an der Luft** und bildet diese Erklärung in einer neuen 1750 erschienenen Auflage seiner **Elementa physices** zu einer **Theorie der Auflösung des Wassers in der Luft** aus. **Charles Le Roy** (1726 bis 1779) machte diese Theorie zu der seinigen und vertheidigte dieselbe 1751 in den Memoiren der Pariser Akademie, **indem er auf die Analogie der mit Luft gemischten Dämpfe mit einer Salzlösung in Wasser aufmerksam machte.** Von ihm rührt die Beobachtung und der Ausdruck her, **dass die Luft mit Wasserdämpfen gesättigt sein kann, und dass die Sättigungsmenge, ganz wie bei den Salzlösungen, von der Temperatur abhängig ist.** Gegen diese **Solutionstheorie** wandte sich der Schwede **Wallerius Ericson** (1709 bis 1785, 1732 Adjunct der medicinischen Facultät in Lund, 1740 der in Stockholm, 1750 Professor der Chemie in Upsala, 1766 Privatgelehrter), **indem er vor allem bemerkbar machte, dass ja das Wasser auch im luftleeren Raume verdunste.** Merkwürdigerweise stürzte das die Solutionstheorie noch keineswegs; sie hatte noch bis 1800 ihre Anhänger, und der bekannte **Saussure** war lange der Vorkämpfer der Solutionisten in einem heissen Kampfe. Doch drehte der Streit sich jetzt weniger um die Form der sichtbaren Dämpfe, des Nebels und der Wolken (für welche beide Parteien die Bläschentheorie zuliessen) als um die Entstehung der unsichtbaren Dämpfe, des Wassergases. **Deluc,** der Hauptanführer der Gegenpartei, ging **in seinen Recherches sur les modifications de l'atmosphère** von der Ansicht **Newton's** aus, der **die Verdunstung durch die abstossende Kraft der Wärme** erklärte. Er nahm die Wärme für einen Stoff, der sehr viel leichter als Luft oder auch ein Imponderabile ist, der sich aber wie ein anderer Stoff mit dem der gewöhnlichen Materie verbindet;

danach erklärte er sehr einfach das Aufsteigen der Wassertheilchen durch ihre Verbindung mit dem Wärmestoff, und
da der Wärmestoff als mit Repulsivkräften begabt angenommen wurde,
so ergaben sich daraus leicht alle Erscheinungen des Verdunstens
und des Siedens. In einer späteren Arbeit Nouvelles idées sur
la météorologie (Paris 1787) complicirte er diese Theorie etwas
mehr, um den Angriffen der Gegner zu widerstehen. Doch konnte er
den Streit trotzdem nicht zu einem Entscheid bringen [1]).

Deluc's Recherches sur les modifications de l'atmosphère sind noch
in mehrfacher Hinsicht für die betreffenden Theile der Physik wichtig
geworden. Er hatte bemerkt, dass in engeren Röhren das Quecksilber
niedriger steht als in weiteren, und schlug darum Heberbarometer
vor, bei denen in den Theilen, in welchen das Quecksilber steigt und
fällt, die Durchmesser der Röhren und damit auch die Depressionen des
Quecksilbers gleich seien. Beim Auskochen von Barometern,
die nach früheren Angaben dadurch leuchtend werden sollten, war Deluc
zu der Ueberzeugung gekommen, dass solche ausgekochte Barometer
einen viel übereinstimmenderen Gang zeigten, als dies bis dahin bei den
nicht ausgekochten der Fall war. Er erkannte zwar, dass man das
Quecksilber durch Auskochen nie ganz von der Luft befreien könne,
machte aber geltend, dass doch wenigstens nach dem Auskochen in der
Torricelli'schen Leere viel weniger Luft enthalten sei, welche auf die
Quecksilberhöhe Einfluss üben könnte, und dass danach auch der Einfluss
der Wärme auf den Gang des Instruments viel geringer sein müsse als
früher. Bis dahin hatte man nämlich eine Wärmecorrection der
Barometerbeobachtungen unterlassen, weil der Einfluss der Wärme
bei den verschiedenen Barometern, wegen der verschiedenen Mengen
von eingeschlossener Luft, sich in sehr verschiedener Grösse bemerkbar
machte. Deluc erst gab eine Formel für die Berechnung der für jede
Temperatur anzubringenden Barometercorrection und rechnete auch selbst
besondere Tafeln für dieselben aus. Nach diesen wichtigen Verbesserungen der Barometerangaben war dann Deluc eifrig bemüht das Instrument
auch für Höhenmessungen brauchbarer zu machen. Halley hatte
für die Höhenmessung die Formel $h = 900 \dfrac{log\,30 - log\,a}{0{,}0144765}$ engl. Fuss gegeben, welche sich in $h = A\,log\,\dfrac{B}{b}$ zusammenziehen lässt, wo dann h die
Höhe über dem Meere, B den Barometerstand am Meere, b den des
Ortes und A eine Constante bedeutet. Diese Constante A, bei Halley

---

[1]) Eine merkwürdige Verdampfungserscheinung wollte keiner Theorie sich
fügen. Leidenfrost hatte in der Schrift De aquae communis non-
nullis qualitatibus Tractatus (Duisburg 1756) den nach ihm benannten
Versuch bekannt gemacht. Er meinte beobachtet zu haben, dass die Quantität des verdampfenden Wassers der Hitze umgekehrt proportional sei, und
nach dieser Richtung bewegten sich auch die meisten weiteren Erklärungsversuche, natürlich ohne Erfolg (Gehler, Phys. Wörterbuch, 2. Ausg., X, 486).

gleich $\dfrac{900}{0,0144765}$ war, wie zu erwarten, noch fehlerhaft, und das Fehlen einer Wärmecorrection liess die Abweichungen der nach jener Formel berechneten Höhen von den durch andere Messungen gefundenen so gross werden, dass manche Physiker überhaupt an der Richtigkeit der Halley'schen Regel zweifelten. Selbst Daniel Bernoulli verwarf in seiner Hydrodynamik dieselbe und kam zu der Ueberzeugung, die Sache sei so complicirt, dass man kaum hoffen könne, das wahre Gesetz, nach welchem der Luftdruck mit der Höhe zusammenhängt, zu entdecken. Um richtigere Bestimmung der Constanten, vor allem um die Bestimmung der Höhe, für welche das Barometer von 336 auf 335 Linien fällt, waren viele bemüht. Scheuchzer (1709), Celsius (1730), Schober (1743), versuchten durch directe Messungen an senkrechten Felswänden und in Bergwerken jene Zahl zu finden. Bouguer (figure de la terre 1749) leitete aus der Vergleichung mit seinen trigonometrischen Messungen in Peru die Formel $h = 10000 \left(1 - \dfrac{1}{30}\right) log \dfrac{B}{b}$ Toisen ab, welche für eine Wärme von 6^0 Réaumur ungefähr richtig ist; J. T. Mayer (1751) gab noch einfacher $h = 10000 \, log \dfrac{B}{b}$, was für $13^2/_3{}^0$ so ziemlich stimmt. Deluc berechnete anfangs die Höhen nach der letzteren Formel, fand aber bei verschiedenen Beobachtungen und Berechnungen für dieselben Höhen sehr verschiedene Werthe, deren Abweichungen er vorzüglich aus den verschiedenen Temperaturen bei den einzelnen Beobachtungen ableitete. Er verglich dann mit vielem Fleiss diese Abweichungen und fand, dass die ohne Rücksicht auf die Temperatur berechnete Höhe für jeden Grad Réaumur über oder unter $16^3/_4{}^0$ um $^1/_{215}$ zu vermehren oder zu vermindern sei, so dass seine Formel zu

$$h = 10000 \, log \dfrac{B}{b} \left(1 + \dfrac{t - 16^3/_4{}^0}{215}\right) \text{ Toisen wurde.}$$

Deluc selbst wusste wohl, dass auch diese Formel noch ungenau und verbesserungsbedürftig sei, immerhin war mit ihr nun ein Fundament gegeben, auf welchem die Nachfolger mit Sicherheit weiter zu bauen vermochten. Deluc's Barometercorrection hing mit seiner Messung des Ausdehnungscoefficienten der Luft zusammen. Nach diesen Messungen ändert sich die Höhe der Luftsäule von $16^3/_4{}^0$ Réaumur ab für jeden Grad der Temperaturveränderung um $^1/_{215}$ ihrer Höhe; Lambert gab in seiner Pyrometrie die Ausdehnung der Luft bei einer Erwärmung von 0^0 bis 100^0 Celsius auf $\dfrac{375}{1000}$ an, was ziemlich mit dem Resultate des Deluc übereinstimmt.

Ueber die Ursachen der Barometerschwankungen an ein und demselben Orte war man noch immer sehr getheilter Meinung. Im Anfange des Zeitraums hingen noch viele Physiker der Ansicht an, dass, wenn das Barometer falle, es schon in einem Theile der Atmosphäre

regne und dadurch die Luft leichter werde; Daniel Bernoulli hatte in
seiner Hydrodynamik die unterirdischen Höhlen zu Hülfe genommen
und gemeint, die steigende Temperatur treibe die Luft aus diesen Höhlen
in die Höhe und bewirke so auch ein Steigen des Quecksilbers. Claude
Nicolas Le Cat (1700 bis 1768) aber erklärte um 1760 sehr verständig, die erwärmte Luft sei leichter als die kältere, daher
stammten bei Südwinden die niedrigen und bei Nord-
winden die höheren Barometerstände.

Schliesslich dürfen wir noch erwähnen, dass in dieser für die Theorie
der Wärme so fruchtbaren Zeit auch die strahlende Wärme zum
ersten Male planvoll beobachtet wurde. Diese Beobachtungen wie auch
der Ausdruck „strahlende Wärme" rühren von dem Chemiker Carl
Wilhelm Scheele her, der dieses Wort in seiner „Chemischen
Abhandlung von der Luft und dem Feuer" (Upsala und Leipzig
1777) zuerst gebrauchte. Die Versuche der Florentiner Akademiker über Kältestrahlung waren kaum beachtet worden; einzelne
Versuche über Durchlässigkeit von Glas für Wärmestrahlen gaben dann
Mariotte (1682) und Lambert in seiner Pyrometrie. Scheele
bemerkt in dem angeführten Werke, dass die Wärmestrahlen nicht durch
den Luftzug abgelenkt werden, dass sie durch die Bewegung der Luft
nicht an Intensität verlieren und dass sie die Luft selbst nicht
erwärmen. Auch fand er die Sätze, dass ein Glasspiegel zwar
die Lichtstrahlen aber nicht die Wärmestrahlen reflectirt,
dass eine polirte Metallfläche beide Arten von Strahlen
zurückwirft und dass sie dabei selbst nicht heiss wird,
wenn sie nicht geschwärzt ist.

Mit den theoretischen Entdeckungen auf dem Gebiete der Wärmelehre correspondirten gewaltige Umwälzungen in der technischen Benutzung der Wärme. Nach langer Ruhepause wurde endlich durch Watt aus
der einfach wirkenden atmosphärischen Dampfmaschine unsere doppelt
wirkende Maschine, und es wird erzählt, dass diese Erscheinungen
nicht ganz ausser Zusammenhang gestanden hätten.

James Watt wurde am 19. Januar 1736 zu Greenock in Schottland
geboren und kam in seinem 18. Jahr nach London zu einem Instru-
mentenmacher in die Lehre. Da aber seine Gesundheit schwach war,
ging er bald nach Glasgow zurück und beschäftigte sich hier mit der
Verfertigung kleinerer physikalischer Instrumente. An der Universität
Glasgow machte er die Bekanntschaft bedeutender Physiker, und vor
allem soll Black, der sich in Glasgow mit seinen Versuchen über latente
Wärme beschäftigte, stark auf ihn gewirkt haben. Er las die Werke
von Desaguliers und Belidor über die Dampfmaschinen, beschäftigte sich
schon in den Jahren 1761 und 1762 damit, durch den Papin'schen Topf
die Kraft der Wasserdämpfe zu messen, und construirte in den Jahren
1764 und 1765 auch Tafeln für die Elasticität derselben. 1764 wurde

ihm aus dem physikalischen Cabinet der Universität ein Modell einer
Dampfmaschine von Newcomen übergeben, das nicht mehr gehen wollte
oder nie gegangen war; er stellte das Modell wieder her und bemühte
sich fortan fast ausschliesslich um die Verbesserung der Dampfmaschine.
Seine Studien über die Verdampfungswärme liessen ihn erkennen, dass durch das Einspritzen von kaltem Wasser in den Cylinder
und die dadurch bewirkte Abkühlung des letzteren unnöthig viel Dampf
verbraucht würde. Er setzte darum den Dampfcylinder mit einem besonderen Kühlraum, dem Condensator, in Verbindung und verdich-
tete in diesem die Dämpfe. Dann aber wirkte noch immer die kalte
atmosphärische Luft, welche den Kolben abwärts bewegte, sowie das
Wasser, welches man zur Dichtung auf den Kolben laufen liess, stark
abkühlend; er beschloss darum, die atmosphärische Luft
ganz ausser Spiel zu lassen und den Dampf auch zum
Niederdrücken des Kolbens zu verwenden. Zu dem Zwecke
dichtete er nun den Kolben mit Werg und Fett, schloss den
Dampfcylinder auch oben und führte die Kolbenstange mittelst einer
Stopfbüchse luftdicht durch die obere Decke. Damit war der Dampf
als einzig bewegende Kraft in der Maschine wirksam, und Watt konnte
danach am Balancier die Gegengewichte, welche sonst den
Kolben aufwärts zogen, weglassen, den Balancier fest mit dem
Kolben und der Zugstange verbinden und den Kolben durch den Dampf
sowohl nach oben wie auch nach unten treiben. Doch waren mit dieser
Construction noch eine Reihe neuer Erfindungen nothwendig geworden.
Wenn die Kolbenstange durch feste Stangen statt durch Ketten mit dem
Balancier verbunden wird, so dürfen doch wegen der Drehung des Balancier nicht ganz feste Verbindungen eingeführt werden, wenn der Kolben
nicht gerüttelt und dadurch undicht werden soll. Watt ersann deshalb
diejenige Vorrichtung, welche man das Watt'sche Parallelogramm
genannt hat und durch welche erst mittelbar die senkrecht auf- und ab-
gehende Kolbenstange mit dem kreisförmig sich bewegenden Ende des
Balancier verbunden wird. Ferner mussten, wenn der Dampf sowohl
über als unter dem Kolben wirksam werden sollte, der Dampfkessel
sowohl als auch der Condensator zur rechten Zeit mit dem Raume über
oder unter dem Kolben und zwar abwechselnd in Verbindung gesetzt
werden; zu diesem Zwecke erfand Watt die Selbststeuerung der
Maschine. Dann erforderte der Gang der Maschine nothwendig noch
ein Schwungrad und eine Kurbel, durch welche dieses gedreht
wurde, und schliesslich musste noch aus dem Condensator das dort gebildete warme Wasser entfernt und wieder zur Abkühlung kaltes Wasser
eingepumpt werden; auch dies vermochte Watt durch die Maschine
selbst bewirken zu lassen.

Alle diese Verbesserungen kamen natürlich nicht auf einmal zu
Stande. Zuerst hinderten Watt seine knappen Mittel an den erfor-
derlichen praktischen Versuchen. Im Jahre 1768 zwar verband er sich

Watt,
1764—1783.

mit Dr. Röbuck und legte auch mit diesem eine erste Maschine in den Kohlenminen des Herzogs von Hamilton an, die dann vielfach abgeändert und verbessert wurde, und auf die er 1769 ein Patent erlangte; aber die zerrütteten Verhältnisse des Dr. Röbuck machten bald weiteren Unternehmungen ein Ende. Erst 1773 fand Watt in dem unternehmungslustigen Kaufmann Matthew Boulton 'einen Compagnon, der genügende pecuniäre Mittel und auch bedeutendes kaufmännisches Geschick zur Verwerthung derselben hatte; mit ihm gründete er eine Fabrik in Joho bei Birmingham und erhielt 1775 ein neues Patent auf 25 Jahre.

Die atmosphärischen Dampfmaschinen brachten nur eine auf- und niedergehende, sehr ungleichmässige stossweise Bewegung zu Stande, die kaum anders als zur Hebung von Wasser gebraucht werden konnte. **Erst nachdem Watt den Auf- und Niedergang des Kolbens durch die gleiche, beliebig zu steigernde Kraft bewirkte, nachdem er das Schwungrad an einer Welle der Maschine hinzugefügt hatte, konnte man von dieser Welle aus die Bewegung auf beliebige andere Maschinen bequem übertragen.** Zwar wurden auch die Watt'schen Dampfmaschinen zuerst nur zum Heben von Wasser benutzt, doch sah man bald auch ihre weitere Verwendbarkeit ein, und sie verbreiteten sich in England und in Frankreich wenigstens sehr bald auch als Triebkräfte für andere Maschinen. Schon im Jahre 1788 bauten Boulton und Watt eine **Dampfmaschine zur Prägung von Münzen,** und 1791 brannte in London eine **Dampfmühle,** die Albionmühle, ab. Von Deutschland aber sagt Poppe [1]) noch 1807: „Ich wüsste nicht, dass in Teutschland je eine Dampfmaschine zur Bewegung einer Getraidemühle angewandt worden wäre. Selbst bei anderen mechanischen Anlagen findet man in Teutschland sehr selten Dampfmaschinen. Der Grund davon ist leicht einzusehen. — Eine Dampfmaschine kostet viel in der Anlage und erfordert immer eine sehr starke Feuerung."

Mechanik
der mensch-
lichen und
thierischen
Bewegun-
gen, 1776.

Die Bestimmung der wirkenden Kraft einer Dampfmaschine mit Hülfe eines Manometers und danach die Berechnung der Leistungsfähigkeit einer solchen war keine zu schwierige Aufgabe. **Bedeutendere Hindernisse bot die Schätzung der Arbeitsfähigkeit von Menschen und Thieren.** Seit Borelli's Schrift De motu animalium hatte man sich immer wieder mit der Mechanik der menschlichen und thierischen Bewegungen und der Messung der dabei wirkenden Kräfte beschäftigt. **De la Hire, Parent, Amontons, Daniel Bernoulli und Desaguliers** versuchten für einzelne Fälle vor allem **die Grenzen der Leistungsfähigkeit von Thieren und Menschen zu bestimmen. Graham** hatte einen Winkelhebel, an

---

[1]) Geschichte der Technologie I, S. 185.

dessen einem längeren Ende ein Laufgewicht hing, als Dynamometer benutzt, Le Roy ebenso eine zusammendrückbare Spiralfeder; Edme Regnier[1]) (1751 bis 1825) construirte erst am Ende des Jahrhunderts das noch heute gebräuchliche Dynamometer, welches die Form einer elliptischen Feder besitzt. Ueber die Arbeitsfähigkeit des Menschen während längerer Zeit aber und die Mechanik seiner Bewegungen schrieb Lambert zuerst wieder eine bedeutende Abhandlung im Jahre 1776[2]).

Lambert betrachtet die verschiedenen Arten der Kraftleistungen der Menschen beim Laufen, beim Ziehen, beim Stossen etc. gesondert und versucht die Abhängigkeit der Last, der Geschwindigkeit, der Hebhöhen von einander durch Gleichungen festzustellen. Er macht ausdrücklich darauf aufmerksam, dass man genau die Art der Bewegung unterscheiden müsse, bei welcher sich die Kraftleistung zeige, und erklärt vorzüglich daraus die geringe Uebereinstimmung der früheren, selbst von so bedeutenden Männern wie Daniel Bernoulli und Desaguliers erhaltenen Resultate. Für eine solche sorgfältige Untersuchung einer speciellen Bewegung giebt er dann selbst ein geistreiches Beispiel. Beim schnellen Lauf darf der Läufer die Füsse nur gebrauchen, um sich an der Erde vorwärts zu stossen, und zwar muss dieser Stoss zu ganz bestimmter Zeit erfolgen. Da das Laufen eine Fallbewegung ist, so wird der Schwerpunkt des Körpers dabei Parabeln beschreiben; der Läufer darf nur auf die Erde aufstossen, wenn der Schwerpunkt sich auf dem Gipfel der Parabel befindet; nicht früher, sonst ermüdet er unnützer Weise, und nicht später, sonst wird der Stoss zu heftig, die Knie beugen sich, und der Schwerpunkt sinkt tiefer als nöthig ist. Die Schnelligkeit des Laufens und die Ausdauer dabei hängt also weniger von der Kraft als der Geschicklichkeit des Läufers ab, und das um so mehr, als durch eine erzielte grössere Geschwindigkeit des Laufens selbst die Einwirkung der Schwere immer beträchtlicher vermindert wird.

Coulomb, über den wir sogleich ausführlich reden werden, schrieb kurz nach Lambert eine Abhandlung (Mémoires de l'Institut, tome II) über denselben Gegenstand, in welcher er wieder einen neuen Gesichtspunkt einführte. Er behauptet in dieser Abhandlung, man könne die Arbeitsfähigkeit eines Menschen nicht allein nach der in kurzem Zeitraum geleisteten Arbeit beurtheilen, man müsse vielmehr auch die erfolgende Erschöpfung in Anschlag bringen. Um den grösstmöglichen Nutzeffect aus einer Arbeitskraft zu ziehen, müsse der erzielte Effect getheilt durch die bewirkte Erschöpfung ein Maximum sein. Daniel Bernoulli hatte gemeint, dass Arbeitsleistung und Erschöpfung

---

1) Mémoire explicatif du Dynamomètre et autres machines par Regnier. Paris, 1798.
2) Sur les forces du corps humain. (Berl. Mém. 1776.)

Mechanik
der mensch-
lichen und
thierischen
Bewegun-
gen, 1776. einander proportional wären, wonach man ja nicht weiter nach der letzteren zu fragen haben würde. Coulomb aber behauptet, dass ein verschiedenes Verhältniss von Arbeit und Erschöpfung für die verschiedenen Arten des Kraftgebrauchs existire, und meint, es käme lediglich darauf an, dieses Verhältniss für die verschiedenen Kraftleistungen zu finden. Er bestimmte danach die Arbeitsfähigkeit für verschiedene Fälle. Daniel Bernoulli hatte überhaupt die tägliche Arbeit eines Menschen auf 274701 Meterkilogramm (Prix de l'Académie, tome VIII) gesetzt. Coulomb findet für diese Arbeit, wenn nur das eigene Körpergewicht senkrecht gehoben wird, 204601 Meterkilogramm, wenn aber der Lastträger ausser dem eigenen Gewicht noch 68 Kilogramm Holz trägt, nur 10900 Kilogrammometer, und wenn der Mensch auf wagerechter Bahn nur sein eigenes Gewicht fortbewegt, 3500000 Meterkilogramm. In solcher Weise betrachtet dann Coulomb weiter gesondert die Arbeiten am Rammklotz, an der Kurbel, an der Schiebkarre, beim Graben mit dem Spaten etc.

Vorläufiger
Abschluss
des Gebietes
der Rei-
bungselek-
tricität, c.
1770—1780. Mit der Reibungselektricität kamen die experimentelle und die mathematische Physik noch in dieser Periode zu einem gewissen Abschluss. Experimentalphysiker vervollständigten vor allem die elektrischen Apparate, und in dieser Richtung zeichnete sich schon jetzt besonders Volta aus, der später so viel zur Entwickelung des Galvanismus beigetragen hat. Alessandro Volta, am 18. Februar 1745 in Como geboren, beschäftigte sich sehr früh mit der Elektricität und schrieb schon 1769 die Abhandlung De vi attractiva ignis electrici, der seit 1771 bald mehrere folgten. 1774 wurde er Professor der Physik am Gymnasium in Como, 1779 an der Universität Pavia. Napoleon I. ernannte ihn zum Senator des Königreichs Italien und erhob ihn zum Grafen; 1815 wurde er Director der philosophischen Facultät in Padua. Er starb am 5. März 1827 in seiner Geburtsstadt Como. Seine gesammelten Werke erschienen 1826 in fünf Bänden. Wilke hatte bei seinen elektrischen Untersuchungen im Jahre 1762 an einer Glastafel mit abnehmbaren Belegungen merkwürdige Entdeckungen gemacht, die lange aller Erklärungsversuche spotteten. Wenn er die wie eine Verstärkungsflasche geladene Glastafel entlud und dann die beiden Belegungen oder auch eine derselben abnahm, so zeigten dieselben sich wieder elektrisch, und zwar hatte jede Belegung nun eine Elektricität entgegengesetzt derjenigen, die sie vorher an der Glastafel gehabt. Nahm er auch diese Elektricität hinweg und legte die Belegungen wieder an die Glastafel, so zeigte sich diese wieder geladen und Wilke konnte so die Versuche mehrere Tage nach einander wiederholen, ohne dass er die Tafel neu zu laden brauchte. Beccaria hatte in einer Abhandlung von 1769 diese Erscheinungen durch die merkwürdige Theorie der sich immer selbst wiederherstellenden Elektricität erklärt, nach welcher ein Leiter und ein Nichtleiter bei der Verbindung ihrer

Flächen nur ihre Elektricität ablegten, bei der Trennung aber wieder ergriffen. Volta wandte sich gegen diese Erklärung und versuchte die Erscheinungen aus der Theorie der elektrischen Wirkungskreise abzuleiten. Dabei kam ihm aber der Gedanke, jene belegten Glasplatten als eine immerwährende Elektricitätsquelle zu benutzen, und indem er denselben dann zu diesem Zwecke die bequemste Form gab, construirte er direct in der noch jetzt gebräuchlichen Form den bekannten Apparat, den er mit dem Namen Elettroforo perpetuo belegte. Die Nachricht davon theilte er im Juni 1775 zuerst an Priestley und danach auch an mehrere andere Personen mit. Wilke, der doch den ersten Anstoss zur Erfindung des Apparates gegeben und der noch später sich viel um die Erklärung desselben bemüht hat, bekannte bescheiden, dass er bei seinen Versuchen nicht an eine Bewahrung der Elektricität gedacht, und überliess den Ruhm der Erfindung Volta allein.

Der Elektrophor aber zeigte sich als ein fruchtbares Instrument und gab bald Anlass zu einer neuen Entdeckung, die ebenfalls die Physiker nicht wenig bewegte. Georg Christoph Lichtenberg (1744 bis 1799, Professor der Physik in Göttingen) bemerkte zufällig, dass, wenn man aus einer Spitze Elektricität gegen die Harzplatte eines Elektrophors schlagen liess und diese Platte dann mit etwas Harzstaub bestreute, der Staub nur an gewissen Stellen der Platte hängen blieb, welche zusammen gewisse Figuren bildeten; auch sah er dann weiter, dass diese Figuren ganz andere wurden, wenn positive Elektricität aus der Spitze strömte, als wenn dies mit negativer Elektricität der Fall war. Er variirte seine Versuche danach in vielfacher, interessanter Weise und beschrieb dieselben in den Abhandlungen der Göttinger gelehrten Gesellschaft für 1777 und 1778. Die meisten Physiker erwarteten Grosses von den sogenannten Lichtenberg'schen Figuren, weil sie meinten, durch dieselben zwischen den beiden gegenüberstehenden elektrischen Theorien, der Franklin'schen und der Symmer'schen, sicher entscheiden zu können; doch zeigte sich bald, dass man diese Figuren ebenso wohl durch Annahme zweier elektrischer Fluida als mit Hülfe einer elektrischen Flüssigkeit erklären konnte.

Volta setzte seine elektrischen Arbeiten mit grossem Erfolge fort. Im Jahre 1781 erfand er das Strohhalmelektrometer, welches er äusserst empfindlich herzustellen verstand und so exact arbeitete, dass die Angaben solcher Elektrometer nicht nur unter sich, sondern auch mit denen anderer Elektrometer vergleichbar waren. Zur Nachweisung sehr geringer Mengen von Elektricität aber war ihm auch dies noch nicht gut genug und es gelang ihm im Jahre 1782, den elektrischen Condensator zu construiren, den er später um das Jahr 1787 direct mit dem Elektroskop verband und so für die Untersuchung sehr schwacher Elektricitätsquellen zum wichtigsten Instrument machte. Von den übrigen Erfindungen Volta's wollen wir danach nur noch die elektrische Pistole von 1777 und das wichtige Eudiometer von 1790 erwähnen, das sich bis heute noch als das sicherste erwiesen hat[1]). Von Elektrometern wurden überhaupt um diese Zeit eine Menge von Arten angegeben. Cavallo schloss um 1779 das Canton'sche Korkkugelelektrometer zur Abhaltung des Luftzuges in eine Flasche ein; Henly. hatte schon um 1772 sein Quadrantenelektrometer angefertigt, und Bennet machte 1787 sein Goldblättchenelektrometer bekannt. Auch die Coulomb'sche Drehwage, das feinste Instrument zum Messen von Elektricitätsmengen, stammt aus dieser Zeit. Diese vielen Instrumente zum Messen der Elektricität zeugen dafür, dass man nun nach und nach das Bedürfniss empfand, die Erscheinungen, die man bis jetzt nur qualitativ beobachtet, auch quantitativ zu bestimmen.

Bis dahin war von einem mathematischen Interesse unter den Elektrikern noch sehr wenig zu bemerken gewesen; nun aber, nachdem die elektrischen Erscheinungen durch Fluida erklärt, die mit Attractions- und Repulsivkräften begabt waren, musste man sowohl die Mengen dieser Fluida in den elektrischen Körpern als auch das Gesetz, nach welchem die Kräfte dieser Fluida von der Entfernung abhängen, zu bestimmen versuchen. Für die erste Aufgabe benutzte man die bekannten Elektrometer so gut als es ging, für die zweite aber wollten lange Zeit die Instrumente und wohl auch die Experimentalphysiker, die sie gebrauchten, nicht recht genügen. Henry Cavendish, der berühmte Chemiker, hatte schon im Jahre 1771 versucht, mit Zugrundelegung der Theorie von einer elektrischen Flüssigkeit die Abhängigkeit der elektrischen Wirkung von der Entfernung zu bestimmen. Er mochte jedoch nicht annehmen, dass die Attraction der Elektricität wie die Schwere im quadratischen Verhältniss der Entfernung abnehme, und so liess er den Exponenten der betreffenden Potenz der Entfernung noch unbestimmt, zwischen — 1 und — 3. Sichere Grundlage und einen Abschluss für längere Zeit erhielten diese Untersuchungen erst durch Coulomb.

Charles Augustin Coulomb wurde am 14. Juni 1736 zu Angoulême geboren. Nachdem er seine Studien beendet, nahm er Kriegsdienste; er war einige Jahre auf Martinique, von wo er mit geschwächter Gesundheit zurückkehrte; dann wurde er Ingenieur bei Festungs- und Wasserbauten, beschäftigte sich aber während der Zeit auch mit wissenschaftlichen Untersuchungen aus den Gebieten der Mechanik, des Magnetismus und der Elektricität. Durch diese Arbeiten gelangte er zu hohem Ansehen; er wurde Lieutenant-Colonel du génie, 1781 Mitglied der Akademie und später auch einer der Inspecteurs généraux de l'instruction publique. Doch gab er alle seine Aemter auf, als die Revolution

---

[1]) Von Volta'schen Apparaten werden aufbewahrt: 1) im Königl. Institut der Wissenschaft zu Mailand, Elektrophor, Elektrometer, Ansammlungsapparat; Wasserstoffgaslampe; 2) im Liceo Volta in Como, Elektrophor, Elektroskop, Wasserstoffzündmaschine, Elektrische Pistole, Eudiometer (Gerland, Leopoldina, XVIII, 1882).

ausbrach und widmete sich ganz seinen wissenschaftlichen Untersuchungen. Er starb am 23. August 1806 in Paris. Schon im Jahre 1777 hatte Coulomb Messungen über die Torsion von Haaren und Seidenfäden veröffentlicht; später dehnte er seine Arbeiten auch auf die Torsion metallener Drähte aus und beschrieb dann die Einrichtung seiner Apparate vollständig in der Abhandlung Recherches théoriques et expérimentales sur la force de torsion et sur l'élasticité des fils de métal etc.; construction de différentes balances de torsion pour mésurer les petits degrés de force (Par. Mém. 1784). Mit der Drehwage, die er bei diesen Untersuchungen gebraucht hatte, führte er dann auch seine genauen Messungen und Untersuchungen der elektrischen Kräfte und des Magnetismus aus, die er von 1785 bis 1789 in den Memoiren der Pariser Akademie veröffentlichte. Coulomb nahm zwei elektrische Fluida an, womit er der dualistischen Elektricitätstheorie erst eigentlich zum Siege verhalf, und zeigte von jeder dieser Fluida mit Hülfe seiner Wage, dass die Repulsivkräfte und damit auch die Attractivkräfte derselben im umgekehrt quadratischen Verhältniss der Entfernung stehen. Er theilte zum Beispiel den kleinen Kügelchen in der Wage so viel Elektricität mit, dass der Arm der Drehwage um 36° weggedreht wurde; drehte er dann den Aufhängefaden der abstossenden Kraft entgegen um 120°, so betrug die Abweichung noch 18°, und wenn er gar den Faden um 567° drehte, so war diese Abweichung auf circa 9° vermindert. Den Abweichungen von 36°, 18° und 9° entsprachen also Torsionen von 36°, circa 144° und circa 576°; diese Torsionen und damit auch die abstossenden Kräfte stehen aber wirklich im umgekehrt quadratischen Verhältniss der Abweichungen oder der Entfernungen. Danach untersuchte Coulomb die Vertheilung der elektrischen Flüssigkeiten in den elektrischen Körpern und fand, dass auch diese nach seinem Abstossungsgesetze geschehe, dass sich demgemäss die elektrischen Fluida nicht in den Körpern verbreiten, als gingen sie eine chemische Verbindung mit denselben ein, sondern dass sich dieselben bei leitenden Körpern auf der Oberfläche derselben an verschiedenen Stellen, je nach der Krümmung der Fläche, stärker oder schwächer ansammeln, während sie bei Nichtleitern ins Innere dringen.

Auf den Magnetismus wandte Coulomb seine Theorie der zwei Flüssigkeiten und das Gesetz ihrer Wirkung ebenfalls an; nur nahm er hier an, dass jeder Magnet aus vielen Elementarmagneten bestehe, deren jeder für sich die beiden magnetischen Flüssigkeiten enthalte, von welchen die Kräfte wie die elektrischen im umgekehrten Verhältniss des Quadrats der Entfernung abnehmen. Er bewies danach weiter, dass jeder Magnet nur bis zu einer gewissen Grenze mit magnetischer Flüssigkeit gesättigt werden kann, dass alle Körper in etwas von dem Magneten afficirt werden, dass ein Erdpol den Magneten mit gerade so grosser Kraft anzieht, als er ihn abstösst, und

Reibungselektricität, c. 1770 bis 1780.

Reibungs-
elektricität,
c. 1770 bis
1780. dass die richtende Kraft, welche die Erde auf eine Magnetnadel ausübt, der dritten Potenz der Länge der Nadel proportional ist. Coulomb's Theorie der elektrischen Flüssigkeiten und der Gesetzmässigkeiten ihrer Kräfte ermöglichten eine mathematische Berechnung der elektrischen Vertheilung bei regelmässigen Körpern, und seine Drehwage erlaubte eine genaue Prüfung der Resultate; doch fand dieselbe nicht direct die verdiente Anerkennung und vielfach fehlte die nöthige Geschicklichkeit im Gebrauch derselben. Volta hielt sein Elektrometer für viel geeigneter zu Messungen als die Drehwage und Professor L. F. Kämtz bestimmte mit der Drehwage den Exponenten der Potenz, nach welcher die elektrischen Kräfte mit der Entfernung abnehmen, auf 1,237; ein Resultat, das sich nur durch ungenaue Manipulationen oder durch ein unbrauchbares Instrument erklären lässt.

Eine neue Elektricitätsquelle entdeckte 1772 der Engländer John Walsh († 1795) in dem Zitterrochen, Raja Torpedo. Dass dieser Fisch starke Schläge zu geben vermöge, wusste man schon länger; Aristoteles und auch Plinius erwähnen dieser Eigenschaft des Fisches, und nach Dioskorides und Galen soll derselbe sogar gegen Gicht und halbseitiges Kopfweh als Heilmittel zu brauchen sein. In neuerer Zeit untersuchten Redi, Réaumur u. A. das besondere Organ, mit dem der Fisch die Schläge ertheilte, doch hielt man die Theile dieses Organs für einzelne Muskeln und die Schläge für Wirkungen der Muskelkraft. Als man dieselbe Eigenschaft auch am Zitteraal und am Zitterwels entdeckte, vermuthete man wohl, dass die Elektricität die Ursache dieser Schläge sei; sicher nachgewiesen aber wurde die Wahrheit dieser Vermuthungen erst durch die Versuche, welche Walsh im Jahre 1772 in La Rochelle anstellte; der berühmte Anatom John Hunter lieferte danach wieder eine ausgezeichnete Beschreibung des elektrischen Organs. Die betreffenden Abhandlungen beider Forscher erschienen 1773 in den Philosophical Transactions.

Zum Schluss wollen wir noch als höchst bedeutenden Geschichtsschreiber der Elektricität Priestley erwähnen, der auch als selbständig physikalischer Forscher von Wichtigkeit war, wenn auch seine physikalischen Arbeiten an epochemachender Bedeutung weit hinter seinen chemischen zurückstehen. Die reissend schnellen Fortschritte in den Naturwissenschaften und auch in der Mathematik hatten das Interesse an der historischen Entwickelung bis zur Mitte des 18. Jahrhunderts kaum aufkommen lassen; nach und nach aber erhob sich dasselbe immer kräftiger. Aus der Menge der Einzelkenntnisse heraus suchte man nach einem freien Standpunkt, um die Quellen und den Lauf des Stromes selbst beurtheilen zu können, und so mehrten sich Ende des 18. und Anfang des 19. Jahrhunderts die umfassenden historischen Arbeiten auch auf dem Gebiete der Physik. Montucla gab in seiner grossen, genialen Geschichte der Mathematik auch eine umfassende Uebersicht über die Entwickelung der mathematischen Physik,

und Priestley schrieb wenigstens die Geschichte der Elektricität und der Optik vom eigentlich physikalischen Standpunkt aus
mit bedeutendem Erfolg.

Joseph Priestley ist am 13. März 1733 zu Fieldhead bei Leeds
geboren, sein Vater war ein der presbyterianischen Kirche zugethaner
Kaufmann. Nach Vollendung seiner Studien wurde er Lehrer an der
Dissenter-Akademie zu Warrington und dann von 1767 an Prediger zu
Leeds. Seine erste Schrift war eine englische Grammatik vom Jahre
1761, die noch jetzt geschätzt wird. Bei einer Reise nach London im
Jahre 1765 forderten Franklin, Watson u. A. ihn auf, eine Geschichte
der Elektricität zu schreiben. 1767 erschien dieselbe unter dem Titel
History and present state of electricity with original experiments (London 1767, additions 1770); sie fand allgemeinen Beifall, erlebte mehrere Auflagen und erschien 1774 auch in deutscher
Uebersetzung. Ihr Verfasser wurde zum Mitglied der Royal Society
erwählt. Da Priestley zu Warrington in der Nähe eines Brauhauses
wohnte, so untersuchte er die Luft, welche sich beim Gähren entwickelt,
sowie deren Einfluss auf das Athmen und Brennen und entdeckte auch
die Eigenschaft der Pflanzen, verdorbene Luft wieder herzustellen. 1772
lehrte er die Herstellung künstlicher Mineralwasser, 1774 stellte er durch
Wirkung eines Brennglases auf Quecksilberkalk (Quecksilberoxyd) dephlo-
gistisirte Luft (Sauerstoff) her. 1772 aber hatte er schon die Geschichte
einer zweiten physikalischen Disciplin erscheinen lassen, nämlich History
and present state of discoveries relating to vision, light
and colours (London 1772, deutsch 1775). Diese Geschichte der
Optik wurde in London nicht ganz günstig aufgenommen, Priestley
ging darum mit dem Grafen Shelburne, bei dem er nun Hauslehrer war,
aufs Land und benutzte die Musse zu chemischen und physikalischen
Studien, deren Resultate er in mehreren Werken veröffentlichte. 1775
wendete er sich auch der Philosophie zu und nahm, trotz seiner unduld-
samen Religiosität, für die Psychologie ganz das materialistische System
Hartly's an, wodurch er sich mit seinem Grafen verfeindete. 1780 bis
1791 war er Prediger in Birmingham, wo er bei einem Pöbelaufruhr als
Freigeist seine ganze Habe und fast sein Leben verlor. 1794 wanderte
er nach Pennsylvanien aus, dort starb er am 6. Februar 1804 in der
Stadt Northumberland.

Wir schliessen die Geschichte der Physik in der neueren Zeit
mit dem Jahre 1780, ohne dass wir ein grosses Genie namhaft
machen könnten, welches hier mit einem Male epochemachend in
die Wissenschaft eingetreten wäre, ja ohne dass wir nur behaupten
möchten, die Wissenschaft selbst habe hier plötzlich ihr Ansehen
geändert. Solche allgemeine Katastrophen dürfen wir wohl kaum
noch in einem so ausgedehnten Wissensgebiet von so verschiedener

Beschaffenheit wie der Physik erwarten. Selbst das plötzliche
Bearbeiten ganz neuer Zweige der Physik (wie z. B. des Galvanismus) kann schwerlich direct epochemachend für die ganze Wissenschaft werden; ein einzelner Mathematiker aber, und noch weniger
ein einzelner Experimentalphysiker wird kaum mehr das Gesammtgebiet der Wissenschaft beherrschen können, und ein bedeutender Naturphilosoph, welcher, alle Gebiete erfassend, allen mit
einem Mal ein neues Gepräge zu verleihen vermöchte, wird doch
erst nach und nach in der Physik zur Geltung und damit auch
zur Wirkung kommen. Existirt so durchaus kein plötzlicher Wende-
punkt, der uns veranlassen könnte, um die Zeit 1780 bis 1790
einen Abschnitt in der Physik zu machen oder überhaupt die
Physik der neueren Zeit von der der Gegenwart zu trennen, so
meinen wir doch genug Gründe für eine solche Trennung vor-
bringen und Factoren angeben zu können, die freilich alle nur
allmälig wirkten, aber doch nach und nach der Wissenschaft ein
verändertes Ansehen gegeben haben.

Diese Gründe für eine Trennung der beiden Epochen liegen
theils in der Physik selbst, theils in den Wissenschaften,
welche sie beeinflussen. In der Physik war damals das
einzige epochemachende Element die Entwickelung der Elektricität. Die Reibungselektricität aber, in ihren Anfängen
wenigstens schon im Alterthum bekannt, hatte sich bis zu ihrem
letzten rapiden Wachsthum sehr allmälig entwickelt und hat bei
dem letzteren so wenig reellen, directen Einfluss auf die anderen
Theile der Physik gehabt, dass wir ihre Glanzperiode noch ganz
natürlich der älteren Periode zurechnen durften. Die galvanische Elektricität dagegen, und der auf derselben ruhende
Elektromagnetismus, sind der früheren Physik so vollkommen fremd, dass nicht einmal einer der blind enthusiastischen Verehrer der alten Wissenschaft aus den Schriften griechischer oder römischer Physiker die Kenntniss eines galvanischen
Elements oder eines Elektromagneten herauszulesen gewagt hat.
Doch halten wir für noch wichtiger, dass auch die galvanische Elektricität immer nachhaltiger und immer
umgestaltender auf alle anderen Theile der Physik
eingewirkt hat, während der erste Enthusiasmus, der überall
in der Physik Wirkungen der Reibungselektricität sah, nach und

nach wie ein Rausch verflog. Die Theorie der Reibungselektricität trennte durch die Annahme besonderer
elektrischer Flüssigkeiten die Theile der Physik ganz
von einander. Die galvanische Elektricität aber, trotzdem
auch sie jener Annahme unterworfen wurde, vereinigte nach und
nach durch ihre vielseitigen Wirkungen in der Praxis
wieder das theoretisch Getrennte. Sobald man durch
die galvanischen Ströme die kräftigsten mechanischen
Wirkungen, Licht, Wärme, hervorrufen lernte, sowie
man mit Hülfe des galvanischen Stromes Töne auf
weite Entfernungen übertrug und durch denselben die
kräftigsten chemischen Wirkungen ausübte, so waren
in der That alle Zweige der Physik und auch die Chemie
durch eine Kraft verbunden, wenn man auch ihre Einheit nicht begreifen und theoretisch erklären konnte.
Die Anschauung, welche wir für die Physik der Gegenwart am meisten charakteristisch und fruchtbringend
halten, die Lehre von der Einheit der Naturkraft, hat
im Galvanismus ihre kräftigste und anschaulichste
Stütze, und wenn auch mathematisch jene Idee zuerst als die
Aequivalenz von mechanischer Kraft und Wärme gefasst wurde,
so ist doch der Galvanismus die erste Anregung zu derselben
gewesen und erscheint uns gerade als das Glied, welches in der
Zukunft die allgemeine Vermittelung bei der Verwandlung der
Kräfte zu bilden bestimmt ist. Darum meinen wir schon vom
eigentlich physikalischen Gesichtspunkt aus die Physik der Gegenwart am besten mit dem Eintritt des Galvanismus in die Physik
und der damit stattfindenden Vollendung der Zahl der physikalischen Disciplinen zu beginnen.

Für diesen Anfang spricht dann ebenso die Entwickelung
der Schwesterwissenschaft, der Chemie, die nun auch von
immer grösserer Wichtigkeit für die Physik wird. Um 1780 erhält
die Chemie durch Lavoisier erst eine wissenschaftliche Ausbildung. Die genaue Beobachtung der quantitativen Verhältnisse bei allen chemischen Erscheinungen, welche ihr von da an
eigenthümlich ist, macht sie zu einer eminent mathematischen
Wissenschaft, die dann auch in allen Verhältnissen der Quantität
von mathematischer Sicherheit wird. Die damit entdeckte

wunderbare Gesetzmässigkeit der chemischen Erscheinungen zwingt dann zu Erklärungsversuchen, die
nicht anders als durch Speculationen über das Wesen
der Materie zu erhoffen sind. Darum wird der Chemiker,
eher und mehr als der Physiker, wieder Naturphilosoph, und da sich die Atomentheorie, abgesehen von allen
begrifflichen Schwierigkeiten derselben, für die Ordnung und
Ableitung der chemischen Erscheinungen äusserst fruchtbar erweist, so bildet nun der Chemiker dieselbe mit Fleiss
aus, und in dieser Arbeit berührt er sich bald mit dem
Physiker. Die Chemie ist es zuerst, die diese Hypothese verwerthet
und mehr und mehr verificirt, aber die Physik benutzt bald das
ihr gelieferte Material. Dies führt dann zu weiterer Verbindung
beider Wissenschaften, die in der Theorie der Gase, in der
Theorie der Wärme etc. schon früh und immer mehr wachsend
und immer fruchtbringender bemerkbar wird, und wenn auch wegen
des Anwachsens der Arbeit die Arbeiter sich nun ganz trennten,
so wurden doch die Wissenschaften selbst sachlich mehr vereinigt
als je zuvor.

Wie aber die Chemie, so steht auch im Jahre 1780 die Philosophie an keinem geringen Wendepunkte, und auch die Umwandlung dieser Wissenschaft muss von grossem Einfluss auf die Physik
werden. Zwar macht Kant's Kritik der reinen Vernunft, welche
1781 erschien, in ihren mehr erkenntnisstheoretischen Zielen
keinen directen Einfluss auf die Physik geltend, und auch die
metaphysischen Anfangsgründe der Naturwissenschaft
von 1786, die schon 1787 in zweiter Auflage herauskamen, konnten
ihrer Natur nach nicht direct wirken. Aber einestheils war
das neue Ansehen, welches Kant der ganzen Philosophie verschaffte, für dieselbe so stärkend, dass sie nun bald
wieder zur Construction von eigenen naturphilosophischen Systemen sich erkühnte, und anderentheils hat
sich doch auf die Dauer auch die Physik dem Einfluss
der Kant'schen Philosophie nicht zu entziehen vermocht, und heute wieder wird für die gesammten Naturwissenschaftler ein sorgsames Studium Kant's empfohlen, selbst von denen, die in den allgemeinen Ruf
„zurück auf Kant" nicht bedingungslos einstimmen.

Denken wir endlich noch daran, dass ebenfalls um 1780 mit
der Vollendung der doppelt wirkenden Dampfmaschinen durch
Watt die Technik ihren rasend schnellen Entwickelungslauf
begann, der heute in seiner Geschwindigkeit noch nicht vermindert,
unser ganzes sociales Leben in nie geahnter Weise umgestaltet,
und der mehr als je auch die reinen Wissenschaften, vor allem
die Physik, von der er zuerst befruchtet wurde, wieder rückwärts
beeinflusst, so erscheint es gerechtfertigt, ja mit Nothwendigkeit
gefordert, die Physik der neuesten Zeit oder die Physik der Gegenwart aus den letzten Jahrzehnten des vorigen Jahrhunderts zu
datiren und den Grenzstein zwischen der Physik der Vergangen-
heit und unserer heutigen Physik auf das Jahr 1780 zu setzen.

Inhaltsverzeichniss

zur

Geschichte der Physik

und

synchronistische Tabellen

der

Mathematik, der Chemie und beschreibenden
Naturwissenschaften

sowie

der allgemeinen Geschichte.

———

Chemie und beschreibende Naturwissenschaften.	Allgemeine Geschichte.
1537—1619 *Fabricius ab Acquapendente* entdeckt, dass alle Klappen in den Venen nach dem Herzen hin gerichtet sind.	
	1587—1609 *Ferdinand I.*, Grossherzog von Toscana. 1589—1610 *Heinrich IV.*, König von Frankreich. 1598 Edict von Nantes. 1575—1642 *Guido Reni*, 1577—1640 *P. P. Rubens*, 1599—1641 *Van Dyck*, 1607 bis 1669 *Rembrandt*, 1618—1682 *Murillo*.
	1575—1624 *Jacob Böhme*, der Mystiker.
	1603 *Elisabeth* von England stirbt, Nachfolger *Jacob I.*, 1605 Pulververschwörung.
	1576—1612 *Kaiser Rudolf II.*
1577—1644 *Joh. Baptist van Helmont*, Gegner der alchemistischen Elemente, kein Stoff kann aus einer Verbindung ausgeschieden werden, der nicht vorher darin enthalten war; Feuer kein Stoff, sondern eine Kraft. Gas sylvestre (Kohlensäure) von Luft unterschieden, verwechselt aber sonst Gasarten. Beginn der Jatrochemie: Krankheiten nur bedingt von chemischen Vorgängen; alle unwillkürlichen Vorgänge im Körper werden verursacht durch den Archäus, der seinen Sitz im Magen hat, vermittelst ungleicher Vertheilung von Säure und Laugensalz. Ortus medicinae, Amsterdam 1648.	1608 Abschluss der protestantischen Union; 1609 der katholischen Liga. 1605—1621 *Papst Paul V.* 1609—1621 *Cosmo II.*, Grossherzog von Toscana.

Chemie und beschreibende Naturwissenschaften.	Allgemeine Geschichte.
1587—1657 *Joachim Jung*, Begründer einer botanischen Kunstsprache. Empfiehlt wesentliche und unwesentliche Blüthentheile als Grundlagen eines Systems. Schriften werden wenig bekannt. 1604—1668 *Joh. Rud. Glauber*, noch Alchemist, glaubt an ein allgemeines Auflösungsmittel, den Alkahest. Glaubersalz. 1616—1618 *William Harvey* (1578—1657, berühmter Arzt) entdeckt den doppelten Kreislauf des Blutes; Exercitatio Anatomica de Motu Cordis et Sanguinis, Frankfurt 1628. 1651: Omne vivum ex ovo.	1609—1621 Waffenstillstand zwischen Spanien und den Niederlanden; 1598—1621 *Philipp III.*, König von Spanien. 1612—1619 *Matthias*, deutscher Kaiser. 1619—1637 *Kaiser Ferdinand II.* *Scheiner* entdeckt im Jahre 1603 den Storchschnabel, beschreibt denselben aber erst 1630.
	1610—1643 *Ludwig XIII.*, König von Frankreich. 1624—1642 *Richelieu*, Minister.
1622 *Caspar Aselli* entdeckt die Gefässe, welche die Lymphe aus den Eingeweiden in das Blut führen. De Venis Lacteis, Mailand 1627.	1620 Schlacht am weissen Berge bei Prag. 1597—1639 Martin Opitz (1624 „Von der deutschen Poeterei"). 1609—1640 Paul Flemming. 1625 *Jacob I.* von England stirbt; Nachfolger *Karl I.*, regiert von 1629—1640 ohne Parlament. 1628 Einnahme von La Rochelle, Ende der Hugenottenkriege. 1621—1623 *Papst Gregor XV.*; 1623 bis 1644 *Urban VIII.* 1621—1670 regiert *Ferdinand II.*, Grossherzog von Toscana (1610—1670). 1629 Restitutionsedict. 1611—1632 *Gustav Adolf* (1594 geb.), König von Schweden. 1583—1634 Albrecht v. Wallenstein. 1630 *Gustav Adolf* landet in Deutschland, 20. Mai 1631 Zerstörung Magdeburgs durch Tilly, 17. Sept. 1631 Schlacht bei Breitenfeld, 16. Nov. 1632 Schlacht bei Lützen, 1635 Friede zu Prag zwischen Kursachsen und dem Kaiser. 1630 Steinschlösser für Handfeuerwaffen in Frankreich erfunden.

24*

Chemie und beschreibende Natur-wissenschaften.	Allgemeine Geschichte.
	c. 1630. Die Kunst, Talg- und Wachs-kerzen zu giessen, wird erfunden; bis dahin hatte man die Dochte so lange durch den geschmolzenen Stoff gezogen und erkalten lassen, bis die Kerzen die erforderliche Dicke hatten; auch diese gezogenen Kerzen kamen erst nach dem 12. Jahrhundert auf. 1631 Der Nonius wird von *Pierre Vernier* angegeben. 1637—1657 *Kaiser Ferdinand III.* 1642 Der Jansenismus (*Corn. Jansen* 1585 bis 1638) wird von *Urban VIII.* als ketze-risch verdammt. 1643 *Ludwig XIV.*, König von Frankreich. *Mazarin* † 1661.
1614—1672 *Franz de la Boë Sylvius,* Jatrochemiker. Kein Archäus. Die Verdauung eine Gährung, der Speichel das Ferment. Laugensalz in der Galle, Säure in der Bauchspeichel-drüse; im Zwölffingerdarm Auf-brausen durch die Säure und das Laugensalz und danach Abschei-den der Lymphe. Krankheiten nach den Ausscheidungen zu beurtheilen. Schwefel gleich Schwefelsäure und verbrennlichem Oel, erste Spur der Phlogistontheorie.	1621—1665 *Philipp IV.*, weiterer Verfall Spaniens; 1640 Portugal wird wieder selbstständig; 1648 Spanien erkennt die Unabhängigkeit der Niederlande an.
	1632—1654 *Christine von Schweden* (geboren 1626, starb 1689 in Rom).
	1645 Schlacht bei Naseby, die Anhänger *Karl's I.* werden entscheidend von dem Parlamentsheere unter *Fairfax* und *Cromwell* geschlagen.
	1648, 24. October Westfälischer Friede.

Chemie und beschreibende Natur-wissenschaften.	Allgemeine Geschichte.
	1649 Hinrichtung *Karl's I.* von England. 1649—1658 *Oliver Cromwell* (geb. 1599) Protector von Grossbritannien. 1608 bis ⚓ 1674 *John Milton.*
1620—1683 *Robert Morison,* Eintheilung der Pflanzen: 1. Bäume; 2. Sträucher; 3. kleine Sträucher; 4. bis 16. Kräuter, nach Frucht und Blumenkrone geschieden; 17. Farne; 18. Moose, Flechten, Pilze und Steinpflanzen. Entnimmt Vieles dem Cäsalpin, ohne ihn zu nennen. 1651 *Jean Pecquet* zeigt, dass die Lymphe nicht durch die Leber, wie man wohl geglaubt hatte, sondern durch die Schlüsselbeinvene in das Blut geht. *Robert Boyle,* Gegner der Jatrochemie, will die Chemie als reine, selbstständige Wissenschaft; zeigt, dass die Metalle beim Verkalken an Gewicht zunehmen. Chemische Verwandtschaftstafeln der Säuren und Metalle. Verhalten der Säuren und Alkalien zu Pflanzenfarben. Anfänge der Prüfung auf nassem Wege, Reagentien.	1652—1654 u. 1665—1667 Kriege der Niederlande mit England. 1654—1660 *Karl X.,* König von Schweden. Kriege mit Dänemark, Russland, Polen und Brandenburg. 1660 Restauration in England, 1660 bis 1685 König *Karl II.* 1662—1683 *Colbert,* Contrôleur-général der Finanzen in Frankreich.

Chemie und beschreibende Naturwissenschaften.	Allgemeine Geschichte.

Chemie und beschreibende Natur-wissenschaften.	Allgemeine Geschichte.

1635—1682 *Johann Joachim Becher*, etwas zweifelhaft wissenschaftlicher Charakter. Alle unterirdischen (unorganischen) Körper sind erdiger Natur; die drei Grunderden sind verglasbare, brennbare und merkurialische. Mit Wasser verbunden bilden die Erden Salze. Es giebt eine Ursäure, von der alle Säuren nur Abarten sind. Jedes Metall besteht aus einer Erde und einer brennbaren Erde; Grundlagen der Phlogistontheorie. Physica subterranea, Frankfurt 1669. Supplement dazu 1675.

1674 Erste Münzpresse in Deutschland, in Clausthal.

1675 Schlacht bei Fehrbellin.

1632—1723 *Antony van Leeuwenhoek*, bedeutender Mikroskopiker. Er entdeckt die Blutkörperchen, die Infusorien, die Spermatozoen etc.

1679 *Karl II.* von England muss die Habeascorpusacte bewilligen.

c. 1680 Beginn der Schwarzwälder-Uhrenfabrikation.

1681 *Thomas Burnet* (1635—1715, Theolog) sucht in seiner Telluris theoria sacra die Erdrevolutionen von der Schöpfung bis zum jüngsten Gericht zu erklären. Zur Zeit Adam's und Eva's stand die Erdachse senkrecht auf der Erdbahn und ein ewiger Frühling herrschte in den Gegenden des Paradieses.

1680—1683 Reunionskammern in Metz, Breisach, Besançon und Tournay; 1681 Einnahme von Strassburg.

1682 *John Wray* oder *Ray* (1628—1715) unterscheidet die Acotyledonen, Mono- und Dicotyledonen. Behält aber die Eintheilung in Kräuter und Bäume bei und will die Frucht nicht als Grundlage eines Pflanzensystems anerkennen. Methodus plantarum nova, Amsterdam 1682.

1683 *Martin Lister* macht der Royal Society den Vorschlag, eine Boden- und Mineralienkarte Englands anfertigen zu lassen.

1682—1699 Zweiter Türkenkrieg, Friede zu Karlowitz. 1683 Belagerung Wiens durch die Türken, Befreiung durch *Sobiesky* und *Karl v. Lothringen.*

1685 Aufhebung des Edicts von Nantes.

Chemie und beschreibende Natur-wissenschaften.	Allgemeine Geschichte.
1645—1715 *Nicolas Lemery*, Cours de chimie, 10 Auflagen von 1675 bis 1713. Theilt die Alkalien in mineralische (Soda), vegetabilische (Pottasche) und volatile (Ammoniak). Stellt künstliche Vulkane aus Eisen und Schwefel her; Explication physique et chimique des feux souterrains, des tremblemens de terre, des ouragans, des éclairs et du tonnerre (Par. Mém. 1700).	1685—1688 *Jacob II.*, König von Grossbritannien.
	1689 Vertreibung der Stuarts. 1689—1702 *Wilhelm III.*, König von Grossbritannien. 1675—1710 Paulskirche in London durch *Wren* erbaut. 1688—1697 Pfälzischer Erbschaftskrieg, Verheerung der Pfalz durch *Melac*; Friede zu Ryswyk.
1652—1715 *Wilhelm Homberg*. Der eigentlich verbrennliche Urstoff ist Schwefel, der gewöhnliche Schwefel besteht aus Erde, Säure und jenem Urschwefel; Homberg bestimmt den Säuregehalt durch ein Alkali. 1694 *Joseph Pitton de Tournefort* (1656—1708) giebt ein Pflanzen-	

Physik.	Mathematik.

Chemie und beschreibende Natur-wissenschaften.	Allgemeine Geschichte.
system, das bis auf Linné das ver-breitetste geblieben ist: I—IV Kräuter mit einblättriger, V—XIV mit mehrblättriger Blumenkrone; XV—XVII Blumenlose, XVIII—XXII Bäume und Sträucher. Hält die Staubgefässe nicht für Befruchtungs-organe. **1694** *Rud. Jac. Camerarius* (De sexu plantarum epistola) macht bestimmt auf die verschiedenen Geschlech-ter der Pflanzen aufmerksam. Sam. Morland: der Blüthenstaub dringt durch die Narbe zur Frucht.	*Jon. Swift* 1667—1745; *Dan. Defoe* 1661 bis 1731; *John Locke* (1632—1704); *Shaf-tesbury* (1671—1713); *Robert Walpole* (1676—1745); *Alex. Pope* (1688—1744).
1696 *William Whiston* (New theory of the earth) versucht die Urgeschichte der Erde ganz der biblischen Schöpfungs-geschichte gemäss zu construiren. **1697** *Georg Ernst Stahl* (1660—1734), Vater der Phlogistik (Zymotechnia fundamentalis s. fermentationis theoria generalis, Halle 1697). Phlogiston ist als Princip der Verbrennung in jedem verbrennlichen Körper ent-halten; wenn ein Körper ver-brennt, so entweicht Phlogiston. Wenn ein Stoff, der kein Phlo-giston enthält (z. B. ein verbrannter Stoff), mit einem solchen geglüht wird, der reich an Phlogiston ist, so nimmt der erstere (wieder) Phlo-	**1689—1725** *Czar Peter I.*

Physik.	Mathematik.

Chemie und beschreibende Natur- wissenschaften.	Allgemeine Geschichte.

giston auf. Schwefel ist phlogistisirte Schwefelsäure. Säuren sind verfeinerte Alkalien. Das Alkali des Kochsalzes ist verschieden von dem des Salpeters, Alaun enthält eine eigenthümliche Erde. Verwandtschaftstafeln. 1660—1742 *Friedrich Hoffmann*, Anhänger von Stahl. Unterscheidet Bitter- und Alaunerde von Kalkerde. Analyse von Mineralwässern. Hoffmann'sche Tropfen.

1704 *Etienne Franç. Geoffroy:* Metall = Metallkalk + verbrennliche Substanz; scheidet durch ein Brennglas aus dem Metall (vermeintlich) den Metallkalk aus.

1697 Kurfürst *August II.* wird König von Polen.

1701 Kurfürst *Friedrich III.* von Brandenburg (1688—1713) nimmt als *Friedrich I.* den Titel König in Preussen an. *Andr. Schlütter* (1662 bis 1714).

1697—1718 *Karl XII.*, König v. Schweden.

1700 Schlacht bei Narva; 1709 Schlacht bei Pultawa.

1701—1714 Spanischer Erbfolgekrieg; 1713 Friede zu Utrecht, 1714 zu Rastadt und Baden.

1706 Vereinigung Englands und Schottlands durch ein Parlament.

1709 Erfindung des Porzellans durch *Böttger*, 1710 erste Porzellanfabrik in Meissen.

1711 Das erste Hammerklavier, von *Christofali* aus Florenz beschrieben.

1718 *Sebastian Vaillant* leugnet einen materiellen Einfluss des Pollens auf das Pflanzenei, aber lässt

Rosenberger, Geschichte der Physik II.

Physik.	Mathematik.

Chemie und beschreibende Natur- wissenschaften.	Allgemeine Geschichte.

Physik.	Mathematik.

Chemie und beschreibende Natur-wissenschaften.	Allgemeine Geschichte.
tria naturae systematice proposita per classes, ordines, genera et species 1735; Genera plantarum 1737; Species plantarum 1753 etc.)	1740—1742 Erster schlesischer Krieg. 1742—1745 Kaiser *Karl VII.*, der Bayer. 1744—1745 Zweiter schlesischer Krieg. 1745—1765 Kaiser *Franz I.* 1740 Erster Betrieb eines Hohofens mit Steinkohle in England. Gussstahl von *Huntsman* dargestellt. 1733—1763 Kurfürst *August III.*, König von Polen.
	1749 Wassersäulenmaschine von *Höll* erfunden.
1747 *Markgraf* in Berlin macht auf den Zuckergehalt der Rüben aufmerksam. 1748 *Don Ulloa* entdeckt in Brasilien das Platina. 1750 *Joh. Theod. Eller* (1689—1760) glaubt die Möglichkeit der Verwandlung von Wasser in Erde bewiesen zu haben. *Joh. Heinr. Pott* (1692—1777) meint umgekehrt die Unmöglichkeit einer solchen Verwandlung gezeigt zu haben. Phlogiston ist eine eigenthümliche Art von Schwefel. Die Erden lassen sich eintheilen in kalkichte, thonichte, gypsichte und glasichte.	1751 Das Kautschuk wird (durch *Condamine*) in Europa bekannt. *Montesquieu* (1689—1755); *Voltaire* (1694 bis 1778); *J. J. Rousseau* (1712—1778). Encyclopédie ou Dictionnaire raisonnée des sciences, des arts et des métiers, 33 Vol.; *D'Alembert*; *Diderot* (1713—1784); *Helvétius* (1715 bis 1771); *Holbach* (1721 bis 1789). 1755 Erdbeben von Lissabon. 1755—1763 Krieg zwischen England und Frankreich; das letztere tritt den grössten Theil seiner nordamerikanischen Besitzungen ab. 1756—1763 Siebenjähriger Krieg. 1757—1784 Eroberung Ostindiens durch die Engländer. *George Berkeley* (1684—1753); *Dav. Hume* (1711—1776); *William Pitt* (1708—1778); *Hogarth* (1697—1764).

Physik.	Mathematik.

Chemie und beschreibende Natur-wissenschaften.	Allgemeine Geschichte.

1745—1779 *Pierre Jos. Macquer* (Abhandlungen in den Pariser Memoiren) hält das Phlogiston für das färbende Princip, weil beim Glühen von Berliner Blau die Farbe schwindet. Nach der Entdeckung, dass Quecksilberkalk allein durch Erhitzen reducirt wird, identificirt er das Phlogiston mit dem Lichtstoff, der durch das Glas dringt und sich mit dem Quecksilberkalk zu Quecksilber vereinigt. Entdecker des Blutlaugensalzes.

Joh. Seb. Bach (1685—1750); *Händel* (1685 bis 1759); *Gluck* (1714—1787).

1753 *G. Rud. Böhmer* (Prof. in Wittenberg): De vegetabilium contextu, über das Zellgewebe.

1754 *Charles Bonnet:* Recherches sur l'usage des feuilles dans les plantes etc.; über die Wichtigkeit der Blätter, den Saftstrom und den Einfluss des Lichts.

Gellert (1715—1769); *Rabener* (1714—1771); *Winckelmann* (1717—1768); *Klopstock* (1724—1803); *Lessing* (1729—1781); *Bürger* (1747—1794); *Basedow* (1723—1790); *Wieland* (1733—1813).

1707—1788 *Buffon:* Histoire naturelle, générale et particulière, Paris 1749—1788. Ausgezeichnet durch die Form der Darstellung, sonst nicht frei von Mängeln. Die Krystallgestalt, weil sehr veränderlich, ist kein sicheres Kennzeichen der Mineralien.

1757 Schlacht bei Rossbach, Schlacht bei Leuthen.

1722—1789 *Peter Camper.* Camper'scher Gesichtswinkel.

1758 *Duhamel du Monceau:* Ueber die Ernährung, das Wachsthum und die

Chemie und beschreibende Natur-wissenschaften.	Allgemeine Geschichte.
Krankheiten der Pflanzen; weist die Verschiedenheit von Kali und Natron sicher nach und findet auch das letztere in den Meerpflanzen.	
	1762—1796 *Katharina II.*, Kaiserin von Russland.
1763 *Michel Adanson:* Les familles des plantes; entwirft 65 künstliche Pflanzensysteme und stellt die Pflanzen zu natürlichen Abtheilungen zusammen, die in den meisten dieser künstlichen zusammenstehen. Natürlich kommt dabei nur die Zahl der übereinstimmenden Organe, nicht ihre Bedeutung zur Geltung.	1751—1818 Das Haus Holstein-Gottorp auf dem schwedischen Throne; *Adolf Friedrich* (1751—1771), *Gustav III.* (1771 bis 1792).
	1765—1790 Kaiser *Joseph II.*
1728—1799 *Joseph Black:* Die milden (kohlensauren) Alkalien werden nicht dadurch ätzend, dass sie Phlogiston aufnehmen, sondern dadurch, dass ihnen fixe Luft (Kohlensäure) entzogen wird. Schon 1755: Gewöhnlicher Kalk = Aetzkalk + fixe Luft. Black, obgleich zuerst Phlogistiker, erkannte noch die neue Theorie von Lavoisier an.	

Physik.	Mathematik.

Physik.	Mathematik.

Chemie und beschreibende Natur-wissenschaften.	Allgemeine Geschichte.

lensäure (aus Marmor und Salzsäure) ist zum Brennen und Athmen untauglich. 1783 die Zusammensetzung der atmosphärischen Luft bleibt immer dieselbe. 1784—1785 Experiments of air: Bei einer Verbrennung bildet sich nur Kohlensäure, wenn organische Stoffe in dem verbrennenden Körper enthalten sind; Wasser besteht aus Wasserstoff und Sauerstoff und zwar ist das Gewicht des Wassers gleich dem Gewicht dieser Bestandtheile. Salpetersäure besteht aus Stickstoff und Sauerstoff. Auf Cavendish's letztere Arbeiten vorzüglich hat Lavoisier seine neue chemische Theorie gegründet.

1778 u. 1779 Bayerischer Erbfolgekrieg, *Friedrich II.* und *Joseph II.*

1774 *Bernard de Jussieu* (1699—1776, Inspector des botanischen Gartens zu Trianon) begann die Pflanzen von 1759 an zu einem natürlichen System zusammenzustellen; aber erst sein Neffe *Laurent Antoine de Jussieu* veröffentlichte 1789 das System.

1774 *Abr. Gottlob Werner* (1750—1817), „Ueber die äusseren Kennzeichen der Fossilien." Behandelt in ausgezeichneter Weise die Lehre von den physikalischen Eigenschaften der Mineralien, Farbe, Glanz, specifisches Gewicht, Härte. Spricht auch von der Abstumpfung und Abschärfung der Krystalle.

1776 *Peter Simon Pallas:* D'une masse de fer native trouvée en Sibérie (Phil. Trans.); Pallas'sche Meteoreisenmasse.

1777 *J. Gottl. Köllreuter* vertheidigt das doppelte Geschlecht der Pflanzen auch bei den Kryptogamen.

NAMEN- UND SACHREGISTER.

(Die angegebenen Zahlen bedeuten die Seiten des Buches.)

Verbesserungen.

Zu Theil I, Seite 40: Fragmente geometrischer und stereometrischer Schriften Heron's sind von Hultsch herausgegeben worden. Nach Venturi und Martin ist das Werk, welches Wilhelm v. Mörbeck 1269 unter dem falschen Titel Ptolemäus de Speculis übersetzte, die Katoptrik Heron's. Heronsball und Heronsbrunnen werden in den hinterlassenen Schriften Heron's nicht erwähnt. Ueber die zweifelhafte Echtheit aller sogenannten Heronischen Schriften siehe Cantor, Geschichte der Mathematik I, 315 bis 316.

„ „ „ Seite 41, Zeile 13 v. u.: Lies Präcession statt Präcision.

„ „ „ Seite 81, Zeile 18 v. o.: Lies Basri statt Basi.

„ „ „ Seite 82, Zeile 2 der Anmerkung: Lies Abu-r-Raihân statt Abu-r-Baihan.

„ „ „ Seite 110, Anmerkung: Lies Virgilius statt Vergilius.

„ „ „ Seite 110 und Seite 118 ist irrthümlich angegeben, dass Kopernikus noch ein directer Schüler des Peuerbach gewesen.

„ „ „ Seite 136, Zeile 16 v. o.: Lies Gibeon statt Gideon.

„ „ „ Seite 141, Zeile 2 v. u.: Lies Demiscianus statt Desmicianus.

Zu Theil II, Seite 72, Zeile 10 v. u.: Lies 40000 Pfund statt 4000 Pfund.

„ „ „ „ 210, „ 17 v. u.: Lies Algöwer statt Allgöwer.

„ „ „ „ 244, „ 8 v. o.: Lies Fontenelle statt Fontanelle.

„ „ „ „ 251, „ 3 v. o.: Lies Averani statt Averoni.

Zur Beachtung. Häufiger vorkommende Varianten von Personennamen sind im Register angegeben.